Schule für Mathematik, Informatik, Logistik und Erfolg

AF061860

SMILE ist eine Abkürzung für die Begriffsreihenfolge ‚Schule, Mathematik, Informatik, Logistik und Erfolg'. Diese Begriffsfolge soll den Anwenderkreis von Mathematik-Lernenden, -Studierenden und praktisch arbeitenden Personen verknüpfen, die sich für Mathematik interessieren und diese vertieft verstehen und anwenden wolllen.

Der Autor war schon früh von der Frage geleitet, wie sich das ‚Abstraktum' Mathematik ins praktische Leben einfügt. Die Antwort fand er unmittelbar in seiner Berufspraxis. Auf Grund seiner langjährigen Erfahrung fiel es ihm leicht zu erkennen, daß es nur die Mathematik war, die jene Werkzeuge und Strukturen lieferte, einen sonst unmöglichen Transfer zu ermöglichen. In vielen logistischen Arbeitsabläufen zeigten sich Situationen, die er genau dieser Fragestellung zuordnen konnte. Aus diesem Grund hat er die Buchreihe ins Leben gerufen.

Die Buchreihe SMILE spannt in diesem Zusammenhang einen Bogen zwischen praktischer Arbeit und den daraus hervorgehenden theoretischen Erfordernissen. Sie besteht aus einem Kompaktband sowie einem mathematischen Vertiefungsband und einem extra entwickelten Software-Prototyp. Dieser Prototyp ist individuell in Python programmierbar und steht als kostenloser Download bereit. Ergänzt wird diese Software durch eine Bedienungsanleitung sowie eine zweiteilige technische Dokumentation. Die Dokumentation beinhaltet alle notwendigen Kenntnis-Grundlagen, die zur Anwendung der Programmiersprache Python und damit zur Erstellung des Prototyps erforderlich sind. Für alle Bände sind zusätzliche Übungsbücher inkl. Lösungen erhältlich.

SMILE wurde im Rahmen von Projektwochen, AGs und Vorlesungen an Schule und Hochschule erfolgreich vermittelt. Die Buchreihe richtet sich an Lehrer, Lehrende an Hoch- und technischen Fachschulen sowie an Berufseinsteiger der IT-Logistik-Entwicklung und -Beratung. Darüber hinaus sollte die Buchreihe für jene Anwender interessant sein, die das Thema ‚Digitalisierung in der Logistik' für sich vertiefen und in diesem Zusammenhang ‚Mathematik' als nachvollziehbaren Problemlöser verwenden wollen.

Erfolg kennt eine Lösung: **'SMILE'!**

Sven Wirsing

Kompaktband Logistik

Theoretische Grundlagen und praxisrelevante Anwendungen in der Intralogistik

Sven Wirsing
Logistik IT-Beratung
Eberbach, Baden-Württemberg,
Deutschland

ISSN 3004-8478　　　　　　ISSN 3004-8486　(electronic)
Schule für Mathematik, Informatik, Logistik und Erfolg
ISBN 978-3-662-69944-7　　　　ISBN 978-3-662-69945-4　(eBook)
https://doi.org/10.1007/978-3-662-69945-4

Die Deutsche Nationalbibliothek verzeichnet diese Publikation in der Deutschen Nationalbibliografie; detaillierte bibliografische Daten sind im Internet über ▶ https://portal.dnb.de abrufbar.

© Der/die Herausgeber bzw. der/die Autor(en), exklusiv lizenziert an Springer-Verlag GmbH, DE, ein Teil von Springer Nature 2025

Das Werk einschließlich aller seiner Teile ist urheberrechtlich geschützt. Jede Verwertung, die nicht ausdrücklich vom Urheberrechtsgesetz zugelassen ist, bedarf der vorherigen Zustimmung des Verlags. Das gilt insbesondere für Vervielfältigungen, Bearbeitungen, Übersetzungen, Mikroverfilmungen und die Einspeicherung und Verarbeitung in elektronischen Systemen.
Die Wiedergabe von allgemein beschreibenden Bezeichnungen, Marken, Unternehmensnamen etc. in diesem Werk bedeutet nicht, dass diese frei durch jede Person benutzt werden dürfen. Die Berechtigung zur Benutzung unterliegt, auch ohne gesonderten Hinweis hierzu, den Regeln des Markenrechts. Die Rechte des/der jeweiligen Zeicheninhaber*in sind zu beachten.
Der Verlag, die Autor*innen und die Herausgeber*innen gehen davon aus, dass die Angaben und Informationen in diesem Werk zum Zeitpunkt der Veröffentlichung vollständig und korrekt sind. Weder der Verlag noch die Autor*innen oder die Herausgeber*innen übernehmen, ausdrücklich oder implizit, Gewähr für den Inhalt des Werkes, etwaige Fehler oder Äußerungen. Der Verlag bleibt im Hinblick auf geografische Zuordnungen und Gebietsbezeichnungen in veröffentlichten Karten und Institutionsadressen neutral.

Springer Vieweg ist ein Imprint der eingetragenen Gesellschaft Springer-Verlag GmbH, DE und ist ein Teil von Springer Nature.
Die Anschrift der Gesellschaft ist: Heidelberger Platz 3, 14197 Berlin, Germany
Wenn Sie dieses Produkt entsorgen, geben Sie das Papier bitte zum Recycling.

In Memoriam

Bodo Wirsing

1942–2020

In Memoriam

Bogo Lenssky

Vorwort des Autors

Ein Apfel... und noch einer. Zwei Stück. Was hat das mit **'Mathematik'** zu tun? Was ist Mathematik überhaupt?

Nun, ich habe nicht die Absicht, Antworten auf alle Fragen zu geben, die mit diesem Begriff in Zusammenhang stehen. Vermutlich finde ich aber Ihre Zustimmung, wenn ich die Mathematik als **'Abstraktum'** und ebenso als **'Instrument'** bezeichne, das in praktisch alle Bereiche unseres Lebens eingreift.

Die Beschäftigung mit diesem Feld des Denkens löst bei einem Gutteil unserer Mitmenschen (hoffentlich auch bei Ihnen) geradezu euphorische Gefühle und Bezüge aus, die sie sagen lässt:

'Ich liebe die Mathematik.'

Wie ist das möglich? ...zumal, wenn viele Menschen Mathematik nach eigenem Befinden **'toll finden'**, gleichzeitig jedoch konstatieren, sie seien nicht in der Lage, sich vorzustellen, wie sie ihre Liebe **'Mathe'** in eine schulische, studentische oder gar berufliche Lebensgestaltung einbeziehen können.

Auch ich sah mich in der Vergangenheit mit ähnlichen Zweifeln konfrontiert, fasste aber gleichzeitig den Vorsatz, meiner Liebe Raum zu schaffen. Ich wurde Doktor der Mathematik. Was liegt an dieser Stelle näher, als sich die Frage zu stellen:

'Wie kann ich Gleichgesinnten ein Verständnis dafür bieten, welche Möglichkeiten das wirkliche Leben für Mathe bereit hält?'

'SMILE' ist meine Antwort auf diese Frage. Ein **'Kompaktband'** und eine **'Buchsammlung'** sind Darstellung und Beschreibung jener Umstände, die Mathematik von ihren Erfordernissen und Fragestellungen innerhalb **'realer logistischer Arbeitswelt'** so skizzieren, dass angehende Freunde der Mathematik und Interessierte die praktische Anwendung von Mathe verständlich nachvollziehen können. Dabei offenbart sich die enge Verknüpfung praktischer Arbeitsprozesse zu ebensolchen Fragestellungen, hin zu Erfordernissen der **'Informatik'** und den damit notwendigerweise verknüpften Inhalten und Berechnungen mit Hilfe des **'Abstraktums Mathematik'**.

In diesem Sinne hoffe ich Ihnen, den Interessierten, Mathematik innerhalb eines Arbeitsumfelds nahezubringen, das Zusammenhänge und Zuordnungen eigentlich verdeckt. Erst nach tieferen Einblicken in den Anwendungsrahmen wird Mathe in seiner Ihnen vielleicht schon bekannten **'Magie'** erkennbar. Diese Einblicke sollen Ihnen Mut machen, Mathematik nicht nur als Abstraktum, sondern auch als sinnmachendes Mittel in der Lebenspraxis zu erkennen. Vielleicht fühlen auch Sie sich motiviert, an Ihrer Zuneigung und Liebe festzuhalten und sie in Ihrem zukünftigen Leben ganz unbesorgt weiter wachsen zu lassen.

Sven Wirsing   Eberbach
24.03.2024

Danksagung

Für das Bereitstellen von Bildern und Filmen im Logistik-Bereich bedanke ich mich recht herzlich bei den Firmen Grieshaber, mobilog und EPAL. Zusätzlich bedanke ich mich für anregende Logistik-Diskussionen bei den Firmen Optitool und trilogIQa.

Bei der TH Bingen-University of applied science, der Hochschule Rhein-Main-Wiesbaden-Business School sowie der Wirtschafts-Hochschule Mainz-University of applied science bedanke ich mich für das Erproben von SMILE als (Gast-)Dozent.

Für die zahlreichen Diskussionen zu SMILE und dem Korrektur-Lesen möchte ich mich herzlich bedanken bei Kai Stübe, Kerstin Fieß, Andreas Lux, Dominik Schreiber, Jan-Eric von Allwöhrden, Thomas Pink und Jens Schabacker.

Besonderen Dank gelten Alexander Mair bei pythonischen Fragestellungen und Peter Prichitko für seine Unterstützung bei der Korrektur des gesamten Kompaktbandes.

Bei meinen Freunden und meiner Familie möchte ich mich für die vielen Diskussionen bedanken, und auch dafür, an einigen Tagen leider keine Zeit gehabt zu haben. Insbesondere meiner Frau Lena möchte ich für Ihr Verständnis und Ihre Liebe und Unterstützung während der Erstellung von SMILE meinen persönlichen Dank aussprechen!

Einleitung

Wollen Sie **Mathematik** als **praxisrelevanten Problemlöser** kennenlernen? Dann sind Sie bei **SMILE** richtig. Als Experte begleitet der Autor seit 20 Jahren Unternehmen in der Logistik. Das Arbeitsumfeld wirft vielfach in der Praxis Fragen auf, die es erzwingen, mathematische Lösungen dafür zu entwickeln. Exemplarisch werden hier Logistik-Prozesse der

(i) **Wareneingangskontrolle mittels Förder- und Lasertechnik**
(ii) **Wareneingangsbuchung chargengeführter Produkte**
(iii) **Einlagerung von Kühlgut** und
(iv) **Dispositionsvorgänge für LKWs**

herangezogen. Moderne Unternehmen müssen unter höchster Konkurrenz, Produktivität, Effizienz und Flexibilität agieren. Unter diesen Aspekten sind Unternehmen gezwungen, technisch komplexe Betriebsabläufe so darzustellen, daß sie praktisch für alle Mitarbeiter transparent und nachvollziehbar werden. Zu diesem Zweck ist es nötig, alle betrieblichen Abläufe zu **digitalisieren**, damit sie in Hard- und Software für die Prozessbeteiligten sichtbar und nachvollziehbar werden. Üblicherweise greift ein Unternehmen an dieser Stelle auf ein **Warenwirtschaftssystem** zurück.

In Stellvertretung eines derartigen Warenwirtschaftsystems hat der Autor gezielt ein **Software-Prototyp** entwickelt. Mit seiner Hilfe werden praktische Fragen so umgesetzt, daß die sich daraus ergebenden mathematischen Folgen und Fragestellungen erkennbar und der Transfer zur digitalen Umsetzung und zur IT allgemein nachvollziehbar wird. Gleichzeitig kann jeder innerhalb dieses Prototyps in der Programmiersprache **Python** weitere Prozesse selbstständig programmieren. Im Rahmen dieses Prototyps ist es leicht nachvollziehbar, wie Logistik-Prozesse abgebildet und gesteuert werden. **Kostenlos** stellt der Autor diesen Prototyp zum **Download** zur Verfügung.

In hochautomatisierten Lägern werden ‚Wareneingangskontrollen' kaum noch manuell durchgeführt. Vielmehr übernehmen Förder- und Lasertechnik die Kontrollen einzulagernder Paletten. Die von der Automation und Lasertechnik ermittelten Paletten-Fehler, etwa ‚Barcode nicht lesbar', ‚Gewichtsüberschreitung' und ‚defekte Waren', werden in **eine** (einzige) Zahl umgewandelt. Diese Zahl wird auf technischer Ebene an die Lagerverwaltung übergeben. Physisch wird die Palette zum Fehlerbearbeitungsplatz transportiert. An dieser Stelle ist entscheidend, alle festgestellten Fehler aus dieser einen Zahl exakt so zu rekonstruieren, dass ein Mitarbeiter die Paletten-Fehler beheben kann.

Damit Waren aus Lagern zu Kunden versendet werden können, müssen sie für den Versand verpackt werden. Bei der ‚**Disposition von LKWs**' entsteht u.a. das Problem, dass Anzahl und Abmessungen von Versandpaletten erst **nach** dem Packprozess vollständig bekannt sind. Bereits **vor** diesem Packprozess muss die Planung der Anzahl der benötigten LKWs vorgenommen werden, um einen reibungslosen Versand garantieren zu können. Dafür werden im Prototyp exemplarisch ‚**Gewicht und Stellplatzverbrauch**' als Dispositionsmerkmale herangezogen. Die gezielte ma-

thematische Vorausberechnung beider Merkmale ermöglicht dennoch die rechtzeitige Bestellung der benötigten LKWs.
Bei **Wareneingangsbuchung chargengeführter Produkte** und **Einlagerung von Kühlgut** übernimmt die Mathematik ebenso eine entscheidene Rolle.

SMILE

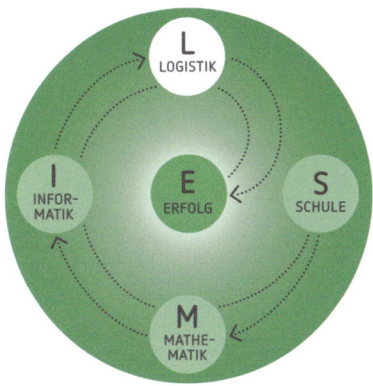

SMILE ist eine Abkürzung für die Begriffsreihenfolge ‚Schule, Mathematik, Informatik, Logistik und Erfolg'. Diese Begriffsfolge soll den Anwenderkreis von Mathematik-Lernenden, -Studierenden und praktisch arbeitenden Personen verknüpfen, die sich für Mathematik interessieren und diese vertieft verstehen und anwenden wolllen.

Der Autor war schon früh von der Frage geleitet, wie sich das ‚Abstraktum' Mathematik ins praktische Leben einfügt. Die Antwort fand er unmittelbar in seiner Berufspraxis. Auf Grund seiner langjährigen Erfahrung fiel es ihm leicht zu erkennen, daß es nur die Mathematik war, die jene Werkzeuge und Strukturen lieferte, einen sonst unmöglichen Transfer zu ermöglichen. In vielen logistischen Arbeitsabläufen zeigten sich Situationen, die er genau dieser Fragestellung zuordnen konnte. Aus diesem Grund hat er die Buchreihe ins Leben gerufen.

Die Buchreihe SMILE spannt in diesem Zusammenhang einen Bogen zwischen praktischer Arbeit und den daraus hervorgehenden theoretischen Erfordernissen. Sie besteht aus einem Kompaktband sowie einem mathematischen Vertiefungsband und einem extra entwickelten Software-Prototyp. Dieser Prototyp ist individuell in Python programmierbar und steht als kostenloser Download bereit. Ergänzt wird diese Software durch eine Bedienungsanleitung sowie eine zweiteilige technische Dokumentation. Die Dokumentation beinhaltet alle notwendigen Kenntnis-Grundlagen, die zur Anwendung der Programmiersprache Python und damit zur Erstellung des Prototyps erforderlich sind. Für alle Bände sind zusätzliche Übungsbücher inkl. Lösungen erhältlich.

SMILE wurde im Rahmen von Projektwochen, AGs und Vorlesungen an Schule und Hochschule erfolgreich vermittelt. Die Buchreihe richtet sich an Lehrer, Lehrende an Hoch- und technischen Fachschulen sowie an Berufseinsteiger der IT-Logistik-Entwicklung und -Beratung. Darüber hinaus sollte die Buchreihe für jene Anwender interessant sein, die das Thema ‚Digitalisierung in der Logistik' für sich vertiefen und in diesem Zusammenhang ‚Mathematik' als nachvollziehbaren Problemlöser verwenden wollen.

Erfolg kennt eine Lösung: ‚**SMILE**'!

Materialien zum Kompaktband

Unter dem Download-Link

sind Python-Programme als Ergänzung zum Kompaktband abgelegt.

Folgende **Python-Programme** im Dateiformat PY sind verfügbar und entsprechen den jeweiligen Python-Darstellungen in diesem Buch mit gleicher Überschrift:

- (i) kpunktdialog.py
- (ii) Logikverwendung bei der Chargenpruefung.py
- (iii) Logikverwendung bei der Platzfindung.py
- (iv) while-Schleife für das Menü.py
- (v) XOR-Operator.py
- (vi) Mengenverwendung bei der Chargenpruefung.py
- (vii) kartesisches Produkt in Python.py
- (viii) Potenzmenge als Liste in Python.py
- (ix) while durch for.py
- (x) Binärzerlegung.py
- (xi) Erweiterung der Lagerplatztabelle.py
- (xii) Anlage Materialstamm.py
- (xiii) Anlage Chargenstamm.py
- (xiv) Anzeige Materialstamm.py
- (xv) Anzeige Chargenstamm.py
- (xvi) manueller Wareneingang.py
- (xvii) Chargenprüfung.py
- (xviii) automatische Wareneingangsbuchung.py
- (xix) AVIS-Erzeugung.py
- (xx) Bewegungssatz schreiben.py
- (xxi) Funktions-Codes.py
- (xxii) Menü-Anpassungen.py
- (xxiii) Bestand zum Platz.py
- (xxiv) Bestand zum Material.py
- (xxv) Bubblesort-Algorithmus.py
- (xxvi) Insertion-Algorithmus.py
- (xxvii) Mergesort-Algorithmus.py
- (xxviii) Bucketsort-Algorithmus.py
- (xxix) Zahl aus der b-adischen Zahlentwicklung.py
- (xxx) Laden und Speichern von Tabellen.py
- (xxxi) Gebindeeinlagerung.py
- (xxxii) Sort-Import.py

(xxxiii) Platzfindung.py
(xxxiv) Verschrottungsbuchung mit Grund.py
(xxxv) kein Kühlgut auf Fördertechnik.py
(xxxvi) Anpassung platzaendern für Kühlguteinlagerung.py
(xxxvii) Menücodes Beispiel 3.py
(xxxviii) Nummernkreise anzeigen.py
(xxxix) Kühlgut anzeigen und analysieren.py
(xl) Transportschuppe pdf.py
(xli) Transportschuppe-Aufrufstelle.py
(xlii) Coding QR-Code.py
(xliii) Coding QR-Code Aufrufstellen.py
(xliv) Hashwert berechnen.py
(xlv) Menü und Login.py
(xlvi) manueller Wareneingang GUI.py
(xlvii) Verschrottungsbuchung GUI.py
(xlviii) Bewegungsauswertung GUI.py
(xlix) QR-Code drucken GUI.py
(l) QR-Code-Scan-Umsetzung GUI.py
(li) Kühlgutauswertung-Python GUI.py
(lii) Materialstammanzeige GUI.py
(liii) Versions-Info GUI.py
(liv) Ende des Prototyps GUI.py
(lv) Warenausgangs-Menü GUI.py.

Des Weiteren ist der SMILE-Prototyp in der CLI- und GUI-Version bei Springer-Link downloadbar.

In der SMILE-Serie ist die Python-Installation in der Bedienungsanleitung zum SMILE-Prototypen ausführlich erläutert. Im Literaturverzeichnis finden sich weitere Python-Bücher, innerhalb derer ebenfalls Hinweise zur Installation von Python zu finden sind.

Inhaltsverzeichnis

1	**Grundlagen**.	1
1.1	**Logistik**	2
1.1.1	Was ist Logistik?	2
1.2	**Praktische Informatik mit Python**	13
1.2.1	Warum Python?	13
1.3	**Mathematik**.	16
1.3.1	Was ist Mathematik?	16
1.3.2	Grundlagen der Logik.	20
1.3.2.1	Die Aussage.	20
1.3.2.2	Operationen auf Aussagen	21
1.3.2.3	Quantoren und Prädikate	24
1.3.2.4	Logik und Python.	25
1.3.3	Grundlegende Einsichten in der Mengenlehre.	28
1.3.3.1	Der Begriff der Menge	28
1.3.3.2	Mengenoperationen.	30
1.3.3.3	Mengengesetze	32
1.3.3.4	Mengen und Python.	37
2	**Wareneingangskontrolle**.	39
2.1	**Logistik**	40
2.1.1	Hintergründe.	40
2.1.2	Prozess-Diagramm.	43
2.1.3	Prozess-Beschreibung	46
2.1.4	Problemstellung.	47
2.2	**Mathematik**.	49
2.2.1	Theoretischer Hintergrund	49
2.2.1.1	Natürliche Zahlen	49
2.2.1.1.1	Die Peano-Axiome.	49
2.2.1.1.2	Dedekind's Rekursionssatz und die Isomorphie von Zählreihen.	53
2.2.1.1.3	Addition, Multiplikation und ihre Rechengesetze	55
2.2.1.1.4	Anordnung der natürlichen Zahlen	61
2.2.1.2	Teilbarkeit in den natürlichen Zahlen	66
2.2.1.3	Teilen mit Rest.	67
2.2.1.4	b-adische Zahldarstellung.	68
2.2.2	Die Binärzerlegung in der Wareneingangskontrolle.	72
2.3	**Informatik**.	75
2.3.1	Flussdiagramme.	75
2.3.2	Python-Code.	78
2.3.2.1	Berechnung der Zahl aus b-adischer Darstellung	78
2.3.2.2	Berechnung der b-adischen Zerlegung	80
2.3.3	Programmierung eines Python-Prototyps zur praktischen Umsetzung	81

3		**Chargenschnittstelle**	87
3.1		**Logistik**	88
3.1.1		Hintergründe	88
3.1.1.1		Charge, Split, Labor, Schnittstelle	88
3.1.1.2		Chargenbezeichnung	89
3.1.1.3		Chargenattribute	92
3.1.1.4		Chargenprozesse und Risikomanagement	95
3.1.2		Prozess-Diagramm	99
3.1.3		Prozess-Beschreibung	100
3.1.4		Problemstellung	100
3.2		**Mathematik**	103
3.2.1		Theoretischer Hintergrund	103
3.2.1.1		Relationen und Funktionen	103
3.2.1.2		Der Entgiftungssatz und das Erweiterungsprinzip	112
3.2.1.3		Freie Monoide	122
3.2.2		Mathematische Theorie zur Eindeutigkeit der Chargenbestimmung	129
3.3		**Informatik**	133
3.3.1		Erweiterung des LVS-Prototyps	133
3.3.1.1		Design	133
3.3.1.2		Stamm-, Bestands- und Bewegungsdaten	138
3.3.1.2.1		Lagerplätze	138
3.3.1.2.2		Materialstamm	138
3.3.1.2.3		Chargenstamm	139
3.3.1.2.4		Gebindestamm	139
3.3.1.2.5		Materialstamm anzeigen	140
3.3.1.2.6		Chargenstamm anzeigen	140
3.3.1.3		Prozesse	141
3.3.1.3.1		Manuelle Wareneingangsbuchung	141
3.3.1.3.2		Chargenprüfung	143
3.3.1.3.3		Automatische Wareneingangsbuchung	145
3.3.1.3.4		AVIS-Erzeugung	146
3.3.1.3.5		Bewegungssatz schreiben	147
3.3.1.3.6		Funktions-Codes und Menü-Anpassungen	147
3.3.1.4		Auswertungen	149
3.3.1.4.1		Ermittlung des Bestandes für einen Platz	149
3.3.1.4.2		Ermittlung des Bestandes zu einem bestimmten Material	149
4		**Einlagerung von Kühlgut**	151
4.1		**Logistik**	152
4.1.1		Hintergründe	152
4.1.2		Prozess-Diagramm	158
4.1.3		Prozess-Beschreibung	159
4.1.4		Problemstellung	159
4.2		**Mathematik**	163
4.2.1		Theoretischer Hintergrund	163
4.2.1.1		Äquivalenzrelationen und Partitionen	163
4.2.1.2		Ganze Zahlen	169
4.2.1.2.1		Konstruktion ganzer Zahlen	171

4.2.1.2.2	Der Ring der ganzen Zahlen	177
4.2.1.2.3	Ordnungsübertragung auf $\mathbb{Z}$	180
4.2.1.3	Sortieren und Ordnen	185
4.2.1.4	Sortieralgorithmen	201
4.2.2	Transfer zur Praxis	215
4.3	**Informatik**	216
4.3.1	Design	216
4.3.2	Stammdaten	221
4.3.3	Datenspeicherung	224
4.3.4	Prozesse	225
4.3.4.1	Einlagerung	225
4.3.4.2	Verschrottung	227
4.3.4.3	Gebindeavis	228
4.3.4.4	Platz ändern	228
4.3.5	Menücodes	230
4.3.6	Auswertungen	231
4.3.6.1	Nummernkreise	231
4.3.6.2	Kühlgut	231
4.3.7	Formulare und Etiketten	232
4.3.7.1	Transportschuppe	232
4.3.7.2	Gebindelabel	235
5	**Python-GUI-Dialoge mit TKINTER**	239
5.1	**Logistik-Hintergründe**	240
5.2	**Mathematik-Hintergründe**	240
5.2.1	Splitten eines Strings	241
5.2.2	Suchen eines Strings	245
5.2.2.1	Grundlagen und lineare Suche	245
5.2.2.2	Der Boyer-Moore-(Horspool)-Algorithmus	245
5.2.3	Hashing von Passwörtern	251
5.2.3.1	Hashing	251
5.2.3.2	SHA-256	252
5.2.3.3	Hashing im SMILE-Prototyp	253
5.2.4	Zufallszahlen-Erzeugung für die I-Punkt-Simulation	255
5.3	**Informatik**	258
5.3.1	GUI und TKINTER	258
5.3.2	Hauptbild mit Login und Menü	267
5.3.2.1	Login und Menü	267
5.3.3	Wareneingang	274
5.3.3.1	Manueller Wareneingang	274
5.3.4	Lagerinterne Warenbewegungen	287
5.3.4.1	Verschrotten	287
5.3.5	Bewegungsauswertung	295
5.3.5.1	Sämtliche Bewegungen	295
5.3.6	Druck	305
5.3.6.1	QR-Code	305
5.3.7	Scan	311
5.3.7.1	QR-Code	311

5.3.8	Bestände	315
5.3.8.1	Kühlgut im Lager	315
5.3.9	Stammdaten	323
5.3.9.1	Materialien	323
5.3.10	Hilfe	330
5.3.10.1	Versions-Info	330
5.3.11	Ende	332
5.3.11.1	Verlassen der Anwendung	332
6	**Disposition von LKWs für Auslieferungen**	**335**
6.1	**Logistik**	336
6.1.1	Hintergründe	336
6.1.1.1	Kundenanforderung	336
6.1.1.2	LKWs	337
6.1.1.3	Ladehilfsmittel	342
6.1.1.4	Palettenbildung und -aufbau	347
6.1.1.5	LKW-Disposition	351
6.1.1.6	Auslieferungsbearbeitung	352
6.1.2	Prozess-Diagramm	353
6.1.3	Prozess-Beschreibung	354
6.1.4	Problemstellung	355
6.2	**Mathematik**	357
6.2.1	Theoretischer Hintergrund	357
6.2.1.1	Primzahlen und Ringtheorie	357
6.2.1.2	Polynomringe und Polynomfunktionen	363
6.2.1.3	Rationale Zahlen	373
6.2.1.4	Reelle Zahlen	384
6.2.1.5	Folgen und Reihen	390
6.2.1.6	Rundungsrechnung	399
6.2.1.7	Rationale Zahlen und Dezimalbruchdarstellung	402
6.2.1.8	Mathematik am Bruch-Kehrbruch-Problem	409
6.2.1.9	Prozente	415
6.2.1.10	Durchschnittsrechnung	415
6.2.1.11	Einheiten	416
6.2.1.12	Heuristiken	420
6.2.2	Praxistransfer	423
6.3	**Informatik**	428
6.3.1	Ausschreibung –Kundenanforderung	428
6.3.2	Angebot mit grober Schätzung und Präsentation	429
6.3.3	Angebotsannahme –Design –Pflichtenheft	431
6.3.4	Python-Implementierung –DS	447

A Serviceteil

Ausblick auf Band II	454
Literatur	455
Stichwortverzeichnis	459

Über den Autor

Ich, Sven Wirsing,
wurde 1975 in Neumünster, Schleswig-Holstein am 5. März geboren. Nach dem Abitur an der KKS in Itzehoe mit Schwerpunkt Mathematik und Physik studierte ich Mathematik mit Nebenfach BWL, Schwerpunkt Logistik an der CAU zu Kiel. Meine Promotion beendete ich 2005 als Dr. rer. nat. in Gruppen- und Algebrentheorie. In der Arbeitsgruppe **'Algebrentheorie'** sammelte ich wertvolle Erfahrungen in der Analyse strukturübergreifender Prozesse, die sich zwischen verschiedenen Disziplinen der Algebra wie etwa Gruppen-, Darstellungs-, Lie- und assoziativer Algebrentheorie wiederspiegeln. Seit Beendigung meiner Promotion arbeite ich seit fast 20 Jahren als Senior-IT-Berater und -Entwickler für Logistik-Prozesse bei für Firmen und Institutionen in den Bereichen Automotive, Pharma, Medizintechnik, Maschinenbau, Druckindustrie, Getränkegroßhandel, Lebensmittelindustrie, etc. Seit 2012 habe ich begonnen, Fachliteratur zu veröffentlichen. 2019–2021 war ich Gastdozent an der University of Applied Science Wiesbaden ABWL mit dem Thema **'Mathematik in der Logistik',** in der Teile von **SMILE** praktisch erprobt worden sind.

Symbole und Abkürzungsverzeichnis

Zahlbereiche	∗∗∗∗∗∗∗∗∗∗∗∗∗∗∗∗∗∗∗∗∗∗∗∗∗∗∗∗∗∗∗∗∗∗∗∗∗
$\mathbb{N}$	Menge aller natürlichen Zahlen ohne die Null
$n + m$	Summe von n und m
n, m	Summanden der Summe $n + m$
$n \cdot m$	Produkt von n und m
n, m	Faktoren des Produktes $n \cdot m$
$\nu(n)$	Nachfolger von n
$\mathbb{N}_0$	Menge aller natürlichen Zahlen einschließlich Null
$\mathbb{Z}$	Menge aller ganzen Zahlen
$b - a$	Differenz von b und a
b	Minuend der Differenz $b - a$
a	Subtrahend der Differenz $b - a$
$0, \overline{123456789}$	periodische Dezimalzahl
$0, 123456789$	endliche Dezimalzahl
$0, 123456789\overline{123456789}$	gemischt-periodische Dezimalzahl
$\frac{a}{b}$	der Bruch a durch b
a	Zähler
b	Nenner
$\frac{b}{a}$	Kehrbruch oder Kehrwert des Bruches a durch b
$c + \frac{a}{b}$	gemischte Zahl
$\mathbb{R}$	Menge aller reellen Zahlen
$]a, b[$	offenes Intervall
$[a, b]$	geschlossenes Intervall
$]a, b]$	halb-offenes Intervall
$[a, b[$	halb-offenes Intervall
$\mathbb{R}_{>0}$	Menge aller reellen Zahlen grösser Null
$\mathbb{C}$	Menge aller komplexen Zahlen
$\mid x \mid$	Betragsfunktion, Betrag von x
$d(\cdot, \cdot)$	Metrik
$\frac{a+b}{2}$	arithmetisches Mittel
$\overline{a}$	arithmetischer Mittelwert
$x_{n+1} := ax_n + b \,(mod\, m)$	linearer Generator
Mengensymbole	∗∗∗∗∗∗∗∗∗∗∗∗∗∗∗∗∗∗∗∗∗∗∗∗∗∗∗∗∗∗∗∗∗∗∗∗∗
P(M)	Potenzmenge der Menge M
$\{2, 4, 6, 8\}$	Mengenaufzählung
$\cap$	Schnittmenge
$\bigcap$	Schnittmenge mehrerer Mengen
$\cup$	Vereinigungsmenge
$\bigcup$	Vereinigungsmenge mehrerer Mengen
$\dot{\cup}$	disjunkte Vereinigungsmenge
$\subseteq$	Teilmenge
$\subset$	echte Teilmenge
$\setminus$	Differenzmenge
$(M_N)^c$	Komplement von M in N

$=$	Gleichheit
$\times$	Paarmenge
$(n; m)$	geordnetes Paar
$\emptyset$	leere Menge
$\in$	Elementsein
$\notin$	Nicht-Elementsein
$G(M)$	Menge der gewöhnlichen Elemente von M
Abb(M)	Menge der Abbildungen auf einer Menge M
HEA	Hintereinanderausführung von Abbildungen
$\circ$	Hintereinanderausführung von Abbildungen
X^n	Menge der n-Tupel über einer Menge X
$(x_1, ..., x_n)$	ein n-Tupel
x_j	j-te Komponente des n-Tupels $(x_1, ..., x_n)$
$\mathbb{T}(X)$	Tupelmonoid über einer Menge X
$X^\star$	freies Monoid über X
abba	Wort
ι	das leere Wort
ι	Einbettung
M	Alphabet
id	identische Abbildung
(ij)	Transposition
$f: A \longrightarrow B, x \mapsto f(x)$	Funktionsdefinition
$f(a), af, a \mapsto ...$	Funktionswert
R	Relation
R^{-1}	Umkehrrelation
$\mid$	Teilt-Relation
$[m]_\sim$	Äquivalenzklasse von m bzgl. $\sim$
$A/\sim$	Menge der Äquivalenzklassen bzgl. $\sim$
$f_{\mid T}$	Einschränkung der Funktion f auf T
$DIV_b(\cdot)$	Divisor-Bildung mit b
$MOD_b(\cdot)$	Modulo-Bildung mit b
σ_n	der grosse Vertauscher
f^n	n-te Potenz der Abbildung f
$\leq_M$	Ordnung auf M
Logiksymbole	******************************
$\vee$	logisches Oder
$\wedge$	logisches Und
$\neg$	logisches Nicht
$\Longleftrightarrow$	logische Äquivalenz
$\Rightarrow$	logische Implikation
$\exists$	Existenzquantor
$\exists!$	Existenzquantor, eindeutig
$\forall$	Allquantor
XOR	ausschliessendes Oder
A(x)	Aussageform
w	wahr
f	falsch
$:=$	definitionsgleich

Symbole und Abkürzungsverzeichnis

$\omega(A)$	Wahrheitswert der Aussage A
$prim(x)$	Primzahlsein
M_n	n-te Mersenne Primzahl
$\prod_{i=1} p_i$	faktorielle Darstellung
$\prod_{i=1} p_i^{n_i}$	Produkt mit Vielfachheiten
$v_a(p_i)$	Vielfachheiten
$teilen(y, x)$	Teilen
ggT	groesster gemeinsamer Teiler
inf	Infimum
kgV	kleinstes gemeinsames Vielfache
e	die Zahl e
π	die Zahl Pi
max	Maximum
min	Minimum
$-$	Subtraktion von Zahlen
$\cdot$	Multiplikation von Zahlen
$:$	Division von Zahlen
$\setminus$	Division von Zahlen
sup	Supremum
$+$	Addition von Zahlen
sgn	Vorzeichen oder auch Signum einer Zahl
$<$	kleiner als
$>$	grösser als
$\leq$	kleiner gleich
$\geq$	grösser gleich
$=$	Gleichheit
$\sqrt[n]{x}$	n-te Wurzel aus x
a^n	n-te Potenz von a
a^2	Quadrat von a
$\frac{n!}{k! \cdot (n-k)!}$	Binomialkoeffizient
$\frac{n!}{\prod_{i=1}^{s} k_i!}$	Multinomialkoeffizient
$(100000011)_2$	Binärdarstellung
$R_{0.5}(x)$	0.-Runden
$\lfloor \cdot \rfloor$	Abrunden
$\lceil \cdot \rceil$	Aufrunden
$frac(x)$	Nachkommateil von x
$R_{Dez(2)}(x)$	kaufmännische Runden auf 2 Dezimalstellen
%	Prozentzeichen
$\neq$	ungleich
$\mid$	teilt
$\sim$	ungefähr
g^{-1}	Inverse zu g
g^h	Konjugierte zu g mit h
M	Magma M
M	Halbgruppe M

M	Monoid M
0	neutrales Element in additiver Schreibweise
1	neutrales Element in multiplikativer Schreibweise
$E(M)$	Einheitengruppe von M
R	Ring R
aR	Hauptideal
g	Bewertungsfunktion, euklidischer Ring
$Q(R)$	Quotientenkörper von R
G	Grundwert in der Prozentrechnung
V	Prozentwert in der Prozentrechnung
p	Prozentsatz in der Prozentrechnung
(a_n)	Folge
a_n	Folgenglied
$\sum(a_n)$	Reihe, Partialsumme
$(a_{f(n)})$	Teilfolge
$\lim_{n\to\infty}(a_n)$	Grenzwert
$(a_n) := (q^n)$	Potenzfolge, geometrische Folge
$\sum(\frac{1}{n})$	harmonische Reihe
$\sum(\frac{(-1)^n}{n})$	alternierende harmonische Reihe
$\sum(q^n)$	geometrische Reihe
alternierend	alternierende Folge
aU	Linksnebenklasse von a in U
Ua	Rechtsnebenklasse von a in U
•	Gruppenaktion
$m \bullet G$	Orbit oder Bahn von m in G
$Stab_G(m)$	Stabilisator von m in G
$L := (l_1, ..., l_n)$	sortierte Liste
$L \bullet f$	Umsortieren der Liste L durch die Permutation f
$\{L \bullet f \mid f \in S_n\}$	Menge der Sortierungen der Liste L
S_n	symmetrische Gruppe vom Grad n
f	Permutation, Element der symmetrischen Gruppe
$(l_{f(1)}, ..., l_{f(n)})$	Poly-Weyl-Aktion auf Tupeln
$v_{a_i}(l)$	Vielfachheit von a_i in l
κ_g	Konjugationsabbildung
$Stab_{S_n}(l)$	Stabilisator eines Tupels l unter der Polya-Weyl-Aktion
Polynome	******************************
A	Algebra A
$grad(f)$	Grad eines Polynoms f
t^n	Monom vom Grad n
$f(b) = 0$	b Nullstelle des Polynoms f
$k_n = 1$	normiertes Polynom vom Grad n
$K[t]$	Polynomalgebra über K
$\sum_{j=0} k_j t^j$	Polynom vom Grad n
$(k_0, ..., k_n)$	Koeffizienten des Polynoms f
k_n	Leitkoeffizient des Polynoms f
$Pol(K)$	Polynomfunktionen über K

Symbole und Abkürzungsverzeichnis

t	Variable t
F_b	Einsetzungsabbildung
$\mathbb{G}$	ganze Zahlen
$P(a)$	Potenzen von a
$n - Eck$	n-Eck
$End_K(V)$	Endomorphismen von V
Einheiten	************************************
m	Meter
cm	Centimeter
m^2	Quadrat-Meter
m^3	Kubik-Meter
g	Gramm
kg	Kilogramm
t	Tonne
st	Stück
°C	Grad Celsius
s	Sekunde
Cs	Caesium
A	Ampere
N	Newton
Mol	molare Masse
C	Kohlenstoff
cd	Candela
SI	Einheitensystem
SCHA	Schachtel
KAR1	Kartonbezeichnung, Grösse 1
KAR2	Kartonbezeichnung, Grösse 2
KAR3	Kartonbezeichnung, Grösse 3
BME	Basismengeneinheit
Logistik und BWL	************************************
ABWL	Allgemeine Betriebswirtschaftslehre
8R	8R-Definition der Logistik
AVIS	Ankündigung eines Wareneingangs
HRL	Hochregallager
HGB	Handelsgesetzbuch
HU	Handling Unit
VSE	Versandeinheit
SSCC	Serial Shipping Container Code
I-Punkt	Informations-Punkt
K-Punkt	Kommissionier- oder Kontroll-Punkt
L	Gebindestatus im Lager
A	Gebindestatus avisiert
LHM	Ladehilfsmittel
KFZ	Kraftfahrzeug
NKW	Nutzkraftwagen
LKW	Lastkraftwagen
LVS	Lagerverwaltungssystem
WMS	Warehouse Management System

MFS	Materialfluss-System
MHD	Mindesthaltbarkeitsdatum
NIO	Nicht-in-Ordnung
QK	Qualitätskontrolle
QR	Quick Response, Barcode
VERP	Materialart VERP für Verpackung
WE	Wareneingang
WA	Warenausgang
FEFO	First Expired First Out
FIFO	First In First Out
LEFO	Last Expired First Out
LQ	Limited Quantity
PbV	Pick-by-Voice
PGS	Packungsgrössenschlüssel
LE	Logistics Execution
LE	Lagereinheiten
SD	Sales and Distribution
SAP	Systeme Anwendungen und Produkte
EWM	Extended Warehouse Management
LEERAUF	aufsteigend sortieren
LEERAB	absteigend sortieren
Cut-Over	Projektphase Go-Live-Vorbereitung
Mock-Up	rudimentäres Vorführmodell
Go-Live	produktiver Projektstart
L	Länge
B	Breite
H	Höhe
Informatik	******************************
Coding	Programmcode
CSV	Comma-separated values, Dateiformat
FS	Functional Specification
DS	Design Specification
DQ	Design Qualification
OQ	Operational Qualification
PQ	Performance Qualification
URS	User Requirement Specification
RTM	Requirement Traceability Matrix
GUI	Graphical User Interface
CLI	Command Line Interface
IT	Informationstechnologie
Python	Programmiersprache Python
TUI	Text User Interface
Tkinter	GUI-Tool von Python
Tk	Toolkit
Tim-Sort	Sortieralgorithmus Tim-Sort
MT	Manntage
PY	Python-Dateiformat
SST	Schnittstelle

Symbole und Abkürzungsverzeichnis

EVA	Eingabe-Verarbeitung-Ausgabe
IDOC	Intermediate Document
APP	Application
Python-Schlüsselwörter	******************************
IF	Wenn-Dann-Kondition
ELSE	Wenn-Dann-Kondition
ELIF	Wenn-Dann-Kondition
PRINT	Bildschirmausgabe
RETURN	gibt Wert aus Unterprogramm zurück
FOR	For-Schleife
RANGE	Wertebereich
LEN	Länge einer Variable
WHILE	Solange-Schleife
INPUT	Eingabebefehl
int()	ganzzahlige Variable
DEF	Definition einer Unterroutine
==	Gleichheits-Kondition
!=	Ungleichheits-Kondition
Klasse.Methode	Objektorientierung
[]	Tupel
{ }	Menge
CV2	Modul zum Scannen
Canvas	Modul bzw. Element zur grafischen Darstellung
FPDF	Modul zum Erzeugen von PDF-Dateien
ADFGX	ADFGX-Verschlüsselungsverfahren im Militär
bzw.	beziehungsweise
DMV	Deutsche Mathematiker Vereinigung
DNS	Desoxyribonukleinsäure
i. A.	im Allgemeinen
u. a.	unter anderem
$\int_a^b f(x)dx$	Integral
log	Logarithmus zur Basis 10
PH	Pädagogische Hochschule
SMILE	Logistik-Mathematik-Informatik-Schule
RNS	Ribonukleinsäuren
VDMA	Verband Deutscher Maschinen- und Anlagenbau
VDI	Verein Deutscher Ingenieure
DIN	Deutsche Institut für Normung
∞	unendlich
↯	Widerspruchspfeil
WWW	World Wide Web
S/MIME	Secure/Multipurpose Internet Mail Extensions
PGP	Pretty Good Privacy
IPSec	Internet Protocol Security
HMAC	Einweg-Hashfunktion
SHA-*	Secure Hash Algorithm
TLS/SSL	Transport Layer Security, Secure Sockets Layer

KKS	Kaiser-Karls-Schule
CAU	Christian-Albrechts-Universitaet zu Kiel
Dr.	Doktor
rer.	rerum
nat.	naturum
LED	Leuchtdiode
StVZO	Strassenverkehrs-Zulassungs-Ordnung

Abbildungsverzeichnis

Abb. 1.1 Beispiel zur Mathematik	19
Lagerstruktur im Wareneingangsbereich	41
Wareneingangskontrolle	44
Dedekindscher Rekursionssatz	56
Teilen mit Rest: funktionelle Beschreibung	68
Flussdiagramm: Potenzieren einer Zahl	75
Flussdiagramm: Berechnung Zahl aus b-adischer Zerlegung	76
Flussdiagramm: Berechnung b-adische Zerlegung	77
Abb. 2.1 Python-Programm: b-adischtoZahl, Version 1	79
Abb. 2.2 Python-Programm: b-adischtoZahl, Version 1, Resultat	80
Abb. 2.3 Python-Programm: Zahltobadisch, Version 1	81
Abb. 2.4 Python-Programm: Zahltobadisch, Version 1, Resultat	82
Simulation SMILE, Teil 1	83
Simulation SMILE, Teil 2	84
Chargennummerierung	90
Chargenstamm	93
Chargenstamm-Attribute	94
Chargenüberwachung	96
Chargenrisiken	98
Chargenkontrolle	99
Chargenprüfung	101
Relation	104
Funktion	106
injektiv, surjektiv, bijektiv	109
Funktion-Erweiterung	111
Entgiftungssatz und Erweiterungsprinzip	114
Struktur-Transport	118
freie Monoide: funktionelle Beschreibung	122
freie Monoide	126
Chargenanlage: Schritte und Prüfungen	132
Integration Beispiel 2 in den LVS-Prototyp	134
Chargenpruefung	144
Fischkühlkette und Störfaktoren	154
SMILE-Platzfindung	157
Kühlguteinlagerung	158
Problemstellung Kühlguteinlagerung	160
universelle Eigenschaft ganzer Zahlen	172
Abb. 4.1 Betrag und Signum	186
Integration Kühlgut in den LVS-Prototyp, Zoom	217
Stammdaten	221
Transportbeleg zu Gebinde 4719 mit Nummernkreis-Nummer 10	235
Abb. 4.2 Beipsiel QR-Code zum Gebinde 4712	237
Splitten eines Strings	244
Suchen eines Strings	248

Hashing	254
Zufallszahlen	257
Aufbau eines GUI	259
EVA-Prinzip	261
Software-Ergonomie	263
Anlage Verladeauftrag zur Lieferung	264
Ergonomie Verladeauftragsanlage zur Lieferung	266
Login und Menü	268
Login und Menü, II	273
manueller Wareneingang	275
manueller Wareneingang, II	286
Verschrottungs-Konzept	288
Verschrottung-Umsetzung	294
Bewegungsauswertung – Konzept	296
Bewegungsauswertung-Umsetzung	304
QR-Code-Druck-Konzept	305
QR-Code-Druck-Umsetzung	310
QR-Code-Scan-Konzept	311
QR-Code-Scan-Umsetzung	314
Kühlgutauswertung-Konzept	316
Kühlgutauswertung-Umsetzung	322
Materialstamm-Konzept	324
Materialstamm-GUI-Dialog	329
Versions-Info	331
Schließen und Datensicherung	333
LKW-Charakteristika	340
LHM-Charakteristika	343
EPAL-Produkte	345
LHM-Palettenaufbau	348
LKW-Disposition	353
LKW-Disposition II	355
Primzahlen und Ringtheorie	362
Polynomringe vs. Polynomfunktionen	371
Quotientenkörper	374
rationale Zahlen	382
reelle Zahlen	388
Folgen und Reihen	396
Rundungsrechnung	401
Dezimalbruchdarstellung	408
Mathematik am Bruch-Kehrbruch-Problem – revisted	414
Einheiten	419
Heuristiken	422
LKW-Disposition – Praxistransfer	424
LKW-Disposition – Praxistransfer, II	425
LKW-Disposition – Praxistransfer, III	427
FS	432

Tabellenverzeichnis

Tab. 1.1 Aussagen-Negation 21
Tab. 1.2 Aussagen-Konjunktion 21
Tab. 1.3 Aussagen-Disjunktion. 22
Tab. 1.4 Aussagen-Implikation. 22
Tab. 1.5 Aussagen-Äquivalenz 23
Tab. 1.6 XOR 27
Tab. 1.7 XOR II 28
Tab. 2.1 Zahlensysteme 73
Tab. 2.2 Palettenfehler 74
Tab. 3.1 Beispiele zu Funktionseigenschaften. 108
Tab. 6.1 Einheiten 417

Tabellenverzeichnis

Verzeichnis der Python-Beispiele

Python-Quellcode 1.1 Logikverwendung bei der Chargenpruefung 25
Python-Quellcode 1.2 Logikverwendung bei der Platzfindung 26
Python-Quellcode 1.3 while-Schleife für das Menü 27
Python-Quellcode 1.4 XOR-Operator... 27
Python-Quellcode 1.5 Mengenverwendung bei der Chargenpruefung............. 37
Python-Quellcode 1.6 kartesisches Produkt in Python 37
Python-Quellcode 1.7 Potenzmenge als Liste in Python........................... 38
Python-Quellcode 2.1 while durch for... 80
Python-Quellcode 2.2 Binärzerlegung 80
Python-Quellcode 2.3 K-Punktdialog 86
Python-Quellcode 3.1 Erweiterung der Lagerplatztabelle 138
Python-Quellcode 3.2 Anlage Materialstamm 138
Python-Quellcode 3.3 Anlage Chargenstamm 139
Python-Quellcode 3.4 Erweiterung Gebindestamm................................ 140
Python-Quellcode 3.5 Anzeige Materialstamm 140
Python-Quellcode 3.6 Anzeige Chargenstamm 141
Python-Quellcode 3.7 manueller Wareneingang.................................... 141
Python-Quellcode 3.8 Chargenprüfung 143
Python-Quellcode 3.9 automatische Wareneingangsbuchung..................... 145
Python-Quellcode 3.10 AVIS-Erzeugung 146
Python-Quellcode 3.11 Bewegungssatz schreiben.................................. 147
Python-Quellcode 3.12 Bewegungssatz schreiben, II............................... 147
Python-Quellcode 3.13 Funktions-Codes.. 148
Python-Quellcode 3.14 Menü-Anpassungen 148
Python-Quellcode 3.15 Bestand zum Platz 149
Python-Quellcode 3.16 Bestand zum Material 149
Python-Quellcode 4.1 Bubblesort-Algorithmus..................................... 201
Python-Quellcode 4.2 Insertion-Algorithmus....................................... 203
Python-Quellcode 4.3 Mergesort-Algorithmus 205
Python-Quellcode 4.4 Bucketsort-Algorithmus..................................... 208
Python-Quellcode 4.5 Zahl aus der b-adischen Zahlentwicklung 216
Python-Quellcode 4.6 Laden und Speichern von Tabellen........................ 224
Python-Quellcode 4.7 Gebindeeinlagerung 225
Python-Quellcode 4.8 Sort-Import... 225
Python-Quellcode 4.9 Platzfindung... 225
Python-Quellcode 4.10 Verschrottungsbuchung mit Grund 227
Python-Quellcode 4.11 kein Kühlgut auf Fördertechnik............................ 228
Python-Quellcode 4.12 Anpassung platzaendern für Kühlguteinlagerung 228
Python-Quellcode 4.13 Menücodes Beispiel 3 230
Python-Quellcode 4.14 Nummernkreise anzeigen 231
Python-Quellcode 4.15 Kühlgut anzeigen und analysieren 232
Python-Quellcode 4.16 Installation pdf 233
Python-Quellcode 4.17 Import pdf... 233
Python-Quellcode 4.18 Transportschuppe pdf..................................... 233

Python-Quellcode 4.19 Transportschuppe-Aufrufstelle 234
Python-Quellcode 4.20 Installation 235
Python-Quellcode 4.21 Import QR-Code 235
Python-Quellcode 4.22 Coding QR-Code 235
Python-Quellcode 4.23 Coding QR-Code Aufrufstellen............................. 236
Python-Quellcode 5.1 Hashwert berechnen 253
Python-Quellcode 5.2 Menü und Login 270
Python-Quellcode 5.3 manueller Wareneingang GUI............................... 278
Python-Quellcode 5.4 Verschrottungsbuchung GUI................................ 291
Python-Quellcode 5.5 Bewegungsauswertung GUI 298
Python-Quellcode 5.6 QR-Code drucken GUI 307
Python-Quellcode 5.7 QR-Code-Scan-Umsetzung GUI 312
Python-Quellcode 5.8 Kühlgutauswertung-Python GUI 318
Python-Quellcode 5.9 Materialstammanzeige GUI................................. 326
Python-Quellcode 5.10 Versions-Info GUI 330
Python-Quellcode 5.11 Ende des Prototyps GUI 332
Python-Quellcode 6.1 Warenausgangs-Menü GUI 451

# Grundlagen

Inhaltsverzeichnis

1.1   Logistik – 2
1.1.1   Was ist Logistik? – 2

1.2   Praktische Informatik mit Python – 13
1.2.1   Warum Python? – 13

1.3   Mathematik – 16
1.3.1   Was ist Mathematik? – 16
1.3.2   Grundlagen der Logik – 20
1.3.3   Grundlegende Einsichten in der Mengenlehre – 28

© Der/die Herausgeber bzw. der/die Autor(en), exklusiv lizenziert an Springer-Verlag GmbH, DE, ein Teil von Springer Nature 2025
S. Wirsing, *Kompaktband Logistik*, Schule für Mathematik, Informatik, Logistik und Erfolg, https://doi.org/10.1007/978-3-662-69945-4_1

1.1 Logistik

1.1.1 Was ist Logistik?

Jeder verbindet mit dem Begriff **'Logistik'** sicherlich etwas anderes. Welchen Begriff der Autor von der Logistik hat, wie sie wissenschaftlich definiert ist, welche Teilbereiche sie besitzt und welche weiteren interessanten Verbindungen sie aufzeigt, sind im folgenden Mindmap verdeutlicht:

1.1 · Logistik

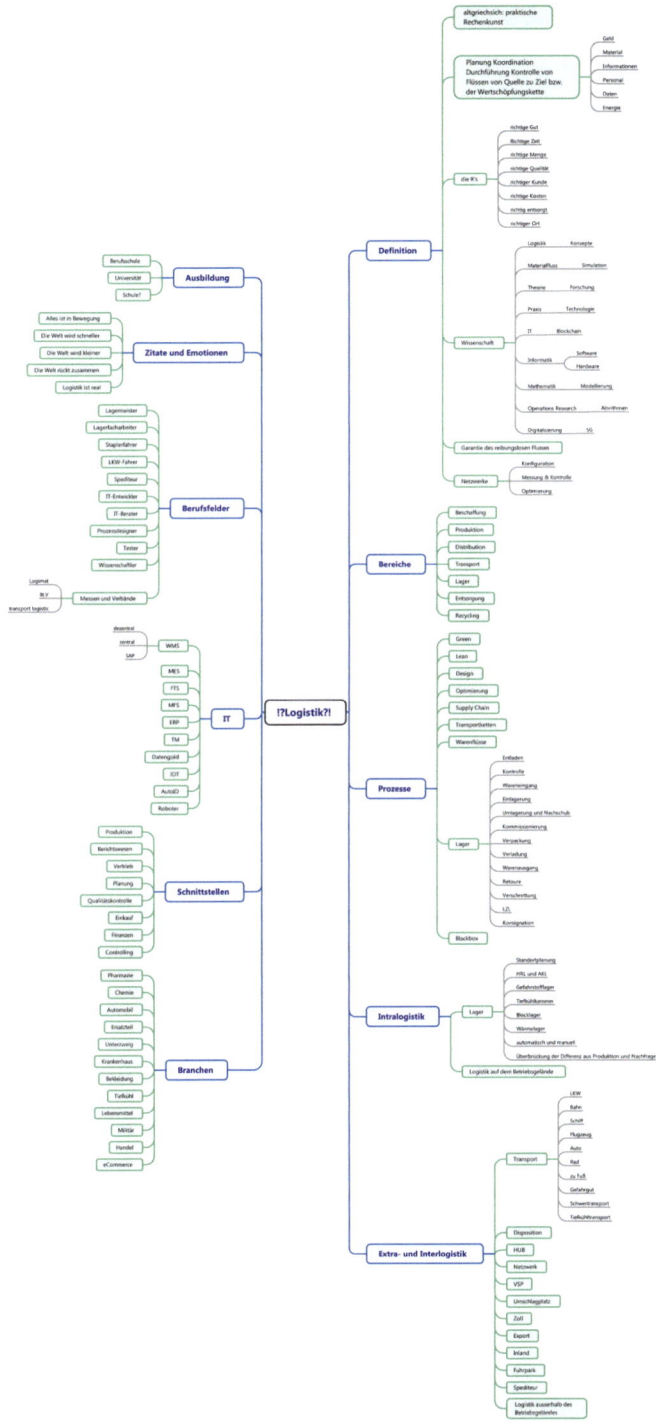

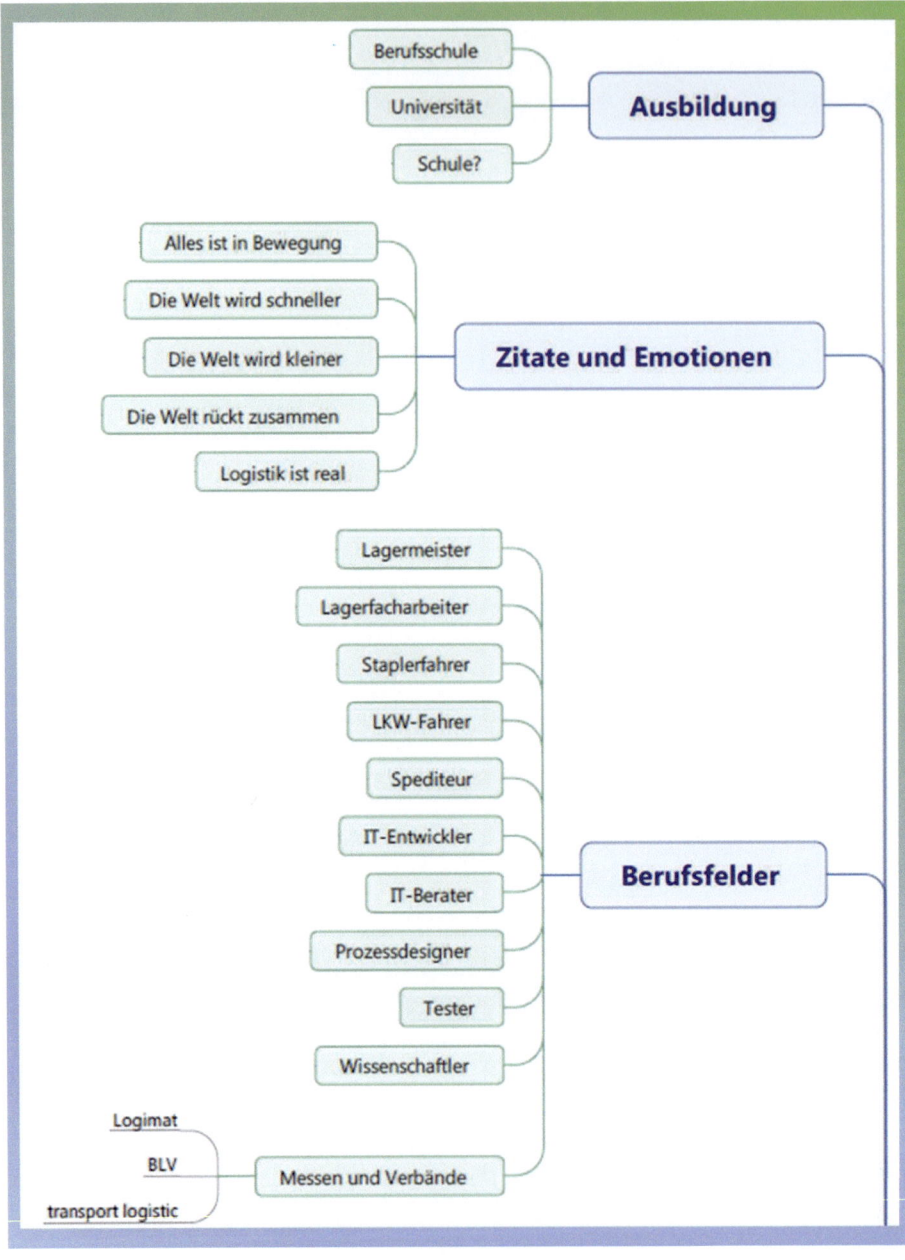

1.1 · Logistik

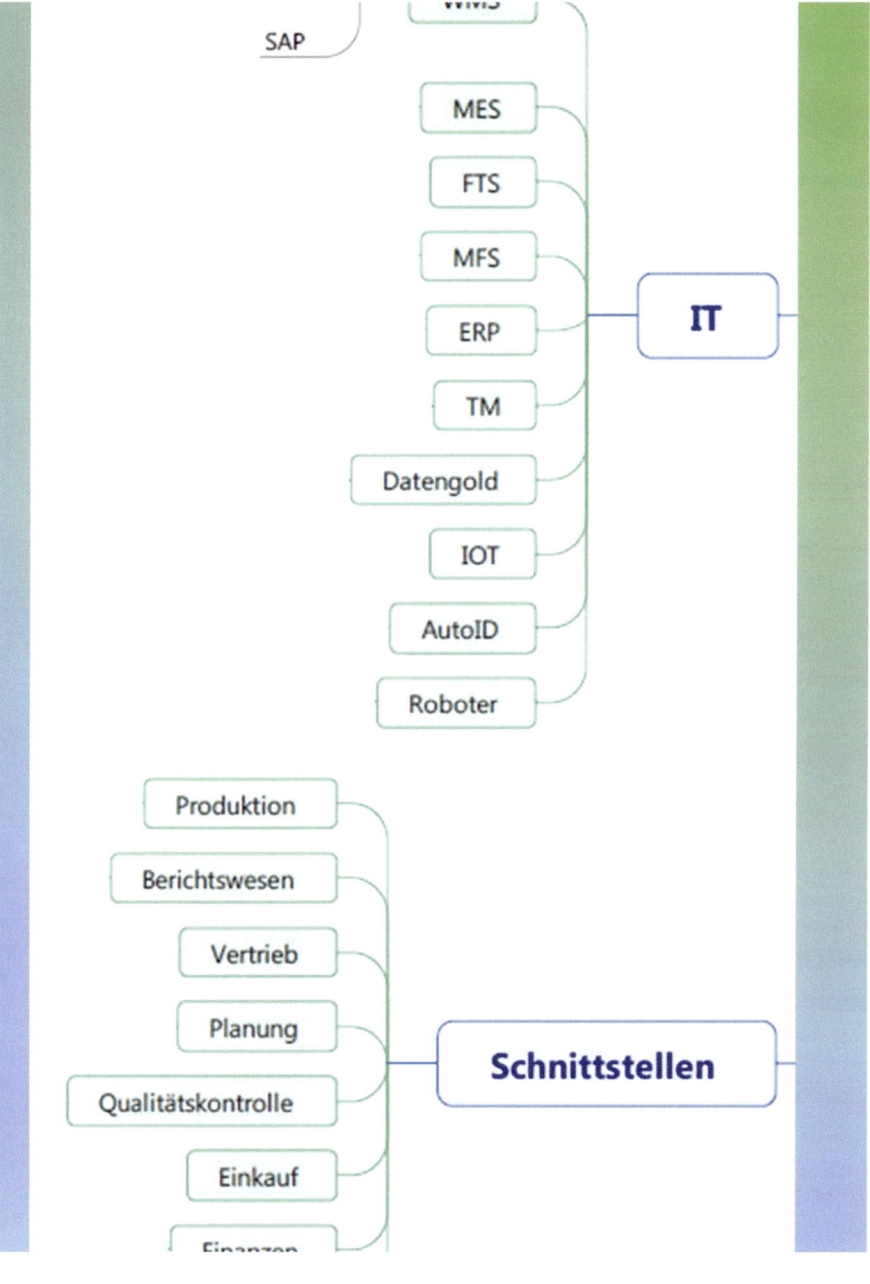

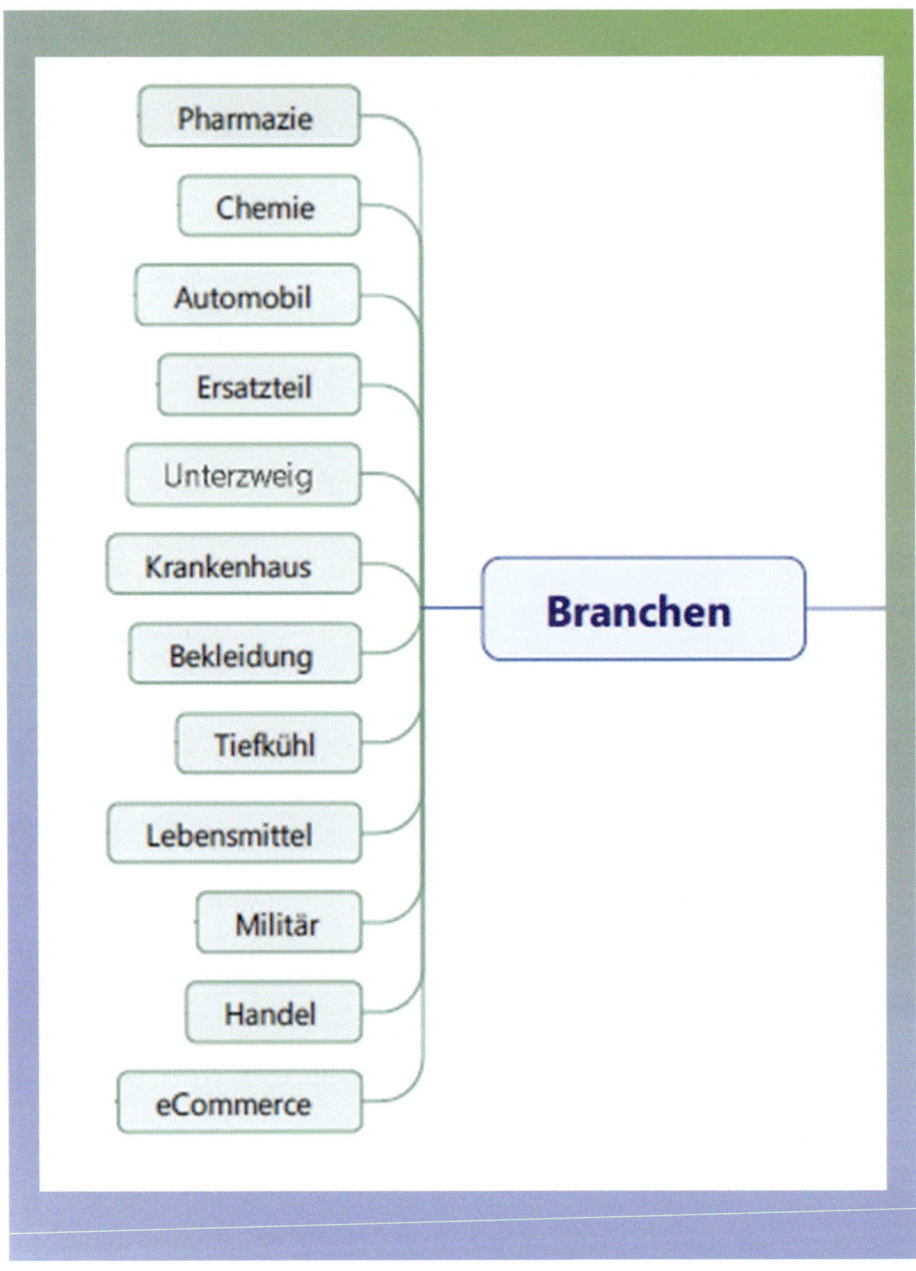

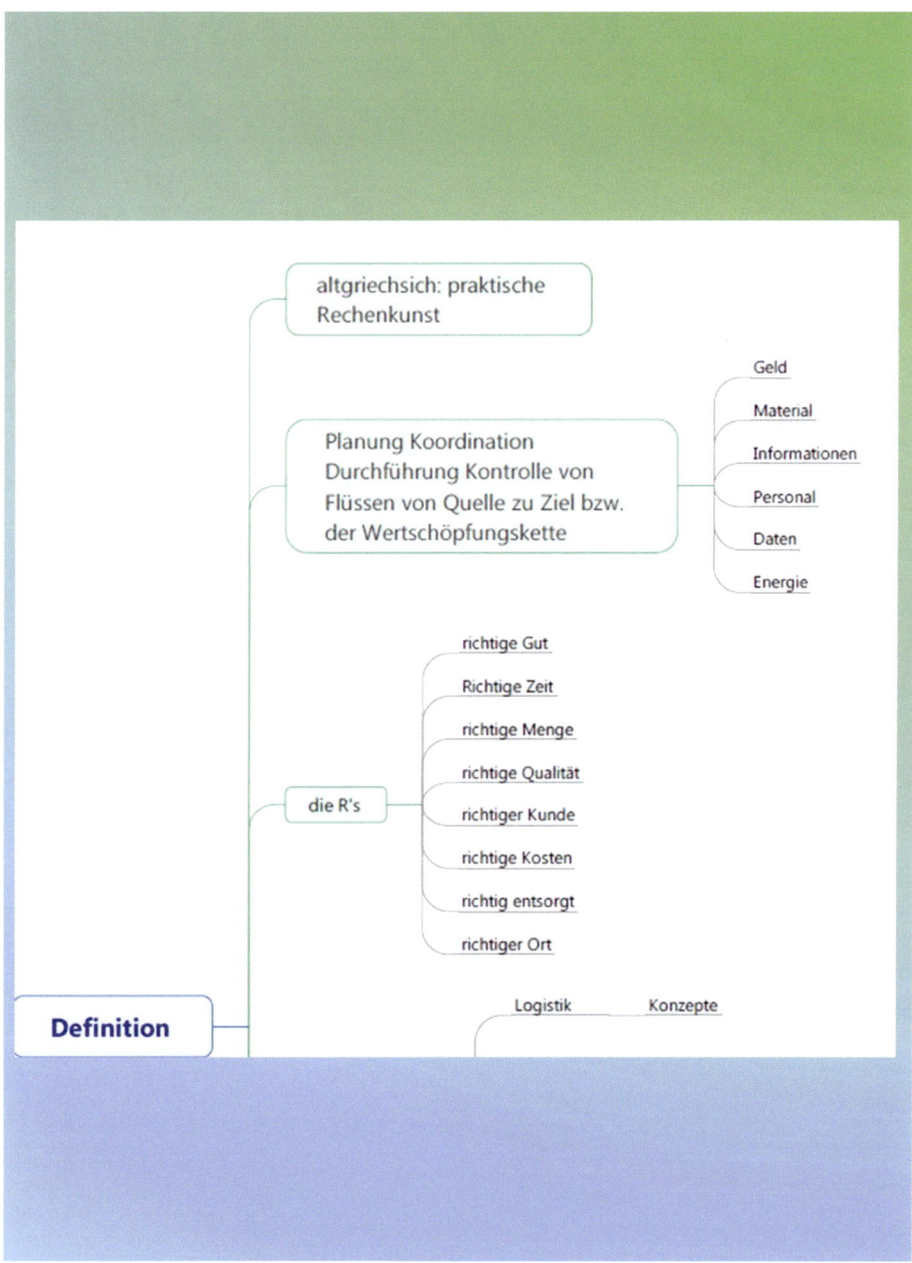

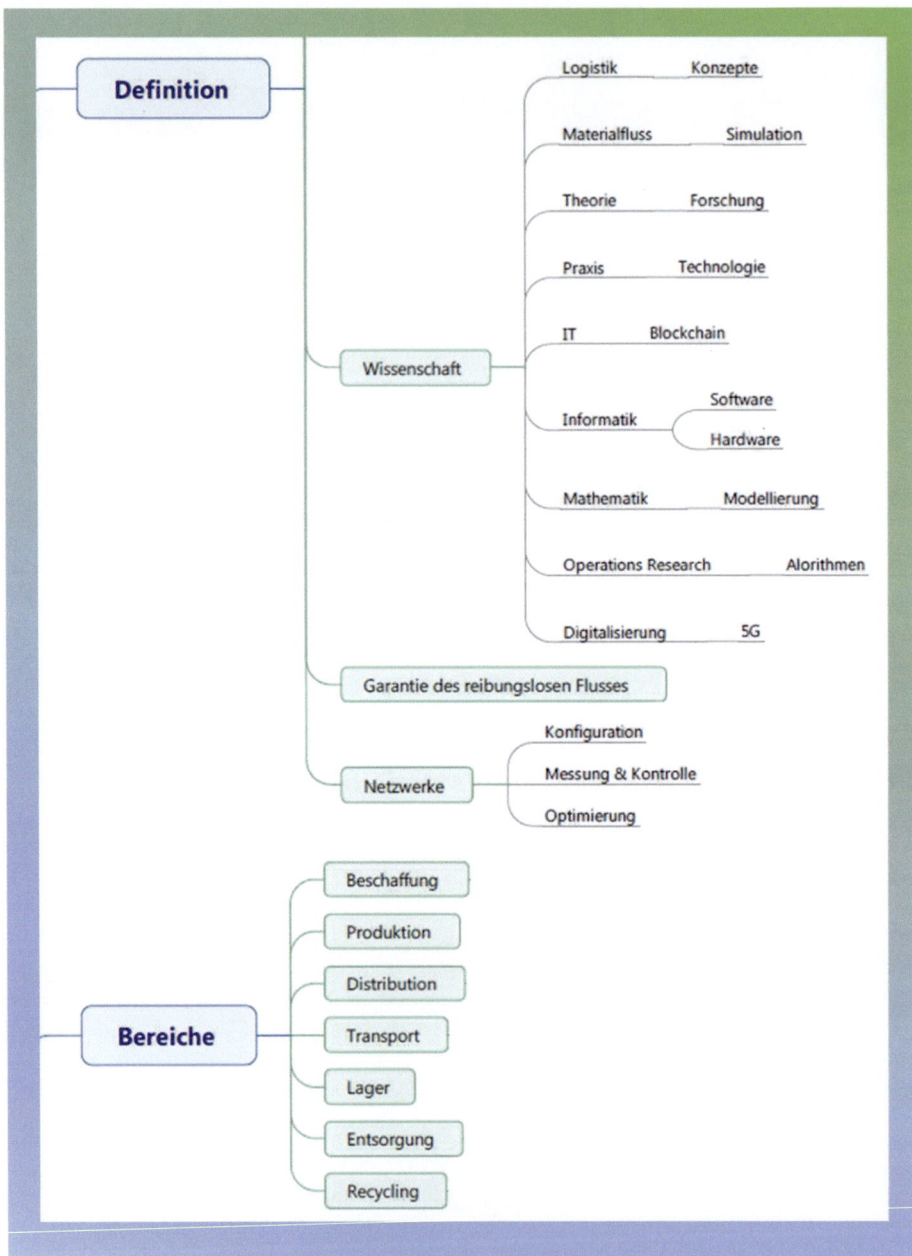

In diesem Buch werden nur **'intralogistische'** Fragestellungen betrachtet, also Logistikprozesse, die sich innerhalb eines Betriebsgeländes abspielen. Der Begriff wurde 2004 von der VDMA (Verband Deutscher Maschinen- und Anlagenbau) definiert, um eine Abgrenzung zum Warentransport außerhalb eines Werkes zu schaffen. Letztere bezeichnet man auch als **'Extralogistik'** (bezogen auf ein Unternehmen) oder auch **'Interlogistik'** (unternehmensübergreifend). In der Extra- und Interlogistik sind die Prozesse innerhalb des Werksgeländes nicht von Bedeutung, sie verkörpern eine **'Blackbox'**. In der Intralogistik öffnet sich diese Blackbox und wird zur **'Whitebox'**. Dort finden sich auch alle Beispiele zur Intralogistik wieder, die im weiteren Verlauf dieses Werkes von Bedeutung sein werden. Blackbox- und Whitebox-Diagramme seien durch die folgenden beiden Schaubilder verdeutlicht:

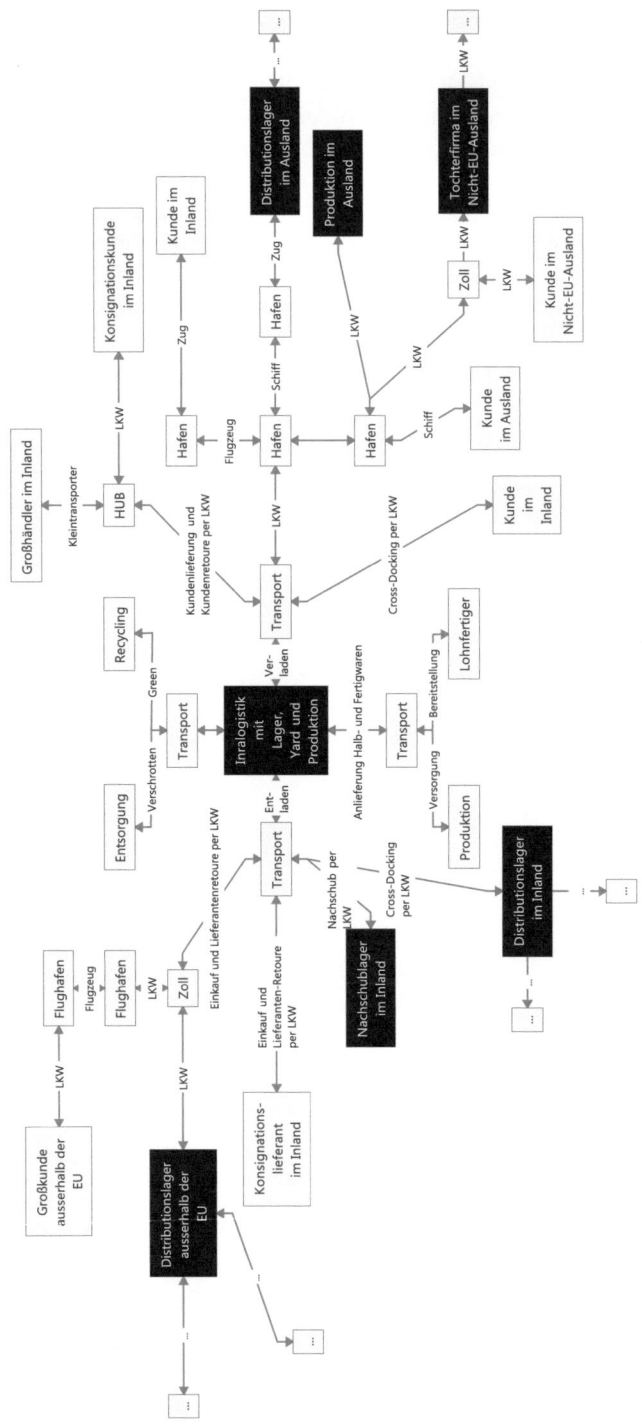

1.1 · Logistik

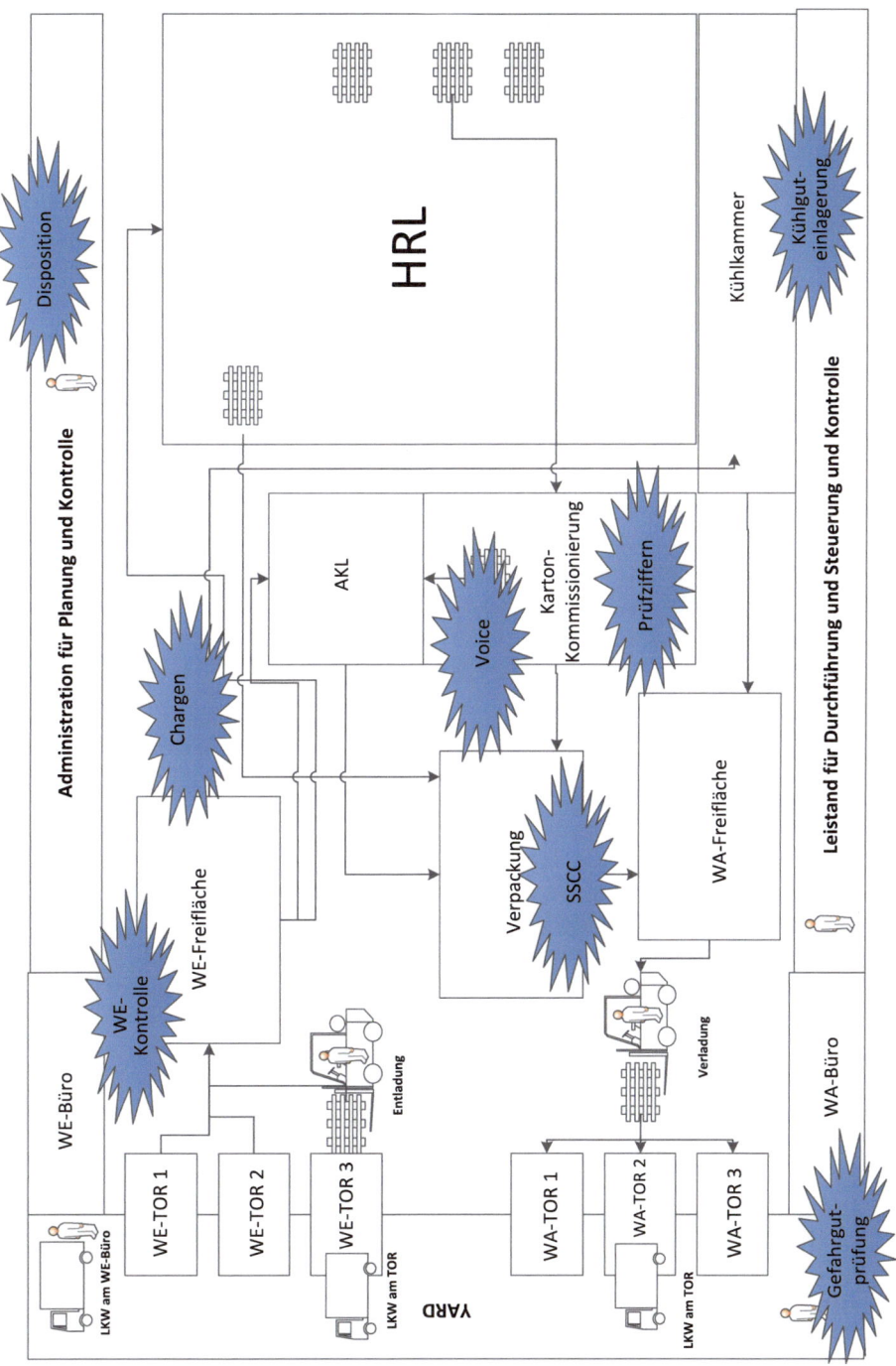

Konkret werden also die intralogistischen Prozesse

(i) Wareneingangskontrolle
(ii) Chargen im Wareneingang
(iii) Kühlguteinlagerung
(iv) Disposition von Transporten
(v) Kommissionierscheine mit Pick-by-Voice
(vi) Prüfziffern bei der Kommissionierung
(vii) SSCC-Nummern bei der Verpackung
(viii) Gefahrgutprüfung bei der Verladung

betrachtet. Man erkennt, daß diese Prozesse sich entlang der intralogistischen Kette

'Bestellung ↪ Wareneingang ↪ Einlagerung ↪ Lagerhaltung ↪

Kommissionierung ↪ Verpackung ↪ Verladung ↪ Warenausgang'

bewegen. Die ersten vier Themen sind Gegenstand dieses ersten Bandes, die anderen werden erst in Band II betrachtet.

Logistische Fragestellungen können anhand einer reichhaltigen Literaturliste vertieft werden. Der Autor hat u. a. folgende Literatur verwendet:

(i) Logistik mit SAP (siehe [31])
(ii) Warehouse Management mit SAP EWM (siehe [39])
(iii) Logistik Grundlagen (siehe [38])
(iv) Logistik: Grundlagen Strategien Anwendungen (siehe [22])
(v) Software in der Logistik (siehe [57])
(vi) Lagerprozesse effizient gestalten (siehe [52])
(vii) Lean Warehousing erfolgreich umsetzen (siehe [53])
(viii) Schlanke Logistikprozesse: Handbuch für den Planer (siehe [24]).
(ix) Warehouse Management, Organisation und Steuerung von Lager- und Kommissioniersystemen (siehe [55])
(x) Wirtschafts- und Sozialprozesse, Berufe der Lagerlogistik (siehe [4])
(xi) Alles auf Lager, Fachkräfte für Lagerlogistik, Fachqualifikation, Trainingsbuch (siehe [33])
(xii) Köbberling et al., Alles auf Lager, Fachkräfte für Lagerlogistik, Grundqualifikation, Trainingsbuch (siehe [34])
(xiii) Köbberling et al., Alles auf Lager, Fachkräfte für Lagerlogistik, Grundqualifikation, Trainingsbuch, Teil 2 (siehe [36])
(xiv) Köbberling et al., Alles auf Lager, Fachkräfte für Lagerlogistik, Fachqualifikation, Informationsband (siehe [35])
(xv) Köbberling et al., Alles auf Lager, Fachkräfte für Lagerlogistik, Grundqualifikation, Informationsband (siehe [37])
(xvi) Berufe der Lagerlogistik, Arbeitsheft mit praktischen Übungen (siehe [5])
(xvii) Rechnen und EXCEL – Berufe der Logistik – (siehe [50])
(xviii) Logistische Prozesse, Berufe der Lagerlogistik, Lernsituationen (siehe [54])
(xix) Logistische Prozesse, Berufe der Lagerlogistik (siehe [6]).

1.2 Praktische Informatik mit Python

1.2.1 Warum Python?

Die 'Informatik', wie sie in [QR-Code] definiert wird, ist die Wissenschaft von der systematischen Darstellung, Speicherung, Verarbeitung und Übertragung von Informationen, besonders der automatischen Verarbeitung mit Digitalrechnern. Historisch hat sich die Informatik einerseits aus der Mathematik als Strukturwissenschaft entwickelt, andererseits als Ingenieursdisziplin aus dem praktischen Bedarf nach der schnellen und insbesondere automatischen Ausführung von Berechnungen. Die Informatik unterteilt sich in die drei Teilgebiete der **'Theoretischen'**, der **'Technischen'** und der **'Praktischen'** Informatik.

Als Rückgrat der Informatik beschäftigt sich das Gebiet der Theoretischen Informatik mit den abstrakten und mathematikorientierten Aspekten der Wissenschaft. Das Gebiet ist breit gefächert und beschäftigt sich unter anderem mit Themen aus der theoretischen Linguistik (Theorie formaler Sprachen bzw. Automatentheorie), Berechenbarkeits- und Komplexitätstheorie. Ziel dieser Teilgebiete ist es, fundamentale Fragen wie **'Was kann berechnet werden?'** und **'Wie effektiv und effizient kann man etwas berechnen?'** umfassend zu beantworten.

Die Technische Informatik befasst sich mit den hardwareseitigen Grundlagen der Informatik, wie etwa Mikroprozessortechnik, Rechnerarchitektur, eingebetteten und Echtzeitsystemen, Rechnernetzen samt der zugehörigen systemnahen Software, sowie den hierfür entwickelten Modellierungs- und Bewertungsmethoden.

Die Praktische Informatik entwickelt grundlegende Konzepte und Methoden zur Lösung konkreter Probleme in der realen Welt, beispielsweise der Verwaltung von Daten in Datenstrukturen oder der Entwicklung von **'Software'**. Einen wichtigen Stellenwert hat dabei die Entwicklung von **'Algorithmen'**. Beispiele dafür sind **'Sortier- und Suchalgorithmen'**. Eines der zentralen Themen der praktischen Informatik ist die Softwaretechnik (auch Softwareengineering genannt). Sie beschäftigt sich mit der systematischen Erstellung von Software. Es werden auch Konzepte und Lösungsvorschläge für große Softwareprojekte entwickelt, die einen wiederholbaren Prozess von der Idee bis zur fertigen Software erlauben sollen.

Tobias Häberlein schreibt in seinem Werk [27] zur praktischen Informatik bzw. zu seiner Motivation:

> Insbesondere die praktische Informatik lebt vom Ausprobieren und Selbermachen. Darauf baut das didaktische Konzept dieses Buches auf: Alle wichtigen klassischen Algorithmen werden so erklärt, daß sie direkt mit Python geübt werden können. Durch diese unmittelbare praktische Anwendung der theoretischen Inhalte gestaltet sich der Lernprozess deutlich interessanter und effektiver. Der Fokus liegt dabei auf Implementierungstechniken und auf der Präsentation eleganter Implementierungen. Besonders detailliert wird zudem auf Heuristiken eingegangen, da diese für viele praktische Anwendungen besonders wichtig sind. Das Buch bietet einen praktischen Zugang zur Algorithmik und weist mehr Berührungspunkte zur Programmiermethodik und zu Programmiertechniken auf als zur Theoretischen Informatik.

Auch wenn die Aspekte der theoretischen und technischen Informatik für sich genommen interessant und reizvoll sein mögen, so ist auch in diesem Werk das strukturierte Umsetzen praktischer Fragestellungen von zentraler Bedeutung. Dazu wird in diesem Werk die **'Programmiersprache Python'** benutzt, um die mathematisch erörterten Logistik-Themen im SMILE-Prototyp praktisch umzusetzen. Gründe, die für die Wahl von Python sprechen, sind:

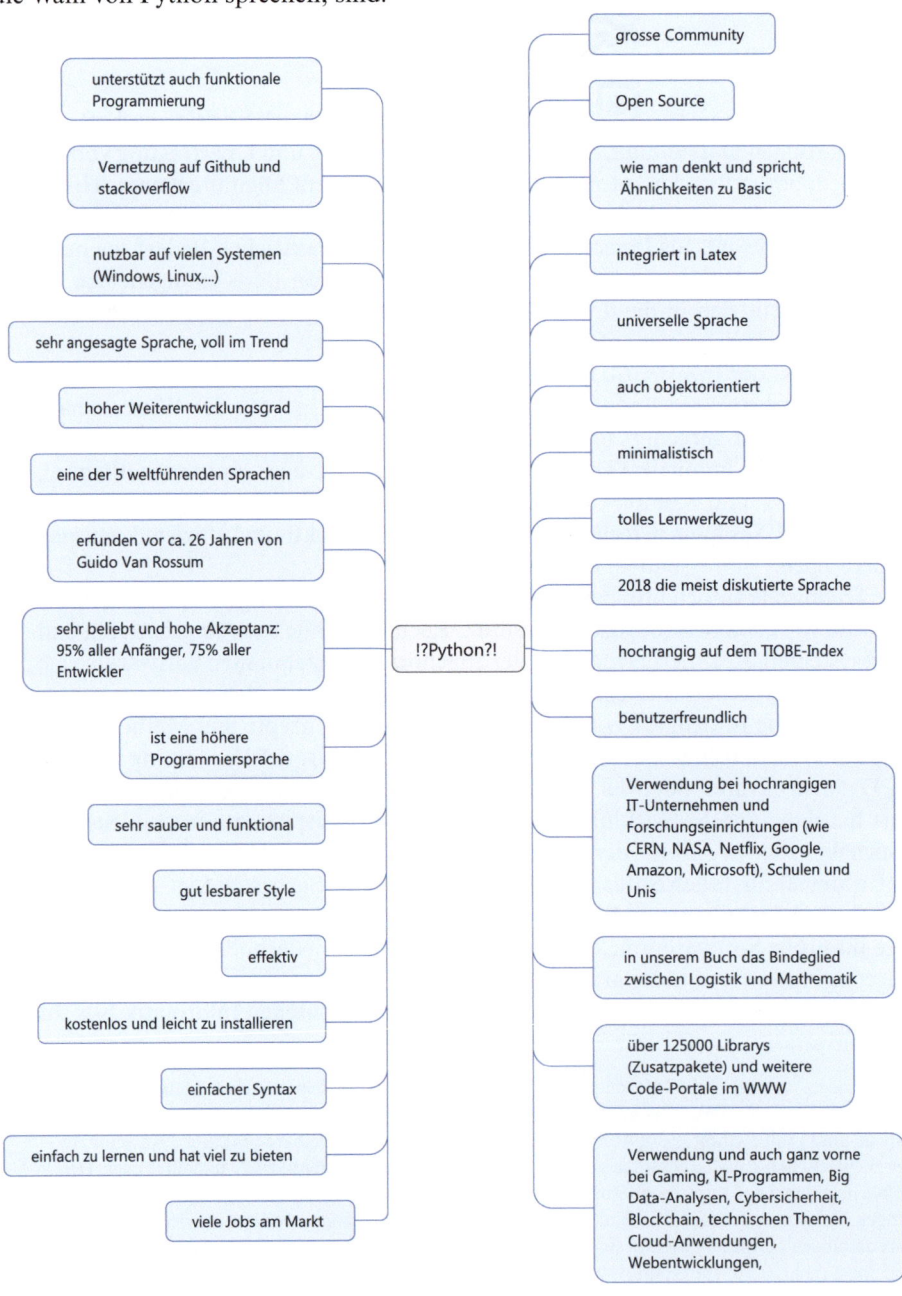

In diesem Buch werden keine Grundkonzepte zur theoretischen Informatik dargestellt, auch wird kein Python-Grundkurs gegeben oder erläutert, wie man Python installieren kann. Ein Python-Grundkurs wird in der SMILE-Reihe mit der technischen Dokumentation des SMILE-Prototypen bereitgestellt. In seiner Bedienungsanleitung sind Installations-Hinweise zu Python enthalten. Der Leser kann auch auf folgende Literatur zurückgreifen:

(i) Mathematisch-strukturelle Grundlagen der Informatik (siehe [17])
(ii) Grundkurs Informatik (siehe [19])
(iii) Grundkurs Informatik – Das Übungsbuch (siehe [48])
(vi) Python für Ingenieure und Naturwissenschaftler (siehe [56], inklusive Installationshinweise)
(v) Einstieg in Python (siehe [58])
(vi) Zeitschrift Python Experte – Python für Einsteiger (siehe [45])
(vii) Numerisches Python (siehe [32])
(viii) Schrödinger programmiert (siehe [18])

(ix) .

Weiterführende Literatur zu modernen Themen (wie etwa KI, neuronale Netzwerke etc.) findet man für Python z. B. hier:
(i) Maschinelles Lernen (siehe [21])
(ii) Neuronale Netze programmieren (siehe [49])
(iii) Deep Learning (siehe [15]).

Es werden in diesem Buch die Konzepte zur Implementierung der logistischen Prozesse erläutert und ihre Implementierung in Python dargestellt. Der Programmcode in Python, der zur Umsetzung der logistischen Prozesse geschrieben wird, mündet in einen '**Prototyp**': Ein Prototyp steht für ein lauffähiges Stück Software oder eine anderweitige konkrete Modellierung (z. B. Mock-up) einer Teilkomponente des Zielsystems. Dieser Prototyp dient anschließend oft als Basis für eine bessere Kommunikation mit den Kunden oder auch innerhalb des Entwicklungsteams über konkrete Dinge (statt abstrakte Modelle). Insofern illustriert der hier kreierte lauffähige Prototyp, wie die logistischen Prozesse durch IT und Digitalisierung unterstützt werden können. Er stellt jedoch kein komplettes LVS dar. Dennoch eignet er sich, um Prozesse durchzuspielen und Programmieren zu lernen. Den Vorgang, einen Prototyp zu erstellen, nennt man '**Prototyping**': Prototyping bzw. Prototypenbau ist eine Methode der Softwareentwicklung, die schnell zu ersten Ergebnissen führt und frühzeitiges Feedback bezüglich der Eignung eines Lösungsansatzes ermöglicht. Dadurch ist es möglich, Probleme und Änderungswünsche frühzeitig zu erkennen und mit weniger Aufwand zu beheben, als es nach der kompletten Fertigstellung möglich gewesen wäre.

Ein zentraler Begriff in der Software-Entwicklung ist der des **'Algorithmus'**: Ein Algorithmus ist eine eindeutige Handlungsvorschrift zur Lösung eines Problems oder einer Klasse von Problemen. Algorithmen bestehen aus endlich vielen, wohldefinierten Einzelschritten. Damit können sie zur Ausführung in ein Computerprogramm implementiert, aber auch in menschlicher Sprache formuliert werden. Bei der Problemlösung wird eine konkrete Eingabe in eine berechnete Ausgabe überführt. So werden etwa im SMILE-Prototyp Algorithmen zur Chargenprüfung, zur Lieferantenretoure, zum Buchen eines Wareneingangs, zur Kontrolle von Paletten im Wareneingang, zur Berechnung der b-adischen Zahlzerlegung usw. programmiert. Der SMILE-Prototyp ist durchzogen von Algorithmen.

Bevor eine Implementierung oder ein Prototyping stattfindet, ist ein **'Konzept'** oder auch **'Design'** notwendig. Dieses kann auf verschiedene Art und Weise dargestellt werden. Im Rahmen dieses Buches werden dazu folgende Möglichkeiten vorgestellt: Ablaufdiagramme, Tabellen, MindMaps, textuelle Beschreibung in einem Dokument usw. Das Konzept und seine Implementierung sind zwei grundlegende Prinzipien jeder Software-Entwicklung. Jede Implementierung muss dahingehend überprüft werden, ob sie das Angeforderte auch wirklich leistet. Aus diesem Grund ist Software zu testen. Auf das **'Testen'** wird im Rahmen dieses Buches nicht eingegangen. In Band II ist das Testen von Software am Beispiel des SMILE-Prototyps enthalten.

1.3 Mathematik

In diesem grundlegenden Abschnitt wird einerseits die Frage erörtert, was **'Mathematik'** ist und auszeichnet. Andererseits werden grundlegende mathematische Konzepte eingeführt, die zum Verständnis der Mathematik unabdingbar sind: **'Aussagenlogik'** und **'Mengenlehre'**.

1.3.1 Was ist Mathematik?

'Was ist Mathematik?' Das ist nicht einfach zu beantworten. C. Spannagel hat diese Frage mit seinen Studenten diskutiert: . Die Deutsche Mathematiker Vereinigung (DMV) diskutiert dieses Thema in einer Reihe von

1.3 · Mathematik

Vorträgen beginnend mit . Philosophische Aspekte werden von M. Friedmann und S. Jonas in  hervorgehoben.

Dieter Blessenohl schreibt zur Mathematik in seinem Grundlagenbuch zur Algebra in [10]:

> Unter allen Fachsprachen ist diejenige der Mathematik am höchsten entwickelt, was nicht bedeutet, daß sie auch die verständlichste ist. Um eine kurze Formel wie z. B.
>
> $$\int_a^b f(x)dx = F(b) - F(a)$$
>
> zu verstehen, bedarf es vieler Vorbereitungen. Auch der Fünf-Worte-Satz 'Alle endlichen Schiefkörper sind kommutativ.'[1] ist nicht vom Alltagsgebrauch der Sprache her zu erschließen. Wer sich zum Fachmann in dieser Wissenschaft ausbilden will, hat es zuallererst mit dieser unzugänglichen Verschlossenheit der Fachsprache zu tun. Eine weitere Schwierigkeit liegt für den Anfänger in der axiomatisch deduktiven Form, in der ihm Mathematik an der Universität entgegentritt. Warum um alles in der Welt sollte er sich für Gruppen, Ringe, Körper, Vektorräume interessieren? Daß Mathematik der Prototyp einer axiomatisch deduktiven Wissenschaft sei, in der aus vorgegebenen Axiomen nach strengen Regeln Folgerungen gezogen werden, gehört zu den populären Allerweltsweisheiten und trifft prima vista sicherlich zu. Zumindest ist die zeitgenössische Mathematik so organisiert, und der Gewinn an Klarheit und Durchsichtigkeit, den das axiomatisch deduktive Vorgehen für das Gebäude der Mathematik bringt, kann gar nicht überschätzt werden, weshalb man sie dem Anfänger auch in dieser Form zeigen muss. Lässt man aber als eine vorläufige Definition einmal gelten, Mathematik sei das, was die Mathematiker machen, so zeigt sich schnell, daß die wesentliche Tätigkeit des Mathematikers – das, was ihn zum Mathematiker macht – Forschung ist. Die kodifizierte Form, in der Mathematik in Büchern, Aufsätzen und Vorlesungen erscheint, verdankt sich immer schon der Anstrengung, sich anderen mitteilen zu müssen – und zu wollen. Vielleicht hat die Schule Ihnen den Eindruck vermittelt, daß in der Mathematik alles erforscht sei. Sie haben möglicherweise gehört, daß auch die letzten, entlegenen Spezialprobleme (Fermatsche Vermutung, Klassifikation der endlichen einfachen Gruppen) kürzlich erledigt worden seien. Nichts ist falscher als dieser Eindruck; das Gegenteil ist der Fall. Die angeblichen Erledigungen werfen mehr Fragen auf, als sie beantworten. Je mehr wir wissen, umso weniger wissen wir, könnte man in übertreibender Zuspitzung sagen. Der grundsätzlich offene und unabgeschlossene Charakter der Mathematik hat beinahe mehr mit ihrem Wesen zu tun als die axiomatisch deduktive Methode. Deshalb ist es so wichtig, im Laufe des Studiums mit mathematischer Forschung in Berührung zu kommen.

---

1 Ein von Mathematikern benutzter Begriff für Schiefkörper ist auch der des Örpers. Körper sind kommutative Schiefkörper. So könnte man diesen Satz auch zu 'Alle endlichen Schiefkörper sind Körper.' oder auch 'Alle endlichen Örper sind Körper.' umformulieren. Der Gebrauch des Begriffes 'Örpers' ist allerdings nicht soweit verbreitet oder auch eher als amüsante Begriffsbildung unter Mathematikern gesehen. Dies zeigt aber auch, daß Mathematiker alles anderes als trocken, steif und verstaubt sind, wie eine landläufige Meinung ist. Sie sind durchaus auch voller Witz und Kreativität: Was erhalten wir, wenn wir einem Körper seine Kommutativität nehmen? Die Antwort ist doch klar: einen Örper! In der Algebrentheorie nennt man Schiefkörper übrigens auch Divisionsalgebren. Ein prominentes Beispiel sind hierzu die Quaternionenalgebren, die von Hamilton gefunden worden sind.

Die Sicht des Autors wird im folgenden Mindmap wiedergegeben:

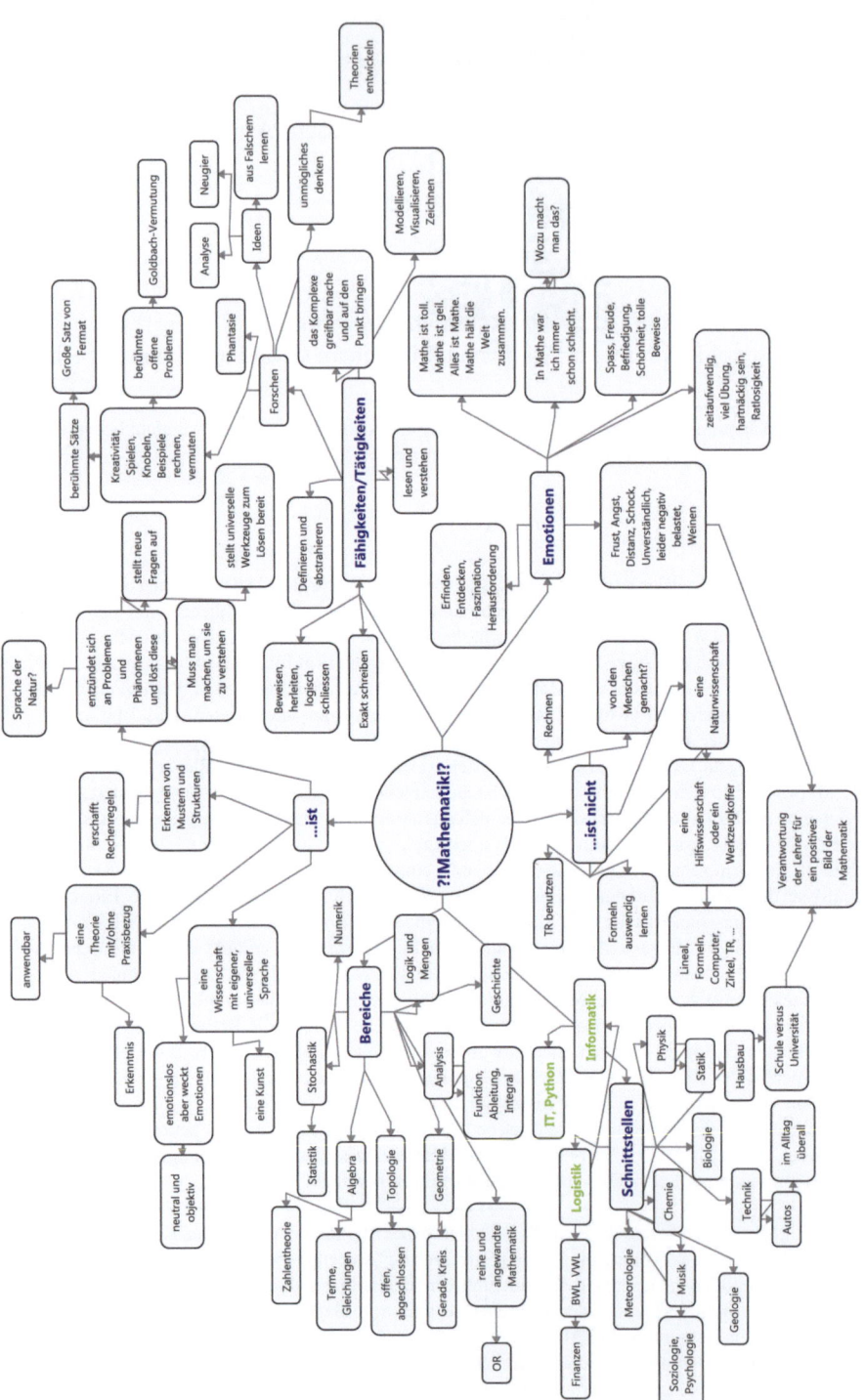

1.3 · Mathematik

Basierend auf vorherigem Schaubild werden die für den Autor wichtigen Merkmale der Mathematik hervorgehoben:
- Mathematik **'entzündet'** sich an Problemen theoretischer und praktischer Natur.
- Mathematik **'erforscht'** Lösungen zu den Problemen. Dabei spielen Kreativität, Offenheit, Übung und Aufmerksamkeit eine wichtige Rolle.
- Mathematik gibt den Lösungen eine **'abstrakte Struktur'** und eine **'eigene Sprache'**.
- Mathematik stellt die Lösungen **'nachvollziehbar'** dar.
- Mathematik stellt die Lösungen als **'Problemlöser'** zur Wiederverwendung dar.
- Mathematik bezieht sich nicht zwangsläufig auf eine praktische Anwendung und hat diese auch nicht primär zum Ziel.
- Mathematik treibt die scheinbar gelösten Probleme durch abgeleitete Fragestellungen bis hin zu einer möglichen **'Theorie'** weiter.

Ein Aspekt der Mathematik ist – wie auch von D. Blessenohl gerade besonders hervorgehoben –, daß man sie selbst erleben und betreiben muss, um sie besser und tieferliegend verstehen zu können. Dies ist sicherlich bei jeder Tätigkeit der Fall. Insbesondere bei der Mathematik bedarf es viel Übung, um ihr Wesen und ihre Anwendbarkeit zu verstehen. Deswegen wird exemplarisch die Frage weitergeführt, was Mathematik ist. Zu diesem Zweck wird ein Phänomen bei Brüchen betrachtet: Warum ist die Summe aus einem positiven Bruch und seinem Kehrbruch mindestens zwei? Die Gedanken dazu sind in dem ◘ Abb. 1.1 zusammengetragen. Es wird verdeutlicht, daß ein scheinbar gelöstes Problem neue Fragen aufwerfen kann.

Im ▶ Abschn. 6.2.1.8 wird dieses Thema wieder aufgegriffen. An dieser Stelle sollen die wesentlichen Punkte aus dem Schaubild noch einmal kurz geschildert und mit der persönlichen Sichtweise des Autors zur Mathematik in Einklang gebracht werden:

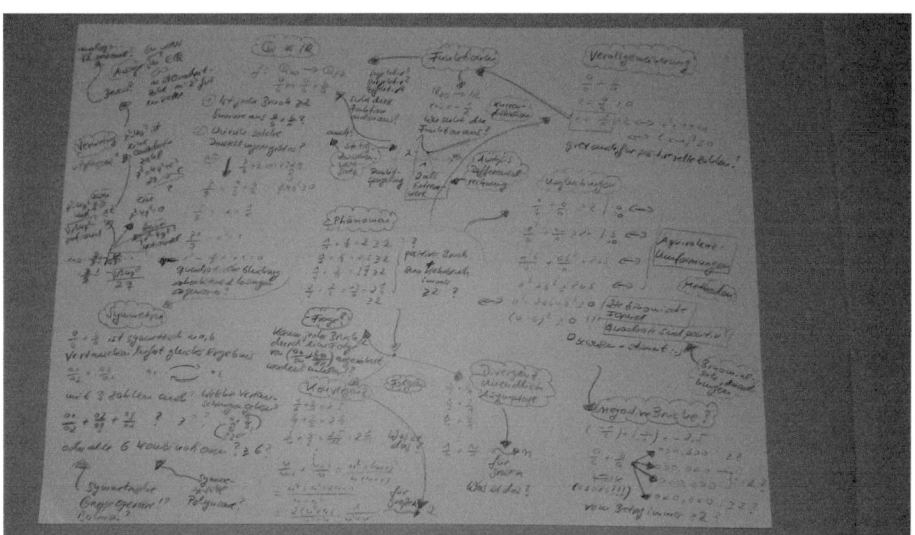

◘ **Abb. 1.1**   Beispiel zur Mathematik

- Mathematik entzündet sich an Problemen theoretischer und praktischer Natur. – Warum ist die Summe aus einem positiven Bruch und seinem Kehrbruch $\frac{a}{b} + \frac{b}{a}$ stets mindestens 2?
- Mathematik erforscht Lösungen zu den Problemen. Dabei spielen Kreativität, Offenheit, Übung und Aufmerksamkeit eine wichtige Rolle. – Spielen mit Brüchen, Umstellen von Gleichungen, Ursache: 2te-binomische Formel
- Mathematik gibt den Lösungen eine abstrakte Struktur und eine eigene Sprache. – Brüche, Gleichungen, Rechnen im Körper der rationalen Zahlen
- Mathematik stellt die Lösungen nachvollziehbar dar. – Beweis auf Basis der 2ten binomischen Formel mittels Äquivalenzumformungen
- Mathematik stellt die Lösungen als Problemlöser zur Wiederverwendung dar. – 2te-binomische Formel im Werkzeugkasten des Rechnens
- Mathematik bezieht sich nicht zwangsläufig auf eine praktische Anwendung und hat diese auch nicht primär zum Ziel. – Das Problem ist offenkundig auf geordnete Zahlen beschränkt. Ob seine Lösung im realen Leben anwendbar ist, ist für die Mathematik irrelevant. Sie hält aber die Möglichkeit dafür offen.
- Mathematik treibt die scheinbar gelösten Probleme durch abgeleitete Fragestellungen bis hin zu einer möglichen Theorie weiter. – Verallgemeinerung auf reelle Zahlen: $x + \frac{1}{x} \geq 2$?, Motivation für Folgen und ihre Konvergenz und Divergenz, z. B. $\frac{n}{n+1} + \frac{n+1}{n}$, Symmetrie $x + \frac{1}{x} = (-x) + \frac{1}{-x}$ und $\frac{a}{b} + \frac{b}{a}$ ist symmetrisch in a, b, Funktionsuntersuchungen zu $x + \frac{1}{x}$, Darstellbarkeit jeder Zahl y als $x + \frac{1}{x}$ führt zu quadratischen Gleichungen inkl. Wurzeln und der pq-Formel und über $\mathbb{Q}$ sogar zu pythagoräischen Tripeln, Umkehrung: pythagoräische Tripel mit Bruch-Kehrbruch-Zahlen erzeugen, Darstellbarkeit jeder Zahl y durch einen Grenzwert einer Folge ($\frac{a_n}{b_n} + \frac{b_n}{a_n}$) über $\mathbb{Q}$.

1.3.2 Grundlagen der Logik

Die Darstellung in diesem Abschnitt basiert auf den Inhalten von C. Spannagel in [67], von H. Wuschke in [66] sowie auf den Werken [16] von S. Dreiseitl und [25] von P. Hartmann.

Warum beschäftigt man sich mit '**Logik**'? Zum einen dient die Logik generell zur Schärfung der eigenen sprachlichen Formulierungen, was nicht nur im mathematischen Kontext nützlich ist. Die Logik ist die Grundlage der Formulierung von mathematischen '**Sätzen**', der Verwendung von mathematischen '**Beweisarten**', der Strukturierung und Durchführung von exakten mathematischen '**Beweisen**' und ihrer Nachvollziehbarkeit. Die Logik ist Grundlage des Programmierens, was an '**Python**' deutlich werden wird.

1.3.2.1 Die Aussage

Unter einer '**Aussage**' A versteht man ein sprachliches Gebilde, daß die Eigenschaft besitzt, entweder wahr oder falsch zu sein. Die Eigenschaft nennt man den '**Wahrheitswert**' der Aussage. Zur Abkürzung wird w für wahr und f für falsch geschrieben. Den Wahrheitswert von A symbolisiert man durch $\omega(A)$.

Von einer Aussage muss also feststehen, ob sie wahr oder falsch ist. Zum Beispiel erfüllen die Aussagen 'A: 3 ist ungerade.' und 'B: 4 ist eine Primzahl.' diese Eigen-

Tab. 1.1 Aussagen-Negation

$\omega(A)$	$\omega(\neg A)$
w	f
f	w.

Tab. 1.2 Aussagen-Konjunktion

$\omega(A)$	$\omega(B)$	$\omega(A \wedge B)$
w	w	w
w	f	f
f	w	f
f	f	f.

schaft, denn es gelten $\omega(A) = w$ und $\omega(B) = f$. Auch ist die Aussage 'Es regnet.' heute wahr. Wenn man diese Aussage liest, könnte sie auch falsch sein. Die sprachlichen Gebilde 'Hallo.', 'Wie geht es Ihnen?', 'Prima!' und 'Wer bewies den Satz, daß es unendlich viele Primzahlen gibt?' sind keine Aussagen.

1.3.2.2 Operationen auf Aussagen

Es gibt grundlegende Verfahren oder auch **'Operationen'**, um aus einer oder mehreren Aussagen neue Aussagen zu erstellen. Dazu verwendet man **'Junktoren'**, die Logiksymbole sind. Um die Bedeutung – also den Wahrheitswert – der neu gebildeten Aussage festzulegen, werden **'Wahrheitstafeln'** verwendet. Dazu definiert man, unter welchen Bedingungen die neue Aussage wahr oder falsch ist. Dies ist eine Festlegung und kann nicht bewiesen werden. Durch die Wahrheitstafel wird die Aussage bzgl. ihres Wahrheitswertes festgelegt und erhält dadurch ihre Bedeutung.

Eine Aussage A kann **'negiert'** werden, und zwar durch den Junktor $\neg$. Die negierte Aussage bekommt das Symbol $\neg A$. Sprachlich verwendet man den Ausdruck 'nicht A'. Der Wahrheitswert von $\neg A$ ist dem von A genau gespiegelt, was die ▶ Wahrheitstafel 1.1 zeigt. Die Aussagen 'A: 3 ist ungerade.' und 'B: 4 ist eine Primzahl.' sind wahr bzw. falsch. Daher sind ihre negierten Aussagen '$\neg A$: 3 ist gerade.' und '$\neg B$: 4 ist keine Primzahl.' entsprechend falsch bzw. wahr.

Zwei Aussagen A und B können **'konjugiert'** werden, und zwar durch den Junktor $\wedge$. Die konjugierte Aussage wird mit $A \wedge B$ gekennzeichnet und durch 'A und B' formuliert. Der Wahrheitswert von $A \wedge B$ lässt sich mit den möglichen Kombinationen der Wahrheitswerte von A und B definieren, was die ▶ Wahrheitstafel 1.2 zeigt.

Man erkennt, daß die konjugierte Aussage zweier Aussagen genau dann wahr ist, wenn beide ursprünglichen Aussagen wahr sind. Ansonsten ist die konjugierte Aussage als falsch definiert. Dies deckt sich mit der Vorstellung. Demnach ist die Aussage '3 ist ungerade und 4 ist eine Primzahl.' falsch, weil die zweite Teilaussage falsch ist.

Zwei Aussagen A und B können **'disjungiert'** werden, und zwar durch den Junktor $\vee$ vom Lateinischen **'oder'**. Die entstehende disjungiert Aussage ist $A \vee B$, die sprach-

■ **Tab. 1.3** Aussagen-Disjunktion

$\omega(A)$	$\omega(B)$	$\omega(A \vee B)$
w	w	w
w	f	w
f	w	w
f	f	f

■ **Tab. 1.4** Aussagen-Implikation

$\omega(A)$	$\omega(B)$	$\omega(A \Rightarrow B)$
w	w	w
w	f	f
f	w	w
f	f	w.

lich durch 'A oder B' ausgedrückt wird. Der Wahrheitswert von $A \vee B$ ergibt sich aus denen von A und B (siehe ▶ Wahrheitstafel 1.3).

Man erkennt, daß die disjungierte Aussage zweier Aussagen genau dann wahr ist, wenn mindestens eine der beiden ursprünglichen Aussagen wahr ist. Ansonsten ist die disjungierte Aussage als falsch definiert. Es handelt sich hierbei um das sog. **'einschließende oder'**, was sprachlich vom **'entweder ... oder'** unterschieden werden muss. Letzterer Ausdruck ist das sog. **'ausschließende oder'**. Der Unterschied ist, daß beim 'einschließenden oder' die entstehende Aussage wahr ist, wenn beide ursprünglichen Aussagen wahr sind. Das ist beim 'entweder ... oder' nicht möglich. Das 'entweder ... oder' wird im Abschnitt 'Python' betrachtet, weil es in der Datenverarbeitung von Bedeutung ist. Etwa ist die Aussage '3 ist ungerade oder 4 ist eine Primzahl.' wahr, weil die erste Teilaussage als wahr identifiziert ist.

Zwei Aussagen können durch eine **'Implikation'** miteinander verknüpft werden, was durch den Junktor $\Rightarrow$ symbolisiert wird. Die Aussage $A \Rightarrow B$ bedeutet sprachlich: 'wenn A dann B' oder auch 'aus A folgt B'. Die Aussage A wird in diesem Kontext auch **'Annahme'**, **'Prämisse'** oder **'Voraussetzung'** genannt. Aussage B heißt **'Behauptung'** oder **'Konklusion'**. Viele mathematischen Aussagen lassen sich durch Implikationen formulieren. Aus diesem Grund ist die Implikation aus mathematischer Sicht fundamental. Der Wahrheitswert von $A \Rightarrow B$ wird in ■ Tab. 1.4 definiert.

Es sei angemerkt, daß dies eine nicht beweisbare Definition ist. Folgend ein Beispiel zur Verdeutlichung. Sei zunächst der Fall angenommen, daß A wahr ist, also etwa 'A: 3 ist ungerade'. A ist eine wahre Aussage. Damit die Implikation $A \Rightarrow B$ wahr ist, muss die Aussage B wahr sein. Diesen Grundsatz könnte man auch so interpretieren, daß aus etwas Wahren nur etwas Wahres zu folgern ist. Ist 'B: 4 ist eine Primzahl.', so ist die Implikation $A \Rightarrow B$ falsch, da 4 keine Primzahl ist. Die Implikation $A \Rightarrow \neg B$ ist dagegen wahr, was sich mit der sprachlichen Intuition sehr gut deckt.

Tab. 1.5 Aussagen-Äquivalenz

$\omega(A)$	$\omega(B)$	$\omega(A \Leftrightarrow B)$
w	w	w
w	f	f
f	w	f
f	f	w.

Schwieriger wird das Erklären, wenn die Prämisse falsch ist. Egal, was die Konklusion ist, die Implikation als Ganzes ist stets wahr. Dieser Grundsatz ist, daß aus etwas Falschen alles zu folgern ist. Die Aussage 'Wenn 4 eine Primzahl ist, dann ist 3 ungerade' ist also wahr. Auch die Implikation 'Wenn 4 eine Primzahl ist, dann ist 3 gerade' ist wahr. Spannagel erklärt dies folgendermaßen: Er fragt, wann eine Person bei der Aussage 'Wenn es regnet, habe ich einen Regenschirm dabei.' lügt. Wenn es tatsächlich regnet, muss sie seinen Regenschirm dabei haben, ansonsten würde sie lügen. Regnet es aber nicht, ist es völlig unerheblich, ob sie einen Regenschirm dabei hat oder nicht. Also wird bei einer Implikation nur dann gelogen, wenn die Prämisse wahr und die Konklusion falsch ist. Es sei nochmal darauf hingewiesen, daß die Wahrheitswerte = 'Semantik' der Implikation nicht bewiesen werden können, sondern sie eine Definition darstellen. In mathematischen Texten würde man das Regen-Regenschirm-Beispiel als Rechtfertigung für diese Festlegung nennen: eine Definition sollte natürlich sinnvoll sein!

Die Implikation spielt in der Mathematik neben der Formulierung vieler Sätze auch eine Bedeutung bei den Begriffen **'notwendige und hinreichende Bedingung'**. Man betrachte dazu die Implikation 'Ist $p \neq 2$ eine Primzahl, dann ist p eine ungerade natürliche Zahl'. Diese Implikation ist wahr. Aus der Eigenschaft, Primzahl ungleich 2 zu sein, kann gefolgert werden kann, daß eine ungerade natürliche Zahl vorliegt. Aus diesem Grund ist die Eigenschaft, eine ungerade natürliche Zahl zu sein, notwendig dafür, eine Primzahl ungleich 2 zu sein. Die natürliche Zahl muss mindestens diese Ausprägung besitzen. Jedoch könnte das 'Primzahl ungleich 2-Sein' viel stärker sein. Das ist tatsächlich auch der Fall, da etwa 9 ungerade, aber keine Primzahl ist. Liegt aber nicht wenigstens eine ungerade natürliche Zahl vor, so kann es auch keine Primzahl ungleich 2 sein. Umgekehrt folgert man aus der Eigenschaft, 'Primzahl ungleich 2' zu sein, daß eine natürliche ungerade Zahl vorliegt. Deswegen ist die Bedingung 'Primzahl ungleich 2' zu sein hinreichend dafür, daß eine ungerade natürliche Zahl vorliegt. Man ist sich in diesem Fall sicher, eine ungerade natürliche Zahl zu erhalten. Insofern ist bei einer wahren Implikation $A \Rightarrow B$ – auch durch $B \Leftarrow A$ ausdrückbar – die Aussage A hinreichend für B und die Aussage B notwendig für A.

Der Junktor $\Leftrightarrow$ symbolisiert die **'Äquivalenz'** zwischen zwei Aussagen A und B. Sprachlich wird dies durch **'A äquivalent zu B'** oder auch **'A genau dann, wenn B'** ausgedrückt. In der Mathematik benutzt man Äquivalenzen bspw. bei Sätzen, die eine Definition weder stärker noch schwächer charakterisieren: Genau dann ist eine Zahl durch 3 teilbar, wenn die Quersumme in der Dezimaldarstellung der Zahl durch 3 teilbar ist. Beide Aussagen sind absolut gleichwertig (was bewiesen werden muss). Der Wahrheitswert der Äquivalenz wird durch die ▶ Wahrheitstafel 1.5 definiert.

Die Äquivalenz $A \Leftrightarrow B$ ist also wahr genau dann, wenn beide Aussagen A und B den gleichen Wahrheitswert annehmen.

Damit sind die grundlegenden Operationen $\neg$, $\wedge$, $\vee$, $\Rightarrow$ und $\Leftrightarrow$ sowie ihre Semantik definiert worden. Mit ihnen können kompliziertere Aussagen gebildet werden, wie etwa $A \wedge B \vee C$. Aber was genau soll dieser Ausdruck semantisch bedeuten? Es ist unklar, ob zunächst $A \wedge B$ gebildet werden soll und anschließend das Resultat dann mit $\vee C$ weiter bearbeitet wird oder vielleicht doch A mit dem Ausdruck $B \vee C$ per $\wedge$ verbunden werden soll. Es müssen also – wie bei der Addition und Multiplikation von Zahlen – Regeln aufgestellt werden. Ein einfaches Mittel ist, Klammern zu setzen. Bei $(A \wedge B) \vee C$ ist klar, wie diese Aussage entsteht, ihr Syntax ist korrekt. Weitere Regeln lauten:

'**Klammern vor $\neg$ vor $\wedge$ vor $\vee$ vor $\Rightarrow$ vor $\Leftrightarrow$.**'

Zwei Aussagen dürfen nicht direkt nebeneinander stehen, ebensowenig zwei Junktoren mit Ausnahme der Negation. Um eindeutige Bildungsregeln von Aussagen zu erhalten, definiert Dreiseitl in [16]:

Definition 1 *(Aussage) Als (wohlgeformte)* '**Aussagen**' *bezeichnet man jene Zeichenketten, die sich mit den folgenden Regeln bilden lassen:*

(i)   Die Zeichen A, B, ... sind '**atomare**' *Aussagen.*
(ii)   Wenn x und y Aussagen sind, dann sind auch $(\neg x)$, $(x \wedge y)$, $(x \vee y)$, $(x \Rightarrow y)$ und $(x \Leftrightarrow y)$ Aussagen. ◇

Jede Aussage entsteht durch mehrfache Verknüpfung von Aussagen mit den Junktoren, beginnend mit den atomaren Aussagen. Jede zusammengesetzte Aussage ist durch Klammern klar abgegrenzt. Das macht einen syntaktisch klaren Aufbau einer komplexen Aussage. Äußerste Klammern können weggelassen werden, ohne den Syntax zu ändern.

1.3.2.3 Quantoren und Prädikate

Im vorherigen Paragraphen sind die grundlegenden Eigenschaften der Aussagenlogik dargestellt worden. Betrachtet man die Aussage $A(t): 5 \cdot t + 1 > 6$, stellt sich die Frage nach ihrem Wahrheitswert. Dieser hängt von der Variablen t ab: Ist t eine reelle Zahl, so ist $A(t)$ wahr genau dann, wenn $t > 1$ gilt. Aussagen der Form 'Für alle natürlichen Zahlen n gilt $n \leq n^2$.' oder 'Es existiert ein Bruch $\frac{a}{b}$, so daß $a \leq b$ gilt.' oder sogar 'Es gibt genau eine gerade Primzahl.' können mit den bisherigen Mitteln nicht logisch korrekt aufgeschrieben werden.

Der Ausdruck $A(x)$ heißt '**Prädikat**' oder auch '**Aussageform**', der mit Hilfe der '**Variablen**' t gebildet wird. Das Prädikat $A(t)$ ist normalerweise weder wahr noch falsch, wird es aber bei einer '**Variablenbelegung**' von t. Der Ausdruck $prim(x)$ ist ein Prädikat, das ausgesprochen 'x ist eine Primzahl.' lautet. Ebenso ist $teilen(n, m)$ ein Prädikat in zwei Variablen: 'n teilt m.'

Auch für die Wortlaute '**Für alle**', '**Es existiert**' und '**Es gibt genau ein**' führt man Symbole ein, die man '**Quantoren**' nennt:

$$\forall, \exists \text{ und } \exists!.$$

Das Prädikat *prim(x)* bedeutet, daß *x* eine Primzahl ist genau dann, wenn für alle Teiler *y* von *x* gilt: $y = 1$ oder $y = x$. Um dies mittels Prädikaten und Quantoren ausdrücken zu können, benötigt man das Teilen *teilen(y, x)*: Es gibt ein Element *z*, so daß $x = yz$ gilt. In Quantoren-Schreibweise kann dies folgendermaßen geschrieben werden:

$$teilen(y, x) := \exists z : x = yz.$$

Der Existenz-Quantor wurde benutzt, um das Prädikat *teilen(y, x)* zu definieren. Die Prim-Eigenschaft ergibt sich folgend:

$$prim(x) := \forall y : teilen(y, x) \Rightarrow (y = 1 \vee y = z).$$

Die berühmte **'Goldbach'sche Vermutung'** ist, daß jede gerade Zahl grösser gleich 4 Summe zweier Primzahlen ist:

$$\forall x : (teilen(2, x) \wedge 2 < x) \Rightarrow (\exists prim(x) \wedge \exists prim(y) : x = y + z).$$

In dem zugehörigen Ausdruck wird der All-Quantor verwendet. Komplexe Ausdrücke können mittels Prädikaten und Quantoren mit wenigen Symbolen präzise niedergeschrieben und damit auch formal gut verifiziert werden. Der Autor hält es dennoch für sinnvoll, sich stets eine sprachliche Fassung einer komprimierten und komplexen Aussage zu notieren.

Quantoren und Aussageformen kann man auch negieren:
(i) $\neg(\forall x : A(x))$ ist gleichwertig zu $\exists x : \neg A(x)$
(ii) $\neg(\exists x : A(x)$ ist gleichwertig zu $\forall x : \neg A(x)$.

Bei einer Negation wechseln die Quantoren und der Negationsjunktor strebt zur Aussageform. Die Verneinungen der Aussagen 'Für alle natürlichen Zahlen *n* gilt $n \leq n^2$.' und 'Es existiert ein Bruch $\frac{a}{b}$, so daß $a \leq b$ gilt.' sind demnach 'Es gibt eine natürliche Zahl *n*, so daß $n > n^2$ gilt.' und 'Für alle Brüche $\frac{a}{b}$ gilt $a > b$.'.

1.3.2.4 Logik und Python

Logische Ausdrücke sind in Python fundamental. Sie durchziehen viele Programmcodes und bilden damit die Grundlage des Programmierens. Auch im SMILE-Prototyp ist dies der Fall, was durch die nächsten Beispiele verdeutlicht wird. Dazu nutzt man u. a. die folgenden Python-Schlüsselwörter: FOR, PRINT, LEN, IF, DEF und RETURN.

Python-Quellcode 1.1 Logikverwendung bei der Chargenpruefung

```
#
#Unterprogramm Chargenpruefung
#fuer Beispiel 2
#
def pruefchargeneu(material,charge,split):
    toSelect12 = db.matstamm.select({'Material':material})
    for row in toSelect12:
        split00 = row['Split00']
    initial=len(toSelect12)
    print(initial)
    if initial == 0:
        return 'Material_unbekannt', 'Fehler'
    alphabet = set('ABCDEFGHIJKLMNOPQRSTUVWXYZabcdefghijklmnopqrstuvwxyz0123456789')
    for c in charge:
        test = c in alphabet
```

```
            if test == False:
                return 'Chargenalphabet', 'Fehler'
        j = len(charge)
        if j > 10:
            return 'Chargenlaenge', 'Fehler'
        einzahl = set('0123456789')
        for s in split:
            element = s in einzahl
            if element == False:
                return 'Splitalphabet', 'Fehler'
        i = len(split)
        if i != 2:
            return 'Splitlaenge', 'Fehler'
        if split != '00':
            erp = charge + split
        if split == '00' and split00 == 'JA':
            erp = charge + split
        if split == '00' and split00 == 'NEIN':
            erp = charge
        k = len(erp)
        if k > 10:
            return 'ERP-Chargenlaenge', 'Fehler'
        toSelect13 = db.chargstamm.select({'ERP_Charge':erp})
        initial=len(toSelect13)
        if initial != 0:
            return 'ERP-Charge vorhanden', 'Fehler'
        return 'OKAY', erp
#
```

'Python-Schlüsselwörter' sind dabei u. a. !=, ELIFund PRINT. Mit dem Punkt wird eine Methode der Form **'Klasse.Methode'** aufgerufen. Man erkennt die Verwendung von Gleichheit (in Python '=='), Ungleichheit (in Python '!='), und (in Python 'and'), wenn...dann (in Python 'if...else'), und 'for'. Im nächsten Beispiel, das ein Teilausschnitt aus der Unterroutine 'Platzfindung' darstellt, wird 'oder' (in Python 'or') verwendet. Python-Schlüsselwörter sind dabei u. a. ELSE, ELIFund PRINT.

Python-Quellcode 1.2 Logikverwendung bei der Platzfindung

```
...
for row3 in toSelect3:
    if kuel == 'JA':
        temp = int(row3['Temperatur'])
        if temp < vonTemp or temp > bisTemp:
            #Platz wird nicht genommen
            print('Platz ',row3['Platz'], 'wird wegen
             Temperaturverletzung verworfen.')
            ja = ''
        else:
            #Platz wird genommen
            ja = 'X'
            print('Platz ',row3['Platz'], 'wird in mögliche Plätze übernommen.')
    else:
        #Platz wird genommen
        ja = 'X'
        print('Platz ',row3['Platz'], 'wird in mögliche Plätze übernommen.')
    #freie Kapazität ermitteln
    frei = 0
    if row3['Kapazitaet'] == 'unbegrenzt':
        print('unbegrenter Platz')
        frei = highvalue
    else:
        frei = int(row3['Kapazitaet'])-int(row3['aktAnzahl'])
    #Platz in Liste mit freier Kapazität, wenn ja gsetzt ist
    if ja == 'X':
        liste.append((row3['Platz'],frei))
        print('Platz ',row3['Platz'], ' hat freie Kapazität ',frei)
...
```

Tab. 1.6 XOR

$\omega(A)$	$\omega(B)$	$\omega(A\,XOR\,B)$
w	w	f
w	f	w
f	w	w
f	f	f

Neben den angesprochenen Schleifen 'for' und 'if...elif...else' gibt es zum logischen Strukturieren die while-Schleife. Diese wird im SMILE-Prototyp etwa im Ausgangsmenü verwendet:

Python-Quellcode 1.3 while-Schleife für das Menü

```
def mainloop():
    #
    #
    #Hauptroutine der Menücodes
    #
    print()
    print('LVS-Simulation SMILE')
    print()
    user=input('Willkommen! Wie heißen Sie? ')
    print()
    answer=''
    while answer!='ENDE':
        print('Übersicht möglicher Aktionen')
        print()
        db.codes.show()
        print()
...
```

Solange der User nicht den Befehl 'ENDE' eingibt, bleibt das Programm aktiv, ansonsten wird es beendet. Wie bereits erwähnt ist der mathematische Ausdruck 'oder' das einschließende oder. Das bedeutet, daß eine Aussage der Form 'A oder B' genau dann wahr ist, wenn A, B oder sogar A und B wahr sind. Analoges gilt in Python für den logischen Operator 'or'. Sprachlich benutzt man hingegen oft das exklusive oder, das 'entweder...oder' meint. In der Logik wird zu diesem Zweck die Bezeichnung XOR eingeführt. Es ist durch die ▸ Wahrheitstafel 1.6 definiert.

Dabei ist der Fall, daß beide Aussagen wahr sind, mit dem Wahrheitswert f definiert. Man überlegt sich, daß für beliebige Aussagen A und B die Aussage

$$A\,XOR\,B \text{ gleichwertig zu } (A \wedge \neg B) \vee (\neg A \wedge B)$$

ist, was in ◻ Tafel 1.7 dargestellt ist.

In Python ist dieser logische Operator daher folgendermaßen definierbar:

Python-Quellcode 1.4 XOR-Operator

```
def xor(x,y):
    return (x and not y) or (not x and y)

if xor(1==1, 2==2) == True:
    print('XOR')
else:
    print('nicht XOR')
```

◻ Tab. 1.7 XOR II

$\omega(A)$	$\omega(A \wedge \neg B)$	$\omega(B \wedge \neg A)$	$\omega((A \wedge \neg B) \vee (B \wedge \neg A))$	
w	w	f	f	f
w	f	w	f	w
f	w	f	w	w
f	f	f	f	f.

Im Beispiel ist 'nicht XOR' wahr, da beide Aussagen wahr sind, was bei XOR zum Wahrheitswert f führt.

1.3.3 Grundlegende Einsichten in der Mengenlehre

1.3.3.1 Der Begriff der Menge

Die **'Mengenlehre'** wurde von Georg Cantor in den Jahren 1874 bis 1897 begründet. Statt des Begriffs **'Menge'** benutzte er anfangs Wörter wie 'Inbegriff' oder 'Mannigfaltigkeit'; von Mengen und Mengenlehre sprach er erst später. 1895 formulierte er folgende Mengendefinition (siehe [60] und [12]):

> 'Unter einer Menge versteht man jede Zusammenfassung M von bestimmten wohlunterscheidbaren Objekten m unserer Anschauung oder unseres Denkens (welche die Elemente von M genannt werden) zu einem Ganzen.'

Cantor lässt nicht alle wohlunterscheidbaren Objekte unserer Anschauung und unseres Denkens zur Mengenbildung zu, sondern nur bestimmte. Diese Einschränkung ist wesentlich, da eine unbegrenzte Mengenbildung sofort **'Antinomien'** – wie etwa die Russellsche – zur Folge hätte. Darauf wird im Verlaufe noch weiter eingegangen.

Die Mengenlehre und die zugehörigen Mengensymbole bilden eines der mathematischen Fundamente. Bei genauerer Betrachtung lassen sich viele mathematische Probleme, Definitionen und Resultate auf Basis von Mengen beschreiben. Deswegen ist es aus Sicht des Autors unerlässlich, sich mit grundlegenden Begriffen der Mengenlehre auseinanderzusetzen. Die weiteren Ausführungen sind basierend auf [16], Kap. 1 sowie [25], Kap. 3 und auf der Quelle [60]. Um Mengen zu definieren, benutzt man mehrere Konzepte, von denen nun die bekanntesten aufgezählt werden:

(i) durch direktes Hinschreiben der Elemente der Menge in geschweiften Klammern, etwa $A := \{2, 4, 6, 8\}$

(ii) durch direktes Hinschreiben der Elemente der Menge in geschweiften Klammern mit Punkten, etwa $B := \{1, \ldots, 10\}$

(iii) durch Beschreibung der Elemente durch Aussagen in geschweiften Klammern, etwa $C := \{x \mid 1 \leq x \leq 10\}$ oder auch
$D := \{x \mid x \text{ ist eine naturaliche Zahl kleiner oder gleich } 10, x \text{ ist ungerade}\}$

(iv) unsauber durch Angabe von Termen, wie etwa $G := \{2x \mid 1 \leq x \leq 4\}$

(v) durch Symbole, wie etwa $E := \mathbb{N}$, wobei natürlich $\mathbb{N}$ vorher selbst zu definieren ist, hier als Menge der natürlichen Zahlen

(vi) durch Formulierungen, wie etwa F ist die Menge der natürlichen Zahlen unterhalb von 10, die durch 4 teilbar sind
(vii) durch Existenz-Formulierungen – meist in Beweisen verwendet –, wie etwa sei H eine Menge von Elementen, die aus den Mengen $\{1, 2, 3\}$, $\{1, 2, 4\}$ und $\{1, 2, 5\}$ ein beliebiges Element auswählt (H ist in diesem Kontext nicht eindeutig bestimmt.).

Die Objekte in einer Menge werden **'Elemente'** der Menge genannt. So ist 2 ein Element von A symbolisiert durch $2 \in A$. 3 ist kein Element von A, was durch $3 \notin A$ ausgedrückt wird. Ein Objekt kann entweder zu einer Menge gehören oder nicht: beides gleichzeitig oder keines von beiden ist nicht erlaubt. Die Elemente in einer Menge sind nicht geordnet, weswegen $A = \{2, 4, 6, 8\}$ mit der Menge $\{2, 6, 4, 8\}$ übereinstimmt. Ziel ist lediglich das Zusammenfassen von Objekten. Dabei sind auch Wiederholungen erlaubt, weshalb A mit $\{2, 2, 4, 6, 6, 2, 8, 2\}$ identisch ist.

Eine **'Teilmenge'** einer Menge besteht aus einigen Elementen der sie umfassenden Menge. Formal gilt also für zwei Mengen M und T, daß T eine Teilmenge von M ist, wenn für alle $t \in T$ auch $t \in M$ gilt. Dies wird durch $T \subseteq M$ symbolisiert. So ist z. B. $\{2, 4\}$ eine Teilmenge von $A = \{2, 4, 6, 8\}$. Offenbar ist A aber nicht mit $\{2, 4\}$ identisch. Zwei Mengen N und M heißen **'gleich'** – in Zeichen $N = M$ –, wenn sowohl $N \subseteq M$ als auch $M \subseteq N$ gelten. Um also einzusehen, daß zwei Mengen gleich sind, müssen immer zwei **'Inklusionen'** gezeigt werden. Sind A und G identisch? Hierzu muss man zeigen, daß jedes der Elemente aus A die Form $2x$ für ein $1 \leq x \leq 4$ hat und, daß jedes Element der Form $2x$ für ein $1 \leq x \leq 4$ eines der vier Elemente aus A ist. Dies ist in der Tat der Fall. Möchte man beweisen, daß zwei Mengen nicht identisch sind, so reicht es aus zu zeigen, daß entweder die eine keine Teilmenge der anderen oder umgekehrt ist. Zwei **'ungleiche'** Mengen M und N symbolisiert man durch $M \neq N$. Möchte man ausdrücken, daß M eine **'echte Teilmenge'** von N ist, also eine von N verschiedene Teilmenge von N, so schreibt man $M \subset N$.

Es gibt eine Menge, die stets Teilmenge jeder Menge ist, nämlich die **'leere Menge'** symbolisiert durch $\emptyset$ und $\{\}$. Warum ist diese Bezeichnung gerechtfertigt? Das würde bedeuten, daß es nur eine leere Menge gibt. Wenn man definiert, daß eine leere Menge eine Menge ohne jegliche Elemente ist und zeigt, daß eine leere Menge Teilmenge jeder Menge ist, so würden zwei leere Mengen sich gegenseitig enthalten und wären damit nach der Definition der Mengengleichheit identisch. Sei also L eine leere Menge und M eine beliebige Menge. Es muss gezeigt werden, daß $L \subseteq M$ gilt. Dazu ist folgende Aussage zu beweisen:

$$\forall l : l \in L \Longrightarrow l \in M.$$

Sei l ein Element der Menge L. Es muss bewiesen werden, daß die Implikation $l \in L \Longrightarrow l \in M$ wahr ist. Da aber die Annahme $l \in L$ falsch ist, ist die gesamte Implikation nach den Gesetzen der Aussagenlogik wahr. Damit ist bewiesen, daß es höchstens eine leere Menge gibt. Da die konkret angegebene und damit existierende Menge $\{\}$ leer ist, ist es die eindeutig bestimmte leere Menge und verdient das Symbol $\emptyset$.

1.3.3.2 Mengenoperationen

In diesem Abschnitt werden grundlegende **'Mengenoperationen'** zwischen und auf Mengen definiert, die an Beispielen erklärt werden. Der Begriff der Teilmenge ist bereits definiert worden. Teilmengen können zu einer neuen Menge zusammengefasst werden:

Definition 2 *(Potenzmenge)* *Sei M eine Menge. Die* **'Potenzmenge'** *von M ist die Menge aller Teilmengen von M und wird durch $P(M)$ symbolisiert. Es gilt also:*

$$P(M) := \{T \mid T \subseteq M\}.$$
◇

Sei M eine Menge. Insbesondere sind $\emptyset$ und M Teilmengen von M: $\emptyset \in P(M)$ und $M \in P(M)$. Es werden beispielhaft die Potenzmengen für $M := \{1\}, N := \emptyset$ und $O := \{1, 2\}$ bestimmt. Die Teilmengen von M sind genau $\emptyset$ und $\{1\}$. Es gilt also $P(M) = \{\emptyset, \{1\}\}$. Sie besteht aus zwei Elementen. Für die leere Menge gibt es nur die leere Menge selbst als Teilmenge. Somit erhält man $P(N) = P(\emptyset) = \{\emptyset\}$. Die Potenzmenge ist also nicht leer, sondern sie enthält genau ein Element, nämlich die leere Menge. Für die Potenzmenge von O müssen alle Teilmenge von $\{1, 2\}$ bestimmt werden. Diese können aus keinem Element – nur $\emptyset$ –, aus genau einem Element – $\{1\}$ und $\{2\}$ – und aus genau zwei Elementen – $\{1, 2\}$ – bestehen. Die Potenzmenge von O enthält somit genau 4 Elemente.

Die Betrachtung der Potenzmenge benötigt nur eine Ausgangsmenge. Bei den folgenden Definitionen sind zwei Mengen notwendig:

Definition 3 *(Vereinigung, Schnitt, Disjunktheit, Differenz, Komplement)* *Seien M und N Mengen. Die* **'Schnittmenge'** *von M und N ist die Menge*

$$M \cap N := \{s \mid s \in M \text{ und } s \in N\}.$$

Die Schnittmenge $\cap$ ist also die Menge der Objekte, die sowohl in M und gleichzeitig auch in N enthalten sind. Man sagt, daß M und N **'disjunkt'** *sind, wenn $M \cap N = \emptyset$ gilt.*

Die Vereinigungsmenge von M und N ist definiert durch

$$M \cup N := \{v \mid v \in M \text{ oder } v \in N\}.$$

Die **'Vereinigungsmenge'** *$\cup$ ist folglich die Menge der Objekte, die in M oder in N enthalten sind. Die Vereinigung $M \cup N$ ist disjunkt, wenn M und N disjunkt sind. Dies wird durch $M \dot\cup N$ notiert.*

Dir **'Differenzmenge'** *$\setminus$ von M und N definiert man durch*

$$M \setminus N := \{d \mid d \in M \text{ und } d \notin N\}.$$

Es ist also die Menge der Objekte, die in M, aber nicht in N enthalten sind. Eng verknüpft mit der Differenzmenge ist der Begriff des **'Komplements'**. *Ist M eine Teilmenge von N, so sei das Komplement von M in N definiert durch*

$$(M_N)^c := \{e \mid e \in N \text{ und } e \notin M\} (= N \setminus M).$$
◇

Zu den Definitionen einige Beispiele. Dabei werden die Mengen aus dem vorherigen Abschnitt verwendet, also $A := \{2, 4, 6, 8\}$, $B := \{1, \ldots, 10\}$, $C := \{x \mid 1 \leq x \leq 10\}$, $D := \{x \mid x \text{ ist eine natuerliche Zahl kleiner oder gleich } 10, x \text{ ist ungerade}\}$, $G := \{2x \mid 1 \leq x \leq 4\}$, $E := \mathbb{N}$, F ist die Menge der natürlichen Zahlen unterhalb von 10, die durch 4 teilbar sind und H eine Menge von Elementen, die aus den Mengen $\{1, 2, 3\}$, $\{1, 2, 4\}$ und $\{1, 2, 5\}$ ein jeweils beliebiges Element auswählt.

Die Schnittmenge von A mit $\{1, 2, 3\}$ ist genau $A \cap \{1, 2, 3\} = \{2\}$. Daher sind diese beiden Mengen nicht disjunkt. D ist die Menge der Zahlen 1, 3, 5, 7, 9. A und D sind disjunkt: $A \cap D = \emptyset$. Daher ist die Vereinigung von A und D auch disjunkt. Diese Vereinigung ist genau $B = C$. $F = \{4, 8\}$ ist eine Teilmenge von A. Das Komplement von F in A ist $F_A^c = \{2, 6\} = A \setminus F$. F hat auch ein Komplement in B. Hierbei gilt $F_B^c = \{1, 2, 3, 5, 6, 7, 9, 10\} = B \setminus F$. Was ist $H \setminus A$? Das hängt von der Wahl von H ab. Das Ergebnis ist eine Teilmenge von $\{1, 3, 5\}$, und jede der Teilmengen ist ein mögliches Ergebnis.

Zum Verständnis von **'Relationen und Funktionen'** im späteren Verlauf des Buches ist der Begriff des **'geordneten Paares'** von fundamentaler Bedeutung. Mit ihm kann dann das sog. **'kartesische Produkt'** zweier Mengen definiert werden. Folgende Definition geht auf den polnischen Mathematiker Kazimierez Kuratowski (1896–1980) zurück, die er im Jahre 1922 veröffentlicht hat:

Definition 4 *(geordnetes Paar, kartesisches Produkt) Seien M und N Mengen. Sind $m \in M$ und $n \in N$, so wird das (geordnete Kuratowski-) Paar von n und m definiert durch*

$$(n; m) := \{\{n\}, \{n, m\}\}$$

und das (kartesische) Produkt von M und N als die Menge aller Paare von Elementen von M und N:

$$M \times N := \{p \mid \exists m \in M, \exists n \in N : p = (m; n)\}.$$
◇

Das Produkt von $\{1, 2\}$ mit $\{2, 3\}$ ist genau die Menge $\{(1; 2), (1; 3), (2; 2), (2; 3)\}$. Umgekehrt ist das Produkt von $\{2, 3\}$ mit $\{1, 2\}$ genau $\{(2; 1), (2; 2), (3; 1), (3; 2)\}$. Es ist zu erkennen, daß bei der Produktbildung die Reihenfolge relevant ist. Bei den Paaren selbst ist bereits die Reihenfolge von Bedeutung, weshalb man auch von einem geordneten Paar spricht. Der folgende fundamentale Satz zeigt diesen Sachverhalt:

Satz 1 *(Fundamental-Eigenschaft geordneter Paare) Seien M, N Mengen, $m, \hat{m} \in M$ und $n, \hat{n} \in N$. Folgende Aussagen sind äquivalent:*
(i) $(m; n) = (\hat{m}; \hat{n})$
(ii) $m = \hat{m}$ und $n = \hat{n}$.
◇

Mengen kann man durch verschiedene Diagramme veranschaulichen. Verwiesen wird in diesem Zusammenhang – ebenso wie zu weiteren Hintergründen zum polnischen Mathematiker Kuratowski – auf die folgenden Quellen:

Mengendiagramme:  Kazimierz Kuratowski:

1.3.3.3 Mengengesetze

Nachdem der Mengenbegriff und grundlegende Mengenoperationen definiert wurden, werden mit Hilfe der **'Mengengesetze'** diese Operationen nun in Beziehung gesetzt. Dies geschieht aus zwei verschiedenen abstrakten Blickwinkeln: einerseits durch Rechnungen mit einer Verknüpfung innerhalb von **'Monoiden'** und Übertragen von Rechenregeln mittels **'Homomorphismen'** zwischen ihnen. Andererseits durch das Verknüpfen von Mengen in **'Mengenalgebren'** mittels zweier Verknüpfungen. Eine Erläuterung hierzu folgt an geeigneter Stelle in diesem Abschnitt.

Im Folgenden werden zunächst Mengengesetze bzgl. der Mengen-Vereinigung aufgelistet, die im Kontext der Potenzmenge einer Menge dargestellt sind. In der später erklärten Begriffswelt formuliert ist damit die Potenzmenge einer beliebigen Menge M ein **'idempotentes Monoid'** mit neutralem Element $\emptyset$ und der Vereinigung als Verknüpfung seiner Elemente: den Teilmengen von M.

Satz 2 *(Mengengesetze zu $\cup$) Sei M eine Menge. Es gelten folgende Mengengesetze bzgl. $\cup$ auf $P(M)$:*
- *(i)* **'Abgeschlossenheit'**: $\forall S, T \in P(M) : S \cup T \in P(M)$
- *(ii)* **'Assoziativität'**: $\forall S, T, U \in P(M) : (S \cup T) \cup U = S \cup (T \cup U)$
- *(iii)* **'Kommutativität'**: $\forall S, T \in P(M) : S \cup T = T \cup S$
- *(iv)* **'Neutralität'**: $\forall S \in P(M) : S \cup \emptyset = S = \emptyset \cup S$
- *(v)* **'Idempotenz'**: $\forall S \in P(M) : S \cup S = S$. ⋄

Im weiteren Verlauf zeigt sich, daß diese Rechengesetze die Potenzmenge $P(M)$ mit der **'Operation'** $\cup$ (oder auch **'Verknüpfung'** genannt) zu einem sog. **'kommutativen idempotenten Monoid'** mit **'neutralem Element'** $\emptyset$ machen. Die Operation $\cup$ erhebt die Potenzmenge zu einer **'algebraischen Struktur'**, in der die Mengengesetze zu den definierenden Eigenschaften der algebraischen Struktur 'kommutatives idempotentes Monoid' uminterpretiert werden können. Man könnte jetzt analoge Gesetze für die Operation $\cap$ – der Schnittmengenbildung – beweisen. Stattdessen werden zunächst einige Eigenschaften zur Differenzmengenbildung $\setminus$ betrachtet:

Satz 3 *(Mengengesetze zu $\setminus$) 4:22 pm Sei M eine Menge. Es gelten folgende Mengengesetze bzgl. $\setminus$ auf $P(M)$:*
- *(i)* **'Abgeschlossenheit'**: $\forall S, T \in P(M) : S \setminus T \in P(M)$
- *(ii)* **'Selbstinversität'**: $\forall S \in P(M) : M \setminus (M \setminus S) = S$
- *(iii)* **'Homomorphie I (De Morgansche Regel I)'**: $\forall S, T \in P(M) : M \setminus (S \cup T) = (M \setminus S) \cap (M \setminus T)$ ⋄

Sei

$$\gamma : P(M) \longrightarrow P(M), T \mapsto M \setminus T.$$

Die Selbstinversität in ▸ Satz 3 bedeutet, daß die Hintereinanderausführung von γ mit sich selbst die **'identische Abbildung'** id auf $P(M)$ ist. Im Kapitel zur Chargenschnittstelle zeigt sich, daß γ eine sog. **'bijektive Abbildung'** ist. Das De Morgansche Gesetz I schreibt sich mit γ wie folgt:

$$\forall S, T \in P(M) : (S \cup T)\gamma = (S\gamma) \cap (T\gamma).$$

Im Kapitel zur Chargenschnittstelle wird diese Rechenregel als sog. **'Homomorphiegesetz'** betitelt. Somit ist γ ein **'bijektiver Homomorphismus'** zwischen den algebraischen Strukturen $(P(M); \cup)$ und $(P(M); \cap)$. Dort wird geschildert, daß sich damit die Eigenschaften von $(P(M); \cup)$ auf $(P(M); \cap)$ übertragen und daß die **'Umkehrabbildung'** von γ, die auf Grund der Selbstinversität mit γ übereinstimmt, auch ein **'Monoidisomorphismus'** ist. Das Übertragen der Eigenschaften auf $(P(M); \cap)$ führt zu dem analogen Ergebnis wie ▸ Satz 2, der aber keinen erneuten Beweis erfordert, was die ganze Kraft der Struktursichtweise zeigt:

Satz 4 *(Mengengesetze zu $\cap$) Sei M eine Menge. Es gelten folgende Mengengesetze bzgl. $\cap$ auf $P(M)$:*
(i)   *Abgeschlossenheit:* $\forall S, T \in P(M) : S \cap T \in P(M)$
(ii) *Assoziativität:* $\forall S, T, U \in P(M) : (S \cap T) \cap U = S \cap (T \cap U)$
(iii) *Kommutativität:* $\forall S, T \in P(M) : S \cap T = T \cap S$
(iv) *Neutralität:* $\forall S \in P(M) : S \cap M = S = M \cap S$
(v)   *Idempotenz:* $\forall S \in P(M) : S \cap S = S$ ◊

Daß die Umkehrung von γ auch ein Homomorphismus ist, führt ohne weiteren Beweis zu dem zweiten De Morganschen Gesetz:

Satz 5 *(zweites De Morgansches Gesetz) Sei M eine Menge. Es gilt das folgende Mengengesetz bzgl. $\setminus$ auf $P(M)$:*
(i)   **'Homomorphie II (De Morgansche Regel II)'**: $\forall S, T \in P(M) : M \setminus (S \cap T) = (M \setminus S) \cup (M \setminus T)$.   ◊

Die zweite Sichtweise auf die Mengengesetze ist die einer Struktur mit zwei Operationen, die sich **'distributiv'** zueinander verhalten: dazu wird folgend der Begriff **'Ring'** bzw. **'Algebra'** definiert werden. In den natürlichen Zahlen gelten die **'Distributivgesetze'**

$$(a + b) \cdot c = a \cdot c + b \cdot c \text{ und } c \cdot (a + b) = c \cdot a + c \cdot b$$

für die Multiplikation und Addition. Analog verhält sich die Potenzmenge $P(M)$ mittels der Operationen $\cup$ und $\cap$:

Satz 6 *(Distributivgesetze zwischen $\cup$ und $\cap$) Sei M eine Menge. Es gelten die folgende Mengengesetze bzgl. $\cap$ und $\cup$ auf $P(M)$:*
(i)   **'Distributivität I'**: $\forall S, T, U \in P(M) : S \cap (T \cup U) = (S \cap T) \cup (S \cap U)$.
(ii) **'Distributivität II'**: $\forall S, T, U \in P(M) : S \cup (T \cap U) = (S \cup T) \cap (S \cup U)$.   ◊

Die Grundlagen der Mengenlehre werden im folgenden Schaubild zusammengefasst:

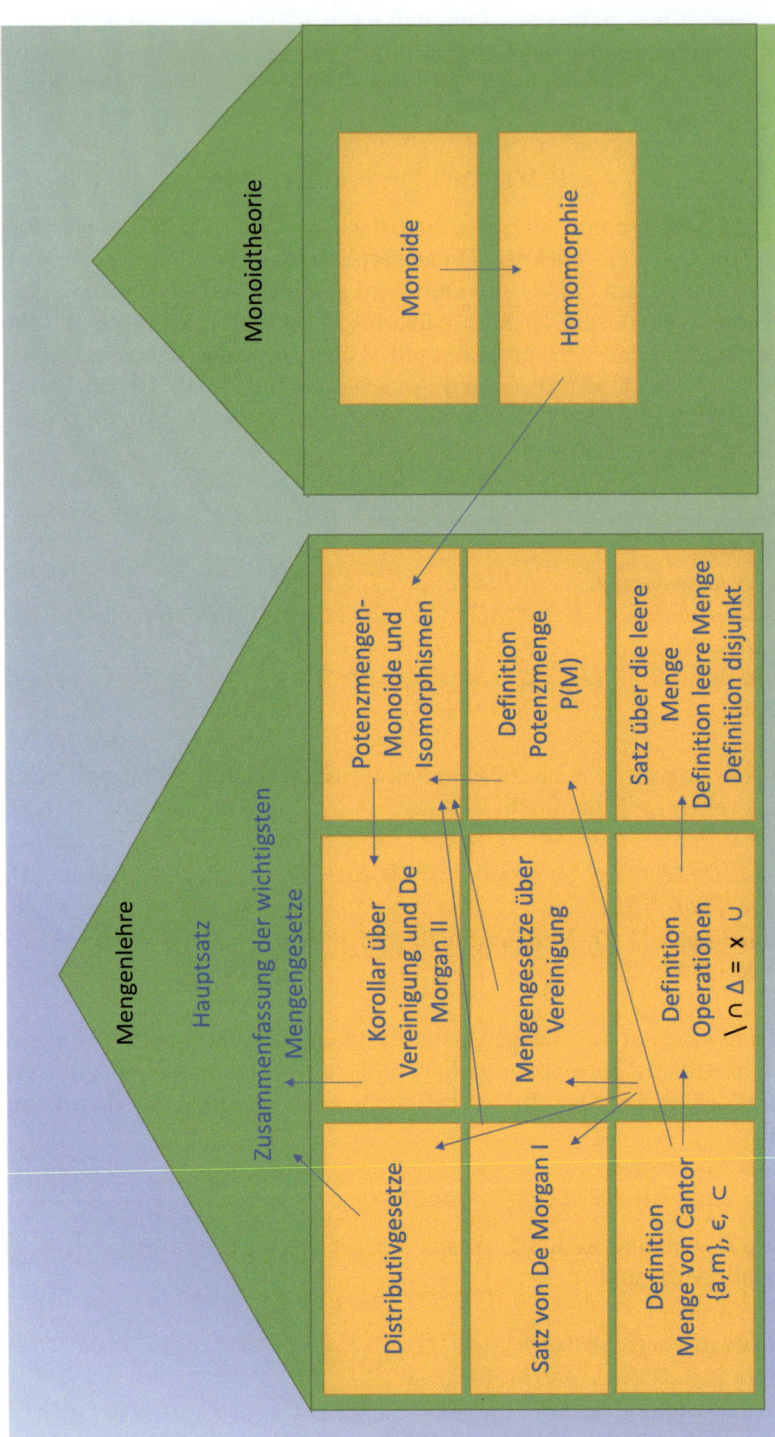

Mathematik sprachlich	Mathematik Symbol	Python sprachlich	Python Operator	Python Methode
Mengendefinition	A={a,b,c}	Mengendefinition	A={a,b,c} direkt A=set([a,b,c]) aus sortierter Liste A=set(,abc') aus String	
Element-Sein Nicht Element-Sein	a∈A x∉A	Element-Sein Nicht Element-Sein	a in A = True x in A = False	
Die leere Menge	A={}	Die leere Menge	A={}	
Schnittmenge	A∩B	Schnittmenge	A&B	A.intersection(B)
Vereinigungsmenge	A∪B	Vereinigungsmenge	A|B	A.union(B)
Differenzmenge	A\B	Differenzmenge	A-B	A.difference(B)
Teilmenge	B⊃A	Teilmenge	A<=B	A.issubset(B) B.issuperset(A)
Gleichheit	A=B	Gleichheit	A==B oder A is B	
Ungleichheit	A≠B	Ungleichheit	A!=B oder A is not B	
Disjunktheit	A∩B=∅	Disjunktheit		A.isdisjoint(B)

Python sprachlich	Python Operator	Python Methode
Element hinzufügen		set.add(element)
Menge leeren		Clear(set)
Eine Kopie der Menge		Copy(set)
Ein Element entfernen		set.discard(element)
Ein beliebiges Element wählen (und von set entfernen)		set.pop()
Schleife über Menge	For x in set: Do things…	
Anzahl der Elemente		len(set)
Maximum der Menge		max()
Minimum der Menge		min()
Sortieren der Menge		sorted()
Summe aller Elemente der Menge		sum()

1.3.3.4 Mengen und Python

Python stellt eine Reihe von Operationen und Methoden bereit, mit denen man Mengen bearbeiten kann. Einige davon sind in den vorherigen zwei Tabellen zusammengestellt. Im SMILE-Prototyp werden Mengen bspw. im folgenden Unterprogramm verwendet:

Python-Quellcode 1.5   Mengenverwendung bei der Chargenpruefung

```
#
#Unterprogramm Chargenpruefung
#fuer Beispiel 2
#
def pruefchargeneu(material,charge,split):
    toSelect12 = db.matstamm.select({'Material':material})
    for row in toSelect12:
        split00 = row['Split00']
    initial=len(toSelect12)
    print(initial)
    if initial == 0:
        return 'Material_unbekannt', 'Fehler'
    alphabet = set('ABCDEFGHIJKLMNOPQRSTUVWXYZabcdefghijklmnopqrstuvwxyz0123456789')
    for c in charge:
        test = c in alphabet
        if test == False:
            return 'Chargenalphabet', 'Fehler'
    j = len(charge)
    if j > 10:
        return 'Chargenlaenge', 'Fehler'
    einzahl = set('0123456789')
    for s in split:
        element = s in einzahl
        if element == False:
            return 'Splitalphabet', 'Fehler'
    i = len(split)
    if i != 2:
        return 'Splitlaenge', 'Fehler'
    if split != '00':
        erp = charge + split
    if split == '00' and split00 == 'JA':
        erp = charge + split
    if split == '00' and split00 == 'NEIN':
        erp = charge
    k = len(erp)
    if k > 10:
        return 'ERP-Chargenlaenge', 'Fehler'
    toSelect13 = db.chargstamm.select({'ERP_Charge':erp})
    initial=len(toSelect13)
    if initial != 0:
        return 'ERP-Charge_vorhanden', 'Fehler'
    return 'OKAY', erp
#
```

Der set-Befehl definiert in Python das **'Chargenalphabet'** und das **'Splitalphabet.** Analog wird das Element-Sein zur Prüfung verwendet, ob eine gegebene Charge mit Split diesen Alphabeten genügt.

Es soll auf zwei Mengenkonstruktionen eingegangen werden, die nicht in den obigen Schaubildern aufgeführt sind: die Potenzmenge und das kartesische Produkt. Um Paare für das kartesische Produkt in Python zu definieren, kann man sich der **'Tupel-Konstruktion'** bedienen:

Python-Quellcode 1.6   kartesisches Produkt in Python

```
ATB=set()
A={1,2,3}
B={2,3,4}
```

```
for a in A:
    for b in B:
        ATB.add((a,b))
print (ATB)
```

Das Resultat ist in diesem Beispiel (1, 2), (3, 2), (1, 3), (3, 3), (1, 4), (2, 3), (2, 2), (3, 4), (2, 4). Tupel respektieren die Reihenfolge.

Zur Abbildung der Potenzmenge in Python ist eine mathematische Vorüberlegung notwendig. Sei A eine Menge. Ist $A = \emptyset$, dann ist die Potenzmenge von A einelementig: $P(\emptyset) = \{\emptyset\}$. Sei nun A nichtleer und a ein beliebiges Element aus A. Ist T eine Teilmenge von A, so enthält T das Element a oder nicht (exklusives oder). Im zweiten Fall ist T eine Teilmenge der Menge $A \setminus \{a\}$, und diese Menge ist um ein Element kleiner als A. Im ersten Fall ist $T \setminus \{a\}$ eine Teilmenge von $A \setminus \{a\}$, und es gilt $T = (T \setminus \{a\}) \cup \{a\}$. Hätte man nun bereits alle Teilmengen der kleineren Menge $A \setminus \{a\}$ ermittelt, könnte man daraus also alle Teilmengen von A berechnen, und zwar durch einen rekursiven Verdopplungsprozess: die Teilmengen von A sind die Teilmengen von $A \setminus \{a\}$ ergänzt um die Mengen, die aus der Vereinigung aller Teilmengen von $A \setminus \{a\}$ mit $\{a\}$ entstehen.

Dieser Schluss kann auch dazu benutzt werden, um mittels der vollständigen Induktion die Anzahl der Elemente in der Potenzmenge von A zu ermitteln: Ist A eine Menge bestehend aus n Elementen, so besteht $P(A)$ aus 2^n Elementen.

Die Vorüberlegung erlaubt es, in Python eine 'rekursive' Funktion – also eine Funktion, die sich selbst aufruft – zu definieren, die dann die Potenzmenge ermittelt. Als Liste ausgegeben kann folgender Python-Code genutzt werden:

Python-Quellcode 1.7 Potenzmenge als Liste in Python

```
L=set()
M={1,2,3}
def potenzmenge(A):
    if A == set():
        return [set()]
    a=A.pop()
    P=potenzmenge(A)
    H=[]
    for X in P:
        Y=X.union({a})
        H.append(X)
        H.append(Y)
    return (H)
print(potenzmenge(L))
H=potenzmenge(M)
print(H)
```

Python-Schlüsselwörter sind dabei u. a. DEF, IF, RETURN, PRINT, [], ==, { } und PRINT. Das Resultat für M ist [$set()$, {1}, {2}, {1, 2}, {3}, {1, 3}, {2, 3}, {1, 2, 3}], und für L ist es genau [$set()$], wobei $set()$ die leere Menge ist. Die Funktion ‚potenzmenge' wählt mit der Pop-Funktion ein Element aus der Menge A aus, das a genannt wird. Aus diesem Grund ist A durch die Pop-Funktion um a reduziert. Die Funktion kann folgend für die kleinere Menge rekursiv aufgerufen werden. Die mathematische Vorüberlegung erlaubt es, alle Teilmengen von A zu ermitteln, in dem alle Teilmengen von $A \setminus \{a\}$ berechnet werden. Alle diese Teilmengen werden um $\{a\}$ erweitert. Initialisiert man diesen wiederkehrenden Prozess – '**Rekursion**' – mit der leeren Menge, definiert man dadurch einen Algorithmus zur Berechnung der Potenzmenge einer endlichen Menge.

Wareneingangskontrolle

Inhaltsverzeichnis

2.1 Logistik – 40
2.1.1 Hintergründe – 40
2.1.2 Prozess-Diagramm – 43
2.1.3 Prozess-Beschreibung – 46
2.1.4 Problemstellung – 47

2.2 Mathematik – 49
2.2.1 Theoretischer Hintergrund – 49
2.2.2 Die Binärzerlegung in der Wareneingangskontrolle – 72

2.3 Informatik – 75
2.3.1 Flussdiagramme – 75
2.3.2 Python-Code – 78
2.3.3 Programmierung eines Python-Prototyps zur praktischen Umsetzung – 81

© Der/die Herausgeber bzw. der/die Autor(en), exklusiv lizenziert an Springer-Verlag GmbH, DE, ein Teil von Springer Nature 2025
S. Wirsing, *Kompaktband Logistik*, Schule für Mathematik, Informatik, Logistik und Erfolg, https://doi.org/10.1007/978-3-662-69945-4_2

2.1 Logistik

2.1.1 Hintergründe

Zum Verständnis der **'Wareneingangskontrolle'** ist es wichtig, verschiedene logistische Hintergründe näher zu erläutern. Diese betreffen in einem **'Lager'** a) die physische Infrastruktur des Wareneingangs und b) die zur Erfassung der dort üblichen technischen Vorgänge der **'Informationstechnik = IT'**.

Die Wareneingangskontrolle – auch **'WE-Kontrolle'** – umfasst die Prüfung von angelieferten Waren. Durch die Kontrolle soll sichergestellt werden, daß die von **'Lastkraftwagen = LKW'** an den **'Wareneingangstoren'** (auch WE-Toren) des Lagers abgeladenen und in den **'Wareneingangsbereich'** (auch WE-Bereich) verbrachten Materialien und Mengen der Bestellung entsprechen, keine Mängel aufweisen und den **'Qualitätsnormen'** der Firma entsprechen. Kontrollen sollten möglichst schon in Gegenwart des **'Spediteurs'** vollzogen werden. Warenprüfungen stellen nicht nur den eigenen Qualitätsanspruch sicher, sie dienen vor allem der Sicherung des Warenwertes. Für den Fall, daß beschädigte Waren geliefert werden, können Annahmen verweigert oder Ansprüche auf einwandfreie Lieferung geltend gemacht werden. Laut **'HGB'** (HGB) ist jeder Unternehmer dazu verpflichtet, angelieferte Produkte sofort auf Beschädigungen zu untersuchen.

Inhalt einer Wareneingangskontrolle ist u. a.:
- Kontrolle des **'Lieferscheins'**
- Abgleich zwischen **'Bestellung'** und angelieferten Waren
- Abgleich Materialien, Mengen, Serialnummern, Chargen, Verfallsdaten mit dem Lieferschein und den physisch gelieferten Waren
- Prüfung der Identifikation der Waren und Paletten (Barcodes, Aufkleber etc.)
- Richtigkeit der **'Anlieferung'** zum Standort
- Durchführung einer **'Qualitätsprüfung'** mittels Stichproben
- Mängelkontrolle und Mängelanzeige beim Lieferanten
- Dokumentation der Mängel
- Quittierung sämtlicher Positionen
- Erstellung der **'Wareneingangsdokumente'**
- Bestätigung der Anlieferung
- Bestätigung der Warenannahme
- Kontrolle der **'Warenbegleitpapiere'** (Frachtbrief, Lieferschein etc.)
- Einhaltung der Fristen für eine Reklamation
- Pufferung der Waren im Wareneingangsbereich bis zur Erledigung der Kontrollen
- ggfs. Pufferung im Zollsperrlager und im Qualitätskontrollbereich.

In folgender Grafik wird beispielhaft der physische Aufbau eines Wareneingangsbereiches eines Lagers dargestellt:

2.1 · Logistik

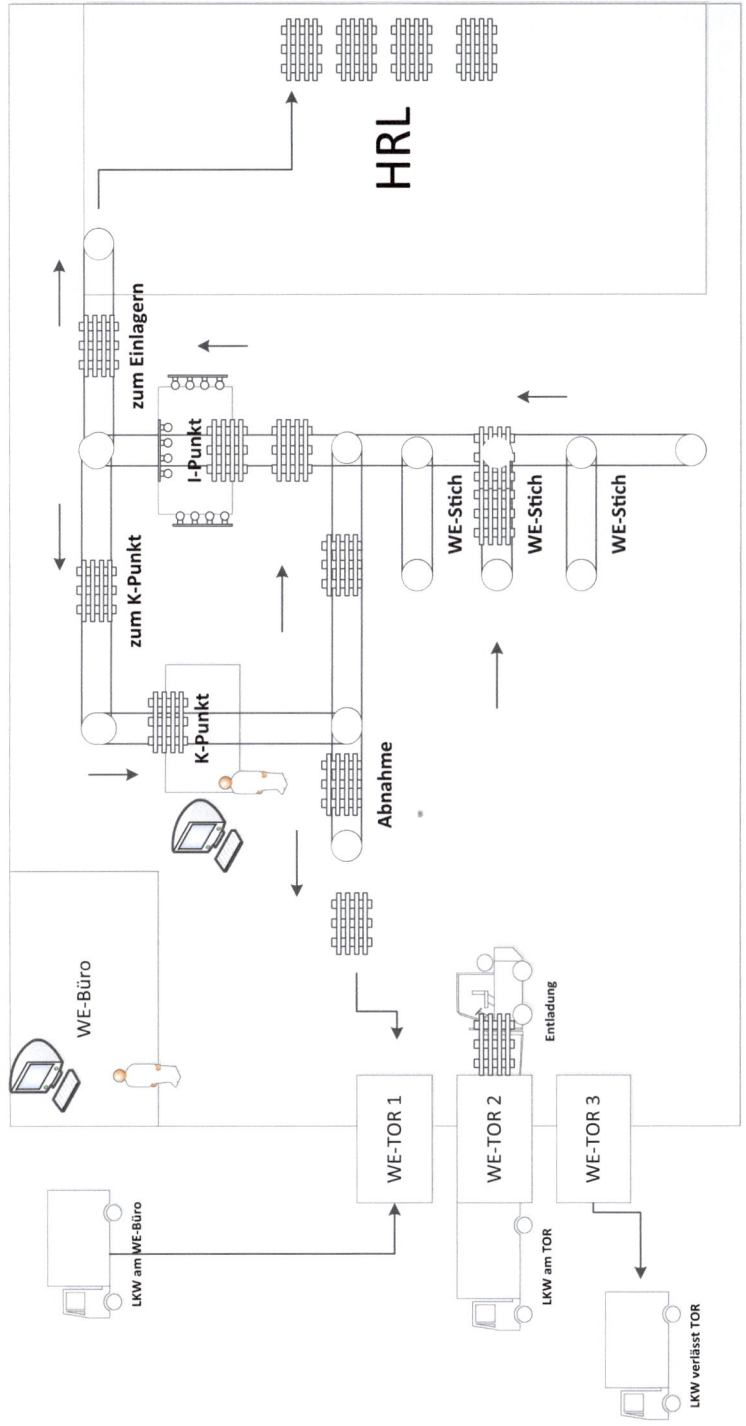

Eingehende Waren müssen vom LKW-Fahrer im **'WE-Büro'** angemeldet werden. Von dort wird der Wareneingangsprozess koordiniert. Zur **'Entladung'** der Waren fährt der LKW zu den WE-Toren, an denen in der Regel mittels Gabelstaplern entladen wird. Die Waren befinden sich danach im WE-Bereich des Lagers. Im SMILE-Prozess werden die Waren sofort auf einen sog. **'WE-Stich'** (Wareneingangs-Stich) abgeladen. Das Wort 'Stich' irritiert etwas, meint aber eine Zwischenlagerstelle, an die sich die automatische Warenförderung des Lagers anschließt. Sie ist somit schon Bestandteil der internen **'Fördertechnik'**. Die Waren werden über die Fördertechnik zum **'Informationspunkt'** (auch I-Punkt genannt) automatisch transportiert. Dort erfolgt eine Fehleranalyse mittels Lasertechnik. Anschließend fahren die Waren autonom über die Förderanlage entweder ins **'Hochregallager'** (HRL; meist vollautomatisiert mit tausenden von Lagerplätzen) oder zum **'Kontroll-Punkt'** (K-Punkt). Selbst die **'Einlagerung'** ins HRL wird automatisch von der Förderanlage übernommen. Die Waren werden zu den endgültigen **'Lagerplätzen'** nach bestimmten Regeln, den sog. **'Einlagerstrategien'**, verbracht. Am K-Punkt kann die Ware nach einer manuellen Korrektur entweder automatisch eingelagert oder der Förderanlage an sog. **'Abnahmepunkten'** manuell entnommen werden. Nach Abnahme steht die Palette in der Freifläche des Wareneingangsbereiches und kann – falls keine sinnvolle und befriedigende Klärung der Fehler möglich ist – per LKW zur Rücksendung an den Lieferanten abgeholt werden.

Dieser reale Lager-Ablauf muss innerhalb des Unternehmens auch datentechnisch seine Abbildung finden. Daran sind mehrere **'IT-Systeme'** (Informationstechnische Systeme) beteiligt: ERP, MFS und LVS.

Das **'Materialflusssystem'** (MFS) dient zur Regelung des Materialflusses der Fördertechnik. Es steuert den automatischen Transport der Paletten im Förderbetrieb. Die Warenflüsse müssen mit dem **'Lagerverwaltungssystem'** (LVS) synchronisiert werden. Dies passiert bspw. durch einen elektronischen Datenaustausch auf Basis sog. **'IDocs'** (IDOC = Intermediate Document).

Unter dem LVS versteht man ein Softwaresystem zur Verwaltung von Lagermengen und Lagerplätzen sowie deren Beziehung zueinander. Zusätzlich überwacht ein sog. **'Warehouse Management System'** (WMS) weitere Funktionen zur Kontrolle und Optimierung von Systemzuständen nach VDI-Richtlinie 3601. Im Gegensatz zu einer reinen **'Lagerbestandsverwaltung'** optimiert ein WMS die innerbetrieblichen Lagersysteme und führt Lenkungs- und Steuerungsprozesse aus. In der Praxis werden die Begriffe LVS und WMS meist synonym verwendet, obwohl ein WMS deutlich mehr Funktionalität besitzt.

Das LVS wiederum kommuniziert mit dem **'ERP-System'**, das Bestände, aber auch deren Wert summarisch speichert. Darüberhinaus dient es z. B. zur Eingabe von Bestellungen für Lieferanten, die daraufhin Waren per Auftrag ans Lager liefern. Per IT muss dann der sog. **'Wareneingang'** (WE) erfolgt sein, damit die Bestände IT-seitig aufgebaut und die Bestellung fortgeschrieben werden kann. Enterprise-Ressource-Planning (ERP) bezeichnet die unternehmerische Aufgabe, Ressourcen wie Kapital, Personal, Betriebsmittel, Material und Informations- und Kommunikationstechnik im Sinn des Unternehmenszwecks rechtzeitig und bedarfsgerecht zu planen und zu steuern. Dabei sollen effizienter betrieblicher Wertschöpfungsprozess und stetig optimierte Steuerung der unternehmerischen und betrieblichen Abläufe gewährleistet werden. Solche Aufgaben werden heutzutage hauptsächlich mit Hilfe von IT-Systemen auf Basis moderner Informations- und Kommunikationstechnik umgesetzt.

2.1.2 Prozess-Diagramm

Die Wareneingangskontrolle wird – eingebettet in den Wareneingangsprozess – als Diagramm dargestellt. Im Folgeabschnitt wird dieser Ablauf genauer beschrieben.

Kapitel 2 · Wareneingangskontrolle

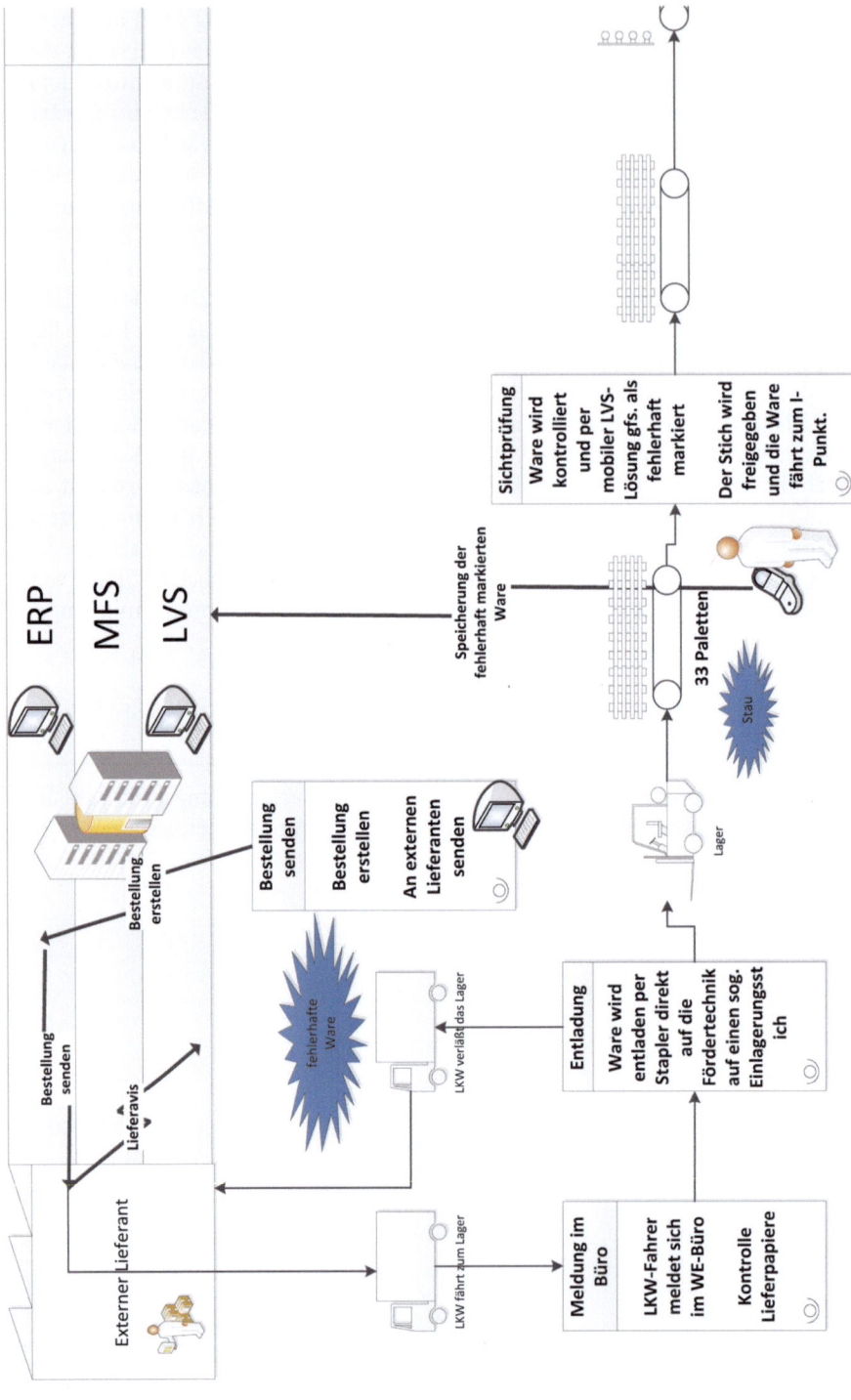

2.1 · Logistik

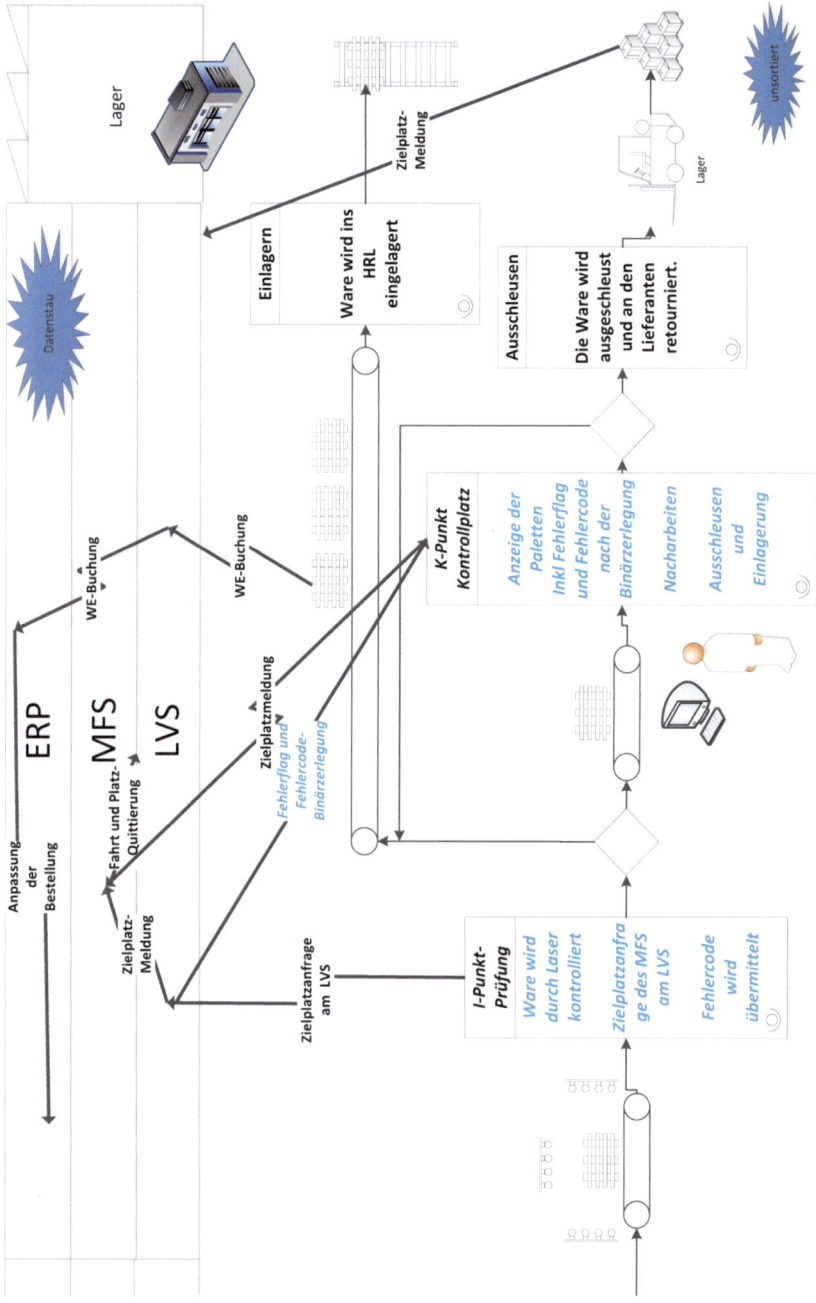

2.1.3 Prozess-Beschreibung

Der Wareneingangs-Prozess verläuft in mehreren Schritten:

Schritt 1: Bestellanlage – Übertragung – Lieferavis

Im ERP-System werden Bestellungen für einen externen Lieferanten erfasst. Dabei sind u. a. die benötigten Materialien und Mengen einzugeben. Bestellungen können auf verschiedene Art und Weise zum Lieferanten übermittelt werden, z. B. per elektronischer Datenübertragung, per Fax oder E-Mail. Beim Lieferanten werden die Waren zusammengestellt. Bevor die Ware angeliefert wird, kündigt er seine Lieferung elektronisch mit einem **'Lieferavis'** an. Das Lieferavis enthält Daten wie Material, Menge, Charge und auch Gebindenummern, die für den logistischen Prozess von elementarer Bedeutung sind. Festgehalten sind diese als **'Barcode'** auf den gelieferten Paletten. Diese Daten sind später sowohl für die Wareneingangsbuchung als auch für die Wareneingangskontrolle wichtig.

Schritt 2: Warenankunft – Entladung – WE-Stich

Sobald ein LKW mit bestellter Ware am Lager eintrifft, meldet sich dessen Fahrer im WE-Büro. Dort wird der **'Lieferschein'** entgegengenommen und dem Fahrer ein **'Tor'** zur Entladung zugewiesen. Ist die Lieferung am Tor angekommen, wird das Fahrzeug entladen und die mit Barcode versehenen Paletten mit Gabelstaplern direkt auf den WE-Stich gestellt. Der LKW verlässt das Lager. Vorteil dieser Methode, die ohne vorherige Prüfung stattfinden kann: es kommt zu keinerlei Verzögerung oder Warenstau im WE, wo täglich viele Paletten angeliefert werden. Diese Vorgehensweise wird nur bei Lieferanten bekannter und guter Qualität praktiziert, so daß der Aufwand der Kontrollen gering ist.

Schritt 3: Sichtkontrolle – Freigabe der Ware

Bei **'Sichtprüfung'** der Waren auf dem WE-Stich prüft ein Mitarbeiter manuell die Paletten. Erkennt er dabei einen Fehler, werden defekte Paletten (z. B. wegen defekter Ware oder beschädigter untersetzter Palette) mit einem **'mobilen Scanner'** als fehlerhaft gekennzeichnet. Derartige Fehler werden im LVS zu der entsprechenden Palette gespeichert. Ist die Sichtprüfung erledigt, wird der WE-Stich freigegeben. D. h., die Paletten werden von der Fördertechnik automatisch in Richtung I-Punkt transportiert. Dabei sind ca. 33 Paletten (Fassungsvermögen eines Standard-LKWs) auf einem WE-Stich vorhanden.

Schritt 4: Prüfung am I-Punkt – Einlagerung oder Fahrt zum K-Punkt

Am I-Punkt werden Waren, die per Fördertechnik abtransportiert wurden, mit Hilfe eines Laserstrahls palettenweise abgetastet. Dabei werden u. a. Zustand der Palette und angebrachter Barcode untersucht. Treten Probleme auf, werden diese mittels einer vorher definierten **'Fehlertabelle'** als **'Fehlernummer'** ausgegeben. Diese Fehlernummern sind natürliche Zahlen 1, 2, 3, ... Die Summe der Zweierpotenzen zu den Fehlernummern – also z. B. $2^1 + 2^3 + 2^5$, falls die Fehler 1, 3, 5 aufgetreten sind –

wird berechnet und ans LVS als natürliche Zahl – in diesem Beispiel 42 – übermittelt. Anschließend fährt die Palette zum K-Punkt. Sollte die Palette fehlerfrei sein, wird sie ins HRL eingelagert. Parallel zur Einlagerung kann auf Basis des Lieferavis und des gescannten Barcodes der Wareneingang automatisch gebucht werden. Dies ist einer der Vorteile einer bereits mit einem Barcode versehenen Palette und der zeitlich vorgelagerten Übermittlung eines Lieferavis durch den Lieferanten ans LVS. Fehlerhafte bzw. defekte Paletten dürfen aber auf keinen Fall eingelagert werden, weil z. B. im Fall eines defekten Barcodes die Palette nicht identifiziert werden kann. Ebenso könnten eventuell defekte Waren zu einem Kunden geliefert wird, die Förderanlage durch fehlerhafte Paletten beschädigt werden oder es zu einem Stau auf der Förderstrecke kommen. Im Hochregallager eingelagerte defekte Paletten könnten aus großer Höhe herunterfallen und so die gesamte Technik der Regale und des Lagers beschädigen oder sogar kontaminieren.

Schritt 5: K-Punkt-Prüfung – Einlagerung oder Ausschleusung

Am Kontrollpunkt wird Mitarbeitern angezeigt, aus welchem Grund Paletten fehlerhaft sind. Zu diesem Zweck werden die Fehler von der WE-Stich-Prüfung als auch die **'Fehlercodes'** der I-Punkt-Prüfung am Terminal angezeigt. Der Fehlercode muss vorab wieder in eine Summe von Zweier-Potenzen zerlegt werden, damit das LVS anhand der auftretenden Exponenten dieser Potenzen mit Hilfe der Fehlertabelle die Fehlertexte ermitteln und am Terminal anzeigen kann: $42 = 2^1 + 2^3 + 2^5$. Damit liegen die Fehler 1, 3, 5 vor. Der eben beschriebene logistische Prozess wirft auch mathematisch eine Problemstellung auf, die im weiteren Ablauf noch explizit untersucht werden soll. Der Mitarbeiter kann nun die Palette wieder richten. Dazu gehört es, einen Barcode auszudrucken und anzubringen, die Palette wieder ordentlich zu wickeln oder eine andere Europalette unterzusetzen, falls die ursprüngliche defekt sein sollte. Gelingt es ihm, die Palette wieder einwandfrei herzurichten, wird die Palette über die Fördertechnik eingelagert und der Wareneingang automatisch gebucht. Anderenfalls wird die Palette von der Fördertechnik abgenommen und die Ware weiter inspiziert und ggfs. dem Lieferanten retourniert.

2.1.4 Problemstellung

Die Problemstellung wird mit Hilfe der folgenden Skizze visualisiert:

Kapitel 2 · Wareneingangskontrolle

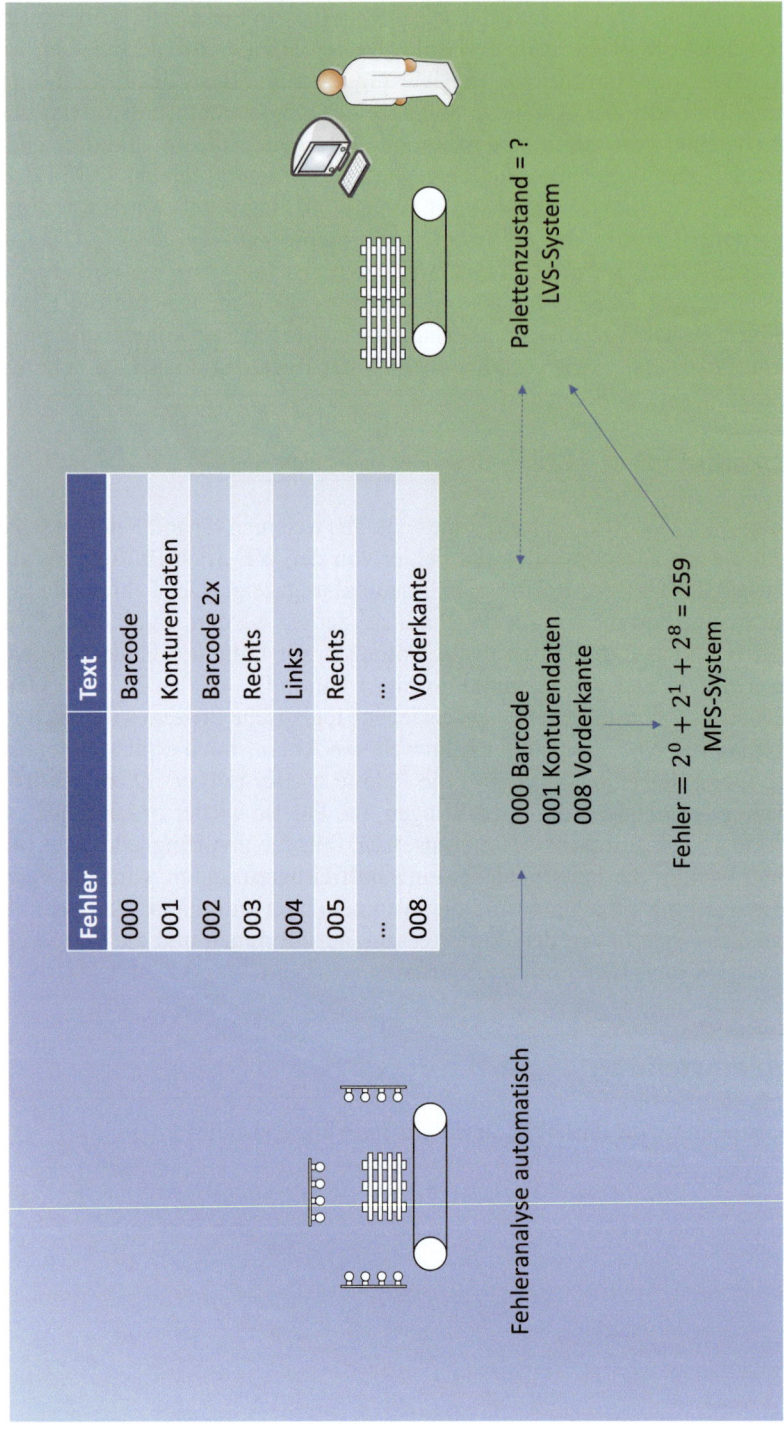

Fährt eine Palette zum I-Punkt, so wird sie dort angehalten und auf verschiedene Fehler analysiert. Die Fehler sind in einer Tabelle als Fehlercode und Fehlertext abgelegt. Im Beispiel der gezeigten Grafik treten die Fehler 000-Barcode, 001-Konturendaten und 008-Vorderkante auf. Das MFS berechnet aus den auftretenden Fehlern einen Fehlercode, indem es die Zweierpotenzen dieser Fehler addiert. In diesem Beispiel ist das $2^0 + 2^1 + 2^8 = 259$. Der vom MFS berechnete Fehlercode – hier 259 – wird per elektronischer Datenübertragung ans LVS gesendet. Da die Palette fehlerhaft ist, wird sie zum K-Punkt gefahren. Dem Mitarbeiter muss angezeigt werden, aus welchem Grund die Palette fehlerhaft ist, d. h. es müssen die Fehlertexte – also die Bedeutung der Fehlernummern – erneut ermittelt und visualisiert werden. Das bedeutet, das LVS muss den Fehlercode 259 als Summe $2^0 + 2^1 + 2^8$ schreiben, um aus der im LVS bekannten Fehlercode-Tabelle die Fehler und Texte wieder über die auftretenden Potenzen in der Summendarstellung zu ermitteln. Als Problemstellung ergibt sich, wie man diese Summendarstellung berechnen kann und ob diese Zerlegung stets eindeutig ist. Diese Frage wird im folgenden mathematischen Teil erörtert. Wäre die Zerlegung nicht eindeutig oder nicht existent oder auch nicht berechenbar, so könnte man nicht auf die Exponenten und damit nicht auf die Fehlernummern schließen. Man muss sich demnach zwingend mit folgenden Inhalten auseinandersetzen:

- Was sind natürliche Zahlen?
- Wie addiert, multipliziert und potenziert man natürliche Zahlen?
- Was genau ist die oben geschilderte Summendarstellung, wobei als Summanden nur Potenzen der 2 auftauchen?
- Ist eine solche Summendarstellung tatsächlich existent und ist sie eindeutig?
- Wie berechnet man eine solche Summendarstellung?

2.2 Mathematik

2.2.1 Theoretischer Hintergrund

2.2.1.1 Natürliche Zahlen

2.2.1.1.1 Die Peano-Axiome

Die Menge der 'natürlichen Zahlen' entspricht einem der ersten Objekte, die sich auf die Mathematik beziehen. Bereits in Kindergärten und Grundschulen müssen sich die Kleinsten damit auseinandersetzen. Dies geschieht beim Zählen gleichartiger ganzer Dinge. Vergleichsweise spät haben sich Mathematiker um exakte Definitionen und Resultate zu den natürlichen Zahlen bemüht. 1898 stellte Peano seine 'Axiomatik' zu den natürlichen Zahlen auf, die an dieser Stelle dargestellt und erläutert werden soll. Peanos Axiomatik wird im Fortgang durch die Ergebnisse von Dedekind zur Eindeutigkeit der natürlichen Zahlen ergänzt. Dies geschieht durch den Rekursionssatz von Dedekind. In diesem Zusammenhang wird auf das Werk [46] von Rautenberg sowie auf Videos von C. Spannagel zur Axiomatik natürlicher Zahlen (siehe z. B. [51]) zurückgegriffen.

Die **'Peano-Axiome'** zur Definition der natürlichen Zahlen mittels **'Nachfolger'**-Begriffs lauten:

Axiome 1 *(Peano, 1889)*
- *(i)* *0 ist eine natürliche Zahl.*
- *(ii)* *Jede natürliche Zahl n hat genau eine natürliche Zahl $v(n)$ als Nachfolger.*
- *(iii)* *0 ist kein Nachfolger einer natürlichen Zahl.*
- *(iv)* *Je zwei unterschiedliche natürliche Zahlen besitzen unterschiedliche Nachfolger.*
- *(v)* *Ist X eine Menge, die die 0 enthält und mit jeder natürlichen Zahl $x \in X$ auch den Nachfolger $v(x) \in X$, so enthält X jede natürliche Zahl.* ◇

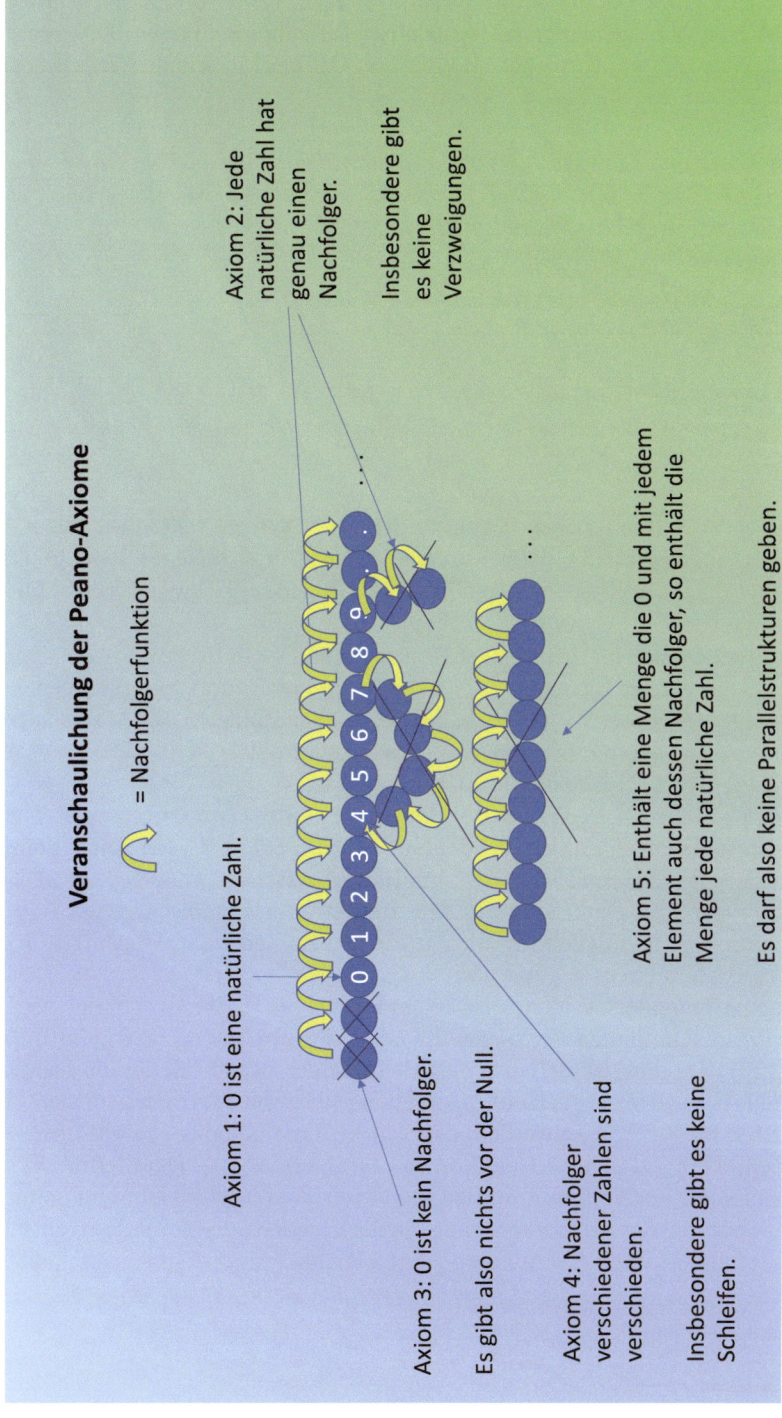

Das Ziel der Peano-Axiome ist es, eine einzige Perlen-Kette von Zahlen beginnend bei der Zahl Null ohne Schleifen oder parallele Ketten zu definieren. Das vorherige Schaubild mag dies verdeutlichen. Rautenberg definiert in seinem Werk [46] sog. **'Zählreihen'** ähnlich wie die Peano-Axiome:

Definition 5 *(Zählreihe) Ein Paar $(N; v)$ nennt man Zählreihe, wenn N eine Menge mit ausgezeichnetem Element 0 und v eine Funktion – genannt die* **'Nachfolgerfunktion'** *– von N nach N sind, so daß die folgenden Regeln gelten:*

(i) $\forall n \in N : 0 \neq v(n)$ *(0 ist kein Nachfolger)*
(ii) $\forall m, n \in N : n \neq m \Rightarrow v(m) \neq v(n)$ *(v ist injektiv)*
(iii) $\forall T \subseteq N : ((0 \in T) \wedge (\forall t \in T : v(t) \in T)) \Rightarrow N = T$.

Ist $n \in N$, so ist n der **'Vorgänger'** *(siehe (ii), daher eindeutig bestimmt) von $v(n)$ – dem Nachfolger von n. Die Elemente einer Zählreihe sollen natürliche Zahlen genannt werden.* ◇

Das fünfte Peano-Axiom ist auch bekannt unter dem Namen **'Induktionsaxiom'**. Es liefert die Begründung für die **'Beweistechnik'** der sog. **'vollständigen Induktion'** für Aussagen über die natürlichen Zahlen. Dies sei an folgender Aussage verdeutlicht:

Bemerkung 1 Sei $(N; v)$ eine Zählreihe. Durch vollständige Induktion soll eingesehen werden, daß 0 das einzige Element aus N ohne Vorgänger ist und, daß für jede natürliche Zahl n mit existentem Vorgänger m die natürlichen Zahlen n und m verschieden sind. Dazu wird für alle natürlichen Zahlen n gezeigt, daß $n = 0$ gilt oder es eine natürliche Zahl $m \neq n$ gibt, so daß $v(m) = n$ erfüllt ist.

Dazu sei $T := \{n \mid n \in N, n = 0 \vee \exists m \neq n : v(m) = n\}$. Offenbar ist T eine Teilmenge der natürlichen Zahlen, die die Null enthält. Sei $t \in T$. Per **'Induktionsannahme'** gelte $n = 0 \vee \exists m \neq n : v(m) = n$. Im **'Induktionsschritt'** muss gezeigt werden, daß auch $v(t) \in T$ gilt. Dann folgt aus dem Induktionsaxiom die Aussage $T = N$, und die Behauptung ist folglich für alle natürlichen Zahlen wahr. Wegen $t \in T$ gilt $t = 0$ oder es existiert ein $m \neq n$ mit $v(m) = t$.

Es folgt eine **'Fallunterscheidung'**. Im ersten Fall sei $t = 0$. Es muss gezeigt werden, daß $x := v(0)$ in T enthalten ist. Wegen des ersten Peano-Axioms ist $0 \neq v(0) = x$, und es gilt $v(0) = x$. Also ist $v(0)$ in T enthalten (da der zweite Teil der die Elemente definierenden Aussage für $v(0)$ erfüllt ist). Sei nun $t \neq 0$, und es existiere ein $m \neq t$ mit $v(m) = t$. Ergo muss bewiesen werden, daß $v(t)$ in T enthalten ist. Es gilt $v(m) = t$, und daher gilt auch – da v eine Funktion ist – $v(v(m)) = v(t)$. Der Definition von T folgend muss nur noch erkannt werden, daß $v(m) \neq v(t)$ erfüllt ist (denn dann ist wieder der zweite Teil der die Elemente aus T definierenden oder-Aussage erfüllt). Per Induktionsannahme gilt $m \neq t$. Aus dem vierten Peano-Axiom ergibt sich schließlich $v(m) \neq v(t)$. ◇

2.2.1.1.2 Dedekind's Rekursionssatz und die Isomorphie von Zählreihen

In diesem Paragraphen soll eine Art Eindeutigkeit von Zählreihen dargestellt werden, die es erlaubt, von der Menge aller natürlichen Zahlen im bestimmten Artikel zu reden. Als Beweismittel dient hierbei der **'Rekursionssatz von Dedekind'**. Der Rekursionssatz ist Grundlage für sog. **'rekursive Definitionen'**. In Vorbereitung auf den Rekursionssatz wird für eine Menge M der Durchschnitt über M durch

$$\bigcap M := \{x \mid \forall m \in M : x \in m\}$$

definiert. Zudem benötigt man den Begriff der **'Funktion'**, auf dem im nächsten Kapitel genauer eingegangen wird. Grundlage dazu ist die Definition der **'Relation'**:

Seien A und B Mengen. Eine Relation R zwischen A und B ist eine Teilmenge der Paarmenge $A \times B$. Ist ein Paar $(a; b)$ in R enthalten, so schreibt man statt $(a; b) \in R$ auch aRb und sagt, daß a in Relation mit b bzgl. R steht. Ist speziell $A = B$ erfüllt, so spricht man von einer Relation auf A. Als Umkehrrelation definiert man $R^{-1} := \{(b; a) \mid (a; b) \in R\}$.

Eine Funktion (auch **'Abbildung'** oder **'Zuordnung'** genannt) f zwischen A und B ist eine Relation zwischen A und B, die die folgenden zwei Eigenschaften besitzt:

(i) Für alle $(a; b), (\hat{a}; \hat{b}) \in f$ folgt aus $a = \hat{a}$ schon $b = \hat{b}$. – **'Rechtseindeutigkeit'**
(ii) Für alle $a \in A$ existiert ein $b \in B$, so daß $(a; b) \in f$ gilt. – **'Linkstotalität'**

Ist ein Paar $(a; b)$ in f enthalten, so schreibt man statt $(a; b) \in f$ bzw. statt afb auch $f(a) = b$ oder $b = af$ und nennt b den **'Funktionswert'** von f an der Stelle a. a wird auch als **'Urbild'** von $b = f(a)$ betitelt. Die Menge A nennt man **'Definitions-'** und die Menge B **'Wertemenge'** von f. f wird auch durch $f : A \longrightarrow B, a \mapsto f(a)$ deklariert. (Man beachte hierbei, daß jedem Element $a \in A$ genau ein Element $f(a) \in B$ zugeordnet wird.) Die **'Bildmenge'** von f definiert man als $Bild(f) := \{b \mid b \in B, \exists a \in A : b = f(a)\}$.

Satz 7 *(Rekursionssatz von Dedekind, 1888) Seien $(N; v)$ eine Zählreihe mit ausgezeichnetem Element 0, A eine Menge, $a \in A$ und $F : N \times A \longrightarrow A$ eine Funktion. Dann existiert genau eine Funktion $f : N \longrightarrow A$, so daß $f(0) = a$ und für alle $n \in N$ die Regel $f(v(n)) = F(n, f(n))$ gilt.* ◇

Korollar 1 *(Isomorphiesatz von Dedekind, 1888) Seien $(N; v)$ und $(\hat{N}; \hat{v})$ zwei Zählreihen mit ausgezeichneten Elementen 0 und $\hat{0}$. Dann gibt es eine bijektive Abbildung $f : N \longrightarrow \hat{N}$, so daß $f(0) = \hat{0}$ und für alle $n \in N$ die Regel $f(v(n)) = \hat{v}(f(n))$ gelten.* ◇

Der **'Isomorphiesatz'** soll durch das folgende Bild veranschaulicht werden:

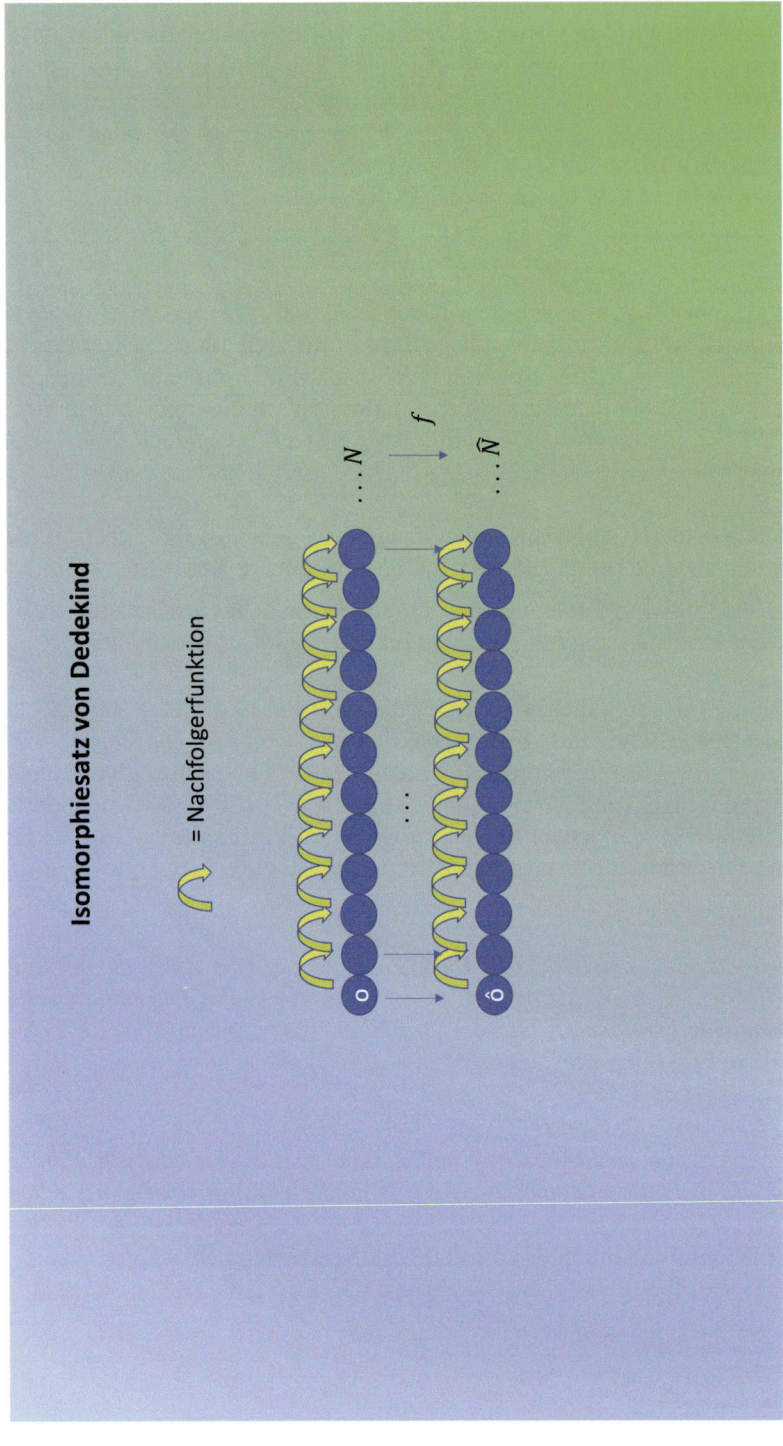

Es konnte also eingesehen werden, daß es bis auf '**Isomorphie**' höchstens eine Zählreihe gibt. Somit verbleibt die Frage nach der Existenz nur einer Zählreihe zu klären. Dann kann von **'der'** Menge der natürlichen Zahlen gesprochen werden und ihnen das Symbol $\mathbb{N}_0$ zugewiesen werden. Für die Menge der natürlichen Zahlen ohne Null wird das Symbol $\mathbb{N}$ verwendet. Man definiert $1 := \nu(0)$ als den Nachfolger der Null, $2 := \nu(1)$ als den Nachfolger der Eins, $3 := \nu(2)$ usw. Mit Hilfe dieser Definition und der Aussage von ▶ Bemerkung 1 sind alle Zahlen $0, 1, 2, \ldots$ paarweise verschieden. Insbesondere gilt also $1 \neq 0$.

John von Neumann hat 1925 eine mengentheoretische Konstruktion der natürlichen Zahlen angegeben. Seine Zählreihe ist definiert als der Schnitt aller Mengen, die die leere Menge als Element und mit jedem Element x auch $x \cup \{x\}$ als Element enthält. Derartige Mengen werden auch '**induktive Mengen**' genannt. Die Zählreihe von John von Neumann ist also der Durchschnitt aller induktiven Mengen. Das hierdurch überhaupt eine Menge definiert wird, ist nicht klar. Selbst die Existenz einer induktiven (und damit auch einer unendlichen) Menge ist nicht an sich gegeben. Deshalb ist diese Existenz der Inhalt des sog. '**Unendlichkeitsaxioms**' der Mengenlehre, erstmals publiziert von Ernst Zermelo im Jahr 1908. Das Unendlichkeitsaxiom ist eines der Axiome der sog. '**Zermelo-Fraenkel-Mengenlehre**' (ZF). Selbst das Unendlichkeitsaxiom genügt nicht, um die Zählreihe zu definieren. Dafür wird zusätzlich noch das '**Aussonderungsaxiom**' innerhalb von ZF benötigt. Es besagt informell, daß alle Teilklassen von Mengen ebenfalls Mengen sind. Deswegen ist der Schnitt aller induktiven Mengen wieder eine Menge.

John von Neumann definiert auf der kleinsten induktiven Menge $0 := \emptyset$ und als Nachfolger eines Elementes n das Element $n \cup \{n\}$. Demnach ist $1 := \emptyset \cup \{\emptyset\} = 0 \cup \{0\}$, $2 := 1 \cup \{1\}$ usw. Die leere Menge kann nicht Nachfolger sein, da alle Nachfolger nicht-leer sind. Per Definition ist diese Zählreihe auch induktiv als Schnitt induktiver Mengen. Es verbleibt einzusehen, daß die Nachfolgerfunktion injektiv ist. Zuerst zeigt man per vollständiger Induktion für alle n: Sind $y \in x \in n$, dann ist $y \in n$. Man sagt, daß n '**transitiv**' ist, was gleichbedeutend mit der Aussage ist, daß jedes Element von n auch Teilmenge von n ist. Das ist trivial für $n = \emptyset$. Sei nun n transitiv. Es wird gezeigt, daß auch $n \cup \{n\}$ transitiv ist: Denn ist $x \in n \cup \{n\}$, so gilt $x \in n$ oder $x = n$. Für $x = n$ ist $x \subseteq n \cup \{n\}$. Im anderen Fall ist $x \in n$, also $x \subseteq n$ und damit auch $x \subseteq n \cup \{n\}$. Seien nun n, m in der von Neumann-Zählreihe, und es gelte $n \cup \{n\} = m \cup \{m\}$ sowie $n \neq m$. Dann ist $n \in m$ und $m \in n$. Aus der Transitivität folgt $n \in n$. Es kann aber per vollständiger Induktion gezeigt werden, daß $n \notin n$ gelten muss. Damit ist nur der Fall $x = n$ erfüllt. Es gilt $\emptyset \notin \emptyset \cup \{\emptyset\}$. Sei $n \notin n$. Wäre $\nu(n) \in \nu(n)$, so ist entweder $\nu(n) = n$ – was $n \notin n$ widerspricht – oder aber $\nu(n) \in n$, was wegen $n \in \nu(n)$ und der Transitivität erneut $n \notin n$ widerspricht.

2.2.1.1.3 Addition, Multiplikation und ihre Rechengesetze

In diesem Paragraphen werden '**Addition**' und '**Multiplikation**' natürlicher Zahlen auf Basis des Dedekindschen Rekursionssatzes eingeführt. Grundlegende Rechenregeln beider Verknüpfungen sind ableitbar. Das Vorlesungsskript von F. Loose (siehe [43]) dient als Basis. Beginnend mit einer Folgerung zum Dedekindschen Rekursionssatz, die für die Definition der Addition und Multiplikation hilfreich sein wird.

Korollar 2 *(Selbstabbildungen) Sei A eine Menge, $a \in A$ und $F : A \longrightarrow A$ eine Funktion – eine sog. 'Selbstabbildung'. Dann existiert genau eine Funktion $f : \mathbb{N} \longrightarrow A$, so daß $f(0) = a$ und für alle $n \in \mathbb{N}$ die Regel $f(\nu(n)) = F(f(n))$ gilt.*

Insbesondere gibt es zu jedem $m \in \mathbb{N}$ genau eine Funktion $f_m : \mathbb{N} \longrightarrow \mathbb{N}$, so daß $f_m(0) = m$ und für alle $n \in \mathbb{N}$ die Regel $f_m(\nu(n)) = \nu(f_m(n))$ gilt. ◇

Dieser Spezialfall des Dedekindschen Rekursionssatzes wird durch das folgende **'kommutative Diagramm'** visualisiert. Es zeigt, daß die **'Hintereinanderausführungen'** der Funktionen ν und f sowie f und F identisch sind:

$$\begin{array}{ccc} A & \xrightarrow{F} & A \\ \uparrow f & & \uparrow f \\ \mathbb{N} & \xrightarrow{\nu} & \mathbb{N} \end{array}$$

Auf Basis von ▶ Korollar 2 lässt sich die Addition der natürlicher Zahlen jetzt definieren:

Definition 6 *(Addition natürlicher Zahlen) Für alle $m, n \in \mathbb{N}$ definiert man*

$$m + n := f_m(n)$$

wobei $f_m : \mathbb{N} \longrightarrow \mathbb{N}$, so daß $f_m(0) = m$ und für alle $n \in \mathbb{N}$ die Regel $f_m(\nu(n)) = \nu(f_m(n))$ gilt (siehe ▶ Korollar 2). Die Verknüpfung

$$+ : \mathbb{N}_0 \times \mathbb{N}_0 \longrightarrow \mathbb{N}_0, (n; m) \mapsto n + m$$

*nennt man **'Addition'**, und für alle $n, m \in \mathbb{N}_0$ heißt*

$$n + m$$

*die **'Summe'** von n und m sowie n, m die **'Summanden'** dieser Summe.* ◇

Bemerkung 2 *(Nachfolgerfunktion und Addition) In dieser Bemerkung wird die **'Nachfolgerfunktion'** mit der Addition zusammengeführt. Sei $n \in \mathbb{N}_0$. Als Folge ist einsehbar, daß*

$$\nu(n) = n + 1$$

gilt. Es sei daran erinnert, daß per Definition $1 = \nu(0)$ gilt. Sei $n \in \mathbb{N}_0$. Es gilt mit ▶ *Korollar 2 nun $n + 1 = n + \nu(0) = f_n(\nu(0)) = \nu(f_n(0)) = \nu(n)$.*

Die Definition der Addition kann für $m, n \in \mathbb{N}_0$ folgendermaßen geschrieben werden:

$$m + 0 = m \text{ und } m + (n + 1) = (m + n) + 1.$$

Dies führt also zu einer rekursiven Definition. ◇

Im nächsten Satz werden grundlegende Gesetzmäßigkeiten der Addition dargestellt:

Satz 8 *(grundlegende Rechengesetze der Addition) Die natürlichen Zahlen $\mathbb{N}_0$ bilden mit der Addition $+$ ein* **'kommutatives Monoid'** *mit* **'neutralem Element'** *0, d. h. es gelten die folgenden Regeln:*

(i) *Für alle $n, m \in \mathbb{N}_0$ gilt $n + m \in \mathbb{N}_0$. –* **'Abgeschlossenheit'** *der Addition*
(ii) *Für alle $n \in \mathbb{N}_0$ gilt $n + 0 = n = 0 + n$. –* **'Neutralität'** *der Null*
(iii) *Für alle $n, m \in \mathbb{N}_0$ gilt $n + m = m + n$. –* **'Kommutativgesetz'** *der Addition*
(iv) *Für alle $n, m, p \in \mathbb{N}_0$ gilt $(n + m) + p = n + (m + p)$. –* **'Assoziativgesetz'** *der Addition*

Des Weiteren gelten folgende Rechenregeln:

(a) *Für alle $n, m, k \in \mathbb{N}_0$ gilt $n + k = m + k$ genau dann, wenn $n = m$ gilt. –* **'Kürzungsregel'** *der Addition*
(b) *Für alle $n, m \in \mathbb{N}_0$ gilt $n + m = 0$ genau dann, wenn $n = m = 0$ gilt. –* **'Nullsummenfreiheit'**
(c) *Für alle $n, m \in \mathbb{N}_0$ gilt $n + m = 1$ genau dann, wenn $(n; m) = (1; 0)$ oder $(n; m) = (0; 1)$ gilt.* ◇

Folgendes Schaubild veranschaulicht einige Rechengesetze ergänzend:

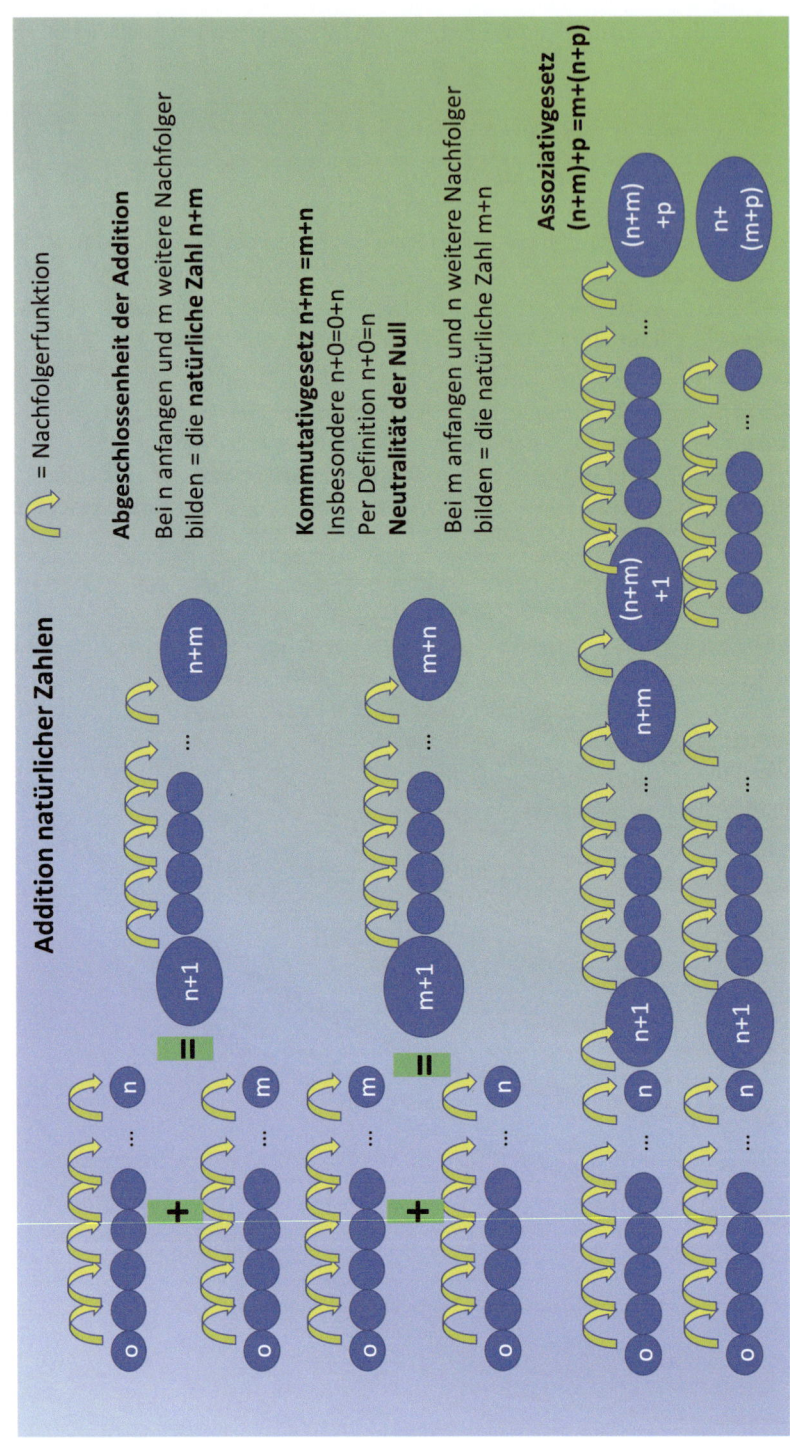

Auf Basis von ▶ Korollar 2 und mit Hilfe der Addition (man nutze $a := 0$, $A := \mathbb{N}_0$, $F(n) := n + m$ bei festem m) kann nun die **'Multiplikation'** natürlicher Zahlen rekursiv definiert werden:

Definition 7 *(Multiplikation natürlicher Zahlen) Für alle $m, n \in \mathbb{N}$ definiert man*

$$n \cdot m := g_m(n)$$

wobei $g_m : \mathbb{N} \longrightarrow \mathbb{N}$, so daß $g_m(0) = 0$ und für alle $n \in \mathbb{N}$ die Regel $g_m(\nu(n)) = g_m(n) + m$ gilt. Die Zahlen n,m nennt man dabei die **'Faktoren'**. *Die Abbildung*

$$\cdot : \mathbb{N}_0 \times \mathbb{N}_0 \longrightarrow \mathbb{N}_0, (n; m) \mapsto n \cdot m$$

bezeichnet man als Multiplikation, und für alle $n, m \in \mathbb{N}_0$ heißt

$$n \cdot m$$

das **'Produkt'** *von n und m. Die Regeln mittels der Funktion $g_m(\cdot)$ lassen sich umschreiben zu $m \cdot 0 := 0$ und $m \cdot (n+1) := m \cdot n + m$ für alle $n, m \in \mathbb{N}_0$.* ◇

Die Multiplikation $n \cdot m$ lässt sich also auf die Addition + zurückführen. Es sind bildlich m Pakete der Zahl n aufzuaddieren. Mit Hilfe des **'Summenzeichens'** kann man die Multiplikation $\cdot$ auch folgendermaßen schreiben: $n \cdot m = \sum_{i=1}^{m} a_i$, wobei $a_i := n$ für alle $i \in \{1, \ldots, m\}$ gilt. Die grundlegenden Rechengesetze der Multiplikation $\cdot$ können jetzt angegeben werden:

Satz 9 *(grundlegende Rechengesetze der Multiplikation) Die natürlichen Zahlen $\mathbb{N}_0$ bilden mit der Multiplikation $\cdot$ ein kommutatives Monoid mit neutralem Element 1, d. h. es gelten folgende Regeln:*

(i)   *Für alle $n, m \in \mathbb{N}_0$ gilt $n \cdot m \in \mathbb{N}_0$.* – **'Abgeschlossenheit'** *der Multiplikation*
(ii) *Für alle $n \in \mathbb{N}_0$ gilt $n \cdot 1 = n = 1 \cdot n$.* – **'Neutralität'** *der Eins*
(iii) *Für alle $n, m \in \mathbb{N}_0$ gilt $n \cdot m = m \cdot n$.* – **'Kommutativgesetz'** *der Multiplikation*
(iv) *Für alle $n, m, p \in \mathbb{N}_0$ gilt $(n \cdot m) \cdot p = n \cdot (m \cdot p)$.* – **'Assoziativgesetz'** *der Multiplikation*

Des Weiteren gelten folgende Rechenregeln:

(a) *Für alle $n, m, p \in \mathbb{N}_0$ folgt aus $n \neq 0$ und $nm = np$ schon $m = p$.* – **'Kürzungsregel'** *der Multiplikation*
(b) *Für alle $n \in \mathbb{N}_0$ gilt $n \cdot 0 = 0 = 0 \cdot n$.* – **'Absorption'** *der Null*
(c) *Für alle $n, m \in \mathbb{N}_0$ ist $n \cdot m = 0$ genau dann erfüllt, wenn $n = 0$ oder $m = 0$ gilt.* – **'Nullteilerfreiheit'**
(d) *Für alle $n, m, p \in \mathbb{N}_0$ gilt $(n + m) \cdot p = n \cdot p + m \cdot p$.* – **'Distributivgesetz'** ◇

Auch für die Multiplikation lässt sich ein Schaubild erstellen:

Multiplikation natürlicher Zahlen

$3 \times 7 = (2+1) \times 7 = 2 \times 7 + 7 = (1+1) \times 7 + 7 = 1 \times 7 + 7 + 7 =$
$(0+1) \times 7 + 7 + 7 = 0 \times 7 + 7 + 7 + 7 = 0 + 7 + 7 + 7 = 7 + 7 + 7$

⟹ **Rekursive Definition der Multiplikation mittels der Addition und dem Malnehmen mit Null (Paketbildung + Abgeschlossenheit)**

$3 \times 7 = 7 + 7 + 7$
$7 \times 3 = 3 + 3 + 3 + 3 + 3 + 3 + 3$
$3 \times 7 = 7 \times 3$

$3 \times 0 = 0 + 0 + 0$
$0 \times 3 = 0$
$3 \times 0 = 0 = 0 \times 3$

⟹ **Kommutativgesetz der Multiplikation und Absorption der Null**

$1 \times 7 = 7$
$7 \times 1 = 1 + 1 + 1 + 1 + 1 + 1 + 1$
$1 \times 7 = 7 = 7 \times 1$

$3 \times 7 \neq 3 \times 8$
$3 \times 7 \neq 0$

⟹ **Neutralität der Eins, Nullteilerfreiheit und Kürzungsregel**

$(3 \times 7) \times 5 = (7 + 7 + 7) \times 5 = 7 + 7 + 7 + 7 + 7 + 7 + 7 + 7 + 7 + 7 + 7 + 7 + 7 + 7 + 7 + 7 + 7 + 7 + 7 + 7 + 7$
$3 \times (7 \times 5) = 3 \times (5 + 5 + 5 + 5 + 5 + 5 + 5) = 5 + 5 + 5 + 5 + 5 + 5 + 5 + 5 + 5 + 5 + 5 + 5 + 5 + 5 + 5 + 5 + 5 + 5 + 5 + 5 + 5$
$(3 \times 7) \times 5 = 3 \times (7 \times 5)$

⟹ **Assoziativgesetz der Multiplikation**

$(2 + 2) \times 3 = 4 \times 3 = 3 + 3 + 3 + 3$
$2 \times 3 + 2 \times 3 = (3 + 3) + (3 + 3)$
$(2 + 2) \times 3 = 2 \times 3 + 2 \times 3$

⟹ **Distributivgesetz**

Zur Vereinfachung der Darstellung wird wie üblich die Regel **'Punktrechnung vor Strichrechnung'** vereinbart, d. h. für $k, m, n \in \mathbb{N}_0$ gilt z. B. $k + m \cdot n := k + (m \cdot n)$. Außerdem lässt man das Multiplikationszeichen · meistens weg. Also: $mn := m \cdot n$.

2.2.1.1.4 Anordnung der natürlichen Zahlen

Um natürliche Zahlen miteinander zu vergleichen und sie zu ordnen, wird ein sog. Vergleichsoperator benötigt. Das führt auf den Begriff der geordneten Menge, wie er auch im Werk von D. Blessenohl definiert wird (siehe [10]).

Definition 8 *((halb-)geordnete Menge, (Halb)ordnung, Maximum, Minimum, untere und obere Schranke) Sei M eine Menge. Eine Relation $\leq$ heißt* **'Halbordnung'** *auf M, wenn die folgenden Bedingungen erfüllt sind:*
(i) $\leq$ ist **'reflexiv'**, *d. h. für alle $a \in M$ gilt $a \leq a$.*
(ii) $\leq$ ist **'transitiv'**, *d. h. für alle $a, b, c \in M$ folgt aus $a \leq b$ und $b \leq c$ schon $a \leq c$.*
(iii) $\leq$ ist **'antisymmetrisch'**, *d. h. für alle $a, b \in M$ folgt aus $a \leq b$ und $b \leq a$ schon $a = b$.*

Das Paar $(M; \leq)$ wird halbgeordnete Menge genannt. Diese heißt sogar **'geordnete Menge'** *und $\leq$* **'Ordnung'** *auf M, wenn zusätzlich gilt:*
(i) $\leq$ ist **'total'**, *d. h.: $\forall a, b \in M : (a \leq b) \vee (b \leq a)$.*

Eine geordnete Menge nennt man auch **'Kette'**.
  Sind $(M; \leq)$ eine halbgeordnete Menge und $X \subseteq M$, so heißt ein Element $s \in M$
(i)   eine **'obere Schranke'** *von X, wenn gilt: $\forall x \in X : x \leq s$.*
(ii) ein **'Maximum'** *max von X, wenn gilt: $(s \in X) \wedge (\forall x \in X : s \leq x)$.*
(iii) eine **'untere Schranke'** *von X, wenn gilt: $\forall x \in X : s \leq x$.*
(iv) ein **'Minimum'** *min von X, wenn gilt: $(s \in X) \wedge (\forall x \in X : x \leq s)$.*

Besitzt X eine obere bzw. untere Schranke, so heißt X **'nach oben'** *bzw.* **'nach unten' beschränkt'**. *X heißt* **'beschränkt'**, *wenn X nach oben und unten beschränkt ist. Eine Kette $(M; \leq)$ heißt* **'wohlgeordnet'** *und $\leq$ eine Wohlordnung auf M, wenn jede nichtleere Teilmenge von M ein Minimum besitzt.*   ◇

Bemerkung 3 Sei $(M; \leq)$ eine halbgeordnete Menge und $X \subseteq M$. Besitzt X ein Maximum bzw. ein Minimum, so ist dieses eindeutig bestimmt, denn: Seien m, n zwei Maxima von X. Da n ein Maximum ist, gilt $n \in X$. Da m ein Maximum von X ist, gilt $x \leq m$ für alle $x \in X$. Insbesondere gilt $n \leq m$. Analog – oder mittels eines Symmetriearguments – wird $m \leq n$ bewiesen. Aus der Antisymmetrie folgt $n = m$. Ein analoger Schluss kann für Minima geführt werden. Es kann aber auch eine neue Relation $\geq$ definiert werden, und zwar durch $a \geq b := b \leq a$ für alle $a, b \in M$. Dann ist $(M; \geq)$ auch halbgeordnet, und die Maxima dieser halbgeordneten Menge entsprechen den Minima von $(M; \leq)$. Für das eindeutig bestimmte Maximum bzw. Minimum von X wird auch $max(X)$ bzw. $min(M)$ geschrieben.

  Daß eine beliebige Kette $(M; \leq)$ wohlgeordnet werden kann, ist nicht unbedingt klar. Diese Feststellung wird in der Mathematik durch das sog. **'Wohlordnungsaxiom'** verlangt. Das Wohlordnungsaxiom ist äquivalent zum sog. **'Auswahlaxiom'** (siehe

Definition 22). Für endliche Ketten kann das Wohlordnen durch ein Induktionsargument bewiesen werden. ◇

Beispiele 1

(1) Die bekannten Relationen ≤, ≥, < und > werden im Folgenden für die natürlichen Zahlen definiert und auf die definierten Begriffe analysiert. Sie sind die Hauptbeispiele zu den Begrifflichkeiten der Halbordnung.

(2) Sei M eine Menge. Auf der Potenzmenge von M sei das **'Enthaltensein'** $\subseteq$ betrachtet. Seien A, B, C Teilmengen von M. Jede Teilmenge ist in sich selbst enthalten: $A \subseteq A$. Daher ist das Enthaltensein reflexiv. Zwei Mengen A und B sind genau per Definition gleich, wenn $A \subseteq B$ und $B \subseteq A$ gelten. Also ist $\subseteq$ auch antisymmetrisch. Ist $A \subseteq B \subseteq C$ erfüllt, so gilt auch $A \subseteq C$, das Enthaltensein ist transitiv. Damit ist es eine Halbordnung auf $P(M)$, und das Paar $(P(M); \subseteq)$ ist eine halbgeordnete Menge.

Eine Ordnung liegt jedoch nicht vor, wenn M mindestens zwei verschiedene Elemente a, b enthält, denn weder $\{a\} \subseteq \{b\}$ noch $\{b\} \subseteq \{a\}$ ist erfüllt.

Jede Teilmenge X von $P(M)$ ist sowohl nach oben durch M als auch nach unten durch $\emptyset$ beschränkt. Allerdings muss X nicht unbedingt ein Minimum oder Maximum besitzen, wie dies z. B. für $M = \{1, 2, 3, 4\}$ die Menge $X := \{\{1, 2\}, \{2, 3\}\}$ zeigt. Es ist beweisbar, daß X genau dann ein Minimum bzw. Maximum besitzt, wenn $\bigcap_{T \in X} T$ bzw. $\bigcup_{T \in X} T$ in X enthalten ist. In diesem Fall sind diese Elemente dann sogar das eindeutig bestimmte Minimum bzw. Maximum von X. Der Schnitt bzw. die Vereinigung über X sind i.A. die größte untere bzw. kleinste obere Schranke von X.

(3) Es seien die natürlichen Zahl mit der **'Teilt-Relation'** betrachtet. Es ist $n \mid m$ genau dann, wenn ein r existiert, so daß $n \cdot r = m$ gilt. Man kann beweisen, daß $(\mathbb{N}; \mid)$ eine halbgeordnete Menge ist. Sie ist nicht total, denn weder ist 2 ein Teiler von 3 noch umgekehrt. 1 ist das Minimum, ein Maximum existiert nicht. Für eine endliche Teilmenge X von $\mathbb{N}$ ist 1 immer noch eine untere Schranke. Möchte man eine größere untere Schranke finden, so ist der größte gemeinsame Teiler von X zu berechnen. Umgekehrt ist das kleinste gemeinsame Vielfache der Zahlen aus X eine kleinste obere Schranke, die kleiner als das Produkt aller Zahlen aus X ist. Diese beiden Zahlen sind auch die einzig Möglichkeiten für ein Minimum bzw. Maximum.

(4) Die **'Telefonbuch-Ordnung'** oder auch **'lexikographische Ordnung'**, nach der die Worte wie etwa abba im Telefonbuch angeordnet sind, ist tatsächlich eine Ordnung. Sie wird im nächsten Kapitel definiert.

(5) Die **'Allrelation'** auf einer Menge A ist $A \times A$. Diese Relation ist reflexiv und transitiv, aber i. A. nicht antisymmetrisch. ◇

Mit Hilfe der Addition werden nun vier bekannte Relationen auf der Menge der natürlichen Zahlen definiert, die als Vergleichsoperatoren dienen:

Definition 9 *(gleich, kleiner-gleich, kleiner, größer-gleich, größer) Für alle $a, b \in \mathbb{N}_0$ seien definiert:*

(i) $a < b := \exists c \in \mathbb{N} : a + c = b$ – **'Kleiner-Relation'**
(ii) $a \leq b := \exists c \in \mathbb{N}_0 : a + c = b$ – **'Kleiner-Gleich-Relation'**
(iii) $a > b := \exists c \in \mathbb{N} : a = b + c$ – **'Größer-Relation'**
(iv) $a \geq b := \exists c \in \mathbb{N}_0 : a = b + c$ – **'Größer-Gleich-Relation'**.   ◇

Sind $a, b \in \mathbb{N}_0$, und gilt $a < b$, dann gibt es per Definition ein $c \in \mathbb{N}$ mit $a + c = b$. Dieses Element c ist eindeutig bestimmt, denn: Ist $\hat{c} \in \mathbb{N}$ mit $a + \hat{c} = b$, dann gilt $a + \hat{c} = a + c$, und mit der Kürzungsregel erhält man $c = \hat{c}$. In dem Fall $a < b$ kann also das Element c als Differenz $b - a$ definiert werden. Dabei ist b der sog. Minuend und a der sog. Subtrahend. Die Subtraktion - soll aber erst im Abschnitt über die ganzen Zahlen definiert werden. Ist $a < b$, so existiert ein $c \neq 0$ mit $a + c = b$ und auch (siehe ▸ Bemerkung 1) ein $d \in \mathbb{N}_0$ mit $c = d + 1$. Es folgt durch Anwendung des Assoziativgesetzes und Kommutativgesetzes $a + 1 + d = b$. Somit gilt $a + 1 \leq b$. Ist umgekehrt $a + 1 \leq b$, so gilt $a + 1 + d = b$ für ein $d \in \mathbb{N}_0$. Es ist $1 + d \neq 0$, denn sonst wäre nach der Kürzungsregel in dem Fall $1 + d = 0 = 0 + 0$ schon $1 = 0$, was bereits weiter oben ausgeschlossen worden ist. Es konnte also gezeigt werden, daß $a < b$ genau dann gilt, wenn $a + 1 \leq b$ ist. Nun sollen zentrale Eigenschaften dieser Relationen beispielhaft vermittelt werden:

Satz 10 *(Anordnungssatz der natürlichen Zahlen) Für die natürlichen Zahlen gelten folgende Aussagen:*

(i)   Für alle $a, b, c \in \mathbb{N}_0$ gilt genau eine der Aussagen $a < b$, $a = b$ oder $a > b$. – **'Trichotomie'**
(ii)   Für alle $n \in \mathbb{N}$ gilt $\underline{n} = \{x \mid 1 \leq x \leq n\}$. – **'Abschnittsbeschreibung'**
(iii) Für alle $n, m \in \mathbb{N}$ mit $n < m$ gilt $[n, m] := \underline{m} \setminus \underline{n-1} = \{x \mid n \leq x \leq m\}$. – **'Intervalle'** in den natürlichen Zahlen
(iv) $\leq$ ist eine Ordnung auf $\mathbb{N}_0$. – **'Ordnungssatz'**
(v) $\leq$ ist eine Wohlordnung auf $\mathbb{N}_0$. – **'Wohlordnungssatz'**, **'Existenz eines Minimums'**
(vi) Jede nach oben beschränkte Teilmenge natürlicher Zahlen besitzt ein Maximum bzgl. $\leq$. – **'Existenz eines Maximums'**
(vii) Eine Teilmenge natürlicher Zahlen ist genau dann endlich, wenn sie nach oben beschränkt ist. – **'Beschränktheit'**
(viii) Jede Teilmenge natürlicher Zahlen ist durch $\leq$ wohlgeordnet. – **'Wohlordnungssatz II'**
(xi) Für alle $x, y, z, w \in \mathbb{N}_0$ folgen aus $x \leq y$ und $z \leq w$ schon $x + z \leq y + w$ sowie $xz \leq yw$ und umgekehrt. – **'Monotonie der Addition und Multiplikation'**   ◇

In folgenden Grafiken sollen Resultate dieses Abschnitts zusammengefasst werden.

Anordnung der natürlichen Zahlen

Thema	Definition	Beispiel 1	Beispiel 2	Beispiel 3
Reflexive Relation R	∀a: aRa	1=1 ist wahr	1<1 ist falsch	1 ≥ 1 ist wahr
Transitive Relation R	∀a,b,c: aRb ∧ bRc -> aRc	1=1=1	1<2<3	1≥2≥3
Antisymmetrische Relation R	∀ a,b: aRb ∧ bRa -> a=b	1=1	2<3 und 3<2	1≥2 und 2≥1
Halbordnung	Reflexiv, transitiv, antisymmetrisch	= ja	< nicht	≥ ja
Totale Relation R	∀ a,b: aRb ∨ bRa	1=2 ist falsch	1<1 oder 1<1?	1≥2 oder 2≥1?
Ordnung	Halbordnung und total	= nicht	< nicht	≥ ja
Wohlordnung	Ordnung mit Minimums-Existenz für alle Teilmengen	Nicht sinnvoll für =	Min geraden Zahlen = 2	Minimum bzgl. ≥ ist ein Maximum
Minimum von T	∀ t ε T: min(T) ≤ t, min(T) ε T	Nicht sinnvoll für =	1=min {1,2,3}	3=min{3,2,1}
Maximum von T	∀ t ε T: max(T) ≥ t, max(T) ε T	Nicht sinnvoll für =	3=max{1,2,3}	1=max{3,2,1}
untere Schranke für T	∀ t ε T: u ≤ t	Nicht sinnvoll für =	0 für {1,2,3}	4 für {1,2,3}
obere Schranke für T	∀ t ε T: o ≥ t	Nicht sinnvoll für =	4 für {1,2,3}	4 für {1,2,3}
T beschränkt	Existenz unterer und oberer Schranken	Nicht sinnvoll für =	{1,2,3} beschränkt	{1,2,3} beschränkt

Anordnung der natürlichen Zahlen II

Thema	≤	<	≥	>
Reflexive Relation	TRUE	FALSE	TRUE	FALSE
Transitive Relation	TRUE	TRUE	TRUE	TRUE
Antisymmetrische Relation	TRUE	TRUE	TRUE	TRUE
Halbordnung	TRUE	FALSE	TRUE	FALSE
Totale Relation	TRUE	FALSE	TRUE	FALSE
Ordnung	TRUE	FALSE	TRUE	FALSE
Existenz eines Minimums	TRUE	TRUE	TRUE	TRUE
Wohlordnung	TRUE	FALSE	TRUE	FALSE
beschränkt = endlich	TRUE	TRUE	TRUE	TRUE
Beschränkt = Maximum-Existenz	TRUE	TRUE	TRUE	TRUE
Trichotomie			TRUE	
Intervalle	TRUE	TRUE	TRUE	TRUE
Monotonie bzgl. Addition und Multiplikation	TRUE	TRUE	TRUE	TRUE

2.2.1.2 Teilbarkeit in den natürlichen Zahlen

In diesem Abschnitt werden die natürlichen Zahlen $\mathbb{N} := \{1, 2, 3, \ldots\}$ betrachtet. Auf den natürlichen Zahlen sind die wohlbekannten Verknüpfungen $+$ und $\cdot$ – also das Addieren und Multiplizieren von natürlichen Zahlen – definiert. Beides sind Funktionen von der Menge der Paare $\mathbb{N} \times \mathbb{N}$ nach $\mathbb{N}$: $(a; b) \mapsto a + b$ bzw. $(a; b) \mapsto a \cdot b$. Die Zahl 6 lässt sich als Produkt von anderen natürlichen Zahlen schreiben:

$$6 = 1 \cdot 6 = 6 \cdot 1 = 2 \cdot 3 = 3 \cdot 2.$$

Die Faktoren innerhalb dieser Produkte nennt man einen **'Teiler'**. Die Zahlen 1, 2, 3, 6 sind also Teiler der Zahl 6. Allgemein wird definiert:

Definition 10 *(Teilbarkeit, Teiler) Seien n, t natürliche Zahlen. t ist ein Teiler von n, wenn es eine natürliche Zahl k gibt, so daß*

$$n = t \cdot k$$

gilt. Man symbolisiert diesen Sachverhalt durch

$$t \mid n.$$

◇

Die natürliche Zahl k in der Darstellung $n = t \cdot k$ ist eindeutig bestimmt und wird auch der **'Ko-Teiler'** (von t bzgl. n) genannt, denn: Seien k, l natürliche Zahlen, so daß $n = t \cdot k = t \cdot l$ gilt. Daraus folgt $0 = n - n = t \cdot k - t \cdot l = t \cdot (k - l)$. Wäre $k - l$ nicht Null, könnte man innerhalb der rationalen Zahlen $\mathbb{Q}$ weiterrechnen: $0 = \frac{0}{k-l} = \frac{t \cdot (k-l)}{k-l} = t$, was den Widerspruch $t = 0$ ergäbe. Somit gilt $k - l = 0$, und das ist gleichbedeutend zu $k = l$. Alternativ kann man mit der Nullteilerfreiheit der Multiplikation argumentieren. Der eindeutig bestimmte Ko-Teiler – und deshalb erlaubt der Beweis seiner Eindeutigkeit auch von **dem** Ko-Teiler zu reden – ist per Definition auch ein Teiler. Zu jedem Teiler gibt es also genau einen Partner – den Ko-Teiler. Zu einer Zahl sind aber viele verschiedene Teiler denkbar. Teiler der natürlichen Zahl 6 sind also genau die natürlichen Zahlen 1, 2, 3, 6, denn: Ein Teiler ist stets kleiner oder gleich der zu teilenden natürlichen Zahl. Demnach kommen nur die natürlichen Zahlen 1 bis 6 als Teiler der Zahl 6 in Frage. Die Zahlen 4 und 5 teilen nicht die natürliche Zahl 6, denn es gibt keine natürliche Zahl k, so daß $6 = 4 \cdot k$ oder $6 = 5 \cdot k$ gilt. Anders ausgedrückt: beim Teilen der natürlichen Zahl 6 durch 4 oder 5 verbleibt ein Rest:

$$6 = 1 \cdot 4 + 2 = 1 \cdot 5 + 1.$$

Diese Thematik wird im nächsten Abschnitt bearbeitet. Man sollte hervorheben, daß Teilbarkeit mit Multiplikation natürlicher Zahlen verknüpft ist und nicht etwa mit Addition. Schließlich soll eine Zahl als Produkt und nicht als Summe von Zahlen dargestellt. Im Abschnitt über b-adischer Zahlentwicklung spielen sowohl Summieren als auch Multiplizieren von natürlichen Zahlen eine Rolle.

2.2.1.3 Teilen mit Rest

In einigen Fällen ist es sinnvoll, die natürlichen Zahlen um die neutrale Zahl 0 zu erweitern. Dies wird durch $\mathbb{N}_0$ symbolisiert. Im vorangegangenen Abschnitt ist bereits **'das Teilen mit Rest'** angesprochen worden. Diese mathematische Grundlage wird in dem folgenden Satz genauer gefasst:

Satz 11 *(Teilen mit Rest) Seien z, b zwei natürliche Zahlen. Dann gibt es genau zwei Zahlen $d, m \in \mathbb{N}_0$, so daß die folgenden zwei Eigenschaften erfüllt sind:*

(i) $\quad 0 \leq m \leq b - 1$
(ii) $\quad z = b \cdot d + m.$

Beweis. Der Beweis gliedert sich in den Existenz- und den Eindeutigkeitsteil.

Existenz: Man betrachte die Menge der Vielfachen der Zahl b, die kleiner oder gleich z sind. Dies ist die Menge

$$V(b \leq z) := \{v \mid \exists d \in \mathbb{N}_0 : v = b \cdot d \leq z\}.$$

Diese Menge ist nichtleer (denn 0 ist in ihr enthalten), und sie ist auch nach oben beschränkt (durch die Zahl z). Sie kann nur endlich viele Elemente enthalten. Sei also v das Maximum der Menge $V(b \leq z)$. Per Definition der Menge $V(b \leq z)$ gibt es eine Zahl $d \in \mathbb{N}_0$, so daß $v = b \cdot d \leq z$ gilt. Man betrachte nun die Differenz $z - v$. Wegen $v \in V(b \leq z)$ gilt $z - v \geq 0$. Wäre $z - v \geq b$, so wäre $v + b \leq z$ und $v + b = b \cdot d + b = b \cdot (d+1) > v$, was der Maximalität von v widerspräche. Damit gelten für d und $m := v - b$ die Aussagen (i) und (ii).

Eindeutigkeit: Seien $d, m \in \mathbb{N}_0$ und $\hat{d}, \hat{m} \in \mathbb{N}_0$ jeweils zwei Zahlen, die die Eigenschaften (i) und (ii) erfüllen. Es muss eingesehen werden, daß $d = \hat{d}$ und $m = \hat{m}$ gelten. Aus der Eigenschaft (ii) folgt $0 = z - z = b \cdot d + m - b \cdot \hat{d} - \hat{m}$. Also gilt $0 = b \cdot (d - \hat{d}) + (m - \hat{m})$. Diese Gleichung wird umformuliert zu $b \cdot (d - \hat{d}) = \hat{m} - m$. Somit sind auch die Beträge dieser Zahlen identisch: $\mid b \cdot (d - \hat{d}) \mid = \mid \hat{m} - m \mid$. Auf der linken Seite der Gleichung ist ein Vielfaches der Zahl b. Wegen (ii) ist der Betrag der rechten Seite höchstens $b - 1$. Somit müssen beide Zahlen Null sein. Das bedeutet aber $m = \hat{m}$ und $b \cdot (d - \hat{d}) = 0$. Letzteres führt wegen der Nullteilerfreiheit zu $d = \hat{d}$.
◇

Dieser Satz erlaubt es, die folgenden Begriffe einzuführen:

Definition 11 *(Divisor, Modulus) Seien z, b zwei natürliche Zahlen. Dann gibt es wegen* ▶ *Satz 11 genau zwei Zahlen $d, m \in \mathbb{N}_0$, so daß die folgenden zwei Eigenschaften erfüllt sind:*

(i) $\quad 0 \leq m \leq b - 1$
(ii) $\quad z = b \cdot d + m.$

*Da m und d eindeutig bestimmt sind, werden für diese Zahlen Namen und Schreibweisen vergeben. Die Zahl d wird als '**Divisor**' von z bzgl. b mit $DIV_b(z)$ abgekürzt. Die Zahl m*

wird auch **'Rest'** oder **'Modulus'** genannt – in Zeichen $MOD_b(z)$. In dieser Schreibweise gilt wegen (ii) die Formel:

$$z = b \cdot DIV_b(z) + MOD_b(z).\qquad\diamond$$

Die bereits erwähnten Darstellungen

$$6 = 1 \cdot 4 + 2 = 1 \cdot 5 + 1$$

sind demnach die einzig möglichen beim Teilen der Zahl 6 durch 4 bzw. 5 mit Rest. Es gelten $DIV_4(6) = 1$, $MOD_4(6) = 2$, $DIV_5(6) = 1$ und $MOD_5(6) = 1$.

Man kann zu einer gegeben Zahl b auch $DIV_b(\cdot)$ und $MOD_b(\cdot)$ als Funktionen von $\mathbb{N}$ nach $\mathbb{N}_0$ auffassen. Diese weisen zu jeder Zahl z den Divisor bzw. den Rest von z beim Teilen durch b aus: $z \mapsto DIV_b(z)$ bzw. $z \mapsto MOD_b(z)$. Das **'Malnehmen mit b'** wird durch die Funktion $\cdot_b : \mathbb{N}_0 \longrightarrow \mathbb{N}, x \mapsto bx$ definiert. Für eine Menge M sei die **'identische Abbildung'** durch $id_M : M \longrightarrow M, x \mapsto x$ festgelegt. Sind A, B zwei Mengen, so sei $A \times B$ die Menge der Paare $(a;b)$, wobei $a \in A$ und $b \in B$ gelten. Sind $\alpha : A \longrightarrow A$ und $\beta : B \longrightarrow B$ zwei Abbildungen, so sei $(\alpha;\beta)$ die Abbildung von $A \times B$ nach $A \times B$ komponentenweise definiert durch $(a;b)(\alpha;\beta) := (a\alpha; b\beta)$ für alle $(a;b) \in A \times B$. Die folgende Graphik mag das Teilen mit Rest mit Hilfe der genannten Funktionen visualisieren.

$$\begin{array}{ccc} \mathbb{N} & \xrightarrow{id_\mathbb{N}} & \mathbb{N} \\ {\scriptstyle (DIV_b;MOD_b)}\downarrow & & \uparrow{\scriptstyle +} \\ \mathbb{N}_0 \times \mathbb{N}_0 & \xrightarrow{(\cdot_b; id_{\mathbb{N}_0})} & \mathbb{N}_0 \times \mathbb{N}_0 \end{array}$$

2.2.1.4 *b*-adische Zahldarstellung

Um die '*b*-adische Zahlentwicklung' beschreiben zu können, muss man sich zunächst mit **'Potenzen'** und **'Summen'** von Zahlen beschäftigen und die dafür notwendigen Symbole einführen und verstehen lernen. Betrachtet wird wieder die Zahl 6. Zu dieser Zahl können durch iteriertes Multiplizieren Potenzen gebildet werden, etwa

$$\begin{aligned} 6^1 &:= 6 \\ 6^2 &:= 6 \cdot 6 \\ 6^3 &:= 6^2 \cdot 6 = 6 \cdot 6 \cdot 6 \\ &\ldots \end{aligned}$$

Es wurde bereits bewiesen, daß die Teiler von 6 genau die Zahlen 1, 2, 3, 6 sind. Ihre Summe ist $1 + 2 + 3 + 6 = 12 = 2 \cdot 6$. Definiert man $t_1 := 1$, $t_2 := 2$, $t_3 := 3$, $t_4 := 6$, so kann $t_1 + t_2 + t_3 + t_4$ gebildet werden, was wiederum 12 ist. Diese Summe kürzt man mit dem Summenzeichen ab:

$$\sum_{i=1}^{4} t_i := t_1 + t_2 + t_3 + t_4.$$

Beide Thematiken werden allgemein innerhalb der natürlichen Zahlen $\mathbb{N}$ eingeführt:

Definition 12 *(Potenzen, Summenzeichen) Seien $a \in \mathbb{N}$, $n, r \in \mathbb{N}$ und $a_1, \ldots, a_r \in \mathbb{R}$.*
(i) Iterativ wird die n-te Potenz von a definiert durch

$$\begin{aligned} a^0 &:= 1 \quad , \\ a^1 &:= a \quad und \\ a^n &:= a^{n-1} \cdot a \,. \end{aligned}$$

(ii) Die Summe der Zahlen $a_1, \ldots, a_r$ wird durch

$$\sum_{i=1}^{r} a_i := a_1 + \ldots + a_r$$

symbolisiert. ◇

Den Spezialfall $n = 2$ – also a^2 – nennt man auch das Quadrat von a. Mit Hilfe dieser beiden Größen – das Potenzieren und Summieren – kann die b-adische Zahlentwicklung definiert werden. Zunächst werden einige Beispiele betrachtet, bevor die allgemeinen Definitionen und Resultate formuliert und bewiesen werden. Jedem gewohnt sind die Schreibweisen 6, 66, 666 und 259. Aber schon diese Schreibweisen sind Darstellungen im sog. **'Dezimalsystem'**:

$$\begin{aligned} 6 &= & 6 \cdot 1 & = 6 \cdot 10^0, \\ 66 &= & 6 \cdot 1 + 6 \cdot 10 & = 6 \cdot 10^0 + 6 \cdot 10^1, \\ 666 &= 6 \cdot 1 + 6 \cdot 10 + 6 \cdot 100 & = 6 \cdot 10^0 + 6 \cdot 10^1 + 6 \cdot 10^2 \; und \\ 259 &= 9 \cdot 1 + 5 \cdot 10 + 2 \cdot 100 & = 9 \cdot 10^0 + 5 \cdot 10^1 + 2 \cdot 10^2. \end{aligned}$$

Man erkennt, daß die Schreibweise 666 eigentlich eine Summe von mit Vorfaktoren garnierten 10-er Potenzen ist und daß die Vorfaktoren höchstens die Größe 9 haben. Um genau solche Darstellungen geht es im weiteren Verlauf. Dabei werden allgemeiner statt der Zahl 10 – also dem Dezimalsystem – auch andere sog. Basen zugelassen, z. B. die **'Basis'** 2 für das **'Binärsystem'**. Definiert wird jetzt der zentrale Begriff der b-adischen Darstellung, beschränkt auf Darstellungen mit Hilfe natürlicher Zahlen, da diese für den Anwendungsfall ausreichend sind. Für eine natürliche Zahl r ist bereits die Menge der ersten r natürlichen Zahl durch $\underline{r} := \{1, \ldots, r\}$ definiert worden. Zusätzlich sei die Menge der ersten r natürlichen Zahlen inkl. der 0 durch $\underline{r}_0 := \{0, 1, \ldots, r\}$ symbolisiert.

Definition 13 *(b-adische Darstellung) Seien $b \in \mathbb{N}$ mit $b \geq 2$ und $z, r \in \mathbb{N}$. Ein $r + 1$-Tupel $(z_r, \ldots, z_1, z_0)$ heißt eine b-adische Darstellung von z, wenn die folgenden beiden Bedingungen erfüllt sind:*

(i)   Für alle $i \in \underline{r}_0$ gilt $0 \leq z_i \leq b - 1$.
(ii) $z = \sum_{i=0}^{r} z_i b^i$.

In diesem Fall schreibt man z auch in der alternativen Schreibweise $(z_r \ldots z_1 z_0)_b$. Die Zahl b wird Basis genannt. ◇

Für den Beweis des nächsten Satzes werden noch folgende Bezeichnungen benötigt: Sind A, B, C Mengen und $f : A \longrightarrow B, g : B \longrightarrow C$ zwei Funktionen, können diese Funktionen hintereinanderausgeführt werden. Es entsteht die Funktion

$$fg : A \longrightarrow C, a \mapsto (xf)g.$$

Es wird also zunächst auf das Element a die Funktion f ausgeführt. Dies führt zu dem Funktionswert $xf \in B$. Auf xf kann die Funktion g angewendet werden, und es gilt $(xf)g$ in C. Ist nun speziell $B = A$, so kann beliebig oft f mit sich selbst ausgeführt werden. Man definiert die Potenzen der Funktion f rekursiv durch

$$f^0 := id_A, f^1 := f \text{ und } f^n := (f^{n-1})f$$

für alle $n \in \mathbb{N}$.[1]

Zentrale Erkenntnis ist, daß eine b-adische Zahldarstellung stets unzweideutig existiert. Das besagt der nun folgende Satz, in dem eine solche Zahldarstellung algorithmisch berechnet wird. Diese Vorgehensweise ist für den folgenden Informatik-Teil maßgeblich. Erstaunlicherweise erschließt sich dieser Satz allein aus den bisherigen Erkenntnissen über das Teilen mit Rest.

Satz 12 *(Satz von der b-adischen Zahlentwicklung) Seien $b \in \mathbb{N}$ mit $b \geq 2$ und $z \in \mathbb{N}$. z besitzt genau eine b-adische Darstellung.*

Beweis. Der Beweis gliedert sich in den **'Existenz-'** und den **'Eindeutigkeitsteil'**.

Eindeutigkeit: Betrachtet wird eine b-adische Zerlegung von z, etwa $z = \sum_{i=0}^{r} z_i b^i$. Teilt man z durch b mit Rest, so sind Divisor und Rest eindeutig nach ▶ Satz 11 bestimmt. Es gilt

$$z = \sum_{i=0}^{r} z_i b^i = b \cdot \left(\sum_{i=1}^{r} z_i b^{i-1} \right) + z_0.$$

Also gilt $MOD_b(z) = z_0$ und $DIV_b(z) = \sum_{i=1}^{r} z_i b^{i-1}$. Eine erneute Anwendung des Teilens mit Rest auf den Divisor ergibt dann $z_1 = MOD_b(DIV_b(z))$. Analog ergibt sich $z_2 = MOD_b(DIV_b(DIV_b(z))) = MOD_b(DIV_b^2(z))$. Induktiv ergibt sich hieraus

$$z_i = MOD_B(DIV_b^i(z))$$

für alle $i \in \underline{r}_0$. Die Ziffern jeder b-adischen Darstellung können eindeutig durch iteriertes Teilen mit Rest bestimmen werden. Deshalb sind die Ziffern nach ▶ Satz 11 auch eindeutig bestimmt.

---

[1] Statt xf ist auch der Ausdruck $f(x)$ gebräuchlich. Die Hintereinanderausführung von f und g wird auch durch $g \circ f$ symbolisiert.

Existenz: Es wird mit einer Vorüberlegung gestartet. Gezeigt wird, daß aus $z \geq b$ die Eigenschaft $DIV_b(z) < z$ folgt. Ist nämlich $z \geq b$, so gelten $DIV_b(z) \geq 1$ und – wegen $MOD_b(z) \geq 0$ und $b \geq 2$ –

$$z = DIV_b(z) \cdot b + MOD_b(z) \geq DIV_b(z) \cdot b > DIV_b(z).$$

Ist nun $z \leq b - 1$, so ist $z = 0 \cdot b + z$ eine b-adische Darstellung von z. Man betrachte den Fall $z \geq b$ und teile z durch b mit Rest. Es gilt also $z = DIV_b(z) \cdot b + MOD_b(z)$. Da nach Vorüberlegung $DIV_b(z) < z$ gilt, wird induktiv argumentiert, daß bereits $DIV_b(z)$ eine b-adische Zahlzerlegung – etwa $DIV_b(z) = \sum_{i=0}^{r} x_i b^i$ mit geeigneten $r \in \mathbb{N}$ und $0 \leq x_i \leq b - 1$ für alle $i \in \underline{r}_0$ – besitzt. Setzt man nun $z_0 := MOD_b(z)$ und $z_i := x_{i-1}$ für alle $i \in \underline{r+1}$, so gilt:

$$z = DIV_b(z) \cdot b + MOD_b(z) = (\sum_{i=0}^{r} x_i b^i) \cdot b + MOD_b(z) = \sum_{i=0}^{r+1} z_i b^i.$$

Also ist induktiv eine b-adische Darstellung für z ermittelt worden. ◇

Den Existenzbeweis nutzt man aus, um folgenden **'Algorithmus'** zur Berechnung einer b-adischen Darstellung zu definieren:

Algorithmus 1 *(b-adische Zahldarstellung)* Seien $b \in \mathbb{N}$ mit $b \geq 2$ und $z \in \mathbb{N}$. Es wird definiert:

$$z_0 := MOD_b(z).$$

Ist $DIV_b(z) \leq b - 1$, so endet der Algorithmus. Anderenfalls wird

$$z_1 := MOD_b(DIV_b(z)).$$

gesetzt. Dieses Verfahren wird auf $DIV_b(DIV_b(z)) = DIV_b^2(z)$ und $DIV_b^i(z)$ für fortlaufende $i \in \mathbb{N}$ erneut angewendet. Das Verfahren endet, wenn es ein $r \in \mathbb{N}$ gibt, so daß $DIV_b^r(z) = 0$ ist. Dies ist durch die Vorüberlegung im Existenzbeweis zu ▶ [Satz 12 sichergestellt, nach der für jede Zahl $z \geq b$ die Eigenschaft $DIV_b(z) < z$ erfüllt ist. Daher werden die Zahlen $DIV_b^i(z)$ für fortlaufende $i \in \mathbb{N}$ jeweils kleiner, solange sie nicht kleiner gleich $b - 1$ sind. Nach endlich vielen Schritten muss der Wert $b - 1$ erreicht werden, da zwischen der 0 und z nur endlich viele Zahlen existieren. Dann sind

$$z_i := MOD_b(DIV_b^i(z))$$

definiert, und es gilt

$$z = (z_r z_{r-1} \ldots z_1 z_0)_b.$$

◇

Als Beispiele zum ▶ Algorithmus 1 werden betrachtet:

(i) Zahl $z = 6$, Basis $b = 10$, $6 = (6)_{10}$:

$$6 = 0 \cdot 10 + 6$$

(ii) Zahl $z = 66$, Basis $b = 9$, $66 = (73)_9$:

$$66 = 7 \cdot 9 + 3$$
$$7 = 0 \cdot 9 + 7$$

(iii) Zahl $z = 666$, Basis $b = 8$, $666 = (1232)_8$:

$$666 = 83 \cdot 8 + 2$$
$$83 = 10 \cdot 8 + 3$$
$$10 = 1 \cdot 8 + 2$$
$$1 = 0 \cdot 8 + 1.$$

Die Umkehrung, aus einer b-adischen Darstellung die Zahl selbst zu ermitteln, ist in der folgenden Bemerkung behandelt:

Bemerkung 4 *(Ermittlung Zahl aus b-adischer Darstellung)* Seien $b \in \mathbb{N}$ mit $b \geq 2$, $z, r \in \mathbb{N}$ und $(z_r \ldots z_1 z_0)_b$ eine b-adische Darstellung von z. Dann gilt per Definition

$$z = (z_r \ldots z_1 z_0)_b = \sum_{i=0}^{r} z_i b^i.$$

Zur Veranschaulichung folgende Beispiele:

$$(6)_{10} = 6 \cdot 10^0 = 6$$
$$(37)_9 = 3 \cdot 9^0 + 7 \cdot 9^1 = 66$$
$$(2321)_8 = 2 \cdot 8^0 + 3 \cdot 8^1 + 2 \cdot 8^2 + 1 \cdot 8^3 = 666$$
$$(110000001)_2 = 2^0 + 2^2 + 2^8 = 259.$$

Es müssen nur Summen von Potenzen von b mit Vorfaktoren berechnet werden. ◇

In ◘ Tab. 2.1 ist eine Übersicht bekannter Zahlensysteme gegeben.

2.2.2 Die Binärzerlegung in der Wareneingangskontrolle

Die bisherigen mathematischen Erkenntnisse werden jetzt angewendet, um das angesprochene logistische Problem der Tabelle **'Fehlercode-Übermittlung'** mathematisch zu lösen. Am Informationspunkt ermittelt das **'Materialflusssystem'** (MFS) für jede zu kontrollierende Palette Fehler mit Hilfe prüfender Lasertechnik. Diese Fehler sind in ◘ Tab. 2.2 verschlüsselt.

Tab. 2.1 Zahlensysteme

Zahlensystem	Basis	Vorfaktoren	Beispiel	alternative Benennung und Verwendung
Dezimalsystem	10	0, 1, ... 9	1001	dekadisches System oder Zehnersystem
				Geld-, Längen- und Gewichtsmessung
Binärsystem	2	0, 1	$(1001)_2$	Dualsystem oder Zweiersystem
				SMILE
Ternärsystem	3	0, 1, 2	$(1001)_3$	Dreiersystem oder triadisches System
				russische Computertechnologie
Quaternärsystem	4	0, 1, 2, 3	$(1001)_4$	Vierersystem
				Speicherung der DNS und RNS
Quinärsystem	5	0, 1, 2, 3, 4	$(1001)_5$	Fünfersystem
				ADFGX-Verfahren im 1. Weltkrieg
				Strukturierung von Wappen (Heraldik)
Senärsystem	6	0, 1, 2, 3, 4, 5	$(1001)_6$	Sechsersystem oder Hexalsystem
				ADFGVX-Verfahren im 1.ten Weltkrieg
				Passworterzeugung mit der Diceware-Methode
Oktalsystem	8	0, 1, ... 7	$(1001)_8$	Achtersystem
				Transpondercode in Flugzeugen
				Dateizugriffsrechte
Duodezimalsystem	12	0, 1, ... 11	$(13)_{12}$	Zwölfersystem
				Gewichtsmessung (Dutzend, Unze)
				Zählzahlen in Nigeria
Hexadezimalsystem	16	0, 1, ... 15	$(1001)_{16}$	Hexadekadisches oder 60er System
				Assembler; Datenverarbeitung
Sexagesimalsystem	60	0, 1, ... 59	$(111)_{60}$	Hexagesimalsystem oder Sechzigersystem
				Zeit- und Winkelberechnung

Das MFS berechnet zu jedem '**Fehler**' die entsprechende '**Fehlernummer**', etwa 000 für Barcode nicht scannbar, 001 für doppelter Barcode existent und 008 für Paletten-Konturenfehler hinten. Anschließend wird der '**Fehlercode**' der Palette ermittelt als $2^{000} + 2^{001} + 2^{008} = 259$ (siehe auch ▶ Bemerkung 4). Dieser Code wird dem '**Lagerverwaltungssystem**' (LVS) übermittelt. Der Fehlercode muss nun wieder im LVS in eine '**Binärzahl**' zerlegt werden, wobei der ▶ Algorithmus 1 verwendet wird. Im Beispiel muss mit dem Algorithmus der Fehlercode 259 wieder in eine Binärzahl verwandelt werden:

Zahl $z = 259$, Basis $b = 2$, $259 = (100000011)_2$:

$$
\begin{aligned}
259 &= 129 \cdot 2 + 1 \\
129 &= 64 \cdot 2 + 1 \\
64 &= 32 \cdot 2 + 0 \\
32 &= 16 \cdot 2 + 0 \\
16 &= 8 \cdot 2 + 0 \\
8 &= 4 \cdot 2 + 0 \\
4 &= 2 \cdot 2 + 0 \\
2 &= 1 \cdot 2 + 0 \\
1 &= 0 \cdot 2 + 1.
\end{aligned}
$$

Tab. 2.2 Palettenfehler

Fehlernummer	Fehlertext
000	Barcode nicht scannbar
001	Doppelter Barcode existent
002	Barcodedaten fehlerhaft übermittelt
003	Paletten-Konturendaten fehlerhaft übermittelt
004	Paletten-Konturenkontrolle nicht durchführbar
005	Paletten-Konturenfehler links
006	Paletten-Konturenfehler rechts
007	Paletten-Konturenfehler vorne
008	Paletten-Konturenfehler hinten
009	Paletten-Konturenfehler links
010	Links
011	Rechts
012	Vordere Kante
013	Hintere Kante
014	Höhe nicht ermittelbar
015	Höhe zu groß
016	Gewicht nicht ermittelbar
017	Gewicht zu groß
018	Palettenfuß defekt
019	Palettenfußfreiraum verdeckt

Auch im LVS ist die o.g. Tabelle der Fehlercodes und Beschreibungen abgelegt. Das LVS ermittelt aus der Zahl 259 die Fehler 000, 001 und 008, da nur diese Exponenten zur Basis 2 mit Vorfaktoren ungleich Null innerhalb der **'Binärzerlegung'** ausgewiesen sind. Am Terminal des Kontrollplatzes werden nun die entsprechende Texte angezeigt. In diesem Fall:

Barcode nicht scannbar

doppelter Barcode existent

Paletten-Konturenfehler hinten.

Der Mitarbeiter muss diese Fehler bereinigen und die Palette erneut zum I-Punkt automatisch transportieren lassen oder aber die Palette von der Fördertechnik abnehmen.

Wäre die Binärzerlegung nicht existent, mehrdeutig oder unberechenbar, könnte man aus der Zahl 259 keinen Rückschluss auf die ursprünglich ermittelten Fehler, die beim Scannen der Palette am I-Punkt festgestellt worden, finden. An dieser Stelle zeigt sich, wie mathematische Theorie in der Praxis seine Anwendung findet.

2.3 Informatik

2.3.1 Flussdiagramme

Ein **'Flussdiagramm'** stellt grafisch dar, wie ein Algorithmus in ein Programm umgesetzt wird. Dazu beschreibt es die Abfolge der notwendigen Schritte und Operationen. Die dafür zu verwendenden Symbole sind nach der DIN 66001 genormt. Die Hauptsymbole sind:

(i)   **'Oval/Rechteck mit gerundeten Ecken':** Terminator, z. B. Start und Ende
(ii) **'Pfeil, Linie':** Verbindung zum nächstfolgenden Element
(iii) **'Rechteck':** Operation, Schritt, Tätigkeit
(iv) **'Rechteck mit doppelten, vertikalen Linien':** Unterprogramm ausführen
(v)   **'Raute':** Verzweigung/Entscheidung
(vi) **'Parallelogramm':** Ein- und Ausgabe.

Im Folgenden werden die Flussdiagramme zum Potenzieren einer Zahl, zur Berechnung einer Zahl aus deren b-adischer Zerlegung sowie zur Bestimmung der b-adischen Zerlegung einer Zahl dargestellt. Zunächst wird mit dem Potenzieren einer Zahl begonnen.

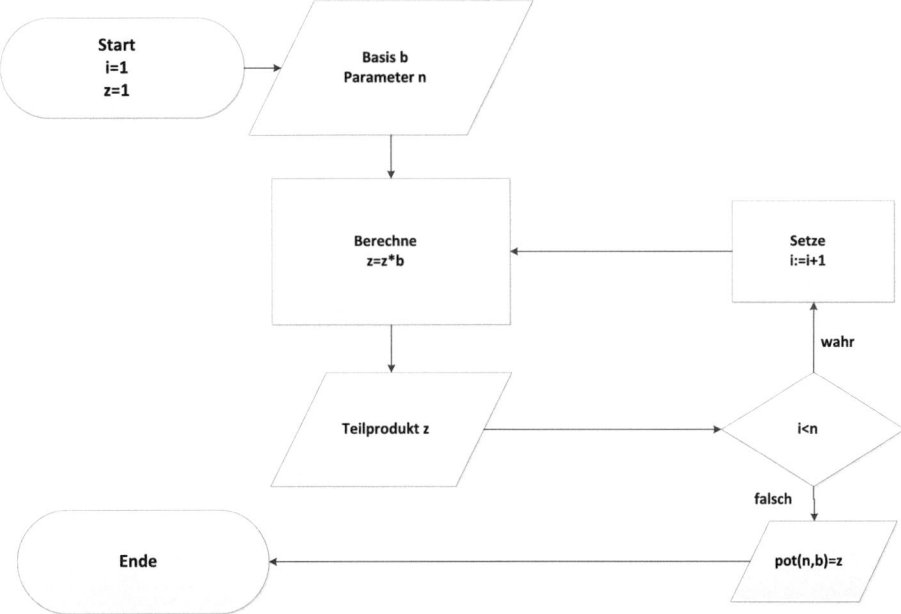

Das Diagramm wird schrittweise erklärt:

(i) Der Parameter i und die Zahl z werden mit 1 vorbelegt. Die Zahl z soll später die potenzierte Zahl – also das Ergebnis des Algorithmus – sein. Der Parameter i wird als Laufindex für den Exponenten benötigt.

(ii) Für die nachfolgende Operation werden die zu potenzierende Zahl b und die Potenz n benötigt.

(iii) Es wird z als z mal b berechnet. Anschließend wird ermittelt, ob der Laufindex i bereits den Exponenten n erreicht hat. Solange dies nicht der Fall ist, wird der Laufindex i um 1 erhöht und erneut $z = z \cdot b$ ausgeführt. Diese Schleife wird verlassen, wenn $i = n$ erfüllt ist.

(iv) In der Variablen z wird die Potenz b^n berechnet, und zwar durch iterativ ausgeführtes Multiplizieren.

(v) Das (Unter-)Programm ist beendet und liefert den Wert $z = b^n$ zurück, was durch $pot(n, b)$ symbolisiert ist.

Im Fortgang wird das soeben veranschaulichte Potenzieren für die Berechnung der b-adischen Zerlegung mitverwendet. Diese Berechnung wird in der folgenden Skizze grafisch visualisiert:

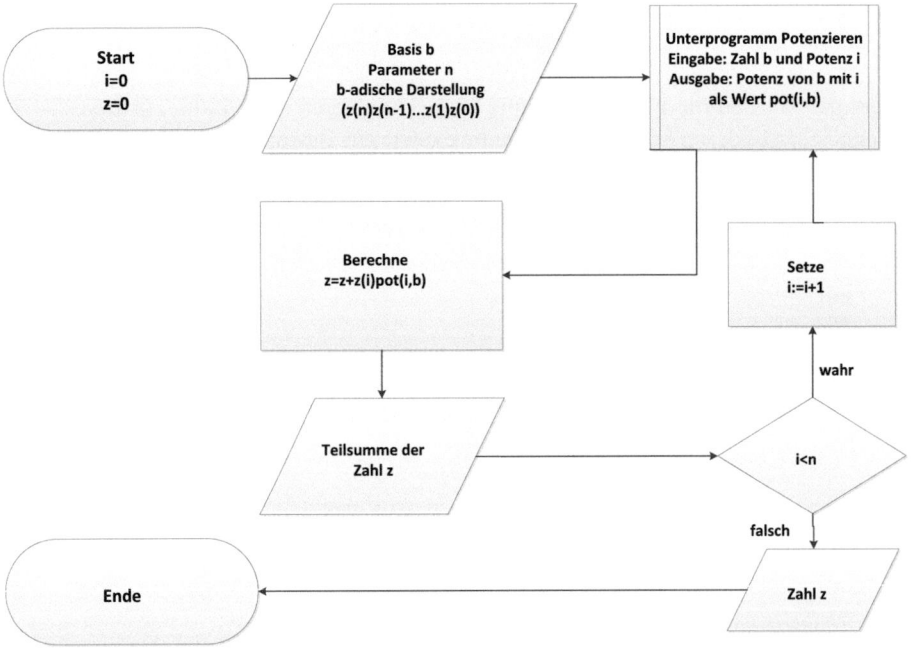

Zur Diagramm-Erklärung: Als Grundlage dient die ▶ Bemerkung 4, nach der $z = (z_r \ldots z_1 z_0)_b = \sum_{i=0}^{r} z_i b^i$ für eine b-adische Darstellung $(z_r \ldots z_1 z_0)_b$ von z gilt.

(i) Der Parameter i und die Zahl z werden mit 1 bzw. 0 vorbelegt. z soll später die berechnete Zahl sein. Der Parameter i wird als Laufindex für den Exponenten benötigt.

(ii) Als Dateneingabe wird eine b-adische Zerlegung der Zahl z mit der Basis b, etwa $(z(n)z(n-1)\ldots z(1)z(0))$, erhalten.
(iii) Aus dem Unterprogramm des Potenzierens erhält man den Wert $pot(i,b)$.
(iv) Damit kann $z = z + z(i)pot(i,b)$ ausgeführt werden.
(v) Ist $i < n$, so wird erneut das Unterprogramm zum Potenzieren mit $i = i+1$ ausgeführt und mit Hilfe des Wertes $pot(i,b)$ nun z weiter um $z = z+z(i)pot(i,b)$ erhöht.
(vi) Ist $i = n$ erreicht, bricht diese Schleife ab und man erhält das Ergebnis in z. Das Programm ist beendet.

Schließlich wird dargestellt, wie die Berechnung der b-adischen Zahlentwicklung vollzogen wird. An dieser Stelle wird der entwickelte ▶ Algorithmus 1 benutzt.

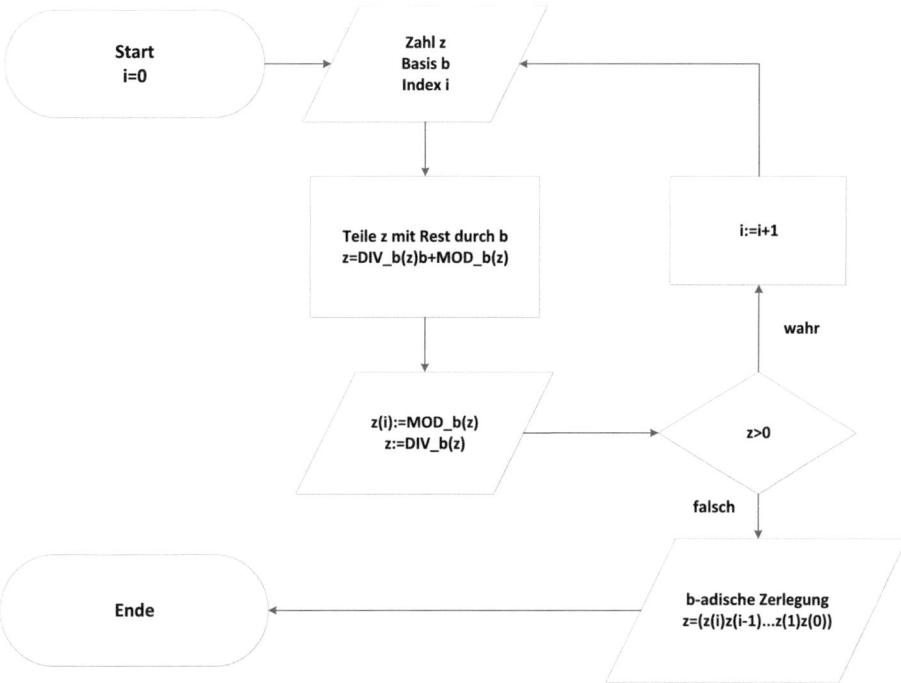

Zum Ablauf des Algorithmus:
(i) Für den Start wird der Positions-Parameter $i = 0$ initialisiert.
(ii) Die Daten für die erste Operation sind die Basis b, die Zahl z und der Laufindex i.
(iii) Es wird z mit Rest durch b geteilt. Dadurch erhält man $z = DIV_b(z)b + MOD_b(z)$.
(iv) Man setzt nun $z(i) := MOD_b(z)$ – also beim ersten Durchlauf $z(0) = MOD_b(z)$ – und definiert $z := DIV_b(z)$.

(v) Solange $z \neq 0$ erfüllt ist, wird eine Schleife durchlaufen, in der i um 1 erhöht wird und erneut die beiden vorherigen Schritte ausgeführt werden.
(vi) Ist $z = 0$ erreicht, so bricht der Algorithmus ab. Es ist eine b-adische Darstellung $(z(i)z(i-1)\ldots z(1)z(0))$ von z berechnet worden.
(vii) Das Programm ist beendet.

2.3.2 Python-Code

Wie im Vorwort bereits erklärt wurde, sind Handlungsziele als logistische Abläufe eines Betriebes zunächst in Aufgaben und Berechnungen auf mathematischer Ebene umgesetzt worden. Praktischer Betrieb erfordert aus sachlicher Überlegung und mathematischer Grundlage allerdings auch maschinellen Gebrauch, der kontrollierten und fehlerfreien Ablauf sicher gewährleistet. Die Schnittstelle zwischen praktischen Handlungszielen und mathematisch berechneten Umsetzungen erfordert daher in logistischen Prozessen eines Betriebes die Programmierung einer Maschinen- und Ablaufsteuerung. Dafür ist die Implementierung via IT erforderlich. Dieser Implementierung dient der Python-Code.

2.3.2.1 Berechnung der Zahl aus *b*-adischer Darstellung

In diesem Abschnitt werden die Flussdiagramme **'Potenzieren einer Zahl'** und **'Berechnung Zahl aus b-adischer Zerlegung'** in Python-Programme umgesetzt. Begonnen wird mit einer ersten Version, die den Flussdiagrammen noch sehr ähnelt. Diese ist in ◘ Abb. 2.1 dargestellt.

Der Programmablauf wird erklärt: In den Zeilen 8–17 wird ein **'Unterprogramm'** zum Potenzieren einer Zahl deklariert, und zwar mit dem Namen $pot(i, b)$. Dabei werden die Parameter i und b an das Unterprogramm übergeben. Ist der Wert von i gleich 0, so wird der Wert $1 = b^0$ vom Unterprogramm retourniert. Im anderen Fall wird rekursiv in der **'while-Schleife'** immer wieder die Zahl b mit sich selber multipliziert, und zwar solange der Parameter i noch nicht erreicht ist. Diese Schleife berechnet die Zahl $z = b^i$, die dann vom Unterprogramm zurückgegeben wird.

Das Hauptprogramm läuft in den Zeilen 19 bis 45 ab. Die **'print-Anweisung'** gibt die entsprechenden Zeichen auf dem Bildschirm aus, in den **'input-Anweisungen'** werden die Basis im Parameter 'basis' und die b-adische Darstellung im Parameter 'badisch' gespeichert, die zuvor vom Anwender eingegeben worden sind. Als nächstes wird die Länge der Darstellung durch den Befehl **'len'** ermittelt, und diese Länge wird ebenfalls am Bildschirm ausgegeben. Nun erfolgt die Berechnung der Zahl z aus der b-adischen Darstellung nach der Formel in ▶ Bemerkung 4, und zwar in der while-Schleife ab Zeile 35. Solange der **'Laufindex'** i, der mit 0 initialisiert worden ist, noch nicht die Länge der Darstellung erreicht hat, wird über 'badisch[j]' der j-te Teil in der b-adischen Zerlegung ermittelt. Das liegt daran, daß im **'String'** das 0-te Zeichen ganz links, in der b-adischen Darstellung der 0-te Wert aber ganz rechts zu finden ist. Ist dieser Wert ermittelt, wird er mit der i-ten Potenz von b per Unterprogramm $pot(i, b)$ multipliziert und sukzessive zur Zahl z hinzuaddiert. In der **'if-Anweisung'** wird nun entweder die Teilsumme oder aber die Endsumme – die zu berechnende Zahl z – ausgegeben.

```
 1 # -*- coding: utf-8 -*-
 2 """
 3 Created on Thu Nov 28 18:07:28 2019
 4
 5 @author: swirsin
 6 """
 7
 8 def pot(i,b):
 9     if i==0:
10         return 1
11     else:
12         z=1
13         j=0
14         while j<i:
15            z=z*b
16            j=j+1
17         return z
18
19 print("-----------------------------------------------")
20 print("Ermittlung der Zahl aus der b-adischen Zerlegung")
21 print("-----------------------------------------------")
22 basis=input("Bite geben Sie die Basis b ein: ")
23 print()
24 print("Bitte geben Sie die b-adische Zahldarstellung als Ziffernfolge")
25 badisch = input(" in der Form z_nz_{n-1}...z_1z_0 ein: ")
26 print()
27 laenge = len(badisch)
28 print("Länge der b-adischen Zahl: ",laenge)
29 print()
30 print("Berechnung der Zahl durch Summe von k=0 bis Länge z_k mal b hoch k:")
31 print()
32 i=0
33 z=0
34 b=int(basis)
35 while i<laenge:
36     j=laenge-1-i
37     zj=int(badisch[j])
38     z=z+zj*(pot(i,b))
39     print("Laufindex = ",i)
40     i=i+1
41     if i==laenge:
42         print("Endsumme = ",z)
43     else:
44         print("Zwischensumme = ",z)
45     print()
```

Abb. 2.1 Python-Programm: b-adischtoZahl, Version 1

Das Resultat des Programmes ist in Abb. 2.2 dargestellt, wenn der Anwender als Basis die Zahl 2 und als Binärzahl die Zahl $(1100)_2$ eingibt.

Python verfügt auch über eine eigene **'Potenzfunktion'**. Die i-te Potenz von b lässt sich durch 'b**i' codieren. Das heißt, man kann das Unterprogramm **'pot(i,b)'** und seinen Aufruf **'z=z+zj*(pot(i,b))'** in Zeile 38 auch ersetzen, und zwar durch die Zeile **'z=z+zj*(b**i)'**. Das verschlankt das Programm entsprechend. Die while-Schleife (Zeilen 35 bis 38) kann durch eine **'for-Schleife'** ersetzt werden:

```
--------------------------------------------------
Ermittlung der Zahl aus der b-adischen Zerlegung
--------------------------------------------------

Bite geben Sie die Basis b ein: 2

Bitte geben Sie die b-adische Zahldarstellung als Ziffernfolge

 in der Form z_nz_{n-1}...z_1z_0 ein: 1100

Länge der b-adischen Zahl:  4

Berechnung der Zahl durch Summe von k=0 bis Länge z_k mal b hoch k:

Laufindex     =  0
Zwischensumme =  0

Laufindex     =  1
Zwischensumme =  0

Laufindex     =  2
Zwischensumme =  4

Laufindex     =  3
Endsumme      =  12
```

Abb. 2.2 Python-Programm: b-adischtoZahl, Version 1, Resultat

Python-Quellcode 2.1 while durch for

```
for c in reversed(badisch):\\
  d=int(c)\\
  z=z+d*(b**i).
```

Vorteil ist, daß durch den **'reversed'**-Befehl direkt der String **'badisch'** von rechts nach links iteriert wird. Schließlich kann angemerkt werden, daß Python auch direkt eine Binärzahl als Zahl anzeigen kann, und zwar durch den Befehl:

Python-Quellcode 2.2 Binärzerlegung

```
x = int(input(Text),2).
```

2.3.2.2 Berechnung der *b*-adischen Zerlegung

In diesem Abschnitt wird das Flussdiagramm **'Berechnung *b*-adische Zerlegung'** in ein Python-Programm umgesetzt. Dabei wird der ▶ Algorithmus 1 angewandt. Das Coding wird in ◘ Abb. 2.3 dargestellt.

Der Programmablauf beginnt mit der Ausgabe der Überschrift und der Eingabe der Zahl und der Basis durch den Anwender. Beide Zahlen werden vom Typ **'int'** deklariert. Für die Bildschirmausgabe wird der Laufindex $i = 0$ sowie die aktuelle *b*-adische Darstellung der eingegebenen Zahl mit dem String **'ausgabe=""'** initialisiert. In der folgenden while-Schleife (ab Zeile 19) wird der angesprochene Algorithmus umgesetzt. Solange *z* ungleich Null ist – wobei *z* immer der sukzessiv berechnete Divisor ist – wird das Teilen mit Rest ausgeführt. Python stellt dazu die Funktionen **'Prozent'** bzw. **'//'** für den Rest bzw. für den Divisor bereit. Die sukzessiv berechneten Reste werden in den String **'aktuell' 'konkateniert'** (Zwei Ausdrücke werden konkateniert, in dem man diese einfach ohne Leerzeichen zu einem Ausdruck zusammenfügt, wie

```
 7 print("-------------------------------------------")
 8 print("Ermittlung b-adische Zerlegung aus Zahl")
 9 print("-------------------------------------------")
10 print()
11 zahl=input("Geben Sie bitte die Zahl ein: ")
12 z=int(zahl)
13 print()
14 basis=input("Geben Sie bitte die Basis ein: ")
15 b=int(basis)
16 print()
17 i=0
18 aktuell = ""
19 while z!=0:
20     mod=z%b
21     div=z//b
22     i=i+1
23     print("Laufindex: ", i ,"Rest = ", mod , "Divisor = ", div)
24     aktuell = str(mod) + aktuell
25     print("aktuelle b-adische Darstellung =", aktuell)
26     print()
27     z=div
```

Abb. 2.3 Python-Programm: Zahltobadisch, Version 1

ein Wort, das aus mehreren Buchstaben gebildet wird.), und zwar immer linksbündig. Am Ende ist die b-adische Darstellung in dem String **'aktuell'** gespeichert.

Das Resultat des Programmes ist in Abb. 2.2 dargestellt, wenn der Anwender als Basis die Zahl 2 und als Zahl den Wert 259 eingibt (Abb. 2.4).

Werden die Ziffern in der b-adischen Darstellung zweistellig – also die Basis mindestens 11 – so ist dieses Vorgehen gefährlich, da in dem String dann die Darstellung nicht mehr eindeutig ist: bei der Zahl 11 ist nicht bekannt, ob hier der **'Vorfaktor'** 11 oder zweimal der Vorfaktor 1 gemeint ist. Besser ist es, eine geordnete Liste zu verwenden. Dazu wird **'aktuell=[]'** als geordnete Liste vor der while-Schleife definiert und die Zeile 25 **'aktuell = str(mod) + aktuell'** durch **'aktuell.insert(0,mod)'** ersetzt. Dieser Befehl fügt der Liste **'aktuell'** den Wert **'mod'** links an. Rechts-Anfügen würde einfach durch **'aktuell.insert(mod)'** passieren, was für den beabsichtigten Zweck aber unbrauchbar ist. Die Ausgabe auf dem Bildschirm ist dann für die Zahl 259 und die Basis 2 in der letzten Zeile:

aktuelle b-adische Darstellung = [1, 0, 0, 0, 0, 0, 0, 1, 1].

Python stellt auch Funktionen bereit, um eine Zahl z direkt in eine Binärzahl – **'bin(z)'** –, eine Oktalzahl – **'oct(z)'** – oder eine Hexadezimalzahl – **'hex(z)'** – umzurechnen. Diese Funktionen führen implizit den dargestellten Algorithmus aus.

2.3.3 Programmierung eines Python-Prototyps zur praktischen Umsetzung

In diesem Abschnitt wird exemplarisch ein möglicher Transfer zur Praxis dargestellt. Dazu wurde in Python eine Simulation eines LVS entwickelt, die die Erkenntnis

```
--------------------------------------------------
Ermittlung b-adische Zerlegung aus Zahl
--------------------------------------------------


Geben Sie bitte die Zahl ein: 259


Geben Sie bitte die Basis ein: 2

Laufindex:   1 Rest =   1 Divisor =   129
aktuelle b-adische Darstellung = 1

Laufindex:   2 Rest =   1 Divisor =   64
aktuelle b-adische Darstellung = 11

Laufindex:   3 Rest =   0 Divisor =   32
aktuelle b-adische Darstellung = 011

Laufindex:   4 Rest =   0 Divisor =   16
aktuelle b-adische Darstellung = 0011

Laufindex:   5 Rest =   0 Divisor =   8
aktuelle b-adische Darstellung = 00011

Laufindex:   6 Rest =   0 Divisor =   4
aktuelle b-adische Darstellung = 000011

Laufindex:   7 Rest =   0 Divisor =   2
aktuelle b-adische Darstellung = 0000011

Laufindex:   8 Rest =   0 Divisor =   1
aktuelle b-adische Darstellung = 00000011

Laufindex:   9 Rest =   1 Divisor =   0
aktuelle b-adische Darstellung = 100000011
```

Abb. 2.4 Python-Programm: Zahltobadisch, Version 1, Resultat

zur b-adischen Zahlzerlegung (siehe ▶ Programmcoding 2.3) einfließen lässt. Diese Simulation ist der **'SMILE-Prototyp'**. Dabei wird auch gleich eine der grundlegenden Herausforderungen einer solchen Implementierung erkennbar: neben der bereits geschriebenen Funktion muss sich diese auch in das LVS eingliedern, und zwar so, daß einerseits die Funktionalität reibungslos im Prozesszusammenhang ablaufen kann und andererseits vorhandene andere Funktionen und Prozesse nicht darunter leiden.

Zunächst wird begonnen, die Simulation zu beschreiben. Zu diesem Zweck mögen die folgenden Grafiken, in der der grundsätzliche Ablauf des Programmierungsvorgangs skizziert ist, hilfreich sein:

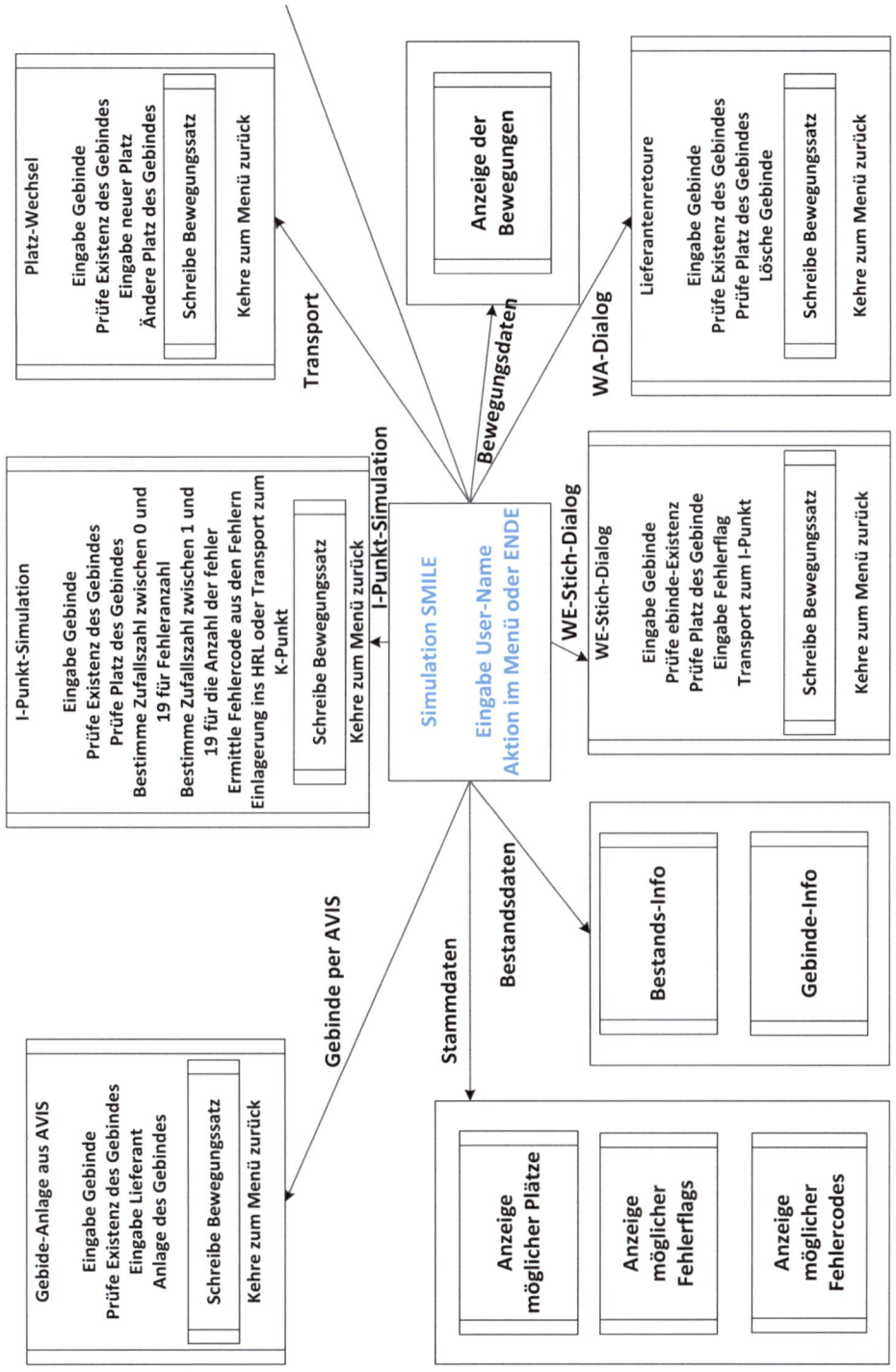

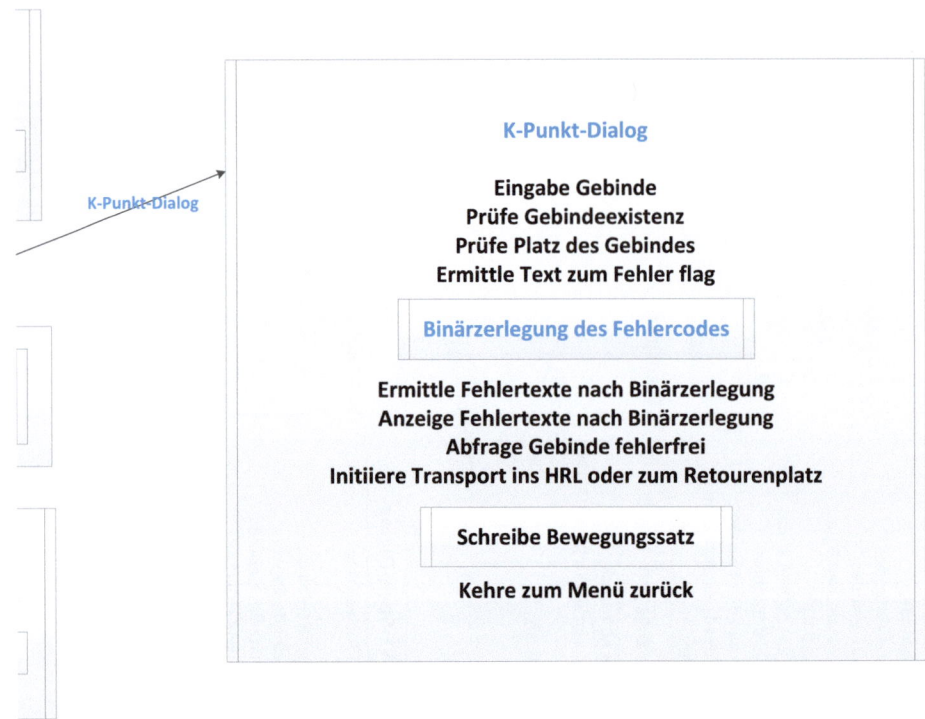

Vom **'Menü'** – welches das **'Hauptprogramm'** darstellt – ausgehend kann der User diverse Funktionen durch Angabe des jeweiligen Codes ausführen:
– Aufruf von Stammdaten, die intern als Tabellen definiert sind und vorgefüllt wurden. Hierzu zählen Lagerplätze (Code *PLAETZE*), mögliche Fehlerflags inkl. ihrer Beschreibungstexte (Code *FLAGS*) sowie mögliche Fehlercodes am I-Punkt inkl. ihrer Beschreibungstexte (Code *FEHLER*). Diese Daten werden durch die Prozesse nicht geändert. Hierbei wird vom Hauptprogramm in 'lvy.py' ausgehend direkt per 'db.plaetze.show()', 'db.fehlerflag.show()' und 'db.fehlertabelle.show()' der Inhalt der komplette jeweiligen Tabellen angezeigt.
– Aufruf von Bestandsdaten, die ebenfalls als Tabellen definiert und vorgefüllt wurden. Diese Daten können sich allerdings im Prozessverlauf ändern. Hierzu zählen u. a. die Anzeige aller Gebinde (Code *BEST*, analog Aufruf mit 'db.gebinde.show()') sowie Informationen zu einem bestimmten Gebinde (Code *INFO*, Aufruf Unterprogramm 'gebindeinfo' in 'lvs.py').
– Es können alle angelegten Bewegungen angezeigt werden. Diese werden zu Auswertungszwecken bei Transporten und Aktionen gespeichert (Code *BEWE*, analog mit 'db.bewegungen.show()'). Eine Bewegung ist exemplarisch eine physische Bewegung, wie ein Transport (siehe Code *PLATZ*, Aufruf Unterprogramm 'platzaendern' in 'lvs.py') oder eine physische Arbeit, wie das Ausbuchen und Zurücksenden eines Gebindes zum Lieferanten (siehe Code *RET*, Aufruf Unterprogramm 'lieferantenret' in 'lvs.py').

2.3 · Informatik

- Unter dem Punkt Gebinde-Anlage aus AVIS wird eine Funktion ausgeführt, mit der Gebinde am WE-Stich angelegt werden können. Dies simuliert die Übertragung eines AVIS an das LVS (Code *AVIS*, Aufruf Unterprogramm 'gebindeavis' in 'lvs.py').
- Am WE-Stich kann der User ein Fehlerflag zu einem Gebinde setzen (Code *STICH*, Aufruf Unterprogramm 'stichdialog' in 'lvs.py'). Dies wird im Gebinde gespeichert. Danach fährt das Gebinde zum I-Punkt.
- Am I-Punkt wird die Kontrolle der Fördertechnik bzgl. der Palette simuliert und zufallsbasiertein Fehlercode vergeben. Dabei wird durch 'fehlercode=fehlercode+ (2**fehler)' der Fehlercode 'fehlercode' als Summe aller Zweierpotenzen der zufallsbasierten Fehler 'fehler' berechnet. Diese Fehlercodes werden im Gebindestamm gespeichert. Danach fährt die Palette zum K-Punkt oder ins HRL (Code *IPUNKT*, Aufruf Unterprogramm 'ipunktdialog' in 'lvs.py').
- Der Dialog am K-Punkt wird im nachfolgenden Text beschrieben. Dort ist das mathematische Herzstück zur b-adischen Zerlegung von natürlichen Zahlen integriert.
- Gebinde, die vom K-Punkt zum Retourenplatz gefahren werden, müssen mit der Funktion 'Platz-Wechsel' auf den Retouren-Platz umgebucht werden. Damit wird eine mögliche Transportausführung zu einem Gebinde außerhalb der Fördertechnik (Code *PLATZ*, siehe oben) simuliert.
- Am Retourenplatz (Code *RET*, siehe oben) werden die Gebinde dem Lieferanten zurückgegeben und aus dem System entfernt.
- Wird ein anderer Code als die oben genannten oder der Code *ENDE* eingegeben, bricht das Programm ab.

Das Hauptprogramm ruft den **'K-Punkt-Dialog'** mit dem Code *KPUNKT* (Aufruf Unterprogramm **'kpunktdialog'** in **'lvs.py'**) auf. Als erstes muss ein Gebinde eingegeben werden, dessen Existenz und aktueller Lagerplatz vom Programm geprüft wird. Anschließend wird das Fehlerflag und der Fehlercode des Gebindes programmintern ermittelt. Je nach Fehlerflag wird der zugehörige Text intern ermittelt und dem Benutzer angezeigt. Zunächst wird der Fehlercode vom Programm bestimmt. Anschließend wird seine Binärzerlegung programmintern berechnet (siehe **'badisch=zahltobadisch(fehler,2)'** im Coding zum K-Punktdialog). Aus der Binärzerlegung werden die Fehlernummern und deren zugeordneten Texte bestimmt (siehe **'for c in reversed(badisch)'** ff. im Coding zum K-Punktdialog). Kann der Mitarbeiter die Palette korrigieren, was vom Programm abgefragt wird, so muss er die Palette **'einlagern'**. Anderenfalls wird die Palette zum **'Abnahmeplatz'** (NIO-Platz für Nicht-In-Ordnung) gefahren. Entsprechende **'Bewegungssätze'** werden angelegt, um den Prozessfluss später nachvollziehen zu können. Der K-Punkt-Dialog ist beendet, und der User erhält wieder das Einstiegsmenü angezeigt. Das zugehörige Coding zum K-Punktdialog wird nun aufgeführt.

Python-Quellcode 2.3   K-Punktdialog

```
#————————————————————————————————
#Unterprogramm  K–Punkt–Dialog
#————————————————————————————————
def kpunktdialog(hunr4,user):
    toSelect4 = db.gebinde.select({'Nummer':hunr4})
    initial=len(toSelect4)
    if initial == 0:
        print()
        print('Gebinde unbekannt')
        return 'FEHLER'
    for row in toSelect4:
        if not(row['Platz']=='K_PUNKT' or
          row['Platz']=='TRANSPORT_K_PUNKT'):
            print('Gebinde befindet sich auf falschem Platz.')
            return 'FEHLER'
        aplatz=row['Platz']
        print()
        print('Gebinde am K-Punkt bekannt!')
        print()
        print(toSelect4)
        print()
        print('Ermittlung Fehlertext vom WE-Stich:')
        toSelectf = db.fehlerflag.select({'Fehlerflag':row['Fehlerflag']})
        print(toSelectf)
        print()
        fehler=int(row['Fehlercode'])
        print('Fehlercode:',fehler)
        badisch=zahltobadisch(fehler,2)
        print(badisch)
        i=0
        for c in reversed(badisch):
            if c!= 0:
                toSelectg = db.fehlertabelle.select({'Fehlernummer':str(i)})
                for rowg in toSelectg:
                    print(rowg['Fehlertext'])
            i=i+1
        print()
        aktion=input('Konnten Sie die Palette richten (JA/NEIN)? ')
        if aktion == 'JA':
            row['Platz']='TRANSPORT_HRL'
            row['Fehlerflag']=''
            row['Fehlercode']=''
            db.gebinde.modify(row)
            print()
            print('Gebindetransport ins HRL eingeleitet')
            huweauto(hunr4,user)
            bewegungen_schreiben('HU_TA',hunr4,row['Lieferant'],
              user,'',0,'K_PUNKT','TRANSPORT_HRL',row['Material'],
              row['Charge'],row['Split'],row['Menge'],row['Einheit'])
            if aplatz != 'K_PUNKT':
                bewegungen_schreiben('HU_TA',hunr4,row['Lieferant'],
                  user,row['Fehlerflag'],row['Fehlercode'],aplatz,
                  'K_PUNKT',row['Material'],row['Charge'],row['Split'],
                  row['Menge'],row['Einheit'])
            return 'EINLAG'
        row['Platz']='TRANSPORT_RETOURE'
        db.gebinde.modify(row)
        print()
        print('Gebindetransport zur Lieferantenretoure eingeleitet')
        if aplatz != 'K_PUNKT':
            bewegungen_schreiben('HU_TA',hunr4,row['Lieferant'],
              user,row['Fehlerflag'],row['Fehlercode'],aplatz,
              'K_PUNKT',row['Material'],row['Charge'],
              row['Split'],row['Menge'],row['Einheit'])
        bewegungen_schreiben('HU_TA',hunr4,row['Lieferant'],
          user,row['Fehlerflag'],row['Fehlercode'],'K_PUNKT',
          'TRANSPORT_RETOURE',row['Material'],row['Charge'],
          row['Split'],row['Menge'],row['Einheit'])
```

Chargenschnittstelle

Inhaltsverzeichnis

3.1	Logistik	– 88
3.1.1	Hintergründe – 88	
3.1.2	Prozess-Diagramm – 99	
3.1.3	Prozess-Beschreibung – 100	
3.1.4	Problemstellung – 100	
3.2	Mathematik	– 103
3.2.1	Theoretischer Hintergrund – 103	
3.2.2	Mathematische Theorie zur Eindeutigkeit der Chargenbestimmung – 129	
3.3	Informatik	– 133
3.3.1	Erweiterung des LVS-Prototyps – 133	

© Der/die Herausgeber bzw. der/die Autor(en), exklusiv lizenziert an Springer-Verlag GmbH, DE, ein Teil von Springer Nature 2025
S. Wirsing, *Kompaktband Logistik*, Schule für Mathematik, Informatik, Logistik und Erfolg, https://doi.org/10.1007/978-3-662-69945-4_3

3.1 Logistik

3.1.1 Hintergründe

3.1.1.1 Charge, Split, Labor, Schnittstelle

Im zweiten SMILE-Logistikprozess wird die sog. **'Chargenschnittstelle'** zwischen LVS- und ERP-System betrachtet, die beim Wareneingangsprozess angesprochen worden ist. Bevor dieser Prozess genauer beschrieben werden kann, müssen zunächst die Begriffe **'Charge, Split, Labor'** und **'Schnittstelle'** näher erörtert werden.

Bei der **'Herstellung'** eines **'Materials'** werden **'Inhaltsstoffe'** wie Wasser, Salz und Abfüllbeutel für die **'Produktion'** von Kochsalz-Infusionen benötigt. Diese Inhaltsstoffe werden unter gleichen Produktionsbedingungen zu einem Beutel mit Kochsalz verarbeitet. Ändert man die Inhaltsstoffe, Kochsalz eines anderen Lieferanten, Wasser einer anderen Quelle, Beutel eines anderen Produzenten oder eine Produktion mit anderen Maschinen, so hat man zwar das gleiche **'Endprodukt'** hergestellt, doch unterscheiden sich die **'Produkteigenschaften'** und Zusammensetzungen. Beim genannten Kochsalz-Beispiel ist der Unterschied in den unterschiedlich bezogenen Inhaltsstoffen und dem geringfügig abweichenden Herstellverfahren zu sehen. Ein Beispiel für Produkte mit unterschiedlichen Eigenschaften wären z. B. Tischtennishölzer. Das Endprodukt ist das gleiche, aber die Eigenschaften des Holzes beim Spielen sind durchaus je verwendeten Baum unterschiedlich.

Deswegen führt man den Begriff der **'Charge'** – auch Los, Serie, Batch, Lot, Partie – bezogen auf ein Material ein. Als Charge wird eine bestimmte Menge von Gütern bezeichnet, die die gleichen Eigenschaften aufweisen und in einem zusammenhängenden Prozess unter gleichen **'Produktionsbedingungen'** und mit identischen Inhaltsstoffen gemeinsam verarbeitet werden. Wesentliches Merkmal einer Charge ist ihre **'Homogenität'**. So sollte bei Tischtennishölzern darauf geachtet werden, möglichst Hölzer gleicher Charge zu kaufen, um gleichbleibende Spieleigenschaften zu erhalten.

Im Fall der Kochsalzlösung hat die Charge auch noch eine weitere Anwendung: Tritt bei ihr ein Qualitäts-Problem auf, so kann mittels der sog. **'Chargenrückverfolgung'** festgestellt werden, welche Produkte ebenfalls im gleichen Produktionsprozess hergestellt worden sind und an welchen Orten diese sich momentan befinden. Dazu muss ein LVS-System chargengeführte Materialien im Bestand mit eben dieser Charge ausweisen können und alle Abgänge aus dem Lager entsprechend mit der dafür benutzten Charge protokollieren. Daraus ergibt sich der Vorteil, daß die **'schlechte'** Charge gezielt und nicht alle auf dem Markt befindlichen Güter eines Materials zurückgerufen werden müssen. Mit jeder Charge ist gleichzeitig ein **'Verfallsdatum'** verknüpft, so daß jeder Verbraucher, aber auch jeder Lagermeister seine Waren entsprechend kontrollieren kann.

Nach der Produktion, ggfs. aber auch viel später, werden bei allen Chargen **'Qualitätskontrollen'** (QK als Abkürzung) durchgeführt. Zu diesem Zweck führt man den Begriff des **'Labors'** ein, das die Instanz ist, die für **'Qualität der Charge'** zuständig ist.

Eine Besonderheit im LVS-System kann der sog. **'Split'** sein. Stellt man über den Tag hinweg Kochsalzlösungen mit nur geringfügigen Änderungen her, z. B. bei einer Produktion in mehreren Schichten, so nutzt man das Konzept des Splits. Dazu vergibt man eine sog. **'Muttercharge'** mit Split 00 und behält diese Muttercharge bei, verwendet aber bei einem Schichtwechsel einen neuen Split, etwa 01, 02 etc. Man spricht dann auch von sog. **'Splitchargen'**. Nicht zu verwechseln ist der Begriff der Splitcharge mit dem sog. **'Chargensplit'** im Auslieferungsprozess. Dabei kann ein Material in verschiedenen Chargen ausgeliefert werden, falls dies vom Kunden akzeptiert wird.

IT-seitig gibt es in einem ERP-System nur den Begriff der Charge. Im LVS-System gibt es je nach System die Begriffe Charge oder auch Charge und Split. Diese Begriffe müssen zwischen den beiden Systemen 'ERP und LVS' unverwechselbar bleiben, um eine reibungslose systemseitige **'Kommunikation'** sicherzustellen. Im vorliegenden Beispiel wird der Fokus auf den Wareneingangsprozess gerichtet, innerhalb dessen eine Charge mit Split – die von einem externen Lieferanten geliefert wird – im LVS angelegt und mit dem **'Bestand'** verknüpft wird. Diese muss ans ERP-System übertragen werden. Eine Charge könnte auch innerhalb des ERP-Systems im Rahmen der Produktion im eigenen Hause erstellt werden. Dieser Vorgang vor Anlage eines Wareneingangs wäre ein Beispiel für eine Übertragung von ERP zu LVS. Die daraus resultierende **'Schnittstelle'** bzgl. Chargen verläuft also in beide Richtungen und wird deshalb auch **'bidirektional'** genannt.

Schnittstellen werden allgemein als spezielle Übergabepunkte definiert, die man wegen einer Aufteilung von Aufgaben einführt. Übergabepunkte sind beispielsweise zwischen Funktionsbereichen, Sparten, Projekten, Personen, Unternehmen, Softwarekomponenten und Prozessen zu finden. Man schafft so ein System, bei dem jeder Beteiligte der Schnittstelle seine einzelnen Aufgaben möglichst effizient abarbeitet. Im Betriebsablauf ist es wichtig, die Beteiligten einer Schnittstelle sinnvoll miteinander agieren zu lassen und einen optimalen **'Datenaustausch'** zu schaffen. Die Schnittstelle selbst wird auch häufig **'API'** (englisch: application programming interface) genannt und ist genau der Teil des Systems, über den diese Kommunikation durchgeführt wird.

3.1.1.2 Chargenbezeichnung

Im vorangegangenen Paragraphen wurde der Begriff der Charge eingeführt, die am Beispiel der Kochsalzlösung die Materialnummer 4711 besitzt. Es sollen jetzt zwei Möglichkeiten aufgezeigt werden, wie die Charge mit dem Material 4711 verknüpft werden kann. Dazu muss sie einer **'Chargennummer'** zugeordnet werden, etwa 1234. Zu unterscheiden ist die Chargennummer von ihrer **'Bezeichnung'**, die etwa 'Nachtschicht am 26.02.2023' lauten könnte. Ähnlich ist bei einem Material seine Nummer – etwa 4711 – von seiner Bezeichnung – etwa Kochsalzlösung 0.5 % – zu differenzieren.

Die Chargennummer ist teils frei wählbar, unterliegt aber bei bestimmten Produktgruppen (wie etwa bei Arzneimittel-, Lebensmittel- und Medizinprodukten) **'gesetzlichen Regelungen'**. Wichtig ist, dass sie nur bei einem **'chargenpflichtigen Material'** vergeben wird und dabei eindeutig bestimmt ist. Dies beugt Verwechslungen vor, die gerade im pharmazeutischen Bereich für Kunden tödlich sein können (siehe Chargenrückruf). Je nach Unternehmen und Gesetzeslage kann diese Eindeutigkeit nur pro Material oder sogar **'materialübergreifend'** sein.

Beschrieben wird zunächst eine **'manuelle Vergabe'** der Chargennummer, die zugleich Aufschluss über die Chargenherkunft gibt. Anschließend soll gezeigt werden, worauf die **'automatische Vergabe'** einer Chargennummer basieren kann. Diesen Zweck dienen die nächsten beiden Grafiken.

Chargenschnittstelle – Logistik – Chargen

Chargen-Nomenklatur bei eigener Produktion - Beispiel

- nur Verwendung von römischen Großbuchstaben A bis Z und Ziffern 0 bis 9
- keine Verwendung anderer Zeichen und Ziffern, keine Sonderzeichen
- maximal 10 Ziffern und Buchstaben
- eindeutig im gesamten Unternehmen, auch materialübergreifend
- folgende Logik

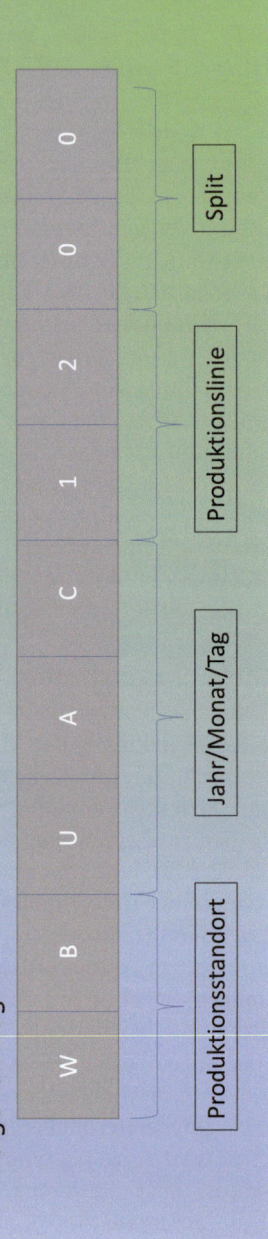

Chargenschnittstelle – Logistik – Chargen

Chargen-Nomenklatur bei Bezug vom externen Lieferanten

- Charge wird vom Lieferanten auf dem Lieferschein mitgeliefert
- Übernahme dieser Charge als Lieferantencharge
- manuelle oder automatische Erzeugung einer internen Charge mit dem Attribut ‚Lieferantencharge'
- automatische Chargengenerierung über Algorithmus, einfach: Nummernkreis
- Nummernkreis zieht immer neue Nummer und speichert diese fortlaufend ab

Objekt	Startwert	Endwert	Aktueller Stand
Charge	0000000000	9999999999	0000001234

Im ersten Bild – **'Chargen-Nomenklatur bei eigener Produktion'** – wird beispielhaft gezeigt, wie die Chargennummer – hier z. B. WBUAC1200 – manuell ermittelt werden kann. Dabei sollen folgende **'Regeln'** gelten:
(i) ausschließlich Verwendung römischer Großbuchstaben A bis Z und arabischer Ziffer 0 bis 9
(ii) keine Verwendung anderer Zeichen und Ziffern
(iii) keine Verwendung von Sonderzeichen
(iv) maximal 10 Ziffern und Buchstaben
(v) eindeutige Identifikation im gesamten Unternehmen, auch materialübergreifend.

Die **'Nummerierungs-Logik'** ist dabei folgende:
(i) zwei Buchstaben für den **'Produktionsstandort'**, hier z. B. WB; die möglichen weiteren Produktionsstandorte sind mit anderen zweistelligen Buchstabenkombinationen verschlüsselt
(ii) drei Buchstaben für Jahr/Monat/Tag; dabei gibt es eine Verschlüsselung für die einzelnen Bestandteile; beim Jahr U = 2021 etc.; beim Monat etwa A = Januar, B = Februar etc.; für den Tag A = 01, B = 02, C = 03 etc.
(iii) die **'Produktionslinien'** je Standort (welches eine meist feste Anordnung von verschiedensten Maschinen, Bereitstellungsräumen und auch Montageplätzen für eine Massenproduktion ist) sind mit zwei Ziffern durchnummeriert, hier exemplarisch die Nummer 12
(iv) der Chargensplit ist mit zwei Ziffern angegeben, hier 00.

Innerhalb des Beispiels **'Chargen-Nomenklatur bei Bezug vom externen Lieferanten'** erfolgt die Vergabe auf eine andere Art und Weise. Zunächst wird eine Charge vom Lieferanten auf dem Lieferschein mit angegeben. Diese wird beim Wareneingang als **'Lieferantencharge'** im eigenen **'Chargenstamm'** als **'Attribut'** abgelegt. Diese könnte auch als eigene Charge verwendet werden. Allerdings wäre es auch möglich, dass die Lieferantencharge Vorgaben zur Chargennumerierung innerhalb des eigenen Unternehmens widerspricht. Im Beispiel wird beim Wareneingang automatisch eine Chargennummer aus einem sog. **'Nummernkreisintervall'** ermittelt: Dabei wird die nächste Nummer fortlaufend aus einem Intervall natürlicher Zahlen auf Basis des **'aktuellen Standes'** erhöht um Eins berechnet. Diese nächste Nummer ist als neuer aktueller Stand abgespeichert. Damit ergibt sich eine aufsteigende und unzweideutige, lückenlose Chargen-Nummerierung.

3.1.1.3 Chargenattribute

Zu einer Charge gibt es noch weitere die Charge auszeichnende **'Attribute'**. Zwei davon sind bereits benannt und ihre Bedeutung erörtert worden: das **'Verfallsdatum'** und die **'Lieferantencharge'**. Das zugehörige Objekt, um alle diese Attribute einer Charge in einem IT-System zu speichern, ist der sog. **'Chargenstamm'**. Dieser ist exemplarisch in der nächsten Abbildung, die aus dem SMILE-Prototyp stammt, LVS-seitig dargestellt:

3.1 · Logistik

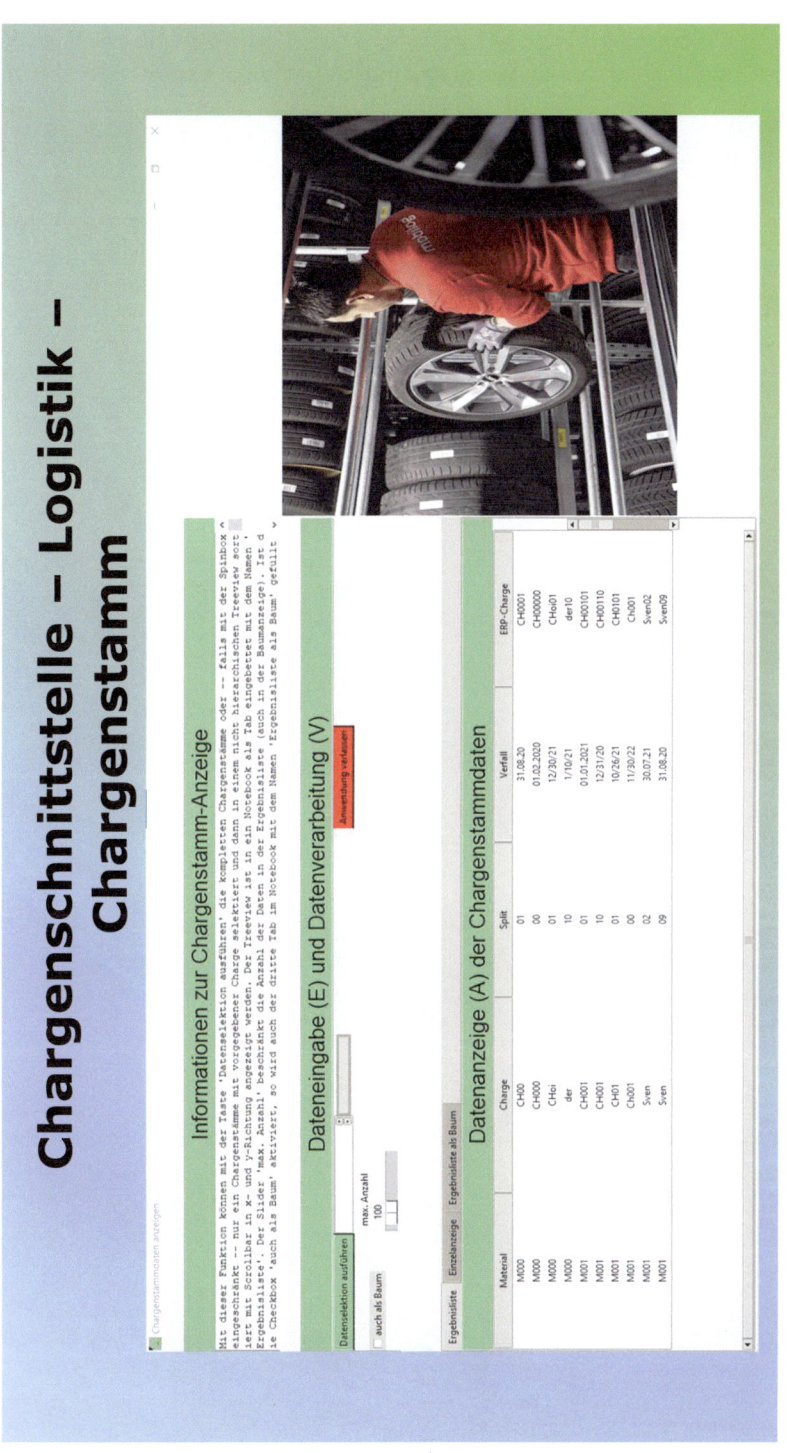

Ein weiteres Merkmal ist folglich die **'ERP-Charge'**. Warum dieses Merkmal sinnvoll ist, wird in diesem Kapitel erklärt. Es gibt noch weitere Attribute, wie etwa, ob die Charge **'frei verwendbar'** oder **'gesperrt'** ist. Diese Charakteristika sind im Verkaufsprozess fundamental. Neben Verfallsdatum sind weitere Datumsfelder als Chargenattribute in folgender Abbildung zu finden:

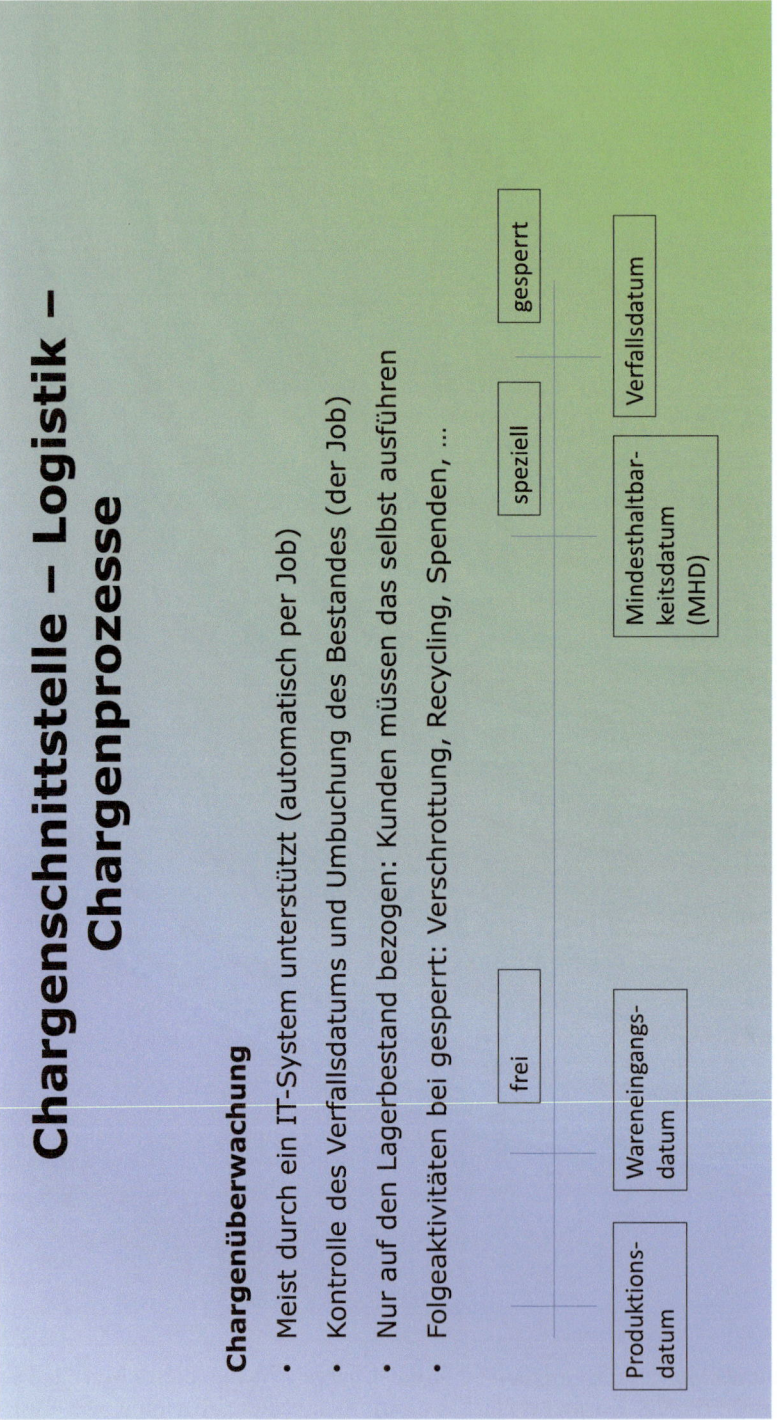

Die **'Haltbarkeit'** wird nicht im Chargenstamm, sondern im **'Materialstamm'** abgelegt. Sie ist jene Zeit, innerhalb derer das Produkt nach der Produktion haltbar ist. Also gilt die Formel

'Produktionsdatum + Haltbarkeit = Verfallsdatum'.

Das **'Produktionsdatum'** ist als Attribut im Chargenstamm abgelegt.

Ähnlich verhält es sich mit der **'Mindestrestlaufzeit'**, die auch im Materialstamm vorzufinden ist. Bewegt man sich gedanklich vom Verfallsdatum rückwärts, und zwar um die Zeitspanne der Mindestrestlaufzeit, so gelangt man zum **'Mindesthaltbarkeitsdatum'** (MHD als Abkürzung). Es gilt also die Beziehung

'MHD + Mindestrestlaufzeit = Verfallsdatum'.

Das Mindesthaltbarkeitsdatum (MHD) ist ein vorgeschriebenes Kennzeichnungselement für Lebensmittel. Es gibt an, bis zu welchem Termin ein Lebensmittel bei sachgerechter Aufbewahrung (z. B. Lagertemperatur) auf jeden Fall ohne merkliche Geschmacks- und Qualitätseinbußen sowie ohne gesundheitliches Risiko verwertbar ist. Das MHD ist also keinesfalls der Zeitpunkt, an dem die Ware verfallen und nicht mehr genießbar ist: letzteres ist das Verfallsdatum.

Mit diesen Daten sind auch die sog. **'Bestandsstatus'** verknüpft. Zunächst ist die Ware nach erfolgten Wareneingang **'frei verwendbar'**, bis sie das MHD erreicht. In einigen Unternehmungen erfolgt dann eine Umbuchung in eine spezielle Bestandsart, wie etwa **'zur besonderen Verwendung'**. Dem liegt zu Grunde, daß einige Kunden solche Waren nicht mehr oder nur zu gemindertem Preis kaufen. Daher bietet es sich an, die Bestände dann entsprechend zu kennzeichnen. Ist das Verfallsdatum erreicht, so erfolgt eine **'Sperrung'** der Waren. Diese Status sind keine Attribute der Charge, sondern kennzeichnen die Bestände im Lager.

Das **'Wareneingangsdatum'** ist kein Attribut der Charge. Das Attribut ist dem Bestand zuzuordnen, da nicht pro Charge eindeutig. Es findet Verwendung in den Auslagerprozessen, innerhalb derer per **'First In First Out'** (FIFO) die Waren mit dem ältesten Wareneingangsdatum zuerst ausgelagert werden. Der Verfall von Beständen wird verhindert. Die entsprechende **'Auslagerstrategie'** FEFO – **'First Expired First Out'** – bezieht sich auf Waren mit Verfallsdatum.

3.1.1.4 Chargenprozesse und Risikomanagement

Die Chargenprozesse aus dem ▶ Paragraphen 3.1.1.1 sollen hier erneut aufgeführt und aus der Sicht des **'Risikomanagements'** betrachtet werden. Gegenstand sind, **'Risiken'** zu erkennen, diese zu bewerten und – falls erforderlich – geeignete **'Gegenmaßnahmen'** zu ihrer Bewältigung einzuleiten. Es wird erläutert, wie sich Chargen-Prozesse dieser Sichtweise unterordnen lassen.

Chargenanlage im Produktionsprozess:

Aus **'Rohstoffen'** und **'Halbfertigwaren'** wird eine **'Fertigware'** produziert. Die **'Einsatzstoffe'** werden dadurch meist vollständig verbraucht. Am Ende des **'Produktionsprozesses'** entsteht Fertigware, die mittels **'Etikett'** oder per Aufdruck mit einer Charge versehen wird. Der Bestand wird mit der Charge als Attribut beim Wareneingang erzeugt und nachfolgend eingelagert. Bei der Einlagerung kann ein Platz **'chargen-rein'**, **'materialrein'** oder beschränkungsfrei ermittelt werden. Meist erfolgen zunächst **'Qualitätskontrollen'**, dann wird die produzierte Charge (und auch der Bestand dazu) freigegeben. Vorher ist sie für die weitere Bearbeitung in fast allen **'Lagerprozessen'** gesperrt.

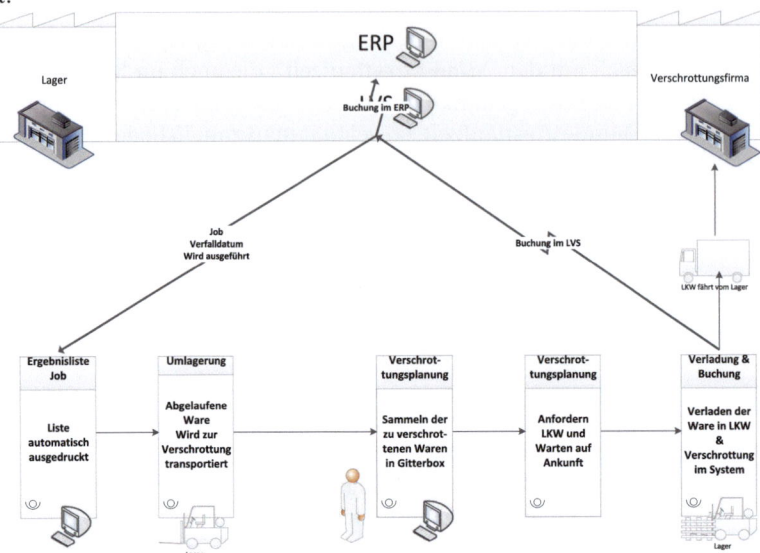

Chargenanlage beim Wareneingang vom externen Lieferanten:

Dieser Prozess wird später innerhalb dieses Kapitels beschrieben, da aus ihm die das Kapitel begleitende Problemstellung abgeleitet wird.

Chargenüberwachung:

Die **'Chargenüberwachung'** ist im obigen Schaubild exemplarisch dargestellt: Chargenüberwachung wird durch ein IT-System häufig automatisch durchgeführt. Dabei werden die vorhandenen chargenbezogenen Bestände bzgl. Verfallsdatum und MHD untersucht und entsprechend bei Verfall gesperrt oder beim Erreichen des MHDs in eine spezielle Bestandsart umgebucht. Manuelle **'Folgeaktivitäten'** sind z. B. Verschrottung, Recycling, Spende und besonderer Verkauf.

Chargenverwendung im Versandprozess:

Auch im **'Versand'** spielen Chargen ein entscheidene Rolle:
- **'Chargenvorgabe'**: gezielte Vorgabe einer Charge für eine Auslieferung zu einem Kunden, z. B. weil die Charge fast abgelaufen ist und der Kunde einen Rabatt erhält
- **'Anzahl Chargen = 1'**: der Kunde möchte genau eine Charge geliefert bekommen, damit er Waren gleicher Qualität erhält
- **'Anzahl Chargen = x'**: der Kunde möchte maximal x Chargen ausgeliefert bekommen, damit er möglichst Waren gleicher Qualität erhält

- **'Haltbarkeitsvorgabe'**: der Kunde möchte nur Waren erhalten, die noch mindestens 1 Jahr haltbar sind, damit er kein Risiko hat, daß die Waren bei ihm verfallen
- **'FEFO (First Expired First Out)'**: es werden die Waren bevorzugt verkauft, die als erstes verfallen
- **'LEFO (Last Expired First Out)'**: es werden die Waren bevorzugt verkauft, die als letztes verfallen (z. B. wegen einer derartigen Kundenvorgabe)
- **'FIFO (First In First Out)'**: es werden die Waren bevorzugt verkauft, die als erstes eingebucht worden sind
- **'LIFO (Last In First Out)'**: es werden die Waren bevorzugt verkauft, die als letztes eingebucht worden sind (z. B. Sand auf eine Halde schütten, Regalbefüllung von vorne ohne Umräumen für Zeitersparnis)
- **'Verfall'**: kein Verkauf abgelaufener Chargen
- **'Chargensplit'**: eine Lieferungsposition bezogen auf ein Material wird durch mehrere Chargen zusammengestellt.

Chargenrückruf:

Trotz **'Qualitätskontrollen'** während der Wareneingangsprozesse können viel später noch Qualitätsmängel für Waren festgestellt werden, die entweder im eigenen Haus durch weitere **'Stichproben'** erkannt oder durch **'Kundenreklamationen'** gemeldet werden. Es können Verunreinigungen festgestellt werden oder Fehler in der Packungsbeilage auftauchen, Beschädigungen in der Verpackung vorliegen oder gar das falsche Material verpackt worden sein. In solchen Fällen gibt es den Vorgang des **'Chargenrückrufs'**. Innerhalb dieses Prozesses werden Produkte, die bereits im Handel sind oder sich in den hauseigenen Vertriebskanälen (wie z. B. Distributionszentren) befinden, vom Unternehmen zurückgenommen und rückerstattet. Jede Stelle in der **'Lieferkette'** trägt dazu bei, die von ihr versendeten Waren zurückzunehmen und diesen Vorgang bekannt zu machen. Von ganz besonderer Bedeutung sind Kommunikation innerhalb der Lieferkette und **'Rückverfolgbarkeit'** der versendeten Chargen. Alle Glieder der **'Supply Chain'** müssen nachvollziehen können, wohin und zu wem die Chargen geliefert wurden. Dafür sind **'IT-Systeme'** prädestiniert. Sie können die Nachvollziehbarkeit sicherstellen: das entscheidende IT-Instrument ist die sog. **'Bewegung'**, ein Datensatz, der Aufschluss darüber gibt, wann eine Charge an wen in welcher Menge geliefert worden ist. Chargenrückrufe können für die betroffenen Unternehmen und Marken selbstverständlich einen großen **'Imageschaden'** bedeuten. Chargenrückrufe dienen aber auch dazu, **'Risiken'** abzuwenden, die durch Verkauf oder Konsum schädlicher Chargen initiiert werden könnten. Natürlich kann ein Rückruf auch dazu führen, daß eine Ware vorrübergehend nicht lieferbar ist oder sogar ein kompletter **'Marktrückzug'** erfolgen muss.

Dieser Abschnitt wird mit einer Grafik versehen, die vermitteln soll, weshalb **'Risikomanagement'** und Chargenprozesse eng miteinander verknüpft sind. Teile davon sind bereits im Text als Risiken benannt, wie etwa Warenverfall. Dieses Risiko kann z. B. dadurch verringert werden, daß als Gegenmaßnahme die Chargenüberwachung im Unternehmen durchgeführt wird.

Risikomanagement versus Chargen

Risiko	Auswirkung	Risiko	Wirkung	Maßnahmen
				Prüfung Bestandsstatus&Chargenstatus bei Auslieferung
				Sperren defekte Chargen/Bestände
				defekte Chargen aus Kommissionierung weglagern, um Fehlabgriffe zu vermeiden
defekte Chargen werden ausgeliefert	Krankheit, Tod bei Kunden, Imageverlust	Finanzrisiko, Marktrisiko, rechtliches Risiko	Umsatz, Schadensersatz	Umlagern in Schrottungszone & Verschrotten Mitarbeiter sensibilisieren Prüfung bei Auslieferung
				automatischer Job zum Sperren
verfallende Chargen werden ausgeliefert	Krankheit, Tod bei Kunden, Imageverlust	Finanzrisiko, Marktrisiko, rechtliches Risiko	Umsatz, Schadensersatz	defekte Chargen aus Kommissionierung weglagern Umlagern in Schrottungszone & Verschrotten Mitarbeiter sensibilisieren
bereits ausgelieferte Chargen erweisen sich als defekt	Krankheit, Tod bei Kunden, Imageverlust	Finanzrisiko, Marktrisiko, rechtliches Risiko	Umsatz, Schadensersatz	Chargenrückruf ausarbeiten und etablieren
				Packunsbeilage
ausgelieferte Chargen verfallen beim Kunden	Krankheit, Tod bei Kunden, Imageverlust	Finanzrisiko, Marktrisiko, rechtliches Risiko	N/A (normal)	Aufdruck mit Haltbarkeit nach Anbruch
				Verwendung von Chargen durch IT und Produktions
unnötiges Sperren etc. auf Materialebene	Zeit=Geld	Finanzrisiko	interne Kosten	Verwendung von Labels

3.1.2 Prozess-Diagramm

Das folgende Diagramm veranschaulicht exemplarisch einen Wareneingangsprozess zur Bestellung bei einem externen Lieferanten. Innerhalb der Wareneingangsbuchung wird eine Charge angelegt, falls sie noch nicht existiert.

Risikomanagement versus Chargen

Risiko	Auswirkung	Risiko	Wirkung	Maßnahmen
keine Transparenz der Waren in Supply Chain	keine Rückverfolgbarkeit	Finanzrisiko, Marktrisiko, rechtliches Risiko	Gerichtskosten, Schadensersatz	Verwendung von Chargen durch IT und Produktions, Verwendung von Labels
Kundenanforderungen wie Anzahl Chargen = 1 etc.	Bestand bleibt im Lager, kann nicht versendet werden, verfällt	Finanzrisiko, strategisches Risiko	interne Kosten	mit Kunden reden und argumentieren, FEFO als Auslagerstrategie etablieren
alte Bestände werden nicht versendet	Verschrottungskosten, Planung falsch	Finanzrisiko, strategisches Risiko	interne Kosten	Analyse von Produkten, die sich schon lange nicht mehr bewegt haben + Strategie zum Verkauf oder Verschrotten
Chargen im LVS und ERP synchron	keine Rückverfolgbarkeit	Finanzrisiko, Marktrisiko, rechtliches Risiko	Gerichtskosten, Schadensersatz	SST Prüfungen in der IT einbauen

3.1.3 Prozess-Beschreibung

Der Prozess dieses Beispiels ähnelt im Ablauf der Wareneingangskontrolle. Daher werden bei seiner Beschreibung nur die Unterschiede zur Wareneingangskontrolle herausgearbeitet:

Schritt 1: Bestellanlage – Übertragung – kein Lieferavis

In diesem Fall wird kein Lieferavis gesendet. Deshalb kann die Wareneingangsbuchung nicht automatisch durchgeführt werden: sie muss im Prozess vorverlagert werden und kann nicht während der Einlagerung erfolgen.

Schritt 2: Warenankunft – Entladung – WE-Buchung – WE-Stich

Die Warenankunft und Entladung vollzieht sich analog zur Wareneingangskontrolle. Bevor die Paletten allerdings auf den WE-Stich aufgebracht werden können, muss der Wareneingang gebucht werden. Dabei müssen Daten wie Bestellnummer, Lieferant, Material, Charge, Split, Verfallsdatum und Menge eingegeben werden. Die Charge wird dabei automatisch geprüft, sowohl im LVS als auch im ERP. Diese Thematik wird in der Problemstellung noch einmal gesondert herausgestellt. Sie begleitet dieses Beispiel auf logistischer, mathematischer und IT-Ebene. Zum Abschluss des Wareneingangs sollen dann auch Paletten gebildet und Labels gedruckt werden. Nun können die Paletten auf den WE-Stich aufgebracht werden. Die Gründe für diesen abgewandelten Prozess können mannigfaltig sein. Mancher Lieferant ist technisch nicht in der Lage, Lieferavise zu senden. Eventuell gibt es Lieferanten, die verminderte Qualität liefern. Aus diesem Grund ist es sinnvoll, vor der Wareneingangsbuchung Warenkontrolle zu vollziehen.

Schritt 3: Sichtkontrolle – Freigabe der Ware

Dieser Schritt erfolgt analog zur Wareneingangskontrolle.

Schritt 4: Prüfung am I-Punkt – Einlagerung oder Fahrt zum K-Punkt

Dieser Vorgang ist mit dem der Wareneingangskontrolle identisch: nur die Wareneingangsbuchung ist bereits manuell vollzogen.

Schritt 5: K-Punkt – Prüfung-Einlagerung oder Ausschleusen

Auch dieser Ablauf wird analog zu dem in der Wareneingangskontrolle durchgeführt.

3.1.4 Problemstellung

Die Problemstellung betrifft die **'Wareneingangsbuchung'**. Weitere Ausführungen sollen durch folgende Grafik Unterstützung und Vertiefung finden:

3.1 · Logistik

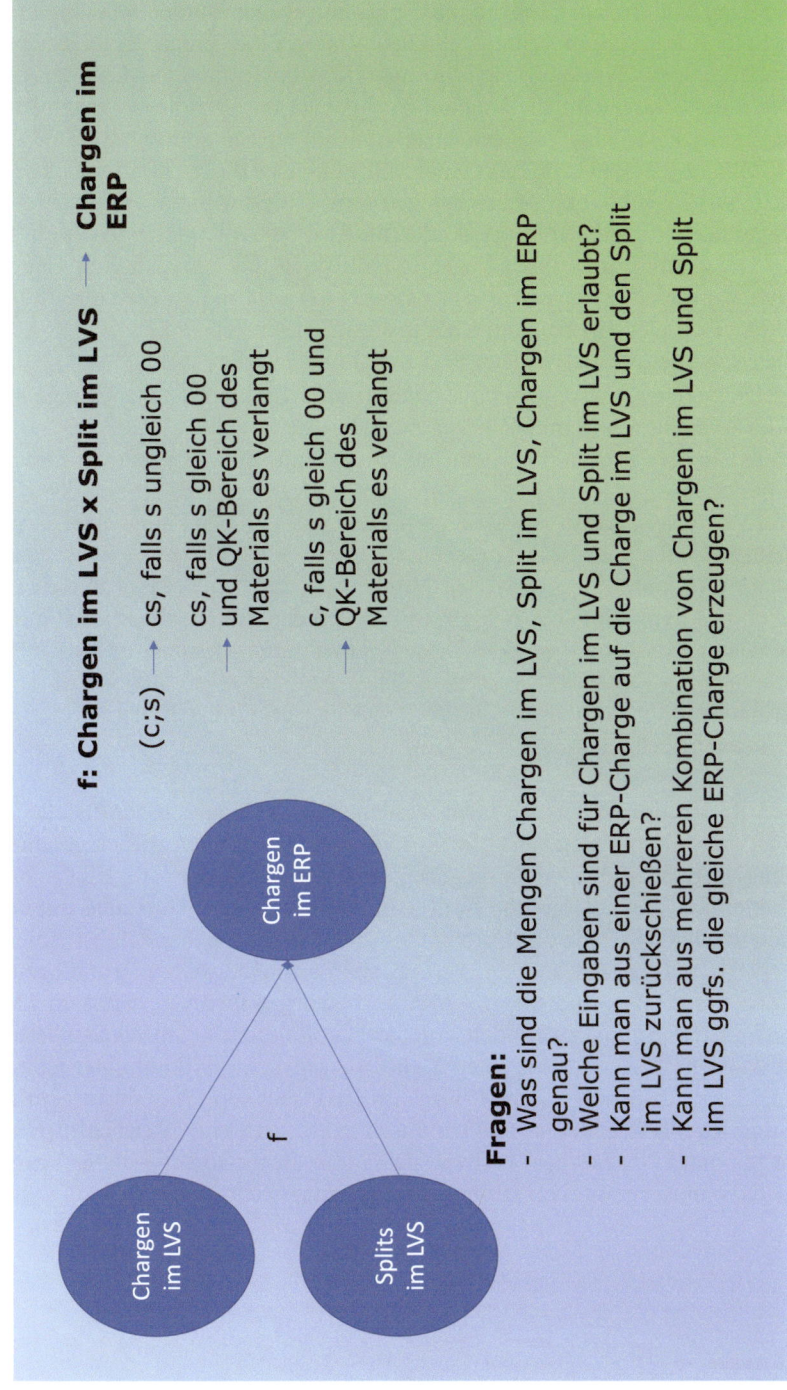

f: Chargen im LVS x Split im LVS → Chargen im ERP

(c;s) → cs, falls s ungleich 00

↱ cs, falls s gleich 00 und QK-Bereich des Materials es verlangt

↱ c, falls s gleich 00 und QK-Bereich des Materials es verlangt

Fragen:
- Was sind die Mengen Chargen im LVS, Split im LVS, Chargen im ERP genau?
- Welche Eingaben sind für Chargen im LVS und Split im LVS erlaubt?
- Kann man aus einer ERP-Charge auf die Charge im LVS und den Split im LVS zurückschließen?
- Kann man aus mehreren Kombination von Chargen im LVS und Split im LVS ggfs. die gleiche ERP-Charge erzeugen?

Durch die Abbildung sollte erkennbar werden, daß beim Wareneingang im LVS zu chargenpflichtigen Materialien Chargen und Splits eingegeben werden müssen. Ist eine Chargen-Split-Kombination bereits bekannt, werden diese Eingaben folgerichtig vom System akzeptiert. Handelt es sich um neue Kombinationen aus Chargen und Splits, werden diese Chargen im ERP nach dem abgebildeten Verfahren – also mittels der Abbildung f im Schaubild – **'abgeleitet'** und müssen separat angelegt werden. Die abgeleitete ERP-Charge ist also im Falle eines Splits ungleich 00 der zusammengesetzte Ausdruck 'ChargeSplit' ohne Leerzeichen getrennt. Falls das Labor es vorschreibt, gilt diese Regel auch für den Split 00. Anderenfalls ist die ERP-Charge gleich der LVS-Charge. Der Hintergrund dieser Regel im Falle des Splits 00 ist, daß die Labore die Produkte unterschiedlich designen. Systemseitig muss dann natürlich die Charge mit der auf dem Produkt abgebildeten Charge identisch sein.

Abgeleitete Chargen werden einigen Prüfungen unterworfen:
- Eine abgeleitete Charge darf – im Falle einer neuen Kombination aus Charge und Split im LVS – nicht schon im ERP-System existieren.
- Abgeleitete Chargen dürfen höchstens aus 10 und müssen aus mindestens einem Zeichen bestehen.
- Splits im LVS müssen genau zweistellig sein, und jedes Zeichen muss einer natürlichen Zahl zwischen 0 und 9 entsprechen.
- Chargen im LVS unterliegen gewissen Nomenklaturen. Im Beispiel dürfen nur Buchstaben aus dem Alphabet A bis Z und natürliche Zahlen zwischen 0 und 9 für jedes Zeichen verwendet werden. Diese Nomenklatur gilt auch für die Charge im ERP.
- Chargen im LVS dürfen höchstens aus 10 Zeichen und müssen aus mindestens einem Zeichen bestehen.

Neben diesen Restriktionen muss bedacht werden, daß die Chargenschnittstelle **'bidirektional'** ist: es werden Daten sowohl vom LVS ins ERP als auch zurück gesendet. Als Folge muss also jedem System vorgegeben sein, welche Charge – im ERP – bzw. welche Kombination aus Charge und Split – im LVS – bei der **'Datenübertragung'** angesprochen werden soll. Wie das Problem mathematisch zu behandeln ist, soll im Folgenden erklärt werden. Im weiteren Verlauf stellt sich eine weitere grundlegende mathematische Frage: Was sind die drei Mengen 'Chargen im LVS', 'Split im LVS' und 'Charge im ERP' genau? Es handelt sich hierbei offenkundig um Zeichenketten, aber was ist das genau? Zudem wurde etwas lax ausgedrückt, daß aus einer Charge 'c' und Split 's' der Ausdruck 'cs' die Charge im ERP sein soll. Was sind eigentlich genau 'c,s' und 'cs'? Was bedeutet mathematisch exakt, daß eine **'Zeichenkette'** die **'Länge'** von maximal 10 **'Zeichen'** besitzen darf? Zur Beantwortung dieser Fragen sollen folgend die mathematischen Hintergründe bereitgestellt werden.

3.2 Mathematik

3.2.1 Theoretischer Hintergrund

3.2.1.1 Relationen und Funktionen

Zum Einstieg wird das **'Teilen'** innerhalb der natürlichen Zahlen betrachtet, welches bereits als mathematische Grundlage des ersten Kapitels erläutert wurde. Die Teiler der Zahl 6 sind die Zahlen 1, 2, 3 und 6, in Zeichen $1 \mid 6$, $2 \mid 6$, $3 \mid 6$ und $6 \mid 6$. Also haben die Zahlenpaare $(1; 6)$, $(2; 6)$, $(3; 6)$ und $(6; 6)$ eine gemeinsame Eigenschaft bzgl. des Teilens $\mid$. Allgemein gilt für zwei Zahlen a, b die Beziehung **'a teilt b'** – in Zeichen $a \mid b$ –, wenn es eine Zahl c gibt, so daß $b = a \cdot c$ gilt. Man könnte auch sagen, daß das Zahlenpaar $(a; b)$ eine Beziehung besitzt oder auch in Relation steht bzgl. des Teilens $\mid$. Definiert man

$$\mid := \{(a; b) \mid a, b \in \mathbb{Z}, \exists c \in \mathbb{Z} : b = a \cdot\},$$

so ist die Schreibweise $a \mid b$ gleichwertig zu $(a; b) \in \mid$. Ebenso gelten speziell $(1; 6), (2; 6), (3; 6), (6; 6) \in \mid$ und $(4; 6), (5; 6) \notin \mid$. Auch sind $(1; 3), (3; 3) \in \mid$ und $(2; 3) \notin \mid$ erfüllt. Das Teilen kann man also als eine Teilmenge von $\mathbb{Z} \times \mathbb{Z}$ auffassen. Dies führt zu der allgemeinen Definition einer **'Relation'** und **'Umkehrrelation'**:

Definition 14 *(Relation) Seien A, B zwei Mengen. Eine Relation R zwischen A und B ist eine Teilmenge der Paarmenge $A \times B$. Ist ein Paar $(a; b)$ in R enthalten, so schreibt man statt $(a; b) \in R$ auch aRb und sagt, daß a in Relation mit b bzgl. R steht. Ist speziell $A = B$ erfüllt, so spricht man von einer Relation auf A. Als Umkehrrelation definiert man $R^{-1} := \{(b; a) \mid (a; b) \in R\}$.* ◊

Die folgende Grafik illustriert den Relationsbegriff:

104 Kapitel 3 · Chargenschnittstelle

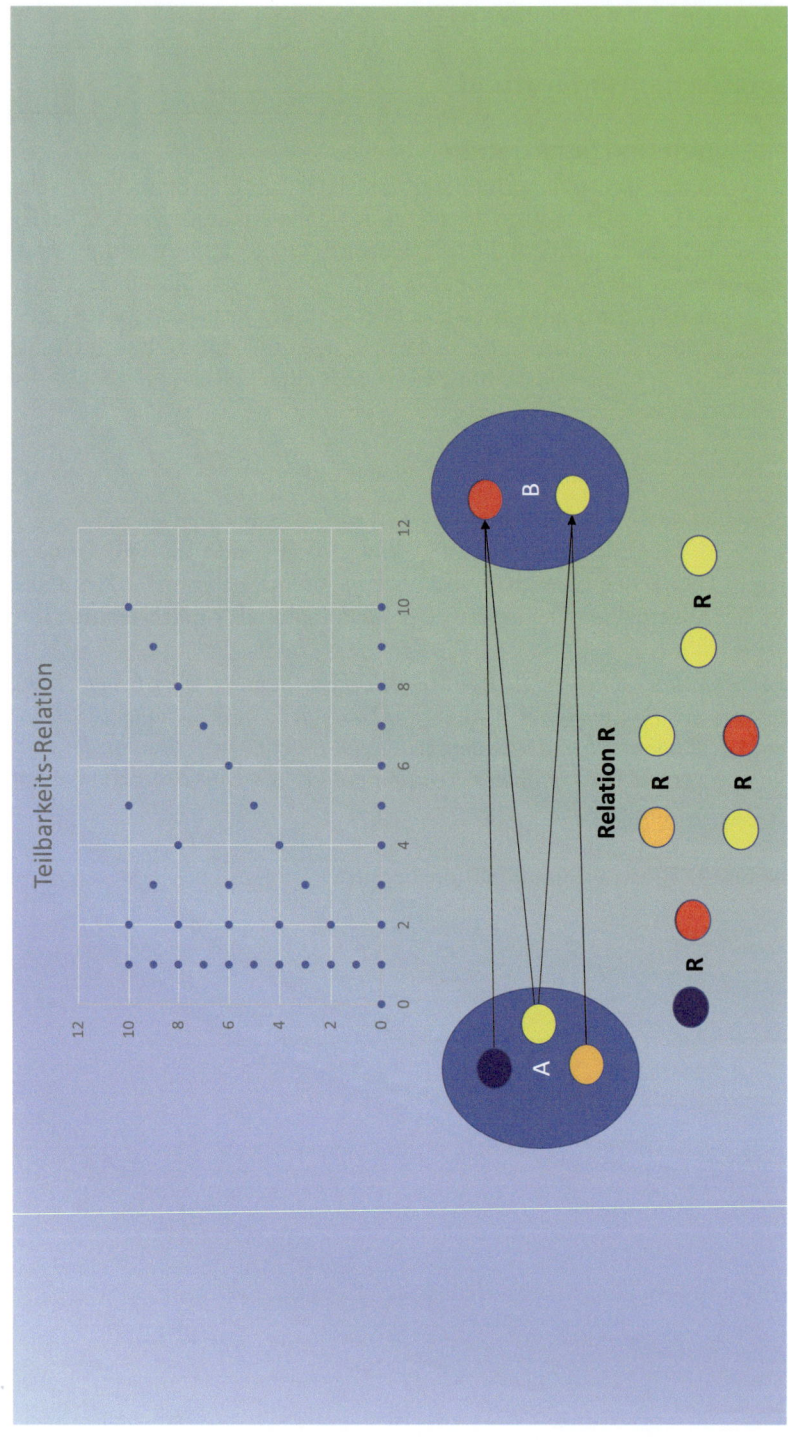

Für die Relation | gelten 1 | 6 und 1 | 3. Es könnten also Paare mit verschiedener zweiten, aber gleicher ersten Komponente geben, die in Relation stehen. Für jedes Element $z \in \mathbb{Z}$ gilt zudem $(z; 2z) \in |$. Man betrachtet als zweites Beispiel für eine reelle Zahl x die Relation

$$\cdot_x := \{(a; b) \mid b = a \cdot x\}.$$

$\cdot_x$ ist eine Relation auf $\mathbb{R}$. Die zweite Komponente eines Paares aus $\cdot_x$ ergibt sich durch das Malnehmen der ersten Komponente mit x. Seien $a, \hat{a}$ zwei reelle Zahlen, so daß $a = \hat{a}$ gelte. Dann gilt offenbar $a \cdot x = \hat{a} \cdot x$. Anders ausgedrückt: hier ist die zweite Komponente durch die erste Komponente eindeutig bestimmt. Wie bei der Teilt-Relation gilt zudem, daß für jedes Element $r \in \mathbb{R}$ die Eigenschaft $(r; xr) \in \cdot_x$ erfüllt ist. Derartige Relationen nennt man auch **'Funktionen'** oder **'Abbildungen'**:

Definition 15 *(Funktion, Abbildung) Seien A, B zwei Mengen. Eine Funktion (auch Abbildung oder Zuordnung genannt) f zwischen A und B ist eine Relation zwischen A und B, die folgenden beiden Eigenschaften erfüllt:*
(i) *Für alle $(a; b), (\hat{a}; \hat{b}) \in f$ folgt aus $a = \hat{a}$ schon $b = \hat{b}$.* – **'Rechtseindeutigkeit'**
(ii) *Für alle $a \in A$ existiert ein $b \in B$, so daß $(a; b) \in f$ gilt.* – **'Linkstotalität'**

*Ist ein Paar $(a; b)$ in f enthalten, so wird statt $(a; b) \in f$ bzw. statt afb auch $f(a) = b$ oder $b = af$ geschrieben, und es wird $f(a), af, a \mapsto \ldots$ **'Funktionswert'** von f an der Stelle a benannt. a wird auch als **'Urbild'** von $b = f(a)$ betitelt. Die Menge A nennt man* **'Definitions-'** *und die Menge B* **'Wertemenge'** *von f. f wird auch durch*

$$f : A \longrightarrow B, x \mapsto f(x)$$

*deklariert. (Man beachte hierbei, daß jedem Element $a \in A$ genau ein Element $f(a) \in B$ zugeordnet wird.) Die **'Bildmenge'** von f definiert man durch*

$$Bild(f) := \{b \mid b \in B, \exists a \in A : b = f(a)\}$$ ◊

Die folgende Grafik illustriert den Begriff der Funktion:

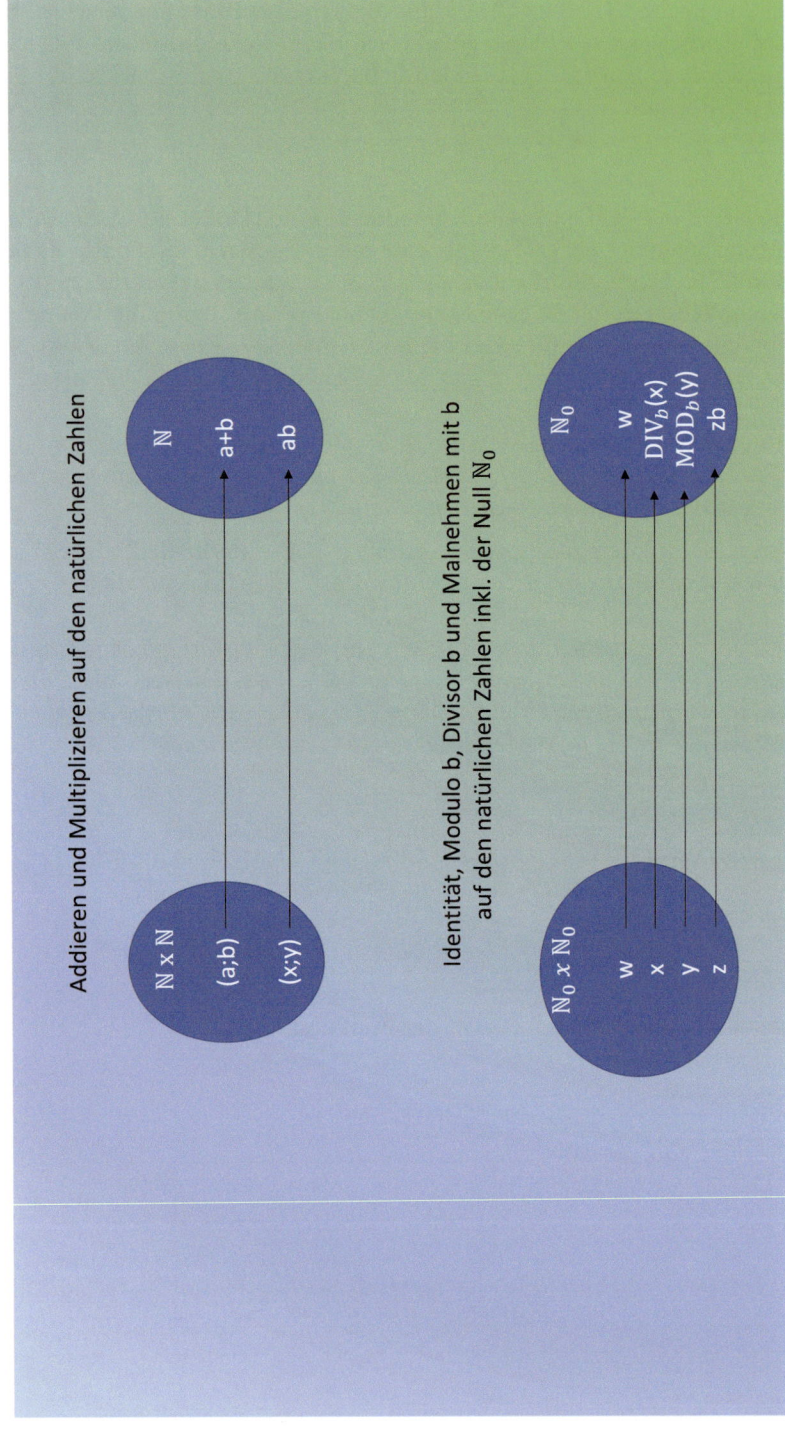

Im Abschnitt über das Teilen mit Rest konnten bereits verschiedene mathematische Funktionen kennengelernt werden: $+$ auf $\mathbb{N}_0$, $\cdot$ auf $\mathbb{N}_0$, $\cdot_b$ auf $\mathbb{N}_0$ für ein $b \in \mathbb{N}_0$, den Spezialfall $\cdot_0$ auf $\mathbb{N}_0$, den Spezialfall $\cdot_1$ auf $\mathbb{N}_0$, $\cdot_b$ auf $\mathbb{Q}_0$ für ein $b \in \mathbb{N}_0$, $DIV_b(\cdot)$ als Funktion auf $\mathbb{N}_0$ für ein $b \geq 2$, $MOD_b(\cdot)$ als Funktion auf $\mathbb{N}_0$ für ein $b \geq 2$ und $MOD_b(\cdot)$ als Funktion zwischen $\mathbb{N}_0$ und $\underline{b}_0$ für ein $b \geq 2$. Untersucht werden die Bildmengen dieser Funktionen sowie die Menge der Urbilder zu den Funktionswerten.

Sei $n \in \mathbb{N}_0$. Wegen $n = n + 0$ und $n = n \cdot 1$ ist $Bild(+) = Bild(\cdot) = \mathbb{N}_0$. Jedes Element der Wertemenge von $+$ und $\cdot$ wird also als Funktionswert angenommen. Die Zahl 2 ist sowohl mit $1 + 1$ als auch mit $2 + 0$ identisch. Die Zahl 4 stimmt mit $2 \cdot 2$ und $1 \cdot 4$ überein. Daher gibt es also Elemente in der Bildmenge, die mehr als nur ein Urbild unter $+$ bzw. $\cdot$ besitzen.

Nun werden die Funktionen $\cdot_b$ in den vier angesprochenen Varianten betrachtet. Das Malnehmen mit 1 ist die Identität. Hier besitzt jedes Element der Wertemenge genau ein Urbild, und zwar ist dies das Element selbst. Das Malnehmen mit Null besitzt nur den Wert 0 als Funktionswert, welcher ganz $\mathbb{N}_0$ als Urbildmenge besitzt. Das Malnehmen mit b auf $\mathbb{N}_0$ besitzt als Wertemenge alle Vielfachen von b in $\mathbb{N}_0$. Das Element $b+1$ ist für $b \geq 2$ kein Vielfaches von b: wäre nämlich $b+1 = v \cdot b$ mit einem Element $v \in \mathbb{N}_0$, so würde $(v-1)b = 1$ erfüllt. Ist $v = 0$, so wäre $(v-1)b = -b < 1$ ein Widerspruch. Im Fall $v = 1$ wäre $(v-1)b = 0 = 1$ ein Widerspruch. Für $v \geq 2$ würde $(v-1)b \geq b > 2$ gelten, was erneut ein Widerspruch ist. Betrachtet man allerdings das Malnehmen auf $\mathbb{Q}_0$, so ist $\frac{x}{b}$ ein Urbild für x. In diesem Fall ist die Bildmenge also ganz $\mathbb{Q}_0$. Seien $x, y \in \mathbb{Q}_0$ mit gleichen Funktionswerten $xb = yb$. Ein Teilen durch $b \neq 0$ ergibt $x = y$. Jeder Funktionswert hat also genau ein Urbild.

Zuletzt sollen die Funktionen MOD_b und DIV_b untersucht werden. Die Bildmenge der Funktion MOD_b ist genau $\underline{b-1}_0$. Je nach Betrachtungsweise besitzt also jedes Element der Wertemenge ein Urbild oder auch nicht. Ist $0 \leq x \leq b-1$ ein Funktionswert, so ist die Menge aller Urbilder von x genau die Menge $\{z \mid \exists v \in \mathbb{N}_0 : z = vb+x\}$ also die Menge der um x verschobenen Vielfachen von b. Dies sind unendlich viele Elemente. Sei $n \in \mathbb{N}_0$. Wegen $DIV_b(nb) = n$ besitzt jedes Element aus der Wertemenge ein Urbild: die Wertemenge ist also genau die Bildmenge. Zu einem Element $n \in \mathbb{N}$ ist die Menge aller Urbilder genau die Menge $\{z \mid \exists 0 \leq x \leq b-1 : z = nb+x\}$, was genau die b verschobenen Elemente von nb um ein Element x aus $\underline{b-1}$ sind. Beide Aussagen folgen direkt aus dem Satz des Teilens mit Rest (siehe ▸ Satz 11).

Die untersuchten Eigenschaften können jetzt für beliebige Funktionen definiert werden:

Definition 16 *(injektiv, surjektiv, bijektiv) Seien A, B zwei Mengen und f eine Funktion zwischen A und B.*

*f heißt '**surjektiv**', wenn $B = Bild(f)$ gilt. Dies ist genau dann erfüllt, wenn es zu jedem Element $b \in B$ mindestens ein Element $a \in A$ gibt, so daß $b = f(a)$ gilt.*

*f heißt '**injektiv**', wenn jeder Funktionswert von f genau ein Urbild besitzt: Für alle $a, \hat{a} \in A$ folgt aus $f(a) = f(\hat{a})$ schon $a = \hat{a}$.*

*f heißt '**bijektiv**', wenn f zugleich injektiv und surjektiv ist.* ◇

In der ◻ Tab. 3.1 werden einige Eigenschaften der zuvor betrachteten Funktionen zusammengefasst.

Tab. 3.1 Beispiele zu Funktionseigenschaften

Relation	Funktion	injektiv	surjektiv	bijektiv
$+$ auf $\mathbb{N}_0$	ja	nein	ja	nein
$\cdot$ auf $\mathbb{N}_0$	ja	nein	ja	nein
$\cdot_b$ auf $\mathbb{N}_0$, $b \geq 2$	ja	ja	nein	nein
$\cdot_0$ auf $\mathbb{N}_0$	ja	nein	nein	nein
$\cdot_b$ auf $\mathbb{Q}$, $b \geq 2$	ja	ja	ja	ja
$id_{\mathbb{N}_0} = \cdot_1$	ja	ja	ja	ja
$MOD_b(\cdot)$ $(b \geq 2)$: $\mathbb{N}_0 \longrightarrow \mathbb{N}_0$	ja	nein	ja	nein
$DIV_b(\cdot)$ $(b \geq 2)$: $\mathbb{N}_0 \longrightarrow \mathbb{N}_0$	ja	nein	nein	nein
$DIV_b(\cdot)$ $(b \geq 2)$: $\mathbb{N}_0 \longrightarrow \underline{b-1}_0$	ja	nein	ja	nein

Statt injektive, surjektive und bijektive Funktion spricht man auch von einer **'Injektion'**, **'Surjektion'** und **'Bijektion'**. Sei $f : A \longrightarrow B$ eine Funktion. Ist f injektiv, so ist ihre Umkehrrelation f^{-1} eine Funktion: denn sind $(b; a)$, $(b'; a) \in f^{-1}$, so gilt $(a; b)$, $(a; b')) \in f$. Aus der Injektivität von f folgt $b = b'$. Wegen $(f^{-1})^{-1} = f$ ist daher durch erneute Anwendung dieser Aussage genau dann eine Funktion f injektiv, wenn ihre Umkehrrelation eine injektive Funktion ist. Diese ist aber nur auf der Bildmenge von f als Wertemenge definiert, und sie besitzt als Bildmenge die komplette Wertemenge von f. Ist aber f zusätzlich surjektiv, so ist f^{-1} auf ganz $B = Bild(f)$ definiert und offenbar sofort surjektiv (da ja das Bild von f^{-1} per Definition ganz A ist). Also ist für eine bijektive Abbildung $f : A \longrightarrow B$ ihre Umkehrfunktion $f^{-1} : B \longrightarrow A$ auch bijektiv. Leicht zu sehen ist zudem, daß dann $f^{-1}f = id_B$ und $ff^{-1} = id_A$ gelten. Genau so ist die Umkehrrelation ja definiert. Ist umgekehrt $g : B \longrightarrow A$ eine Funktion, so daß $fg = id_A$ und $gf = id_B$ gelten, so ist f bijektiv, und es gilt $g = f^{-1}$, denn: bei einer injektiven **'Hintereinanderausführung'** von Funktionen ist die erste injektiv, bei einer surjektiven Hintereinanderausführung von Funktionen ist die zweite surjektiv. Weil die Identitäten bijektiv sind, erhält man die Bijektivität von f und g. Wendet man nun f^{-1} auf $fg = id_A$ von links an, so erhält man – wegen $f^{-1}f = id_B$ – die Aussagen $f^{-1}fg = id_A g = g$ und $f^{-1}fg = f^{-1}id_A = f^{-1}$. Damit gilt $f^{-1} = g$. Die nächste Grafik illustriert die Begriffe injektiv, surjektiv und bijektiv.

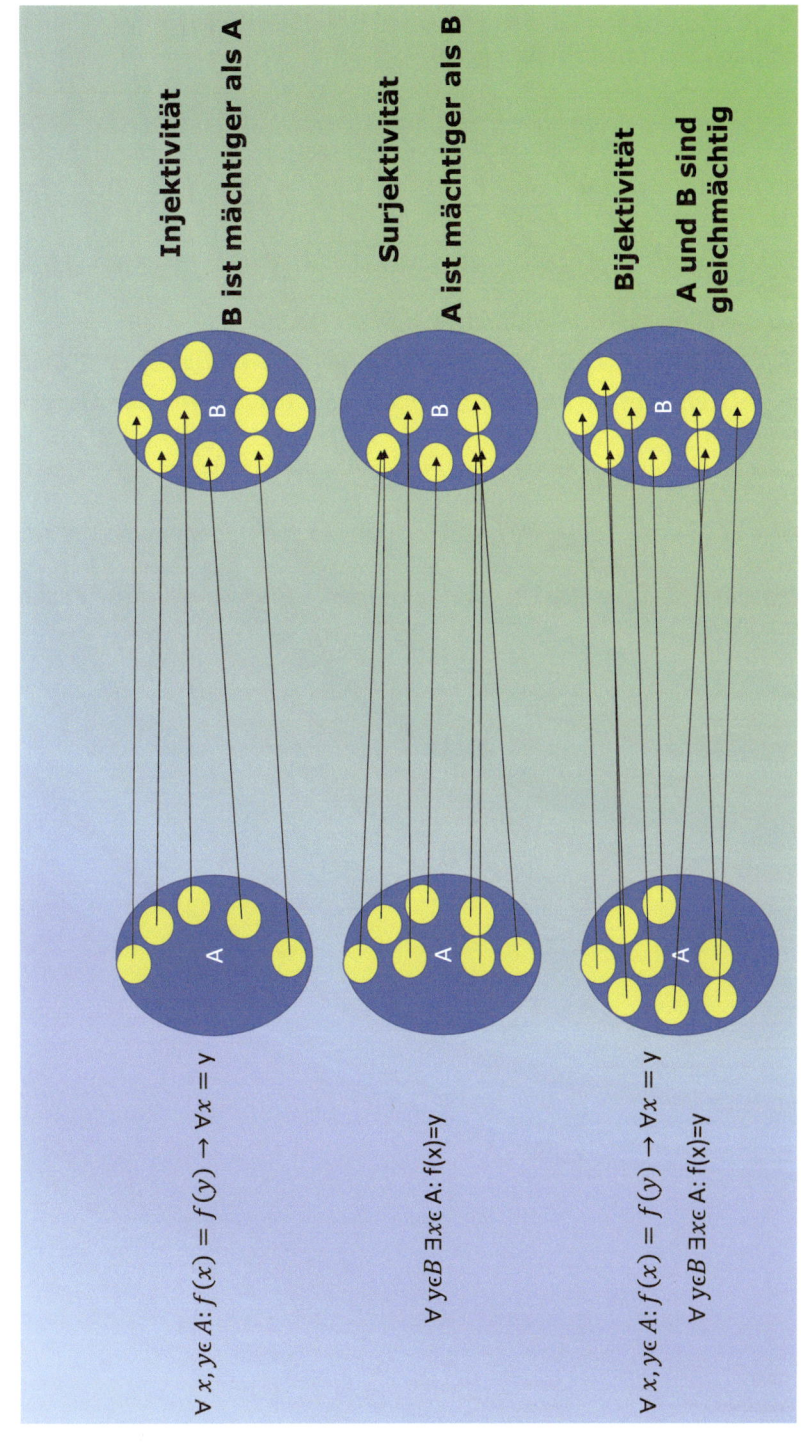

Das folgende Resultat beinhaltet **'Erweiterungen'** bzw. **'Vereinigungen'** von Funktionen mit disjunkten Wert- und Bildmengen:

Satz 13 *(Erweiterung von Funktionen) Seien A, B Mengen, $S, U \subseteq A$, $S \cap U = \emptyset$ (S, U sind disjunkt), $T, V \subseteq B$, $T \cap V = \emptyset$ (T, V sind disjunkt), f eine Relation zwischen S und T, g eine Relation zwischen U und V, $a \in A \setminus S$, $b \in B \setminus T$ und $\hat{f} := f \cup g$. Dann gelten folgende Aussagen:*

(i)   Genau dann sind f, g Funktionen, wenn $\hat{f}$ eine Funktion zwischen $S \cup U$ und $T \cup V$ ist.

(ii)   Sind f, g Funktionen, so gilt $Bild(\hat{f}) = Bild(f) \cup Bild(g)$.

(iii) Seien f, g Funktionen und $x \in Bild(\hat{f}) = Bild(f) \cup Bild(g)$. Ist $x \in Bild(f)$ bzw. $Bild(g)$, so ist die Menge der Urbilder von x unter $\hat{f}$ genau die Menge der Urbilder von x unter f bzw. unter g.

(iv)   Genau dann sind f, g eine injektive Funktionen, wenn $\hat{f}$ eine injektive Funktion ist.

(v)   Genau dann sind f, g eine surjektive Funktionen, wenn $\hat{f}$ eine surjektive Funktion ist.

(vi)   Genau dann sind f, g eine bijektive Funktionen, wenn $\hat{f}$ eine bijektive Funktion ist.

All diese Aussagen gelten für die Relation $f \cup \{(a; b)\}$ im Spezialfall $g := \{(a; b)\}$. ◇

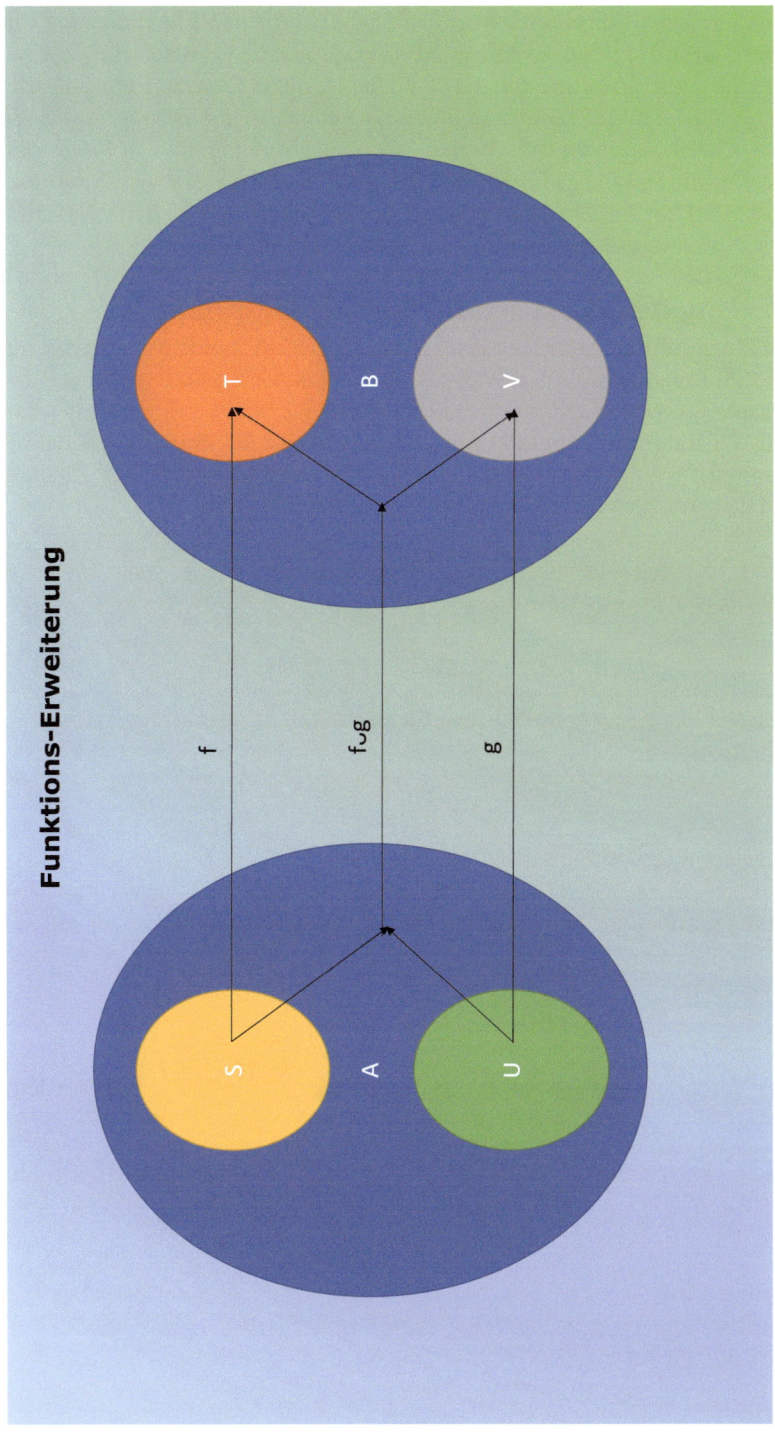

Die Vereinigung zweier Funktionen ist eng mit dem Begriff der **'Einschränkung'** einer Funktion verknüpft. Ist $f : A \longrightarrow B$ eine Funktion und $T \subseteq A$, so sei $f_{|T} : T \longrightarrow B$, $t \mapsto f(a)$ die Einschränkung von f auf T. Sie ist quasi dieselbe Funktion wie f, doch ist sie nur noch auf der Teilmenge T von A agierend. In der Situation von ▶ Satz 13 – also der Erweiterung von Funktionen (oder auch Vereinigung von Funktionen) – gelten per Definition $(f \cup g)_{|S} = f$ und $(f \cup g)_{|U} = g$. Neben seiner Anwendung im Praxisabschnitt hat das Ergebnis zur Funktionserweiterung auch seine Bedeutung beim Beweis des Erweiterungsprinzips im nächsten Abschnitt.

3.2.1.2 Der Entgiftungssatz und das Erweiterungsprinzip

Als Vorbereitung auf den nächsten Abschnitt der freien Monoide werden zwei mengentheoretische Fragestellungen erörtert: der sog. **'Entgiftungssatz'** und das **'Erweiterungsprinzip'**. Was genau entgiftet und erweitert wird, sollte spätestens bei seiner Anwendung auf die freien Monoide deutlich werden. An der entsprechenden Stelle soll noch einmal das Entgiften und das Erweitern hervorgehoben werden. Zu diesem Zweck wird den Ausführungen von H. Laue gefolgt (siehe [40]).

Definitionen 1 *(Vereinigungsmenge, gewöhnliche Elemente)* Sei M eine Menge. Die **'Vereinigungsmenge'** *über M wird durch*

$$\bigcup M := \{x \mid \exists m \in M : x \in m\}.$$

definiert. Die Menge der **'gewöhnlichen Elemente'** *von M wird definiert durch*

$$G(M) := \{x \mid x \in M : x \in M, x \notin x\}.$$

⋄

Für $G(M)$ gelten folgende Eigenschaften:

Proposition 1 *(gewöhnliche Elemente) Sei M eine Menge. Dann gelten die folgenden Aussagen:*
(i) $G(M) \notin G(M)$
(ii) $G(M) \notin M$. ⋄

Nach dieser Vorbereitung kann schon der Entgiftungssatz ausgesprochen werden:

Lemma 1 *(Entgiftungssatz)* *Seien A, B Mengen, $X := G(\bigcup B)$, $A' := \{\alpha \mid \exists a \in A : \alpha = \{a, X\}\}$ und $f : A \longrightarrow A'$, $a \mapsto \{a, X\}$. Dann ist f eine bijektive Abbildung von A auf A', und es gilt $A' \cap B = \emptyset$.* ◇

Der Entgiftungssatz besagt also: Zu zwei Mengen A, B, die eventuell gemeinsame Elemente besitzen könnten, kann man eine neue Menge A' konstruieren, die genau so viele Elemente wie A besitzt, jedoch mit B nichts mehr gemein hat. Kurz gesagt: A wird durch A' von B entgiftet. Auf Basis des Entgiftungssatzes lässt sich das sog. Erweiterungsprinzip erschließen:

Satz 14 *(Erweiterungsprinzip)* *Sei φ eine injektive Funktion einer Menge B in eine Menge M. Dann gibt es eine B-enthaltende Menge $\hat{B}$ und eine bijektive Funktion $\hat{\varphi}$ von $\hat{B}$ auf M, so daß $\hat{\varphi}_{|B} = \varphi$ gilt.* ◇

Die folgende Grafik soll Entgiftungssatz und Erweiterungsprinzip illustrieren:

Kapitel 3 · Chargenschnittstelle

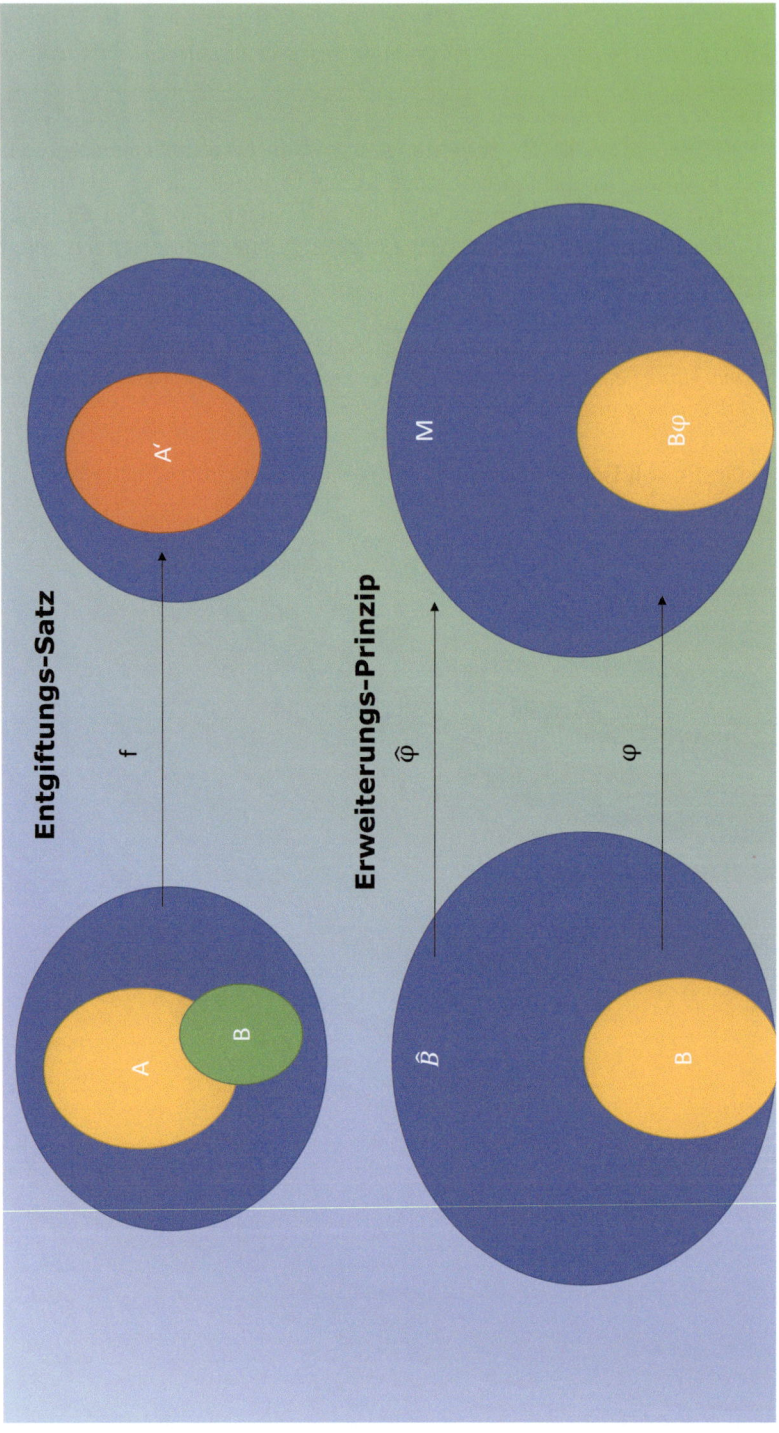

Im Beweis des Erweiterungsprinzips wäre es naheliegend, B durch $M \setminus B\varphi$ zu ersetzen und $\hat{\varphi}$ dann auf den Elementen außerhalb von B als Identität zu definieren. Es ist aber völlig unklar, ob B und $M \setminus B\varphi$ disjunkt sind. Genau deshalb muss der Entgiftungssatz benutzt werden. Das Erweiterungsprinzip ist eng mit dem sog. **'Struktur-Transport'** verknüpft. Zu diesem Zweck macht es Sinn, zunächst **'Verknüpfungen'** näher zu betrachten.

Motiviert ist der Begriff der Verknüpfung im Chargen-Kontext durch das Aneinanderreihen von Buchstaben des Chargen-Alphabets sowie das Aneinanderreihen von LVS-Charge und LVS-Split zur ERP-Charge. Eine Verknüpfung lässt durch ihre Anwendung auf zwei Objekte ein neues Objekt derselben Sorte entstehen. Andere Beispiele sind etwa das Addieren oder Multiplizieren natürlicher Zahlen, die aus zwei natürlichen Zahlen eine neue natürliche Zahl entstehen lassen, nämlich ihre Summe bzw. ihr Produkt. Das Subtrahieren oder Dividieren zweier natürlichen Zahlen liefert nicht unbedingt eine natürliche Zahl. Aus diesem Grund sind diese beiden Funktionen keine Verknüpfungen auf der Menge der natürlichen Zahlen, da sie diese durch das Subtrahieren und Dividieren verlassen können: durch erstere rücken ganze und durch letztere rationale Zahlen ins Blickfeld. Auf den ganzen bzw. rationalen Zahlen sind das Subtrahieren bzw. Dividieren wieder Verknüpfungen. Ein nachvollziehbares Beispiel für eine Verknüpfung aus dem täglichen Leben wäre das Mischen von Farben: aus zwei Farben wird durch das Mischen eine neue Farbe. Die Ur-Struktur der **'Algebra'** ist das **'Magma'**:

Definition 17 *(Magma) Sei M eine Menge. Eine Funktion* $\bullet : M \times M \longrightarrow M$ *nennt man eine Verknüpfung auf M. Das Paar $(M; \bullet)$ wird Magma genannt.* ◊

Das Verketten von Zeichen, aber auch das Addieren und Multiplizieren von Zahlen ist bei mehrmaliger Ausführung von der **'Beklammerung'** unabhängig:

$$(0 + 3) + 4 = 3 + 4 = 7 = 0 + 7 = 0 + (3 + 4)$$
$$(1 \cdot 3) \cdot 4 = 3 \cdot 4 = 12 = 1 \cdot 12 = 1 \cdot (3 \cdot 4)$$
$$(WE)G = WEG = W(EG).$$

Daher lässt man bei derartigen Verknüpfungen die Klammern auch gerne weg und nennt die Verknüpfung **'assoziativ'**. Bezogen auf das oben genannte Beispiel der vermischten Farben wäre das Mischen von Farben assoziativ: die Reihenfolge beim Mischen von drei Farben spielt für das Ergebnis keine Rolle. 0 bzw. 1 haben bei Addition bzw. Multiplikation **'neutrale'** Wirkung. Bei Buchstaben wäre das leere Wort bzgl. des Verkettens von Worten neutral. Was das genau heißt, wird im Fall der freien Monoiden noch einmal genauer erklärt. Im Bezug auf das Mischen von Farben wird es schwierig eine Farbe zu nennen, die keine Wirkung auf die mitgemischte zweite Farbe hat. So gelangt man zu **'Halbgruppen'** und **'Monoiden'**:

Definition 18 *(assoziativ, neutral, Halbgruppe, Monoid) Sei $(M; \bullet)$ ein Magma. Die Verknüpfung $\bullet$ heißt assoziativ, falls für alle $a, b, c \in M$ die Bedingung*

$$(a \bullet b) \bullet c = a \bullet (b \bullet c)$$

gilt. Ein derartiges Magma M wird eine Halbgruppe genannt. Ein Element $e \in M$ heißt ein neutrales Element, wenn für alle $a \in M$ die Bedingung

$$a \bullet e = a = e \bullet a$$

gilt. Eine Halbgruppe M, die ein neutrales Element besitzt, wird Monoid genannt. ◇

Die Zahl 0 ist ein neutrales Element bzgl. des Monoids $(\mathbb{N}_0; +)$. Gibt es ein weiteres? Nein, denn es gilt, daß ein Magma höchstens ein neutrales Element besitzt: sind nämlich e, f neutral, so gilt per Definition $e \bullet f = e$, denn f ist neutral. Aber auch $e \bullet f = f$ ist wahr, denn e ist neutral. Somit gilt $e = f$. In Kurzform ist dies einer der kürzesten Beweise der Mathematik:

$$e = e \bullet f = f.$$

In additiv geschriebenen Monoiden – also mit einer Verknüpfung + – wird das neutrale Element mit 0_M oder auch 0 abgekürzt, hingegen in multiplikativer Schreibweise mit der Verknüpfung · mit 1_M oder 1.

Die Menge der Farben ist mit Mischen eine Halbgruppe, aber kein Monoid. Beim Mischen von Farben zeigen sich weitere Eigenschaften von Verknüpfungen: die Reihenfolge beim Mischen zweier Farben ist unerheblich für die resultierende Farbe. Gilt für alle Elemente a, b eines Magmas $(M; \bullet)$ die Beziehung

$$a \bullet b = b \bullet a$$

so nennt man das Magma ein **'kommutatives Magma'** und die Verknüpfung $\bullet$ kommutativ. Sicherlich sind · und + auf den natürlichen Zahl auch kommutativ, jedoch nicht das Verketten von Buchstaben bei der Erzeugung einer Charge: Die Charge ABZ111 ist nicht mit BAZ111 identisch. Beim Farbmischen gilt zudem, daß jede Farbe, die mit sich selbst gemischt wird, keine neue Farbe entstehen lässt. Beim Verketten von Chargen, beim Addieren und Multiplizieren ist das so nicht richtig. Allgemein sagt man für ein Magma $(M; \bullet)$, daß ein Element $m \in M$ **'idempotent'** ist, wenn die folgende Regel erfüllt ist:

$$m \bullet m = m.$$

Für den Struktur-Transport müssen noch Beziehungen zwischen Magmen erörtert werden. Betrachtet werden zu diesem Zweck die Monoide $(\mathbb{N}_0; +)$ und $(\mathbb{N}; \cdot)$ sowie die Funktion

$$2^{\cdot} : \mathbb{N}_0 \longrightarrow \mathbb{N}, n \mapsto 2^n$$

Sind $n, m \in \mathbb{N}_0$, so gelten die Potenzregeln

$$2^{n+m} = 2^n \cdot 2^m \text{ und } 2^0 = 1.$$

Die erste Eigenschaft mündet in dem zentralen Begriff des **'Homomorphismus'**:

Definition 19 *(Homomorphismus, Epimorphismus, Monomorphismus, Isomorphismus) Seien $(M; \bullet), (N; \circ)$ zwei Magmen und $h : M \longrightarrow N$ eine Funktion. h heißt Homomor-*

phismus, *wenn er mit den Verknüpfungen auf M und N verträglich ist, also wenn für alle* $a, b \in M$ *die Bedingung*

$$(a \bullet b)h = ah \circ bh$$

gilt. Ist h zusätzlich surjektiv bzw. injektiv bzw. bijektiv, so nennt man h einen **'Epi-'** *bzw.* **'Mono-'** *bzw.* **'Isomorphismus'**. *Sind die Magmen M, N zusätzlich mit jeweils einem neutralem Element ausgestattet, etwa e, f und gilt h(e) = f für einen Homomorphismus h, so nennt man h auch einen* **'unitalen'** *oder auch* **'1-treuen'** *Homomorphismus. Im Spezialfall* $(M; \bullet) = (N; \circ)$ *spricht man auch von* **'Endomorphismen'** *(statt Homomorphismen) und* **'Automorphismen'** *(statt Isomorphismen)*. ◇

Die Funktion $2^{\cdot} : \mathbb{N}_0 \longrightarrow \mathbb{N}, n \mapsto 2^n$ ist demnach ein unitaler Homomorphismus zwischen den Monoiden $(\mathbb{N}_0; +)$ und $(\mathbb{N}; \cdot)$. Das Bild dieser Funktion ist genau die Menge der **'Zweier-Potenzen'**, daher ist das Potenzieren mit 2 kein Epimorphismus und auch kein Isomorphismus. Leicht zu sehen jedoch ist, daß für je zwei Zahlen $n, m \in \mathbb{N}_0$ mit $n \geq m$ aus $2^n = 2^m$ schon $2^{n-m} = 0$ und damit $n - m = 0$ folgt. Daher ist $2^{\cdot}$ ein Monomorphismus. Sei $b \in \mathbb{N}$.

Das Malnehmen mit b ist ein Homomorphismus auf dem Monoid $(\mathbb{N}_0; +)$: für alle $x, y \in \mathbb{N}$ gilt $(x + y) \cdot b = x \cdot b + y \cdot b$. Er ist unital, denn $0 \cdot b = 0$ ist erfüllt. Es wurde bereits bewiesen, daß die Abbildung injektiv, aber für $b \geq 2$ nicht surjektiv ist.

Betrachtet seien die Farben und das Mischen m, die Farbe gelb und die Funktion M_{gelb} das Mischen mit gelb. Sind a, b zwei Farben, so seien $(a\,m\,b)\,m\,gelb$ und $(a\,m\,gelb)\,m\,(b\,m\,gelb)$ analysiert. Letzterer Ausdruck ist wegen der Assoziativität und Kommutativität genau $(a\,m\,b)\,m\,gelb\,m\,gelb$. Da *gelb* idempotent bzgl. m ist – als $gelb\,m\,gelb = gelb$ gilt – folgt, daß das Mischen mit gelb ein Homomorphismus auf den Farben ist. Er ist sicherlich nicht surjektiv, da z. B. rot nicht durch Mischen mit gelb entsteht. Anschaulich ist es injektiv, da das Mischen mit gelb je zwei verschiedene Farben nach dem Mischen wieder verschieden erscheinen lässt.

Das Analogon für das Chargenbeispiel lässt keinen Homomorphismus entstehen: das Anhängen eines Buchstabens. Betrachtet man das Anhängen mit C und das Wort AB, so ist das Wort ABC nicht mit $ACBC$ identisch. Ein Isomorphismus stellt eine Struktur nur anders dar: in anderer Form – wobei keine Elemente verschmelzen oder neu entstehen – ist die Struktur die gleiche, und die Elemente werden analog miteinander verknüpft. Diese Begriffe sind für das Konzept des Struktur-Transportes von Bedeutung. Es gilt nämlich die folgende Ergänzung des Erweiterungs-Prinzips:

Satz 15 *(Struktur-Transport) Seien die Voraussetzungen des Erweiterungsprinzips (▶ Satz 14) gegeben sowie $\hat{B}$ und $\hat{\varphi}$ wie dort beschrieben. Ist $\cdot$ eine Verknüpfung auf M, so ist*

$$\bullet : \hat{B} \times \hat{B} \longrightarrow \hat{B}, (x; x^{'}) \mapsto (x\hat{\varphi} \cdot x^{'}\hat{\varphi})\hat{\varphi}^{-1}$$

eine Verknüpfung auf $\hat{B}$, und $\hat{\varphi}$ ist ein Isomorphismus von $(\hat{B}; \bullet)$ auf $(M; \cdot)$. Ist $\circ$ eine Verknüpfung auf B und φ sogar ein Monomorphismus von $(B; \circ)$ in $(M; \cdot)$, so gilt $b \bullet b^{'} = b \circ b^{'}$ für alle $b, b^{'} \in B$. ◇

Die folgenden Grafiken illustrieren die Begriffe Verknüpfung, Homomorphismus und Strukturtransport.

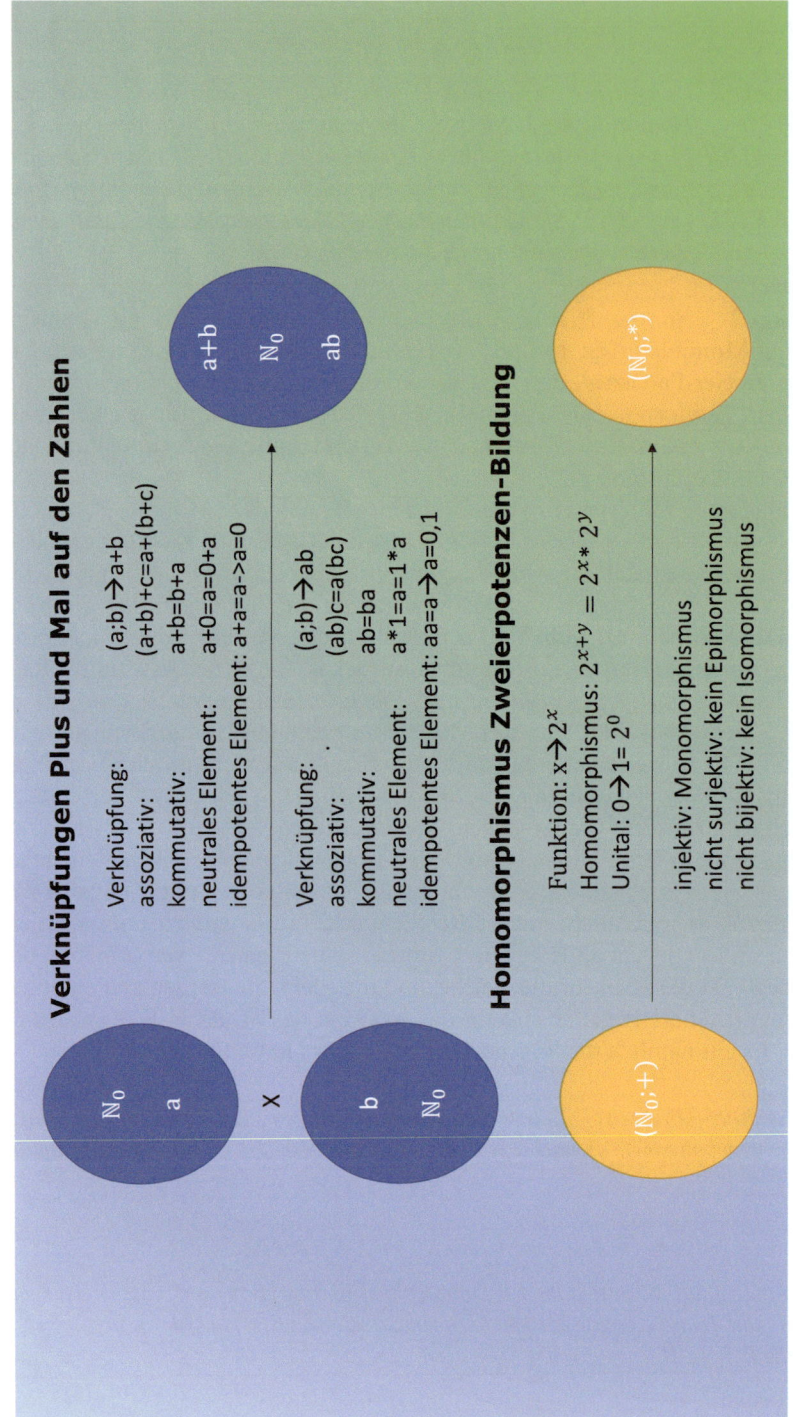

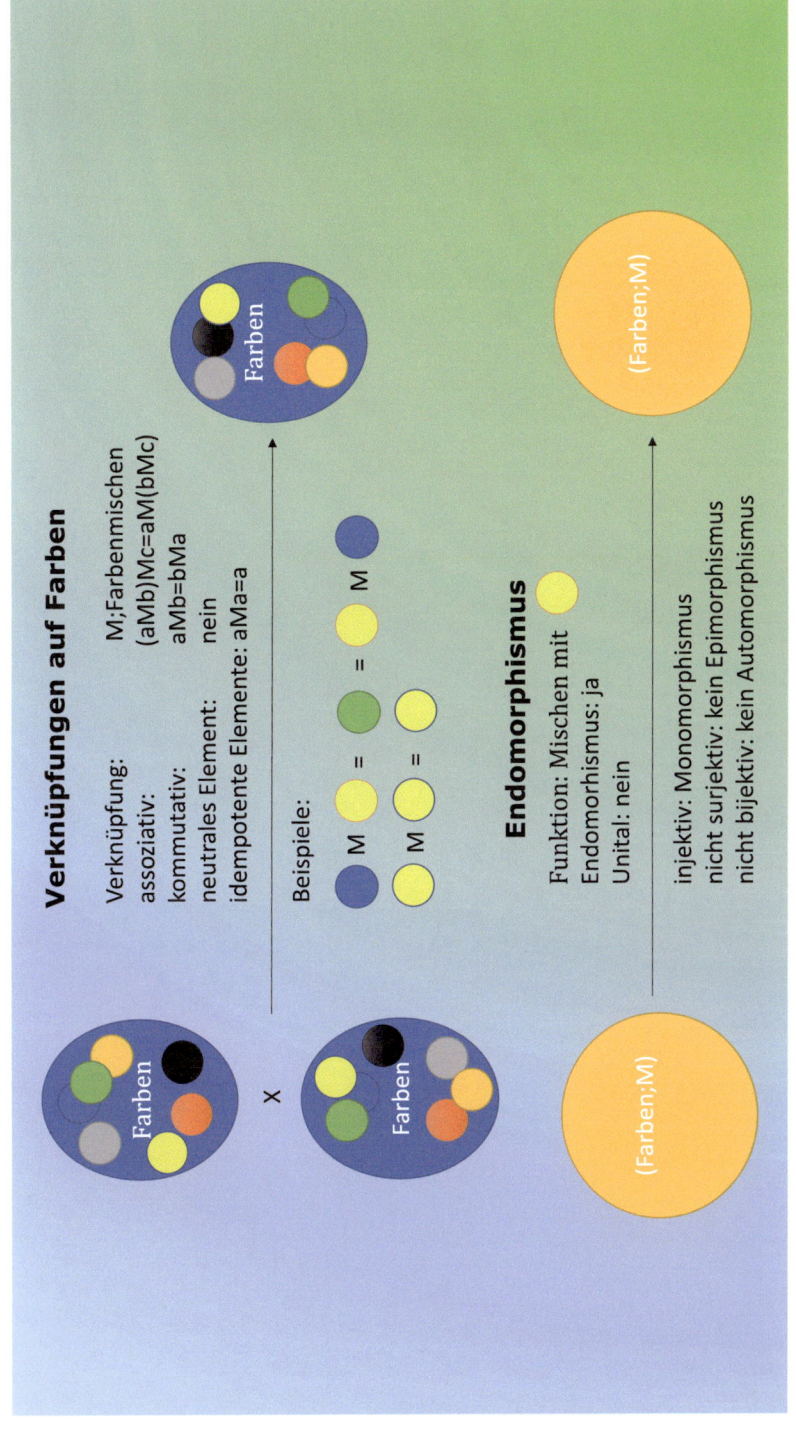

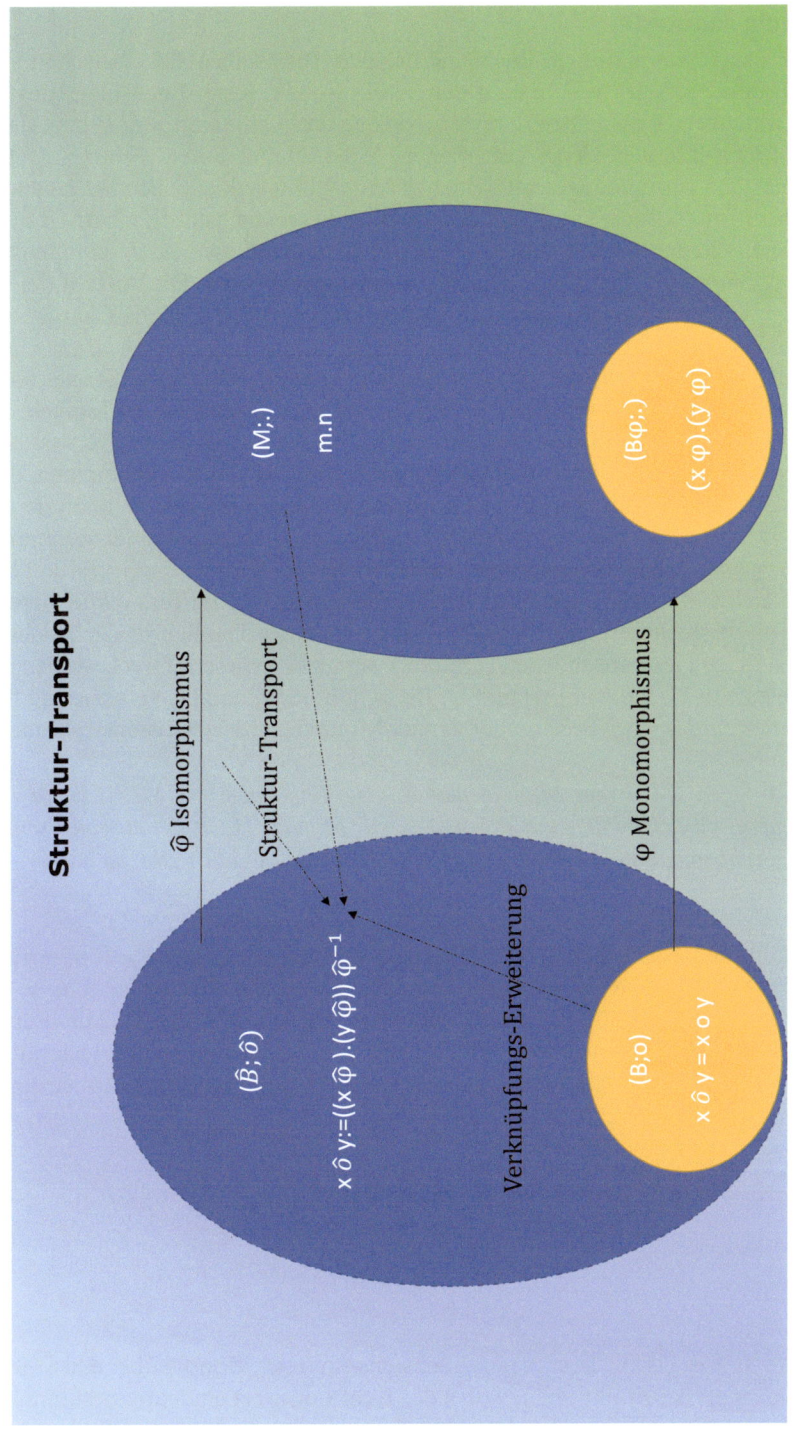

3.2.1.3 Freie Monoide

Die '**Worte**' des Textes in diesem Buch sind aus den '**Buchstaben**' des deutschen '**Alphabets**' zusammengesetzt, welches aus den 26 Groß- bzw. Klein-Buchstaben des lateinischen Alphabets A bis Z bzw. a bis z sowie den drei Umlauten $Ä, Ö, Ü$ bzw. $ä, ö, ü$ sowie dem Eszett ß besteht. Jedes geschriebene Wort ist eindeutig aus endlich vielen dieser Buchstaben zusammengesetzt: 'Buch' ist aus 4 unterschiedlichen Buchstaben, hingegen 'lesen' aus 6 Buchstaben gebildet, wobei 2 dieser Buchstaben identisch sind. Ähnlich könnte gesagt werden, daß bezogen auf Chargen diese eine Zusammensetzung aus vordefinierten Zeichen – dem '**Chargenalphabet**' – ist. Die Anzahl der zu verwendeten '**Chargen-Buchstaben**' ist somit begrenzt. Es wäre z. B. die Charge AFDE411 denkbar, die Charge AB-+)78 aber nicht.

Bei jeder Art von '**Zeichenketten**' – im Bereich der Informatik auch '**Strings einer Länge**' genannt – ist es also wichtig zu wissen, aus welchen '**Atomen = Buchstaben**' die entsprechenden Worte gebildet werden dürfen und, ob es eine maximal zu verwendende Länge eines Wortes gibt. Dieser Ausgangspunkt wird zum Anlass genommen, den Begriff des Wortes, Alphabets und der Länge mathematisch genauer zu analysieren. Insbesondere ist dabei zu klären, in welcher Form Buchstaben miteinander verbunden werden, was genau das Zusammensetzen eines Wortes ist. Aus diesem Grund soll der Begriff des '**freien Monoids**' untersucht werden. '**Monoide**' sind im Text vorher bereits erklärt und an Beispielen erläutert worden: Was genau unter dem Begriff der '**Freiheit**' zu verstehen ist, soll jetzt anschließend erläutert werden. Zu diesem Zweck werden die Ausführungen von H. Laue in [41] und D. Blessenohl in [8] und [9] Verwendung finden. Begonnen wird mit der Beschreibung freier Monoide mittels '**Homomorphismen**':

Definition 20 *Seien $(M; \cdot)$ ein Monoid und A eine Teilmenge von M. M heißt frei über A, wenn es zu jeder Funktion φ von A in ein Monoid $(L; \circ)$ genau einen unitalen Homomorphismus $\hat{\varphi}$ zwischen den Monoiden $(M; \cdot)$ und $(L; \circ)$ gibt, so daß $\hat{\varphi}_{|A} = \varphi$ gilt.* ◇

Die Bedingung $\hat{\varphi}_{|A} = \varphi$ bedeutet, daß für alle $a \in A$ die Gleichheit $a\varphi = a\hat{\varphi}$ erfüllt ist. Ist $\iota : A \longrightarrow M, a \mapsto a$ die natürliche Einbettung von A in M, kann statt $a\varphi = a\hat{\varphi}$ auch $a\varphi = a\iota\hat{\varphi}$ für alle $a \in A$ geschrieben werden. Das bedeutet aber, daß die Funktionen φ und $\iota\hat{\varphi}id_L$ identisch sind. Freiheit heißt also, daß das folgende Diagramm kommutativ ist. Man kann statt des unten dargestellten direkten φ-Weges auch einen Umweg über $\iota\hat{\varphi}id_L$ wählen:

$$\begin{array}{ccc} \mathbb{M} & \xrightarrow{\hat{\varphi}} & L \\ \uparrow{\scriptstyle \iota} & {\scriptstyle id_L}\downarrow & \\ A & \xrightarrow{\varphi} & L \end{array}$$

Gezeigt wird, daß es bis auf Isomorphie höchstens ein freies Monoid über einer Menge gibt. Anders als bei Funktionen, wobei der Funktionswert eindeutig bestimmt ist oder bei neutralen Elementen, die unzweideutig existieren sind oder bei Teilern und ihrem Ko-Teiler, ist hier Eindeutigkeit in diesem direkten Sinne nicht gegeben: bei Strukturen kann man eine derartige universelle Eindeutigkeit nicht erwarten. Jede Struktur kann man durch Umbenennung und entsprechende Strukturübertragung zu einem anderen Objekt der gleichen Sorte werden lassen. Diese Objekte sind dann mengentheoretisch verschieden, strukturell aber identisch. Das bedeutet, daß es zwischen ihnen einen Isomorphismus gibt.

Zum Beweis der Isomorphie wird noch eine Eigenschaft der Hintereinanderausführung von unitalen Homomorphismen benötigt, etwa $\alpha : M \longrightarrow N$ und $\beta : N \longrightarrow L$, wobei $(M; \cdot)$, $(N; \circ)$ und $(L; \bullet)$ Monoide mit neutralen Elementen $1_M, 1_N, 1_L$ sind. Seien $a, b \in M$. Dann gilt $(a \cdot b)\alpha = (a\alpha) \circ (b\alpha)$. Es folgt $(a \cdot b)\alpha\beta = ((a\alpha) \circ (b\alpha)) = (a\alpha\beta) \bullet (b\alpha\beta)$. Zudem gilt $1_M \alpha\beta = 1_N \beta = 1_L$. Also ist $\alpha\beta$ auch ein unitaler Homomorphismus zwischen Monoiden. Auch die Umkehrfunktion – falls z. B. α ein injektiver Homomorphismus ist – ist ein Homomorphismus, denn es gilt: $ab = (a\varphi^{-1}\varphi)(b\varphi^{-1}\varphi) = (a\varphi^{-1}b\varphi^{-1})\varphi$, also gilt auch durch Anwendung von φ^{-1} von rechts die Gleichung $(ab)\varphi^{-1} = a\varphi^{-1}b\varphi^{-1}$. Zudem folgt aus $1_M\varphi = 1_N$ durch Anwenden von φ^{-1} von rechts die Gleichung $1_M = 1_N\varphi^{-1}$.

Satz 16 *(Isomorphie freier Monoide) Seien $(M; \cdot)$, $(L; \bullet)$ zwei über einer Menge A freie Monoide. Dann gibt es einen unitalen Isomorphismus κ von M in L, der die Elemente aus A fix lässt.*

Bis auf Isomorphie gibt es also höchstens ein über einer Menge freies Monoid. Man sagt auch, daß zwei über einer Menge freie Monoide **'kanonisch isomorph'** sind. An dieser Stelle muss eine Unschärfe in der Literatur angemerkt werden: häufig wird nun von dem freien Monoid über einer Menge geredet. Der bestimmte Artikel ist natürlich nicht ohne Zusatz gerechtfertigt, da freie Monoide nur bis auf Isomorphie eindeutig bestimmt sind. Mit der Existenz eines solchen Monoids wird sich folgend beschäftigt. Zu diesem Zweck wird zunächst ein klassisches Beispiel eines freien Monoids vorgestellt.

Beispiel 1 *(das Tupel-Monoid)* Sei X eine beliebige Menge. Zu jedem $n \in \mathbb{N}_0$ betrachte man die Menge aller Abbildungen von $\underline{n} := \{k \mid k \in \mathbb{N}, 1 \leq k \leq n\}$ nach X, die mit X^n abgekürzt wird. Die Elemente dieser Menge werden auch 'n-**Tupel**' genannt. Es gilt $\underline{0} = \emptyset$, und daher folgt $X^0 = \{\emptyset\}$. Ist $n \geq 1$, so werden die n-Tupel über X in der Schreibweise $(x_1, ..., x_n)$ notiert. Der Eintrag x_j wird j-te Komponente genannt. Man definiert

$$\mathbb{T}(X) := \bigcup_{n \in \mathbb{N}_0} X^n$$

und etabliert auf $\mathbb{T}(X)$ eine Verknüpfung, die **'Konkatenation'** genannt wird. Zu zwei Tupeln $(x_1, \ldots, x_n)$ und $(y_1, \ldots, y_r)$ über X sei die Konkatenation beider Tupel durch

$$(x_1, \ldots, x_n)(y_1, \ldots, y_r) := (x_1, \ldots, x_n, y_1, \ldots, y_r)$$

definiert. Beide Tupel werden also einfach zu einem neuen Tupel aneinandergehängt oder auch verkettet. Ist $f = (x_1, \ldots, x_n)$ ein n-Tupel, so wird n oder auch $|f|$ die '**Länge**' dieses Tupels bezeichnet. Es sei angemerkt, daß die Mengen X^n, $n \in \mathbb{N}_0$ paarweise disjunkt sind, da ihre Elemente = Abbildungen unterschiedliche Definitionsmengen besitzen. Die leere Abbildung $\emptyset$ als Element von X^0 erweist sich bei der Konkatenation von Tupeln offenbar als neutral. Sind $f = (x_1, \ldots, x_n)$, $g = (y_1, \ldots, y_r)$ und $h = (z_1, \ldots, z_s)$ drei Tupel, so gilt:

$$(fg)h$$
$$= ((x_1, \ldots, x_n)(y_1, \ldots, y_r))(z_1, \ldots, z_s)$$
$$= (x_1, \ldots, x_n, y_1, \ldots, y_r)(z_1, \ldots, z_s)$$
$$= ((x_1, \ldots, x_n, y_1, \ldots, y_r, z_1, \ldots, z_s)$$
$$= (x_1, \ldots, x_n)((y_1, \ldots, y_r, z_1, \ldots, z_s))$$
$$= f(gh).$$

Also ist die Konkatenation assoziativ und $\mathbb{T}(X)$ ein Monoid mit der Konkatenation als Verknüpfung und neutralem Element $\emptyset$. Die Konkatenation wird üblicherweise als Verknüpfung ohne weiteres Symbol angegeben. Besitzt X mindestens zwei verschiedene Elemente $x \neq y$, so ist die Konkatenation nicht kommutativ, denn: $(x)(y) = (x, y) \neq (y, x) = (y)(x)$. Man sollte die Konkatenation mit der Hintereinanderausführung von Abbildungen keinesfalls verwechseln.

Eingesehen werden soll, daß $\mathbb{T}(X)$ ein über X^1 freies Monoid ist. Sei φ eine Abbildung von X^1 in ein Monoid $(M; \bullet)$. Es sei $f\hat{\varphi} := (x_1)\varphi \bullet \ldots \bullet (x_n)\varphi \in M$ definiert. Damit ist $\emptyset\hat{\varphi}$ das leere Produkt in M, also gleich dem neutralem Element 1_M von M. Weiterhin gilt $(x)\hat{\varphi} = x\varphi$ für alle $x \in X$. Es folgt:

$$(fg)\hat{\varphi}$$
$$= ((x_1, \ldots, x_n)(y_1, \ldots, y_r))\hat{\varphi}$$
$$= (x_1, \ldots, x_n, y_1, \ldots, y_r)\hat{\varphi}$$
$$= (x_1)\hat{\varphi} \bullet \ldots \bullet (x_n)\hat{\varphi} \bullet (y_1)\hat{\varphi} \bullet \ldots \bullet (y_r)\hat{\varphi}$$
$$= (x_1)\varphi \bullet \ldots \bullet (x_n)\varphi \bullet (y_1)\varphi \bullet \ldots \bullet (y_r)\varphi$$
$$= (f\hat{\varphi}) \bullet (g\hat{\varphi}).$$

Also ist $\hat{\varphi}$ ein unitaler Monoidhomomorphismus, der zudem eingeschränkt auf X^1 genau φ ist. Ist ψ eine weitere Fortsetzung von φ zu einem unitalen Homomorphismus zwischen $\mathbb{T}(X)$ und M, so gilt $f\psi = (x_1, \ldots, x_n)\psi = ((x_1) \ldots (x_n))\psi = (x_1\psi) \bullet \ldots \bullet (x_n\psi) = (x_1\varphi) \bullet \ldots \bullet (x_n\varphi) = f\hat{\varphi}$. Somit ist das **'Tupel-Monoid'** $\mathbb{T}(X)$ frei über X^1.

Das Tupel-Monoid hat wegen seiner Definition und der Disjunktheit der Mengen $X^n, n \in \mathbb{N}_0$ auch folgende Eigenschaften:
(1) Jedes Tupel ist von der Form $(x_1, \ldots, x_t)$ mit geeigneten $x_1, \ldots, x_t \in X$ und $t \in \mathbb{N}_0$.
(2) Sind $(a_1, \ldots, a_n)$ und $(b_1, \ldots, b_r)$ zwei identische Tupel, so gilt $n = r$ und $a_i = b_i$ für alle $i \in \underline{r}$.

Ist an dieser Stelle nicht schon die Existenz freier Monoide nachgewiesen? Nein, denn es ist X von X^1 streng zu unterscheiden. Sicherlich gibt es eine Bijektion zwischen X und X^1, nämlich $x \mapsto (x)$. Leider ist in vielen Lehrbüchern als übliche Schlussweise gebräuchlich, die Menge X mit X^1 zu **'identifizieren'** und dann das Tupel-Monoid als freies Monoid über X anzusehen. Jedoch wird nicht erklärt, was diese unscharfe Sprechweise genau sein soll. Diese unscharfe Sprechweise wird im nachfolgenden Satz aufgeklärt, und dabei werden Entgiftungssatz und Struktur-Transport Anwendung finden. ◇

Satz 17 *(Existenz freier Monoide)* *Sei X eine Menge. Dann gibt es ein über X freies Monoid $X^\star$.*

Zusatz: Für alle $w \in X^\star$ gibt es genau ein $n \in \mathbb{N}_0$ und genau n Elemente $x_1, \ldots, x_n \in X$, so daß $w = x_1 \ldots x_n$ gilt. ◇

Interessanterweise kennzeichnet der Zusatz den **'Freiheitsbegriff'**, denn es gilt:

Korollar 3 *(Eindeutigkeit der Darstellung)* *Sei X eine Menge und $(M; \cdot)$ ein Monoid. Es sind äquivalent:*

(i)   *M ist frei über X.*
(ii)   *Für alle $w \in M$ gibt es genau ein $n \in \mathbb{N}_0$ und genau n Elemente $x_1, \ldots, x_n \in X$, so daß $w = x_1 \ldots x_n$ gilt.* ◇

Definition und Bemerkung 1 *(Worte, Buchstaben, Länge, Alphabet)* Sei X eine Menge und $X^\star$ ein über X freies Monoid. Mit Hilfe der Eigenschaft (ii) aus ▶ Korollar 3 kann gesehen werden, wie die Menge X das Innenleben der freien Monoide reguliert: Jedes Element lässt sich eindeutig durch die Elemente aus X darstellen. Ist w ein Element von $X^\star$, so nennt man w ein Wort über X oder auch kurz ein **'Wort'**. Die Elemente aus X werden als **'Buchstaben'** betitelt. Die Menge X heißt ein Alphabet von M oder auch kurz ein **'Alphabet'**. Das **'leere Wort'** in $X^\star$ symbolisiert man mit ι: es ist das bzgl. der **'Konkatenation'** oder auch **'Verkettung'** in $X^\star$ neutrale Element. Die Konkatenation ist die Verknüpfung im freien Monoid $X^\star$, die symbolisch meist nicht weiter hervorgehoben wird. Zu w gibt es nach ▶ Korollar 3 genau ein $n \in \mathbb{N}_0$ und genau n Elemente $x_1, \ldots, x_n \in X$, so daß $w = x_1 \ldots x_n$ gilt. Das Element n nennt man die **'Länge'** des Wortes w und schreibt dafür $l_X(w)$ oder auch $|w|$. Für jedes $i \in \underline{n}$ sagt man zu x_i auch, daß es der **'i-te Buchstabe'** von w ist. Dafür wird auch w_i geschrieben.

Die Länge kann auch folgendermaßen gedeutet werden: Betrachtet man die Abbildung $x \mapsto 1$ für alle $x \in X$, wobei die 1 als Element des Monoids $(\mathbb{N}_0; +)$ angesehen wird, so gibt es genau eine Fortsetzung dieser Abbildung zu einem unitalen Homomorphismus von $X^\star$ nach $(\mathbb{N}_0; +)$. Dieser zählt offenbar die Anzahl der Buchstaben jedes Wortes, da er ja ein Homomorphismus ist. Die eindeutig bestimmte Fortsetzung ist die soeben definierte Längenfunktion. Insbesondere ist die Längenfunktion ein Homomorphismus. Die Längenfunktion ist mit dem gewählten Alphabet verknüpft. Das ist aber nur scheinbar eine Einschränkung. Darüber soll in der Folge nachgedacht werden. Sei Y ein weiteres Alphabet von M und $x \in X$. x lässt sich mit Hilfe von Y darstellen, etwa $x = y_1 \ldots y_n$, wobei $n = l_Y(x)$ ist. Es gilt aber auch $1 = l_X(x) = l_X(y_1) + \ldots + l_X(y_n)$. Daher muss schon $n = 1$ und $x = y_1 \in Y$ gelten. Es ist also $X \subseteq Y$ gezeigt worden. Ein analoger Schluss beweist $Y \subseteq X$. Erkennbar gibt es also genau ein Alphabet: es besteht genau aus den Elementen der (X-)Länge 1. ◇

Die nächsten beiden Grafiken fassen diese Begriffswelt noch einmal zusammen und illustrieren diese an Beispielen. Die dritte Grafik ist für den nächsten Abschnitt von Bedeutung.

Freie Monoide - Allgemeines

Objekt	Symbol	Eigenschaft
freies Monoid	X^*	- eindeutige Erweiterung von Abbildungen von X in jedes beliebige Monoid L zu einem unitalen Homomorphismus von X^* nach L - Verkettung oder Konkatenation als Verknüpfung - bis auf Isomorphie eindeutig existent - leeres Wort ist neutral
Wort	$w \in X^*$	- Elemente von X^* - eindeutig darstellbar mit Elementen aus X
Buchstabe	$x \in X$	- Elemente von X - Atome der Worte
Alphabet	X	- Worte der Länge 1 - eindeutig bestimmt: es gibt genau ein Alphabet
i-ter Buchstabe eines Wortes w	w_i	- ist ein Buchstabe aus X - von links in einer Darstellung der i-te
Darstellung eines Wortes w	$w = w_1 \ldots w_n$	- eindeutig in Verwendung der Buchstaben aus X - eindeutig in der Länge n
Länge eines Wortes $w = w_1 \ldots w_n$	$n = l_X(w) = l(x)$	- eindeutig je Wort - ist ein Homomorphismus - zählt die Anzahl der Buchstaben in einer Darstellung
Tupel-Monoid	$T(X)$	- auf Basis aller endlichen Tupel definiert - frei über X^1

Freie Monoide - Beispiele

Objekt	Symbol	Beispiele
freies Monoid	X^*	- deutsches Alphabet - Chargenalphabet - Buchstaben werden verkettet zu Wörtern ohne Leerzeichen
Wort	$w \in X^*$	- Wort im deutschen Alphabet etwa „ABBA" - Wort im Chargenalphabet etwa „AB113400"
Buchstabe	$x \in X$	- Buchstabe „A" im deutschen Alphabet - Buchstabe „0" im Chargenalphabet
Alphabet	X	- Deutsches Alphabet A bis Z etc. - Chargenalphabet A bis Z und 0 bis 9
i-ter Buchstabe eines Wortes w	w_i	- $w = ABBA; w_1 = A, w_2 = B = w_3, w_4 = A$ - $w = AB01; w_1 = A, w_2 = B, w_3 = 0, w_4 = 1$
Darstellung eines Wortes w	$w = w_1 \ldots w_n$	- $w = Logistik$ - $w = AZED12300$
Länge eines Wortes $w = w_1 \ldots w_n$	$n = l_X(w) = l(x)$	- $l(Logistik) = 8$ - $l(AZED12300) = 9$
Tupel-Monoid	$T(X)$	- Worte sind Tupel beliebiger endlicher Länge - $w = (L, o, g, i, s, t, i, k)$ - leere Menge ist neutral

3.2.2 Mathematische Theorie zur Eindeutigkeit der Chargenbestimmung

Innerhalb dieses Abschnitts wird die bereitgestellte Theorie der Funktionen und freien Monoide auf die gesamte Chargenthematik angewendet. Anhand des Schaubildes im vorherigen Abschnitt wird erklärt, wie der **'Transfer zur praktischen Umsetzung'** vollzogen wird. Streng genommen ist das Schaubild immer pro eingehendem Material zu verstehen, da eine Charge immer für ein Material im Wareneingangsprozess vergeben wird. Aus Gründen besserer Übersichtlichkeit wurde das im Schaubild nicht zusätzlich dargestellt. Es muss aber der **'Indikator'** q Beachtung finden. Das Labor verlangt im Falle $q = 1$ bzw. $q = 0$, daß der Split 00 an die LVS-Charge konkateniert bzw. nicht konkateniert wird. Dieser Labor-Indikator wird bei der Definition der **'Schnittstellenfunktion'** benötigt.

Begonnen wird mit der Darstellung der ERP-Seite (rechts im Schaubild). Zunächst werden die möglichen Zeichen definiert, die bei einer **'Chargenanlage'** zu verwenden sind. Das kann natürlich je Branche, Firma oder gesetzlicher Bestimmung variieren. Verwendung findet die Menge

$$X := \{A, \ldots, Z, a, \ldots, z, 0, \ldots, 9\}$$

als **'zulässige Zeichen'** für die ERP-Charge: es sind die Groß- und Kleinbuchstaben des deutschen Alphabets sowie die 10 Zahlen 0 bis 9. Die Menge X ist das **'Chargen-Alphabet'** im Sinne der freien Monoide. Daraus können im freien Monoid $X^\star$ nun Worte = Chargen beliebiger Länge gebildet werden. Nicht alle diese Worte sind für eine ERP-Charge zulässig. Wie eingangs erwähnt, ist die Anzahl der Buchstaben einer Charge auf maximal 10 begrenzt. Deswegen ist

$$\bigcup_{1 \leq n \leq 10} X^n$$

die Menge aller **potentiellen Chargen** im ERP. In dieser Menge muss man sich also immer bewegen, wenn existierende oder neue ERP-Chargen betrachtet werden. Bereits existierende Chargen sind grün, eine eventuell neu anzulegende Charge gelb dargestellt. Eine neu anzulegende Charge darf nicht bereits in der grünen Menge liegen, da sie ja neu und bislang nicht existent ist. Der gestrichelte Kreis ist dann die Menge neuer aktuellen Chargen nach Anlage gelb-markierter Chargen. Für jede Charge $w = w_1 \ldots w_n \in X^\star$ muss also gelten:
- $n = l_X(w) \leq 10$
- Für alle $i \leq 10$ gilt $w_i \in X = \{A, \ldots, Z, a, \ldots, z, 0, \ldots, 9\}$.

Da eine neu anzulegende Charge nicht bereits existieren darf, haben grün und gelb einen leeren Schnitt.

Nun wird die LVS-Seite (links im Schaubild) beschrieben. An dieser Stelle muss nicht nur die Charge, sondern auch der Split betrachtet werden. Für die Charge gelten dieselben Bedingungen wie für die ERP-Charge. Das Chargen-Alphabet C ist auch hier

$$C := \{A, \ldots, Z, a, \ldots, z, 0, \ldots, 9\} = X.$$

Der Split ist ein Wort der Länge 2, bei dem die Buchstaben aus dem **'Split-Alphabet'**

$$S := \{0, \ldots, 9\}$$

stammen. Die Länge der Charge ist auf maximal 10 Zeichen begrenzt, die des Splits muss genau 2 Zeichen lang sein. Daher ist die Menge der potentiellen **'Chargen-Split-Kombinationen'** gegeben durch:

$$\bigcup_{1 \leq n \leq 10} C^n \times S^2.$$

Auch in dieser Menge bewegt man sich also immer, wenn existierende oder neue Chargen-Split-Kombinationen betrachtet werden sollen. Wie im bereits bekannten Schaubildteil sind bereits existierende Chargen-Split-Kombinationen grün und eventuell neu anzulegende Chargen-Split-Kombination gelb dargestellt. Es gilt erneut: Schnitt beider Mengen ist leer. Eine neu anzulegende Charge darf noch nicht existieren. Der gestrichelte Kreis ist dann die Menge der neuen aktuellen Chargen-Split-Kombinationen nach Anlage der gelb-markierten Chargen-Split-Kombination. Für jede Charge $c = c_1 \ldots c_n \in C^\star$ und Split $s = s_1 \ldots s_r \in S^\star$ müssen also gelten:

- $n = l_C(c) \leq 10$
- $r = l_S(s) = 2$
- Für alle $i \leq 10$ gilt $c_i \in C = \{A, \ldots, Z, a, \ldots, z0, \ldots, 9\}$
- $s_1, s_2 \in S = \{0, \ldots, 9\}$.

Zusätzlich darf eine neue Charge nicht existieren. Beide Seiten verbinden diverse Funktionen, die folgend erklärt werden. In diesem Kontext wird auch erörtert, was und warum genau bei einer Chargenanlage zu beachten ist. Ganz oben wird allgemein die Schnittstellenfunktion definiert, und zwar durch

$$C^\star \times S^\star \longrightarrow X^\star, (c;s) \mapsto \begin{cases} cs, & s \neq 00 \\ cs, & s = 00, q = 1 \\ c & s = 00, q = 0. \end{cases}$$

Dabei ist auch der Labor-Indikator q nun von Bedeutung. Charge und Split werden zu einem Wort konkateniert, solange nicht der Split = 00 vorliegt und der Labor-Indikator q gleich 0 ist. Die Beispiele $(47; 11) \mapsto 4711$ und $(4711; 00) \mapsto 4711$, falls $q = 0$ ist, zeigen, daß die Schnittstellenfunktion **'nicht injektiv'** ist. Dies führt zu Problemen bei der **'Identifizierung'** der jeweiligen Objekte im Rahmen einer Kommunikation zwischen ERP und LVS. Dieses Problem wird durch die weiteren Funktionen gelöst. Im unteren Abschnitt werden drei Funktionen gezeigt: f ist die Funktion zwischen den bereits existierenden Chargen-Split-Kombinationen und den ERP-Chargen. Diese Funktion muss **'bijektiv'** sein, damit die Schnittstelle einwandfrei arbeiten kann. Beide Seiten – ERP und LVS – müssen eindeutig identifizieren können, welche Charge bzw. welche Chargen-Split-Kombination gerade innerhalb der Kommunikation angesprochen wird. Muss man im Zug des Wareneingangsprozesses im

LVS eine neue Chargen-Split-Kombination anlegen, ist diese noch nicht im LVS existent und deren Pendant unter der Schnittstellenfunktion – symbolisiert durch die Funktion g – ebenfalls nicht: g besitzt als Wertemenge also nur die neue Chargen-Split-Kombination und als Bildmenge genau das Pendant im ERP. Es können f und g mittels Funktions-Erweiterung vereinigt werden: $f \cup g$ ist eine Bijektion. Dieser **'Prozess'** wird bei jeder neuen Chargen-Anlage durchlaufen. f und g unterliegen dabei der Definition der Schnittstellenfunktion. Dabei müssen natürlich obige Regeln zur Länge und zur Benennung eingehalten werden. Es muss ebenfalls geprüft werden, ob das Bild einer neuen Charge nicht schon existiert. Wäre es so, würde dies die Injektivität verletzen. Im Fachjargon nennt man das **'Prüfung auf eine äquivalente Charge'**. In der nachfolgenden Tabelle werden noch einmal die notwendigen Schritte und Prüfungen bei einer Chargenanlage innerhalb eines Wareneingangsprozesses zusammengefasst.

Ein Wort zur Datenspeicherung als Vorbereitung für den Informatik-Teil: im letzten Schritt wird dargelegt, die ERP-Charge als Attribut der LVS Chargen-Split-Kombination zu speichern. Der Grund ist, daß hier der Funktionswert der Schnittstellenfunktion abgelegt wird, da diese im Allgemeinen nicht injektiv ist. Die Funktionen f und g muss man sich deshalb immer wieder im IT-System abspeichern. Ansonsten könnte bei umgekehrter Datenkommunikation nicht auf die Chargen-Split-Kombination geschlossen werden (die Umkehrrelation ist keine Funktion).

Chargenanlage

Schritt	Prüfung	Beispiel
Labor-Indikator ermitteln pro Material	q=0 oder q=1	1,0: okay 9,M,+, , : nicht okay
Split im LVS	genau 2 Zeichen jeweils 0,...,9 zulässig	00, 01, 10, 11, 23: okay 0, H1, , O9O: nicht okay
Charge im LVS	maximal 10 Zeichen, minimal 1 Zeichen jeweils A,...,Z,a,...,z,0,...,9 zulässig	ABBA, 4711, DG5rtTZ1: okay Pö-ß0=, 1234567890, , Ä09opPO: nicht okay
prüfe Chargen-Split-Kombination im LVS	darf nicht bereits angelegt sein	(4711;00) sei angelegt (47;11), (4711;01): okay (4711;00): nicht okay
mögliche ERP-Charge ermitteln	Chargenschnittstellenfunktion ausführen	q=0; (4711;00)-> 4711 q=1; (47;00)-> 4700 q=0; (47;11)-> 4711
prüfe mögliche ERP-Charge	Existenz Länge Buchstaben	4711 darf es nur einmal geben 12345678911: nicht okay Po=98(): nicht okay
lege LVS-Charge-Split an	keine	(47;11)
lege ERP-Charge an	keine	4711
merke ERP-Charge in LVS-Charge-Split als Funktionswert	keine	Attribut mit Wert 4711 in (47;11)

3.3 Informatik

3.3.1 Erweiterung des LVS-Prototyps

3.3.1.1 Design

Der Wareneingangsprozess wird ergänzt um die Chargenprüfung in den LVS-Prototyp integriert. Es ist von elementarer Bedeutung, vor jeglicher Programmierung ein **'Konzept'** zu erstellen. Dieses Vorgehen ist für ein strukturiertes, genaues und nachvollziehbares Arbeiten unerlässlich. Nur so können Fehler im Arbeitsablauf erkannt und ggfs. korrigiert werden. Das Konzept wird tabellarisch dargestellt. Eine andere Form der Verdeutlichung wäre auch die graphische Zusammenstellung wie in Beispiel 1 (siehe ▶ Abschn. 2.3.3) dargestellt. Eine andere Präsentationsform wäre in diesem Zusammenhang auch das sog. Mindmapping. In puncto Kühlguteinlagerung soll diese Methode Anwendung finden. Letztlich sollte jeder Anwender seine eigene Form der Strukturierung oder **'Dokumentation'** finden. Wie bereits erwähnt, hält der Autor dieses Buches diesen Vorgang im Sinne eines analysierbaren und nachvollziehbaren Ablaufs für zwingend nötig. In einigen Unternehmen gibt es dazu sogar eigens definierte Dokumente, sog. **'Design Specifications'** (DS), die ebenfalls zwingend erstellt werden müssen. Dazu wird ein Beispiel zur Disposition von LKWs angeführt.

In der tabellarischen Darstellung erkennt man u. a., daß neben den naheliegenden Anpassungen auch solche gelistet sind, die auf den ersten Blick keinen direkten Bezug zur manuellen Wareneingangsbuchung haben: die Anpassungen bei der AVIS-Erzeugung, der automatischen Wareneingangsbuchung sowie des Schreibens der Bewegungssätze. Die Beispiele für die Aussage in ▶ Abschn. 2.3.3 lassen erkennen, daß neben den neuen Funktionalitäten auch vorhandene reibungslos ablaufen müssen. Vorhandene Funktionalität müssen ggfs. erweitert werden.

Aufgabenliste zur Integration in den LVS-Prototyp I

Thema	Objekt	Aktionen
Stammdaten	Materialstamm anlegen	- Tabelle anlegen mit Material, Labor, Split00 übertragen, Einheit und Chargenpflichtkennzeichen - Tabelle mit Beispielen füllen
	Chargenstamm anlegen	- Tabelle anlegen mit Material, Charge, Split, Verfallsdatum, ERP-Charge - Tabelle mit Beispielen füllen
	Gebindestamm anpassen	- Erweiterung um Felder Material, Charge, Split, Menge, Einheit - je Palette nur eine Material-Chargen-Split-Kombination - Beispiele anpassen
	Lagerplatz anlegen	- Platz WE_LIEF anlegen für manuelle Wareneingangsbuchung
	Materialstamm anzeigen als Funktion	- selektiere zu Material den Materialstamm und gebe ihn aus
	Chargenstamm anzeigen als Funktion	- selektiere zu Material, Charge und Split den Chargenstamm und gebe ihn aus

Aufgabenliste zur Integration in den LVS-Prototyp II

Thema	Objekt	Aktionen

Prozesse	Wareneingang manuell Dialog erstellen	- Übergabe Gebinde und User
		- Gebinde darf nicht existieren
		- Lieferant und Material eingeben
		- Material muss existieren und Materialstamm zulesen
		- Bei Chargenpflicht im Materialstamm
		   - Charge und Split zulesen
		   - Nur bei neuer Charge eine Chargenprüfung durchführen
		   - Chargenstamm und zugehörigen Bewegungssatz anlegen
		- Menge hinzulesen; Einheit dazulesen aus Materialstamm
		- Gebindestamm anlegen inkl. neue Felder
		- Bewegungssatz anlegen zur Wareneingangsbuchung inkl. neue Felder

	Unterprogramm Chargenprüfung	- Übergabe Material, Charge, Split - Materialstammexistenz prüfen - Split00 dazulesen - Chargenalphabet definieren - Chargenbuchstaben und –länge prüfen - Splitalphabet definieren - Splitbuchstaben und –länge prüfen - ERP-Charge nach Schnittstellenfunktion ermitteln - ERP-Charge darf noch nicht existieren - ERP-Chargen-Länge prüfen

Aufgabenliste zur Integration in den LVS-Prototyp III

Thema	Objekt	Aktionen
Prozesse	AVIS-Anlage anpassen	- Material eingeben und Chargenpflicht auswerten - falls Chargenpflicht vorhanden, dann Charge und Split eingeben und Existenz prüfen (Charge muss existieren) - Menge eingeben und Einheit dazulesen vom Material - Gebinde angepasst anlegen (siehe Stammdaten) - Bewegungssatz anpassen (siehe Prozesse)
	automatische Wareneingangsbuchung anpassen	- Gebindestatus prüfen - nur im Status = A eine automatische Buchung möglich - Bewegungssatz schreiben anpassen
	Bewegungssatz schreiben anpassen	- erweitern um die neuen Felder aus dem Gebindestamm
	Aufrufstellen Bewegungssatz anpassen	- Aufrufstellen aller Bewegungssätze prüfen und entsprechend erweitern um die neuen Gebindestammfelder

Aufgabenliste zur Integration in den LVS-Prototyp IV

Thema	Objekt	Aktionen
Prozesse	Codes anpassen	- Materialstamm anzeigen (MATS), Chargenstamm anzeigen (CHAR), manueller Wareneingangsdialog (WEMA), Bestand zum Material (BMAT), Bestand zum Platz (BPLA)
	Menü anpassen	- entsprechend der Zeile Codes anpassen
Auswertungen	Bestand zum Material erstellen	- selektiere Bestand zum Material (einzugeben) und gebe es aus - nur Gebinde mit Status im Lager, nicht avisiert
	Bestand zum Platz erstellen	- selektiere Bestand zum Platz (einzugeben) und gebe es aus - nur Gebinde mit Status im Lager, nicht avisiert

3.3.1.2 Stamm-, Bestands- und Bewegungsdaten

'**Stammdaten**' finden sowohl in der Informatik als auch in der Betriebswirtschaft begriffliche Anwendung. Mit ihnen werden Daten bezeichnet werden, die Grundinformationen über betrieblich relevante Objekte (in diesem Kontext etwa Lagerplätze, Materialien, Chargen) enthalten, welche zur laufenden Verarbeitung erforderlich sind. Sie werden deshalb auch statische Daten, Grunddaten oder Referenzdaten genannt. Statisch nennt man sie deshalb, weil sie nach ihrer Anlage nur wenigen Änderungen unterliegen. Einzelobjekte von Stammdaten werden auch '**Stammsätze**' (z. B. der Lagerplatz WE_Lief oder das Material M000) genannt und in unterschiedlichen Speichermedien abgelegt.

Im Kontext betrieblicher Mengen- und Wertebetrachtungen gibt es neben den Stammdaten auch den Begriff '**Bestandsdaten**', die über sog. '**Bewegungsdaten**' gebildet und verändert werden. Daten, die im Zusammenhang mit der Änderung von Stammdaten anfallen, werden '**Änderungsdaten**' genannt. Der aufgezeichnete Betriebsvorgang zeigt, daß der '**Gebindestamm**' sowohl Bewegungs- als auch Bestandsdaten beinhaltet.

3.3.1.2.1 Lagerplätze

Für die manuelle Wareneingangsbuchung wird ein '**Lagerplatz**' benötigt, auf den bei der Wareneingangsbuchung das erzeugte Gebinde und seinen Bestand gebucht werden. Dieser Platz sei mit '**WE_LIEF**' bezeichnet (in Anlehnung an Wareneingang zum Lieferanten). Hierfür wird die Lagerplatztabelle '**plaetze**' gepflegt:

Python-Quellcode 3.1 Erweiterung der Lagerplatztabelle

```
#für den manuellen Wareneingang erweitert
  p['Platz']='WE_LIEF'
  p['Bedeutung']='manueller_Wareneingang'
  plaetze.insert(p)
```

3.3.1.2.2 Materialstamm

Angelegt wird die Tabelle '**matstamm**' für den '**Materialstamm**', und zwar mit den Attributen (Feldern) Material, Labor, Split00, BME und Chargenpflicht. Anschließend wird die Tabelle mit einigen Beispielen angefüllt:

Python-Quellcode 3.2 Anlage Materialstamm

```
#
  # Materialstamm mit Labor, Split00 übertragen, BME, Chargenpflicht
#
  #Materialstamm hinzugefügt für manuelle WE-Buchung und Bestand
  global matstamm
  matstamm = Table(['Material','Labor','Split00','BME','Chargenpflicht'])
  h = matstamm.get_empty()
  h['Material']='M000'
  h['Labor']='LAB000'
  h['Split00']='JA'
  h['BME']='ST'
  h['Chargenpflicht']='JA'
  matstamm.insert(h)

  h['Material']='M001'
  h['Labor']='LAB001'
  h['Split00']='NEIN'
  h['BME']='ST'
  h['Chargenpflicht']='JA'
  matstamm.insert(h)
```

Das Feld **'Labor'** ist nur zu Dokumentationszwecken eingeführt und hat keine weitere Bedeutung. Mit **'Split00'** wird gesteuert, ob der Split 00 bei der Erzeugung der ERP-Charge an die LVS-Charge konkateniert wird. Es hat daher die Ausprägungen **'Ja'** und **'Nein'**. Im Feld **'BME'** wird die Basismengeneinheit zum Material definiert, also jene Einheit, in der der Bestand zum Material vorliegt. Es wird **'ST'** für Stück, **'M'** für Meter und **"LITER'** für Liter benutzt. Mit der Chargenpflicht wird geregelt, ob der Bestand zum Material in Chargen zu führen ist.

3.3.1.2.3 Chargenstamm

Im **'Chargenstamm'** zu Material, Charge und Split werden die Attribute **'Verfallsdatum'** und **'ERP-Charge'** abgelegt. Die ERP-Charge wird bei der Anlage einer neuen Charge innerhalb der **'Chargenprüfung'** verwendet. Das Verfallsdatum ist zunächst nicht von Bedeutung. In den Übungsaufgaben wird aber eine Anwendung umgesetzt, in der das Verfallsdatum von Relevanz ist: die Verfalldatenkontrolle.

Python-Quellcode 3.3   Anlage Chargenstamm

```
#
# Chargenstamm mit Material, Charge, Split, Verfallsdatum, ERP-Charge
#
#Chargenstamm hinzugefügt für manuelle WE-Buchung und Bestand
global chargstamm
chargstamm = Table(['Material','Charge','Split','Verfall','ERP_Charge'])
h = chargstamm.get_empty()
h['Material']='M000'
h['Charge']='CH000'
h['Split']='00'
h['Verfall']='1.1.2020'
h['ERP_Charge']='CH00000'
chargstamm.insert(h)

h['Material']='M001'
h['Charge']='CH001'
h['Split']='01'
h['Verfall']='1.1.2021'
h['ERP_Charge']='CH00101'
chargstamm.insert(h)
```

3.3.1.2.4 Gebindestamm

Bisher ist bei der Anlage der Avise keine Information zum **'Bestand'** zusätzlich mit aufgenommen worden. Diese Lücke wird nun, da dieses Konzept auch für den manuellen Wareneingang benötigt wird, geschlossen. Es wird die Grundannahme getroffen, daß je Gebinde nur eine Material-Chargen-Split-Kombination zu führen ist. Dieses einfache Konzept der **'Bestandsführung'** ist zu Demonstrationszwecken zunächst ausreichend, kann jedoch durch das bekannte **'Quant-Konzept'** (siehe Übungsaufgaben) erweitert werden. Für die Bestandsführung wird die **'Gebindestamm-Tabelle'** um die Attribute Material, Charge, Split, Menge und Einheit erweitert. Zusätzlich wird der Status des Gebindes eingeführt: Status **'A= avisert'** und **'L = im Lager'**. Nur für avisierte Gebinde ist eine automatische Wareneingangsbuchung erlaubt. In Folge muss der Status auf **'L'** gesetzt werden. Dieses Vorgehen verhindert eine Doppelbuchung. Beim manuellen Wareneingang ist der Status des Gebindes direkt **'L'**. Avisierte Paletten sind für den manuellen Wareneingang zunächst nicht vorgesehen. Eine Erweiterung für einen derartigen Vorgang wird in den Übungsaufgaben behandelt. Exemplarisch wird zudem die Anlage eines avisierten Gebindes mit den neuen Gebindestamm-Attributen aufgeführt.

Python-Quellcode 3.4   Erweiterung Gebindestamm

```
#--------------------
#Gebindestaemme definieren inkl. Bestand
#pro Gebinde erstmal nur ein Material
#momentan noch keine Quanten einführen
#--------------------
global gebinde
gebinde = Table(['Nummer','Lieferant','Platz','Fehlerflag','Fehlercode',
    'Status','Material','Charge','Split','Menge','Einheit'])
#Status Gebinde A=avisiert, L = Lager, also WE-gebucht
#Status beim automatischen WE-Buchen abfragen, damit keine Doppelbuchung passiert
#Status da dann setzen auf L
#Ergänzung um Material, Charge, Split, Menge, Einheit
h = gebinde.get_empty()
h['Nummer']='4711'
h['Lieferant']='123-TOP'
h['Platz']='WE_STICH'
h['Fehlerflag']=''
h['Fehlercode']=0
h['Status']='A'
h['Material']='M000'
h['Charge']='CH000'
h['Split']='00'
h['Menge']=120
h['Einheit']='ST'
gebinde.insert(h)
```

3.3.1.2.5 Materialstamm anzeigen

Definierte Materialstämme können durch die im Menü definierte Funktion **'MATS'** (siehe Erweiterung der Codes) angezeigt werden:

Python-Quellcode 3.5   Anzeige Materialstamm

```
#--------------------
#Unterprogramm Materialstamminfo
#eingefügt für Beispiel 2 im Buch
#--------------------
def matstamminfo(material):
    toSelect2 = matstamm.select({'Material':material})
    print()
    initial=len(toSelect2)
    if initial == 0:
        print()
        print('Material_unbekannt')
        return 'FEHLER'
    print(toSelect2)
    print()
#
```

Dazu wird zum eingegebenen Material der Materialstamm in der Tabelle **'matstamm'** selektiert und dann ausgegeben.

3.3.1.2.6 Chargenstamm anzeigen

Definierte Chargenstämme können durch die im Menü definierte Funktion **'CHAR'** (siehe Erweiterung der Codes) angezeigt werden:

3.3 · Informatik

Python-Quellcode 3.6 Anzeige Chargenstamm

```
#——————————————————————————————
#Unterprogramm Chargenstamminfo
#eingefügt für Beispiel 2 im Buch
#——————————————————————————————
def chargstamminfo(material,charge,split):
    toSelect2 = chargstamm.select({'Material':material,'Charge':charge,
      'Split':split})
    print()
    initial=len(toSelect2)
    if initial == 0:
        print()
        print('Charge unbekannt')
        return 'FEHLER'
    print(toSelect2)
    print()
#——————————————————————————————
```

Dazu wird zum eingegebenen Material, zur Charge und zum Split der Chargenstamm in der Tabelle **'chargstamm'** selektiert und dann ausgegeben.

3.3.1.3 Prozesse

3.3.1.3.1 Manuelle Wareneingangsbuchung

Zunächst wird das Coding zur manuellen Wareneingangsbuchung dargestellt:

Python-Quellcode 3.7 manueller Wareneingang

```
#——————————————————————————————
#Unterprogramm manueller Wareneingang
#für Beispiel 2
#Charge muss nicht existieren
# wird geprüft ggfs. und angelegt
#——————————————————————————————
def gebindewe(hunr11,user):
    toSelect5 = gebinde.select({'Nummer':hunr11})
    print()
    print(toSelect5)
    initial=len(toSelect5)
    if initial != 0:
        print()
        print('Gebinde bereits bekannt')
        return 'FEHLER'
    print()
    lieferant=input('Bitte Lieferant eingeben: ')
    material=input('Bitte Material eingeben: ')
    toSelect4 = matstamm.select({'Material':material})
    initial=len(toSelect4)
    if initial == 0:
        print()
        print('Material unbekannt')
        return 'FEHLER'
    for row in toSelect4:
        if row['Chargenpflicht'] == 'JA':
           charge=input('Bitte Charge eingeben: ')
           split=input('Bitte Split eingeben: ')
           toSelect3 = chargstamm.select({'Material':material,
             'Charge':charge,'Split':split})
           initial=len(toSelect3)
           if initial == 0:
              print('Prüfung neuer Charge')
              text, erp = pruefchargeneu(material,charge,split)
              print(text)
              if text != 'OKAY':
                  return 'FEHLER'
              verfall=input('Bitte Verfallsdatum eingeben: ')
              h = chargstamm.get_empty()
              h['Material']=material
```

```
         h['Charge']=charge
         h['Split']=split
         h['Verfall']=verfall
         h['ERP_Charge']=erp
         chargstamm.insert(h)
         print('neue Charge angelegt')
         bewegungen_schreiben('CH_01','',lieferant,user,'',0,'','',
         material,charge,split,'','')
    menge=input('Bitte Menge eingeben: ')
    for row in toSelect4:
        einheit=row['BME']
    h = gebinde.get_empty()
    h['Nummer']=hunr11
    h['Lieferant']=lieferant
    h['Fehlerflag']=''
    h['Fehlercode']=0
    h['Platz']='WE_LIEF'
    h['Status']='L'
    h['Material']=material
    h['Menge']=menge
    h['Einheit']=einheit
    h['Charge']=charge
    h['Split']=split
    gebinde.insert(h)
    print('HU Wareneingang gebucht')
    bewegungen_schreiben('HU_WE',hunr11,lieferant,user,'',0,'','','WE_LIEF',
    material,charge,split,menge,einheit)
    return 'OKAY'
#
```

Nachfolgend wird der Python-Code erklärt:

(i) Die Funktion heißt **'gebindewe'** und bekommt Gebinde und User übergeben.

(ii) Das Gebinde wird auf Existenz überprüft, da Gebinde im Lager eindeutig identifiziert werden müssen.

(iii) Lieferant und Material werden eingegeben. Der Materialstammsatz wird auf Existenz überprüft: er muss vorhanden sein.

(iv) Das Chargenpflichtkennzeichen aus dem Materialstammsatz wird ermittelt.

(v) Charge und Split müssen ggfs. eingegeben werden.

(vi) Bei einer neuen LVS-Charge wird die Funktion **'pruefchargeneu'** zur Chargenprüfung ausgeführt. Ist diese **'OKAY'**, wird das Verfallsdatum eingegeben und der LVS-Chargenstamm angelegt. Die ERP-Charge ist dabei aus der Funktion **'pruefchargeneu'** bereits ermittelt. Beide Prüfungen werden in den nächsten Abschnitten erläutert.

(vii) Die Eingabe der Menge und die Ermittlung der Einheit aus dem Materialstammsatz folgen nun.

(viii) Der Gebindestammsatz wird angelegt. Dabei werden die neuen Bestandsfelder verwendet sowie der Status **'L'** gesetzt.

(ix) Der Bewegungssatz mit den neuen Bestandsfeldern und Status **'L'** wird geschrieben. Der Bewegungssatz-Name ist **'HU-WE'**. Mit ihm kann die Buchung später nachvollzogen werden.

3.3.1.3.2 Chargenprüfung

Das Coding zur Chargenprüfung lautet:

Python-Quellcode 3.8   Chargenprüfung

```python
#————————————————————————————————————
#Unterprogramm Chargenprüfung
#für Beispiel 2
#————————————————————————————————————
def pruefchargeneu(material,charge,split):
  toSelect12 = matstamm.select({'Material':material})
  for row in toSelect12:
    split00 = row['Split00']
  initial=len(toSelect12)
  print(initial)
  if initial == 0:
    return 'Material_unbekannt', 'Fehler'
  alphabet = set('ABCDEFGHIJKLMNOPQRSTUVWXYZabcdefghijklmnopqrstuvwxyz0123456789')
  for c in charge:
   test = c in alphabet
   if test == False:
    return 'Chargenalphabet', 'Fehler'
  j = len(charge)
  if j > 10:
      return 'Chargenlänge', 'Fehler'
  einzahl = set('0123456789')
  for s in split:
      element = s in einzahl
      if element == False:
          return 'Splitalphabet', 'Fehler'
  i = len(split)
  if i != 2:
      return 'Splitlänge', 'Fehler'
  if split != '00':
      erp = charge + split
  if split == '00' and split00 == 'JA':
      erp = charge + split
  if split == '00' and split00 == 'NEIN':
      erp = charge
  k = len(erp)
  if k > 10:
      return 'ERP-Chargenlänge', 'Fehler'
  toSelect13 = chargstamm.select({'ERP_Charge':erp})
  initial=len(toSelect13)
  if initial != 0:
      return 'ERP-Charge_vorhanden', 'Fehler'
  return 'OKAY', erp
#————————————————————————————————————
```

Das Coding basiert auf folgendem Ablaufdiagramm:

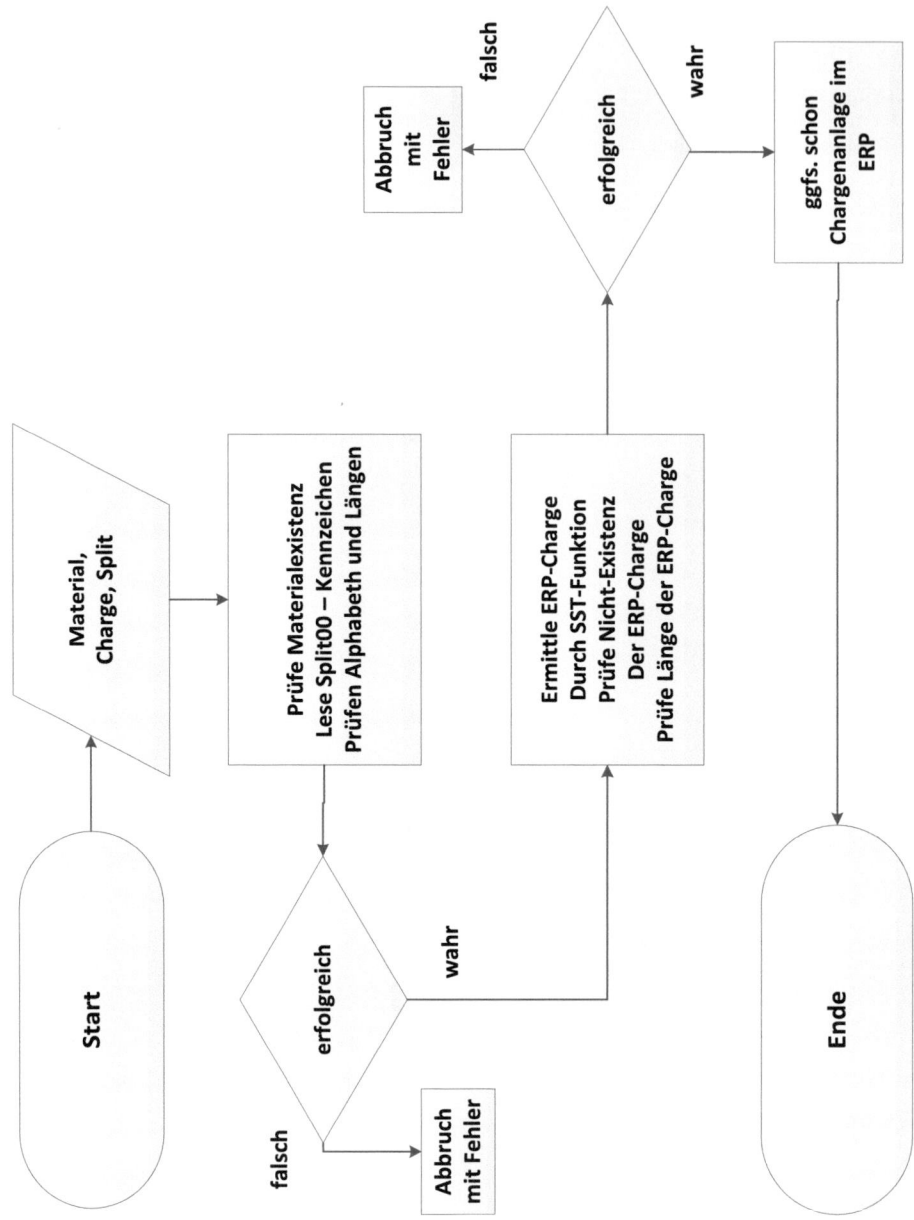

Nachfolgend wird der Code erklärt:
(i) Die Funktion heißt **'pruefchargeneu'** und hat die Übergabewerte Material, Charge und Split.
(ii) Der Materialstammsatz wird auf Existenz geprüft und das Kennzeichen Split00 zur Behandlung des Splits 00 ermittelt.
(iii) Das Chargenalphabet wird durch die Zeichen A bis Z, a bis z und 0 bis 9 definiert. Dazu wird in Python der set-Befehl zur Definition von Mengen benutzt.

(iv) Für jeden Buchstaben der Charge wird die Zugehörigkeit zum Chargenalphabet geprüft.
(v) Die maximale Chargenlänge 10 wird überprüft.
(vi) Das Splitalphabet 0 bis 9 wird durch den set-Befehl definiert.
(vii) Jeder Buchstabe des Splits wird auf Zugehörigkeit zum Chargenalphabet geprüft.
(viii) Die Splitlänge 2 wird geprüft.
(ix) Das Konkatenieren von Wörtern ist in Python mit dem Befehl '+' möglich. In Abhängigkeit des Splits und des Kennzeichens Split00 wird nun die Schnittstellenfunktion zur Ermittlung der ERP-Charge ausgeführt und die ERP-Charge ermittelt.
(x) Die Länge der ERP-Charge darf höchstens 10 sein.
(xi) Die ERP-Charge darf bei einer Neuanlage einer LVS-Charge (Suche nach einer sog. äquivalenten ERP-Charge) nicht schon existieren.
(xii) Im Erfolgsfall werden von der Funktion der Wert **'OKAY'** und die ERP-Charge zurückgeliefert.
(xiii) Im Fehlerfall wird ein entsprechender Fehler zurückgemeldet.

3.3.1.3.3 Automatische Wareneingangsbuchung

Das Coding zur angepassten automatischen Wareneingangsbuchung 'huweauto' ist wie folgt:

Python-Quellcode 3.9 automatische Wareneingangsbuchung

```python
#
#Unterprogramm HU automatisch WE buchen
#Bewegungssatz schreiben angepasst für Beispiel 2
#
def huweauto(hunr7,user):
    toSelect7 = gebinde.select({'Nummer':hunr7})
    initial=len(toSelect7)
    if initial == 0:
        print()
        print('Gebinde_unbekannt')
        return 'FEHLER'
    for row in toSelect7:
        if row['Status']!= 'A':
            print()
            print('Gebinde_nicht_avisert:_keine_automatische_WE-Buchung_durchgeführt.')
            return 'OKAY'
    print()
    print('HU_automatisch_WE-gebucht')
    print()
    for row in toSelect7:
        bewegungen_schreiben('HU_WE',hunr7,row['Lieferant'],user,row['Fehlerflag'],
        row['Fehlercode'],row['Platz'],row['Platz'],row['Material'],row['Charge'],
        row['Split'],row['Menge'],row['Einheit'])
        row['Status']='L'
        gebinde.modify(row)
    return 'OKAY'
#
```

Erkennbar ist, daß der Status **'A'** des Gebindes abgefragt wird. Nur für avisierte Gebinde soll die Bearbeitung erlaubt sein. Ansonsten muss der Wareneingang manuell erfolgen. Ursache ist, der Automatismus läuft ohne Eingriffsmöglichkeit eines Users im Hintergrund ab. Voraussetzung dafür ist, alle Daten müssen bereits vorhanden sein. Dies ist nur bei der Avisierung der Fall. Darüberhinaus wird das Schreiben des

Bewegungssatzes um die neuen Bestandsfelder sowie um den Status 'L' sowie die Anpassung des Gebindesatzes um den Status 'L' vorgenommen. Letzterer Status verhindert eine Doppelbuchung des Bestandes.

3.3.1.3.4 AVIS-Erzeugung

Die angepasste AVIS-Erzeugung ist im folgenden Coding dargestellt:

Python-Quellcode 3.10 AVIS-Erzeugung

```
#
#Unterprogramm HU-AVIS
#für Beispiel 2 mit Bestands- und Chargendaten angepasst
#Charge muss existieren
#
def gebindeavis(hunr5,user):
    toSelect5 = gebinde.select({'Nummer':hunr5})
    print()
    print(toSelect5)
    initial=len(toSelect5)
    if initial != 0:
        print()
        print('Gebinde bereits bekannt')
        return 'FEHLER'
    print()
    lieferant=input('Bitte Lieferant eingeben: ')
    material=input('Bitte Material eingeben: ')
    toSelect4 = matstamm.select({'Material':material})
    initial=len(toSelect4)
    if initial == 0:
        print()
        print('Material unbekannt')
        return 'FEHLER'
    for row in toSelect4:
        if row['Chargenpflicht'] == 'JA':
            charge=input('Bitte Charge eingeben: ')
            split=input('Bitte Split eingeben: ')
            toSelect3 = chargstamm.select({'Material':material,
                'Charge':charge,'Split':split})
            initial=len(toSelect3)
            if initial == 0:
                print()
                print('Charge unbekannt')
                return 'FEHLER'
    menge=input('Bitte Menge eingeben: ')
    for row in toSelect4:
        einheit=row['Einheit']
    h = gebinde.get_empty()
    h['Nummer']=hunr5
    h['Lieferant']=lieferant
    h['Fehlerflag']=''
    h['Fehlercode']=0
    h['Platz']='WE_STICH'
    h['Status']='A'
    h['Material']=material
    h['Menge']=menge
    h['Einheit']=einheit
    h['Charge']=charge
    h['Split']=split
    gebinde.insert(h)
    print('HU avisiert angelegt')
    bewegungen_schreiben('HU_AVIS',hunr5,lieferant,user,'',0,'','WE_STICH',
        material,charge,split,menge,einheit)
    return 'OKAY'
```

Die Änderungen sind wie folgt:
(i) Eingabe des Materials und Prüfung auf Existenz des zugehörigen Stammsatzes
(ii) Ermittlung der Chargenpflicht aus dem Stammsatz

(iii) Im Falle der Chargenpflicht, Eingabe der Charge und des Splits.
(iv) Prüfung der Existenz des Chargenstammsatzes: dies soll die Wareneingangs-bearbeitung beschleunigen
(v) Eingabe der Menge und Ermittlung der Einheit aus dem Materialstammsatz
(vi) Anpassung des insert-Befehls des Gebindestamms um die neuen Bestandsfelder sowie um den Status 'A'
(vii) Anpassung des Schreibens des Bewegungssatzes mit den neuen Bestandsfeldern und Status 'A'.

3.3.1.3.5 Bewegungssatz schreiben

Das Unterprogramm zum Bewegungssatz muss um Material, Charge, Split, Menge und Einheit erweitert werden:

Python-Quellcode 3.11 Bewegungssatz schreiben

```
#-----------------------
    #Bewegungs-Tabelle
    #-----------------------
    global bewegungen
    bewegungen = Table(['Bewegung','HU','Lieferant','User','Fehlerflag',
    'Fehlercode','von-Platz','an-Platz','Zeitstempel','Material','Charge',
    'Split','Menge','Einheit'])
    #-----------------------
    #Ende Bewegungs-Tabelle
    #-----------------------
```

Das Schreiben des Bewegungssatz muss an folgenden Stellen angepasst werden (alle Aufrufstellen der Funktion **'bewegungen'** im SMILE-Prototypen):
(i) Lieferantenretoure
(ii) manuelle Wareneingangsbuchung
(iii) automatische Wareneingangsbuchung
(iv) AVIS-Erzeugung
(v) Platz-Änderung
(vi) Wareneingangs-Stich-Dialog
(vii) K-Punkt-Dialog
(viii) I-Punkt-Dialog.

Exemplarisch wird die Anpassung der Funktion am Beispiel einer Lieferantenretoure dargestellt:

Python-Quellcode 3.12 Bewegungssatz schreiben, II

```
bewegungen_schreiben('HU_LRET',hunr6,row['Lieferant'],user,row['Fehlerflag'],
row['Fehlercode'],'RETOURE','',row['Material'],row['Charge'],row['Split'],
row['Menge'],row['Einheit'])
```

3.3.1.3.6 Funktions-Codes und Menü-Anpassungen

Für die neuen Funktionen sollte die entsprechende Funktions-Codes definiert und ergänzt werden: für die Anzeige des Material- und Chargenstamms (MATS und CHAR), für die Auswertungen Bestand zum Platz und Material (BPLA und BMAT) sowie für den neuen Dialog zur manuellen Wareneingangsbuchung (WEMA).

Python-Quellcode 3.13 Funktions-Codes

```
#Materialstamm, Chargenstamm u. manueller WE anzeigen ergänzt für Beispiel 2 im Buch
    #Bestand zum Material, Platz ergänzt für Beispiel 2 im Buch
    c['Funktion']='CHAR'
    c['Bedeutung']='Chargenstamm anzeigen'
    codes.insert(c)

    c['Funktion']='MATS'
    c['Bedeutung']='Materialstamm anzeigen'
    codes.insert(c)

    c['Funktion']='BMAT'
    c['Bedeutung']='Bestand zum Material'
    codes.insert(c)

    c['Funktion']='BPLA'
    c['Bedeutung']='Bestand zum Platz'
    codes.insert(c)

    c['Funktion']='WEMA'
    c['Bedeutung']='Wareneingang manuell'
    codes.insert(c)
```

Diese Funktions-Codes sind vom User im Hauptmenü einzugeben, um in die entsprechenden Funktionen zu verzweigen:

Python-Quellcode 3.14 Menü-Anpassungen

```
#manueller WE für Beispiel 2
        elif answer=='WEMA':
            print()
            print('Gebinde manueller Wareneingang')
            print()
            hull=input('Bitte Gebinde eingeben: ')
            gebindewe(hull,user)
            print()
            input('Bitte eine Taste drücken: ')
            print()
#Materialstamm für Beispiel 2 eingefügt im Buch
        elif answer=='MATS':
            print()
            print('Materialstamm anzeigen:')
            print()
            material=input('Bitte Material eingeben: ')
            matstamminfo(material)
            print()
            input('Bitte eine Taste drücken: ')
            print()

        #Chargenstamm für Beispiel 2 eingefügt im Buch
        elif answer=='CHAR':
            print()
            print('Chargenstamm anzeigen:')
            print()
            material=input('Bitte Material eingeben: ')
            charge=input('Bitte Charge eingeben: ')
            split=input('Bitte Split eingeben: ')
            chargstamminfo(material,charge,split)
            print()
            input('Bitte eine Taste drücken: ')
            print()

        #Bestand zum Platz für Beispiel 2 eingefügt
        elif answer=='BPLA':
            print()
            print('Platzbestand anzeigen:')
            print()
            platz=input('Bitte Platz eingeben: ')
            bestplatz(platz)
            print()
```

```
        input('Bitte eine Taste drücken: ')
        print()

    #Bestand zum Material für Beispiel 2 eingefügt
    elif answer=='BMAT':
        print()
        print('Materialbestand anzeigen: ')
        print()
        material=input('Bitte Materiel eingeben: ')
        bestmat(material)
        print()
        input('Bitte eine Taste drücken: ')
        print()
```

3.3.1.4 Auswertungen
3.3.1.4.1 Ermittlung des Bestandes für einen Platz
Die folgende Funktion selektiert zu einem gegebenen Platz aus der Gebindetabelle **'gebinde'** alljene Gebinde zu diesem Platz, die sich im Status **'L'** (im Lager) befinden und gibt diese Gebinde als Liste aus. Die Charge wird in dieser Weise automatisch berücksichtigt:

Python-Quellcode 3.15   Bestand zum Platz

```
#
#Unterprogramm Bestand zum Platz
#eingefügt für Beispiel 2 im Buch
#Status A ausschließen, nur L momentan
#
def bestplatz(platz):
    toSelect2 = gebinde.select({'Platz':platz,'Status':'L'})
    print()
    print(toSelect2)
    print()
#
```

3.3.1.4.2 Ermittlung des Bestandes zu einem bestimmten Material
Die folgende Funktion selektiert zu einem gegebenen Material aus der Gebindetabelle **'gebinde'** alljene Gebinde zu diesem Material im Status **'L'** (im Lager) und zeigt sie dann an. Hier wird die Charge automatisch mitberücksichtigt, sie wird nicht eingeschränkt oder vorgegeben (Dafür müsste man eine Funktion **'Bestand zur Charge'** implementieren.):

Python-Quellcode 3.16   Bestand zum Material

```
#
#Unterprogramm Bestand zum Material
#eingefügt für Beispiel 2 im Buch
#Status A ausschlieÃŸen, nur L momentan
#
def bestmat(material):
    toSelect2 = gebinde.select({'Material':material,'Status':'L'})
    print()
    print(toSelect2)
    print()
#
```

Einlagerung von Kühlgut

Inhaltsverzeichnis

4.1 Logistik – 152
4.1.1 Hintergründe – 152
4.1.2 Prozess-Diagramm – 158
4.1.3 Prozess-Beschreibung – 159
4.1.4 Problemstellung – 159

4.2 Mathematik – 163
4.2.1 Theoretischer Hintergrund – 163
4.2.2 Transfer zur Praxis – 215

4.3 Informatik – 216
4.3.1 Design – 216
4.3.2 Stammdaten – 221
4.3.3 Datenspeicherung – 224
4.3.4 Prozesse – 225
4.3.5 Menücodes – 230
4.3.6 Auswertungen – 231
4.3.7 Formulare und Etiketten – 232

© Der/die Herausgeber bzw. der/die Autor(en), exklusiv lizenziert an Springer-Verlag GmbH, DE, ein Teil von Springer Nature 2025
S. Wirsing, *Kompaktband Logistik*, Schule für Mathematik, Informatik, Logistik und Erfolg, https://doi.org/10.1007/978-3-662-69945-4_4

4.1 Logistik

4.1.1 Hintergründe

Unter **'Kühlgut'** werden in der Logistik Waren bezeichnet, für die sowohl während der **'Lagerung'** als auch während des **'Transports'** vorgeschriebene konstante Temperaturen eingehalten werden müssen. Ansonsten könnten diese Materialien für Verkauf oder eigene Verwendung (z. B. in der Produktion neuer Waren) unbrauchbar werden und verlieren folglich ihren **'Warenwert'** (Schimmelbefall von Lebensmittel, Änderung der Konsistenz von Ölen und Fetten, Verflüchtigung von Flüssigkeiten zu Gasen, Gefrierbrand bei Lebensmitteln, Veränderung der Wirksamkeit von Medikamenten). An der Definition konstanter Temperaturen wird erkannt, daß es sich bei Kühlgut nicht nur um Produkte handelt, die bei niedrigen Temperaturen zu lagern und zu transportieren sind. Man könnte auch von **'Wärmegut'** sprechen, wenn der Temperaturbereich eher hoch angesiedelt ist. Eine allgemeinere Bezeichnung ist auch die der **'temperaturgeführten Waren'**. Üblich – aber unexakt – ist es jedoch, von Kühlgut zu reden. Im sehr niedrigen Temperaturbereich ist auch die Bezeichnung **'Gefriergut'** geläufig.

Aufgrund der Anforderung bzgl. der Temperatur der Kühlgüter werden diese in sog. **'Kühlketten'** mit speziellen Lagern (Kühlkammern, Wärmekammern), Fahrzeugen (Thermo-LKW, Frigo-Transport) und Ladeeinheiten (Kühlboxen, Thermobehälter) befördert, wobei die lückenlose Überwachung und Protokollierung der Temperatur zur Einhaltung dieser Kühlkette maßgebend ist. Bei einem Verstoß dieser **'Dokumentation'** kann es gesetzlich verlangt sein, die Waren zu vernichten.

Die Kühlkette ist demnach definiert als das durchgängige System der Kühlung beim Transport zwischen Hersteller, Großhändler, Händler und Verbraucher; insbesondere von Lebensmitteln und zunehmend auch von medizinischen oder chemischen Produkten. Die Temperaturen innerhalb der Kühlkette müssen dokumentiert werden und meist sowohl gesetzlichen Vorschriften als auch internen Richtlinien genügen. Die Wahrung und Dokumentation der Temperatur in der kompletten Kühlkette gestaltet sich während des Transports aufwändiger als in einem unbewegten Kühllager. Dabei unterscheidet man zwischen **'aktiver'** (Einsatz von Kühltechnik) und **'passiver'** (Einsatz von Isolationsmethoden) Kühlung.

Logistik- und Transportunternehmen setzen zur Aufrechterhaltung und Dokumentation der Kühlkette moderne Methoden ein, um die Waren entsprechend ohne Temperaturverlust und somit ohne Qualitätsverlust zum Kunden zu bewegen. Moderne Digitaltechnik in den Transportmitteln, sog. **'Telematiksysteme'**, ermöglichen das Übermitteln zahlreicher Daten an die zentralen Logistiksysteme. Die durchgehende Überwachung und regelmäßige Übertragung der Temperatur gehört hier für das Kühlgut zu einem wichtigen Ablaufkriterium. **'Kühldatenlogger'** erfassen die Temperaturdaten, können diese in einem internen Speicher ablegen, optisch über einen **'Datenschreiber'** ausdrucken oder digital, meist in **'Realtime = Echtzeit'**, übertragen. Innerhalb des Lagers erfassen **'Sensoren'** die Temperaturen an mehreren Messpunkten im Kühlbereich und übertragen diese Messwerte an ein IT-System zur kontinuierlichen Überwachung. Dieses schlägt dann Alarm, wenn eine Verletzung des vorgegebenen Temperaturintervalls vorliegt. Es ist auch möglich, daß die Sensoren sofort einen akustischen Alarm auslösen, sollte die Temperatur zu stark fallen oder steigen.

Anbei Beispiele temperaturgeführter Waren, wobei auch Wärmegüter aufgezählt werden:

- Covid-Impfstoff durchgängig gekühlt zwischen $-70\,°C$ und $-20\,°C$
- tiefgekühltes Fleisch und Fisch durchgängig gekühlt bei $-18\,°C$
- Frischfleisch gekühlt bis maximal $+4\,°C$
- Milch und Molkereiprodukte gekühlt bis maximal $+8\,°C$
- frisches Obst, etwa Äpfel, gekühlt zwischen $+1\,°C$ und $+4\,°C$
- Schokolade temperiert zwischen $+12\,°C$ und $+18\,°C$
- flüssiger Glukosesirup gewärmt zwischen $+55\,°C$ und $+60\,°C$
- flüssiges Maltodextrin gewärmt zwischen $+55\,°C$ und $+60\,°C$
- Sojalecithin temperiert zwischen $+20\,°C$ und $+30\,°C$
- Fischöle gekühlt zwischen $-20\,°C$ und $-10\,°C$
- Saftkonzentrat gekühlt zwischen $-20\,°C$ und $-10\,°C$
- Fruchtpüree gekühlt zwischen $-20\,°C$ und $-10\,°C$
- Kühlakkus gekühlt zwischen $-30\,°C$ und $-20\,°C$
- Kokosnusspaste gekühlt zwischen $-20\,°C$ und $-10\,°C$
- Medikamente zur Parkinson-Therapie gekühlt zwischen $-20\,°C$ und $-15\,°C$
- Heuschnupfen-Sprays und -Tropfen gekühlt zwischen $+2\,°C$ und $+8\,°C$
- Multiple Sklerose-Medikamente nicht über $+25\,°C$ lagern, aber nicht einfrieren
- Blutdruckmedikamente bei Raumtemperatur lagern
- Kochsalzlösung im Kühlschrank lagern zwischen $+2\,°C$ und $+8\,°C$
- Nahrungsergänzungs-Drinks bei Raumtemperatur lagern.

Die folgende Grafik veranschaulicht das Konzept der Kühlkette für Fische sowie mögliche **'Störfaktoren',** die die Fischkühlkette unterbrechen können:

154 Kapitel 4 · Einlagerung von Kühlgut

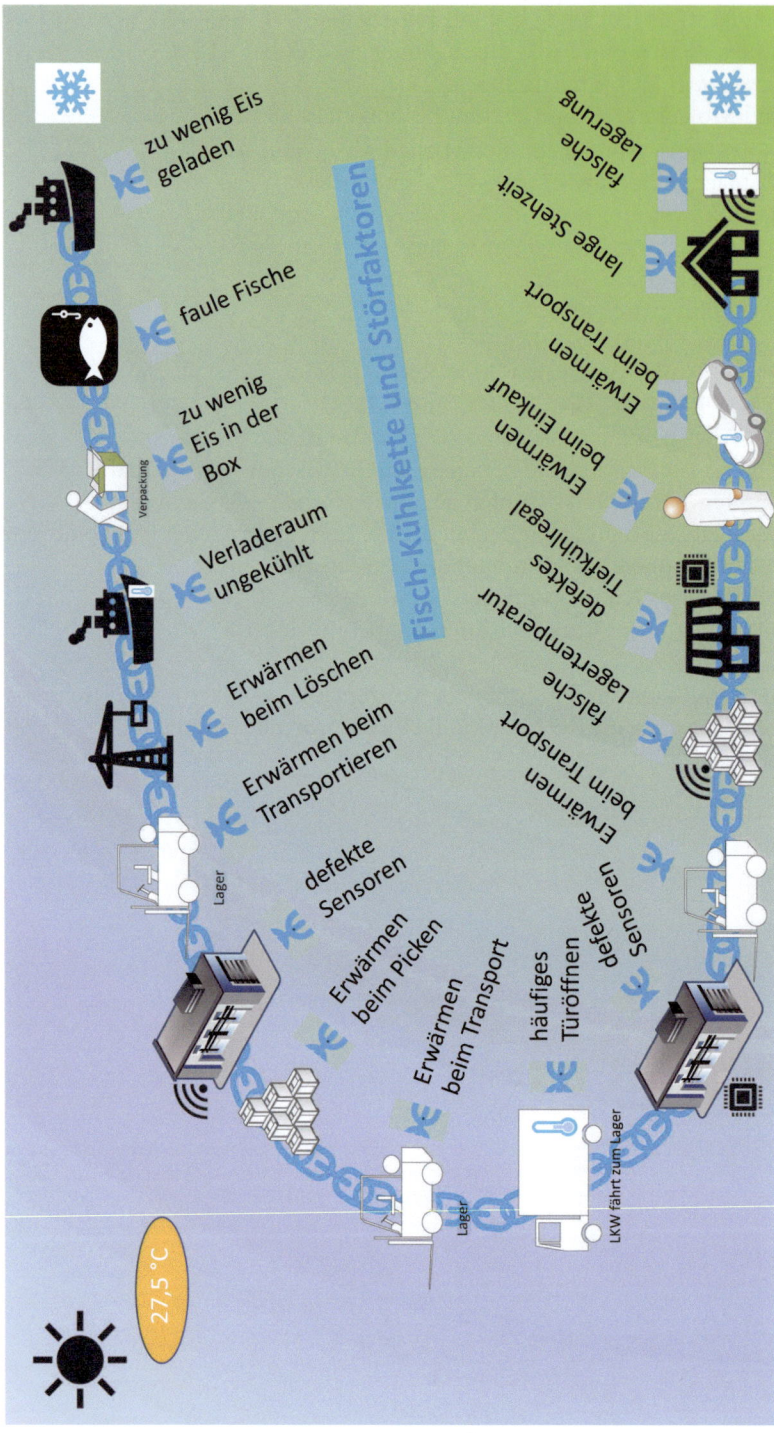

Bei Lagerung und Transport von Waren gibt es bzgl. der einzuhaltenden Temperaturen verschiedene gesetzliche Regelungen und Vorschriften. Die wohl wichtigste hierbei ist das sog. **'HACCP-Konzept'** – **'Hazard Analysis Critical Control Point'**, welches übersetzt **'Risiko-Analyse kritischer Kontroll-Punkte'** bedeutet. Ziel dabei ist es, **'Gefahren'** zu identifizieren und **'Risiken'** einzuschätzen, welche innerhalb der Kühlkette möglich sind. Hierzu muss eine ganzheitliche Erfassung und Überwachung der Temperaturen während der ganzen Kühlkette vorgenommen werden. Das HACCP-Konzept beinhaltet demnach:

- **'HAZARD'** – Gefährdung – Gefahren für die menschliche Gesundheit erkennen
- **'ANALYSIS'** – Analyse – Gefährdung untersuchen
- **'CRITICAL'** – kritisch – wichtig zur Beherrschung
- **'CONTROL'** – Kontrolle – Temperaturen kontrollieren
- **'POINTS'** – Punktstellen – Schritte in der Kühlkette.

* * *

Nachdem Wareneingang sind die Waren physisch auf Gebinden im Wareneingangsbereich vorhanden und müssen ins Lager gebracht werden. Im Zuge der Einlagerung müssen bestimmte Prozessschritte vollzogen werden:

- **'Einlagerungsstrategie'** ermitteln (meist vom LVS)
- **'Zielplatz'** im Lager auf Basis der Einlagerungsstrategie ermitteln (meist vom LVS)
- **'Transportauftrag'** zur Einlagerung der Palette erstellen
- **'Transportbeleg'** drucken oder Transportauftrag auf mobiles Gerät übertragen
- Transportauftrag vom Mitarbeiter **'in Bearbeitung'** nehmen
- **'Transport-Quellplatz'** identifizieren
- **'Artikel und Gebinde'** identifizieren
- Gebinde auf Stapler aufnehmen
- Gebinde transportieren
- **'Transport-Zielplatz'** identifizieren
- Gebinde auf Zielplatz ablegen
- Transportauftrag **'quittieren'** (per Unterschrift oder auf mobilen Scanner)
- ggfs. Transportbeleg **'archivieren'**.

Die ersten beiden Punkte werden meist automatisch vom LVS ausgeführt. Die anderen Schritte betreffen die physische Bewegung einer Palette zu einem Lagerplatz. Zur weiteren Vertiefung werden mögliche Einlagerungsstrategien aufgelistet, die meist materialabhängig im LVS hinterlegt sind::

- **'manuelle Eingabe'** des Ziel-Lagerplatzes – das LVS verwendet den vom Benutzer eingegebenen Lagerplatz
- **'Fixlagerplatz'** – das Systems sucht nach einem Fixlagerplatz, das zum Material im LVS abgelegt ist
- **'Zulagerung'** – das Systems sucht nach einem Lagerplatz, der bereits Bestand zu dem einzulagernden Material enthält
- **'Leerplatz'** – das Systems sucht nach einem Platz, auf dem noch kein Bestand bzw. keine Palette dieses Materials liegt
- **'fester Lagerbereich'** – das System sucht einen Platz in einem fest vorgegebenen Lagerbereich. Ein Lagerbereich umfasst mehrere fest definierte Lagerplätze. Dabei kann der endgültige Lagerplatz wiederum durch Zulagerung oder Leerplatzsuche erfolgen.

- **'Gleichverteilung'** – das LVS verteilt das Material gleichmässig im Lagertyp in definierte Lagerbereiche. Dabei kann der endgültige Lagerplatz wiederum durch Strategien wie Zulagerung oder Leerplatz erfolgen. Die Gleichverteilung wird oft in Hochregallagern vorgenommen, damit später die Auslagerung reibungsloser und damit schneller vorgenommen werden kann. Gleichzeitig wird dabei die Technik nicht einseitig benutzt.
- **'Blocklagertyp'** – hierbei wird einfach alles ohne weitere Prüfung in einem nicht weiter strukturierten Lagerteil eingelagert
- **'nach Palettenart'** – nach Art der Palette (z. B. Rollcontainer, kleine Box, Europalette, übergroße Palette etc.) wird ein Lagerplatz ermittelt.

Bei der Suche eines endgültigen Platzes müssen neben diesen Regeln weitere Faktoren berücksichtigt werden:

- **'Temperaturen'** sind zu berücksichtigen – wie beim Kühlgut-Beispiel
- **'Mischbelegung'** erlaubt – verschiedene Materialien sind auf einem Lagerplatz erlaubt
- **'Höhe'** der Palette berücksichtigen – Vermeidung von Unfällen bei der Einlagerung
- **'Gewicht'** der Palette berücksichtigen – Vermeidung von Unfällen nach der Einlagerung (Tragfähigkeit des Regals)
- **'Gefahrstoffe'** berücksichtigen – oft eine Sonderabwicklung notwendig, wobei Gefahrstoffe in spezielle Bereiche eingelagert werden
- **'mehrfachtiefe'** Einlagerung – Reihenfolge bei der Einlagerung auf zusammenhängenden Plätzen, die hintereinander liegen, beachten, damit ein hinterer Platz nicht durch eine vorne stehende Palette blockiert wird
- **'Abmessungen'** der Palette berücksichtigen – Vermeidung von Unfällen bei der Einlagerung
- **'Einlagerungs-Reihenfolge'** – die **'Reihenfolgenummer'** gibt an, in welcher Reihenfolge die leeren Plätze eines Bereiches für die Einlagerung gewählt werden, um einen **'optimalen Laufweg'** zu gewährleisten. Dadurch wird auch das Regal gleichmässig belastet (Statik).
- **'Anzahl'** Gebinde – maximale Anzahl von Gebinden auf einem Lagerplatz
- **'belegt und gesperrt'** – belegte oder gesperrte Plätze sind für eine Einlagerung verboten
- **'Warenzustand'** – gesperrte Waren können oder dürfen nicht eingelagert werden.

Erkennbar wird, daß die Suche nach einem Lagerplatz komplex ist. Nicht zuletzt deshalb macht es Sinn, diese Suche dem LVS zu überlassen. Nur in Ausnahmefällen sollte man direkt im ERP bei Anlage der Lieferung einen Platz vorgeben. In unserem Prototypen SMILE verdeutlicht folgende Grafik die verwendete Logik:

4.1 · Logistik

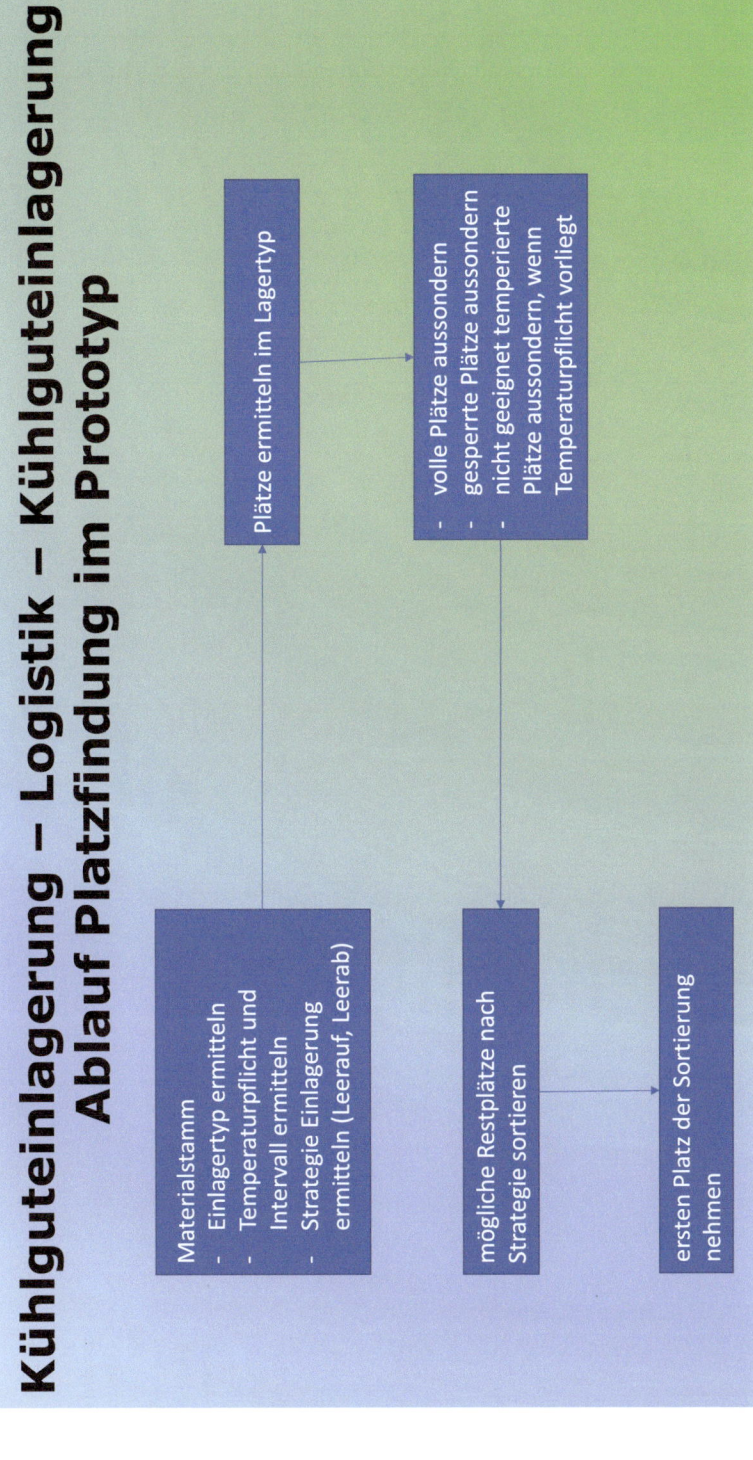

4.1.2 Prozess-Diagramm

Das folgende Diagramm veranschaulicht den Wareneingangsprozess für Kühlgut und seine Einlagerung.

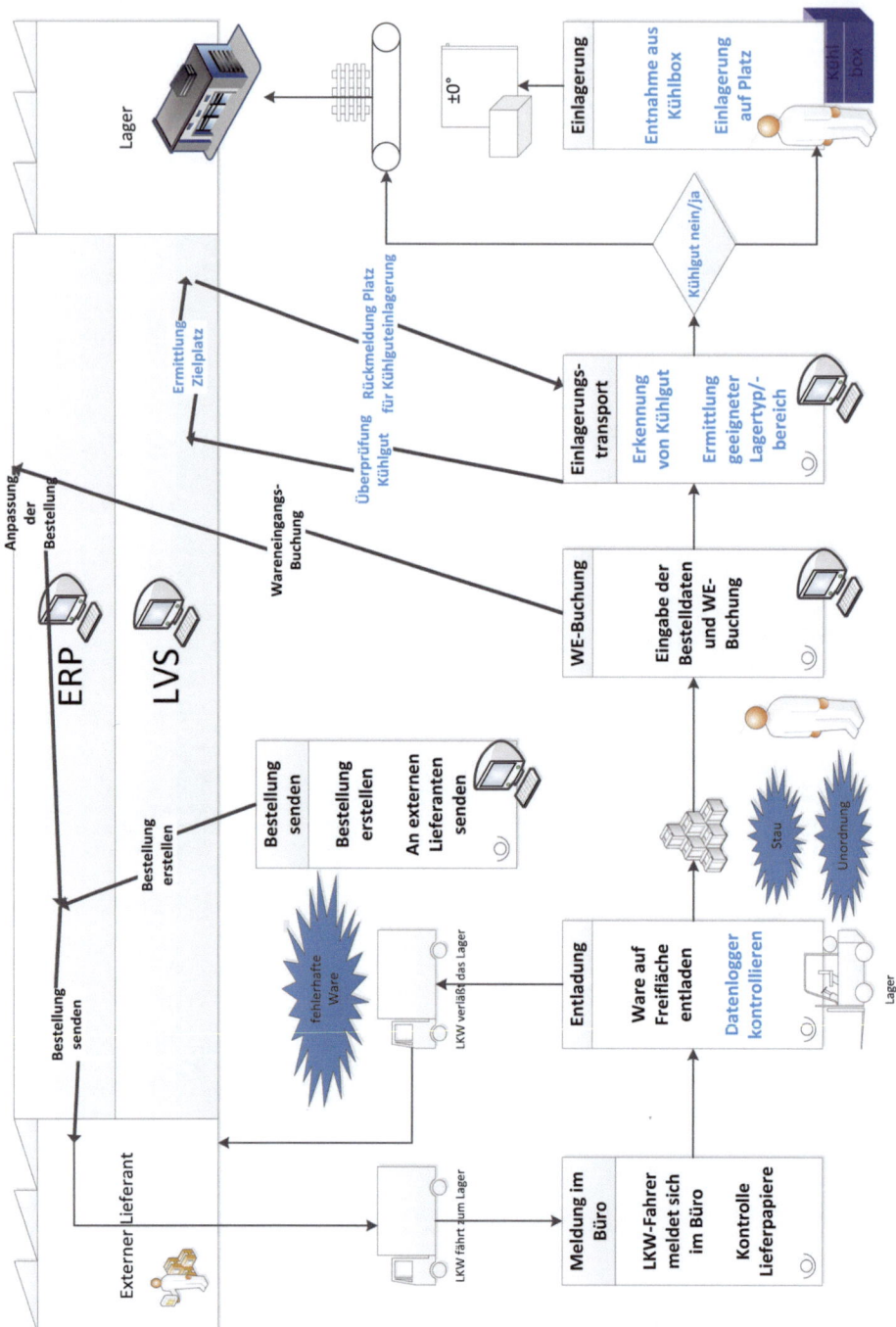

4.1.3 Prozess-Beschreibung

Der Wareneingangs-Prozess wird in mehreren Schritten beschrieben:

Schritt 1: Bestellanlage – Übertragung – kein Lieferavis
Im ERP-System wird eine Bestellung für einem externen Lieferanten erfasst. Dabei werden u. a. die benötigten Materialien und Mengen eingegeben. Die Bestellung kann auf verschiedene Art und Weise dem Lieferanten übermittelt werden, z. B. per elektronischer Datenübertragung, per Fax oder E-Mail. Der Lieferant kündigt seine Lieferung nicht elektronisch, sondern nur telefonisch oder per E-Mail an.

Schritt 2: Warenankunft – Entladung
Der 'Kühlgut-LKW' trifft mit der bestellten Ware am Lager ein. Der Fahrer meldet sich am WE-Büro. Ein Mitarbeiter nimmt u. a. den Lieferschein entgegen und weist dem LKW-Fahrer ein Tor zur Entladung zu. Ist der LKW am Tor angekommen, wird der LKW entladen. Die **'Kühlboxen'** mit den **'Kühl-Akkus'** liegen nun in der Freifläche im Wareneingangsbereich. Ein Mitarbeiter entnimmt die Datenlogger und kontrolliert die Temperatur während des Transports und vergleicht diese mit den Temperaturen, die für das Produkt einzuhalten sind. In den meisten Fällen gibt es dazu spezielle Software außerhalb des LVS. Der LKW verlässt das Lager und nimmt ungekühlte Waren sofort wieder mit.

Schritt 3: Wareneingangsbuchung
Nach kurzer Wareneingangs-Prüfung der vorschriftsmäßig gekühlten Waren wird der Wareneingang im LVS vorgenommen.

Schritt 4: Einlagerung
Dem Kühlgut wird ein geeigneter Lagerplatz in einem gekühlten Bereich vom LVS zugeordnet. Ein Mitarbeiter transportiert die Kühlbox zum **'gekühlten Lagerbereich'**, entnimmt die Ware aus der Kühlbox und legt sie auf den Zielplatz. Kühlbox und Akkus werden gesammelt dem Lieferanten (im Rahmen der nächsten Anlieferung) wieder retourniert.

4.1.4 Problemstellung

Die folgenden Diagramme visualisieren die mathematischen Fragestellungen bei der Einlagerung von Kühlgut:

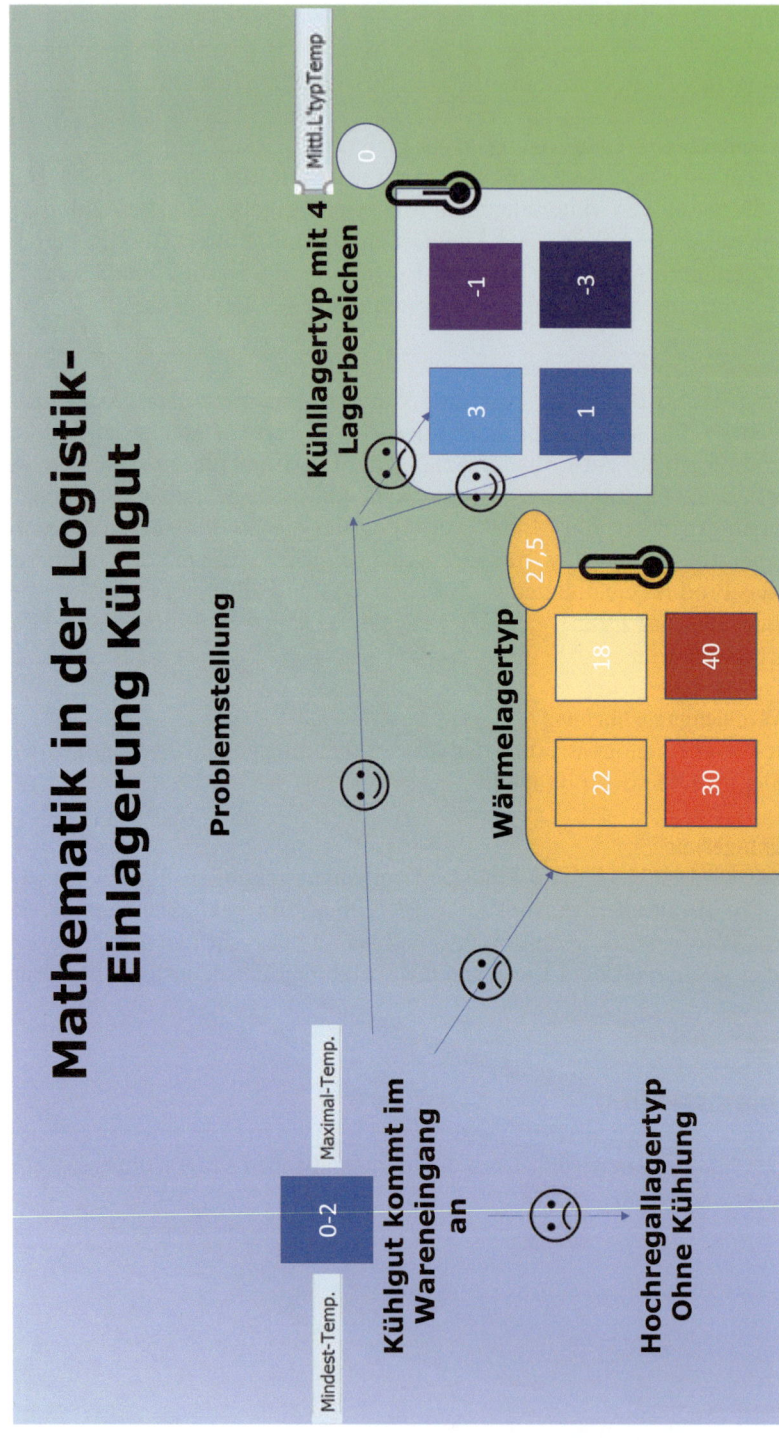

4.1 · Logistik

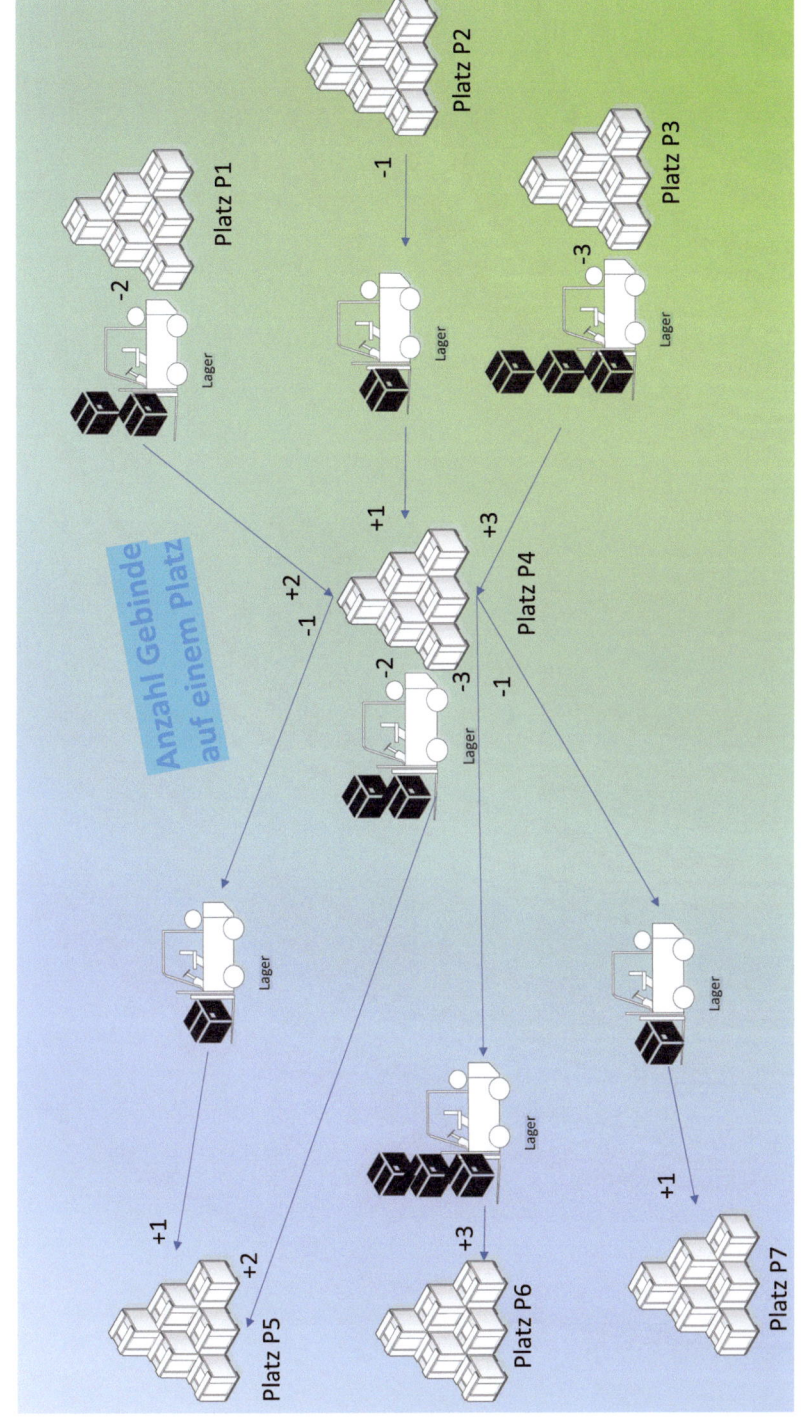

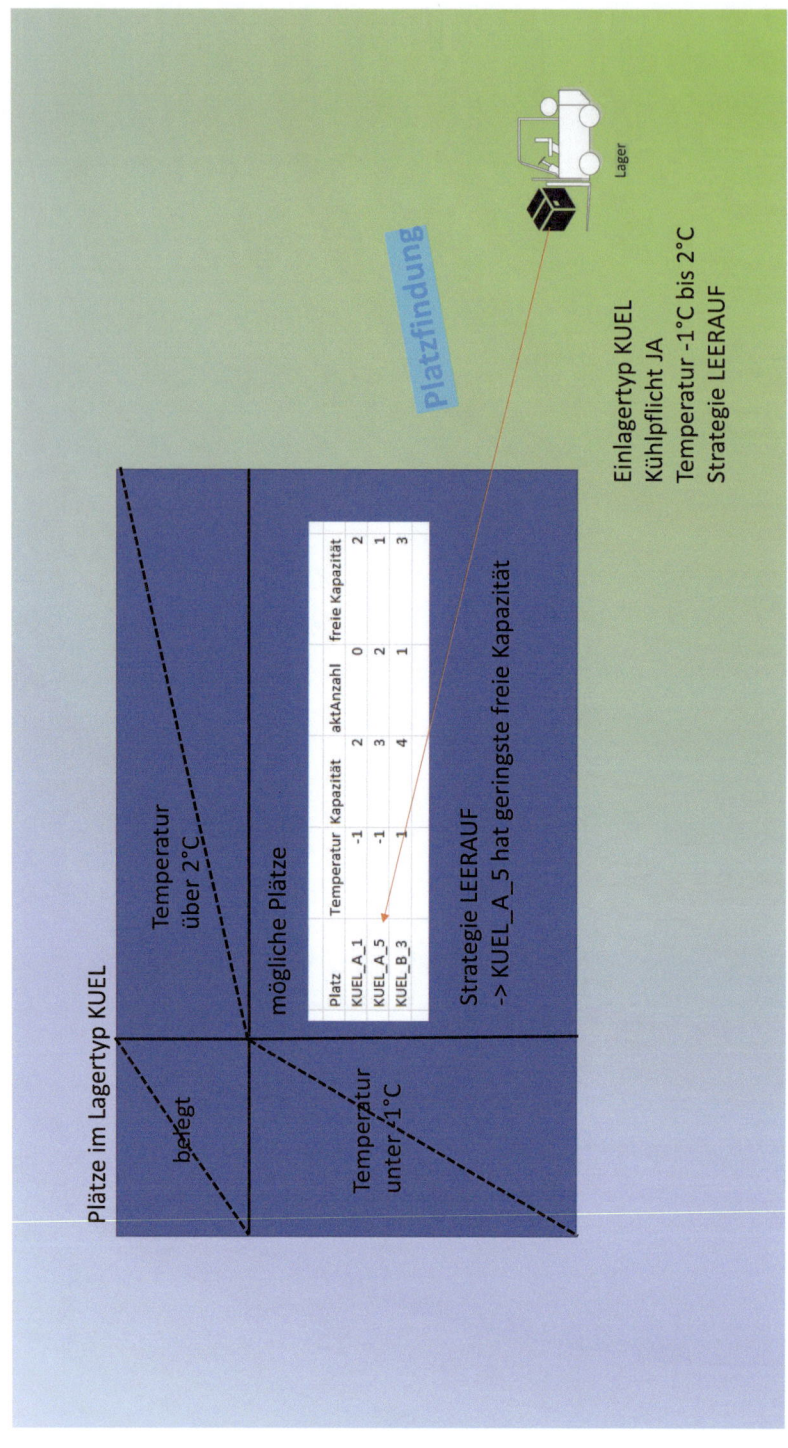

Demnach muss bei Auswahl eines geeigneten Lagerplatzes überprüft werden, ob die vorgegebene einzuhaltende **'Produkt-Temperatur'**, die meist in gewissen Grenzbereichen vorgegeben ist, auch am Lagerplatz – dort meist als einzelner Wert –, vorliegt. Nach der **'Einlagerung'** muss diese Temperatur auch weiterhin garantiert sein. Dazu werden **'Temperatur-Stichproben'** am Lagerplatz genommen und mit der dem Lagerplatz zugeschriebenen garantierten Temperatur verglichen.

Für die Einlagerung wird im **'SMILE-Prototypen'** jedem Lagerplatz eine **'Kapazität'** zugeordnet. Durch diese wird die maximale Menge der Gebinde lokal begrenzt. Jeder Transport zum Platz hin bzw. vom Platz weg erhöht oder verringert dort die aktuelle Gebindeanzahl. Dabei darf die Kapazität nicht überschritten werden. Zudem müssen für die Einlagerstrategien Plätze nach freier Kapazität **'aufsteigend'** oder **'absteigend'** sortiert werden.

Mathematisch operieren die **'ganzen Zahlen'**. Zu diesem Zweck soll erörtert werden, was diese Zahlen genau sind und wie man sie **'vergleichen'**, **'ordnen'**, **'addieren'** und **'subtrahieren'** kann. Für das Sortieren werden zudem **'Sortieralgorithmen'** benötigt. Bei der Einlagerstrategie taucht ein weiterer Begriff aus der Mathematik auf: die **'Partitionierung'**. Sie dient der **'Lagerplatzeinteilung'**, um mögliche Lagerplätze für eine Einlagerung zu finden und irrelevante Plätze aussondern zu können.

4.2 Mathematik

4.2.1 Theoretischer Hintergrund

Dieser Abschnitt soll folgende Fragen klären:
(i) Was sind ganze Zahlen?
(ii) Wie addiert, subtrahiert und multipliziert man sie?
(iii) Was sind ihre grundlegenden Rechengesetze?
(iv) Wie vergleicht man ganze Zahlen?
(v) Wie sortiert man sie der Größe nach?

4.2.1.1 Äquivalenzrelationen und Partitionen

Als Vorbereitung auf die Konstruktion der ganzen Zahlen werden in diesem Abschnitt **'Äquivalenzrelationen'** und **'Partitionen'** betrachtet. Dabei basieren einige Ausführungen auf dem Werk von D. Blessenohl zur Einführung in die moderne Mathematik – Das Werkzeug der Algebra (siehe [10]). Der erste zentrale Begriff ist:

Definition 21 *(Äquivalenzrelation) Eine Relation R auf einer Menge M heißt Äquivalenzrelation, wenn die folgenden Bedingungen gelten:*
*(i)   Für alle $a \in M$ gilt aRa. – **'Reflexivität'***
*(ii)   Für alle $a, b \in M$ folgt aus aRb schon bRa. – **'Symmetrie'***
*(iii) Für alle $a, b, c \in M$ folgt aus aRb und bRc schon aRc. – **'Transitivität'***

Für Äquivalenzrelationen benutzt man auch gerne das Symbol $\sim$ statt R. ◇

Beispiele 2 Es werden Beispiele aus dem täglichen Leben betrachtet. In einem Mehrfamilienhaus leben viele Familien in Wohnungen. Man sagt, daß zwei Bewohner dieses Hauses in Relation stehen, wenn sie in derselben Wohnung leben. Jeder Bewohner wohnt mit sich selbst in einer Wohnung, weswegen die Relation reflexiv ist. Wohnt jemand mit einem anderen Bewohner in derselben Wohnung, dann wohnt der andere Bewohner auch mit diesem in derselben Wohnung. Also ist die Relation symmetrisch. Wohnt eine Person mit einer zweiten und diese mit einer dritten in derselben Wohnung, so wohnt auch die erste mit der dritten in derselben Wohnung. Daher ist die Relation auch transitiv und damit eine Äquivalenzrelation.

Etwas gröber betrachtet kann auch eine Relation für die Bewohner auf derselben Etage definiert werden. Gröber ist sie deshalb, weil die erste Relation eine Teilmenge dieser Relation ist: zwei Personen, die in derselben Wohnung wohnen, leben auch zwangsläufig auf derselben Etage (Angenommen wird, daß die Wohnungen nicht etagenübergreifend gebaut sind.). Auf derselben Etage wohnend bedeutet aber nicht unbedingt, auch in derselben Wohnung zu leben. Mit einer ähnlichen Argumentation wie für die Wohnung kann man auch zeigen, daß diese zweite Relation eine Äquivalenzrelation ist.

Weitet man den Blickwinkel noch etwas und betrachtet eine ganze Straße und ihre Bewohner in ihren Häusern. Bei der dritten Relation wird gesagt, dass zwei Bewohner in Beziehung stehen, wenn sie in demselben Haus der Straße wohnen. Hier zeigt sich schnell, daß diese Relation eine Äquivalenzrelation ist. Dieses Spiel kann man immer weiter getrieben werden, und zwar durch die Betrachtung der Bewohner, die in derselben Straße einer Ortschaft, in derselben Ortschaft eines Landkreises, im selben Landkreis eines Bundeslandes und im selben Bundesland eines Staates wohnen. All diese Relationen sind Äquivalenzrelationen. An diesen Beispielen lassen sich die Begriffe der **'Äquivalenzklasse'** und **'Partition'** anschaulich verdeutlichen.

Jetzt werden Beispiele in mathematischen Kontexten betrachtet. Als Beispiel einmal die **'Nachfolgerfunktion'** basierend auf den natürlichen Zahlen: $\nu : \mathbb{N}_0 \longrightarrow \mathbb{N}_0, n \mapsto n + 1$. Mittels ν wird gesagt, daß zwei natürliche Zahlen $n, m \in \mathbb{N}_0$ in Relation stehen, wenn sie den gleichen Nachfolger = Funktionswert $\nu(n) = \nu(m)$ unter ν besitzen. Erinnert wird an die Peano-Axiome, nach denen ν injektiv ist. Folglich müssen die Zahlen n und m identisch sein. Die Relation ergibt sich als $\{(n; m) \mid n, m \in \mathbb{N}_0, n = m\}$. Man spricht in diesem Fall auch von der **'identischen Relation'**. Seien $n, m, r \in \mathbb{N}_0$. Es gilt $n = n$. Gilt $n = m$, so gilt auch $m = n$. Sind $n = m$ und $m = r$ erfüllt, so gilt auch $n = r$. Also ist die identische Relation eine Äquivalenzrelation.

Als nächstes wird die Funktion $c_1 : \mathbb{N}_0 \longrightarrow \mathbb{N}_0, n \mapsto 1$ analysiert. Es ist die mit dem Wert 1 **'konstante Funktion'**. Wiederum sei definiert, daß zwei Elemente in Relation stehen, wenn sie den gleichen Funktionswert unter c_1 besitzen. Offenbar ist dies für je zwei natürliche Zahlen immer erfüllt. Dementsprechend ist auch diese Relation eine Äquivalenzrelation. Da hier alle Elemente in Relation stehen, spricht man von der **'Allrelation'**.

Als drittes Beispiel betrachte man die Funktion $\xi : \mathbb{N}_0 \longrightarrow \mathbb{N}_0$, die durch $n \mapsto 1$ für gerades n bzw. $n \mapsto 0$ für ungerades n definiert ist. Erneut wird gesagt, daß zwei Elemente in Relation stehen, wenn ihr Funktionswert unter ξ identisch ist. Jedes Element steht mit sich selbst in Relation, da der Funktionswert eindeutig bestimmt ist. Also ist die Relation reflexiv. Seien n und m natürliche Zahlen mit demselben Funktionswert. Dann gilt dies auch für m und n. Somit ist die Relation symmetrisch. Sind

$n, m, r \in \mathbb{N}_0$ und gelten $\xi(n) = \xi(m)$ sowie $\xi(m) = \xi(r)$, so gilt auch $\xi(n) = \xi(r)$. Folglich ist die Relation auch transitiv und damit eine Äquivalenzrelation.

Alle drei Beispiele ordnen sich einem allgemeinen Phänomen für beliebige Abbildungen unter, nämlich der **'Bildgleichheit'** für beliebige Funktionen. Dies wurde im vorangegangenen Beispiel bereits allgemein bewiesen, da die Art der Funktion ξ in der Beweisführung gar keinen Einfluss hatte. Ist $f : A \longrightarrow B$ eine Funktion, so wird $\sim_f := \{(u; v) \mid u, v \in A, f(u) = f(v)\}$ definiert. Diese Menge ist eine Äquivalenzrelation auf A.

Sei n eine beliebige natürliche Zahl ≥ 2. Betrachtet wird das Teilen mit Rest einer Zahl z durch n, also $z = n \cdot DIV_n(z) + MOD_n(z)$. Ist y eine weitere natürliche Zahl, so gilt $y = n \cdot DIV_n(y) + MOD_n(y)$. Man definiert, daß z und y in Relation stehen, wenn $MOD_n(z) = MOD_n(y)$ gilt, also wenn beim Teilen durch n dergleiche Rest entsteht. (Dies ist genau dann der Fall, wenn $n \mid z - y$ gilt. Das Minuszeichen ist aber noch nicht eingeführt worden.) Man sagt, daß z kongruent y modulo n ist. Da das Restebilden $MOD_n(\cdot)$ bereits als Funktion erkannt wurde, ist nach den bisherigen Ausführungen auch diese Relation eine Äquivalenzrelation. Man spricht von einer **'Kongruenzrelation'**, da die Relation mit den algebraischen Verknüpfungen + und · verträglich ist. ◇

Eng mit dem Begriff der Äquivalenzrelation ist der der **'Äquivalenzklasse'** verknüpft. Dazu betrachtet man zu jedem Element alle Elemente, die mit diesem in Relation stehen:

Definition 22 *(Äquivalenzklasse, Repräsentant, Faktormenge, Repräsentantensystem) Seien M eine Menge und $\sim$ eine Äquivalenzrelation auf M. Für jedes $m \in M$ definiert man die Äquivalenzklasse von m bzgl. $\sim$ durch $[m]_\sim := \{x \mid x \in M, m \sim x\}$. Das Element m wird als **'Repräsentant'** oder auch **'Vertreter'** der Äquivalenzklasse $[m]_\sim$ benannt. Ist der Bezug zu $\sim$ klar, so schreibt man auch einfach $[m]$. Die Menge aller Äquivalenzklassen von $\sim$ bekommt das Symbol $A/\sim$ und wird **'Faktormenge'** oder auch **'Quotientenmenge'** der Äquivalenzrelation $\sim$ genannt: $A/\sim := \{T \mid \exists m \in M, T = [m]\}$. Sie ist eine Teilmenge der Potenzmenge von M. Wählt man aus jeder Äquivalenzklasse genau ein Element aus und fasst diese Vertreter in einer Menge zusammen, so spricht man von einem **'vollständigen Vertreter-'** oder **'Repräsentantensystem'**. Eine Teilmenge R von A ist also ein Vertretersystem, wenn es zu jedem Element T aus $A/\sim$ genau ein $r \in R$ gibt, so daß $r \in T$ gilt. Daß solch ein Vertretersystem überhaupt existiert, ist keine Trivialität. Für endliche Mengen M mag der Leser dies durch vollständige Induktion beweisen. Für nicht-endliche Mengen ist dies tatsächlich nicht ohne Weiteres beweisbar. Vielmehr gibt es in der ZF-Mengenlehre das sog. **'Auswahlaxiom'**, das diese Eigenschaft per Axiom garantiert. So einfach diese Forderung auf den ersten Blick erscheinen mag, umso erstaunlicher ist, daß sie sich zu einer ganzen Reihe von weiteren eher nicht-trivial anmutenden Aussagen als äquivalent erweist, wie etwa das **'Lemma von Zorn'** oder der **'Wohlordnungssatz'** (vgl. etwa [68]).* ◇

Äquivalenzklassen erfüllen folgende Eigenschaften:

Proposition 2 *(Eigenschaften von Äquivalenzklassen) Seien M eine Menge und $\sim$ eine Äquivalenzrelation auf M. Es gelten die folgenden Aussagen:*
(i)   Für alle $m, n \in M$ gilt: $m \sim n \longleftrightarrow [m] = [n] \longleftrightarrow n \in [m]$.
(ii)   Für alle $m, n \in M$ gilt: $n \sim m \longleftrightarrow [n] = [m] \longleftrightarrow m \in [n]$.
(iii)   Für alle $m, n \in M$ gilt $[m] = [n]$ oder $[m] \cap [n] = \emptyset$. ◇

Die Aussage (i) bedeutet, daß die Äquivalenz von Elementen gleichwertig mit der Gleichheit von Elementen in $M/\sim$ ist. Aussage von (ii) ist, je zwei Äquivalenzklassen sind entweder gleich oder disjunkt. Letztere Eigenschaft führt auf den Begriff der **'Partition'** oder **'Klasseneinteilung'**. In der Mengenlehre ist eine Partition einer Menge M eine Menge $P \subseteq P(M)$, deren Elemente nichtleere Teilmengen von M sind. Zudem ist jedes Element von M in genau einem Element von P enthalten ist. Anders gesagt: Die Partition einer Menge ist eine **'Zerlegung'** dieser Menge in nichtleere paarweise disjunkte Teilmengen. Dies zeigt:

Folgerung 1 *(Faktormengen und Partitionen) Die Faktormenge einer Äquivalenzrelation auf einer Menge ist eine Partition dieser Menge.* ◇

Es lässt sich sogar beweisen, daß zu jeder Partition einer Menge wieder eine Äquivalenzrelation definiert werden kann. Darüber hinaus zeigt sich, daß dieser Zusammenhang sogar bijektiv ist, also die Konzepte der Äquivalenzrelation und der Partition gleichwertig sind.

Äquivalenzrelationen bzw. Partitionen kann man auch zum **'Abzählen endlicher Mengen'** verwenden. Sei M eine endliche Menge und $\sim$ eine Äquivalenzrelation auf M mit Faktormenge $M/\sim$. Dann ist also M die disjunkte Vereinigung $\dot{\cup}$ der Elemente aus $M/\sim$. Zu endlichen Mengen ist beweisbar, daß die Mächtigkeit einer disjunkten Vereinigung genau die Summe der einzelnen Mächtigkeiten ist:

$$|M| = \sum\nolimits_{T \in M/\sim} |T|.$$

Würde man also die Mächtigkeiten der Äquivalenzklassen und deren Zahl kennen, so könnte man auch die Mächtigkeit der Menge M ermitteln. Im Spezialfall sämtlich gleichmächtiger Äquivalenzklassen ergibt sich also zudem die Formel:

$$\forall T \in M/\sim \; : \; |M| = |M/\sim| \cdot |T|.$$

Die folgenden Bilder illustrieren die Begriffe dieses Abschnittes mittels der ▶ Beispiele 2.

4.2 · Mathematik

Relation	Grundmenge	Äquivalenzklassen	Repräsentantensystem	Partition
Allrelation	Natürliche Zahlen	Eine: die Menge der natürlichen Zahlen	Die Menge mit dem Element 1	Menge der Äquivalenzklassen
Identitätsrelation	Natürliche Zahlen	Die Mengen mit jeweils einer natürlichen Zahl	Die Menge der natürlichen Zahlen	Menge der Äquivalenzklassen
1 und 0	Natürliche Zahlen	Die Menge der geraden und die Menge der ungeraden Zahlen	Die Menge mit den Zahlen 1 und 2.	Menge der Äquivalenzklassen
Modulo 3	Natürliche Zahlen	Die drei Mengen von natürlichen Zahlen mit Rest 0,1 bzw. 2 beim Teilen durch 3	Die Menge mit den Zahlen 3,4 und 5.	Menge der Äquivalenzklassen
Haus und Wohnungen	Bewohner im Haus	Für jede Wohnung die jeweiligen Bewohner	Aus jeder Wohnung einen Bewohner	Menge der Äquivalenzklassen
Haus und Etagen	Bewohner im Haus	Für jede Etage die jeweiligen Bewohner	Aus jeder Etage einen Bewohner	Menge der Äquivalenzklassen
Straßen und Häuser	Bewohner der Straße	Für jedes Haus die jeweiligen Bewohner	Aus jedem Haus einen Bewohner	Menge der Äquivalenzklassen
Ortschaften und Straßen	Bewohner der Ortschaft	Für jede Straße die jeweiligen Bewohner	Aus jeder Straße einen Bewohner	Menge der Äquivalenzklassen
Landkreise und Ortschaften	Bewohner des Landkreises	Für jede Ortschaft die jeweiligen Bewohner	Aus jeder Ortschaft einen Bewohner	Menge der Äquivalenzklassen
Bundesländer und Landkreise	Bewohner des Bundeslandes	Für jeden Landkreis die jeweiligen Bewohner	Aus jedem Landkreis einen Bewohner	Menge der Äquivalenzklassen
Deutschland und Bundesländer	Bewohner von Deutschland	Für jedes Bundesland die jeweiligen Bewohner	Aus jedem Bundesland einen Bewohner	Menge der Äquivalenzklassen

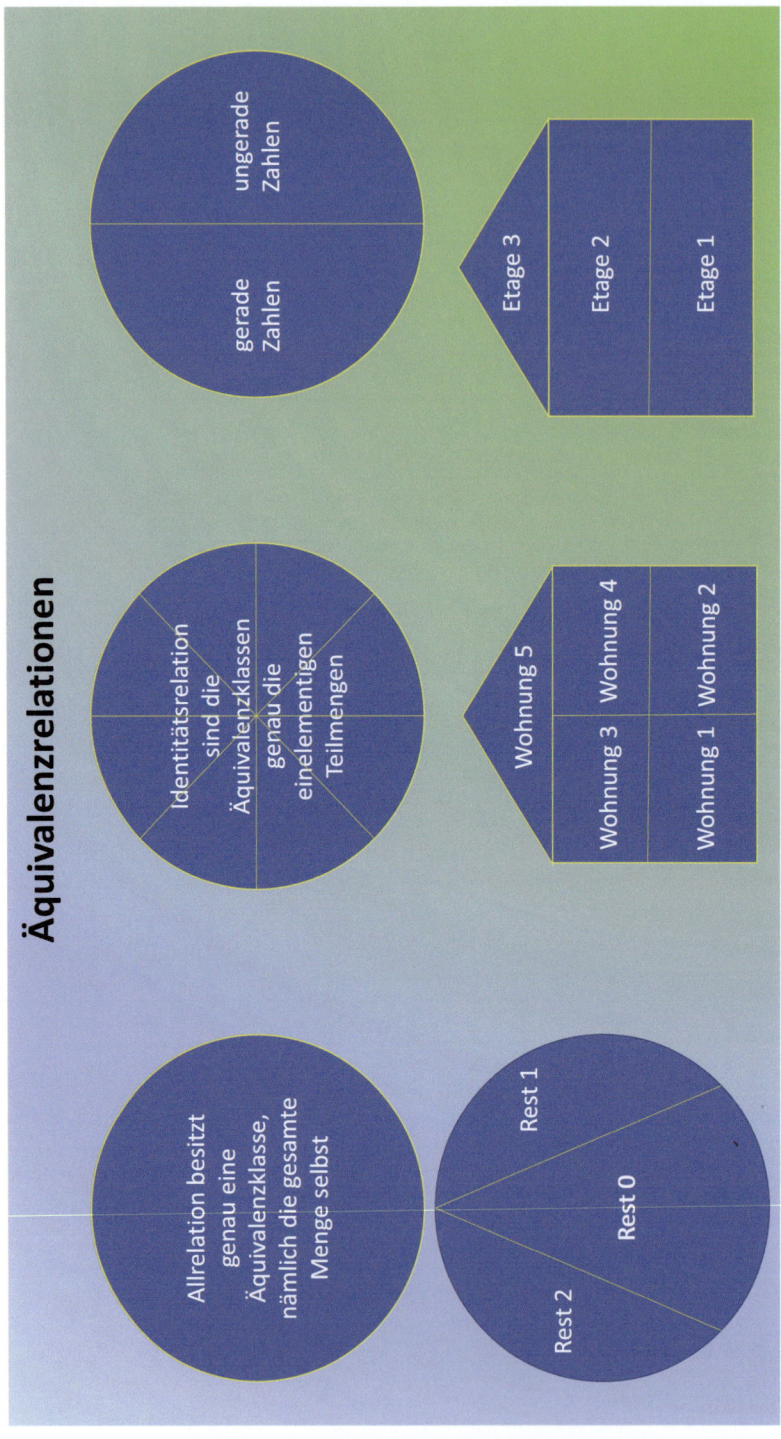

4.2.1.2 Ganze Zahlen

Beim Umgang mit Temperaturen und Bestandsänderungen werden auch negative Zahlen benötigt. Eine Schwachstelle natürlicher Zahlen ist, daß sie bzgl. der Addition keine sog. **'Gruppe'** bilden. Das entscheidend verletzte Axiom ist die **'Existenz des inversen Elementes'** bzgl. der Addition. Im Allgemeinen gibt es zu einer natürlichen Zahl n keine weitere natürliche Zahl m, so daß $n+m = 0 = m+n$ erfüllt ist. Ganz genau ist dies nur für die Null selber erfüllt, denn nach der Kürzungsregel folgt aus $n+m = 0 = 0+0$ schon $n = m = 0$. Anders ausgedrückt: die **'Einheitengruppe'** von $(\mathbb{N}_0; +)$ ist genau die Menge $\{0\}$. Zu diesem Zeitpunkt etwas informal ausgedrückt (da nicht genau beschrieben wurde, was Gleichungen und Unbekannte eigentlich sind) ist das Lösen der Gleichungen der Form $a + x = b$ (was gleichwertig zu $a \leq b$ ist) in der Unbekannten x in den natürlichen Zahlen nicht möglich, wohl aber in den ganzen Zahlen. Dieser Aspekt des **'Lösens von Gleichungen'** ist bei dem gesamten Aufbau des **'Zahlensystems'** interessant und spielt für die Algebra eine fundamentale Rolle.

Jetzt wird die Konstruktion der **'ganzen Zahlen'** $\mathbb{Z}$ mit Hilfe der natürlichen Zahlen, der Paarbildung, den Äquivalenzrelationen sowie dem Erweiterungsprinzip dargestellt. Dabei werden auch Multiplikation und Addition sowie die Ordnung der natürlichen Zahlen auf die ganzen Zahlen transferiert. Zusätzlich wird das Erweiterungsprinzip wichtig, um sicherzustellen, daß die ganzen Zahlen so konstituiert werden können, daß sie die natürlichen Zahlen enthalten. Der Begriff der natürlichen Zahl wurde damit begründet, daß er vom natürlichen Zählen von Objekten stammt. Aus welchem Grund wird nun eine ganze Zahl als solche bezeichnet? Die Antwort ist, weil sie noch nicht **'geteilt'** oder umgangssprachlich **'kaputt'** ist. Sie ist noch **'völlig zusammengesetzt'** im Gegensatz zu einer **'rationalen, geteilten'** Zahl – wie etwa $\frac{1}{2}$ oder allgemeiner einer **'reellen'** Zahl mit **'Nachkommastellen'** wie etwa π oder $0{,}123456789\ldots$.

Die Darstellungen basieren teilweise auf dem Werk **'Basic Algebra 1'** von Nathan Jacobson (siehe [30]) sowie auf dem Grundlagenbuch **'Einführung in die moderne Mathematik – Das Werkzeug der Algebra'** von Dieter Blessenohl (siehe [10]). Die folgende Grafik visualisiert einige Aspekte ganzer Zahlen.

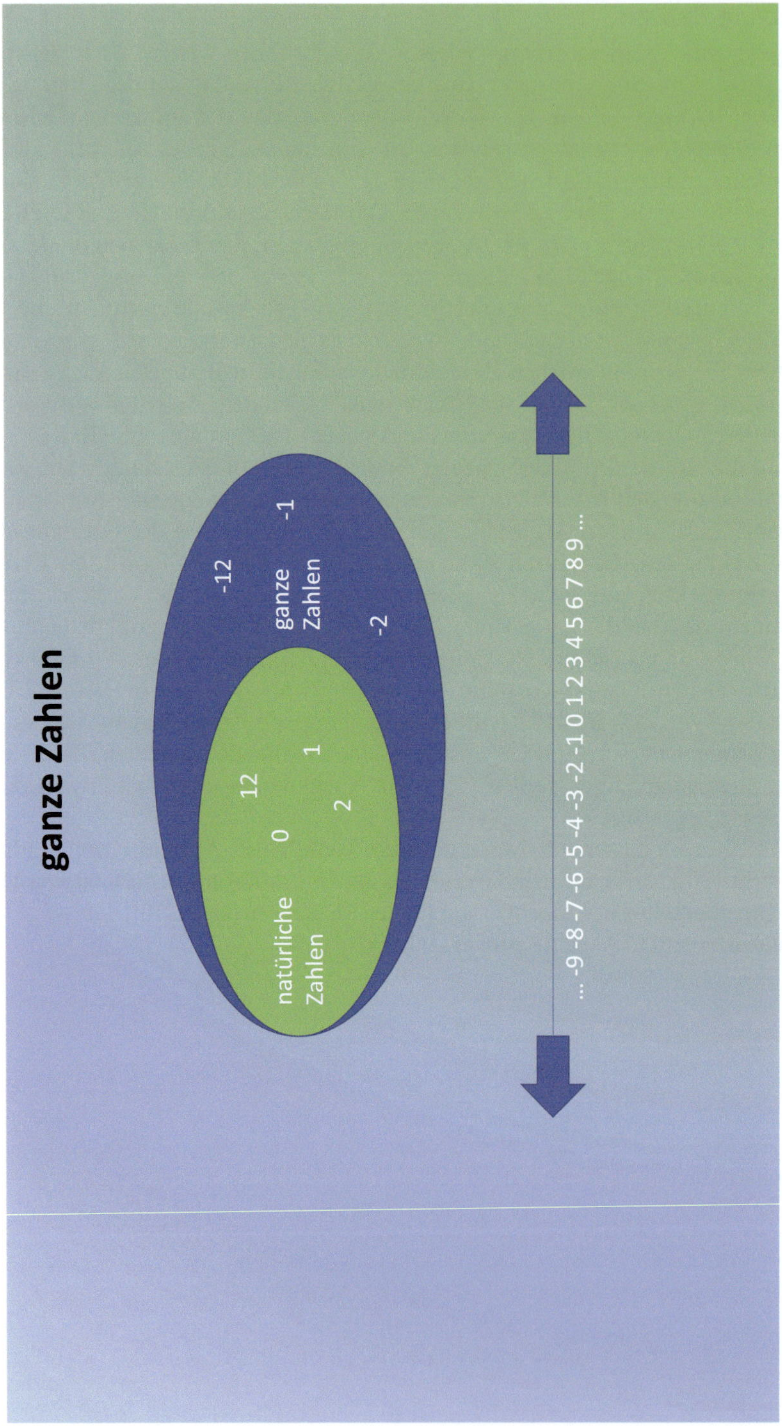

Kapitel 4 · Einlagerung von Kühlgut

ganze Zahlen

- ganze Zahlen: −12, −1, −2
- natürliche Zahlen: 0, 12, 1, 2

… −9 −8 −7 −6 −5 −4 −3 −2 −1 0 1 2 3 4 5 6 7 8 9 …

4.2.1.2.1 Konstruktion ganzer Zahlen

Ähnlich wie bei den natürlichen Zahlen, bei denen mittels des Isomorphiesatzes 1 bewiesen wurde, daß alle natürlichen Zahlensysteme isomorph sind, sollen die ganzen Zahlen auch **'universell'** definiert und bis auf **'Isomorphie'** als eindeutig bestimmt erkannt werden.

Für die weitere Begriffswelt benötigt man **'Gruppen'** und **'Homomorphismen'** zwischen Gruppen. Auf Gruppen wird im Abschnitt **'Sortieren und Ordnen'** noch vertieft eingegangen. Ist M ein Monoid, so heißt ein Element $e \in M$ **'Einheit'** von M, wenn ein Element $f \in M$ existiert, so daß $e \cdot f = 1_M = f \cdot e$ gilt. Das Element f ist eindeutig bestimmt, was später bewiesen wird, und es wird mit e^{-1} bezeichnet. Die Einheiten fasst man in der **'Einheitengruppe'** E(M) von M zusammen. M heißt Gruppe, wenn $M = E(M)$ gilt. Das Monoid nennt man **'kommutativ'**, wenn je zwei Elemente e, f miteinander vertauschen, also $ef = fe$ erfüllt ist.

Sind G, H zwei Gruppen, so ist eine Abbildung $f : G \longrightarrow H$ ein **'Gruppenhomomorphismus'**, wenn er mit den Verknüpfungen verträglich ist, also wenn für alle $a, b \in G$ die Regel

$$(ab)f = (af)(bf)$$

gilt. Injektive bzw. surjektive bzw. bijektive Gruppenhomomorphismen werden **'Mono-'** bzw. **'Epi-'** bzw. **'Isomorphismen'** genannt. Gruppenhomomorphismus sind nicht nur verträglich mit der Verknüpfung, sondern auch mit dem neutralen Element und den inversen Elementen: Es gilt $f(1) = f(1 \cdot 1) = f(1) \cdot f(1)$, und durch Anwendung von $f(1)^{-1}$ folgt

$$f(1) = 1.$$

Des Weiteren gilt $1 = f(1) = f(a \cdot a^{-1}) = f(a)f(a^{-1})$, und damit ergibt sich durch Anwendung von $f(a)^{-1}$ von links auf diese Gleichung das gewünschte Resultat

$$f(a^{-1}) = f(a)^{-1}$$

für alle $a \in G$.

Definition und Bemerkung 2 *(universelle Eigenschaft ganzer Zahlen)* Ein Paar $(Z; \iota)$ heißt eine **'Darstellung ganzer Zahlen'**, wenn Z eine abelsche Gruppe, $\iota : \mathbb{N}_0 \longrightarrow Z$ ein Monoidhomomorphismus und folgende universelle Eigenschaft erfüllt ist: Ist $(G; j)$ ein weiteres solches Paar, dann existiert genau ein Gruppenhomomorphismus $f : Z \longrightarrow G$ mit $\iota f = j$.

Es wird gezeigt, daß es bis auf Gruppenisomorphie höchstens ein Paar ganzer Zahlen gibt. Ist nämlich $(Y; j)$ ein weiteres Paar, so gibt es genau einen Gruppenhomomorphismus $f : Z \longrightarrow Y$ mit $\iota f = j$ und auch genau einen Gruppenhomomorphismus $g : Y \longrightarrow Z$ mit $jg = \iota$. Damit gilt $\iota fg = \iota$ und $jgf = j$. Zwischen Y bzw. Z und sich selbst ist aber die Identität der einzige solche Gruppenhomomorphismus. Also folgen $fg = id$ und $gf = id$, und damit sind f und g zueinander inverse Gruppenisomorphismen. ⋄

$$\begin{array}{ccc} \mathbb{N}_0 & \xrightarrow{\iota} & Z \\ id \downarrow & & f \downarrow \\ \mathbb{N}_0 & \xrightarrow{j} & G \end{array}$$

Möchte man zwei natürliche Zahlen **'subtrahieren'**, so ist die **'Differenz'** eine positive oder negative ganze Zahl. Zum Beispiel ist $5 - 3 = 6 - 4$, aber auch $3 - 9 = 5 - 11$, so daß eine Differenz auf mehreren Arten geschrieben werden kann. Beides könnte man auch so ausdrücken: $5 + 4 = 6 + 3$ und $3 + 11 = 5 + 9$. Das Interessante daran ist, das letzteres allein mit der **'Addition'** in $\mathbb{N}_0$ darstellbar ist. Deswegen definiert man:

Proposition 3 *(Äquivalenzrelation der Subtraktion) Auf $\mathbb{N}_0 \times \mathbb{N}_0$ wird die Relation $\sim$ durch $(a; b) \sim (c; d) := a + d = b + c$ definiert. Sie ist eine Äquivalenzrelation.* ⋄

Folgend wird die Menge der Äquivalenzklassen $Z := (\mathbb{N}_0 \times \mathbb{N}_0)/\sim$ betrachtet. Für Z wird bewiesen, daß es eine Darstellung ganzer Zahlen ist. Auf Z können die Addition und Multiplikation ganzer Zahlen definiert werden. Dazu ist es naheliegend, auf Z für alle $a, b, c, d \in \mathbb{N}_0$ als

'Addition' $[(a; b)] + [(c; d)] := [(a + c; b + d)]$

zu definieren. In diesem Zusammenhang ergibt sich eine Problemstellung. Diese Definition ist mit Hilfe eines beliebigen Repräsentanten durchgeführt worden. Möglich wäre es, daß bei Wahl eines anderen Repräsentanten als Ergebnis der Addition eine andere Äquivalenzklasse entsteht. Dann wäre die Addition der Äquivalenzklassen nicht eindeutig definiert. Deswegen spricht man hier auch von sog. **'Wohldefiniertheit'** der Addition. Anders ausgedrückt: die Addition ist tatsächlich eine Funktion. Aus diesem Grund muss die Addition als **'unabhängig'** von der Wahl des Repräsentanten erkannt werden. Seien dazu noch $e, f, g, h \in \mathbb{N}_0$, und es gelte $(a; b) \sim (e; f)$ sowie $(c; d) \sim (g; h)$. Es muss gezeigt werden, daß $(a + c; b + d) \sim (e + g; f + h)$ gilt. Aus $(a; b) \sim (e; f)$ und $(c; d) \sim (g; h)$ folgt $a + f = b + e$ und $c + h = d + g$. Durch Addition der beiden Gleichungen wird $(a + f) + (c + h) = (b + e) + (d + g)$ erhalten. Mit Hilfe des Kommutativitäts- und Assoziativitätsgesetzes der Addition leitet sich $a + c + f + h = b + d + f + h$ ab. Damit ist die Addition auf Z wohldefiniert.

Lemma 2 *(Existenz ganzer Zahlen) Sei $\iota : \mathbb{N}_0 \longrightarrow Z, a \mapsto [(a; 0)]$. Dann ist $(Z; \iota)$ eine Darstellung ganzer Zahlen, und ι ist injektiv.* ◊

Das folgende Schaubild illustriert die Konstruktion von Z sowie die **'Inversenbildung'**, die **'Addition'** und die **'Subtraktion'**. Die Äquivalenzklassen werden durch Geraden innerhalb des **'Gitters'** $\mathbb{N}_0 \times \mathbb{N}_0$ repräsentiert, die **'parallel'** zur ersten **'Winkelhalbierenden'** liegen. Diese spezielle Gerade ist das Nullelement. Die rechts neben dem Nullelement liegenden Geraden sind die natürlichen Zahlen, die oberhalb vom Nullelement ihre jeweiligen **'Inversen'**. Diese Geraden **'partitionieren'** das gesamte Gitter. Die Addition zweier Geraden ist dadurch gegeben, daß man einen beliebigen Punkt auf beiden Geraden wählt und addiert. Dazu ist es zweckmässig, diese Addition als Diagonale im durch die beiden Punkte erzeugten **'Parallelogramm'** zu deuten. Die Gerade, die parallel zur ersten Winkelhalbierenden läuft und den Endpunkt der Diagonalen in diesem Parallelogramm schneidet, ist das Ergebnis der **'Geraden-Addition'**. Die Subtraktion ist die Addition mit der inversen Geraden. Klappt man die y-Achse nach links auf Höhe der x-Achse, so hat man schon den gewohnten **'Zahlenstrahl'** der ganzen Zahlen vor sich.

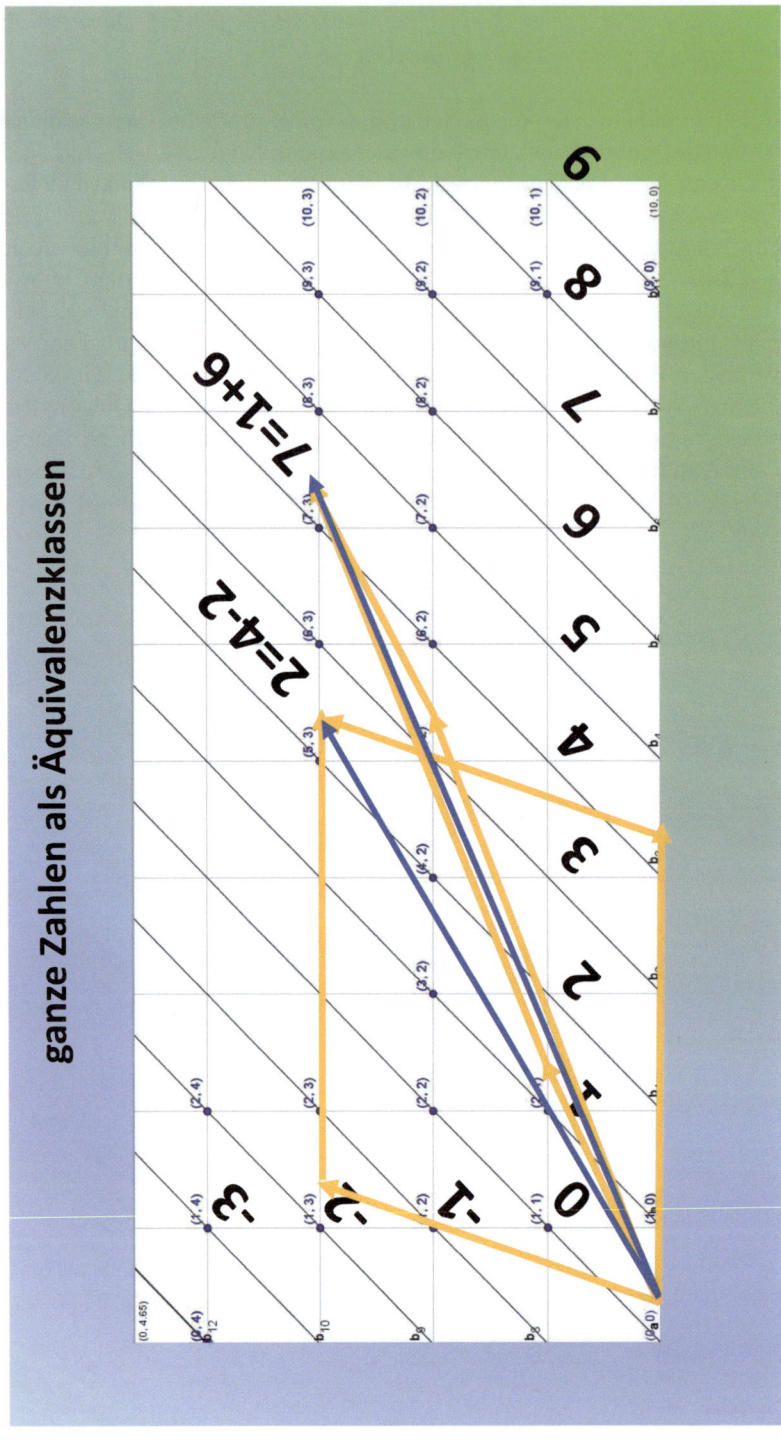

Das Bild lässt ein spezielles Repräsentantensystem für die Äquivalenzklassen erkennbar werden, wenn die Schnittpunkte mit den Koordinatenachsen betrachtet werden:

$$Z = \{[(0; a)] \mid a \in \mathbb{N}\} \,\dot\cup\, \{[(0; 0)]\} \,\dot\cup\, \{[(a; 0)] \mid a \in \mathbb{N}\}.$$

Dies kann man als **'Trichotomie'** um den Nullpunkt beschreiben. Es ist $[(0; a)] = -[(a; 0)]$ für alle $a \in \mathbb{N}$. Nach ▶ Lemma 2 ist ι injektiv, und wegen $a = b \longleftrightarrow -a = -b$ sind die Elemente $[(0; a)], [(a; 0)], [(0; b)], [(b; 0)]$ für $a, b \in \mathbb{N}$ mit $a \neq b$ alle paarweise verschieden und zudem verschieden vom Nullelement $[(0; 0)]$. Zum Beweis der Trichotomie um das Nullelement betrachte man beliebige Elemente $a, b \in \mathbb{N}_0$ sowie die Äquivalenzklasse $[(a; b)]$. Man verwende die Trichotomie in $\mathbb{N}_0$, wonach $a = b$, $a < b$ oder $a > b$ gilt. Im Fall $a = b$ ist $[(a; b)] = [(a; a)] = [(0; 0)]$. Ist $a < b$, so existiert ein $c \in \mathbb{N}$ mit $a + c = b$. Es gilt

$$[(a; b)] = [(a; a + c)] = [(a; a)] + [(0; c)] = [(0; 0)] + [(0; c)] = [(0; c)].$$

Analog erhält man im Fall $a > b$ eine Darstellung der Form $[(c; 0)]$ mit $c \in \mathbb{N}$. Setzt man $-N := \{[(0; a)] \mid a \in \mathbb{N}\}$ und $N := \{[(a; 0)] \mid a \in \mathbb{N}\}$, so wird für Z die trichotomische Darstellung

$$Z = -N \,\dot\cup\, \{0\} \,\dot\cup\, N$$

erhalten, wobei abkürzend $0 = [(0; 0)]$ gesetzt wird. Das Nullelement wird als **'neutral'**, die Zahlen $[(a; 0)]$ **'positiv'** und $[(0; a)] = -[(a; 0)]$ **'negativ'** bezeichnet. Zu den Rechengesetzen natürlicher Zahlen wurden zusätzlich noch folgende Regeln bewiesen:

(1) **Kürzungsregel:** Für natürliche Zahlen a, b, c wurde bewiesen, daß $a + c = b + c$ genau dann gilt, wenn $a = b$ erfüllt ist. Dies gilt wegen der Gruppeneigenschaft auch in Z, in dem man mit $-c$ die Gleichung auf beiden Seiten bearbeitet.

(2) **'Nullsummenregel':** Für natürliche Zahlen a, b gilt $a + b = 0$ genau dann, wenn $a = b = 0$ erfüllt ist. Dies ist in Z nicht mehr wahr, denn jede ganze Zahl a besitzt ein Inverses: $a + (-a) = 0$.

(3) **'Einssumme':** Für natürliche Zahlen a, b gilt $a + b = 1$ nur für $(a; b) = (1; 0)$ oder $(a; b) = (0; 1)$. Dies ist in Z nicht mehr wahr, denn zu gegeben a ist $1 - a$ eine Lösung dieser Gleichung in Z.

Im Gegensatz zu den natürlichen Zahlen kann für alle Elemente aus Z eine **'Subtraktion'** etabliert werden. Sind $a, b, c, d \in \mathbb{N}_0$, so definiert man die Subtraktion auf Z durch

$$[(a; b)] - [(c; d)] = [(a; b)] + (-[(c; d)]) = [(a; b)] + [(d; c)] = [(a + d; b + c)].$$

Es soll jetzt eine **'Multiplikation'** auf Z definiert werden. Wegen $(a - b)(c - d) = (ac + bd) - (ad + bc)$ legt man

$$[(a; b)] \cdot [(c; d)] := [(ac + bd; ad + bc)]$$

für alle $a, b, c, d \in \mathbb{N}_0$ fest. Es muss erneut erkannt werden, daß die Multiplikation wohldefiniert ist. Seien dazu $a, b, c, d, e, f, g, h \in \mathbb{N}_0$ mit $(a; b) \sim (e; f)$ und $(c; d) \sim (g; h)$. Dann gelten $a + f = e + b$ und $c + h = g + d$. Es folgt der Beweis, daß $[(ac+bd; ad+bc)] = [(eg+fh; eh+fg)]$ gilt, was gleichwertig zu $ac+bd+eh+fg = ad+bc+eg+fh$ ist. Dazu bedarf es einer Reihe von Rechenoperationen. Die Formeln $a + f = e + b$ und $c + h = g + d$ werden zum Beweis von

$$(a+f)(c+g) + (e+b)(d+h) + (c+h)(a+e) + (g+d)(b+f)$$
$$= (e+b)(c+g) + (a+f)(d+h) + (g+d)(a+e) + (c+h)(b+f)$$

angewendet. Mit Hilfe der Kommutativ-, Assoziativ- und Distributivgesetze sowie der additiven Kürzungsregel (mit der gleiche Elemente auf beiden Seiten einer Gleichung entfernt werden können) folgt daraus

$$2(ac + bd + eh + fg) = 2(ad + bc + eg + fh).$$

Mit der multiplikativen Kürzungsregel ergibt sich die Behauptung, da $2 \neq 0$ ist. Somit ist die Multiplikation wohldefiniert. Für alle $a, b \in \mathbb{N}_0$ gilt zudem

$$[(a; 0)] \cdot [(b; 0)] = [(a \cdot b + a \cdot 0; 0 \cdot b + 0 \cdot 0)] = [(ab; 0)],$$

so daß die Multiplikation auf der Einbettung der natürlichen Zahlen in Z fortgesetzt wird. Es werden nun die zentralen Eigenschaften der Multiplikation auf Z aufgelistet:

Lemma 3 *(Multiplikation ganzer Zahlen) Seien $a, b, c, d, e, f \in \mathbb{N}_0$. Z erfüllt für die Multiplikation die folgenden Eigenschaften:*
(i) *Die Multiplikation ist* **'kommutativ'**: $[(a; b)] \cdot [(c; d)] = [(c; d)] \cdot [(a; b)]$.
(ii) *Die Multiplikation ist* **'assoziativ'**: $([(a; b)] \cdot [(c; d)]) \cdot [(e; f)] = [(a; b)] \cdot ([(c; d)] \cdot [(e; f)])$.
(iii) $[(1; 0)]$ *ist* **'neutral'** *bzgl. der Multiplikation:* $[(a; b)] \cdot [(1; 0)] = [(a; b)] = [(1; 0)] \cdot [(a; b)]$.
(iv) $(Z; \cdot)$ *ist ein* **'kommutatives Monoid'** *mit neutralem Element* $[(0; 0)]$.
(v) *Die Multiplikation ist* **'nullteilerfrei'**: $[(a; b)] \cdot [(c; d)] = [(0; 0)] \leftrightarrow [(a; b)] = [(0; 0)] \vee [(c; d)] = [(0; 0)]$.
(vi) *Die Multiplikation erfüllt die* **'Kürzungsregel'**: $[(a; b)] \cdot [(e; f)] = [(c; d)] \cdot [(e; f)] \wedge [(e; f)] \neq [(0; 0)] \leftrightarrow [(a; b)] = [(c; d)]$.
(vii) $(Z \setminus \{0\}; \cdot)$ *ist ein* **'kommutatives Monoid'** *mit neutralem Element* $[(1; 0)]$.
(viii) 0 *ist bzgl.* $\cdot$ **'absorbierend'**: $[(a; b)] \cdot [(0; 0)] = [(0; 0)] = [(0; 0)] \cdot [(a; b)]$.
(ix) *Es gelten die* **'Distributivgesetze'** *bzgl.* $+$ *und* $\cdot$ *auf Z:* $[(a; b)] \cdot ([(c; d)] + [(e; f)]) = [(a; b)] \cdot [(c; d)] + [(a; b)] \cdot [(e; f)]$ *sowie* $([(c; d)] + [(e; f)]) \cdot [(a; b)] = [(c; d)] \cdot [(a; b)] + [(e; f)] \cdot [(a; b)]$. $\diamond$

4.2.1.2.2 Der Ring der ganzen Zahlen

Für die ganzen Zahlen $\mathbb{Z}$ sind in den vorherigen Paragraphen einige Gesetzmäßigkeiten hergeleitet worden, nämlich daß $(\mathbb{Z}; +)$ eine abelsche Gruppe ist, $(\mathbb{Z}; \cdot)$ ein kommutatives Monoid ist und daß bzgl. $+$ und $\cdot$ die Distributivgesetze $a \cdot (b+c) = ab + ac$ sowie $(a+b) \cdot c = ac + bc$ gelten. Allgemein wird daher definiert:

Definition 23 *(Ring, kommutativer Ring) Ein Tripel $(R; +; \cdot)$ heißt 'assoziativer Ring', wenn die folgenden Bedingungen erfüllt sind:*
(i) $(R; +)$ ist eine abelsche Gruppe mit neutralem Element 0.
(ii) $(R; \cdot)$ ist eine Halbgruppe.
(iii) Es gelten die Distributivgesetze $a \cdot (b+c) = ab + ac$ sowie $(a+b) \cdot c = ac + bc$ für alle $a, b, c \in R$.

Ist $(R; \cdot)$ sogar eine kommutative Halbgruppe, so wird $(R; +; \cdot)$ oder auch kurz R als **'kommutativer Ring'** *benannt. Ist $(R; \cdot)$ ein Monoid mit neutralem Element $1 \neq 0$, so ist ein R* **'Ring mit Eins'**. *Ein kommutativer Ring mit Eins ist also ein Ring, dessen multiplikative Halbgruppe sogar ein kommutatives Monoid mit neutralem Element $1 \neq 0$ ist. Oft wird die Multiplikation des Ringes weggelassen und stattdessen werden Ausdrücke der Form $ac + b$ ($a, b, c \in R$) benutzt. Gilt für alle $a, b \in R$ die Aussage $ab = 0$ nur für $a = b = 0$, so nennt man R* **'nullteilerfrei'**. *Ein kommutativer nullteilerfrei Ring mit Eins heißt* **'Integritätsbereich'**. ⋄

Nach den bisherigen Erkenntnissen (siehe ▶ Lemma 3 und 2) gilt daher:

Satz 18 *(Ring der ganzen Zahlen) Das Tripel $(\mathbb{Z}; +; \cdot)$ ist ein Integritätsbereich.* ⋄

Für jeden Ring gelten Gesetzmäßigkeiten, die ggfs. schon in der Schule beim Umgang mit ganzen Zahlen aufgetaucht sind:

Proposition 4 *(Basiseigenschaften von Ringen) Seien $(R; +; \cdot)$ ein Ring und $a, b, c \in R$. Dann gelten folgende Aussagen:*
(i) $a0 = 0 = 0a$
(ii) $1 \cdot 0 = 0 = 0 \cdot 1$
(iii) $a(-b) = -ab = a(-b)$
(iv) $ab = (-a)(-b)$
(v) $(-1)(-1) = 1$
(vi) $a + b = a + c \longleftrightarrow b = c$
(vii) Ist $\cdot$ nullteilerfrei, so gilt: $(a \neq 0 :) \to (ab = ac \longleftrightarrow b = c)$
(viii) Ist $\cdot$ nullteilerfrei, so gilt: $(a \neq 0 :) \to (ba = ca \longleftrightarrow b = c)$
(ix)   Ist R ein Ring mit Eins, so gilt $-a = (-1)a = a(-1)$. ⋄

Innerhalb der natürlichen Zahlen gibt es für die Addition keine Inversen. Dies stellt eine Schwachstelle dar. Analog dazu verhält es sich in gleicher Weise innerhalb der ganzen Zahlen bzgl. der Multiplikation. Seien $a, b, c, d \in \mathbb{N}_0$, und es gelte $[(a; b)] \cdot [(c; d)] = [(1; 0)]$. Es folgt $(ac+bd; ad+bc) \sim (1; 0)$, und damit gelten $ac+bd+1 = ad + bc$ und $(a - b)(d - c) = 1$. In den Übungsaufgaben wird für natürliche Zahlen x, y bewiesen, daß genau dann $xy = 1$ gilt, wenn $x = y = 1$ erfüllt ist. Dieses Resultat findet hier seine Anwendung, und zwar auf die Gleichung $(a - b)(d - c) = 1$. Im Fall $a > b$ und $d > c$ gilt also $a - b = 1 = d - c$, und daraus ergibt sich $[(a; b)] = [(1 + b; b)] = [(1; 0)]$. Der Fall $a < b$ und $d < c$ wird durch die Betrachtung von $(a - b)(d - c) = (b - a)(c - d)$ (Regel $(-x)(-y) = xy$) abgehandelt. Daraus folgt $a - b = 1$, also $[(a; a + 1)] = [(0; 1)] = -1$. Die anderen beiden Fälle können nicht eintreten, weil sonst $xy = -1$ mit natürlichen Zahlen x, y gelten würde. Somit ist bewiesen, daß die Menge $\{1, -1\}$ genau die **'Einheitengruppe'** der ganzen Zahlen ist.

Diese Schwachstelle wird durch die Konstruktion der rationalen Zahlen im nächsten Kapitel beseitigt, wo auch der Begriff des mathematischen **'Körpers'** eingeführt werden soll. Anders ausgedrückt hat die Gleichung $ax + b = 0$ im Allgemeinen keine Lösung in $\mathbb{Z}$. Sie ist aber in den **'rationalen Zahlen'** $\mathbb{R}$ lösbar. Im folgenden Bild soll dieser Gesichtspunkt visualisiert und auf weitere Zahlbereiche – $\mathbb{R}$ **'reelle'** und $\mathbb{C}$ **'komplexe'** Zahlen – ausgedehnt, auch wenn bisher nur die natürlichen und ganzen Zahlen, nicht aber die rationalen, reellen und komplexen Zahlen betrachtet wurden.

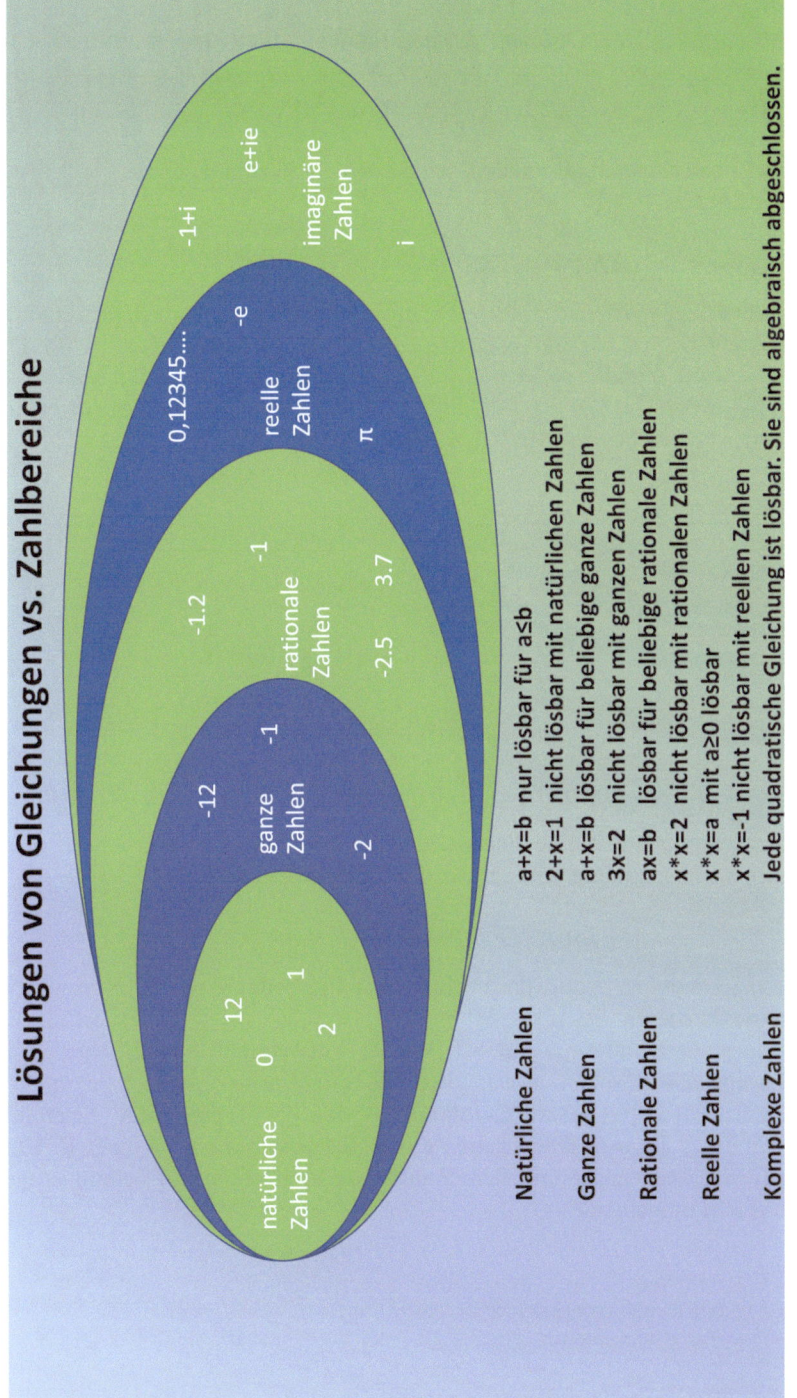

4.2.1.2.3 Ordnungsübertragung auf $\mathbb{Z}$

In diesem Abschnitt soll die **'Ordnung'** der natürlichen Zahlen (inkl. ihrer Eigenschaften) auf die ganzen Zahlen übertragen werden. Wegen $a-b \leq c-d \iff a+d \leq c+b$ setzt man fest:

Definition und Bemerkung 3 *(Ordnung ganzer Zahlen)* Seien $a, b, c, d \in \mathbb{N}_0$. Es sei $\leq$ auf $\mathbb{Z}$ definiert durch

$$[(a;b)] \leq [(c;d)] := (a+d) \leq (c+b).$$

Erneut muss überlegt werden, daß diese Definition unabhängig vom Repräsentanten ist. Seien also $e, f, g, h \in \mathbb{N}_0$, und es gelten $(a;b) \sim (e;f)$ und $(c;d) \sim (g;h)$. Dies bedeutet $a+f = e+b$ und $c+h = g+d$. Es soll erkannt werden, daß $a+d \leq c+b$ genau dann gilt, wenn $e+h \leq g+f$ erfüllt ist. Mittels **'Äquivalenzumformungen'** und Anwendung der bereits bewiesenen Kürzungsregeln folgt:

$$\begin{aligned}
a+d &\leq c+b \iff_{+g} \\
a+d+g &\leq c+b+g \iff_{d+g=c+h} \\
a+c+h &\leq c+b+g \iff_{+e} \\
a+c+h+e &\leq c+b+g+e \iff_{b+e=a+f} \\
a+c+h+e &\leq c+a+g+f \iff_{a+c\ \text{kuerzen}} \\
h+e &\leq g+f.
\end{aligned}$$

Es gilt weiterhin

$$[(a;0)] \leq [(c;0)] \iff a \leq c.$$

Damit ist die Ordnung auf $\mathbb{Z}$ eine **'Fortsetzung'** der eingebetteten natürlichen Zahlen. Daß tatsächlich eine Ordnung vorliegt, wird im Folgenden bewiesen. Es gilt

$$[(a;b)] \leq [(a;b)] \iff a+b \leq a+b.$$

Da die rechte Seite obiger Äquivalenz erfüllt ist, ist $\leq$ **'reflexiv'** auf $\mathbb{Z}$. Nun wird die **'Antisymmetrie'** bewiesen. Seien $[(a;b)] \leq [(c;d)]$ und $[(c;d)] \leq [(a;b)]$ erfüllt. Das bedeutet $a+d \leq c+b$ und $c+b \leq d+a$. Aus der Antisymmetrie natürlicher Zahlen bzgl. $\leq$ folgt nun $a+d = c+b$, was gleichbedeutend mit $(a;b) \sim (c;d)$ und damit auch mit $[(a;b)] = [(c;d)]$ ist. Es folgt der Beweis der **'Transitivität'**. Seien dazu $[(a;b)] \leq [(c;d)] \leq [(e;f)]$. Dann gelten $a+d \leq b+c$ und $c+f \leq e+d$. Unter Benutzung diverser Regeln für natürliche Zahlen wie Monotonie und Ordnungseigenschaften wird nun umgeformt:

$$\begin{aligned}
a+d &\leq b+c \implies_{+f} \\
a+d+f &\leq b+c+f \implies_{c+f \leq e+d} \\
a+d+f &\leq b+e+d \implies_{\text{Monotonie mit } d} \\
a+f &\leq b+e.
\end{aligned}$$

Daraus folgt $[(a;b)] \leq [(e;f)]$. Es verbleibt, die **'Totalität'** zu beweisen. Diese folgt sofort aus der Totalität der natürlichen Zahlen, da $a+d \leq c+b$ oder $c+b \leq a+d$ gilt.

Dies ist gleichbedeutend zu $[(a;b)] \leq [(c;d)]$ oder $[(c;d)] \leq [(a;b)]$. Abschließend werden noch analog der natürlichen Zahlen die folgenden Relationen definiert:

$[(a;b)] < [(c;d)] :\Longleftrightarrow (a+d) < (c+b),$
$[(a;b)] \geq [(c;d)] :\Longleftrightarrow (a+d) \geq (c+b)$ und
$[(a;b)] > [(c;d)] :\Longleftrightarrow (a+d) > (c+b).$ ⋄

Die ganzen Zahlen sind vorerst nur mit 'Z' und nicht wie gewohnt mit '$\mathbb{Z}$' symbolisiert. Das liegt daran, daß beim vorgestellten Design die natürlichen Zahlen $\mathbb{N}_0$ nicht in Z enthalten sind, wohl aber als **'isomorphe Kopie'** in der Form $[(a;0)]$ für $a \in \mathbb{N}_0$. Diese Konstruktion wird nun ergänzt. Zu diesem Zweck werden die Sätze zum Erweiterungsprinzip 14 und Strukturtransport 15 verwendet, um die Menge Z und die Strukturen + und · auf Z oberhalb von $\mathbb{N}_0$ zu etablieren. Zusätzlich ist es wichtig, daß ι injektiv ist und die Addition und Multiplikation auf Z auf Basis von $\mathbb{N}_0\iota$ fortsetzt. Die bijektive Abbildung $\psi : \mathbb{Z} \to Z$ aus dem Strukturtransport ist demnach sowohl mit + als auch mit · verträglich:

$$(x+y)\psi = (x\psi) + (y\psi) \quad \text{und} \quad (x \cdot y)\psi = (x\psi) \cdot (y\psi).$$

Eine derart **'doppelt-strukturerhaltende'** Abbildung nennt man einen **'Ringisomorphismus'**. Mit Z ist also auch $\mathbb{Z}$ ein Ring, der die gleichen Eigenschaften wie Z besitzt. Alle Rechenregeln von Z gelten also postum für $\mathbb{Z}$.

Um Eigenschaften über ganze Zahlen zu beweisen, kann also entweder abstrakt in einem **'Ring'** gerechnet werden, der die Eigenschaften von Z besitzt. Ebenso kann das zu Zeigende direkt in 'Z' mittels Äquivalenzklassen hergeleitet werden. Schließlich kann auch in '$\mathbb{Z}$' gerechnet werden.

Auch die **'Ordnungsrelationen'** $\leq, <, \geq$ und $>$ werden mittels des Ringisomorphismus auf $\mathbb{Z}$ durch

$$a \leq b := a\psi \leq b\psi$$

für alle $a, b \in \mathbb{Z}$ übertragen. Da ψ mit $\leq, <, \geq$ und $>$ per Definition verträglich ist und diese Relationen auch von $\mathbb{N}_0$ fortsetzt, gelten die bisher bewiesenen Rechenregeln für Z bzgl. dieser Relationen auch für $\mathbb{Z}$. Es wurde bereits die **'Trichotomie'** um die 0 bewiesen. Daher setzt man in $\mathbb{Z}$

$$-\mathbb{N} := \{x \mid \exists y \in \mathbb{N} : x = -y\}.$$

Wegen der Trichotomie in Z gilt nun auch in $\mathbb{Z}$ die **'trichotomische Darstellung'**.

$$\mathbb{Z} = -\mathbb{N} \,\dot\cup\, \{0\} \,\dot\cup\, \mathbb{N}$$

Das Nullelement wird **'neutral'** genannt, die Zahlen $a \in \mathbb{N}$ **'positiv'** und die Zahlen $-a, a \in \mathbb{N}$ **'negativ'**. Das bedeutet, daß für eine ganze Zahl z genau eine der Aussagen

$$x < 0, x = 0 \text{ oder } x > 0$$

gilt. Diese Erkenntnisse sollen im folgenden Schaubild zusammengefasst werden.

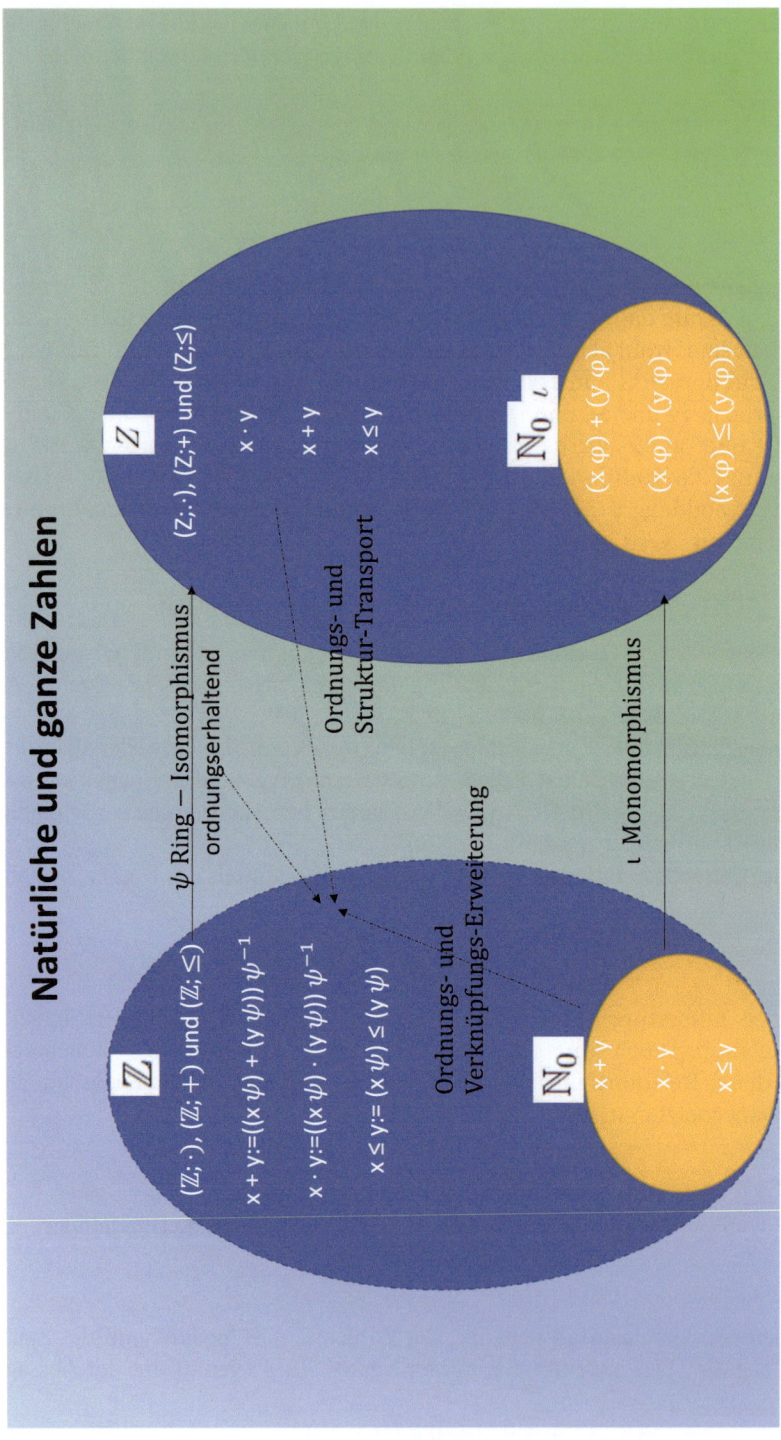

Da die natürlichen in den ganzen Zahlen eingebettet sind, liegt es nahe zu prüfen, ob die Rechengesetze bzgl. $\leq$ von $\mathbb{N}_0$ auf $\mathbb{Z}$ in Anlehnung an ▶ Satz 10 übertragbar sind. Zu erkennen ist jedoch, daß die Monotonie bzgl. der Multiplikation nicht mehr erfüllt ist: die Anordnung dreht sich durch Multiplikation mit negativen ganzen Zahlen um.

Man definiert für $a, b \in \mathbb{Z}$ das **'Intervall'** [a, b]durch

$$\{z \mid z \in \mathbb{Z}, a \leq z \leq b\}.$$

Entsprechend sind die anderen — aus der Schule bekannten Intervalle $-]a, b[$, $]a, b]$ und $[a, b[$ definiert. Ersteres ergibt sich aus $[a, b]$ durch Weglassen von $\{a, b\}$, beim Zweiten bzw. Dritten ist das Element a bzw. b entfernt. Es gelten folgende Aussagen:

Satz 19 *(Ordnungseigenschaften von $\mathbb{Z}$) Sei $T \subseteq \mathbb{Z}$. Innerhalb von $\mathbb{Z}$ gelten folgende Ordnungseigenschaften:*
- *(i)   Ist T nach 'oben beschränkt', so besitzt T ein 'Maximum'.*
- *(ii) Ist T nach 'unten beschränkt', so besitzt T ein 'Minimum'.*
- *(iii) Genau dann ist T 'endlich', wenn T nach oben und nach unten beschränkt ist. Dies ist genau dann der Fall, wenn T in einem 'Intervall' enthalten ist.*
- *(iv) Für alle $a, b, c \in \mathbb{Z}$ gilt das 'Monotoniegesetz' $a \leq b \Longrightarrow a + c \leq b + c$ bzgl. $+$ – 'Translationsinvarianz'.*
- *(v)   Für alle $a, b, c \in \mathbb{Z}$ mit $c \geq 0$ gilt das 'Monotoniegesetz' $a \leq b \Longrightarrow ac \leq bc$ bzgl. $\cdot$.*
- *(vi) Für alle $a, b, c \in \mathbb{Z}$ mit $c < 0$ gilt das 'umgekehrte Monotoniegesetz' $a \leq b \to ac \geq bc$ bzgl. $\cdot$.*

Definition und Bemerkung 4 *(Betrag und Signum)* Mit der Trichotomie der ganzen Zahlen um den Nullpunkt lassen sich zwei weitere Funktionen bzgl. der ganzen Zahlen definieren. Dies sind zum einen die **'Betragsfunktion'**

$$| \cdot |: \mathbb{Z} \to \mathbb{N}_0$$

und zum anderen die **'Vorzeichen-'** oder auch **'Signumsfunktion'**

$$\text{sgn}(\cdot) : \mathbb{Z} \to \{-1, 0, 1\}.$$

Ist $x \in \mathbb{Z}$, so gilt genau eine der Aussagen $x > 0$, $x = 0$ oder $x < 0$. Daher werden die Signumsfunktion durch

$$sgn(x) := \begin{cases} 1 & \text{für } x > 0 \\ 0 & \text{für } x = 0 \\ -1 & \text{für } x < 0 \end{cases}$$

und die Betragsfunktion durch

$$\mid x \mid := \begin{cases} x & \text{für } x > 0 \\ 0 & \text{für } x = 0 \\ -x & \text{für } x < 0 \end{cases}$$

definiert Für alle $x \in \mathbb{Z}$ gilt wegen $1 \cdot x = x = (-1)(-x)$ folgende Rechenregel, die den Zusammenhang zwischen Signum und Betrag herstellt:

$$x = |x| \cdot sgn(x).$$

Sowohl für die Signums- als auch für die Betragsfunktion gelten weitere Formeln. Für das Signum sind dies:

(i) Für alle $x, y \in \mathbb{Z}$ gilt $sgn(xy) = sgn(x) sgn(y)$. (Signum ist ein **'Homomorphismus'** bzgl. $\cdot$.)
(ii) Im Allgemeinen gilt nicht für alle $x, y \in \mathbb{Z}$ die Regel $sgn(x + y) = sgn(x) + sgn(y)$.
(iii) Für alle $x \in \mathbb{Z}$ gilt $sgn(-x) = -sgn(x)$. (Signum ist eine **'ungerade Funktion'**.)
(iv) Für alle $x \in \mathbb{Z}$ gilt $sgn(sgn(x)) = sgn(x)$. (Signum ist **'idempotent'**.)

Die Rechenregeln lassen sich durch Verwendung der Definition des Signums mit Hilfe der Trichotomie nachrechnen (siehe Übungsaufgaben). Auch für den Betrag gelten einige Rechenregeln, die sich als Übung herleiten lassen:

(i) Für alle $x, y \in \mathbb{Z}$ gilt $|x + y| \leq |x| + |y|$. – **'Dreiecksungleichung'**
(ii) Für alle $x \in \mathbb{Z}$ gilt $|x| = 0$ genau dann, wenn $x = 0$ gilt. – **'Null-Betrag'**
(iii) Für alle $x \in \mathbb{Z}$ gilt $|x| \geq 0$. – **'positive Definitheit'**
(iv) Für alle $x, y \in \mathbb{Z}$ gilt $|xy| = |x| \cdot |y|$. – **'Homogenität'**
(v) Für alle $x \in \mathbb{Z}$ gilt $|-x| = |x|$. ◇

Die Betragsfunktion ist ein Beispiel einer sog. **'Normfunktion'**, die im Kontext sog. **'Vektorräume'** über reellen oder komplexen Zahl definiert wird. Mit Hilfe der Betragsfunktion bzw. allgemeiner mit jeder Norm kann eine **'Abstandsfunktion = Metrik'** abgeleitet werden:

$$d(\cdot, \cdot) : \mathbb{Z} \times \mathbb{Z} \longrightarrow \mathbb{N}_0, (x; y) \mapsto d(x; y) := |x - y|.$$

Mit Hilfe der Rechenregeln für den Betrag lassen sich die Metrik-Eigenschaften nachweisen:

(i) Für alle $x, y, z \in \mathbb{Z}$ gilt $d(x; y) \leq d(x; z) + d(z; y)$. – **'Dreiecksungleichung'**
(ii) Für alle $x, y \in \mathbb{Z}$ gilt $d(x; y) \geq 0$. – **'positive Definitheit, I'**
(iii) Für alle $x, y \in \mathbb{Z}$ gilt $d(x; y) = 0$ genau dann, wenn $x = y$ gilt. – **'positive Definitheit, II'**
(iv) Für alle $x, y \in \mathbb{Z}$ gilt $d(x; y) = d(y; x)$. – **'Symmetrie'** ◇

Die ganzen Zahlen sollen an der ◘ Abb. 4.1 sowie an einem weiteren Schaubild visualisiert werden.

4.2.1.3 Sortieren und Ordnen

Betrachtet wird die Menge M der Zahlen 6, 6, 2, 4, 2, 4, 6, 4, 8, also $M := \{4, 6, 2, 8\}$. Bei der **'Mengendefinition'** gilt es zu beachten, daß mehrfach vorkommende Elemente nicht relevant sind und auch, daß die **'Reihenfolge'** der Zahlen keine Rolle spielt. Daher ist das Mengenkonzept für ein Sortieren nicht geeignet. Bei den **'Kuratowski-Paaren'** $(a; b)$ wurde bewiesen, daß die Reihenfolge relevant ist. Aus diesem Grund wird auch von der ersten und zweiten Komponente gesprochen. Allerdings ist auch dieses Konzept auf zwei Elemente beschränkt. Natürlich könnte man auch Paare der Form (2; (4; 4)) usw. betrachten und dann die Beklammerung weglassen. Doch ist der mathematische Ausdruck dann nicht eindeutig, da (2; (4; 4)) und ((2; 4); 4) streng zu unterscheiden sind.

Um eine Liste von Objekten in einer bestimmten Reihenfolge zu erfassen, bei der auch mehrfach vorkommende Objekte beachtet werden, ist das Konzept des 'n-Tupels' besser geeignet. Dies wurde im Kapitel zur Chargenschnittstelle im Umfeld freier Monoide bereits angewendet (vgl. ▶ Beispiel 1).

Die inhaltliche Darstellung in diesem Abschnitt basiert erneut auf einigen Ausführungen aus dem Buch **'Basic Algebra 1'** von Nathan Jacobson (siehe [30]) sowie auch von Dieter Blessenohl aus dem Grundlagenwerk **'Einführung in die moderne Mathematik – Das Werkzeug der Algebra'** (siehe [10]).

Definition 24 *(n-Tupel) Seien M eine Menge und $n \in \mathbb{N}$. Unter einem 'n-Tupel' über M wird eine Abbildung*

$$\alpha : \underline{n} \longrightarrow M$$

verstanden. Die Funktionswerte von α sind demnach $1\alpha, ..., n\alpha$. Die Funktion α wird durch $(1\alpha, 2\alpha, ..., n\alpha)$ symbolisiert. Zu einem $i \in \underline{n}$ bezeichnet man $i\alpha$ auch als 'i-te **Komponente'** *des n-Tupels*

$$\alpha = (1\alpha, ..., i\alpha, ..., n\alpha).$$

n-Tupel über M werden auch folgendermaßen notiert: $(m_1, ..., m_n)$, wobei m_i die i-te Komponente von α für alle $i \in \underline{n}$ ist. Die Werte $1, ..., n$ heißen in diesem Zusammenhang auch **'Indizes'**, *ein einzelner von diesen* **'Index'**. *Die Menge der n-Tupel über M wird durch M^n symbolisiert.* ◊

Im Ausgangs-Beispiel sollte man folglich das 9-Tupel $(6, 6, 2, 4, 2, 4, 6, 4, 8)$ über $M := \{4, 6, 2, 8\}$ betrachten. Da n-Tupel nicht injektiv sein müssen, könnten zwei Funktionswerte gleich sein. Diese Situation beschreibt auch das Beispiel. Die fundamentale Eigenschaft der n-Tupel ist das Beachten der Reihenfolge:

Bemerkung 5 *(Fundamental-Eigenschaft von n-Tupeln) Seien A, B Mengen, $m, n \in \mathbb{N}$ und α bzw. β ein m- bzw. n-Tupel über A bzw. B. Genau dann gilt $\alpha = \beta$, wenn $m = n$ gilt und für alle $i \in \underline{n}$ die Funktionswerte $i\alpha$ und $i\beta$ übereinstimmen. Diese Eigenschaft kann auch folgendermaßen notiert werden:*

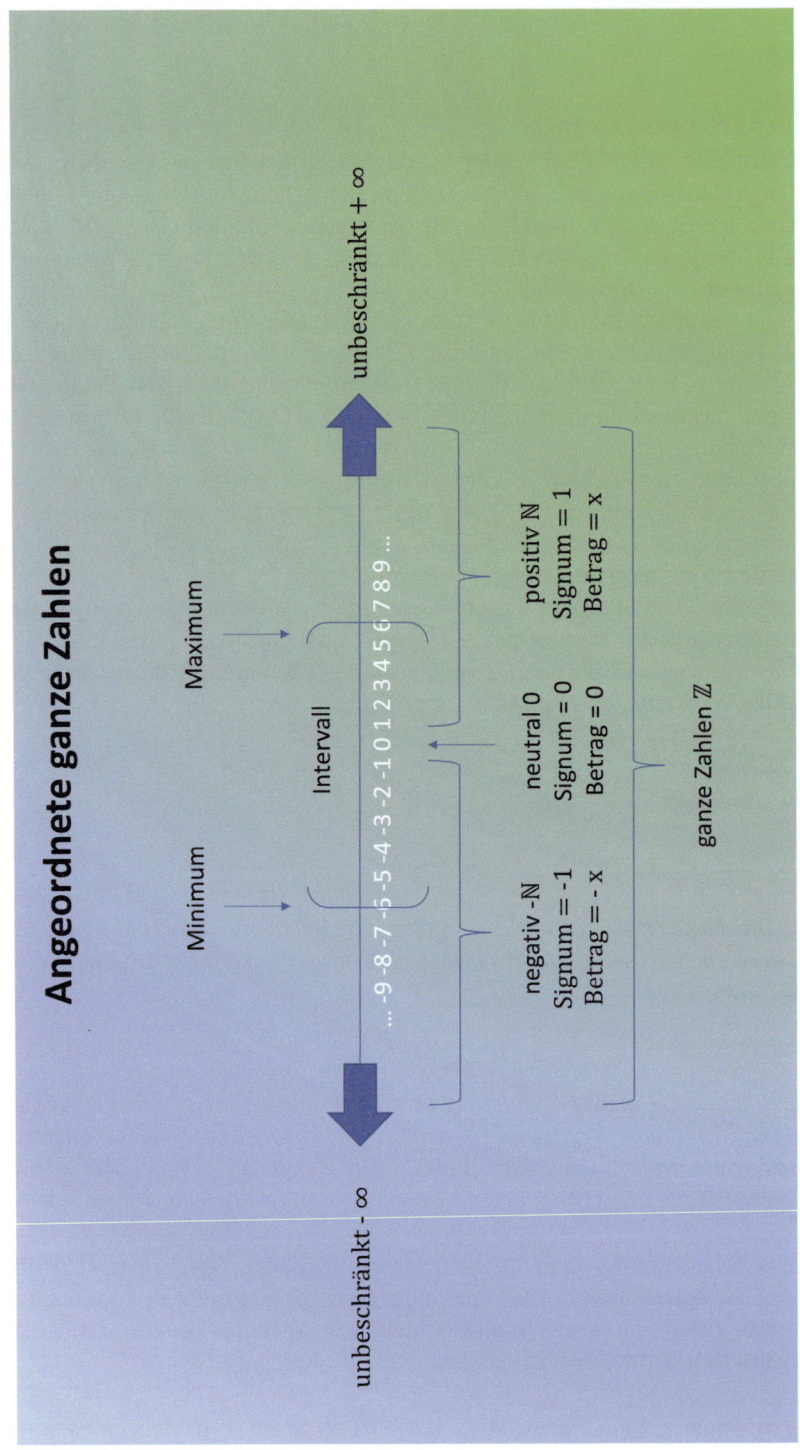

Abb. 4.1 Betrag und Signum

$$(a_1, ..., a_m) = (b_1, ..., b_n) \leftrightarrow m = n \wedge \forall i \in \underline{n} : a_i = b_i.$$

Beweis Die Funktion α ist per Definition die Menge aller Kuratowski-Paare $\{(1; 1\alpha), ..., (n; n\alpha)\}$. Die Abbildung $i \mapsto (i; i\alpha)$ von $\underline{n}$ auf α ist bijektiv auf Grund der Injektivität der Nachfolgerfunktion sowie der Fundamental-Eigenschaft der Kuratowski-Paare. Daher besitzt α die Mächtigkeit m. Also folgt aus $\alpha = \beta$, daß beide Funktionen die gleiche Mächtigkeit besitzen. Daher gilt $n = m$. Da beide Funktionen gleich und die Werte $1, ..., n$ verschieden sind, stimmen auch ihre Funktionswerte überein (verbleibt als Übungsaufgabe für den Leser). Daraus folgt auch die umgekehrte Implikation der Äquivalenzaussage. ◊

Eine **'unsortierte Liste'** von Objekten wird also durch eine Menge zusammengefasst, eine **'sortierte Liste'** durch ein n-Tupel. Insofern kann ausgesagt werden, daß eine **'Sortierung'** von n nicht unbedingt verschiedenen Objekten ein n-Tupel über der Menge dieser Objekte (oder einer noch größeren Menge, die die Objektmenge umfasst) ist. Das n-Tupel sortiert diese Objekte mit Hilfe seiner **'Komponenten'**.

Um von einer Sortierung zu einer anderen zu gelangen, also eine **'Umsortierung'** derselben Objekte vorzunehmen, müssen die Komponenten der Liste gegeneinander ausgetauscht werden. Im Beispiel $(6, 6, 2, 4, 2, 4, 6, 4, 8)$ könnte man etwa die ersten beiden Komponenten vertauschen, was zu derselben Sortierung führt. Tauschte man aber die erste und letzte Komponente aus, gelangte man zu der neuen Sortierung $(8, 6, 2, 4, 2, 4, 6, 4, 6)$. Es ließe sich auch jede Komponente auf den nächsten Platz schieben und die letzte auf den ersten. Ausgehend von $(8, 6, 2, 4, 2, 4, 6, 4, 6)$ ergibt sich so die neue Sortierung $(6, 8, 6, 2, 4, 2, 4, 6, 4)$. Denkbar ist auch – ausgehend von der Sortierung $(6, 8, 6, 2, 4, 2, 4, 6, 4)$ – die Komponenten an der Mitte zu spiegeln: $(2, 4, 6, 4, 4, 6, 8, 6, 2)$ ist dann das Ergebnis, wobei die mittlere Komponente wegen der ungeraden Anzahl der Komponenten fix bleibt.

Formal beschreibbar ist eine **'Umsortierung'** durch folgende Idee: Man betrachte die letzte Umsortierung, also $(6, 8, 6, 2, 4, 2, 4, 6, 4)$ zu $(2, 4, 6, 4, 4, 6, 8, 6, 2)$. In der Ausgangssortierung wird $a_1 := 6, a_2 := 8, a_3 := 6, a_4 := 2, a_5 := 4, a_6 := 2, a_7 := 4, a_8 := 6$ und $a_9 := 4$ gesetzt. Mit diesen Bezeichnungen gilt $(2, 4, 6, 4, 4, 6, 8, 6, 2) = (a_1, ..., a_9)$. Die neue Sortierung ist dann $(a_9, a_8, a_7, a_6, a_5, a_4, a_3, a_2, a_1)$. Aber natürlich ist die neue Sortierung auch von der Form $(b_1, ..., b_9)$, da sie 9 Komponenten besitzt: beginnend mit 1 und endend bei 9. Wie ist der Zusammenhang? Offenbar ist $b_i = a_{f(i)}$ für alle $i \in \underline{9}$ für eine geeignete Funktion $f : \underline{9} \longrightarrow \underline{9}$. Die Funktion lässt sich auch angeben. Es ist $f(1) = 9, f(2) = 8, f(3) = 7, f(4) = 6, f(5) = 5, f(6) = 4, f(7) = 3, f(8) = 2$ und $f(9) = 1$. Man erkennt, daß f die Zahlen $1, ..., 9$ nur zu einer neuer Reihenfolge führt und dabei keine Zahl verliert. f ist also eine Bijektion auf der Menge $\underline{9}$. Bijektionen werden auch **'Permutationen'** genannt. Demnach ist eine Umsortierung einer sortierten Liste von n Objekten das Anwenden einer Permutation auf den Indizes. Diese Einsichten werden formalisiert:

Definition 25 *(sortierte Liste, Umsortierung, symmetrische Gruppe) Seien M eine Menge und $n \in \mathbb{N}$. Eine sortierte Liste (der Länge n über M) ist ein n-Tupel über M. Sei $L := (l_1, ..., l_n)$ eine sortierte Liste der Länge n. Eine Umsortierung von L ist eine sortierte Liste*

$$L \bullet f := (l_{f(1)}, ..., l_{f(n)}),$$

wobei f eine Permutation von $\underline{n}$ *ist. Die Menge* S_n *aller Permutationen von* $\underline{n}$ *wird als* **'symmetrische Gruppe'** *(vom Grad n) bezeichnet. Das Symbol* S_n *steht für diese Gruppe. Den Vorgang der Umsortierung einer Liste – also das Anwenden einer Permutation auf eine Liste durch* • *– wird auch* **'Polya-Weyl-Aktion'** *genannt. Die Menge* $\{L \bullet f \mid f \in S_n\}$ *ist die Menge der Sortierungen der Liste L.* ◇

Wird nochmals das Beispiel der sortierten Liste $(a_1, ..., a_9) = (6, 8, 6, 2, 4, 2, 4, 6, 4)$ betrachtet, kann ein weiterer bisher unberücksichtigter Aspekt Berücksichtigung finden: der, daß die Menge der Komponenten selbst geordnet sein kann. In vorliegendem Beispiel ist $\leq$ eine Ordnungsrelation auf der Zahlenmenge $\{6, 8, 6, 2, 4, 2, 4, 6, 4\}$. Bzgl. dieser Ordnung sind die Elemente nicht in der richtigen Reihenfolge, wenn man sie bzgl. $\leq$ aufsteigend oder absteigend sortieren möchte. Es wird also eine geeignete Permutation $f : \underline{9} \longrightarrow \underline{9}$ gesucht, so daß $a_{f(1)} \leq a_{f(2)} \leq ... \leq a_{f(9)}$ gilt. Man darf sich durchaus angesprochen fühlen, darüber nachzudenken, wie man die Liste $\{6, 8, 6, 2, 4, 2, 4, 6, 4\}$ **'in Ordnung bringen kann'**.

Definition 26 *(geordnete Sortierung, absteigend, aufsteigend) Seien* $(M; \leq)$ *eine geordnete Menge,* $n \in \mathbb{N}$ *und* $l = (l_1, ..., l_n)$ *eine sortierte Liste. Man nennt l* **'absteigend'** *bzw.* **'aufsteigend geordnet'**, *wenn für alle* $i \in \underline{n-1}$ *die Beziehung* $l_{i+1} \leq l_i$ *bzw.* $l_i \leq l_{i+1}$ *gilt. Dann wird gesagt, daß l eine aufsteigend bzw. absteigend* **'geordnete Sortierung'** *ist.* ◇

Bemerkung 6 *(Sortierungsproblem, Umgangssprache)* Im folgenden Abschnitt werden **'Sortieralgorithmen'** behandelt. Diese Algorithmen haben das Ziel, eine geordnete Sortierung einer sortierten Liste herzustellen. Streng genommen müsste man also von Ordnungsalgorithmen oder geordneten bzw. ordnenden Sortieralgorithmen reden. Es hat sich aber der Begriff des Sortieralgorithmus etabliert.

Seien $(M; \leq)$ eine geordnete Menge, $n \in \mathbb{N}$ und $l = (l_1, ..., l_n)$ eine sortierte Liste der Länge n über M. Das Sortierungsproblem ist das Finden einer geeigneten Permutation $f \in S_n$, so daß $l \bullet f$ eine aufsteigend bzw. absteigend geordnete Sortierung ist. Daß dieses Problem durchaus komplex ist und, ob es überhaupt lösbar ist, soll im Folgenden am Beispiel der natürlichen Zahlen genauer erläutert werden. ◇

Untersucht wird zunächst die **'symmetrische Gruppe'** S_n auf ihre **'Mächtigkeit'**. Der Begriff **'symmetrisch'** stammt aus der Geometrie. Er kann dadurch motiviert werden, daß man ein **'regelmäßiges** $n - Eck$' betrachtet. Egal, wie die Ecken vertauscht oder umsortiert werden, das n-Eck bleibt in seiner Form erhalten. An dieser Stelle soll der algebraische Begriff der Gruppe näher untersucht werden. Dieser mathematische Begriff ist eng verwandt mit dem des Monoids.

Definition und Bemerkung 5 *(Gruppe, inverse Elemente, Einheitengruppe, Untergruppe, Nebenklassen, Isomorphie)* Sei $(M; \cdot)$ ein Monoid. Ein Element $e \in M$ nennt man **'Einheit'**, wenn es ein Element $f \in M$ gibt, so daß

$$e \cdot f = 1_M = f \cdot e$$

gilt. Das Element f wird ein **'inverses Element'** zu e genannt. Mit $E(M)$ wird die Menge aller Einheiten von M symbolisiert. M heißt **'Gruppe'**, wenn jedes Element ein inverses Element besitzt: $M = E(M)$. Ist die Verknüpfung $\cdot$ zusätzlich kommutativ, wird M eine **'abelsche Gruppe'** genannt. Im Folgenden wird auch gerne die Verknüpfung $\cdot$ zwischen Elementen von M weggelassen und mn und nicht $m \cdot n$ geschrieben.

Zu jeder Einheit e gibt es genau eine Einheit, also sozusagen ein persönliches inverses Element, denn: Seien f, g inverse Elemente zu e. Dann gilt $g = 1_M \cdot g = f \cdot e \cdot g = f \cdot 1_M = f$. Das eindeutig bestimmte inverse Element wird mit e^{-1} bezeichnet. Wegen $1_M = 1_M \cdot 1_M$ ist 1_M eine Einheit. Seien $a, b \in E(M)$. Dann gilt die sog. **'Hemd-Jacke-Regel'**

$$(ab)^{-1} = b^{1}a^{-1}$$

denn: $abb^{-1}a^{-1} = a1_M a^{-1} = aa^{-1} = 1_M$ und $b^{-1}a^{-1}ab = b^{-1}1_M b = b^{-1}b = 1_M$ sind erfüllt. Also ist das Produkt zweier Einheiten wieder eine Einheit und damit $\cdot$ eine innere Verknüpfung auf $E(M)$. Zudem enthält $E(M)$ das Einselement von M. Da $\cdot$ auf ganz M assoziativ ist, ist sie es auch auf $E(M)$. Sei nun $e \in E(M)$. Es soll noch erkannt werden, daß auch e^{-1} eine Einheit ist. Wegen $e^{-1}e = 1_M = ee^{-1}$ und der Eindeutigkeit des inversen Elementes folgt

$$e = (e^{-1})^{-1} \in E(M).$$

$(E(M); \cdot)$ ist also stets eine Gruppe, sie wird **'Einheitengruppe'** von M genannt.

Sei $(G; \cdot)$ eine Gruppe und U eine nicht-leere Teilmenge von G. Betrachtet wird die Einschränkung von $\cdot$ auf $U \times U$, also $\cdot|_{U \times U}$. U wird **'Untergruppe'** von G genannt, wenn $(U; \cdot|_{U \times U})$ eine Gruppe ist. Es gilt das sog. **'Untergruppenkriterium'**: Genau dann ist eine nichtleere Teilmenge U von G eine Untergruppe, wenn die folgenden Bedingungen gelten:

(i) $1_G \in U$
(ii) $\forall a, b \in U : ab \in U$
(iii) $\forall g \in U : g^{-1} \in U$.

Besitzt eine Teilmenge U diese Eigenschaften, dann ist U bzgl. $\cdot$ wegen (ii) abgeschlossen. Wegen (i) ist daher U ein Monoid (da $\cdot$ schon auf ganz G assoziativ ist). (iii) bedeutet, daß das Inverse bzgl. G schon in U enthalten ist.

Sei nun umgekehrt U eine Untergruppe von G. Wegen der Abgeschlossenheit der Multiplikation ist (ii) erfüllt. Da U nichtleer ist, gibt es mindestens ein Element $u \in U$. Dieses besitzt ein Inverses Element f in U. Also gilt auch wegen (ii) nun $ef = 1_G \in U$. Sei $u \in U$. Dann besitzt u ein Inverses Element f in U und zudem ein inverses Element $e^{-1} \in G$. f ist auch ein inverses Element in G. Da dieses eindeutig ist, erhält man $e^{-1} = f \in U$.

Sei U eine Untergruppe einer Gruppe G. Definiert wird eine Relation $\sim_l$ auf G durch $a \sim_l b := \exists c \in U : a = bc$. Es soll erkannt werden, daß dadurch eine Äquivalenzrelation festgelegt wird. Es gilt wegen des Untergruppenkriteriums $1_G \in U$, und daher ist die Relation auf Grund von $a = a1_G$ reflexiv. Seien $a, b \in G$, und es gelte $a \sim_l b$. Also existiert ein $c \in U$ mit $a = bc$. Es wird diese Gleichung mit $c^{-1} \in U$ von rechts multipliziert, und daraus folgt $ac^{-1} = bcc^{-1} = b1_G = b$. Damit ist die

Relation symmetrisch. Seien $a, b, c \in G$, und es gelte $a \sim_l b$ sowie $b \sim_l c$. Also gibt es $d, e \in U$, so daß $a = bd$ und $b = ce$ gelten. Es folgt $a = bd = c(ed)$. Da U eine Untergruppe ist, gilt $ed \in U$, und damit ist $\sim_l$ transitiv und folglich eine Äquivalenzrelation. Die Äquivalenzklasse eines Elementes $a \in G$ wird mit aU bezeichnet. Es gilt $aU := \{b \mid \exists u \in U : b = au\}$. Sie wird als **'Linksnebenklasse'** von a in U betitelt. Analog – was der Leser in den Übungsaufgaben beweisen möge – definiert $a \sim_r b := \exists c \in U : a = cb$ eine Äquivalenzrelation. Die Äquivalenzklasse von a wird durch $Ua := \{b \mid \exists u \in U : b = ua\}$ symbolisiert. Sie heißt **'Rechtsnebenklasse'** von a in U. Die Menge aller Äquivalenzklassen bzgl. $\sim_l$ bzw. $\sim_r$ wird als $G/\sim_l U$ bzw. $G/\sim_r U$ bezeichnet. Diese Mengen sind wegen ▸ Folgerung 1 Partitionen von G. Ist $U = G$, so ist G einzige Rechts- und Linksnebenklasse.

Wie bei Monoiden wird auch der Begriff des **'Isomorphismus'** zwischen Gruppen definiert. Zwei Gruppen G, H heißen **'isomorph'** mittels eines Gruppen-Isomorphismus $\alpha : G \longrightarrow H$, wenn α bijektiv ist und für alle $x, y \in G$ die **'Verknüpfungstreue'**

$$(xy)\alpha = (x\alpha)(y\alpha)$$

gilt. Ist α nur injektiv, erfüllt aber die Verknüpfungstreue, so nennt man α einen **'Monomorphismus'**. Es ist $Bild\alpha$ eine Untergruppe von H. Diese ist automatisch isomorph zu G, da α als Abbildung in $Bild\alpha$ surjektiv ist. Zum Nachweis wird das Untergruppenkriterium verwendet: Es gilt wegen der Homomorphie-Regel $1_G\alpha = (1_G 1_G)\alpha = (1_G\alpha)(1_G\alpha)$. Durch Anwendung des inversen Elementes von $1_G\alpha$ in H von rechts wird $1_H = 1_G\alpha$ erhalten. Seien $a, b \in G$. Es gilt $(a\alpha)(b\alpha) = (ab)\alpha$, und damit ist $Bild(\alpha)$ bzgl. der Verknüpfung auf H abgeschlossen. Schließlich erhält man für ein $a \in G$ aus $1_G = aa^{-1} = a^{-1}a$ nun $1_H = (a\alpha)(a^{-1}\alpha) = (a^{-1}\alpha)(a\alpha)$. Damit gilt $a^{-1}\alpha = (a\alpha)^{-1}$. ◇

Proposition 5 *(Eigenschaften endlicher Nebenklassen)* Seien G eine Gruppe, U eine Untergruppe und $a, b \in U$.

(i) *Die Abbildungen $\alpha : U \longrightarrow aU, u \mapsto au$ sowie $\beta : U \longrightarrow Ub, u \mapsto ub$ sind bijektiv.*

(ii) *Ist G endlich, so sind $G/_l U$ und $G/_r U$ endlich, und es gilt*
$|G| = |G/_l U| \cdot |U| = |G/_r U| \cdot |U|$.
Insbesondere sind die Mengen der Links- und Rechtsnebenklassen von U in G gleichmächtig.

(iii) *Ist G endlich, so ist U endlich und $|U|$ ist ein Teiler von $|G|$.* – **'Satz von Lagrange'** ◇

Für die Bestimmung der Anzahl der Permutationen benötigt man den Begriff der **'Transposition'**:

Definition und Bemerkung 6 *(Transpositionen)* Seien $n \in \mathbb{N}$ und $i, j \in \underline{n}$, so daß $i \neq j$ gelte. Es wird definiert

$$\tau_{i,j} : \underline{n} \longrightarrow \underline{n}, i \mapsto j, j \mapsto i, \forall k \in \underline{n} \setminus \{i, j\} : k \mapsto k.$$

Dann ist $\tau_{i,j}$ eine Permutation von $\underline{n}$. Sie vertauscht genau die Elemente i und j und bildet alle anderen Elemente auf sich selbst ab. Führt man eine Transposition $\tau_{i,j}$ zweimal hintereinander aus, so bleiben weiterhin alle Elemente außerhalb $\{i,j\}$ fix. Weiterhin gelten $i\tau_{i,j}\tau_{i,j} = j\tau_{i,j} = i$ und $j\tau_{i,j}\tau_{i,j} = i\tau_{i,j} = j$. Also ist $\tau_{i,j}\tau_{i,j} = id_{\underline{n}}$. Damit ist die inverse Abbildung von $\tau_{i,j}$ auch wieder $\tau_{i,j}$. Man sagt, daß $\tau_{i,j}$ oder auch (ij) **'selbstinvers'** ist und spricht in diesem Zusammenhang auch von einer **'Involution'**. ◇

Es sei an die Definition der **'Fakultät'** einer natürlichen Zahl erinnert: Ist $n \in \mathbb{N}_0$, so sei die Fakultät von n – in Zeichen $n!$ – **'rekursiv'** definiert durch

$$0! := 1 \text{ und } (n+1)! := n! \cdot (n+1) \text{ für alle } n \in \mathbb{N}_0.$$

Des Weiteren soll an einige Eigenschaften von **'Selbstabbildungen'** erinnert werden (siehe ▶ Definition 16), also Funktionen $M \longrightarrow M$ für eine beliebige Menge M. Die Hintereinanderausführung HEA zweier Selbstabbildungen ist wieder eine Selbstabbildung. Also ist HEA eine Verknüpfung auf der Menge $Abb(M, M) = M^M = \text{Abb}(M)$ aller Selbstabbildungen von M (Man lässt oft das Symbol HEA bei der Hintereinanderausführung von Abbildungen weg. Auch wird in der Literatur ein Kreis verwendet, wobei sich dann allerdings die Reihenfolge der Ausführung umkehrt.):

$$HEA : M^M \times M^M \longrightarrow M^M, (\alpha, \beta) \mapsto \alpha\beta.$$

Die **'identische Abbildung'** $id_M : M \longrightarrow M, m \mapsto m$ ist neutral bzgl. HEA:

$$\forall \alpha \in M^M : \alpha id_M = \alpha = id_M \alpha.$$

Seien $\alpha, \beta, \gamma \in M^M$ und $m \in M$. Es gilt nach Definition von HEA:

$$m(\alpha\beta)\gamma = ((m\alpha)\beta)\gamma = (m\alpha\beta)\gamma = m\alpha\beta\gamma = (m\alpha)(\beta\gamma).$$

Also ist HEA sogar assoziativ und damit $(M^M; HEA)$ ein Monoid mit neutralem Element id_M. Was sind seine Einheiten? Das sind diejenigen Selbstabbildungen α, so daß ein $\beta \in M^M$ existiert mit $\alpha\beta = \beta\alpha = id_M$. Das sind genau die bijektiven Selbstabbildungen α mit inverser Abbildung β. Die Einheitengruppe $E(M^M)$ – welche eine Gruppe ist – besteht also genau aus den **'Permutationen'** auf M. Es gilt der folgende Satz:

Satz 20 *(Mächtigkeit der symmetrischen Gruppe, Transpositionen) Sei $n \in \mathbb{N}$. Dann gelten folgende Aussagen:*
(i) S_n ist eine Gruppe.
(ii) S_n ist von der Mächtigkeit $n!$.
(iii) Jede Permutation lässt sich als Produkt von Transpositionen schreiben. ◇

Daß es zu den Zahlen $1, ..., n$ genau $n!$ Permutationen gibt, wird oft bildlich so verstanden: Für den ersten Platz gibt es n Möglichkeiten, für den zweiten dann nur noch $n-1$ usw. Als Idee mag diese Argumentation gut sein, doch vermag sie nicht die mathematische Exaktheit einer **'Beweisführung'** zu ersetzen. Ein Paradebeispiel dafür, wie sich das mathematisch deduktive Vorgehen und Darstellen von der reinen Ideenfindung oder auch Anschauung unterscheidet. Trotzdem haben beide Themen natürlich ihren Platz in der Mathematik.

Aus diesen Ergebnis kann abgeleitet werden, wie viele Lösungen das Sortierproblem für paarweise verschiedene zu ordnende Objekte hat und wie viele Sortierungen es zu diesen Elementen gibt. Letzteres stellt noch einmal den **'kombinatorischen Charakter'** der Fragestellung heraus: Eine **'Permutation ohne Wiederholung'** ist eine Anordnung von n Objekten, die alle unterscheidbar sind.

Satz 21 *(Permutationen ohne Wiederholung, Lösung Sortierproblem I) Seien $n \in \mathbb{N}$ und T eine Menge der Mächtigkeit n. Sind $t_1, ..., t_n$ die n Elemente der Menge T, so gibt es genau $n!$ Sortierungen dieser Elemente. Ist die Menge T zudem geordnet durch eine Ordnung $\leq$, so gibt es genau eine Permutation $\alpha \in \underline{n}$, so daß $(t_{1\alpha}, ..., t_{n\alpha})$ aufsteigend geordnet sortiert ist.* ◇

Dieser Satz zeigt, daß das Finden einer geordneten Sortierung eigentlich die Suche nach der **'Nadel im Heuhaufen'** ist, da genau eine Möglichkeit aus $n!$ Kandidaten herausgefunden werden muss. Die Zahl $n!$ wächst sehr stark an, was etwa $n! \geq 2^{n-1}$ zeigt. Alle im folgenden dargestellten Sortierungsalgorithmen haben das Ziel, genau diese eine Permutation zu finden. Es soll angemerkt werden, daß es Näherungsformeln für die Fakultät gibt:

$$\text{'Stirling} - \text{Formel'}: n! \sim \sqrt{2\pi n} \cdot \left(\frac{n}{e}\right)^n$$

$$\text{'Burnside} - \text{Formel'}: n! \sim \sqrt{2\pi} \cdot \left(\frac{n+0{,}5}{e}\right)^{n+0{,}5}$$

Dabei ist e die Eulersche Zahl, $\sqrt{}$ die Quadratwurzel und π die Kreiszahl Pi.

Abschließend soll beschrieben werden, welcher Zusammenhang zwischen aufsteigend und absteigend geordnet sortiert besteht und zu beachten ist. Eine – auch für die Logistik und BWL interessante (z. B. bei der Sortierung von freien Platzkapazitäten) – allgemeinere Frage ist die, wie viele (geordnete) Sortierungen es gibt, wenn die n Elemente nicht mehr notwendig verschieden innerhalb einer Liste L sind. Dazu wird eine weitere algebraische Struktur – nämlich die der **'G-Menge'** oder auch **'Gruppenoperation'** oder auch **'Gruppenaktion'** – benötigt. Motiviert wird dieses Konstrukt durch die **'Polya-Weyl-Aktion'**. Gruppenaktionen sind eines der fundamentalen Werkzeuge, mit denen Gruppen, aber auch andere zunächst den Gruppen eher fremd erscheinenden Thematiken wie z. B. die **'Kombinatorik'** analysiert werden können.

Es sei an dieser Stelle angemerkt, daß das Analysieren kombinatorischer Fragestellung durch algebraische Denkweisen und Methoden zu dem sehr modernen mathematischen Gebiet der **'Algebraischen Kombinatorik'** führt. Die Polya-Weyl-Aktion lässt Permutationen auf n-Tupeln wirken, und zwar so, daß anschließend wieder ein n-Tupel vorliegt. Das ist das Grundprinzip einer G-Menge:

Definition 27 *(Gruppenaktion, Orbit, Stabilisator) Seien M eine Menge und G eine Gruppe. M heißt G-Menge, wenn es eine Abbildung – auch Gruppenoperation oder Gruppenaktion auf M genannt –*

4.2 · Mathematik

$\bullet : M \times G \longrightarrow M$ *(Abgeschlossenheit von* $\bullet : \forall g \in G, m \in M : m \bullet g \in M$)

gibt, so daß die folgenden beiden Eigenschaften erfüllt sind:

$$\forall m \in M : m \bullet 1_G = m \ (Neutralität \ der \ Aktion)$$

$\forall m \in M, g, h \in G : (m \bullet g) \bullet h = m \bullet (g \cdot_G h)$ *(Assoziativität der Aktion).*

Sei $m \in M$. Die 'G-Bahn' (kurz: Bahn) oder auch der 'G-Orbit' (kurz: Orbit) von m unter G ist definiert als

$$m \bullet G := \{m \bullet g \mid g \in G\}.$$

Die Bahn eines Elementes ist also die Menge aller Elemente aus M, die bei der Aktion der ganzen Gruppe auf dieses eine Element entstehen. Diejenigen Elemente aus G wiederum, die m bei ihrer Aktion nicht ändern, nennt man den **'Stabilisator'** *von m in G:*

$$Stab_G(m) := \{g \mid g \in G, m \bullet g = m\}. \quad \diamond$$

Diese Begriffswelt wird im Kontext des Sortierungsproblems sowie im Kontext von Gruppen, die auf sich selbst operieren, betrachtet.

Beispiele 3 *(Polya-Weyl-Aktion, Young-Untergruppe, Sortierungen mit Wiederholung, Konjugation)*

(1) Seien M eine Menge und $n \in \mathbb{N}$. Die **'Polya-Weyl-Aktion'** ist gegeben durch eine Aktion der symmetrischen Gruppe auf den n-Tupeln über M:

$$\bullet : M^n \times S_n \longrightarrow M^n, (l; \alpha) \mapsto l \bullet \alpha.$$

Sei $l = (l_1, ..., l_n)$, und seien $\alpha, \beta \in S_n$. Es gilt offenbar $l \bullet id_{\underline{n}} = l$. Des Weiteren berechnet man mit Hilfe der Definition von HEA:

$$((l_1, ..., l_n) \bullet \alpha) \bullet \beta = (l_{1\alpha}, ..., l_{n\alpha}) \bullet \beta = (l_{(1\alpha)\beta}, ..., l_{(n\alpha)\beta}) = (l_{1\alpha\beta}, ..., l_{n\alpha\beta}).$$

Also liegt tatsächlich eine Gruppenoperation vor. Mit Hilfe dieser Begriffswelt kann sich dem **'Sortierungsproblem mit Wiederholungen'** genähert werden. Dazu sei die Menge $\{l_1, ..., l_n\}$ betrachtet. Sie besteht bei Wiederholungen nicht mehr aus n, sondern ggfs. aus weniger Elementen, wie etwa $a_1, ..., a_l$. Zu jedem $i \in \underline{l}$ definiert man die **'Vielfachheit'** von a_i in l durch

$$v_{a_i}(l) := \mid \{j \mid j \in \underline{n} : l_j = a_i\} \mid .$$

Die Vielfachheit zeigt, wie oft ein Objekt a_i in den Komponenten von l auftaucht. Es gilt offenbar:

$$n = \sum_{i=1}^{l} v_{a_i}(l).$$

Die Menge $\{j \mid j \in \underline{n} : l_j = a_i\}$ der Vielfachen wird durch $V_{a_i}(l)$ abgekürzt. Die Menge der Vielfach-Mengen bildet eine Partition von $\underline{n}$ (denn sie sind wegen der Verschiedenheit der $a_1, ..., a_s$ paarweise disjunkt und jeder Index i taucht in einer Vielfach-Menge auf). Die Bahn $l \bullet S_n$ von l unter S_n ist genau die Menge der Sortierungen von l. Hierbei interessiert auch, wie viele Elemente in dieser Bahn enthalten sind. Spezielle Elemente hieraus sind die absteigend oder aufsteigend geordneten Sortierungen, falls M per $\leq$ geordnet ist. Ist α eine Permutation, so daß $l \bullet \alpha$ geordnet ist, so sind alle Permutationen β mit $l \bullet \alpha = l \bullet \beta$ von Bedeutung. Den Stabilisator $Stab_{S_n}(l)$ von l unter S_n nennt man auch **'Young-Untergruppe'** zu l in S_n.

(2) Sei G eine beliebige Gruppe. Sind $g, h \in G$, so ist das **'Konjugierte'** von g mit h definiert als $g^h := h^{-1}gh$. Man sagt auch, daß g^h durch Konjugation mit h aus g entsteht und auch, daß g und h konjugiert sind. Man kann nun die Konjugiertheits-Operation von G auf G definieren durch

$$G \times G \longrightarrow G, (g; h) \mapsto g^h.$$

Offenbar gilt $g^1 = g$, und wegen der Hemd-Jacke-Regel gilt auch $g^{(hj)} = (g^h)^j$ für alle $g, h, j \in G$, so daß eine Gruppenoperation vorliegt. Das Konjugieren mit g als Abbildung

$$\kappa_g : G \longrightarrow G, h \mapsto h^g$$

ist ein Gruppenisomorphismus (vgl. Übungsaufgaben). Ist T eine Teilmenge von G, so setzt man für alle $g \in G$ die Menge $T^g := \{t^g \mid t \in T\}$. Dann wird auch (für einen Beweis siehe Übungsaufgaben) eine Aktion von G auf der Potenzmenge von G definiert durch

$$P(G) \times G \longrightarrow G, (T; g) \mapsto T^g.$$

◇

Möchte man die Bahn eines Elementes bestimmen, sind die Elementes des Stabilisators irrelevant, weil sie zu keinen neuen Elementen in M führen. In der nächsten Proposition wird u. a. ein Zusammenhang zwischen Bahn und Stabilisator hergestellt:

Proposition 6 *(Bahnlänge und Stabilisator)* Seien M eine G-Menge, $m \in M$ und $g \in G$. Es gelten folgende Aussagen:
(i)   Die Menge der G-Bahnen ist eine Partition von M.
(ii) $Stab_G(m)$ ist eine Untergruppe von G
(iii) $Stab_G(m \bullet g) = Stab_G(m)^g$ *(konjugierte Stabilisatoren)*

(iv) Sei R ein Repräsentantensystem für $G/rStab_G(m)$. Dann ist die Abbildung
$\Gamma : G/rStab_G(m) \longrightarrow m \bullet G$, $Stab_G(m)r \mapsto m \bullet r$ eine Bijektion.
(v) Ist G endlich, so sind für jedes $m \in M$ auch $G/rStab_G(m)$ und $m \bullet G$ endlich und
gleichmächtig, und es gilt $\mid m \bullet G \mid = \frac{|G|}{|Stab_G(m)|}$. ◇

Die nächste Proposition beschreibt die Struktur der **'Young-Untergruppen'**, die mit symmetrischen Gruppen verknüpft ist. Dazu sei zunächst angemerkt, daß (siehe Übungsaufgaben) auf einem kartesischen Produkt von Gruppen eine Gruppenstruktur durch komponentenweiser Verknüpfung definiert werden kann. Des Weiteren wird noch einmal eine Eigenschaft von Selbstabbildungen benötigt. Seien dazu M eine Menge und T eine Teilmenge von M. Eine Selbstabbildung α heißt **'T-invariant'**, wenn die Einschränkung von α auf T – also $\alpha_{|T}$ – eine Selbstabbildung von T ist. Es gilt die folgende Rechenregel für zwei T-invariante Selbstabbildungen α und β aus M^M auf Basis der Definition von HEA:

$$(\alpha\beta)_{|T} = \alpha_{|T}\beta_{|T}.$$

Insbesondere ist die HEA von α und β wieder eine T-invariante Selbstabbildung. Damit ist die Menge der T-invarianten Selbstabbildungen ein Untermonoid von M^M bzgl. HEA und die Abbildung

$$Res_T : \alpha \mapsto \alpha_{|T}$$

ein Monoidhomomorphismus zwischen diesem Monoid und T^T bzgl. HEA. Die Rechenregel kann so als **'Homomorphieregel'** interpretiert werden. (Den exakten genauen Beweis möge der Leser in den Übungsaufgabe durchführen.) Nun wird die Struktur der Young-Untergruppen beschrieben:

Proposition 7 *(Beschreibung der Young-Untergruppe)* Seien M eine Menge, $n \in \mathbb{N}$, $l \in M^n$, und seien $a_1, ..., a_s$ die paarweise verschiedenen Elemente, so daß $\{a_1, ..., a_s\} = \{l_1, ..., l_n\}$ gilt. Dann ist die Young-Untergruppe $Stab_{S_n}(l)$ zu l in S_n isomorph zu dem direkten Produkt $S_{v_{a_1}(l)} \times ... \times S_{v_{a_s}(l)}$. Insbesondere gilt für die Mächtigkeit der Young-Untergruppe:

$$\mid Stab_{S_n}(l) \mid = \prod_{i=1}^{s} v_{a_i}(l)!$$

◇

Das **'Sortierproblem mit Wiederholungen'** kann nun gelöst werden, indem die bisherigen Erkenntnisse zu Gruppenoperationen auf die Polya-Weyl-Aktion angewendet und das Resultat über die Struktur der Young-Untergruppen verwendet werden:

Satz 22 *(Permutationen mit Wiederholung, Lösung Sortierproblem II)* Seien M eine Menge, $n, s \in \mathbb{N}$, $l = (l_1, ..., l_n) \in M^n$ und $a_1, ..., a_s$ paarweise verschieden, so daß $\{l_1, ..., l_n\} = \{a_1, ..., a_s\}$ gilt. Es gelten folgende Aussagen:
(i) Die Menge der Sortierungen von l ist gegeben durch die Bahn $l \bullet S_n$.
(ii) Die Anzahl der Sortierungen von l ist gegeben durch $\frac{n!}{\prod_{i=1}^{s} v_{a_i}(l)!}$.

(iii) Ist M geordnet durch $\leq$ und sind $a_1, ..., a_s$ so gewählt, daß $a_1 < ... < a_s$ gilt, so gibt es genau eine aufsteigende geordnete Sortierung von l, nämlich $l_\leq :=$ ($\underbrace{a_1, ..., a_1}_{v_{a_1}}, \underbrace{a_2, ..., a_2}_{v_{a_2}}, ..., \underbrace{a_s, ..., a_s}_{v_{a_s}}$), wobei die a_i entsprechend ihrer Vielfachheit $v_{a_i}(l)$ für jedes $i \in \underline{s}$ in $l_\leq$ aufgereiht sind.

(iv) Ist M geordnet durch $\leq$ und ist $\alpha \in S_n$ mit $l \bullet \alpha = l_\leq$, so gilt $\{\beta \mid l \bullet \beta = l_\leq\} =$ $\mathrm{Stab}_{S_n}(l)\alpha$, und diese Menge ist von der Mächtigkeit $\prod_{i=1}^{s} v_{a_i}(l)!$. ◇

Der Wert $\frac{n!}{\prod_{i=1}^{s} v_{a_i}(l)!}$ wird in der Mathematik besonders bezeichnet:

Definition und Bemerkung 7 *(Multinomialkoeffizient, Binomialkoeffizient)* Seien $n, s, k_1, ..., k_s \in \mathbb{N}_0$, so daß $k_1 + ... + k_s = n$ gelte. Der **'Multinomialkoeffizient'** zu n und $k_1, ..., k_s$ wird folgendermaßen definiert:

$$\binom{n}{k_1, k_2, ..., k_m} := \frac{n!}{\prod_{i=1}^{s} k_i!}.$$

In ▶ Satz 22 wurde eine kombinatorische Deutung dieser Zahl gegeben: die Anzahl aller Sortierungen von s paarweise verschiedenen Objekten, die für alle $1 \leq i \leq s$ genau a_i mal innerhalb der Sortierung auftauchen. Insbesondere ist bewiesen worden, daß Multinomialkoeffizienten stets natürliche Zahlen sind. Im Spezialfall $s = 2$ wird der Multinomialkoeffizient zum **'Binomialkoeffizienten'**

$$\binom{n}{k_1} := \binom{n}{k_1, k_2} = \binom{n}{k_1, n - k_1} = \frac{n!}{k_1! \cdot (n - k_1)!}.$$

In den Übungsaufgaben werden weitere kombinatorische Deutungen und Zusammenhänge zu diesen Koeffizienten angegeben. ◇

Beispiel 2 *((M,I,S,S,I,S,S,I,P,P,I),(5,4,4,3,4,5,3,2,1,1,4))*

(1) Die bisherigen Erkenntnisse werden auf das 11-Tupel $l := (M, I, S, S, I, S, S, I, P, P, I)$ angewendet. Die Vielfachheiten sind $v_M(l) = 1$, $v_I(l) = 4$, $v_S(l) = 4$ und $v_P(l) = 2$. Damit gibt es nach ▶ Satz 22 genau $\frac{11!}{4!4!2!1!} = 34.650$ Sortierungen von l unter der symmetrischen Gruppe S_{11}. Legt man die Buchstabenordnung $I < M < P < S$ wie gewohnt fest, so ist $(I, I, I, I, M, P, P, S, S, S, S)$ die eindeutig bestimmte aufsteigend geordnete Sortierung $l_\leq$ von l. Die Anzahl der Permutation, die aus l nun $l_\leq$ herstellen, ist die Mächtigkeit der Young-Untergruppe zu l, also $\mid \mathrm{Stab}_{S_{11}}(l) \mid = 4! \cdot 4! \cdot 2! \cdot 1! = 1152$.

(2) Das 11-Tupel $b := (5, 4, 4, 3, 4, 5, 3, 2, 1, 1, 4)$ wird analog analysiert. Die Vielfachheiten sind $v_1(b) = 2$, $v_2(b) = 1$, $v_3(b) = 2$, $v_4(b) = 4$ und $v_5(b) = 2$. Wiederum nach ▶ Satz 22 gibt es genau $\frac{11!}{4!2!2!2!1!} = 207.900$ Sortierungen von b unter der symmetrischen Gruppe S_{11}. Legt man die bekannte Ordnung $1 < 2 < 3 < 4 < 5$ wie gewohnt zu Grunde, so ist $(1, 1, 2, 3, 3, 4, 4, 4, 4, 5, 5)$ die eindeutig bestimmte aufsteigend geordnete Sortierung $b_\leq$ von b. Die Anzahl der Permutation, die aus b nun $b_\leq$ herstellen, ist die Mächtigkeit der Young-Untergruppe zu b, also $\mid \mathrm{Stab}_{S_{11}}(b) \mid = 4! \cdot 2! \cdot 2! \cdot 2! \cdot 1! = 192$. ◇

Bemerkung 7 *(absteigend versus aufsteigend)* Seien $(M; \leq)$ eine geordnete Menge und $n \in \mathbb{N}$. Definiert man $a \geq b := b \leq a$ für alle $a, b \in M$, so ist $\geq$ auch eine Ordnung auf M, wie man leicht mit Hilfe der Definition der Ordnung bestätigt. Ist $l = (l_1, ..., l_n) \in M^n$ aufsteigend geordnet sortiert per $\leq$, so ist l absteigend sortiert per $\geq$ und umgekehrt. Man kann also alle Resultate dieses Abschnittes auch auf $(M; \geq)$ anwenden. Insbesondere gibt es also auch genau eine absteigend geordnete Sortierung von l. Um zwischen aufsteigender und absteigender Sortierung von l zu wechseln, ist eine Permutation hilfreich, die man den '**großen Vertauscher**' nennt:

$$\sigma_n : \underline{n} \longrightarrow \underline{n},\, i \mapsto n - i + 1.$$

Im Prinzip ist dies eine '**Spiegelung am Mittelpunkt**' des Tupels. Aus $(1, 1, 2, 2)$ wird durch σ_4 das 4-Tupel $(1, 1, 2, 2) \bullet \sigma_4 = (2, 2, 1, 1)$. σ_n ist eine Involution, denn es gilt tatsächlich für alle $i \in \underline{n}$ die Identität $i\sigma_n\sigma_n = n - (n - i + 1) + 1 = i$. ◇

Die folgenden Bilder illustrieren die Begriffe und Resultate dieses Abschnittes:

Sortieren und Ordnen I

{3,3,1,2,3,2,2,1,1}={3,2,1} Menge als unsortierte Liste ohne Wiederholungen

(3,2,1) Tupel als sortierte Liste
l=(3,3,1,2,3,2,2,1,1) auch mit Wiederholungen möglich

(3,3,1,2,3,2,2,1,1) ● f = (1,1,1,2,2,2,3,3,3) Polya-Weyl-Aktion : symmetrische Gruppe operiert auf den Tupeln durch Permutation der Komponenten

(3,3,1,2,3,2,2,1,1) ● S_9 Bahn unter symmetrischen Gruppe ist Menge aller Sortierungen

$v_3(l) = 3, v_2(l) = 3, v_1(l) = 3$ Vielfachheiten der Elemente in der Liste

$|S_n| = n!$ symmetrische Gruppe ist von der Mächtigkeit n Fakultät; Anzahl der Permutationen von n verschiedenen Elementen

$Stab_{S_9}((3,3,1,2,3,2,2,1,1)) \approx S_3 \times S_3 \times S_3$ Stabilisator = Young-Untergruppe sind die Permutationen, die die Liste nicht ändern ≈ zum direkten Produkt der symmetrischen Gruppen der Vielfachheiten; Mächtigkeit ist das Produkt der entsprechenden Fakultäten der Vielfachheiten:

$$|Stab_{S_n}(l)| = v_{a_1}(l)! * \ldots * v_{a_s}(l)!$$

Sortieren und Ordnen II

l=(3,3,1,2,3,2,2,1,1) sortierte Liste

|(3,3,1,2,3,2,2,1,1) ● S_9| = 9! / (3! x 3! x 3!) Anzahl der Sortierungen von l ist die Länge der Bahn welche genau die Mächtigkeit der Menge der Rechtsnebenklassen der Young-Untergruppe in der symmetrischen Gruppe ist (Bahnlängenformel); dieser ist mit dem Satz von Lagrange berechenbar und mit dem Multinomialkoeffizienten ausdrückbar (Verallgemeinerung des Binomialkoeffizienten)

$$\text{Anzahl Sortierungen von l} = \frac{n!}{v_{a_1}(l)! * \ldots * v_{a_s}(l)!} = \binom{n}{v_{a_1}(l), \ldots, v_{a_s}(l)}$$

(1,1,1,2,2,2,3,3,3) es existiert genau eine aufsteigend geordnete Sortierung

$Stab_{S_n}(l)$ x f Menge der Permutationen, die l in eine aufsteigend geordnete Sortierung überführt; die Anzahl dieser Permutationen ist die Mächtigkeit dieser Rechtsnebenklasse, die genauso mächtig wie die Young-Untergruppe ist, also

$$|Stab_{S_n}(l)| = v_{a_1}(l)! * \ldots * v_{a_s}(l)!$$

(1,1,1,2,2,2,3,3,3) wird in (3,3,3,2,2,2,1,1,1) – die eindeutig bestimmte absteigende geordnete Sortierung von l -- durch den großen Vertauscher überführt:

$$\begin{pmatrix} 1 & 2 & 3 & 4 & 5 & 6 & 7 & 8 & 9 \\ 9 & 8 & 7 & 6 & 5 & 4 & 3 & 2 & 1 \end{pmatrix}$$

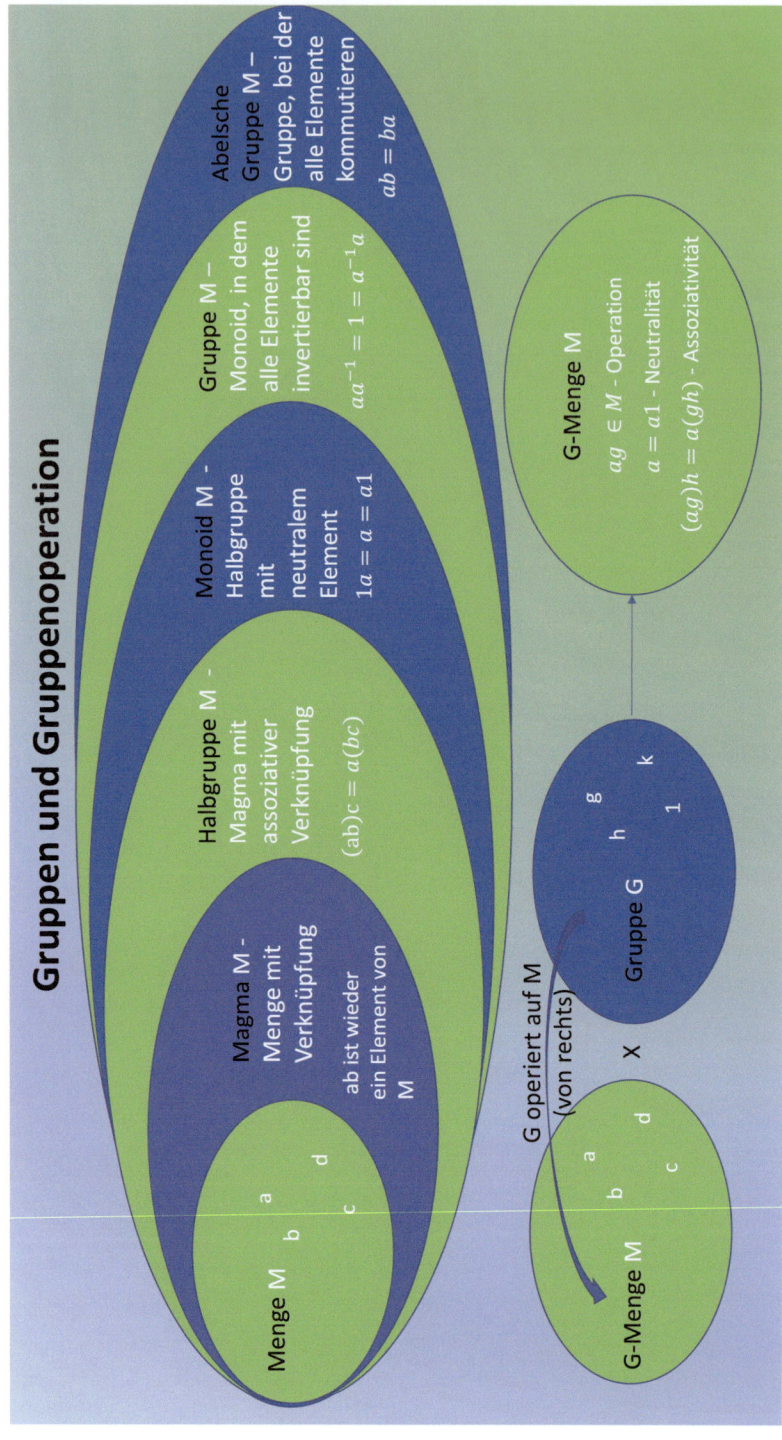

4.2.1.4 Sortieralgorithmen

Zunächst wird der **'Bubblesort-Algorithmus'** detailliert beschrieben. Anschließend wird auf weitere Sortieralgorithmen eingegangen.

Algorithmus 2 *(Bubblesort-Algorithmus)* Seien $(M; \leq)$ eine geordnete Menge, $n \in \mathbb{N}$ und $(l_1, ..., l_n)$ eine sortierte Liste. Nach Teil (iii) von ▶ Satz 22 gibt es eine eindeutig bestimmte aufsteigend geordnete Sortierung $l_\leq$ von l. Um diese zu konstruieren, ist folgendes **'Verfahren'** anwendbar: im ersten Schritt muss das Maximum der Menge der Komponenten von l, also von $\{l_1, ..., l_n\}$ ermittelt und ganz nach rechts geschoben werden. Das nach ganz rechts geschobene Maximum vertreibt das dortige Element, welches daraufhin auf den vorherigen Platz des Maximums rückt. Ist m dieses Maximum, so muss mit dem verbleibenden $(n-1)$-Tupel, was um das Maximum m in der n-ten Komponente verkürzt ist, genauso weiter verfahren werden: man bestimme das Maximum von $\{l_1, ..., l_n\} \setminus \{m\}$ und schiebe es ganz nach rechts usw. Es kann also durch eine **'sukzessive Maximum-Suche'** eine aufsteigend geordnete Sortierung von l erhalten werden.

Dazu ein Beispiel. Sei $l := (4, 5, 2, 1)$. Folgende Schritte werden durchgeführt:

(i) $(4, 5, 2, 1) \mapsto 5 = max\{4, 5, 2, 1\} \mapsto (4, 1, 2, 5)$
(ii) $(4, 1, 2, 5) \mapsto 4 = max\{4, 1, 2\} \mapsto (2, 1, 4, 5)$
(iii) $(2, 1, 4, 5) \mapsto 2 = max\{1, 2\} \mapsto (1, 2, 4, 5)$.

Möchte man daraus ein **'Python-Programm'** schreiben, muss die Maximum-Suche rekursiv aufgerufen werden. Problem dabei ist, daß zwar sichtbar ist, was das Maximum ist, ein Computer dazu jedoch auch eine Vorschrift zu dessen Ermittlung benötigt. Also muss überlegt werden, wie durch einen **'Algorithmus'** das Maximum ermittelt und dieses ganz nach rechts geschoben werden kann. Zu diesem Zweck werden Transpositionen verwendet. Man beginnt mit der ersten Komponente und vergleicht diese mit der zweiten. Die größere der beiden steht nach dem Vergleich auf dem zweiten Platz, die andere auf dem ersten. Dieses Verfahren führt man nun mit der zweiten und dritten Komponente durch usw. Durch sukzessives Vertauschen der Komponenten wird so das Maximum ganz nach rechts verschoben. Dieses Verfahren verleiht dem Algorithmus auch seinen Namen, da das Maximum wie eine **'Blase'** von links nach rechts aufsteigt. Das Verfahren muss wiederholt auf das um das Maximum verminderte Tupel angewendet werden usw. Ein Beispiel:

(i) $(4, 5, 2, 1) \mapsto (4, 5, 2, 1) \mapsto (4, 2, 5, 1) \mapsto (4, 2, 1, 5)$
(ii) $(4, 2, 1, 5) \mapsto (2, 4, 1, 5) \mapsto (2, 1, 4, 5)$
(iii) $(2, 1, 4, 5) \mapsto (1, 2, 4, 5)$.

In Python kann der Bubblesort-Algorithmus durch sukzessives Vertauschen – also durch Anwenden einer Transposition mit der Polya-Weyl-Aktion auf das Tupel – implementiert werden:

Python-Quellcode 4.1   Bubblesort-Algorithmus

```python
def bubblesort(liste):
  for i in range(0, len(liste) - 1):
    for j in range(0, len(liste) - i - 1):
```

```
        if liste[j] > liste[j+1]:
            liste[j], liste[j+1] = liste[j+1], liste[j]
    return liste

zeichenkette=input('Bitte gebe Sie die Liste ein: ')
liste =[]
for i in zeichenkette:
    liste.append(i)
print(liste)
print ('Die zugehörige aufsteigend sortierte Liste ist: ',bubblesort(liste))

Test:
Bitte geben Sie die Liste ein: 145543
['1', '4', '5', '5', '4', '3']
Die zugehörige aufsteigend sortierte Liste ist:  ['1', '3', '4', '4', '5', '5']
```

'**Python-Schlüsselwörter**' sind dabei u. a. INPUT, IF, DEF und PRINT. Warum funktioniert dieses Verfahren? Der mathematische Hintergrund ist folgender: Ist $(l_1, l_2, ..., l_n)$ eine Liste und gilt $l_1 \leq l_2$, so ist $max\{l_1, ..., l_n\} = max\{l_2, ..., l_n\}$. So '**rutscht**' durch sukzessives Vertauschen basierend auf einem Größenvergleich das Maximum ganz nach rechts in der Liste. Dieses Verfahren kann man mathematisch per vollständiger Induktion beweisen.

Sortieralgorithmen werden nach bestimmten Merkmalen klassifiziert. Bubblesort beruht auf '**Größen-Vergleichen**' der Listenelemente, weshalb man hier von '**vergleichsbasiertem Sortieren**' spricht. Es gibt noch weitere '**Klassifikationsmerkmale**', wie etwa

(i)   Stabilität versus Instabilität
(ii) in-place versus out-of place'
(iii) natürliche versus nicht-natürliche Verfahren
(iv) Zeit- und Platzkomplexität und Verwendung der Landau-Symbolik.

Diese Aspekte sollen an dieser Stelle nicht weiter vertieft werden. In Hinblick auf die '**Komplexität**' wird folgend untersucht, wie viele '**Vergleichs-Schritte**' der Bubblesort-Algorithmus maximal benötigt, um die aufsteigend geordnete Sortierung einer Liste zu erhalten. Hier ergibt sich ein interessanter mathematischer Zusammenhang für eine Liste $l := (l_1, ..., l_n)$ der Länge n: Beim ersten Durchlauf müssen $n-1$ Vergleiche durchgeführt werden, beim zweiten Durchlauf ein Vergleich weniger usw. bis zum letzten Durchlauf, wo nur noch ein Vergleich notwendig ist. Für die Anzahl der Vergleiche ergibt sich

$$\sum_{i=1}^{n-1} i.$$

Für diese Summe gibt es eine geschlossene Darstellung, die als '**Summenformel von Gauß**' bekannt ist und mittels vollständiger Induktion (vgl. Übungsaufgaben zu Kap. 1) bewiesen werden kann:

$$\sum_{i=1}^{n-1} i = \frac{1}{2} \cdot n \cdot (n-1).$$

Es lässt sich leicht nachrechnen, daß dieser Wert mit dem '**Binomialkoeffizienten**'

4.2 · Mathematik

$$\binom{n}{2} = \sum_{i=1}^{n-1} i$$

übereinstimmt. ◇

Python selbst benutzt den sog. **'Tim-Sort':** Er ist ein **'hybrider'** Sortieralgorithmus, der von **'Mergesort'** und **'Insertionsort'** abgeleitet ist. Er wurde 2002 von Tim Peters für die Nutzung in Python entwickelt und ist ab Version 2.3 der Standard-Sortieralgorithmus von Python. Mittlerweile wird er auch in Java SE 7 und auf der Android-Plattform genutzt. Weitere Information erhält der Leser hier: . Den Timsort-Algorithmus in allen seinen Einzeleinheiten zu erklären, würde den Rahmen dieses Buches sprengen. Stattdessen werden die für ihn grundlegenden Algorithmen behandelt.

Algorithmus 3 *(Insertionsort-Algorithmus)* Der Algorithmus **'Insertionsort'** lässt sich mit dem Aufnehmen von Karten und deren Sortierung in der Hand gut illustrieren. Am Anfang liegen die Karten, die einem Spieler vom Geber zugeteilt sind, verdeckt auf dem Tisch. Die Karten werden nun nacheinander vom Spieler aufgedeckt und an der korrekten Position in das Blatt eingefügt. Um die richtige Einfügestelle zu finden, wird die neu aufgenommene Karte sukzessive (von links nach rechts) mit den bereits einsortierten Karten des Blattes verglichen. Zu jedem Zeitpunkt sind die Karten in der Hand sortiert und bestehen aus den bereits vom Tisch entnommenen Karten. Zum Einfügen der neuen Karte müssen alle auf der Hand nachfolgenden eine Position weiter nach rechts wandern. Das Verfahren geht also von einer bereits geordnet sortierten Liste aus, in der ein neues Element an die richtige Stelle eingefügt wird. So entsteht eine Liste, die wieder geordnet sortiert ist. Ergo funktioniert der Algorithmus.

Das Sortieren mit Insertionsort wird am Beispiel $l := (4, 5, 2, 1)$ demonstriert:

(i) $(4, 5, 2, 1) \mapsto (4, 5, 2, 1)$
(ii) $(4, 5, 2, 1) \mapsto (2, 4, 5, 1)$
(iii) $(2, 4, 5, 1) \mapsto (1, 2, 4, 5)$.

Eine **'Implementierung'** in Python wäre durch folgende Vorschrift gegeben:

Python-Quellcode 4.2   Insertion-Algorithmus
```
def insertsort(seq):
 for j in range(1,len(seq)):
  key = seq[j]
  k = j-1
  while k>=0 and seq[k]>key:
   seq[k+1] = seq[k]
   k = k-1
  seq[k+1] = key
 return seq

zeichenkette=input('Bitte gebe Sie die Liste ein: ')
liste =[]
```

```
for i in zeichenkette:
    liste.append(i)
print(liste)
print ('Die zugehörige aufsteigend sortierte Liste ist: ',insertsort(liste))
```
```
Test:
Bitte geben Sie die Liste ein: 34512
['3', '4', '5', '1', '2']
Die zugehörige aufsteigend sortierte Liste ist:  ['1', '2', '3', '4', '5']
```

Die **'Anzahl der Vergleiche'**, die beim Einfügen durchzuführen sind, ist im schlechtesten Fall analog zum Bubblesort-Algorithmus, also

$$\sum_{i=1}^{n-1} i = \frac{1}{2} \cdot n \cdot (n-1),$$

wobei n die Länge der Liste ist. In den Übungen wird auf Verbesserungen zu diesem Algorithmus eingegangen (Shellsort und binäre Suche). ⋄

Algorithmus 4 *(Mergesort-Algorithmus)* **'Mergesort'** – abgeleitet von den englischen Wörtern **'merge = verschmelzen'** und **'sort = sortieren'** – ist ein stabiler Sortieralgorithmus, der nach dem Prinzip **'TuH = Teile und Herrsche** (im Englischen **'DaQ = Divide and Conquer'**) arbeitet. Er wurde erstmals 1945 durch John von Neumann vorgestellt. Mergesort betrachtet die zu sortierenden Daten als Liste und zerlegt (englisch **'divide'**) sie rekursiv in immer kleinere Listen, die jede für sich geordnet sortiert werden. Die vielen geordnet sortierten kleinen Listen werden dann im **'Reißverschlussverfahren'** nacheinander zu größeren Listen zusammengefügt (engl. **'merge'**), bis wieder eine geordnet sortierte Gesamtliste erreicht ist. Die wesentlichen Schritte eines **'Teile-und-Herrsche-Verfahrens'** im Rahmen von Mergesort: Der Teile-Schritt (divide) ist einfach umzusetzen. Dazu werden die Daten rekursiv immer wieder in zwei Hälften aufgeteilt, solange eine Aufteilung sinnvoll ist (bis hin zu einelementigen Listen). Die wesentliche Arbeit wird beim Verschmelzen (merge) durch das Reißverschlussverfahren geleistet: daher rührt auch der Name des Algorithmus. Hierbei werden **'Vergleichsoperationen'** eingesetzt.

Es folgt ein Beispiel zur Liste $l := [4, 3, 1, 1, 3, 4]$. Begonnen wird, indem die l mehrfach halbiert wird. Im ersten Schritt wird l zu $l_1 := [4, 3, 1]$ und $l_2 := [1, 3, 4]$ geteilt. Im zweiten Schritt wird l_1 zu $l_{11} := [4, 3]$ und $l_{12} := [1]$ sowie l_2 zu $l_{21} := [1, 3]$ und $l_{22} := [4]$ weiter aufgesplittet. Im letzten Teile-Schritt müssen noch l_{11} in $l_{111} := [4]$ und $l_{112} := [3]$ sowie l_{21} in $l_{121} := [1]$ und $l_{122} := [3]$ zerkleinert werden. Damit ist der 'Teile'-Teil des Algorithmus beendet, und es man geht zum 'Herrsche'-Teil über.

Dabei ist permanent das Reißverschlussverfahren anzuwenden. Man beginnt mit dem Mergen von $l_{121} := [1]$ und $l_{122} := [3]$ zu $[1, 3]$ sowie von $l_{111} := [4]$ und $l_{112} := [3]$ zu $[3, 4]$. Auf der nächsten Stufe vereinigt man $[1, 3]$ und $[4]$ zu $[1, 3, 4]$ sowie $[3, 4]$ und $[1]$ zu $[1, 3, 4]$. Schließlich muss noch $[1, 3, 4]$ und $[1, 3, 4]$ zu $[1, 1, 3, 3, 4, 4]$ gemerget werden.

Eine mögliche **'Implementierung in Python'** findet man z. B. hier:

Python-Quellcode 4.3 Mergesort-Algorithmus

```
import math
def merge(items, p, q, r):
    L = items[p:q+1]
    R = items[q+1:r+1]
    i = j = 0
    k = p
    while i < len(L) and j < len(R):
        if(L[i] < R[j]):
            items[k] = L[i]
            i += 1
        else:
            items[k] = R[j]
            j += 1
        k += 1
    if(j == len(R)):
        items[k:r+1] = L[i:]

def mergesort(items, p, r):
    if(p < r):
        q = math.floor((p+r)/2)
        mergesort(items, p, q)
        mergesort(items, q+1, r)
        merge(items, p, q, r)
items = [4,3,1,2,1,17,4]
mergesort(items, 0, len(items)-1)
print(items)
```

Test:
[1, 1, 2, 3, 4, 4, 17]

Warum funktioniert der Mergesort-Algorithmus? Nachdem die Aufteilungsschritte durchgeführt werden, ist nur noch zu verstehen, daß das Mergen wieder geordnete Listen entstehen lässt. Mergen ist jedoch das wiederholte Ausführen einer vereinfachten Art des Insertionsort-Algorithmus.

Es sollen noch einige Anmerkungen zur Laufzeit des Mergesort-Algorithmus ohne Beweis erwähnt werden. Das Unterprogramm **'def merge(items, p, q, r)'** benötigt maximal r Vergleichsschritte. Das bedeutet, bei einer Liste der Länge n läuft das Mergen mit maximal n Schritten ab. Da der Algorithmus eine Aufteilung in zwei Hälften vornimmt, kann – in Abhängigkeit der Länge n – für den Aufwand $T(n)$ eine rekursive Vorschrift hergeleitet werden. Zur Vereinfachung wird angenommen, daß n eine Zweierpotenz 2^k für ein $k \in \mathbb{N}_0$ ist. Damit kann in Abhängigkeit von $k \in \mathbb{N}_0$ geschrieben werden:

$$T(2^{k+1}) \leq 2 \cdot T(2^k) + 2^k.$$

Diese 'rekursive Ungleichung' kann per Induktion (für $k \in \mathbb{N}_0$) zu

$$T(2^k) \leq k \cdot 2^k$$

aufgelöst werden.

'Induktionsanfang': $T(0) = 0 = 0 \cdot 2^0$.

'Induktionsschritt': Es gelte $T(2^k) \leq 2 \cdot k \cdot 2^k$ für ein $k \in \mathbb{N}_0$. Dann gilt mittels der Rekursion

$$T(2^{k+1}) \leq 2 \cdot T(2^k) + 2^{k+1} \leq 2(k \cdot 2^k) + 2^{k+1} = k 2^{k+1} + 2^{k+1} = (k+1) 2^{k+1}.$$

Aus obiger Gleichung folgt:

$$T(2^k) \leq log_2(2^k) \cdot 2^k.$$

Dem Leser stellt sich die Frage, was der Ausdruck $log_2(2^k)$ bedeutet. Es handelt sich dabei um die **'Logarithmus-Funktion'**, auf die sich in der Formel niederschlägt, die an dieser Stelle aber nicht explizit mathematisch erläutert werden soll. Daraus kann man für eine beliebige Zahl auch herleiten, daß für den Aufwand gilt:

$$T(n) \leq log(n) \cdot n.$$

Dieses Resultat ist in sofern interessant, da der Wert $log(n) \cdot n$ für beliebige Sortieralgorithmen bzgl. ihres Aufwandes als **'Schranke'** auftaucht. Daher ist der Merge-Algorithmus innerhalb der Sortieralgorithmen bzgl. seines Aufwandes tatsächlich **'asymptotisch optimal'**. Warum ist dies der Fall?

Abschätzung zur **'Fakultät'** zu n mittels Induktion: Für alle natürlichen Zahlen $n \geq 6$ gelten die Ungleichungen $n^n \leq n! \cdot 3^n$ und $n! \cdot 2^n \leq n^n$. Daraus folgt für $n \in \mathbb{N}_{\geq 6}$ die Abschätzung

$$\left(\frac{n}{3}\right)^n \leq n! \leq \left(\frac{n}{2}\right)^n.$$

Mit den Rechenregeln des Logarithmus folgt nun für $n \in \mathbb{N}_{\geq 6}$ die Abschätzung

$$n \cdot log\left(\frac{n}{3}\right) \leq log(n!) \leq n \cdot log\left(\frac{n}{2}\right).$$

Das bedeutet, daß für große n die Abschätzung

$$log(n!) \sim n \, log(n)$$

gilt.

Welche Bedeutung hat diese Erkenntnis für jeden Sortieralgorithmus? Betrachtet man dazu eine Liste $l := (a_1, ..., a_n)$ der Länge n. Jede Permutation α aus der symmetrischen Gruppe S_n führt per Polya-Weyl-Aktion $l \bullet \alpha$ zu einer neuen Sortierung der Liste l. Es wurde bewiesen, daß es genau $n!$ Permutationen gibt. Jede dieser maximal möglichen $n!$ Umsortierungen $l \bullet \alpha$ mit $\alpha \in S_n$ stellt eine mögliche Lösung des Sortierproblems da. Möchte man das Sortierproblem **'vergleichsbasiert'** lösen, so müssen schrittweise die Elemente $a_1, ..., a_n$ verglichen werden. Dazu müssen Fragen der Art $a_i < a_j$ gestellt werden. Jede solche Frage zerlegt die Menge aller noch möglichen Permutationen in zwei Hälften, nämlich diejenigen Permutationen, für die $a_i < a_j$ bzw. $a_i \geq a_j$ gilt. Mit den beiden Hälften kann man entsprechend weiterverfahren und die nächste Vergleichsfrage $a_k < a_l$ stellen usw. Durch diese vollständige Fallunterscheidung durch Vergleichsfragen erhält man nach s Schritten genau 2^s **'Zerteilungen'** der Menge der Permutationen in Teile unterschiedlicher Größe. Damit alle potentiellen $n!$ Permutationen abgedeckt werden können, muss also $2^s \geq n!$ gelten. Daraus erhält man $s \geq \frac{log(n!)}{log(2)}$, also asymptotisch etwa $s \sim log(n!)$. Mit obiger Überlegung gilt also asymptotisch $s \sim n \cdot log(n)$. ◊

Abschließend wird ein nicht komplett vergleichsbasierter Sortieralgorithmus vorgestellt.

Algorithmus 5 *(Bucketsort-Algorithmus)* Es wird zunächst die prinzipielle Vorgehensweise des **'Bucketsort-Algorithmus'** – abgeleitet von den englischen Wörtern 'Bucket = Eimer' und 'sort = sortieren' – dargestellt. Ausgangspunkt ist eine geordnete Menge $(M; \leq)$, wie etwa $(\mathbb{N}_0; \leq)$, und eine Liste l der Länge n über M, wie etwa $l := (2, 3, 11, 7, 7, 4, 2, 1, 6, 8, 1, 9, 9, 3, 2, 1)$ der Länge 16. Der Algorithmus besteht aus drei Phasen:

(a) **'Zuweisen'** der Komponenten der Liste zu Buckets mit Hilfe einer Funktion f
(b) **'Sortieren'** der Bucket-Listen mit bekannten Sortieralgorithmen
(c) **'Konkatenieren'** der jeweiligen geordnet sortierten Bucket-Listen zu einer geordnet sortierten Liste bzgl. l und Rückwärtszuweisen.

Bevor der Algorithmus startet, müssen zudem die **'Buckets'** $B_1, \ldots, B_r$ definiert werden. Dies vollzieht sich meist in Zusammenhang mit Schritt (a), und zwar so, daß der Wertebereich der **'Zuweisungsfunktion'**

$$f : M \longrightarrow W,$$

wobei $(W; \leq)$ eine weitere geordnete Menge ist, in gleich große Teile eingeteilt wird. In diesem Fall könnte es z. B. vier Buckets $B_1, \ldots, B_4$ geben, die die natürlichen Zahlen von 1 bis 12 in vier gleich groß Teile unterteilen. Etwa $1-3$, $4-6$, $7-9$ und $10-12$. Die Buckets partitionieren also die Wertemenge der Funktion f derart, daß eine Partition in Mengen gleicher Mächtigkeit vorliegt und daß für je zwei Buckets B_i und B_j mit $i < j$ gilt, daß die Elemente aus Bucket B_i bzgl. $\leq$ in W kleiner als die Elemente aus Bucket B_j sind. Die Zuweisungsfunktion f bildet nun jede Komponente in genau einen Bucket ab. Dabei müssen zwei Eigenschaften für f gelten:

(i) f ist **'injektiv'**: $\forall m, n \in M : f(m) = f(n) \leftrightarrow m = n$
(ii) f ist **'ordnungserhaltend'**: $\forall m, n \in M : m \leq n \leftrightarrow f(m) \leq f(n)$.

Die Injektivität ermöglicht es, die in (c) in W geordnet sortierte Liste wieder in M schreiben zu können. Die Ordnungserhaltung garantiert, dass dabei die Liste währenddessen auch geordnet sortiert bleibt. Im Beispiel ist die Zuweisungsfunktion die identische Abbildung, und es gilt $(M; \leq) := (W; \leq) := (\mathbb{N}_0; \leq)$. In den Übungsaufgaben findet sich eine Zuweisungsfunktion, die von der Identität verschieden ist. Im vorliegenden Fall würden die Buckets folgendermaßen gefüllt werden:

(i) $B_1 = (2, 3, 2, 1, 1, 3, 2, 1)$
(ii) $B_2 = (4, 6)$
(iii) $B_3 = (7, 7, 8, 9, 9)$
(iv) $B_4 = (11)$.

In Schritt (b) werden die zu Listen der in Buckets jeweils zusammengefassten Komponenten mittels eines Sortieralgorithmus wie z. B. Insertionsort oder Mergesort geordnet sortiert. Im vorliegenden Beispiel ergibt sich so:

(i) $B_1 = (1, 1, 1, 2, 2, 2, 3, 3)$
(ii) $B_2 = (4, 6)$
(iii) $B_3 = (7, 7, 8, 9, 9)$
(iv) $B_4 = (11)$.

Im letzten Schritt (c) werden die geordnet sortierten Listen durch Konkatenation nebeneinander gelegt und die Urbildwerte unter f berechnet. Im Beispiel ist das **'Zurückübersetzen'** trivial, da mit der identischen Abbildung gearbeitet wird: $l_\leq =$ (1, 1, 1, 2, 2, 2, 3, 3, 4, 6, 7, 7, 8, 9, 9, 11).

Eine mögliche Python-Implementierung für eine Liste von natürlichen Zahlen findet man z. B. hier:  .

Python-Quellcode 4.4   Bucketsort-Algorithmus

```
def insertion(inpvalue):
    for i in range(1, len(inpvalue)):
        temp = inpvalue[i]
        j = i - 1
        while (j >= 0 and temp < inpvalue[j]):
            inpvalue[j + 1] = inpvalue[j]
            j = j - 1
        inpvalue[j + 1] = temp

def bucket_sort(inpvalue):
    largest = max(inpvalue)
    length = len(inpvalue)
    size = largest/length

    buckets = [[] for _ in range(length)]
    for i in range(length):
        j = int(inpvalue[i]/size)

        if j != length:
            buckets[j].append(inpvalue[i])
        else:
            buckets[length - 1].append(inpvalue[i])

    for i in range(length):
        insertion(buckets[i])

    res = []

    for i in range(length):
        res = res + buckets[i]

    return res

inpvalue = input('Enter the list of (nonnegative) numbers: ').split()
inpvalue = [int(x) for x in inpvalue]

sorted_list = bucket_sort(inpvalue)

print('Sorted list: ', end='')
print(sorted_list)
```

Test:

Enter the list of (nonnegative) numbers: 101 32 100 200 32 10 2 4 6 9
Sorted list: [2, 4, 6, 9, 10, 32, 32, 100, 101, 200]

Python-Schlüsselwörter sind dabei u. a. RANGE, WHILE, DEF, FOR, int() und PRINT. Der Aufwand von Bucketsort hängt selbstverständlich von der Wahl des Sortieralgorithmus für die Sortierphase ab. Das Aufteilen auf die Buckets sowie das Konkatenieren ist linear abhängig von der Länge der eingegebenen Liste.

Ein weiteres Beispiel zum Bucketsort-Algorithmus findet sich innerhalb der Übungsaufgaben. Es werden Zahlen aus dem reellen Intervall [0, 1[in Buckets übergeben und anschließend mit dem Insertionsort-Algorithmus sortiert. Eine Erweiterung des Bucketsort-Algorithmus ist der **'Radixsort-Algorithmus',** mit dem man z. B. auch Postleitzahlen bearbeiten kann (siehe Übungsaufgaben). ◊

Folgende Bilder sollen die vorgestellten Sortieralgorithmen illustrieren.

Kapitel 4 · Einlagerung von Kühlgut

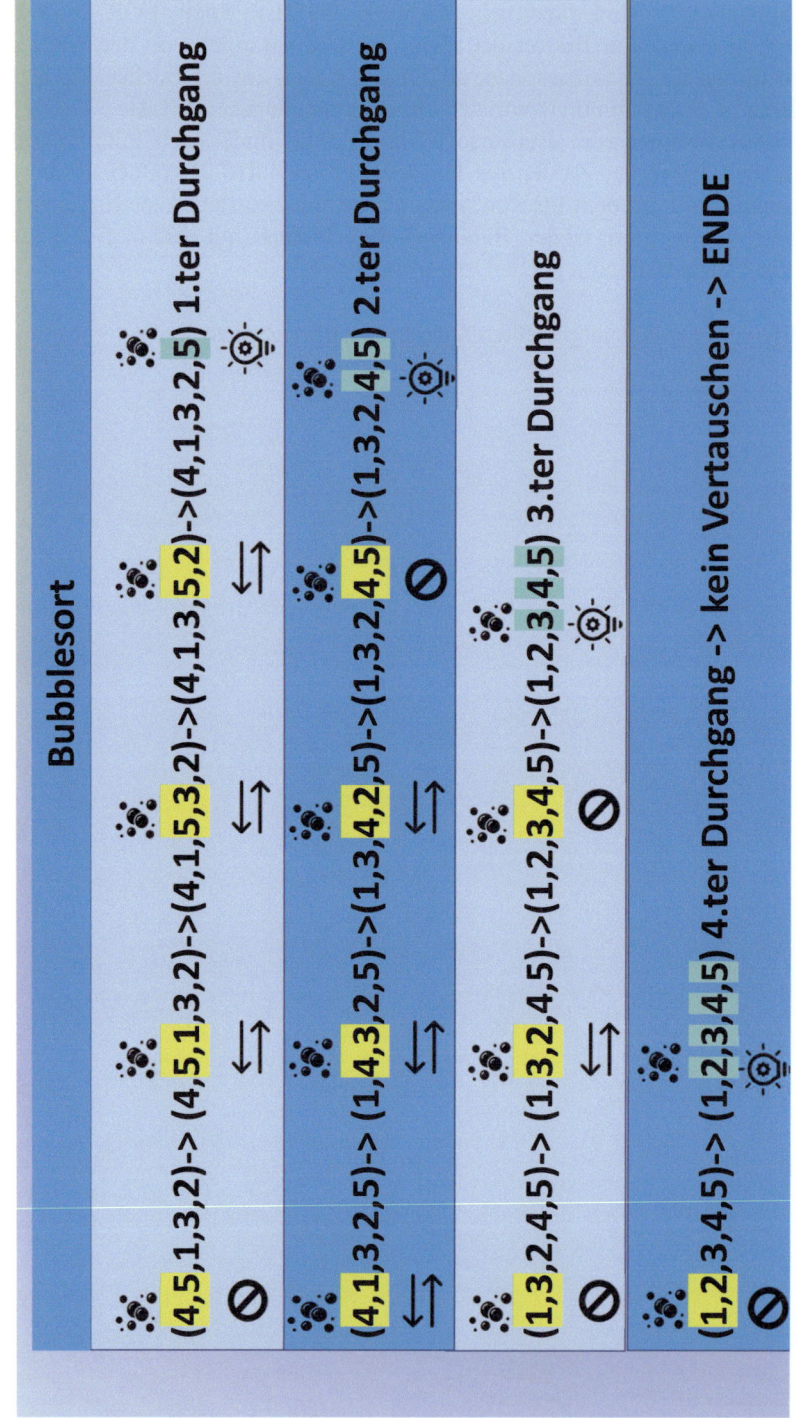

4.2 · Mathematik

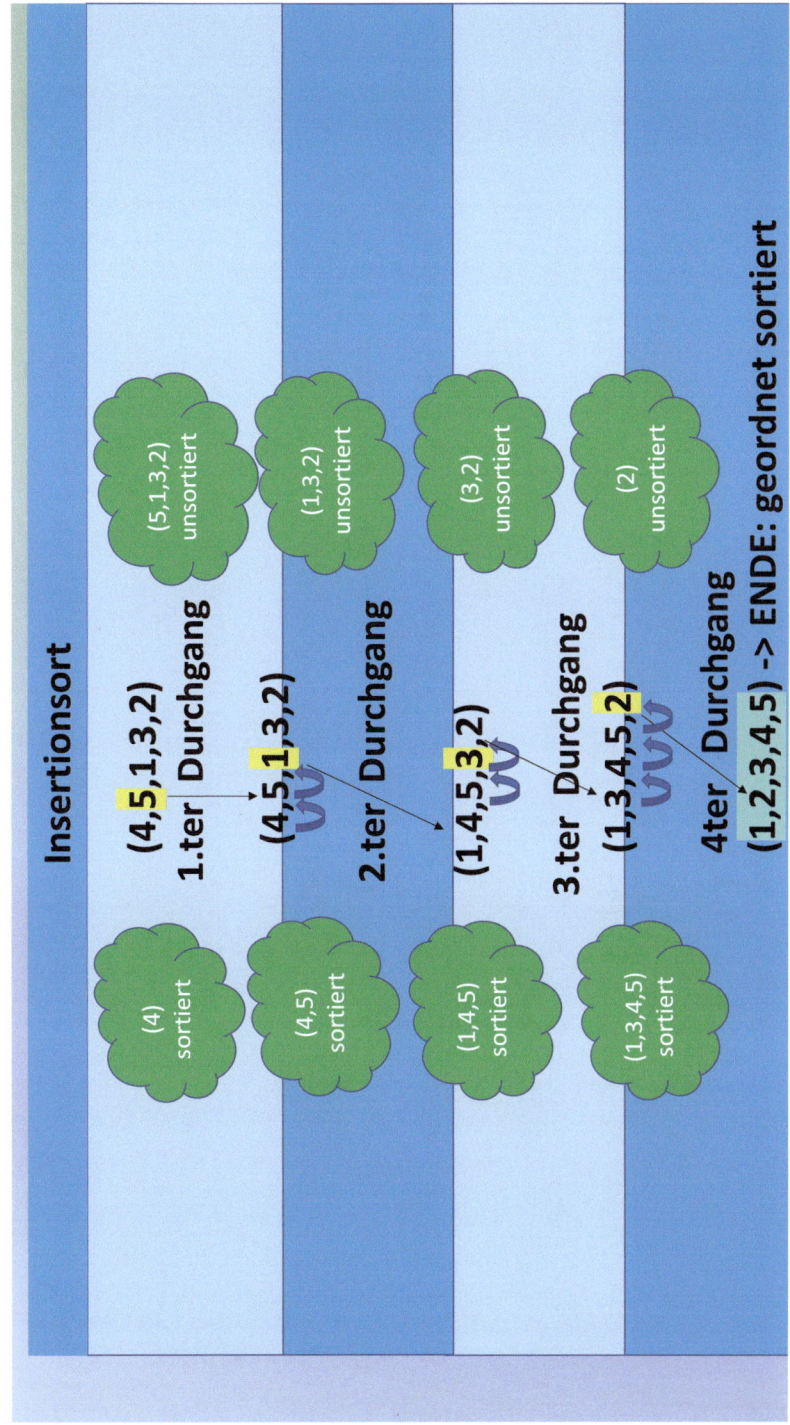

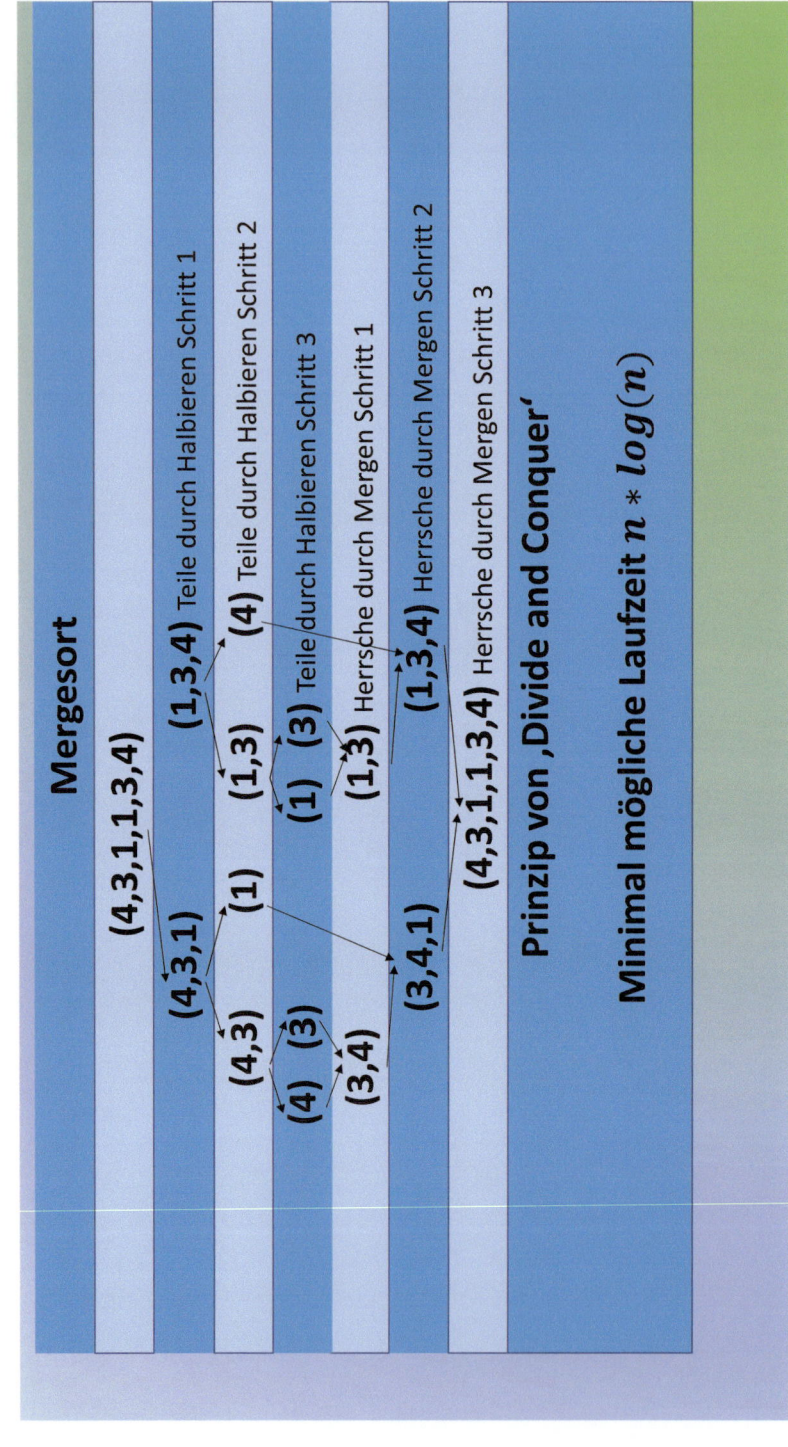

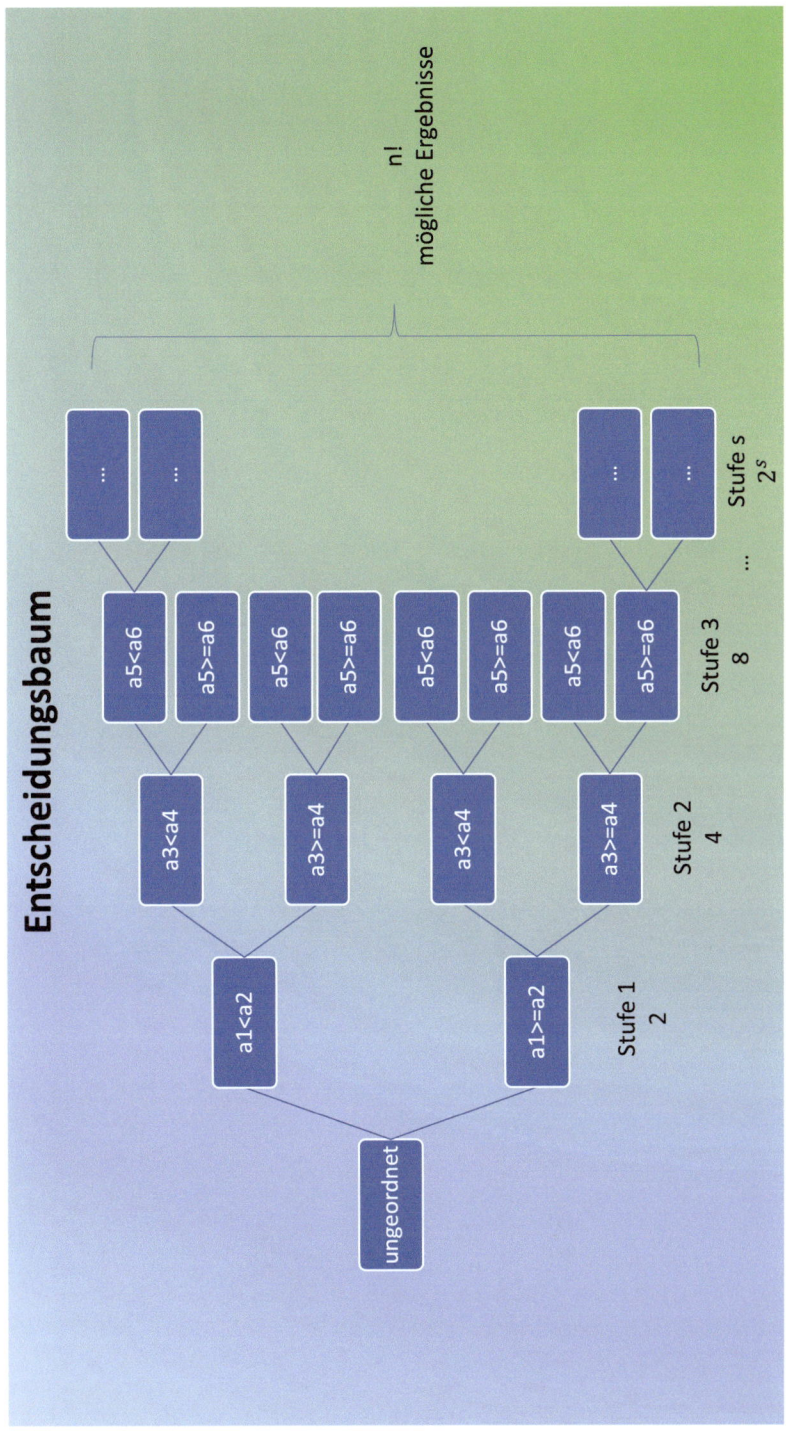

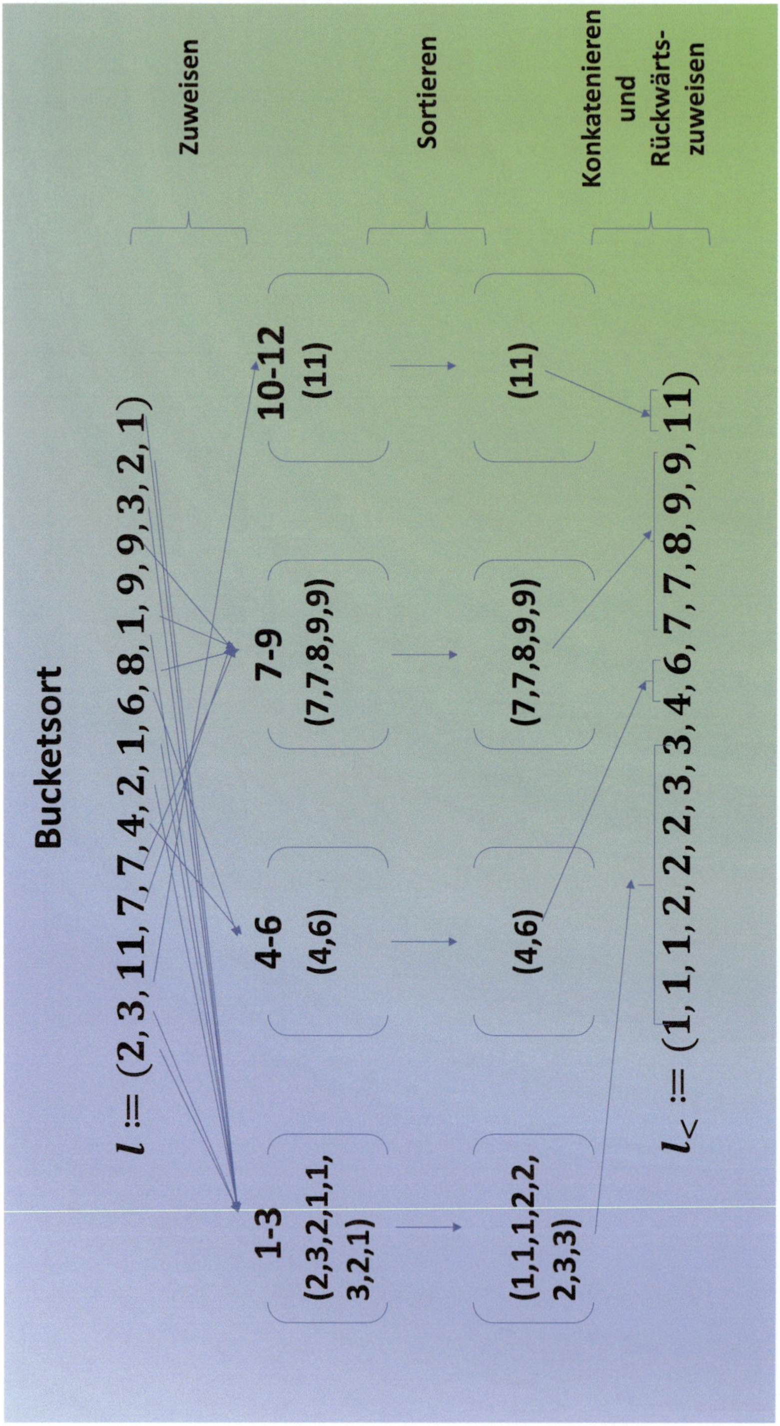

Bucketsort

$l := (2, 3, 11, 7, 7, 4, 2, 1, 6, 8, 1, 9, 9, 3, 2, 1)$

1-3	4-6	7-9	10-12	
(2,3,2,1,1,3,2,1)	(4,6)	(7,7,8,9,9)	(11)	Zuweisen
(1,1,1,2,2,2,3,3)	(4,6)	(7,7,8,9,9)	(11)	Sortieren

$l_< := (1, 1, 1, 2, 2, 2, 3, 3, 4, 6, 7, 7, 8, 9, 9, 11)$ — Konkatenieren und Rückwärtszuweisen

Weiterführende Information kann der Leser sich u. a. durch Studieren der Didaktik-Seite der PH Heidelberg  oder durch Lesen des Kapitels 12 im Buch **'Grundkurs Informatik'** von Ernst, Schmidt und Beneken (siehe [19]) aneignen. Es gibt im WWW ebenfalls eine große Community zum Thema **'Sortieralgorithmen'** mit allerlei interessanten Namen von Sortieralgorithmen wie etwa **'Cocktail-Sort'**. Vielleicht erfinden Sie Ihren eigenen neuen Sortieralgorithmus? Eine charmante Visualisierung mit Tönen zu einigen Sortieralgorithmen findet sich hier: .

4.2.2 Transfer zur Praxis

Im finalen Abschnitt des Mathematik-Teils zur Einlagerung von Kühlgut wird überlegt, wie die erlangten theoretischen Erkenntnisse verwendet werden können.

'Intervallprüfung bei Temperaturen':

Bei der Prüfung zulässiger **'Lagertemperaturen'** für Kühlgutmaterialien muss festgestellt werden, ob die mittlere Lagertemperatur m in °C eines Lagerplatzes im Temperatur-Intervall $[min, max]$ des Materials entspricht. Dies bedeutet $min \leq m \leq max$, wobei die Erkenntnisse zu den ganzen Zahlen $\mathbb{Z}$ und ihrer Ordnungsrelation $\leq$ ausgenutzt werden können.

'Platzbestandsanpassung bei Transportquittierung':

Bei Quittierung eines Transportes muss der **'dimensionslose Platzbestand'** angepasst werden, und zwar beim Von-Platz durch Subtraktion von 1 und beim An-Platz durch Addition von 1. Hierbei werden die grundlegenden Gesetze ganzer Zahlen benötigt.

'Partitionierung der Lagerplätze für Einlagerung':

Bei **'Einlagerungen'** für Kühlgut wurde erklärt, daß die Plätze zunächst richtig ausgewählt werden müssen. Dies geschieht auf Basis der Kriterien **'Temperatur'** und **'Belegtheit'**. Das Belegungs-Kennzeichen unterteilt die Plätze in belegte und nicht belegte. Die nicht-belegten Plätze werden in solche unterhalb einer Temperatur-Grenze unterteilt, etwa unterhalb $-1\,°C$ und oberhalb einer Grenze, etwa $+2\,°C$. Dadurch partitioniert man die Lagerplätze so, daß eine Teilmenge der möglichen Plätze entsteht: unbelegte und jene, die mit richtigem Temperatur-Intervall ausgestattet sind.

'Aufsteigende bzw. absteigende Sortierung der Lagerplatzkapazitäten bei Einlagerung':

Nach der Partitionierung der Lagerplätze wird die **'Platzkapazität'** der möglichen Abstellflächen für eine Einlagerung betrachtet. Dazu müssen die Plätze nach ihrer Kapazität aufsteigend oder absteigend sortiert werden. Dies wird mit dem **'sort-Befehl'** in Python vollzogen. Dabei wird der Timsort-Algorithmus angewendet.

Als Nachtrag zu Kap. 1 – Wareneingangskontrolle soll erwähnt werden, dass der naive Umgang mit den natürlichen und ganzen Zahlen inkl. Addition, Multiplikation und Potenzieren innerhalb dieses Kapitels auf ein solides Fundament gestellt wurde. Diese Thematiken wurden innerhalb des Kapitels insbesondere beim Teilen mit Rest sowie der b-adischen Zahlentwicklung benötigt. Beim Python-Coding zur Berechnung der Zahl aus der b-adischen Zahlentwicklung

Python-Quellcode 4.5 Zahl aus der b-adischen Zahlentwicklung

```
for c in reversed(badisch):
    d=int(c)\\
    z=z+d*(b**i)
```

werden diese Themen zudem angewendet. In Python wird zu diesem Zweck die Funktion **'reversed'** aufgerufen. Dabei wird der Inhalt des Strings **'badisch'** rückwärts durchlaufen. Dies bedeutet mathematisch das Anwenden des großen Vertauschers auf den Inhalt dieses Wortes. ◊

4.3 Informatik

4.3.1 Design

Die folgende Grafik ist ein **'Mindmapping'** zur Implementierung der Kühlguteinlagerung in den SMILE-Prototyp. Nachfolgend wird dieser Vorgang eingehender erklärt.

4.3 · Informatik

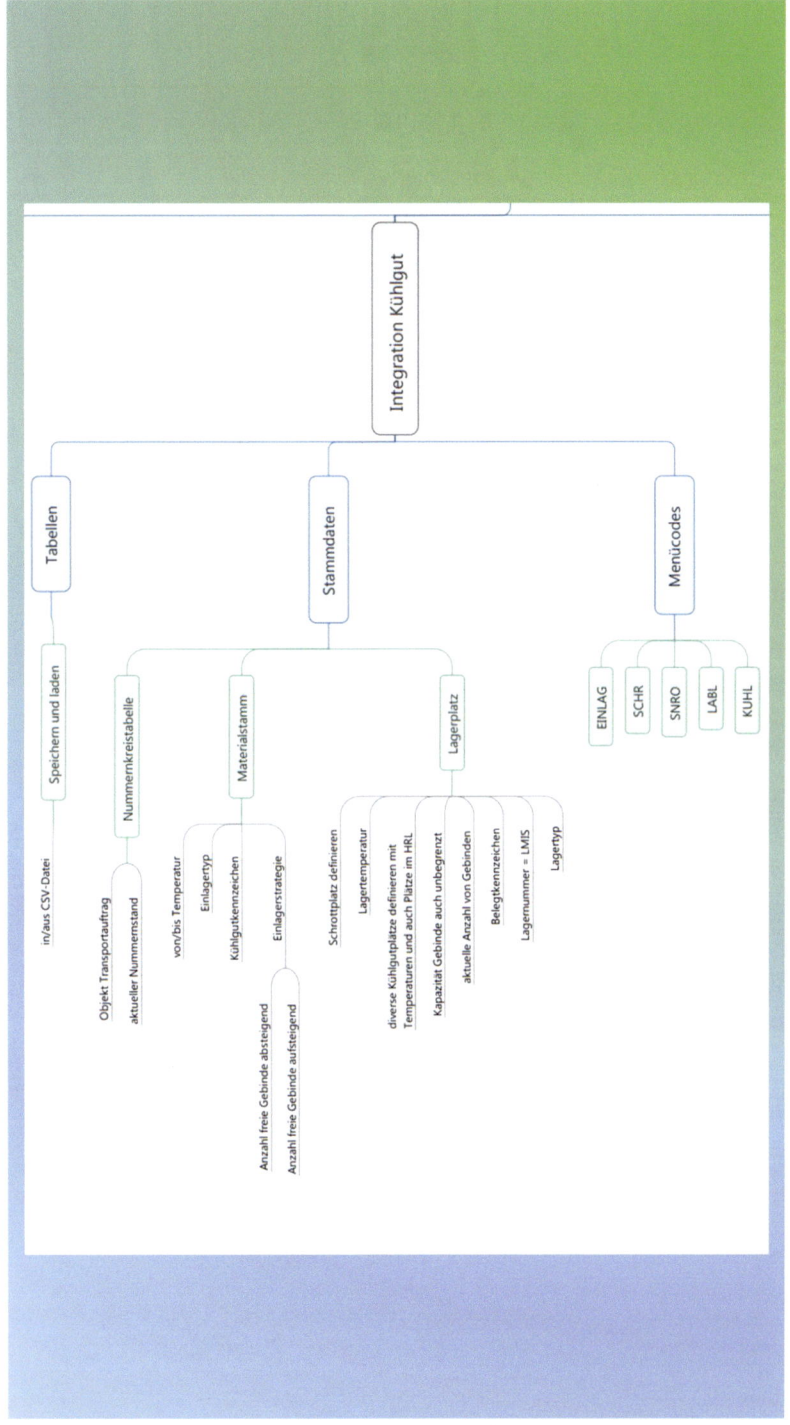

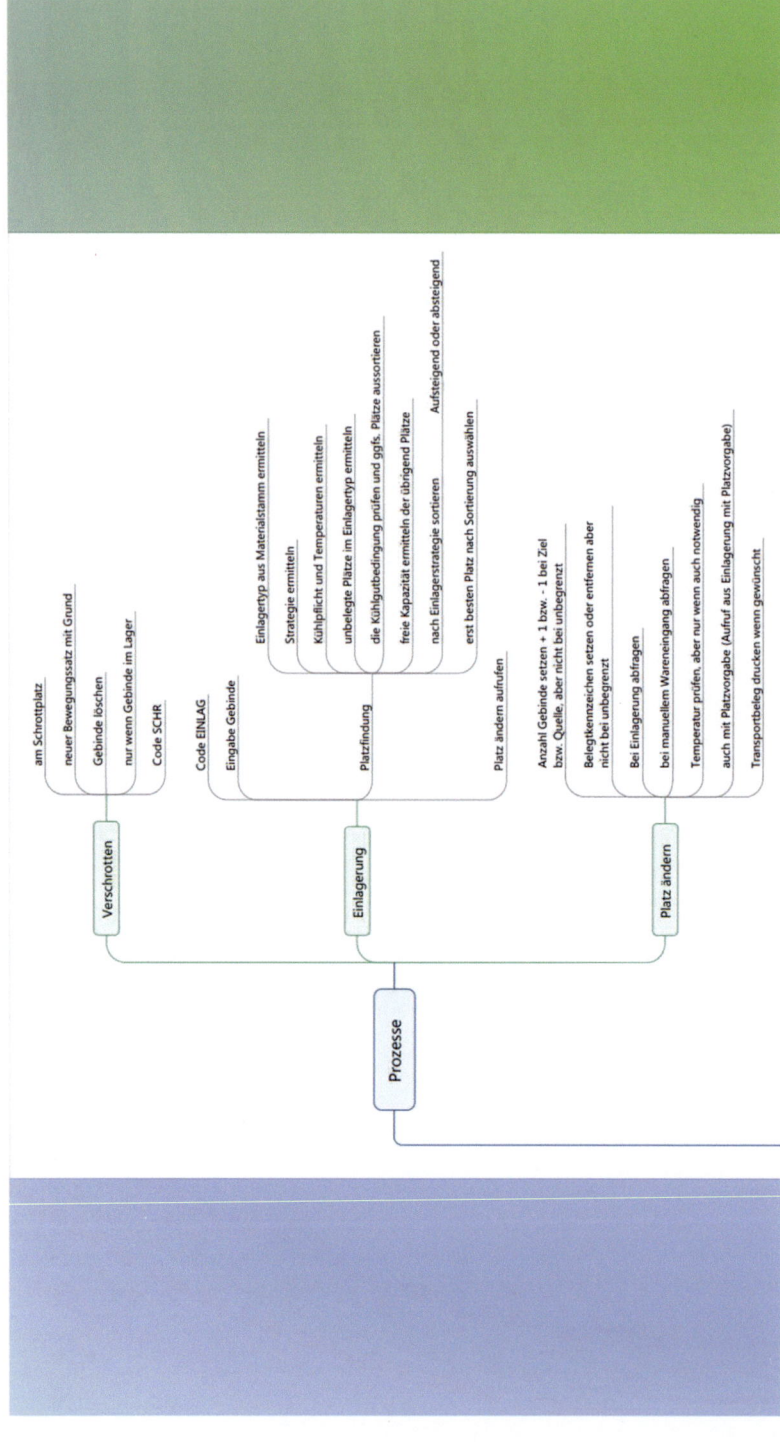

4.3 · Informatik

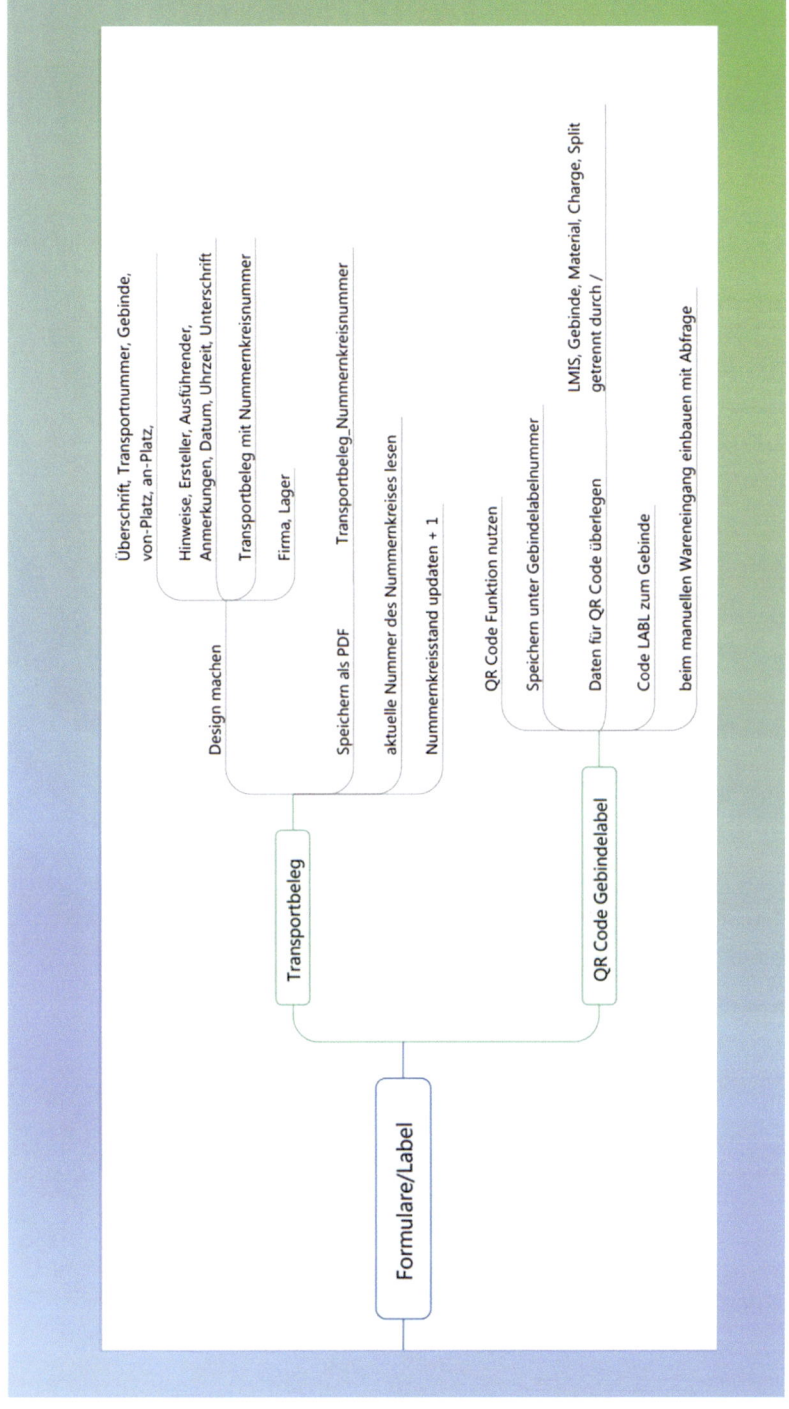

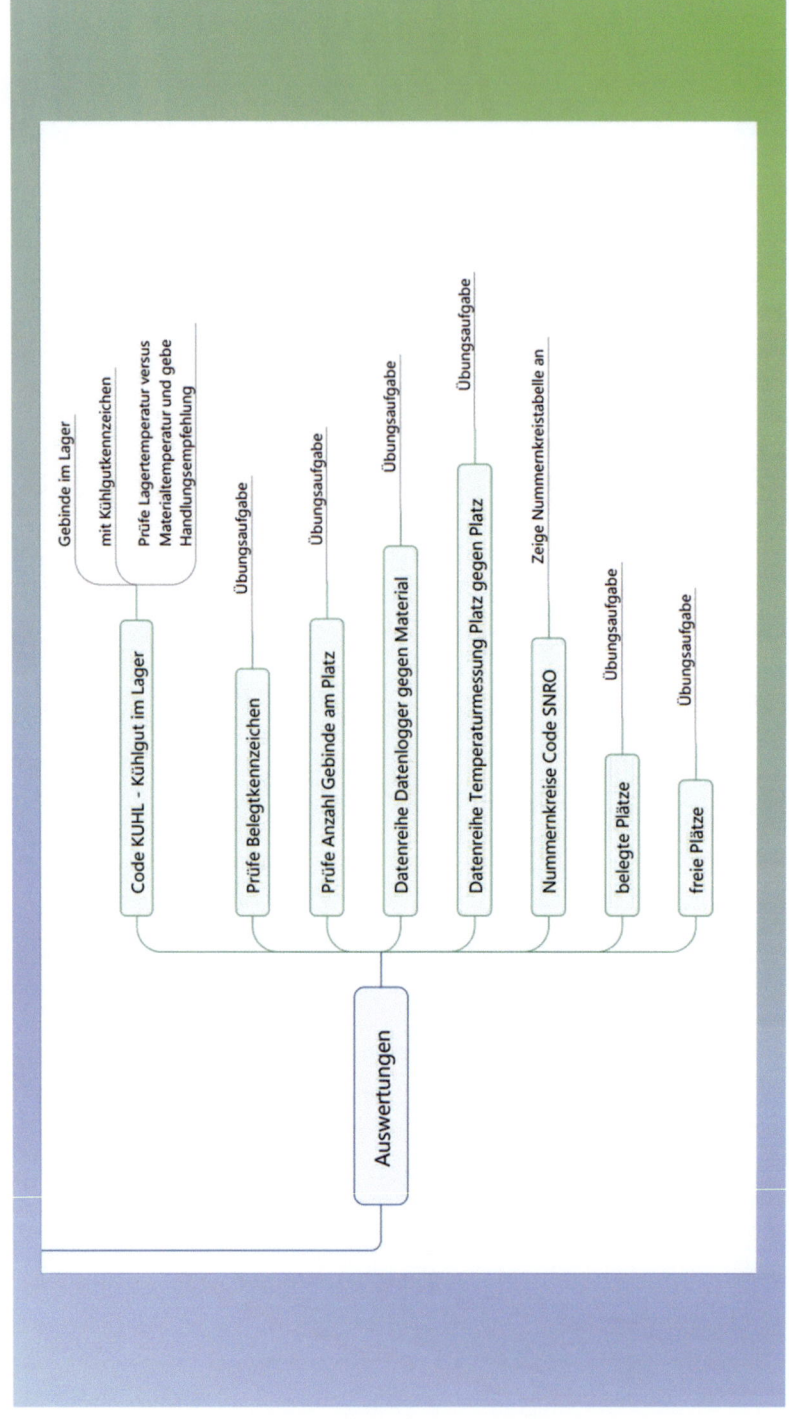

4.3.2 Stammdaten

Die '**Stammdaten-Tabellen**' sind jetzt als CSV-Dateien abgelegt und können ggfs. gepflegt, ergänzt oder sogar neu angelegt werden:

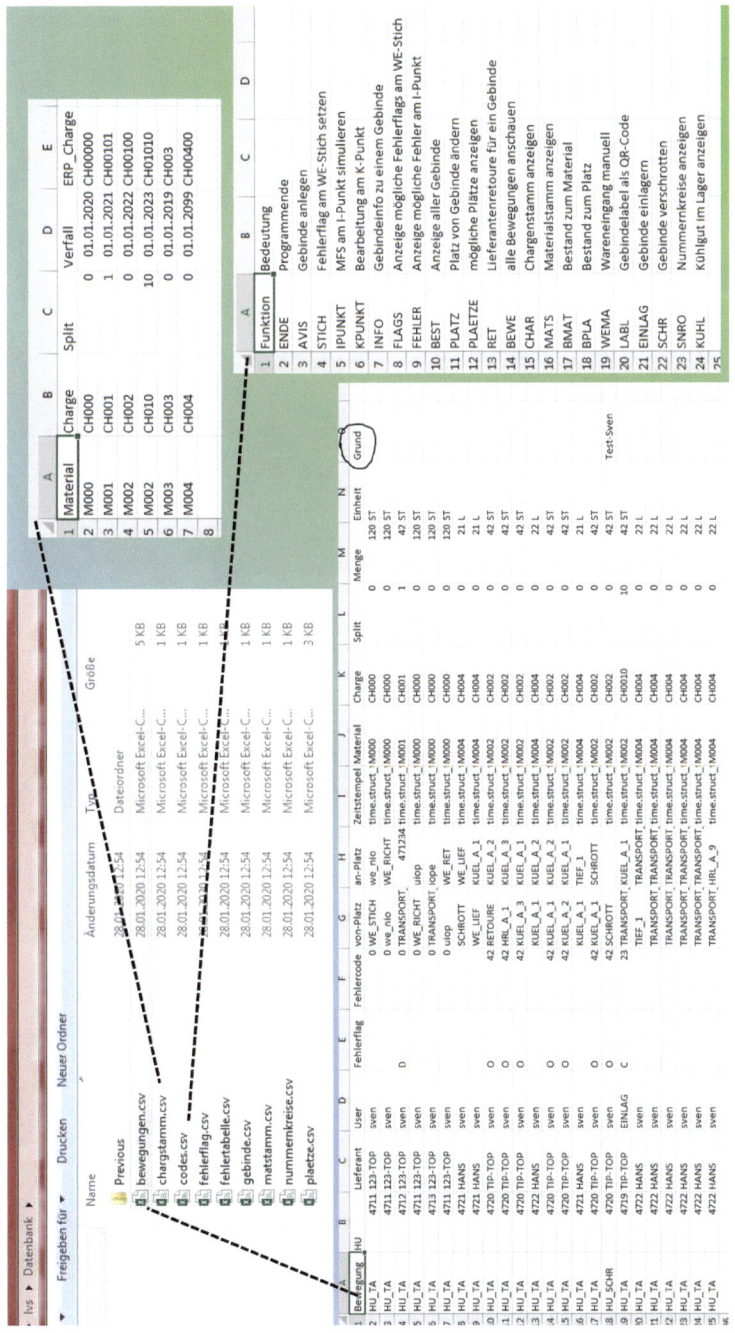

Kapitel 4 · Einlagerung von Kühlgut

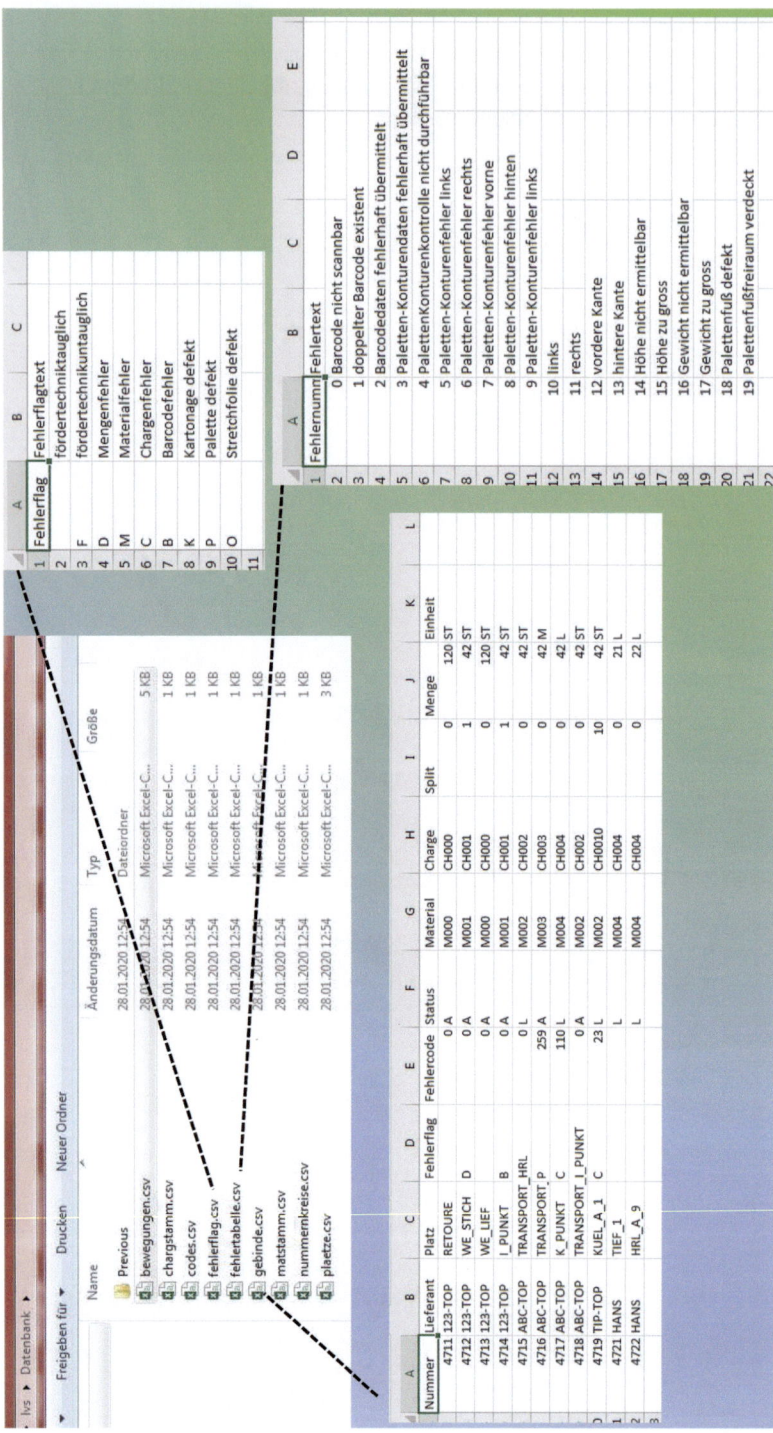

4.3 · Informatik

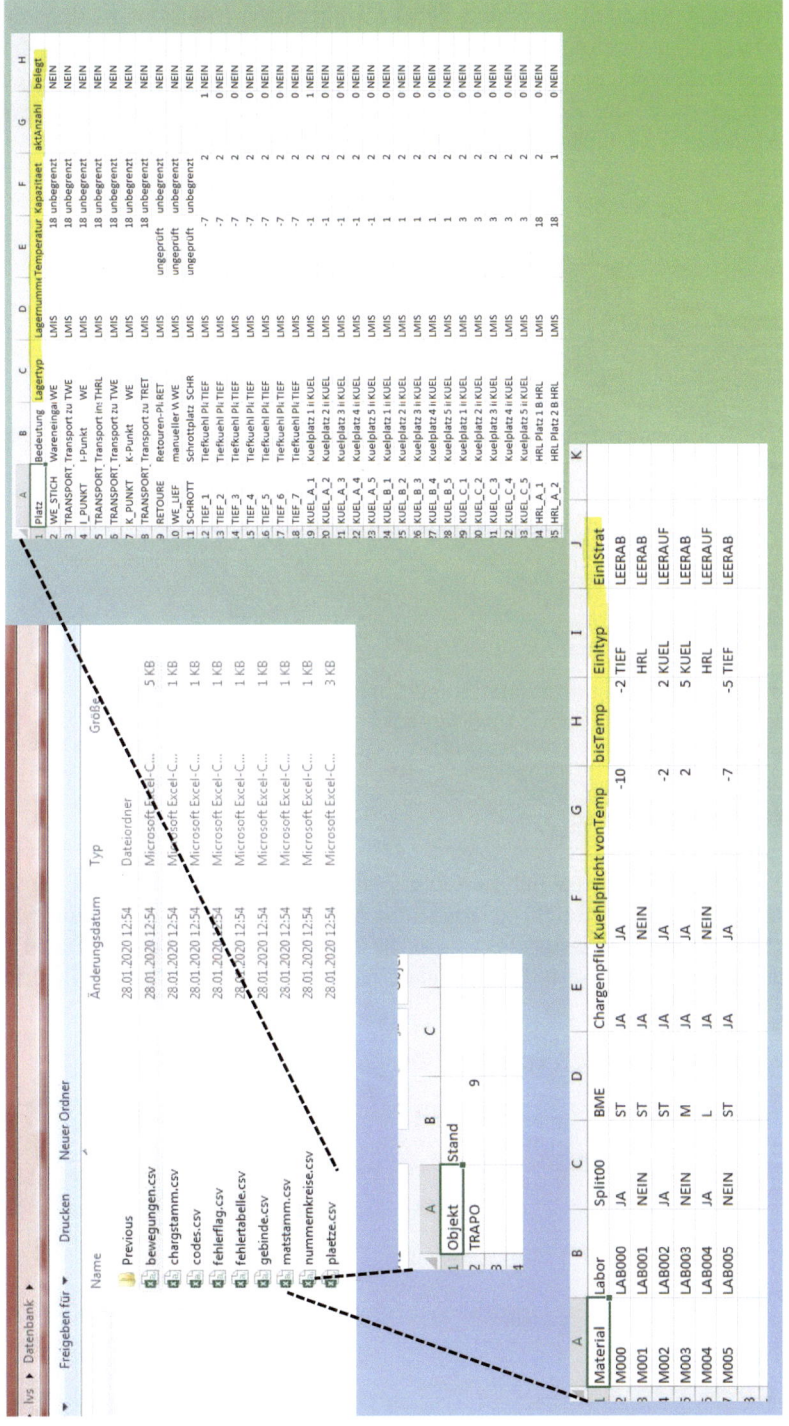

Um ein Attribut in einer Stammdaten-Tabelle zu ergänzen, muss es in der jeweiligen CSV-Datei (ganz rechts) als neue Spalte hinzugefügt werden. Für eine neue Stammdaten-Tabelle muss eine neue CSV-Datei im Ordner angelegt werden. Zugriff in Python erfolgt zu diesem Zweck durch eine selbst entwickelte **'Routine = Klasse'**. Folgende **'Aktionen = Methoden'** stehen dabei zur Verfügung:

(i)   modify
(ii) select
(iii) delete
(iv) insert
(v)   show
(vi) load
(vii) save.

Zweckmäßigerweise wurde eine eigene Klasse geschrieben. Die Verwendung der Methoden wird durch

$$\textbf{'lvs.db.Tabelle.aktion()'}$$

etabliert. Beispielhaft sei

$$toSelect5 = db.gebinde.select('Nummer' : hunr11)$$

die Selektion von Gebindestammdaten angeführt.
Beispiele findet man im ganzen Coding.

4.3.3 Datenspeicherung

Die im Abschnitt **'Stammdaten'** definierten Tabellen werden zu Beginn des Programmes durch den **'db-laden()'**-Befehl geladen und zum Programmabschluss durch die Anweisung **'db.sichern()'** abgespeichert. Von diesem Moment an sind die Daten immer aktuell. Einmal gespeicherte Daten stehen bei einem erneuten Aufruf dauerhaft zur Verfügung:

Python-Quellcode 4.6   Laden und Speichern von Tabellen

```
...
db.laden()
...
#Datenbanken speichern nach Ende der Abwicklung für Beispiel 3
db.sichern()
...
#
#eigentlicher Aufruf des LVS-Prototyps

db = Datenbank()

if __name__ == '__main__':
    init()
    mainloop()

#
```

4.3.4 Prozesse

4.3.4.1 Einlagerung
Die Einlagerung erfolgt durch den neuen **'Menücode – EINLAG'** und ruft die Funktion **'einlagern'** auf:

Python-Quellcode 4.7   Gebindeeinlagerung

```
#--------------------------------
#Unterprogramm Einlagern
#zu Gebinde
#für Beispiel 3
#--------------------------------
def einlagern(hu,user):
  print('Gebinde einlagern')
  print()
  toSelect6 = db.gebinde.select({'Nummer':hu})
  initial=len(toSelect6)
  if initial == 0:
      print()
      print('Gebinde unbekannt')
      return 'FEHLER'
  platz=platzfindung(hu)
  if platz == '':
      print()
      print('kein Platz gefunden')
      return 'FEHLER'
  print('Platz gefunden ',platz)
  for row in toSelect6:
      platzaendern(hu,user,platz)
#--------------------------------
```

Im Rahmen der Gebindeeinlagerung wird überprüft, ob das vom Benutzer eingegebene Gebinde als Stammdatum existiert. (Das zeigt, dass der Wareneingang zum Gebinde zuvor durchgeführt werden muss.) Sollte das Gebinde nicht in den Stammdaten vorhanden sein, wird die Einlagerung abgelehnt. Die neue Platzfindungs-Funktion ermittelt daraufhin einen Lagerplatz für das Gebinde. Durch die modifizierte **'platzaendern'**-Funktion (siehe Abschnitt **'Platz ändern'**) wird eine Umlagerung des Gebindes auf diesen Lagerplatz durchgeführt. Die unten dargestellte Platzfindungs-Funktion nutzt die sort-Funktion in Python, die durch

Python-Quellcode 4.8   Sort-Import

```
#--------------------------------
#Imports
...
#Sortierung fuer Beispiel 3
from operator import itemgetter
#Ende imports
#--------------------------------
```

importiert werden muss. Das Coding zur Platzfindung hat folgende Gestalt:

Python-Quellcode 4.9   Platzfindung

```
#--------------------------------
#Unterprogramm Platzfindung
#zu Gebinde für Beispiel 3
#--------------------------------
def platzfindung(hu):
    platz = ''
    liste =[]
    highvalue = 999999
    #Einlagertyp ermitteln
    #Einlagerstrategie ermitteln
```

```python
#Temperaturen ermitteln
#Kuehlgutkennzeichen ermitteln
toSelect = db.gebinde.select({'Nummer':hu})
print('Protokoll Platzfindung zu HU ',hu)
for row in toSelect:
    toSelect2 = db.matstamm.select({'Material':row['Material']})
    print('Material ',row['Material'])
    for row2 in toSelect2:
        einltyp = row2['Einltyp']
        strategie = row2['EinlStrat']
        print('Einlagertyp ',einltyp)
        print('Strategie ',strategie)
        kuel = row2['Kuehlpflicht']
        if kuel == 'JA':
            vonTemp = int(row2['vonTemp'])
            bisTemp = int(row2['bisTemp'])
            print('Kuehlpflicht ',kuel)
            print('von ',vonTemp,'°C bis ',bisTemp,'°C')
        elif kuel != 'JA':
            print('Kuehlpflicht ',kuel)
#nicht belegte Plaetze im Einlagertyp
#dann Kapazität automatisch okay
toSelect3 = db.plaetze.select({'Lagertyp':einltyp,'belegt':'NEIN'})
print('nicht belegte Plätze im Einlagertyp')
print(toSelect3)
#Temperaturen prüfen und aussortieren
#es sollten keine unbegrenzt temperierten Plätze im Lagertyp bei Kühlgut
#sein (Stammdaten) sonst wird dieser auf jeden Fall in Liste genommen
#und könnte ausgewählt werden ansonsten in interne Platzliste
for row3 in toSelect3:
    if kuel == 'JA':
        temp = int(row3['Temperatur'])
        if temp < vonTemp or temp > bisTemp:
            #Platz wird nicht genommen
            print('Platz ',row3['Platz'],'wird
            wegen Temperaturverletzung verworfen.')
            ja = ''
        else:
            #Platz wird genommen
            ja = 'X'
            print('Platz ',row3['Platz'],'wird in mögliche Plätze übernommen.')
    else:
        #Platz wird genommen
        ja = 'X'
        print('Platz ',row3['Platz'],'wird in mögliche Plätze übernommen.')
    #freie Kapazität ermitteln
    frei = 0
    if row3['Kapazitaet'] == 'unbegrenzt':
        print('unbegrenter Platz')
        frei = highvalue
    else:
        frei = int(row3['Kapazitaet'])-int(row3['aktAnzahl'])
    #Platz in Liste mit freier Kapazität, wenn ja gsetzt ist
    if ja == 'X':
        liste.append((row3['Platz'],frei))
        print('Platz ',row3['Platz'],' hat freie Kapazität ',frei)
initial=len(liste)
if initial == 0:
    return ''
#Plätze für Protokoll ausgeben
print('unsortierte mögliche Plätze mit freien Kapazitäten sind:')
print(liste)
#Plaetze sortieren nach Strategie
if strategie == 'LEERAB':
    print('Liste absteigend sortieren')
    sliste = sorted(liste, key=itemgetter(1))
elif strategie == 'LEERAUF':
    print('Liste aufsteigend sortieren')
    sliste = sorted(liste, key=itemgetter(1), reverse=True)
#Plätze für Protokoll nach Sortierung ausgeben
print('sortierte mögliche Plätze mit freien Kapazitäten sind:')
```

```
        print(sliste)
        #ersten Platz aus Liste zurückgeben
        erster = sliste[0]
        platz = erster[0]
        return platz
```

Die **'Platzfindung'** wurde in 4.1.4 abgebildet. Zum Gebinde werden **'Einlagertyp'**, **'Einlagerstrategie'**, **'Temperaturen'** und **'Kühlgutkennzeichen'** ermittelt. Es werden alle unbelegten Lagerplätze im Einlagertyp bestimmt, in dem das **'Belegtkennzeichen'** ausgewertet wird. Ist Kühlpflicht erforderlich, müssen nicht passgenaue Plätze aussortiert werden: Untergrenze und Obergrenze der Temperatur dürfen zur Einhaltung der **'Kühlkette'** durch die garantierte Platztemperatur für das Material nicht verletzt werden. Endgültige Platzwahl erfolgt mit festgelegter Einlagerstrategie. Dazu müssen die **'freien Kapazitäten'** der bisher für die Einlagerung ermittelten Lagerplätze bestimmt werden. Dies ist die Differenz aus der Kapazität und der aktuellen Anzahl an Gebinden auf dem jeweiligen Platz. Bei unbegrenzt kapazitiven Plätzen ist ein **'highvalue'** eingeführt, um diese zu bevorzugen bzw. auszuschließen. Je nach Strategie werden die Plätze nach freier Kapazität **'aufsteigend'** oder **'absteigend'** sortiert und als Liste geführt. Zu diesem Zweck wird die Funktion **'sorted'** auf die Liste angewendet, in dem der Sortier-Algorithmus **'Timsort'** verwendet wird. Durch den Befehl **'reverse=True'** kann zwischen ab- und aufsteigender Sortierung (Strategie **'LEERAB'** bzw. **'LEERAUF'**) gewechselt werden. Die Liste besteht aus zwei Attributen: Platz (Position 0 im array) und freie Kapazität (Position 1 im array). Die Sortierung wird mit dem Befehl **'key=itemgetter(1)'** auf die Position 1, also der freien Kapazität, angewendet. Anschließend wird der erste Platz aus der sortierten Liste zurückgegeben. Dabei ist zu beachten, daß sowohl Liste als auch deren Elemente arrays sind. Aus diesem Grund werden die Befehle **'erster = sliste[0]'** und **'platz = erster[0]'** angewandt.

4.3.4.2 Verschrottung

Der Menücode **'SCHR'** führt die **'Verschrottung'** eines Gebindes aus. Bei Durchführung werden das Gebinde inkl. Bestand gelöscht und eine Bewegung protokolliert, deren Grund festgehalten werden soll. Verschrotten wäre beispielsweise sinnvoll, hätte das Gebinde nicht mehr gekühlt werden können oder wäre beschädigt worden. Der **'Grund'** für die Verschrottung ist entsprechend zu hinterlegen.

Python-Quellcode 4.10   Verschrottungsbuchung mit Grund

```
#------------------------------------------
#Unterprogramm HU verschrotten
#fuer Beispiel 3
#------------------------------------------
def verschrotten(hunr6,user):
    toSelect6 = db.gebinde.select({'Nummer':hunr6})
    print()
    initial=len(toSelect6)
    if initial == 0:
        print()
        print('Gebinde_unbekannt')
        return 'FEHLER'
    for row in toSelect6:
        if row['Platz'] != 'SCHROTT':
            print()
            print('Gebinde_ist_nicht_am_Schrott-Platz')
            print()
            return 'Fehler'
        if row['Status'] != 'L':
            print()
```

```
            print('Gebinde_ist_nicht_im_Lager.')
            print()
            return 'Fehler'
        grund = input('Bitte_Grund_der_Verschrottung_eingeben:_')
        db.gebinde.delete(row)
        bewegungen_schreiben('HU_SCHR',hunr6,row['Lieferant'],user,row['Fehlerflag'],
        row['Fehlercode'],'SCHROTT','',row['Material'],row['Charge'],row['Split'],
        row['Menge'],row['Einheit'],grund)
        print()
        print('Verschrottung_gebucht')
        return 'OKAY'
#-----------------------------------------------------------

#-----------------------------------------------------------
#Unterprogramm Bewegungssatz schreiben
#-----------------------------------------------------------
def bewegungen_schreiben(a,b,c,d,e,f,g,h,i="",j="",k="",l="",m="",n=""):
...
#angepasst f r Beispiel 3
    bew['Grund']=n
#-----------------------------------------------------------
```

Das eingegebene Gebinde wird selektiert und auf Stammdaten-Existenz geprüft. Es muss sich am Schrottplatz = **'SCHROTT'** befinden und im Lager im Status = **'L'** vorhanden sein. Nach Eingabe eines Grundes wird das Gebinde gelöscht und die Bewegung des Gebindes protokolliert. Dazu wird die neue Bewegungsart **'HU_SCHR'** verwendet. Zu diesem Zweck muss das Unterprogramm der Protokollierung so erweitert werden, dass auch der Grund optional abgespeichert werden kann. Nicht an jeder Aufrufstelle des Unterprogramms ist die Eingabe eines Grundes vorgesehen. Deshalb wird ein Grund an dieser Stelle des Unterprogramms nur optional abgefragt und ist keine Musseingabe. Am Bildschirm werden dem User durch print-Befehle entsprechende Mitteilungen und Informationen ausgegeben.

4.3.4.3 Gebindeavis

Um zu vermeiden, daß Kühlgut auf die Fördertechnik läuft, wird die **'Avisierung'** für Kühlgut unterbunden:

Python-Quellcode 4.11   kein Kühlgut auf Fördertechnik

```
for row in toSelect4:
    #Kühlgut nicht avisieren Beispiel 3
    if row['Kuehlpflicht'] == 'JA':
        print()
        print('Avisieren_ungültig._Kühlgut_bitte_manuell_buchen.')
        return 'FEHLER'
    #Beispiel 3 Ende Kühlgut
```

4.3.4.4 Platz ändern

Die folgenden Anpassungen sind an der Umlagerungsaktion **'platzaendern'** durchgeführt worden:

Python-Quellcode 4.12   Anpassung platzaendern für Kühlguteinlagerung

```
#-----------------------------------------------------------
#Unterprogramm Platz ändern von HU
# z.B. für Einlagerung Beispiel 3
# Temperatur und Kapazitätsprüfung Beispiel 3
# Belegtkennzeichen und Anzahl Gebinde Beispiel 3
# erweitern mit Platzvorgabe für Einlagerung Beispiel 3
#-----------------------------------------------------------
def platzaendern(hunr4,user,platz):
```

```
...
#Beispiel 3 eingebaut-Anfang
    if platz == '':
        platz=input('Neuen Platz eingeben: ')
        print()
    aplatz=row['Platz']
    #Belegtprüfung Zielplatz und Existenz Zielplatz
    toSelect2 = db.plaetze.select({'Platz':platz})
    initial=len(toSelect2)
    if initial == 0:
        print()
        print('Zielplatz unbekannt')
        return 'FEHLER'
    #Temperaturprüfung am An-Platz wenn Prüfung aktiv ist und
    #Material Kühlgut ist
    for row2 in toSelect2:
        if row2['Temperatur'] != 'ungeprüft':
            toSelect9 = db.matstamm.select({'Material':row['Material']})
            for row9 in toSelect9:
                if row9['Kuehlpflicht'] == 'JA':
                    if int(row2['Temperatur']) < int(row9['vonTemp']):
                        print()
                        print('Temperatur-Untergrenze verletzt')
                        return 'Fehler'
                    if int(row2['Temperatur']) > int(row9['bisTemp']):
                        print()
                        print('Temperatur-Obergrenze verletzt')
                        return 'Fehler'
    #Updates schreiben erst nach dem alle Prüfungen fertig sind
    #sonst gibt es Inkonsistenzen
    #Belegtkennzeichen und Anzahl Gebinde Zielplatz
    for row2 in toSelect2:
        if row2['belegt'] == 'JA':
            print('An-Platz ist bereits belegt.')
            print()
            return 'Fehler'
        if row2['Kapazitaet'] != 'unbegrenzt':
            stand2 = int(row2['aktAnzahl'])+1
            row2['aktAnzahl'] = str(stand2)
            if stand2 == int(row2['Kapazitaet']):
                row2['belegt'] = 'JA'
    db.plaetze.modify(row2)
    #Belegtkennzeichen und Anzahl Gebinde Quellplatz
    toSelect3 = db.plaetze.select({'Platz':aplatz})
    for row3 in toSelect3:
        if row3['Kapazitaet'] != 'unbegrenzt':
            stand3 = int(row3['aktAnzahl'])-1
            row3['aktAnzahl'] = str(stand3)
        if row3['belegt'] == 'JA':
            row3['belegt'] = 'NEIN'
    db.plaetze.modify(row3)
    #Beispiel 3 eingebaut-Ende
...
#
```

Die Platzänderungs-Funktion ist so erweitert worden, dass auch ein Lagerplatz übergeben werden kann. Diese **'Erweiterung'** wird zum Zweck der Einlagerung notwendig. Dazu ist der **'Übergabeparameter platz'** hinzugefügt worden. Bei manueller Platz-Änderung durch den Code **'PLATZ'** wird kein Platz an das Unterprogramm übergeben. Dieser müsste vom Benutzer erst eingegeben werden. Bei Einlagerung ist er bereits durch die Platzfindung automatisch ermittelt worden.

Nachfolgend wird der **'Zielplatz'** auf Stammdaten-Existenz geprüft. Ob die Temperatur des Zielplatzes im tolerablen Bereich des Produktes liegt, erfolgt anschließend. Dieser Vorgang wird nur bei Gebinden unter Kühlpflicht und der Zielplatzausprägung **'nicht ungeprüft'** durchgeführt. Dazu müssen die als String abgelegten Temperaturen mittels der Python-Funktion **'int'** wieder in Zahlen umgewandelt werden. Mittels < und > können sie folgend vergleichen werden. Der Zielplatz darf nicht belegt sein, wozu das Belegtkennzeichen auszuwerten ist. Anschließend muss die aktuelle Anzahl der Gebinde am **'Quell-'** bzw. **'Zielplatz'** um 1 verringert bzw. erhöht werden. Falls notwendig, muss der Zielplatz als belegt gekennzeichnet oder das Belegtkennzeichen am Quellplatz wieder zurückgenommen werden, um den Platz im IT-System freizugeben.

4.3.5 Menücodes

Folgende Menücodes wurden ergänzt:

Python-Quellcode 4.13 Menücodes Beispiel 3

```
#Einlagern für Beispiel 3
        elif answer=='EINLAG':
           print()
           print('Gebinde einlagern')
           print()
           hu4=input('Bitte Gebinde eingeben: ')
           einlagern(hu4,user)
           print()
           input('Bitte eine Taste drücken ')
           print()

        #Verschrotten für Beispiel 3
        elif answer=='SCHR':
           print()
           print('Gebinde verschrotten')
           print()
           hu4=input('Bitte Gebinde eingeben: ')
           print()
           verschrotten(hu4,user)
           input('Bitte eine Taste drücken ')
           print()

        #Nummernkreise für Beispiel 3
        elif answer == 'SNRO':
           print()
           print('Nummernkreise anzeigen')
           print()
           nummernkreise()
           print()
           input('Bitte eine Taste drücken ')
           print()

        #Kühlgut im Lager anzeigen für Beispiel 3
        elif answer == 'KUHL':
           print()
           print('Kühlgut im Lager anzeigen und analysieren')
           print()
           kuehlgut()
           print()
           input('Bitte eine Taste drücken: ')
           print()

        #Gebindelabel drucken fuer Beispiel 3
        elif answer=='LABL':
           print()
           print('Gebindelabel drucken als QR-Code')
           print()
           hu=input('Bitte Gebinde eingeben: ')
           gebindelabel(hu,user)
           print()
           input('Bitte eine Taste drücken: ')
           print()
```

Die entsprechenden Logiken wurden in den Prozessen und werden in den Auswertungen geschildert. Dieser Vorgang dient der Anzeige der Menücodes für den Benutzer. Dazu muss natürlich auch der zuvor beschriebene Aspekt unter der 'Stammdaten-Erweiterung' bereits erledigt sein.

4.3.6 Auswertungen

Nach Eingabe der Prozesse im Prototyp ist es für den Benutzer manchmal wichtig, bestimmte Status zu bestimmen und dem Benutzer anzuzeigen. Zu diesem Zweck werden **'Auswertungen'** vorgenommen. Diese können vielfältig sein. Hier dokumentiert von zwei Verwendungsbeispielen.

4.3.6.1 Nummernkreise

Der Status der Nummernkreise wird durch Verwendung des Menücodes **'SNRO'** dem Benutzer angezeigt:

Python-Quellcode 4.14 Nummernkreise anzeigen

```
#
#Unterprogramm Nummernkreise anzeigen
#eingefügt fuer Beispiel 3 im Buch
#
def nummernkreise():
    db.nummernkreise.show()

#
```

Im Prototyp erkennt der Benutzer durch die Auswertung, welche Nummernkreise angelegt sind, was ihr Stand ist und ob sie aktiv sind. Zur Kommissionierung gibt es noch keinen aktiven Nummernkreis. Ergo ist der Kommissionierprozess noch nicht im Prototyp implementiert.

In anderen IT-Systemen sind zeitlich begrenzte Nummernkreise denkbar. Aufgabe eines IT-Supports kann es deshalb sein, diese Nummernkreise durch die Auswertung zu erkennen und für den nächsten Zeitraum neu anzulegen.

4.3.6.2 Kühlgut

Mit Hilfe des Menücodes **'KUHL'** wird Kühlgut im Lager angezeigt und analysiert. Dort wird geprüft, ob die **'Platztemperatur'** noch zwischen Unter- und Obergrenze der **'Lagertemperatur'** des auf ihm ruhenden Materials liegt. Diese Auswertung zeigt einerseits so, an welchem Ort Kühlgut im Lager zu finden ist und andererseits, ob dieses Kühlgut noch richtig temperiert lagert.

Eine Verletzung der Temperaturparameter könnte in diesem Fall durch geänderte Stammdaten bzgl. des Materials oder Platzes vorliegen. Ebenso wäre möglich, daß ein **'Programmfehler = Bug'** dem Kühlgut einen falschen Platz zuweist. Deshalb ist unerlässlich, diese Auswertung täglich einmal zu starten und ggfs. falsch gelagertes Kühlgut auf richtig temperierte Plätze umzulagern. Der User verwendet zu diesem Zweck entweder den Menücode **'EINLAG'** zur Einlagerung mit automatischer Platzfindung oder aber den Menücode **'PLATZ'** zur Umlagerung, wobei ein Zielplatz manuell vorgegeben werden muss.

Python-Quellcode 4.15   Kühlgut anzeigen und analysieren

```
#_____
#Unterprogramm Kuehlgut anzeigen und analysieren
#eingefügt fuer Beispiel 3 im Buch
#_____
def kuehlgut():
    #selektiere alle Gebinde im Lager
    toSelect2 = db.gebinde.select({'Status':'L'})
    for row2 in toSelect2:
        toSelect4 = db.matstamm.select({'Material':row2['Material']})
        for row4 in toSelect4:
            #nur die mit einem Kuehlgutmaterial relevant
            if row4['Kuehlpflicht'] == 'JA':
                print()
                print(row2)
                #ermittle Materialtemperatur-Intervall
                print('Kuehlpflicht vorhanden für Material',row4['Material'],': ',
                    row4['vonTemp'],'°C bis ',row4['bisTemp'],'°C.')
                toSelect6 = db.plaetze.select({'Platz':row2['Platz']})
                for row6 in toSelect6:
                    #ermittle Temperatur vom Platz
                    print('Platz',row6['Platz'],'mit Temperatur',
                        row6['Temperatur'],'°C.')
                    #Prüfe Temperatur
                    if int(row6['Temperatur']) < int(row4['vonTemp']):
                        print('Temperatur-Untergrenze verletzt.')
                        print('Gebinde umlagern mit PLATZ oder EINLAG.')
                    elif int(row6['Temperatur']) > int(row4['bisTemp']):
                        print('Temperatur-Obergrenze verletzt.')
                        print('Gebinde umlagern mit PLATZ oder EINLAG.')
                    else:
                        print('Alles okay. Gebinde stehen lassen.')
#_____
```

Bei dieser Programmierung werden zunächst alle Gebinde im Lager mittels Status = 'L' selektiert. Für jedes Gebinde werden zugehöriges Material, Kühlpflicht, zugehöriges Temperaturintervall des Materials sowie mittlere Lagertemperatur des jeweiligen Lagerplatzes bestimmt. Im Fall der Kühlpflicht werden die Temperaturen miteinander verglichen. Die mittlere Lagertemperatur t muss im Intervall

$$[vonTemp, bisTemp]$$

bzgl. des Materials liegen:

$$t \in [vonTemp, bisTemp].$$

Bei einer Verletzung der Intervall-Schranken, was durch < und > abgefragt wird, muss der User das Gebinde manuell umlagern. Die Ausgabe der Resultate erfolgt durch den Befehl **'print'**.

4.3.7 Formulare und Etiketten

4.3.7.1 Transportschuppe

Eine **'Transportschuppe'** oder auch **'Transportbeleg'** dient dazu, physische Bewegung im Lager begleitend und dokumentativ durchzuführen. Im LVS-Prototyp **'SMILE'** druckt Python diesen Beleg als PDF-Dokument aus. Dazu muss zunächst das Paket **'FPDF'** installiert werden. Auf der Konsole dient hierzu der Befehl

4.3 · Informatik

Python-Quellcode 4.16 Installation pdf

```
pip install fpdf
```

Nach erfolgreicher Installation muss **'FPDF'** auch importiert werden. Im Python-Programm geschieht dies durch

Python-Quellcode 4.17 Import pdf

```
#----------------------------------
#Imports
...
#Transportbeleg für Beispiel 3
from fpdf import FPDF
...
#Ende imports
#----------------------------------
```

Das Unterprogramm zum Transportbelegdruck ist in der Form-Routine **'transportschuppe'** codiert.

Python-Quellcode 4.18 Transportschuppe pdf

```
#----------------------------------
#Unterprogramm Transportbeleg als PDF
#zu Gebinde mit Nummernkreis für Transporte
#für Beispiel 3
#----------------------------------
def transportschuppe(hu,user,vonplatz,anplatz):
    toSelect6 = db.gebinde.select({'Nummer':hu})
    print()
    initial=len(toSelect6)
    if initial == 0:
        print()
        print('Gebinde unbekannt')
        return 'FEHLER'
    #nächste Nummer ziehen
    toSelect1 = db.nummernkreise.select({'Objekt':'TRAPO'})
    initial=len(toSelect1)
    if initial == 0:
        print()
        print('Numernkreis für Transporte unbekannt')
        return 'FEHLER'
    for row in toSelect1:
        nummer = int(row['Stand'])
        nummer = nummer + 1
        row['Stand'] = nummer
        #neuen Stand speichern
        db.nummernkreise.modify(row)
    #pdf erzeugen und speichern
    for row in toSelect6:
        pdf = FPDF()
        pdf.add_page()
        pdf.set_font("Arial", size=12)
        pdf.cell(200, 10, txt="SMILE-LVS-Prototyp", ln=1, align="C")
        pdf.cell(100, 10, txt="Transport: "+str(nummer), ln=1)
        pdf.cell(100, 10, txt="Gebinde: "+hu, ln=1)
        #Hinweise: Kühlgut, Sonstiges, später ggfs. Gefahrstoff etc.
        toSelect = db.matstamm.select({'Material':row['Material']})
        for row2 in toSelect:
            text = row2['Kuehlpflicht']
            if text == 'JA':
                text = 'Kühlpflicht'
            elif text != 'JA':
                text = 'keine Kühlpflicht'
        pdf.cell(100, 10, txt="Hinweise: " + text, ln=1)
        pdf.cell(100, 10, txt="von-Platz: "+ vonplatz, ln=1)
        pdf.cell(100, 10, txt="an-Platz: "+ anplatz, ln=1)
        pdf.cell(100, 10, txt="Ersteller: "+ user, ln=1)
        pdf.cell(100, 10, txt="Ausführender: ...", ln=1)
```

```
            pdf.cell(100, 10, txt="Anmerkungen:...", ln=1)
            pdf.cell(100, 10, txt="Datum, Uhrzeit, Unterschrift:...", ln=1)
            save = str(nummer) + '_' + hu + '.pdf'
            pdf.output(save)
            print()
            print('Transportbeleg gedruckt: ', save)
#
```

Zunächst muss geprüft werden, ob das zu transportierende Gebinde auch existiert. Aus der neuen Nummernkreis-Tabelle erfolgt die Ermittlung des aktuellen **'Nummernkreisstands'**, und zwar zum Objekt **'TRAPO'**. Der aktuelle Stand wird um 1 erhöht. Dazu muss mit der Python-Funktion **'int'** zunächst der als String abgelegte Stand in eine Zahl konvertiert werden. Anschließend erzeugt man das PDF-Dokument mit der FPDF-Funktion Pythons. Als Überschrift wird **'SMILE LVS-Prototyp'** gewählt. Für den zusätzlichen Ausdruck der Transportnummer konvertiert man den aktuellen Stand mit Pythons Funktion **'str'** wieder in einen String zurück, um das Textfeld entsprechend mit **'+'** konkateniert zu erstellen. Im Hinweis-Feld wird zunächst nur die Kühlpflicht abgelegt. Es folgen **'vonPlatz'** und **'anPlatz'** sowie der **'aktuelle User'**. Die letzen Felder Ausführungen, Anmerkungen sowie Datum, Uhrzeit und Unterschrift kann der Ausführende der Gebindeumlagerung händisch ausfüllen. Der erstellte Beleg wird als PDF mit der Bezeichnung **'nummer_(hu)'** unzweideutig abgespeichert ((hu) ist dabei durch die aktuelle Gebindenummer zu ersetzen.). Für die klare Benennung ist es jetzt erneut wichtig, die ganze Zahl **'nummer'** mit **'str'** in einen String zu konvertieren, um die String-Konkatenation ausführen zu können.

Das Drucken eines Transportbeleges wird innerhalb der Transport-Funktion **'platzaendern'** aufgerufen:

Python-Quellcode 4.19   Transportschuppe-Aufrufstelle

```
#
#Unterprogramm Platz ändern von HU
# z.B. für Einlagerung Beispiel 3
# Temperatur und Kapazitätsprüfung Beispiel 3
# Belegtkennzeichen und Anzahl Gebinde Beispiel 3
# erweitern mit Platzvorgabe für Einlagerung Beispiel 3
#
def platzaendern(hunr4, user, platz):
    ...
#Transportschuppe für Beispiel 3
    print('Hallo ', user)
    frage=input('Wollen Sie ein Transportbeleg drucken (JA/NEIN)? ')
    if frage == 'JA':
        transportschuppe(hunr4, user, aplatz, platz)
#
```

Ein Transportbeleg zu Gebinde 4719 hätte als PDF im LVS-Prototyp folgende Form:

SMILE LVS-Prototyp

Transport: 26

Gebinde: 4719

Hinweise: keine Kühlpflicht

von-Platz: WE_STICH

an-Platz: NIO

Ersteller: Sven Wirsing

Ausführender: ...

Anmerkungen: ...

Datum, Uhrzeit, Unterschrift: ...

4.3.7.2 Gebindelabel

Im Zuge des Wareneingangs (Menücodes 'WEMA' für manuellen und 'AVIS' für avisiert) ist ein **'Labeldruck'** implementiert. Er kann auch durch den Menücode **'LABL'** für ein Gebinde manuell aufgerufen werden (z. B. wenn das Label defekt oder verschwunden ist). Ein Label ist Grundlage für korrekte Identifizierung eines Gebindes im Lager. Ein zugehöriger **'Scan-Dialog'** wurde bislang noch nicht im CLI-Prototyp implementiert, wäre aber als Erweiterung denkbar. Python hat zur Erzeugung von **'QR-Codes'** eine eigene Funktion **'qrcode'**. Zur Nutzung dieser Funktion muss zunächst eine Installation in der Python-Konsole vollzogen werden.

Python-Quellcode 4.20   Installation

```
pip install opencv
pip install qrcode[pil]
```

Zusätzlich muss am Anfang des Python-Codes die Funktion importiert werden:

Python-Quellcode 4.21   Import QR-Code

```
#————————————————————
#Imports
...
#Labeldruck für Beispiel 3
import qrcode
...
#Ende imports
#————————————————————
```

Das **'SMILE-Gebinde-Label'** besitzt die Inhalte SMILE, HU-Nummer, Material, Charge und Split getrennt durch '/'

Python-Quellcode 4.22   Coding QR-Code

```
#————————————————————
#Unterprogramm Gebindelabel als QR-Code
#zu Gebinde, Material, Charge, Split
#Labeldruck für Beispiel 3
#————————————————————
def gebindelabel(hu,user):
```

```
    toSelect6 = db.gebinde.select({'Nummer':hu})
    print()
    initial=len(toSelect6)
    if initial == 0:
        print()
        print('Gebinde unbekannt')
        return 'FEHLER'
    for row in toSelect6:
        qr = 'SMILE' + '/' + hu + '/' + row['Material'] + '/' +
          row['Charge'] + '/' + row['Split']
        img = qrcode.make(qr)
        text = hu + '.png'
        img.save(text)
        img.show(text)
#
```

Die Label-Erzeugung wird beim manuellen Wareneingang und bei der Avisierung aufgerufen:

Python-Quellcode 4.23 Coding QR-Code Aufrufstellen

```
#
#Unterprogramm manueller Wareneingang
#fuer Beispiel 2
#Charge muss nicht existieren
# wird geprueft ggfs. und angelegt
#
def gebindewe(hunr11, user):
    ....
#Labeldruck für Beispiel 3
    frage=input('Wollen Sie ein Label drucken (JA/NEIN)?')
    if frage == 'JA':
        gebindelabel(hunr11, user)
        print()
    return 'OKAY'
#

#
#Unterprogramm HU-AVIS
#
#fuer Beispiel 2 mit Bestands- und Chargendaten angepasst
#Charge muss existieren
#
def gebindeavis(hunr5, user):
    ...
#für Beispiel 3 eingebaut
    frage=input('Wollen Sie ein Label drucken (JA/NEIN)?')
    if frage == 'JA':
      gebindelabel(hunr5, user)
    return 'OKAY'
#
```

Der QR-Code zum Gebinde 4712 wird gezeigt. Würde man nun den QR-Code mit einem QR-Code-Leser (z. B. als APP auf einen Handy) lesen, ergäbe sich

$$SMILE/4712/M001/CH001/1$$

auf dem Scan-Feld (◘ Abb. 4.2).

Abb. 4.2 Beipsiel QR-Code zum Gebinde 4712

Python-GUI-Dialoge mit TKINTER

Inhaltsverzeichnis

5.1 Logistik-Hintergründe – 240

5.2 Mathematik-Hintergründe – 240
5.2.1 Splitten eines Strings – 241
5.2.2 Suchen eines Strings – 245
5.2.3 Hashing von Passwörtern – 251
5.2.4 Zufallszahlen-Erzeugung für die I-Punkt-Simulation – 255

5.3 Informatik – 258
5.3.1 GUI und TKINTER – 258
5.3.2 Hauptbild mit Login und Menü – 267
5.3.3 Wareneingang – 274
5.3.4 Lagerinterne Warenbewegungen – 287
5.3.5 Bewegungsauswertung – 295
5.3.6 Druck – 305
5.3.7 Scan – 311
5.3.8 Bestände – 315
5.3.9 Stammdaten – 323
5.3.10 Hilfe – 330
5.3.11 Ende – 332

© Der/die Herausgeber bzw. der/die Autor(en), exklusiv lizenziert an Springer-Verlag GmbH, DE, ein Teil von Springer Nature 2025
S. Wirsing, *Kompaktband Logistik, Schule für Mathematik, Informatik, Logistik und Erfolg*, https://doi.org/10.1007/978-3-662-69945-4_5

In diesem Kapitel soll der bisherige **'SMILE-CLI-Prototyp'**, der auf der Python-Konsole arbeitet, mit sog. **'GUI-Dialogen'** benutzerfreundlicher gestaltet werden. Logistisch sind dazu keine weiteren Prozess-Themen zu erklären. Im Abschnitt zu den Mathematik-Hintergründen werden zu diesem Zweck einige Themen aufgegriffen, die bisher nicht erläutert worden sind wie z. B. Zufallszahlen und durch weitere Betrachtungen ergänzt. Benötigt werden etwa Hashing und Such-Algorithmen. Der Schwerpunkt dieses Kapitels bildet die Umarbeitung des bisherigen SMILE-Prototyps mit Hilfe von GUI-Dialogen. Dazu wird das Python-Moduls **'Tkinter'** verwendet.

5.1 Logistik-Hintergründe

Logistisch sind zu der GUI-Umarbeitung des SMILE-Prototyps keine weiteren Prozess-Themen zu erklären.

5.2 Mathematik-Hintergründe

Bei genauerer Betrachtung der Logistik-Prozesse entdeckt man immer mehr Themen, denen mathematische Prinzipien zugrunde liegen. Natürlich kann man hier nicht all diese Inhalte darstellen, das würde den Rahmen dieses Buches sprengen. U. a. werden folgende Themen nicht ausgeführt:

(i) Farbenlehre, siehe aber z. B.

(ii) Text-To-Speech, also Textumwandlung in Sprache, siehe z. B.

(iii) Erzeugen und Scannen von QR-Codes, siehe z. B.

und auch

5.2 · Mathematik-Hintergründe

(iv) Erzeugen und Scannen von anderen Strich- und Barcodes, siehe z. B.

Diese Liste ließe sich bestimmt ergänzen: Musik, Film, Computer-Hardware, Computer-Sprachen.

Der Autor hat sich entschieden, die folgenden Themen näher zu erläutern:

(i) Splitten von Strings,
(ii) Suchen von Strings in anderen Strings,
(iii) Hashing von Passwörtern,
(iv) Erzeugung von Zufallszahlen.

Der Leser wird im Praxisabschnitt bereits mathematisch fundierte Themen wiederfinden, wie etwa:

(i) Logik-Abfragen mit =,>,<,!=,
(ii) Summationen,
(iii) Binärzerlegungen und
(iv) Teilen mit Rest.

5.2.1 Splitten eines Strings

Das 'Splitten von Strings' wird im SMILE-Prototyp beim Lesen und Auswerten der 'QR-Codes' benutzt. Dort wurde zum Beispiel der QR-Code

'SMILE / 4711 / M0001 / CH0001 / 01'

gelesen und dieser sollte anschließend ausgewertet werden. Dazu verwendet man in Python den Befehl 'Split'. Dieser Python-Split-Befehl fächert den String in ein 5-Tupel mit den Komponenten

'SMILE', '4711', 'M0001', 'CH0001' und '01'

auf. Die einzelnen Werte müssen dann interpretiert und geprüft werden. Dies geschieht als Fixwert = **'SMILE'**, als Gebinde-, Material-, Chargen- und Splitnummer. Es wäre auch möglich, jedem Wert im QR-Code einen sog. **'Identifier'** voranzustellen. Dieser identifiziert den folgenden String bis zum nächsten Identifier und gibt ihm damit eine bestimmte Bedeutung. z. B. könnte der Identifier **'M'** für eine Materialnummer stehen. Darauf wurde allerdings im Prototyp verzichtet.

Das Splitten eines Strings ist die Umkehrung zum **'Verketten'**, bei dem aus den einzelnen Werten ein String durch Hintereinandersetzen und Einfügen von '/' erzeugt wird. Dazu nutzt man in Python den **'Konkatenations'**-Befehl **'+'**. Das Splitten von Strings soll an dieser Stelle mathematisch untersucht werden. Hintereinandersetzen bzw. Konkatenieren wurde bereits bei der Untersuchung freier Monoide ausführlich diskutiert.

Zunächst wird die sog. **'String-Projektion'** untersucht und auf Ihre Anwendbarkeit geprüft. Sei dazu $A^\star$ ein über dem Alphabet A freies Monoid, deren Elemente man Worte nennt und die als String interpretiert werden können. Sei a ein beliebiges Element aus A. Es soll eine Abbildung definiert werden, die das Element a aus Worten entfernt. Es sei daran erinnert, daß jede beliebige Abbildung von der Basis A in irgendein Monoid M zu genau einem Monoidhomomorphismus von $A^\star$ erweitert werden kann. Es wird definiert:

$$\delta_a : A \longrightarrow (A \setminus \{a\})^\star$$

$$\delta_a(x) = \begin{cases} x & \text{falls } x \neq a \\ \iota & \text{falls } x = a \\ \iota & \text{falls } x = \iota \end{cases} \quad (5.1)$$

, wobei ι das leere Wort ist. Folglich gibt es also genau einen Monoidhomomorphismus

$$\Delta_a : A^\star \longrightarrow (A \setminus \{a\})^\star,$$

der δ_a auf $A^\star$ fortsetzt. Dieser wird die String-Projektion bzgl. a genannt. Es muss demnach überlegt werden, was Δ_a auf Worten leistet. Sei dazu $w = w_1...w_n$ ein Wort aus $A^\star$ der Länge n. Dann gilt

$$\Delta_a(w) = \delta_a(w_1)...\delta_a(w_n).$$

Dabei ist $\delta_a(w_1)$ entweder w_i oder das leere Wort. Letzteres kann man im Produkt weglassen, weil es neutral ist. Damit bleiben nur die Buchstaben von w in der selben Reihenfolge stehen, die von a verschieden sind. Also wird z. B. aus

$$SMILEa4711aM0001aCH0001a01$$

genau das Wort

$$SMILE4711M0001CH000101.$$

Verwendet man **'/'** statt **'a'**, so hat das Resultat Ähnlichkeit mit dem, was beim Splitten erreicht werden soll. Das Problem ist nur, daß unbekannt ist, wann genau die einzelnen Teilstücke in der String-Projektion beginnen und enden. Splitting hat die

Aufgabe, mehrere getrennte Worten zu erzeugen. Im Beispiel

$$(SMILE, 4711, M0001, CH0001, 01).$$

oder

$$SMILE, 4711, M0001, CH0001, 01.$$

Es soll als nächstes das Zusammenfügen von Worten mittels a analysiert werden, womit man indirekt das Splitten definieren kann. Sei dazu obige Notation weiter gültig. In diesem Sinn wird die natürliche Einbettung

$$i_a : (A \setminus \{a\})^\star \longrightarrow A^\star, w \mapsto wa$$

betrachtet. Da $A^\star$ ein Monoid ist, kann i_a zu einem Monoidhomomorphismus

$$I_a : ((A \setminus \{a\})^\star)^\star \longrightarrow A^\star$$

eindeutig fortsetzt werden. I_a verkettet Worte und verbindet diese mit a. In der Definitionsmenge sind die Buchstaben also selbst Worte. Zum Beispiel ist mit $w_1 := SMILE$, $w_2 := 4711$, $w_3 := M0001$, $w_4 := CH001$ und $w_5 := 00$ das Bild von $w_1...w_5$ unter I_a genau $SMILEa4711aM0001aCH001a00$ in $A^\star$. Die Abbildung I_a ist sogar injektiv, denn: Sind $w_1, ..., w_n, m_1, ..., m_r$ Elemente aus $(A \setminus \{a\})^\star$ mit $w_1aw_2a....w_na = m_1am_2a....m_ra$, so gilt $n = r$ und $w_i = m_i$, da die Buchstaben von w_i, m_i alle von a verschieden sind. Auf dem Bild von I_a ist I_a also ein Isomorphismus, und die eindeutig bestimmte Umkehrfunktion wird das Splitten mittels a genannt und durch S_a bezeichnet.

Abschließend wird eine direkte Definition des Splittens S_a betrachtet. Dazu wird eine **'rekursive Definition'** entwickelt. Sei w ein Wort aus $A^\star$, etwa $w = w_1...w_n$. Man definiert $wS_a = w$, falls w keinen Buchstaben besitzt, der mit a übereinstimmt. Im anderen Fall sei $i := min\{k \mid 1 \leq k \leq n, w_k = a\}$. In diesem Fall sei wS_a das Produkt der Worte $w_1....w_{i-1}$ und $w_{i+1}....w_n$, also ein Element aus $(A^\star)^\star$. Dabei können je nach Länge und Vorkommen des Minimums diese Worte auch das leere Wort sein. Da nun die beiden Worte eine kürzere Länge haben, sind die Bilder von diesen unter S_a bereits induktiv definiert. Die folgende Skizze fasst die Themen dieses Abschnitts zusammen.

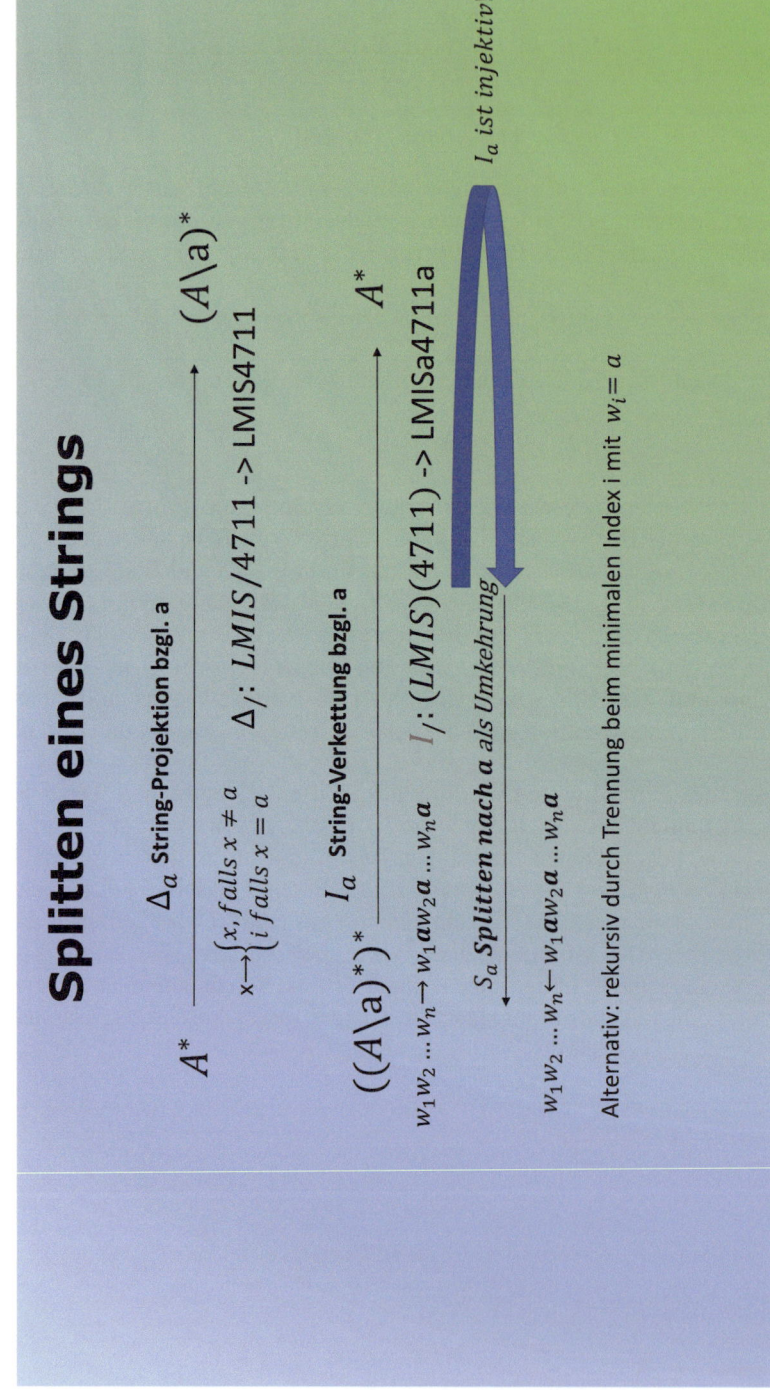

5.2.2 Suchen eines Strings

Die folgende Darstellung beruht auf [27].

5.2.2.1 Grundlagen und lineare Suche

In den SMILE-Prototypen wurde an einigen Stellen eine **'Such-Funktion'** eingebaut, die ein vorgegebenes Wort, z. B. **'defekt'**, in einem Text, wie etwa **'Chargendefekt Materialdefekt Laser ohne Strom Laserdefekt'**, finden soll. Im Beispiel gibt es demnach drei Stellen, die die Such-Funktion aufspüren muss. Man spricht hier auch von **'String-Matching'**. Dabei ist ein Alphabet A, ein zu suchendes Wort $w \in A^\star$ und ein Text $t \in A^\star$ gegeben, so daß $l(w) \leq l(t)$ gilt. Ansonsten ist die Suche sinnlos. Ein Text wird dabei als Wort interpretiert, wobei das Alphabet geeignet zu wählen ist (z. B. auch Leerzeichen enthalten muss etc.). Gesucht ist die Menge

$$Find(w, t) := \{i \mid 1 \leq i \leq l(t) - l(w) + 1, w = t_i...t_{i+l(w)-1}\}.$$

Im obigen Beispiel ist die kleinste Stelle aus dieser Menge die Zahl 8, da dort das Teilwort **'defekt'** steht. Die nächste Stelle ist beim Index 23 und die letzte beim Index 52. Auch dort ist jeweils das Wort **'defekt'** zu finden.

Aus dieser Definition heraus lässt sich sofort ein **'naiver Suchalgorithmus'** definieren. Man führe eine Schleife über die Buchstaben des Textes t aus, und zwar von vorne bis zum Index $l(t) - l(w) + 1$. In jedem Durchgang überprüfe man beim Index i vom Wort t, ob die Buchstaben $t_i = w_1$, $t_{i+1} = w_2$ usw. bis $t_{i+l(w)-1} = w_{l(w)}$ erfüllen. Bei jedem Durchgang merke man sich in einer Liste den Index i, falls die dargestellte Buchstabenbedingung erfüllt ist. Man spricht von **'linearer Suche'**. Der Leser mag diesen Algorithmus in Python in den Übungen implementieren. Komplexere Algorithmen versuchen, die Anzahl der **'Schleifendurchläufe'** drastisch zu reduzieren und somit **'Laufzeit'** zu sparen. Der folgende Algorithmus wird aus diesen Gründen in Python benutzt.

5.2.2.2 Der Boyer-Moore-(Horspool)-Algorithmus

Im Gegensatz zum naiven Suchalgorithmus versucht der **'Boyer-Moore-Algorithmus'**, der das zu findende Wort w in einem Text t von links nach rechts aufspürt, Informationen über das **'Misslingen'** eines Vergleiches zu nutzen. Er führt ggfs. einen großen Sprung nach rechts nach einem misslungenem Vergleich aus. Dazu nutzt der Algorithmus zwei **'Heuristiken'**. Diese heißen **'Bad-Character-'** und **'Good-Suffix-Heuristik'**.

Bei der **'Bad-Character-Heuristik'** wird folgendermaßen vorgegangen:

(i) Es wird das erste Zeichen von rechts gesucht, daß einen Unterschied zwischen Text und Suchwort hervorbringt.
(ii) Gibt es bei einem Vergleich an einer Stelle einen Unterschied, so wird das Wort w soweit nach rechts geschoben, bis der Unterschied das erste Mal wieder verschwunden ist, falls es eine derartige Stelle im Wort w überhaupt gibt.
(iii) Gibt es im vorherigen Unterschied die besagte Stelle nicht, so kann das Wort w direkt hinter den Unterschied verschoben werden.
(iv) Ist in (i) die Situation so, daß das Wort nach links und nicht nach rechts verschoben werden muss, so wird das Wort um eine Position für den nächsten Vergleich im Text weitergeschoben.

Betrachtet wird das Beispiel

$$t =' Chargendefekt\ Materialdefekt\ Laser\ ohne\ Strom\ Laserdefekt'$$

und
$$w =' defekt'.$$

Schreibt man unter den Text *t* das Wort *w* von links beginnend, unterscheidet sich der Buchstabe *e* in *Charge* von dem Buchstaben *t* in *defekt*. *e* kommt in *defekt* von rechtsgesehen hinter dem *f* vor, also wird das Wort *w* um 2 Stellen verschoben. Nun steht *defekt* unter *argend*. Da *d* und *t* verschieden sind, ist der Unterschied von rechts kommend gleich zu Beginn vorhanden. Der Buchstabe *d* kommt in *defekt* das erste Mal ganz vorne vor. Also wird das Wort *defekt* bis zu dem *d* bei *argend* verschoben. Nun wurde bereits die erste Stelle nach 2 Iterationen gefunden, statt nach 6 Iterationen in der linearen Suche.

Im Folgenden wird die **'Good-Suffix-Heuristik'** beschrieben. Die Heuristik wird dann interessant, wenn rechts neben dem Zeichen, was den Unterschied von rechts gesehen verursacht, ein Teilwort *s* existiert, welches bei Text und Wort übereinstimmt. Das Teilwort heißt der **'Good-Suffix'**. Dieses Teilwort wird im Wort *w* gesucht. Wird es von rechts kommend das erste Mal gefunden, wird das Wort soweit verschoben, bis die Suffixe übereinander liegen. Wird der komplette Suffix *x* nicht in *w* gefunden, wird versucht, mit einem Suffix von *x* (also ein Teilwort *y* von *x* von rechts) ein Prefix von *w* zu finden (also zu Beginn von *w*). Sollte dieses gefunden werden, wird das Wort bis zum **'Prefix = Suffix − Index'** verschoben. Tritt keiner der beiden Fälle ein, wird das Wort *w* bis direkt hinter das Suffix *x* verschoben.

Dies wird auch an Beispielen illustriert. Begonnen wird mit dem Wort $w := CABAB$ und den Text $t := ABAABAB....$ Beim ersten Vergleich ist der Suffix AB identisch, der im Wort *w* wieder auftaucht (direkt vor AB). Daher wird hierbei das Wort w gleich um 2 Stellen verschoben, und zwar für die nächste Iteration. Im zweiten Beispiel seien $t := AABAB...$ und $w := ABBAB$. Der gute Suffix *BAB* wird nicht ein zweites Mal in *w* gefunden, aber der Suffix AB ist als Prefix in w vorhanden. Daher wird *w* gleich um 3 Stellen verschoben. Im letzten Beispiel seien $t := AACAB...$ und $w := CBAAB$. Der gute Suffix *AB* und auch kein Teil davon findet man in *w*. Daher wird *w* gleich um 5 Stellen weiter verschoben.

Der Boyer-Moore-Algorithmus verwendet zwei Heuristiken, um die Verschiebungsentfernung des Musters im Falle einer Diskrepanz zu bestimmen: das schlechte Zeichen und die Good-Suffix-Heuristik. Da die Gute-Suffix-Heuristik ziemlich kompliziert zu implementieren ist, bedarf es eines einfachen Algorithmus, der lediglich auf der Schlechtcharakter-Heuristik basiert. Aufgrund einer Idee von **'Horspool'** wird anstelle des schlechten Zeichens, das die Diskrepanz verursacht hat, jeweils das aktuell rechte Zeichen des aktuellen Textfensters verwendet, um den Verschiebungsabstand zu bestimmen. Im Beispiel $t := BAAAAB...$ und $w := BCCACB$ liefert Horspool eine Verschiebung um 5 Stellen, da das *B* als rechtestes Zeichen ganz vorne in *w* vorkommt. Der Boyer-Moore-Algorithmus arbeitet hier mit dem Bad-Character *A* und verschiebt um 1.

Neben der zitierten Literatur [27] kann der Leser sich auch bei

, , und

weitere Anregungen zu dieser Thematik erarbeiten. Die Arbeit von Boyer und Moore findet man in [11] und die von Horspool in [29]. In Python werden diese Algorithmen zur String-Suche eingesetzt. In den folgenden Skizzen wurden die Themen dieses Abschnitts mit Beispielen zusammengefasst.

Suchen eines Strings

Suchproblem

Finde ein Wort w in einem Text t an allen Stellen, wobei t und w Elemente von A^* sind:

$$\text{Find}(w, t) = \{i \mid 1 \leq i \leq l(t) - l(w) + 1, w = t_i \cdots t_{i+l(w)-1}\}$$

lineare Suche

Idee: von links nach rechts jede Position überprüfen

Ein **Suchtext** für eine **Suche** = Text
Such = Wort zu suchen im Text an Position 1
Such = Wort zu suchen im Text an Position 2
Such = Wort zu suchen im Text an Position 3
Such = Wort zu suchen im Text an Position 4
Such = Wort zu suchen im Text an Position 5: erster Index für Find(w,t)
...
Such = Wort zu suchen im Text an Position 23: zweiter Index für Find(w,t)
Such = Wort zu suchen im Text an letzter Position

Suchen eines Strings, II

Boyer-Moore: Bad – Character - Heuristik
Idee: Nutze Information eines Unterschiedes zum Bad Character

Ein Suchtext für eine Suche = Text
Such = Wort in Position 1, S und h verschieden, verschiebe w bis S
Such = **Wort in Position 5, Gleichheit**
...

Boyer-Moore: Good – Suffix - Heuristik
Idee: übereinstimmende Suffix-Suche

ABAABAB.... = Text
CABAB = Wort in Position 1, Good - Suffix AB wird wieder gefunden
CABAB = Wort in Position 3, Good - Suffix ABAB wird nicht gefunden
...

AABAB.... = Text
ABBAB = Wort in Position 1, Good - Suffix BAB nicht, aber Suffix AB gefunden als Prefix
ABBAB
...

Suchen eines Strings, III

Boyer – Moore - Horspool: Bad – Character - Heuristik

Idee: Nutze Information eines Unterschiedes mit dem rechtesten Zeichen
Beispiel zu Horspool, dahinter Boyer-Moore

BAAAAB...   = Text
BCCACB   = Wort in Position 1, A und C verschieben, rechtestes Zeichen
                 im Text ist B, B im Wort ganz vorne, verschiebe um 5 Stellen

      BCCACB

      ...

BAAAAB...   = Text
BCCACB   = Wort in Position 1, A und C verschieben,
      BCCACB   A im Wort direkt hinter C, verschiebe um 1 Stelle

      ...

5.2.3 Hashing von Passwörtern

5.2.3.1 Hashing

Die Darstellung basiert auf [QR-Code]. Eine **'Hashfunktion'** ist ein Algorithmus, eine Funktion etc., die aus dem Eingabewert – welcher auch ein String und nicht nur eine Zahl sein kann – ein Ergebnis berechnet, den sog. **'Hash-Wert'**. Den Vorgang nennt man **'Hashing'**. Ein einfaches Beispiel ist etwa, alles so zu lassen, wie es eingegeben worden ist: die Identität. Eine andere Möglichkeit ist, eingegebene ganze Zahlen modulo einer fest verwendeten natürlichen Zahl zu berechnen: Teilen mit Rest. Auch das Quersummenbilden auf den natürlichen Zahlen ist somit ein Beispiel für eine Hash-Funktion. Hierbei würde es, trotz unterschiedlicher Ausgangszahlen, massenhaft Überschneidungen beim Ergebnis geben, da die Eingabemenge viel grösser als der Bildbereich der Hashfunktion ist. Beim Modulo-Rechnen ist dieser endlich, die Eingabewerte sind aber unendlich: eine Hash-Funktion ist daher meist **'nicht injektiv'**, man kann also am Ergebnis nicht den ursprünglichen Wert ermitteln. Diese Thematik nennt man **'Hash-Kollisionen'**. Daher ist ein simpler Algorithmus zum Hashen ungeeignet, es müssen komplexere Algorithmen definiert und gefunden werden.

Neben der Anforderung, daß es zu keinen Kollisionen kommen darf, muss ein guter Hash-Algorithmus weitere Voraussetzungen erfüllen. Eine davon ist die **'Einweg-Eigenschaft'**, die andere die **'Kollisionsresistenz'**. Beim Einweg-Hash steht die **'Effizienz'** im Vordergrund: der Hash-Wert muss effizient zu berechnen sein, das Umkehren darf aber praktisch nicht realisierbar sein. Man spricht in diesem Zusammenhang auch vom **'Lawineneffekt'**: Hiermit ist gemeint, daß kleinste Veränderungen am Eingabewert größtmögliche Veränderungen am Ausgangswert verursachen sollen. Bei der Kollisionsresistenz wird gefordert, daß es praktisch unmöglich sein soll, zwei Ausgangswerte mit identischem Hash-Wert zu finden. Dies widerspricht nicht der Aussage, daß es überhaupt Kollisionen gibt: diese zu finden soll schwer sein! Wesentlich ist zudem die Unkenntlichkeit der zugrundeliegenden Daten. Diese sind, nimmt man die Übersetzung des englischen Begriffs **'to hash'** wörtlich, nach der Durchführung der Berechnungen **'zerhackt'**.

Man erkennt, daß Hashfunktionen in der **'Datenverschlüsselung'** angesiedelt sind: man spricht auch von **'kryptografischen'** Funktionen. Im Prinzip ist der Hash-Wert ein verschlüsselter Fingerabdruck der eingegebenen Daten. Der Hashwert einer Datei wird oftmals im Zusammenhang mit deren Download bereitgestellt. Der Nutzer kann nach dem vollständigen Download den Hashwert seiner Datei lokal berechnen und mit dem Wert auf der Anbieterseite abgleichen. Stimmt er überein, besteht eine fast absolute Sicherheit, daß die korrekte Datei fehlerfrei übertragen wurde. Man spricht in diesem Zusammenhang auch vom **'digitalen Fingerabdruck'** einer Datei. Zur Berechnung des Hashwertes können kostenlose Programme wie HashCalc verwendet werden. Den im Vergleich zum Inhalt um ein Vielfaches kürzeren Fingerabdruck kann man auch zur **'Indexierung'** von Dateien, beispielsweise in Datenbanken, nutzen. Hier ist es oft üblich, daß Metadaten wie Dateinamen und Pfad, getrennt vom eigentlichen Inhalt gespeichert werden. Zum einen muss dann nicht nach dem gesamten Inhalt gesucht werden. Zum anderen können die entstandenen Hashwerte der Dateien sortiert werden, was die Anwendung von Suchalgorithmen erleichtert. In ähnlicher Weise kann Hashen bei **'digitalen Zertifikaten'** zur Anwendung kommen. So findet das Verfahren bei der Erstellung von TLS/SSL-Zertifikaten Anwendung. Weiterhin wird es für die Signaturerstellung bei den Verschlüsselungsverfahren S/MIME und PGP genutzt. Auch IPSec, das Protokoll zum Aufbau einer sicheren Internetverbindung, nutzt man Hashen zur Authentifizierung im Zusammenhang mit dem Verfahren HMAC (Keyed-Hash Message Authentication Code).

Zudem kann Hashen Bestandteil der Erstellung von **'Blockchains'** sein. Dieses Prinzip ist vor allem im Zuge der Verbreitung von Bitcoins bekannt geworden. Es ist aber auch auf andere Bereiche übertragbar. Verwendet man einen sicheren Hash-Algorithmus, ist es möglich, Transaktionen **'dezentral'** zu verwalten. Jede Transaktion besteht aus einer **'Kopfzeile = Header'** und einem **'Datenteil'** und wird in einem **'Block'** festgehalten. Diese Blöcke werden nun untrennbar miteinander verbunden. Im Header einer Transaktion werden der Hashwert des vorhergehenden Headers und des eigenen Datenteils festgehalten. Nach Beendigung der Transaktion wird die Blockchain wieder auf mehrere redundante **'Speicherorte = Knoten'** hochgeladen. Eine Manipulation ist somit ausgeschlossen. Wird eine Transaktion entfernt oder verändert, stimmen die Hashwerte der folgenden Transaktionen nicht mehr. Zudem ist jedes beteiligte System in der Lage, die **'Integrität'** der Blockchain anhand der Hashwerte zu berechnen. Weitere Erkenntnisse zu dieser Thematik mag sich der Leser in den Werken [7], [25] und [27] erarbeiten.

5.2.3.2 SHA-256

Diese Darstellung basiert auf ▭. **'SHA-256'** ist Mitglied der von der NSA entwickelten **'kryptografischen SHA-2-Hashfunktionen'**. SHA steht für **'Secure Hash Algorithm'**, die SHA-Algorithmen haben Nummern und werden mit SHA-* bezeichnet, wobei der Stern dann eine Nummer ist. Der Eingangswert wird in gleichlange Elemente unterteilt. Diese nennt man **'Blöcke'**. Da ein Vielfaches der Blocklänge benötigt wird, ist es in der Regel notwendig, die Daten aufzufüllen. Dies geschieht oft mit Nullen. Der aufgefüllte Wert ist das **'Padding'**. Die Verarbeitung erfolgt danach blockweise. Es werden die Blöcke durchlaufen und dabei jeweils als Schlüssel für Zwischenberechnungen an den nachfolgend zu kodierenden Daten verwendet. Der Datensatz wird in 64 Runden (SHA224 und SHA256) oder 80 Runden (SHA384 und SHA512) durchlaufen. Das Ergebnis der letzten Berechnung ist der Ausgabewert, also der Hash. Der Sha-256-Algorithmus basiert auf der **'Merkle-Damgard-Konstruktionsmethode'**, nach der der Anfangsindex unmittelbar nach der Änderung in Blöcke und diese wiederum in 16 Wörter unterteilt werden. Weitere Details sollen hier nicht ausgeführt werden. In  kann der Leser genauere Informationen zu SHA erhalten.

5.2.3.3 Hashing im SMILE-Prototyp

Im SMILE-Prototyp benutzt man eine spezielle Hash-Funktion zur Überprüfen der Passwort-Eingabe zu einem User. Der User gibt seinen **'User-Namen'** sowie sein **'Passwort'** ein. Letzteres wird so eingegeben, daß bei jeder Eingabe eines Zeichens * erscheint, damit kein Dritter seine Eingabe am Bildschirm sehen kann. Aus dem Passwort wird nun programmintern der Hash-Wert ermittelt:

Python-Quellcode 5.1 Hashwert berechnen

```
int(\hashlib.sha256(passwortdesusers.encode('utf-8')).hexdigest(), 16) \% 10**8
```

, wobei **'passwortdesusers'** besagte Passwort-Eingabe ist. Dieser Wert wird auf den abgelegten Daten zum User verglichen und der Login gewährt, falls die Daten übereinstimmen. Man erkennt, daß hier der SHA256-Algorithmus benutzt wird.

Möchte man also jemanden ein Passwort zuteilen, so muss man dies für den User so gestalten, daß kein Dritter diese Information sehen kann, z. B. durch Flüstern oder eine verschlüsselte Mail etc. Dieses Thema solle hier nicht weiter vertieft werden. Gleichzeitig muss der Administrator zum User das gehashte Passwort – berechnet z. B. auf der Python-Konsole mit oberem Coding – ermitteln und es entsprechend zum User in seien Stammdaten ablegen. Im SMILE-Prototyp ist dazu die CSV-Datei **'benutzer.csv'** mit Userdaten angelegt worden. Der Hash-Wert muss in der Spalte **'HASH'** eingetragen werden. In folgender Skizze werden die Themen dieses Abschnitts zusammengefasst.

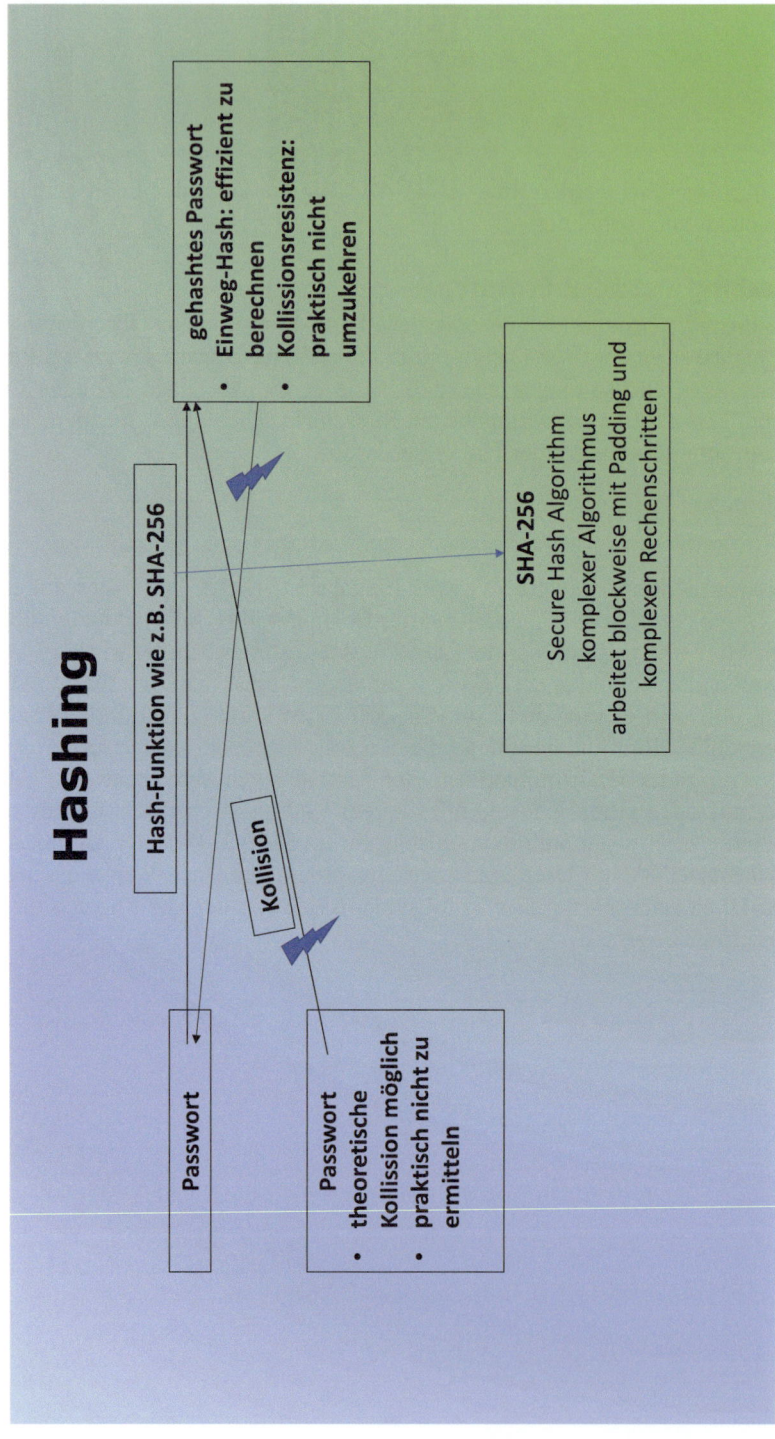

5.2.4 Zufallszahlen-Erzeugung für die I-Punkt-Simulation

Die 'Zufallszahlen-Erzeugung' wurde bei der Simulation am I-Punkt benutzt, um durch Zufallszahlen die Fehlerermittlung für defekte Paletten vorzunehmen und so das Scannen der Palette zu simulieren. Eine ganz einfache Methode wäre, einfach einen 'festen Fehlerwert' zuzuordnen: 'Fixwert-Methode'.

Bei der Erzeugung von Zufallszahlen bedient man sich sog. 'Zufallsgeneratoren'. Diese sind Algorithmen, die durch wiederholte Anwendung auf einen Startwert iteriert Zufallszahlen erzeugen. Einige Informationen findet man in  .

Als einfaches Beispiel sei das 'Quadrieren' einer Zahl betrachtet. Mit einem Startwert $x_0 := 2$ ermittelt man sukzessive die Quadrate der vorherigen Zahl:

$$x_{n+1} := (x_n)^2.$$

Das ergibt im Beispiel die natürlichen Zahlen 2, 4, 16, 256, 65536, 4294967296 usw. Beim Startwert 3 erhält man 3, 9, 81, 6561, 43046721 usw. Eines der ältesten Verfahren – das 'Quadratmittelverfahren' – baut auf dem Quadrieren einer Zahl auf. Nimmt man eine vierstellige natürliche Zahl, ist diese kleiner gleich 9999. Ihr Quadrat ist folglich kleiner gleich $99980001 = 9999^2$, also höchstens eine achtstellige Zahl. Ggfs. muss man links sogar Nullen auffüllen, wie bei $1111^2 = 01234321$. Der nächste Schritt des Verfahrens erfolgt, in dem man die vier mittleren Zahlen berechnet. Dies ergibt im Beispiel 2343. Diese Zahl wird quadriert: 05489649. Mit den vier mittleren Zahlen 4896 wird analog weiter verfahren: $4896^2 = 23970816$. Man erhält also Viererblöcke von natürlichen Zahlen 1111, 4896, 9708 usw.

Diese beiden Verfahren liefern bei fixiertem Startwert immer die gleichen Ergebnisse, das Verfahren ist keineswegs als zufällig zu bezeichnen. Aus diesem Grund spricht man auch von 'Pseudozufallszahlen' und von 'deterministischen Zufallsgeneratoren'. Es kann sogar passieren, daß sich die Zahlen nach endlich vielen Schritten bei vorgegebenem Startwert wiederholen.

Als Beispiel kann man den Zufallsgenerator $x_0 := 1$ und

$$x_{n+1} := 5x_n \bmod 8,$$

also der Rest von $5x_n$ beim Teilen durch 8, betrachten. Es ist $x_1 = 5$, $x_2 = 25 \bmod 8 = 1$, $x_3 = 5 \cdot 1 \bmod 8 = 5$. Hier wiederholen sich die Zahlen. Dies gilt für alle derartigen Generatoren

$$x_{n+1} := ax_n + b \,(\bmod\, m),$$

wobei a, b, m natürliche Zahlen sind und x_0 ein beliebiger natürlicher Startwert ist. Sie gehören zu den sog. **'Kongruenzgeneratoren'**.

Bei einigen Anwendungen ist es wichtig, daß die erzeugten Zufallszahlen auch zufällig sind. Dabei kann man sich des sog. **'nicht-deterministischen'** Verfahrens bedienen. Zu diesem Zweck erzeugen **'physikalische Experimente'** (radioaktiver Zerfall etc.) Zufallszahlen. Auch in der **'Praxis'** gibt es Zufallszahlen, die man zu diesem Zweck verwenden kann: Lotto, Fußballergebnisse etc. Aber auch deterministische Verfahren können ebenfalls zufällige Werte erzeugen: dies kann man etwa direkt beweisen oder auch – was unter **'Güte'** von Zufallszahlen verstanden wird – mit Hilfe **'statistischer Tests'** nachweisen. Es soll dieses Thema nicht weiter vertieft werden.

In Python wird der sog. **'Mersenne-Twister'** eingesetzt. Eine genaue Beschreibung dieses Algorithmus würde allerdings den Rahmen dieses Buches sprengen. Einige interessante Hintergrund-Informationen findet man hier . Der Mersenne-Twister hat auch die Eigenschaft, daß sich Zahlen wiederholen. Die **'Wiederholungsrate'** ist sehr groß und gleichzeitig eine Primzahl der Form $2^n - 1$. Diese Primzahlen werden **'Mersenne-Primzahlen'** genannt und mit M_n symbolisiert. Der Algorithmus ist zudem sehr schnell und liefert zufällige Zahlen, was durch einen hier nicht weiter beschriebenen **'Twist'** in seinem Ablauf gewährleistet wird.

Zufallszahlen

Palette am I - Punkt

Zufallsgenerator → **Fehlercodes = Zufallszahlen**

Zufallszahlenerzeugung
Zufall oder Determinismus?
Pseudozufallszahl oder wirklich zufällig?
Güte-Tests!

Quadrieren
Startwert 2
folgende Werte 4, 16, 256
Keine Wiederholungen
Sehr schnell große Werte
nicht zufällig

Quadratmittelverfahren
Startwert 1111, 1111^2=01234321
Folgewert 2343, 2343^2=05489649
Folgewert 4896 usw.
Wiederholungen
Werte zwischen 0 und 9999
Zufällig?

Teilen mit Rest
Startwert x = 5
Folgewert 5x mod 8 = 1 = y
Folgewert 5x mod 8 = 5
Wiederholung
Werte zwischen 0 und 7
Zufällig?

Python nutzt den Mersenne - Twister zu einer Mersenne - Primzahl $2^n - 1$
mit einem Twist in der Kalkulation (komplexer Algorithmus)

5.3 Informatik

5.3.1 GUI und TKINTER

Die bisherige Ausgabe des SMILE-Prototyps findet in der Python-Konsole statt. Die Befehle und Eingabewerte müssen vom Benutzer zeilenweise in die Konsole eingegeben werden. Der User kann die Ergebnisse seiner Eingaben gleichfalls zeilenweise ablesen. Aus diesem Grund spricht man auch von einem CLI- **'Command Line Interface'**. Das TUI – die **'Textual/Text-based User Interface'** oder auch zeichenorientierte Benutzerschnittstelle – bietet den Vorteil, nicht zeilenweise resümierend, sondern über den ganzen Bildschirm hinweg Eingaben und Befehle einzugeben. Diese können willkürlich, also im gesamten Feld, durch ergänzende Eingaben verbessert oder näher ausgeführt werden. Abschließend wird mit der Return-Taste oder einer Funktionstaste resümiert und abgeschlossen.[1]

Über diesen beiden **'User-Interfaces'** hinaus gibt es ein weiteres Interface: das sog. **'GUI – Graphical User Interface'**. Dieses Interface hat den Vorteil, daß diverse Fenster geöffnet und auch graphische Elemente mit Hilfe der Maus bedient werden können.

Eine Übersicht zu den Begriffen rund um das **'GUI'** findet sich in [14], ein kurzer Abriss ist in  oder in zu finden. Der Begriff des User Interfaces beschreibt ein System aus Hard- und Software und erleichtert dem Benutzer = User das Arbeiten mit dem Computer. Es ist quasi Verbindungsstelle (SST) zwischen Mensch und Maschine. Ist das User Interface ein Bildschirm, Monitor etc., so spricht man von einem Graphical User Interface, dem sog. GUI. Voraussetzung sind dafür weitere Bedienelemente, wie z. B. Maus und Tastatur. Mit ihrer Hilfe kann via Bildschirm mit dem Computer interagiert werden. Es müssen Eingaben vorgenommen und Bedienelemente ausgeführt werden. Das GUI verwendet **'Fenster = Windows'**, auf denen **'Bedienelemente = Widgets'** platziert werden. Dieses Platzieren nennt man **'Geometrie'**. Nach den **'Eingabe-Aktionen = Actions and Callbacks'** wird im **'Ausgabebereich'** das Ergebnis angezeigt. Diese Fenster können verschoben und in ihrer Größe variiert werden. Es kann in einer Anwendung neben Hauptfenstern auch Nebenfenster geben. Auf jedem Fenster sind **'Menübereiche'** möglich. Häufig bleibt dies nur dem Hauptfenster vorbehalten, von dem aus man die Nebenfenster durch die Auswahl der Menüfunktionen aufruft. Dieser Vorgang ist schematisch abgebildet.

---

[1] TUI ist nicht zu verwechseln mit der – manchmal ebenfalls mit TUI abgekürzten –'Tangible User Interface', die eine anfassbare bzw. greifbare bzw. physische Benutzerschnittstelle ist, die einem Computerbenutzer die Interaktion mit der Maschine durch physische Objekte erlaubt. Man denke hierbei z. B. an ein Spiel, wo durch gezielten Eingabe auf farbigen Tasten gespielt wird. Manchmal wurde in ersten Arbeiten zu diesem Thema auch die Bezeichnung 'Graspable User Interface' verwendet, welche aber später durch die genannte komplett ersetzt worden ist. Im Deutschen werden die Begriffe 'Gegenständliche Benutzerschnittstelle' sowie 'Begreifbare Interaktion' synonym benutzt.

GUI

Was? - Menü

Wo?
-
Platzierung der
Widgets durch
die Geometrie
auf Fenstern = Windows

Was?
-
Reaktion auf Eingabe
durch Actions und Callbacks

Wie?
-
Interaktion
mit dem Benutzer
durch
WIDGETS
für die
Eingabe und Ausgabe

Was? - Ergebnis

Die Fenster-Bereiche **'Menü, Widgets, Geometrie, Actions, Callbacks sowie Ausgabe'** sind sozusagen fundamentale Elemente eines GUI auf jedem Window. Widgets, Actions und Callbacks sind in einem Python-Programm mit **'Funktionen'** verknüpft. Diese werden ausgeführt, sobald ein Bedienelement etwa durch Mausklick aktiviert wird. Hinter diesen steckt die eigentliche Programmlogik dessen, was der User bewirken möchte. Die Geometrie ist nur für die Platzierung der Bedienelemente auf dem Bildschirm wichtig. Das Menü enthält auch Funktionen, die weitere Fenster ansteuern. Grundsätzlich ist fast jede GUI-Anwendung – auch Transaktion – nach dem

'EVA - Prinzip – Eingabe - Verarbeitung - Ausgabe'

aufgebaut. Durch Bedienelemente (Widgets, Menü) erfolgt die Eingabe durch den User per Maus und Tastatur. Die Actions und Callbacks steuern die eigentliche Verarbeitung der Daten. Im Window (Fenster) werden die Ergebnisse in mannigfaltiger Weise (Liste, Tabstrip, Text, Protokoll, Grafik etc.) dargestellt. Folgende Grafik skizziert das EVA-Prinzip.

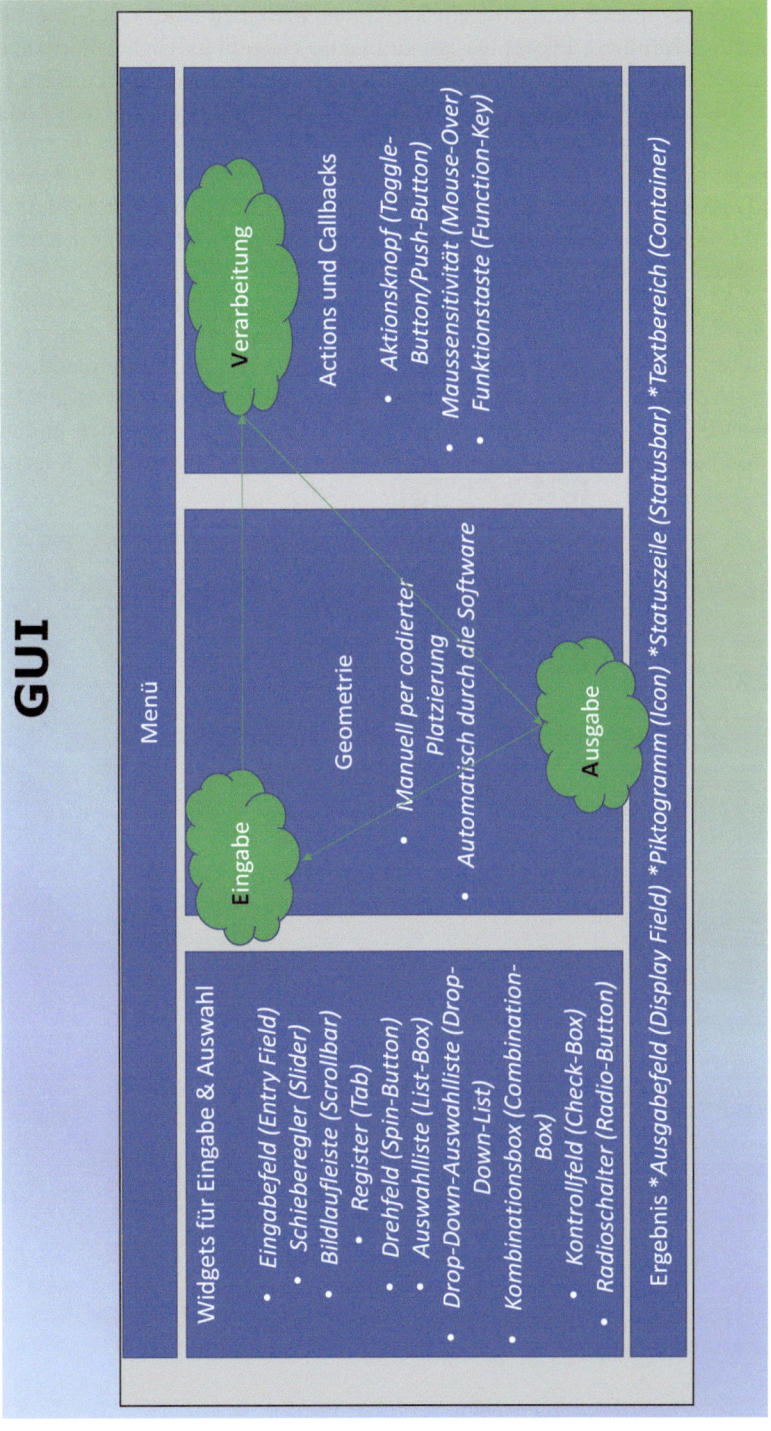

Eigentlich macht es immer Sinn, für ein konkretes Vorhaben eines GUI-Interfaces ein **'Design'** durchzuführen. Dieses Design kann eine Vielzahl möglicher Formen annehmen, ohne bereits etwas in einer Programmiersprache zu codieren. In diesem Fall spricht man auch vom **'Mock-Up'** im Gegensatz zum **'Prototyp'**, wo bereits codiert wird. Das Mock-Up kann auf einem Zettel, einer Tafel, in sprachlicher Form, mit Hilfe von Word oder Power-Point etc. erfolgen. In diesem Werk wird oft letzteres genutzt. Das Design hilft dem ausführenden Anwender (User), eine Vorstellung von der späteren Umsetzung seiner verlangten Anforderungen zu erhalten. Gleichzeitig dient es als Basis-Konzept für den Entwickler. Für dieses Vorgehen sind die Regeln der **'Ergonomie'** einzuhalten, damit eine für den Endanwender zweckmäßige und exakt zielgerichtete Lösung erstellt wird. Es soll auf kürzestem Weg – nicht zu viel und nicht zu wenig – das umgesetzt werden, was erforderlich ist. Zusammenfassend spricht man bei diesem Vorgang von **'Usability'** der Anwendung. Ziel ist es, den User eine **'performante'** Lösung zu bieten, deren Handhabung er leicht erlernen und ausführen kann. Die wesentlichen Merkmale der Software-Ergonomie sind in folgender Grafik in Anlehnung an  dargestellt.

Software-Ergonomie

Software-Ergonomie ist die Arbeit hin zu leicht verständlicher und schnell benutzbarer Software unter den gebotenen technischen Möglichkeiten und unter der Einhaltung definierter bzw. empirisch entstandener Standards und Styleguides.

Normenreihe EN ISO 9241 „Ergonomie der Mensch-System-Interaktion"

- Aufgabenangemessenheit
- Selbstbeschreibungsfähigkeit
- Steuerbarkeit
- Erwartungskonformität
- Fehlertoleranz
- Individualisierbarkeit
- Lernförderlichkeit

Multimedianorm vom Mai 2000 DIN EN ISO 14915

- Eignung für das Kommunikationsziel
- Eignung für Wahrnehmung und Verständnis
- Eignung für die Exploration
- Eignung für die Benutzungsmotivation

Im diesem Verlauf des Kapitels sollen verschiedene Designs und Umsetzungen vermitteln, wie das textuelle SMILE-LVS in ein GUI-LVS transformiert werden kann. Gleichzeitig soll die Zeit genutzt werden, ein Design-Beispiel aus der Logistik, bei dem auch auf die Ergonomieregeln eingegangen werden soll, zu geben. Dabei handelt es sich um das Anlegen von **'Verladeaufträge für Versandeinheiten'** einer Lieferung im Rahmen des Warenausgangsprozesses an einem **'TOR'**. Die nachfolgende Grafik beschreibt das Design.

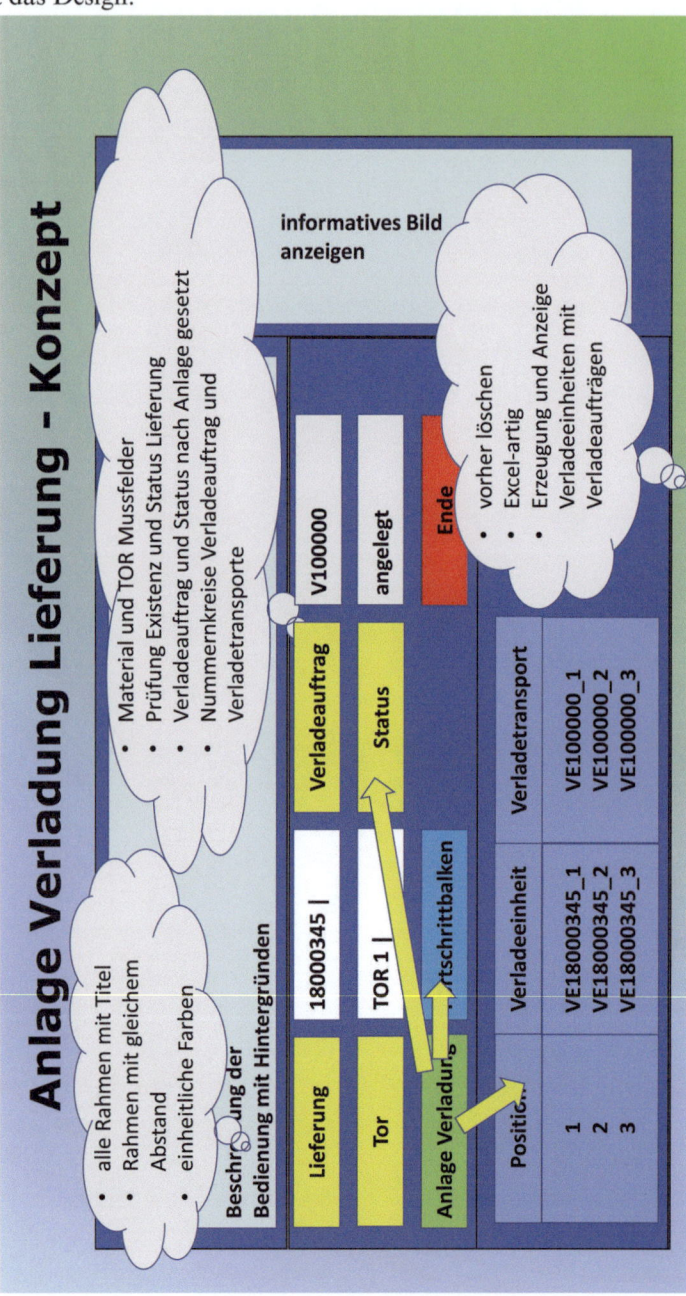

Es wird folgend der geforderte Aufbau und Ablauf in Stichpunkten beschrieben:

(i) Im oberen Bereich der Grafik soll ein informativer Text eingeblendet werden, der die Verladungsanlage erklärt.
(ii) Im rechten Bereich wird ein Bild aus der Praxis angezeigt, welches die Verladung illustriert.
(iii) In mittleren Bereich der Abbildung gibt es Eingabewidgets für Lieferung und Tor. An dieses Tor sollen die Versandeinheiten einer Lieferung zur **'Verladung'** gebracht werden. Lieferung und Tor werden auf Existenz im System geprüft und sind **'Mussfelder'**, d.h man ist gezwungen, diese Eingaben einzugeben. Ist das Tor oder die Lieferung nicht vorhanden, wird dem User eine Fehlermeldung angezeigt. Die Lieferung muss verpackt, darf aber noch keiner Verladung zugeordnet sein. Im letzteren Fall gibt es entsprechende Fehlermeldungen. Mit dem grünen Druckknopf **'Anlage Verladung'** werden die Verladeaufträge für alle Versandeinheiten der Lieferung erzeugt. Der Verladeauftrag wird im Ausgabewidget angezeigt, wozu es eines eigenen Nummernkreises bedarf: Für jeden neuen Verladeauftrag wird eine Folgenummer aus dem Nummernkreis vergeben und gespeichert. Jeder Verladeauftrag hat demnach eine eigenständige unzweideutige Nummer. Der Status des Verladeauftrags wird mit dem Wert **'angelegt'** gekennzeichnet. Der rote Knopf **'Ende'** schließt den Vorgang ab.
(iv) Im unteren Bereich der Grafik werden tabellarisch alle Verladeeinheiten als Positionen des Verladeauftrages angezeigt. Für jede dieser Einheiten wird ein Verladetransport innerhalb des Lagers vom jeweiligen Quellplatz zum Tor angelegt. Diese Transporte werden in der Anzeige ebenfalls tabellarisch dargestellt.

Ergonomische Gesichtspunkte dieses Beispiels finden sich in der nächsten Zeichnung:

Software-Ergonomie am Beispiel der Verladung

oberer Bereich
- unnötig, wenn man die Anwender entsprechend schult
- Weglassen schafft Übersichtlichkeit
- ein Menü fehlt!

rechter Bereich
- Bild ist ebenfalls nice to have aber überflüssig; schafft keinen Mehrwert für den User

mittlerer Bereich
- klare Struktur
- Gibt es weitere Anforderungen des Kunden, z.B. Eingabe des LKW-Kennzeichen oder Zeitpunkt der Verladung?
- gutes Fehlerhandling, zusätzlich aber prüfen, das das Tor nicht bereits belegt ist!
- Wie kann ein fälschlicherweise angelegter Auftrag geändert oder gelöscht werden?
- Lieferung und TOR scanbar?
- gute Abgrenzung der Eingabe

unterer Bereich
- klare Struktur
- Kann es sein, dass ein Transport nicht angelegt werden kann, weil TOR oder Verladeeinheit gesperrt ist?

generell
- leicht zu erlernen
- Übersicht aller Verladungen fehlt für TORauswahl
- effizienter Ablauf
- Performance = Zeitdauer der Erstellung?

In Python gibt es eine Vielzahl von GUI-Lösungen. Die Top-Ten findet man z. B. hier:

Unter ihnen ist auch das hier verwendete Modul **'Tkinter'**. Tkinter steht für **'Tkinterface Tkinter'** und ist eine (Computer-)Sprachanbindung für das GUI-Toolkit **'Tk'**. Es soll in diesem Kompaktband keine Einführung in Python und Tkinter umgesetzt werden. In der **'SMILE-Reihe'** sind zur weiteren Vertiefung sowohl die GUI- als auch die CLI-Version des SMILE-Prototyps inkl. einer Einführung in TKINTER und in Python in zwei Werken inkl. Übungsbüchern eigens thematisiert.

5.3.2 Hauptbild mit Login und Menü

5.3.2.1 Login und Menü

Ein grobes Konzept für das Hauptfenster mit Login-Funktion und Menü wird im folgenden Bild veranschaulicht:

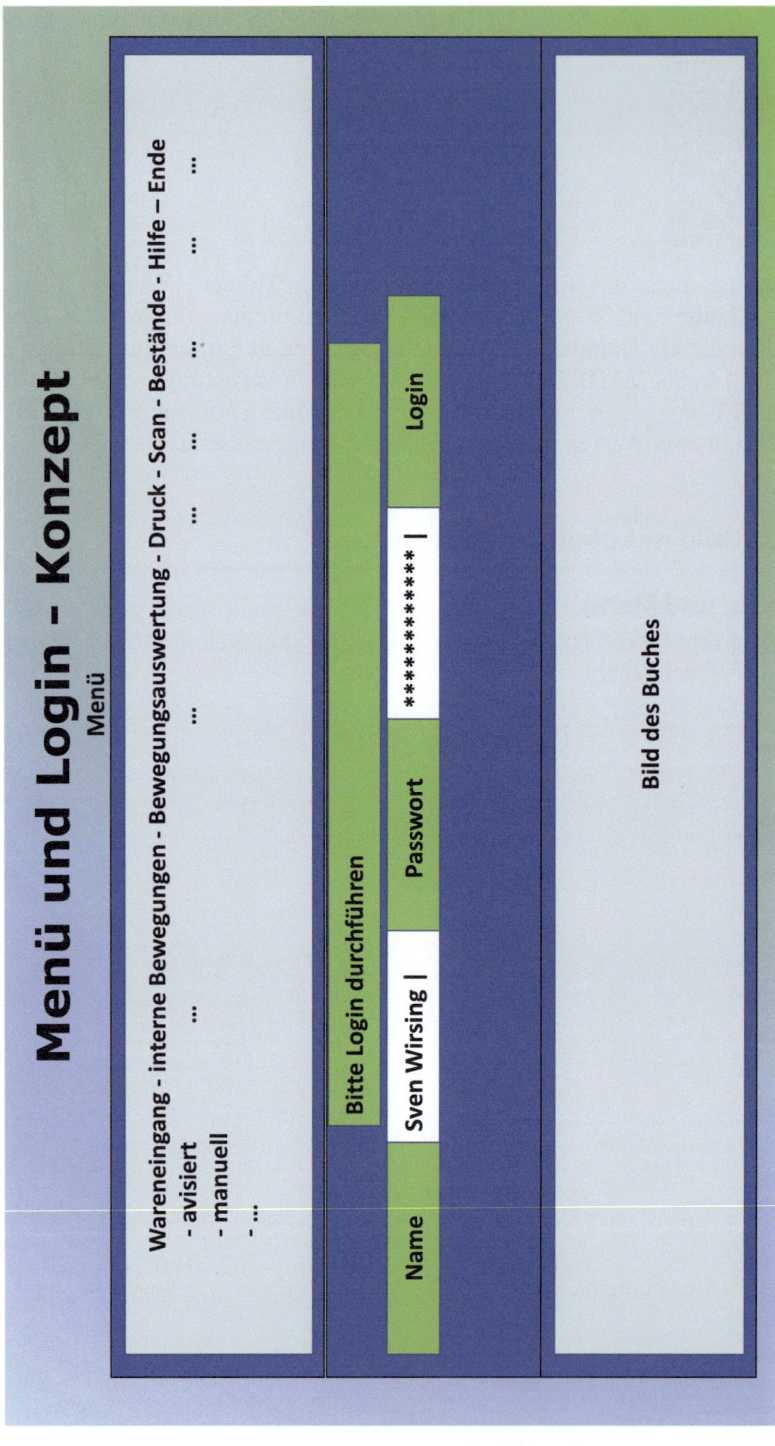

Folgende Hintergründe aus Tkinter werden benutzt und tabellarisch als grobes Implementierungskonzept aufgelistet:

(i) *Hauptfenster mit Menü, Bild, Login und Messagebox*

    (1) lvs-Initialisieren (mit lvs.init())
    (2) Hauptfenster bilden (mit root())
    (3) Menü bilden laut Konzept inkl. Untermenüs (mit Menu(), add_cascade() und add_content())
    (4) bei Einlagerung Accelerator Key verwenden, und zwar Control und e (mit add_content(accelerator=...))
    (5) Funktion zum Accelerator Key auslösen (mit bind_all())
    (6) Fenster-Titel und Icon setzen (mit root.title() und root.iconbitmap())
    (7) Teilfenster für den Login (mit tkinter.frame())
    (8) Name und Passwort ins Teilfenster einbinden (mit Label- und Entry-Widgets)
    (9) Button zum Login einbinden (mit tkinter.button(..., command=validierunglogin) inkl. command-Funktion zur Validierung des Logins)
    (10) Textanzeige für Login bzw. Begrüßung (mit einem Message-Widget)
    (11) Packmanager verwenden zur Platzierung der Widgets (widgetname.pack())
    (12) Fokus auf Nutzername setzen (mit widgetname.focus())
    (13) Mainloop für Hauptfenster erstellen

(ii) *Stammdaten-Erweiterung vornehmen*

    (1) neue CSV-Datei erstellen mit Namen 'benutzer'
    (2) Felder sind 'Benutzer' und 'Hash'
    (3) mit Daten füllen, dabei den Hashwert mit Hilfe des Ausdruckes 'int(hashlib.sha256(passwortdesusers.encode('utf-8')).hexdigest(), 16) % 10**8'
verschlüsseln und in die CSV-Datei einpflegen, wobei 'passwortdesusers' das Passwort des Benutzers ist, welches ihm geheim und nicht-gehasht mitgeteilt werden muss

(iii) *Login-Prüfung als eigene Unterroutine*

    (1) Name und Passwort des Benutzers lesen (mit widgetname.get())
    (2) Fehlermeldung, falls eines der beiden Felder nicht vorhanden ist (mit messagebox.showerror())
    (3) Benutzerdaten aus Benutzertabelle lesen (mit lvs.db.benutzer.select())
    (4) Fehlermeldung, falls keine Daten gelesen werden konnten (mit messagebox.showerror())
    (5) Passwort in Hash-Wert umwandeln und prüfen (mit hashlib.sha256())
    (6) Fehlermeldung, falls Passwort inkorrekt (mit messagebox.showerror())

(7) Message-Text entsprechend mit Benutzernamen setzen (mit widgetname.set(text))
(8) Login-Screen ausblenden (mit loginframename.pack_forget()).

Das Konzept wird mit folgender Implementierung umgesetzt:

Python-Quellcode 5.2   Menü und Login

```
#Login-Fenster Anfang...............................................
def validateLogin():
#    Passwort-Vergabe = Hash-Eintrag in Benutzer-Tabelle:-)
    if passwordEntry.get() == '':
        tkinter.messagebox.showerror(title="Fehler",
            message="Bitte ein Passwort eingeben!")
        return
    if usernameEntry.get() == '':
        tkinter.messagebox.showerror(title="Fehler",
            message="Bitte einen Benutzer eingeben!")
        return
    toSelectu = lvs.db.benutzer.select({'Benutzer':usernameEntry.get()})
    luser = StringVar()
    lpass = StringVar()
    luser = ""
    lpass = ""
    for row in toSelectu:
        luser = row['Benutzer']
        lpass = int(row['Hash'])
    if luser != usernameEntry.get():
        tkinter.messagebox.showerror(title="Fehler",
            message="Benutzer unbekannt. Bitte Administrator kontaktieren!")
        return
    if lpass != int(hashlib.sha256(passwordEntry.get().
        encode('utf-8')).hexdigest(), 16) % 10**8:
        tkinter.messagebox.showerror(title="Fehler",
            message="Falsches Passwort. Bitte Administrator kontaktieren!")
        return
    tkinter.messagebox.showinfo(title="Info",
        message="Benutzer bekannt und Login erfolgreich!")
    global user
    user = luser
    global login
    login = "x"
    anzeige = "Hallo " + user + ". Wählen Sie bitte eine Menue-Funktion!"
    content.set(anzeige)
    usfr.pack_forget()
    root.mainloop
#Login-Fenster Ende................................................

#....................... Hauptprogram .............................
lvs.init()
db = lvs.Datenbank()
root = Tk()
menu = Menu(root)
root.config(menu=menu)

wemenu = Menu(menu)
menu.add_cascade(label="Wareneingang", menu=wemenu)
wemenu.add_command(label="... manuell", command=WEmanuell)
wemenu.add_command(label="... avisert", command=WEavisiert)
wemenu.add_command(label="... Stichkontrolle", command=WEstich)
wemenu.add_command(label="... I-Punkt-Simulation", command=WEipunkt)
wemenu.add_command(label="... Richtplatz", command=WEricht)
wemenu.add_command(label="... einlagern", command=WEeinlagern, accelerator="Ctrl-E")
wemenu.add_command(label="... retournieren", command=WEretournieren)

intmenu = Menu(menu)
menu.add_cascade(label="interne Bewegungen", menu=intmenu)
intmenu.add_command(label="... Umlagern", command=INTumlag)
intmenu.add_command(label="... Verschrotten", command=INTschrott)
```

```
bewegmenu = Menu(menu)
menu.add_cascade(label="Bewegungsauswertungen", menu=bewegmenu)
bewegmenu.add_command(label="...alle Bewegungen", command=BEWEGall)

druckmenu = Menu(menu)
menu.add_cascade(label="Druck", menu=druckmenu)
druckmenu.add_command(label="...Gebinde-QR-Code", command=DRUCKgb)

scanmenu = Menu(menu)
menu.add_cascade(label="Scan",menu=scanmenu)
scanmenu.add_command(label="...QR-Code scannen",command=SCANqr)

bestandmenu = Menu(menu)
menu.add_cascade(label="Bestände", menu=bestandmenu)
bestandmenu.add_command(label="...Bestand zum Material", command=BESTmat)
bestandmenu.add_command(label="...Bestand zum Platz", command=BESTpl)
bestandmenu.add_command(label="...Bestand zum Gebinde", command=BESTgb)
bestandmenu.add_command(label="...Gesamtbestand", command=BESTall)
bestandmenu.add_command(label="...Kühlgut im Lager", command=BESTkg)

stammmenu = Menu(menu)
menu.add_cascade(label="Stammdaten", menu=stammmenu)
stammmenu.add_command(label="...Material", command=STAMMmat)
stammmenu.add_command(label="...Charge", command=STAMMchar)
stammmenu.add_command(label="...Plätze", command=STAMMpl)
stammmenu.add_command(label="...Nummernkreise", command=STAMMnr)
stammmenu.add_command(label="...Fehlercodes am WE-Stich", command=STAMMfst)
stammmenu.add_command(label="...Fehlercodes am I-Punkt", command=STAMMfip)

helpmenu = Menu(menu)
menu.add_cascade(label="Hilfe", menu=helpmenu)
helpmenu.add_command(label="...Versions-Info", command=About)
helpmenu.add_command(label="...FME Lager Biebesheim", command=Film)

endemenu = Menu(menu)
menu.add_cascade(label="Ende", menu=endemenu)
endemenu.add_command(label="...Schließen und Datensicherung", command=destroy)

root.title("LVS-Simulation")
root.state('zoomed')
root.iconbitmap(r"Logo.ico")
logo = Image.open(r"Logo.gif")
logo = logo.resize((450,450), Image.ANTIALIAS)
photoImg = ImageTk.PhotoImage(logo)
w = Label(root,
          compound = CENTER,
          image=photoImg).pack(side="bottom", pady=15)
content = StringVar()
content.set("Bitte zuerst Login durchführen!")

usfr = tkinter.Frame(root, relief="sunken", bd=1, bg="lightblue")
#username label and text entry box
usernameLabel = Label(usfr, text="Benutzer-Name")
username = StringVar()
usernameEntry = Entry(usfr, textvariable=username)
usernameLabel.pack(pady=5, padx=5, side="left")
usernameEntry.pack(pady=5, padx=5, side="left")
usernameEntry.focus()

#password label and password entry box
passwordLabel = Label(usfr, text="Passwort")
password = StringVar()
passwordEntry = Entry(usfr, textvariable=password, show='*')
passwordLabel.pack(pady=10, padx=5, side="left")
passwordEntry.pack(pady=10, padx=5, side="left", fill="x")

#login button
loginButton = Button(usfr, text="Login", command=validateLogin)
loginButton.pack(pady=10, padx=5, side="left")
```

```
#Initialisieren
login=""
user=""

#Messagefensteranzeige
msg = Message(root, textvariable = content)
msg.config(bg='lightgreen', font=('times', 24, 'italic'), width=100000)
msg.pack(side="top", pady=15)
usfr.pack(side="top", pady=15)

root.state('zoomed')

def test(event):
    WEeinlagern()
    return

root.bind_all("<Control-e>", test)
root.mainloop()
```

Erfolgte Umsetzung wird durch eine Grafik visualisiert, in die auch Screenshots des SMILE-Prototypen eingebunden sind:

5.3 · Informatik

Menü und Login – Umsetzung

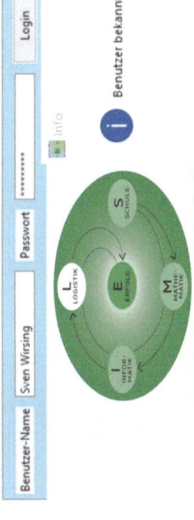

5.3.3 Wareneingang

Exemplarisch wird im vorliegenden Beispiel aus der Vielzahl der Wareneingangsfunktionen nur der **'manuelle Wareneingang'** vermittelt. Weitere Themen sind avisierter Wareneingang, Stichkontrolle, I-Punkt-Simulation, Richtplatz, Einlagerung und Lieferantenretoure. Diese Themen sind im GUI-Vertiefungsband der SMILE-Reihe erläutert.

5.3.3.1 Manueller Wareneingang

Grobes Konzept dargestellt als Schaubild:

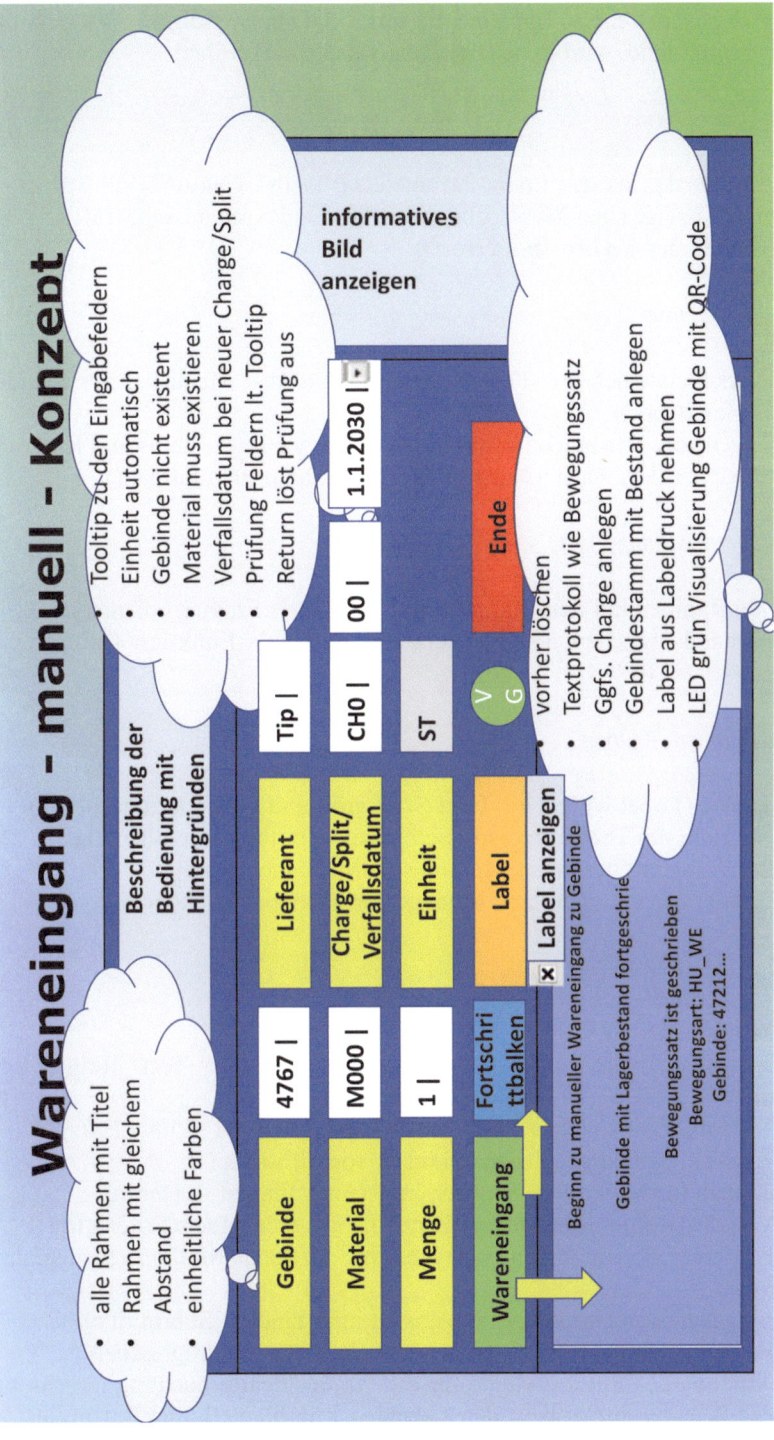

Das grobe Konzept einer Implementierung, die notwendigen Python-Funktionalitäten beinhaltend, wird in der Folge als Tabelle aufgeführt:

(i) *Prüfung des Logins*

    (1) Abfrage des lokalen Login-Parameters ('login=X' muss erfüllt sein)
    (2) ggfs. Anzeige einer Messagebox vom Typ Fehler mit aussagekräftigem Text (tkinter.messagebox.showerror())

(ii) *Fenstererzeugung*

    (1) Einrichten eines Sub-Fenster bezogen auf das Menü-Fenster (window.Toplevel(root))
    (2) Setzen von Attributen für das Sub-Fenster wie Titel, Status und Icon (fenstername.title(), fenstername.state(), fenstername.iconbitmap())

(iii) *Rahmenunterteilung*

    (1) drei Rahmen mit dem Rahmen-widget (tkinter.Frame(subfenster))
    (2) Abstand zwischen den Fenstern mit der padx-Funktion (rahmen.pack(...padx=25))

(iv) *Inhalt Rahmen – Oben*

    (1) Titel als Label-widget mit Font-Style groß und grün (tkinter.Label())
    (2) Nutzung des Text-widget mit Scrollfunktion (tkinter.scrolledtext())
    (3) Befüllung mit der insert-Methode (widgetname.insert())
    (4) Platzierung mit dem Pack-Manager (widgetname.pack())

(v) *Inhalt Rahmen – Mitte*

    (1) Titel analog wie vorher
    (2) Nutzung Label-widget für Gebindeeingabe als Text (tkinter.Label(text=...))
    (3) Nutzung Entry-widget für Gebindeeingabe als Feld (tkinter.Entry())
    (4) Tool-Tip etablieren (Zusatzmodul tk_tools.ToolTip())
    (5) ähnlich für Material, Charge, Split, Menge, Einheit, Lieferant
    (6) Verfallsdatum mit Kalender-Wertehilfe aus tkcalender (DateEntry())
    (7) Fokussierung auf Gebindeeingabe mit der focus-Methode (widgetname.focus())
    (8) Eingabefelder sind Return-sensitiv (tkinter.bind(..., Subroutine))
    (9) Fortschrittsbalken mit progressbar-widget (tkinter.Progressbar())
    (10) Nutzung des Button-widget für die Wareneingangsbuchung in grün bzw. das Beenden in rot bzw. den Labeldruck in blau (tkinter.Button(text=..., bg=green, command=selektion))

(11) Checkbox für Labelanzeige (tkinter.Checkbutton())
(12) LED-Lampe grün für Gebindevisualisierung (tk_tool.LED())
(13) Platzierung mit dem Grid-Manager (widgetname.grid())

(vi) *Inhalt Rahmen — Unten*

(1) Titel analog wie vorher
(2) Anzeige der Ergebnisse der Wareneingangsbuchung als Text-widget (tkinter.text())
(3) Befüllung mit der insert-Methode (widgetname.insert())
(4) Platzierung mit dem Pack-Manager (widgetname.pack())

(vii) *Anzeige informatives Bild rechts*

(1) Nutzung des Label-widgets mit der image-Funktion (tkinter.Label(..., image=Datei))
(2) Platzierung mit dem Pack-Manager (widgetname.pack())

(viii) *Subroutinen zur Prüfung der Eingabefelder*

(1) Prüfung auf Eingabe (Mussfeld)
(2) Material muss existieren
(3) Prüfung auf Zeichen und Ziffern
(4) Prüfung auf Länge
(5) Gebinde darf nicht existieren
(6) Split/Charge öffnen bei Chargenpflicht (mit feldname['state'] = 'normal')
(7) Verfallsdatum bei neuer Chargen-Split-Kombination öffnen

(ix) *Subroutine Labeldruck*

(1) siehe eigene Funktion zum Labeldruck; diese anwenden/kopieren

(x) *Subroutinen zur Anzeige des Gebindes als Bild*

(1) nur, wenn Wareneingang gebucht und Label gedruckt ist
(2) Nutzung der Canvas-Umgebung (canvas.create_line, canvas.create_rectangle, canvas.create_text, canvas.create_image verwenden und Koordinaten für Platzierung überlegen)
(3) Grid-Manager

(xi) *Ablauf Drucktaste zur Buchung des Wareneingangs*

(1) Progressbalken auf Null setzen (balkenname['value']=0)
(2) vorherige Anzeige löschen (textname.delete(1.0, ënd"))
(3) obige Prüfungen aus den Bind-Methoden nochmals verwenden
(4) neue Chargen anlegen und Bewegungssatz schreiben (lvs-Methoden)

(5) Gebinde anlegen im Status 'L' und Bewegungssatz schreiben (lvs-Methoden)
(6) Anzeige mit insert füllen (aus Bewegungssätzen ein sinnvolles Protokoll ermitteln und Text-Widget mit insert füllen)
(7) Progressbalken setzen, und zwar auf 100 (siehe oben)

(xii) *Ablauf Drucktaste zum Beenden der Wareneingangsbearbeitung*

(1) aktuelles Fenster zerstören (windowname.destroy())
(2) Menü-Fenster wieder vergrößern (root.state())

Die Python-Implementierung folgt:

Python-Quellcode 5.3 manueller Wareneingang GUI

```
#... Manueller Wareneingang... Anfang......................................
def WEmanuell():
    if login != "x":
        tkinter.messagebox.showerror(title="Fehler",
          message="Bitte erst Login durchführen!")
        return

#.... Neues Fenster mit Einstellungen
    global windowmanuwe
    windowmanuwe = tkinter.Toplevel(root)
    windowmanuwe.title("manueller Wareneingang zum Gebinde")
    windowmanuwe.state('zoomed')
    root.state('iconic')
    windowmanuwe.iconbitmap(r"LF.ico ")

#.... Noch falsches Bild
    logo = Image.open(r"avisiert.gif ")
    logo = logo.resize((500,500), Image.ANTIALIAS)
    photoImg = ImageTk.PhotoImage(logo)
    x=tkinter.Label(windowmanuwe, compound = CENTER,
      image=photoImg).pack(side="right")

#.... Informationen
    fr4 = tkinter.Frame(windowmanuwe, width=200, height=4, relief="sunken", bd=1)
    fontStyle = tkFont.Font(family="Lucida Grande", size=20)
    titel4 = tkinter.Label(fr4, font=fontStyle, fg="black", bg="lightgreen",
      text = "Informationen zur manuellen Gebinde-Wareneingangsbuchung")
    info4 = tkinter.scrolledtext.ScrolledText(fr4, width=100, height=5)
    info4.insert("end", "Mit dieser Funktion wird nach Eingabe diverser Daten
          (Gebinde, Lieferant, Material, Charge, Split, Menge) mit der Taste")
    info4.insert("end", " 'Wareneingang anlegen' das Gebinde in den Lagerbestand
          gebucht (in Tabelle 'gebinde' geschrieben im Status im Lager)")
    info4.insert("end", " und ein Bewegungssatz geschrieben. Falls notwendig,
          wird auch eine neue Charge erfasst und gespeichert inkl.
          eines Bewegungssatzes.")
    info4.insert("end", " Tooltips zu den Eingabefeldern helfen dem User, die
          richtigen Werte einzugeben. Für das Verfallsdatum ist eine Wertehilfe in Form
          eines Kalenders hinterlegt. Mit der Funktion 'Anwendung verlassen'")
    info4.insert("end", " kehrt der Benutzer zum Ausgangsmenü zurück. Die
          Funktionalität folgt dem 'EVA-Prinzip',")
    info4.insert("end", " also dem Konzept 'Eingabe-Verarbeitung-Anzeige'. Bei der
          Verarbeitung werden die")
    info4.insert("end", " die obigen Felder eingehend geprüft (Existenz, Länge,
          Mussfeld, Alphabet etc.) und ggfs. eine Fehlermeldung ausgegeben.")
    info4.insert("end", " Dieselben Prüfungen laufen auch beim Benutzen der
          Return-Taste in den jeweiligen Feldern ab. Der Progress-Balken deutet den
          Verarbeitungsfortschritt an.")
    info4.insert("end", " Ein Label kann nach erfolgreicher Wareneingangsbuchung
          mit der Taste 'Labeldruck' angelegt und gespeichert werden. Ist die zugehörige
          Checkbox aktiviert, so wird das gepeicherte Label")
```

5.3 · Informatik

```
        info4.insert("end", " auch angezeigt. Ein Verarbeitungsprotokoll wird in einer
        Textbox angezeigt. Labels helfen, Texte --- und somit Informationen für den
        Benutzer --- vor Feldern einzugeben.")
        info4.insert("end", " Der Bildschirm ist in drei sog. Frames --- Rahmen ---
        unterteilt, die mit Hilfe des sog. Paddings abgegrenzt sind.")
        info4.insert("end", " Rechts wird ein informatives Bild angezeigt. Der
        grüne LED-Knopf dient dazu, die gebuchte Palette inkl. gedrucktem Label
        zu visualisieren.")
        titel4.pack(fill="x")
        info4.pack(fill="x")
        fr4.pack(fill="x", pady=30)

#.... Frame 1 zur Verbuchungseingabe
        fr1 = tkinter.Frame(windowmanuwe, width=400, height=10, relief="sunken", bd=1)
        fontStyle = tkFont.Font(family="Lucida Grande", size=20)
        titel = tkinter.Label(fr1, font=fontStyle, fg="black", bg="lightgreen",
          text = "Dateneingabe (E) und Datenverarbeitung (V)")
        titel.pack(fill="x")
        fr1.pack(fill="x", pady=0)
        fr1a = tkinter.Frame(windowmanuwe, width=400, height=10, relief="sunken", bd=1)
        fontStyle = tkFont.Font(family="Lucida Grande", size=20)
        gebmanuwelbl = tkinter.Label(fr1a, text = "Gebinde eingeben:")
        global gebmanuwe
        gebmanuwe = tkinter.Entry(fr1a)
        gebmanuwe.focus()
        tk_tools.ToolTip(gebmanuwe, 'Zahlen von 0 bis 9 verwenden')
        gebmanuwe.bind("<Return>", gebmanuwereturn)
        lfmanuwelbl = tkinter.Label(fr1a, text = "Lieferant eingeben:")
        global lfmanuwe
        lfmanuwe = tkinter.Entry(fr1a)
        tk_tools.ToolTip(lfmanuwe, 'Zahlen von 0 bis 9 sowie Klein-
        oder Großbuchstaben verwenden')
        lfmanuwe.bind("<Return>", lfmanuwereturn)
        matmanuwelbl = tkinter.Label(fr1a, text = "Material eingeben:")
        global matmanuwe
        matmanuwe = tkinter.Entry(fr1a)
        tk_tools.ToolTip(matmanuwe, 'Zahlen von 0 bis 9 sowie Klein-
        oder Großbuchstaben verwenden')
        matmanuwe.bind("<Return>", matmanuwereturn)
        chamanuwelbl = tkinter.Label(fr1a, text = "Charge eingeben:")
        global chamanuwe
        chamanuwe = tkinter.Entry(fr1a, state = 'disabled')
        if chamanuwe['state']=='normal':
            tk_tools.ToolTip(chamanuwe, 'Zahlen von 0 bis 9 sowie Klein-
            oder Großbuchstaben verwenden')
        chamanuwe.bind("<Return>", chamanuwereturn)
        splmanuwelbl = tkinter.Label(fr1a, text = "Split eingeben:")
        global splmanuwe
        splmanuwe = tkinter.Entry(fr1a, state = 'disabled')
        if splmanuwe['state']=='normal':
            tk_tools.ToolTip(splmanuwe, 'Zahlen genau 2 Zahlen von
            0 bis 9 verwenden')
        splmanuwe.bind("<Return>", splmanuwereturn)
        menmanuwelbl = tkinter.Label(fr1a, text = "Menge eingeben:")
        global menmanuwe
        menmanuwe = tkinter.Entry(fr1a)
        tk_tools.ToolTip(menmanuwe, 'Zahlen von 0 bis 9 verwenden')
        menmanuwe.bind("<Return>", menmanuwereturn)
        global einmanuwe
        einmanuwe = StringVar()
        einmanuwe="                                      "
        global einmanuwelbl
        einmanuwelbl = tkinter.Label(fr1a, relief="sunken", text = einmanuwe)
        global einmanuwelbl2
        einmanuwelbl2 = tkinter.Label(fr1a, text = "Einheit:")
#.... Verfalssdatum
#.... pip install tkcalendar nutzen vorher
        verfalltxtmanuewe = tkinter.Label(fr1a, text = "Verfallsdatum:")
        global verfallmanuwe
        verfallmanuwe = DateEntry(fr1a, state='disabled')
        verfallmanuwe.bind("<Return>", verfallmanuwereturn)
```

```python
        logolfr = Image.open(r"LF.png")
        photoImglfr = ImageTk.PhotoImage(logolfr)
        x=tkinter.Label(fr1a, image=photoImglfr)
        bmat1 = tkinter.Button(fr1a, text = "Wareneingang_anlegen", fg="black",
          bg="lightgreen", command = SELmanuwedo)
        bmat2 = tkinter.Button(fr1a, text = "Anwendung_verlassen", fg="black",
          bg="red", command = SELmanuweende)
        bmat3 = tkinter.Button(fr1a, text = "Labeldruck", fg="black", bg="lightblue",
          command = SELmanuwelbl)
        global progmanuwe
        progmanuwe = tkinter.ttk.Progressbar(fr1a, orient=HORIZONTAL, length=125,
          mode='determinate')
        global varmanuwel
        varmanuwel = IntVar()
        global checkmanuwel
        checkmanuwel = Checkbutton(fr1a, text="Label_anzeigen", variable=varmanuwel)
        global manuwe
        manuwe = StringVar()
        manuwe=""
        global manulbl
        manulbl = ""
        global chargneu
        chargneu = StringVar()
        chargneu=""
#.... LED-Anzeige aus den TK-Tools
        led = tk_tools.Led(fr1a, size=50, on_click_callback = param)
        led.to_green(on=True)
        gebmanuwelbl.grid(row=0, column=0, sticky=W)
        gebmanuwe.grid(row=0, column=1, sticky=W)
        lfmanuwelbl.grid(row=0, column=2, padx=3, sticky=W)
        lfmanuwe.grid(row=0, column=3, padx=3, sticky=W)
        matmanuwelbl.grid(row=1, column=0, sticky=W)
        matmanuwe.grid(row=1, column=1, sticky=W)
        chamanuwelbl.grid(row=1, column=2, padx=3, sticky=W)
        chamanuwe.grid(row=1, column=3, padx=3, sticky=W)
        splmanuwelbl.grid(row=1, column=4, padx=3, sticky=W)
        splmanuwe.grid(row=1, column=5, padx=3, sticky=W)
        menmanuwelbl.grid(row=2, column=0, sticky=W)
        menmanuwe.grid(row=2, column=1, sticky=W)
        einmanuwelbl2.grid(row=2, column=2, padx=3, sticky=W)
        einmanuwelbl.grid(row=2, column=3, padx=3, sticky=W)
        verfalltxtmanuewe.grid(row=2, column=4, padx=3, sticky=W)
        verfallmanuwe.grid(row=2, column=5, padx=3, sticky=W)
        bmat1.grid(row=3, column=0, sticky=W)
        progmanuwe.grid(row=3, column=1, sticky=W)
        bmat3.grid(row=3, column=2, sticky=W)
        checkmanuwel.grid(row=3, column=3, sticky=W)
        bmat2.grid(row=3, column=5, sticky=E)
        led.grid(row=3, column=4, sticky=W)
        fr1a.pack(fill="x", pady=0)

#.... Frame 3 zur Anzeige der Ergebnisse
        fr3 = tkinter.Frame(windowmanuwe, width=400, height=200,
          relief="sunken", bd=1)
        fontStyle = tkFont.Font(family="Lucida_Grande", size=20)
        titel3 = tkinter.Label(fr3, font=fontStyle, fg="black", bg="lightgreen",
          text = "Datenanzeige_(A)")
        global info3manuwe
        info3manuwe = tkinter.Text(fr3, width=100, height=25, background="lightblue")
        titel3.pack(fill="x")
        fr3.pack(fill="x", pady=30)
        info3manuwe.pack(fill="x")
#.... Bild auffrischen
        root.mainloop()

#... Funktionsausführungen bei der Avisierung
#.... Ende der Analyse
def SELmanuweende():
    windowmanuwe.destroy()
    root.state('zoomed')
```

```python
#.... Start der Wareneingangsbuchung
def SELmanuwedo():
    global chargneu
    progmanuwe['value']=0
    info3manuwe.delete(1.0, "end")
#..... Prüfungen erneut durchführen
    if gebmanuwereturn("<Return>") == 'FEHLER':
        return
    if lfmanuwereturn("<Return>") == 'FEHLER':
        return
    if matmanuwereturn("<Return>") == 'FEHLER':
        return
    if len(matmanuwe.get()) != 0:
        toSelectmat = lvs.db.matstamm.select({'Material':matmanuwe.get()})
        if len(toSelectmat) !=0:
            for row in toSelectmat:
                if row['Chargenpflicht'] == 'JA':
                    if chamanuwereturn("<Return>") == 'FEHLER':
                        return
                    if splmanuwereturn("<Return>") == 'FEHLER':
                        return
    if menmanuwereturn("<Return>") == 'FEHLER':
        return
    if chargneu == "X" and verfallmanuwereturn("<Return>") == 'FEHLER':
        return
#..... neue Charge prüfen
    if chargneu == "X":
        text, erp = lvs.pruefchargeneu(matmanuwe.get(),chamanuwe.get(),
            splmanuwe.get(),'X')
        if text != 'OKAY':
            tkinter.messagebox.showerror(title="Fehler", message=text)
            return
#..... Charge insert wenn notwendig
    if chargneu == "X":
        c=lvs.db.chargstamm.get_empty()
        c['Material']=matmanuwe.get()
        c['Charge']=chamanuwe.get()
        c['Split']=splmanuwe.get()
        c['Verfall']=verfallmanuwe.get()
        c['ERP_Charge']=erp
        lvs.db.chargstamm.insert(c)
        lvs.bewegungen_schreiben('CH_01','',lfmanuwe.get(),user,'',
            0,'','',matmanuwe.get(),chamanuwe.get(),
            splmanuwe.get(),'','', 'neue_Charge','X',gebmanuwe.get())
#..... Gebinde insert
    h = lvs.db.gebinde.get_empty()
    h['Nummer']=gebmanuwe.get()
    h['Lieferant']=lfmanuwe.get()
    h['Fehlerflag']=''
    h['Fehlercode']=0
    h['Platz']='WE_LIEF'
    h['Status']='L'
    h['Material']=matmanuwe.get()
    h['Menge']=menmanuwe.get()
    h['Einheit']=str(einmanuwelbl['text'])
    h['Charge']=chamanuwe.get()
    h['Split']=splmanuwe.get()
    lvs.db.gebinde.insert(h)
    lvs.bewegungen_schreiben('HU_WE',gebmanuwe.get(),lfmanuwe.get(),user,
        '',0,'', 'WE_LIEF',matmanuwe.get(),chamanuwe.get(),splmanuwe.get(),
        menmanuwe.get(),str(einmanuwelbl['text']), 'manueller_Wareneingang',
        'X', gebmanuwe.get())
#..... Flag für Druck schreiben
    global manuwe
    manuwe = "X"
    global manulbl
    manulbl = ""
#..... Protokoll schreiben
    info3manuwe.insert("end", "Beginn_zu_manueller_Wareneingang_zu_Gebinde_\n")
    info3manuwe.insert("end", "\n")
    info3manuwe.insert("end", "Gebinde_mit_Lagerbestand_fortgeschrieben_\n")
```

```python
        info3manuwe.insert("end", "\n")
        progmanuwe['value']=100
        info3manuwe.insert("end", "Bewegungssatz ist geschrieben.\n")
        info3manuwe.insert("end", "Bewegungsart: " + "HU_WE" + "\n")
        info3manuwe.insert("end", "Gebinde: " + str(gebmanuwe.get()) + "\n")
        info3manuwe.insert("end", "Lieferant: " + str(lfmanuwe.get()) + "\n")
        info3manuwe.insert("end", "Benutzer: " + user + "\n")
        info3manuwe.insert("end", "Fehlerflag: " + " " + "\n")
        info3manuwe.insert("end", "Fehlercode: " + '0' + "\n")
        info3manuwe.insert("end", "Platz: " + "WE_STICH" + "\n")
        info3manuwe.insert("end", "Material: " + str(matmanuwe.get()) + "\n")
        info3manuwe.insert("end", "Charge: " + str(chamanuwe.get()) + "\n")
        info3manuwe.insert("end", "Split: " + str(splmanuwe.get()) + "\n")
        if chargneu == "X":
            info3manuwe.insert("end", "Charge wurde angelegt.\n")
            info3manuwe.insert("end", "Verfallsdatum: " +
              str(verfallmanuwe.get_date()) + " \n")
        info3manuwe.insert("end", "Menge: " + str(menmanuwe.get()) + "\n")
        info3manuwe.insert("end", "Einheit: " + str(einmanuwelbl['text']) + "\n")
        info3manuwe.insert("end", "Grund: " +
          "manueller Wareneingang zum Gebinde" + "\n")
        info3manuwe.insert("end", "Referenz: " + str(gebmanuwe.get()) + "\n")
        info3manuwe.insert("end", "Datum/Uhrzeit: " +
          str(time.strftime("%d.%m.%Y/%H:%M:%S")) + "\n")
        progmanuwe['value']=150
        info3manuwe.insert("end", "\n")
        info3manuwe.insert("end", "Ende manueller Wareneingang zu Gebinde")
        progmanuwe['value']=200
        chargneu = ""
        return

#... Labeldruck
def SELmanuwelbl():
    if manuwe == "":
        tkinter.messagebox.showinfo(title="Info",
          message="Label kann noch nicht erzeugt werden.
          Bitte erst Wareneingang buchen!")
    if manuwe == "X":
        global qr
        toSelectmat = lvs.db.matstamm.select({'Material':matmanuwe.get()})
        for row in toSelectmat:
            if row['Chargenpflicht'] == 'JA':
                qr = 'SMILE' + '/' + str(gebmanuwe.get()) + '/'
                  + str(matmanuwe.get()) + '/' + str(chamanuwe.get())
                  + '/' + str(splmanuwe.get())
            else:
                qr = 'SMILE' + '/' + str(gebmanuwe.get()) + '/'
                  + str(matmanuwe.get()) + '/' + "" + '/' + ""
        img = qrcode.make(qr)
        global text
        text = str(gebmanuwe.get()) + '.png'
        img.save(text)
        tkinter.messagebox.showinfo(title="Info", message="Label erzeugt
          und in " + text + " gespeichert!")
        global manulbl
        manulbl ="X"
        if varmanuwel.get() == 1:
          img.show(text)
    return

#... LED
def param(on):
    if on == True and manulbl == "" and len(gebmanuwe.get()) != 0:
        tkinter.messagebox.showinfo(title="Info",
          message="Wareneingangsbuchung und Labeldruck noch nicht ausgeführt!")
        return
    if on == True and manulbl == "X":
        windowgebdar = tkinter.Toplevel(root)
        canvas = tkinter.Canvas(windowgebdar, width=400, height=400,
          borderwidth=0, highlightthickness=0, bg="lightblue")
        rec1 = canvas.create_rectangle(100, 175, 300, 325, fill='lightgreen')
```

```python
            rec2 = canvas.create_rectangle(57, 325, 343, 350, fill='brown')
            rec3 = canvas.create_rectangle(57, 350, 107, 365, fill='black')
            rec4 = canvas.create_rectangle(173, 350, 223, 365, fill='black')
            rec5 = canvas.create_rectangle(293, 350, 343, 365, fill='black')
            mylabel = canvas.create_text((200, 190), text=str(menmanuwe.get())
                + " " + str(einmanuwelbl['text']))
            mylabel1 = canvas.create_text((200, 335), text=qr, fill="white")
            mylabel2 = canvas.create_text((375, 385), text="WE_LIEF")
            mylabel3 = canvas.create_text((200, 85), text="Gebindedarstellung",
                font=('Times', -20, 'bold'))
            logo = Image.open(text)
            logo = logo.resize((100,100), Image.ANTIALIAS)
            photoImg = ImageTk.PhotoImage(logo)
            canvas.create_image(200,275, image=photoImg)
            canvas.create_line(0, 365, 400, 365, fill="red")
            canvas.grid()
            windowgebdar.wm_title("Palette")
            windowgebdar.iconbitmap(r"LF.ico")
            windowgebdar.mainloop()
        return
#... Return-Funktionen aller Eingabe-Felder
    def verfallmanuwereturn(event):
        return

    def gebmanuwereturn(event):
        geb=gebmanuwe.get()
        if len(geb) == 0:
            tkinter.messagebox.showerror(title="Fehler",
                message="Bitte Gebinde eingeben!")
            return 'FEHLER'
        gebalpha = set('0123456789')
        for s in geb:
            element = s in gebalpha
            if element == False:
                tkinter.messagebox.showerror(title="Fehler",
                    message="Bitte nur die Zahlen 0 bis 9 benutzen!")
                return 'FEHLER'
        toSelectgeb = lvs.db.gebinde.select({'Nummer':geb})
        if len(toSelectgeb) != 0:
            tkinter.messagebox.showerror(title="Fehler",
                message="Gebinde existiert bereits!")
            return 'FEHLER'
        lfmanuwe.focus()
        return

    def lfmanuwereturn(event):
        lf=lfmanuwe.get()
        if len(lf) == 0:
            tkinter.messagebox.showerror(title="Fehler",
                message="Bitte Lieferant eingeben!")
            return 'FEHLER'
        lfalpha =
            set('ABCDEFGHIJKLMNOPQRSTUVWXYZabcdefghijklmnopqrstuvwxyz0123456789')
        for s in lf:
            element = s in lfalpha
            if element == False:
                tkinter.messagebox.showerror(title="Fehler",
                    message="Bitte nur die Zahlen 0 bis 9 sowie Klein-
                        oder Großbuchstaben benutzen!")
                return 'FEHLER'
        matmanuwe.focus()
        return

    def matmanuwereturn(event):
        mat=matmanuwe.get()
        if len(mat) == 0:
            tkinter.messagebox.showerror(title="Fehler",
                message="Bitte Material eingeben!")
            return 'FEHLER'
        matalpha =
            set('ABCDEFGHIJKLMNOPQRSTUVWXYZabcdefghijklmnopqrstuvwxyz0123456789')
```

```python
        for s in mat:
            element = s in matalpha
            if element == False:
                tkinter.messagebox.showerror(title="Fehler", message="Bitte nur
                    die Zahlen 0 bis 9 sowie Klein- oder Großbuchstaben benutzen!")
                return 'FEHLER'
        toSelectmat = lvs.db.matstamm.select({'Material':mat})
        if len(toSelectmat) == 0:
            tkinter.messagebox.showerror(title="Fehler", message="Material
                existiert noch nicht. Bitte Stammdaten pflegen!")
            return 'FEHLER'
        for row in toSelectmat:
            einmanuwelbl['text'] = str(row['BME'])
            if row['Chargenpflicht'] == 'JA':
                chamanuwe['state'] = 'normal'
                splmanuwe['state'] = 'normal'
                chamanuwe.focus()
            else:
                chamanuwe['state'] = 'disabled'
                splmanuwe['state'] = 'disabled'
                verfallmanuwe['state'] = 'disabled'
                menmanuwe.focus()
        return

def chamanuwereturn(event):
    global chargneu
    cha=chamanuwe.get()
    if len(cha) == 0:
        tkinter.messagebox.showerror(title="Fehler",
            message="Bitte Charge eingeben!")
        return 'FEHLER'
    chaalpha =
        set('ABCDEFGHIJKLMNOPQRSTUVWXYZabcdefghijklmnopqrstuvwxyz0123456789')
    for s in cha:
        element = s in chaalpha
        if element == False:
            tkinter.messagebox.showerror(title="Fehler", message="Bitte nur
                die Zahlen 0 bis 9 sowie Klein- oder Großbuchstaben benutzen!")
            return 'FEHLER'
    if len(matmanuwe.get()) != 0:
        toSelectcha = lvs.db.chargstamm.select({'Material':matmanuwe.get(),
            'Charge':cha})
        if len(toSelectcha) == 0 and chargneu == "":
            tkinter.messagebox.showinfo(title="Info",
                message="Material-Charge existiert noch nicht.
                    Bitte Verfallsdatum und Split pflegen für Chargenanlage
                    bei Wareneingangsbuchung!")
            chargneu="X"
            verfallmanuwe['state'] = 'normal'
        if len(toSelectcha) == 0 and chargneu == "X":
            verfallmanuwe['state'] = 'normal'
        if len(toSelectcha) != 0:
            chargneu=""
            verfallmanuwe['state'] = 'disabled'
#....... Hinweis, daß sie existiert? unnötig finde ich es
    splmanuwe.focus()
    return

def splmanuwereturn(event):
    global chargneu
    spl=splmanuwe.get()
    if len(spl) == 0:
        tkinter.messagebox.showerror(title="Fehler",
            message="Bitte Split eingeben!")
        return 'FEHLER'
    if len(spl) != 2:
        tkinter.messagebox.showerror(title="Fehler",
            message="Bitte genau 2 Zeichen eingeben!")
        return 'FEHLER'
    splalpha = set('0123456789')
    for s in spl:
```

```
            element = s in splalpha
            if element == False:
                tkinter.messagebox.showerror(title="Fehler",
                    message="Bitte nur die Zahlen 0 bis 9 benutzen!")
                return 'FEHLER'
        if len(matmanuwe.get()) != 0 and len(chamanuwe.get()) != 0:
            toSelectspl = lvs.db.chargstamm.select({'Material':matmanuwe.get(),
                'Charge':chamanuwe.get(), 'Split':splmanuwe.get()})
            if len(toSelectspl) == 0 and chargneu =="":
                tkinter.messagebox.showinfo(title="Info",
                    message="Material-Charge-Split existiert noch nicht.
                    Bitte Verfallsdatum pflegen!")
                chargneu="X"
                verfallmanuwe['state'] = 'normal'
                verfallmanuwe.focus()
                return
            if len(toSelectspl) == 0 and chargneu =="X":
                verfallmanuwe['state'] = 'normal'
            if len(toSelectspl) != 0:
                verfallmanuwe['state'] = 'disabled'
        menmanuwe.focus()
        return

def menmanuwereturn(event):
    men=menmanuwe.get()
    if len(men) == 0:
        tkinter.messagebox.showerror(title="Fehler",
            message="Bitte eine Menge eingeben!")
        return 'FEHLER'
    menalpha = set('0123456789')
    for s in men:
        element = s in menalpha
        if element == False:
            tkinter.messagebox.showerror(title="Fehler",
                message="Bitte nur die Zahlen 0 bis 9 benutzen!")
            return 'FEHLER'
    return
#... Manueller Wareneingang... Ende................................................
```

Folgende Darstellung zeigt sich dem User nach der Programmierung auf der GUI-Oberfläche:

Kapitel 5 · Python-GUI-Dialoge mit TKINTER

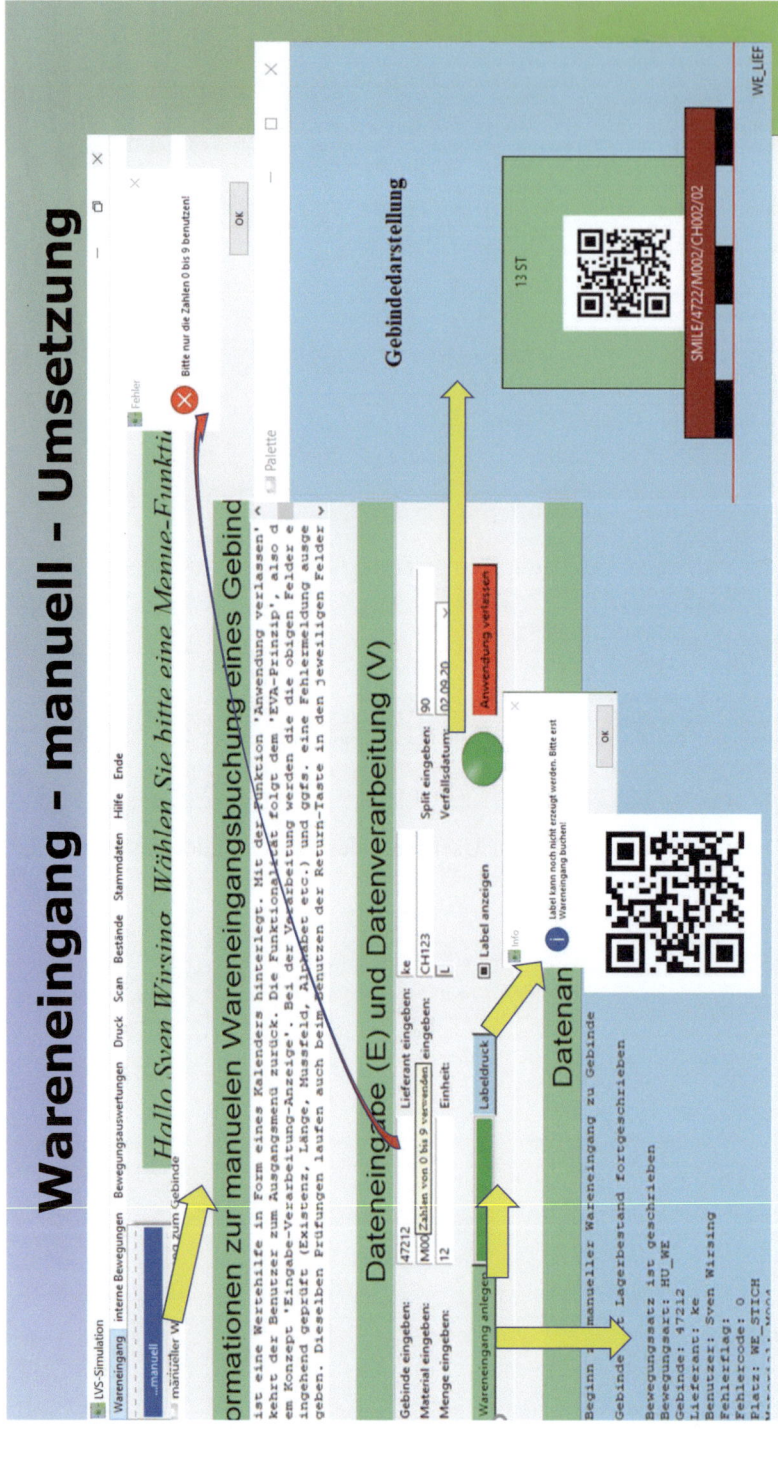

5.3.4 Lagerinterne Warenbewegungen

Bei den lagerinternen Warenbewegungen wären das Verschrotten und das Umlagern von Beständen zu betrachten. Letzteres soll im GUI-Vertiefungsband zu SMILE detailiert geschildert werden. Das Design des **'Verschrottungsdialogs'**, sein Grobkonzept inkl. Coding sowie der umgesetzte Dialog werden folgend dargestellt.

5.3.4.1 Verschrotten

Konzeptionell wird bei der Verschrottungsbuchung folgendermaßen vorgegangen:

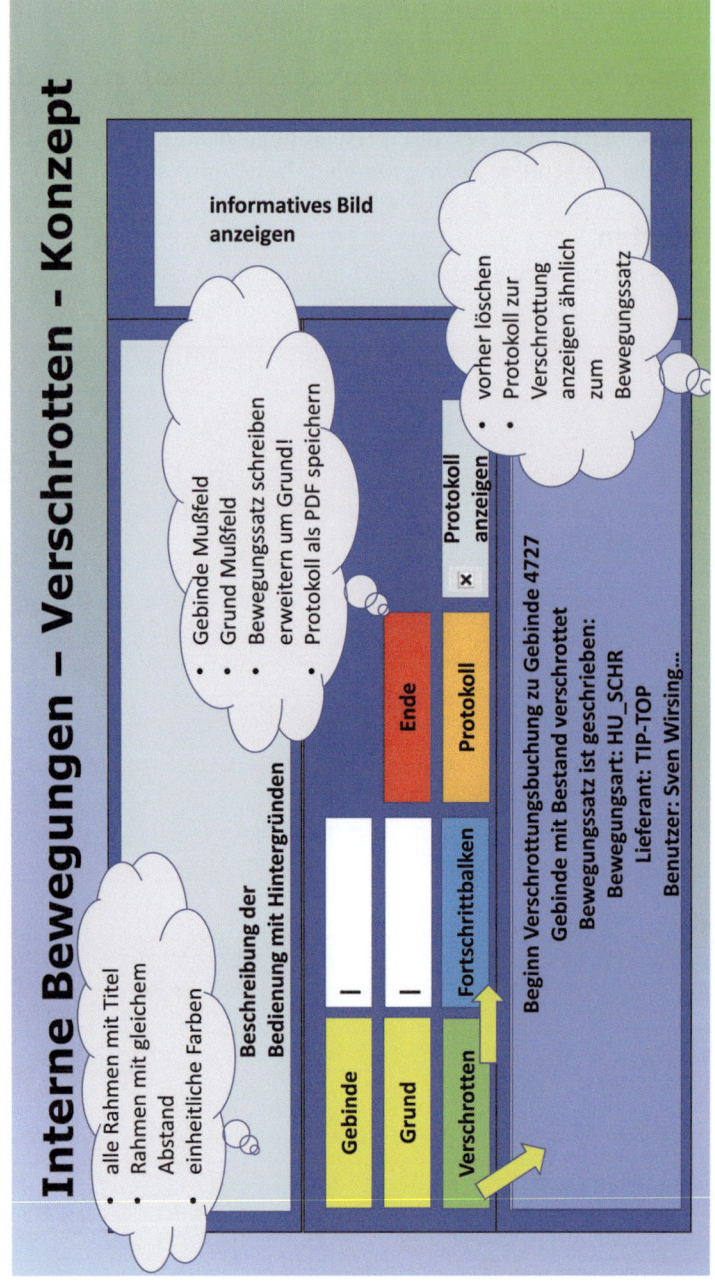

Folgende Hintergründe bzw. konzeptionelle Vorgaben sind für die Codierung zu beachten:

(i) *Prüfung des Logins*

    (1) Abfrage des lokalen Login-Parameters ('login=X' muss erfüllt sein)
    (2) ggfs. Anzeige einer Messagebox vom Typ Fehler mit aussagekräftigem Text (tkinter.messagebox.showerror())

(ii) *Fenstererzeugung*

    (1) Einrichten eines Sub-Fenster bezogen auf das Menü-Fenster (window.Toplevel(root))
    (2) Setzen von Attributen für das Sub-Fenster wie Titel, Status und Icon (fenstername.title(), fenstername.state(), fenstername.iconbitmap())

(iii) *Rahmenunterteilung*

    (1) drei Rahmen mit dem Rahmen-widget (tkinter.Frame(subfenster))
    (2) Abstand zwischen den Fenstern mit der padx-Funktion (rahmen.pack(...padx=25))

(iv) *Inhalt Rahmen – Oben*

    (1) Titel als Label-widget mit Font-Style groß und grün (tkinter.Label())
    (2) Nutzung des Text-widget mit Scrollfunktion (tkinter.scrolledtext())
    (3) Befüllung mit der insert-Methode (widgetname.insert())
    (4) Platzierung mit dem Pack-Manager (widgetname.pack())

(v) *Inhalt Rahmen – Mitte*

    (1) Titel analog wie vorher
    (2) Nutzung Label-widget für Gebindeeingabe und Grundeingabe als Text (tkinter.Label(text=...))
    (3) Nutzung Entry-widget für Gebindeeingabe und Grundeingabe als Feld (tkinter.Entry())
    (4) Fokussierung auf Gebindeeingabe mit der focus-Methode (widgetname.focus())
    (5) Fortschrittsbalken mit progressbar-widget (tkinter.Progressbar())
    (6) Checkbox für Protokollanzeige (tkinter.checkbox())
    (7) Nutzung des Button-widget für die Verschrottung in grün, für die Protokollfunktion in blau bzw. das Beenden in rot (tkinter.Button(text=..., bg=green, command=selektion))
    (8) Platzierung mit dem Grid-Manager (widgetname.grid())

(vi) *Inhalt Rahmen – Unten*

(1) Titel analog wie vorher
(2) Anzeige der Protokollierung zur Verschrottung mit einem Text-widget (tkinter.text())
(3) Befüllung mit der insert-Methode (widgetname.insert())
(4) Platzierung mit dem Pack-Manager (widgetname.pack())

(vii) *Anzeige informatives Bild rechts*

(1) Nutzung des Label-widgets mit der image-Funktion (tkinter.Label(..., image=Datei))
(2) Platzierung mit dem Pack-Manager (widgetname.pack())

(viii) *Ablauf Drucktaste zum Verschrotten*

(1) Progressbalken auf Null setzen (balkenname['value']=0)
(2) Gebindeeingabe und Grund sind Mussfelder, sonst Fehleranzeige mit messagebox (siehe oben)
(3) Selektion des Gebindestammes mit lvs-Methoden und get-Methode (toSelect2 = lvs.db.matstamm.select('Material':str(materialfeld.get())))
(4) Fehleranzeige, wenn kein Gebinde selektiert worden ist, dabei die Länge prüfen (siehe oben)
(5) Gebindeplatz muss SCHROTT sein, der Status muss L sein (analog lvs.db nutzen und auswerten)
(6) Gebindestammsatz löschen (lvs.db nutzen)
(7) Bewegungssatz schreiben für 'HU_SCHR' mit Grund (lvs nutzen)
(8) vorherige Anzeige im unteren Bereich löschen (textname.delete())
(9) Protokoll-Textvariable mit Einträgen füllen, so daß sie automatisch im Ausgabefenster angezeigt wird (insert)
(10) Progressbalken auf 100 setzen (siehe oben)

(ix) *Ablauf Drucktaste zum Verschrottungsprotokoll*

(1) nur ausführbar, wenn Verschrottung gebucht worden ist (an-aus-Variable nutzen)
(2) FPDF-Modul nutzen mit add page, cell und Füllung aus Protokoll-Variable
(3) zusätzliche Felder wie Unterschrift vorsehen
(4) Dateiname ist 'save=Gebindenummer_Verschrottung.pdf'
(5) output(save) zum Speichern nutzen
(6) falls auf dem Dialog verlangt, die gespeicherte Datei anzeigen (Checkbox auswerten, webbrowser.open(save))

(x) *Ablauf Drucktaste zum Beenden der Transaktion*

(1) aktuelles Fenster zerstören (windowname.destroy())
(2) Menü-Fenster wieder vergrößern (root.state())

Für die Verschrottungsbuchung ist ein möglicher Programmcode wie folgt darstellbar:

Python-Quellcode 5.4 Verschrottungsbuchung GUI

```python
#.... Verschrotten ... Anfang ......................................................
def INTschrott():
    if login != "x":
        tkinter.messagebox.showerror(title="Fehler",
            message="Bitte erst Login durchführen!")
        return
#.... Neues Fenster mit Einstellungen
    global windowscr
    windowscr = tkinter.Toplevel(root)
    windowscr.title("Gebinde-Komplett-Verschrottung")
    windowscr.state('zoomed')
    root.state('iconic')
    windowscr.iconbitmap(r"Logo.ico")
#.... Noch falsches Bild
    logo = Image.open(r"avisiert.gif")
    logo = logo.resize((500,500), Image.ANTIALIAS)
    photoImg = ImageTk.PhotoImage(logo)
    x=tkinter.Label(windowscr, compound = CENTER,
      image=photoImg).pack(side="right")

#.... Informationen
    fr4 = tkinter.Frame(windowscr, width=200, height=4,
        relief="sunken", bd=1)
    fontStyle = tkFont.Font(family="Lucida Grande", size=20)
    titel4 = tkinter.Label(fr4, font=fontStyle, fg="black",
        bg="lightgreen", text = "Informationen zur Gebinde-Komplett-Verschrottung")
    info4 = tkinter.scrolledtext.ScrolledText(fr4, width=100, height=5)
    info4.insert("end", "Mit dieser Funktion wird nach Eingabe einer
       Gebindenummer mit der Taste")
    info4.insert("end", " 'Verschrotten' das komplette Gebinde
       verschrottet (aus Tabelle 'gebinde' entfernt)")
    info4.insert("end", " und ein Bewegungssatz geschrieben.
       Mit der Funktion 'Ende'")
    info4.insert("end", " kehrt der Benutzer zum Ausgangsmenü zurück.
       Die Funktionalität folgt dem 'EVA-Prinzip',")
    info4.insert("end", " also dem Konzept 'Eingabe-Verarbeitung-Anzeige'.
       Bei der Verarbeitung wird das")
    info4.insert("end", " Gebinde und der Grund – beide als
       Entry-(Eingabe-)Muss-Feld – geprüft und ggfs. eine
       Fehlermeldung ausgegeben.")
    info4.insert("end", " Der Progress-Balken deutet den
       Verarbeitungsfortschritt an.")
    info4.insert("end", " Ein Verarbeitungsprotokoll wird in einer Textbox
       angezeigt. Dies kann mit dem Button 'Protokoll' als PDF-Dokument gespeichert
       und, falls die Checkbox aktiviert ist – auch angezeigt werden. Labels helfen,
       Texte – und somit Informationen für den Benutzer – vor Feldern einzugeben.")
    info4.insert("end", " Der Bildschirm ist in drei sog. Frames – Rahmen –
       unterteilt, die mit Hilfe des sog. Paddings abgegrenzt sind.")
    info4.insert("end", " Rechts wird ein informatives Bild angezeigt.")
    titel4.pack(fill="x")
    info4.pack(fill="x")
    fr4.pack(fill="x", pady=50)

#.... Frame 1 zur Datenselektionseingabe
    fr1 = tkinter.Frame(windowscr, width=400, height=10, relief="sunken", bd=1)
    fontStyle = tkFont.Font(family="Lucida Grande", size=20)
    titel = tkinter.Label(fr1, font=fontStyle, fg="black", bg="lightgreen",
        text = "Dateneingabe (E) und Datenverarbeitung (V)")
    titel.pack(fill="x")
    fr1.pack(fill="x", pady=0)
    fr1a = tkinter.Frame(windowscr, width=400, height=10, relief="sunken", bd=1)
    fontStyle = tkFont.Font(family="Lucida Grande", size=20)
    gebinlbl = tkinter.Label(fr1a, text = "Gebinde eingeben:")
    global gebin
    gebin = tkinter.Entry(fr1a)
    gebin.focus()
```

```
        grundlbl = tkinter.Label(fr1a, text = "Grund eingeben:")
        global grund
        grund = tkinter.Entry(fr1a)
        bmat1 = tkinter.Button(fr1a, text = "Verschrotten", fg="black",
          bg="lightgreen", command = SELscrdo)
        bmat2 = tkinter.Button(fr1a, text = "Ende", fg="black", bg="red",
          command = SELscrende)
        bmat3 = tkinter.Button(fr1a, text = "Protokoll", fg="black", bg="lightblue",
          command = SELscrprot)
        global progscr
        progscr = tkinter.ttk.Progressbar(fr1a, orient=HORIZONTAL,
          length=200, mode='determinate')
        global varscr
        varscr = IntVar()
        global scrpro
        scrpro = tkinter.Checkbutton(fr1a, text="Protokoll anzeigen", variable=varscr)
        gebinlbl.grid(row=0, column=0, sticky=W)
        gebin.grid(row=0, column=1, sticky=W)
        grundlbl.grid(row=1, column=0, sticky=W)
        grund.grid(row=1, column=1, sticky=W)
        bmat1.grid(row=2, column=0, sticky=W)
        progscr.grid(row=2, column=1, sticky=W)
        bmat3.grid(row=2, column=2, padx=50, sticky=E)
        scrpro.grid(row=2, column=3, padx=1, sticky=E)
        bmat2.grid(row=2, column=4, padx=50, sticky=E)
        fr1a.pack(fill="x", pady=0)

#.... Frame 3 zur Anzeige der Ergebnisse
        fr3 = tkinter.Frame(windowscr, width=400, height=200,
          relief="sunken", bd=1)
        fontStyle = tkFont.Font(family="Lucida Grande", size=20)
        titel3 = tkinter.Label(fr3, font=fontStyle, fg="black", bg="lightgreen",
          text = "Datenanzeige (A)")
        global scr
        scr=0
        global info3scr
        info3scr = tkinter.Text(fr3, width=100, height=25, background="lightblue")
        titel3.pack(fill="x")
        fr3.pack(fill="x", pady=50)
        info3scr.pack(fill="x")
#.... Bild auffrischen
        root.mainloop()

#... Funktionsausführungen bei der Verschrottungsbuchung
#.... Ende der Analyse
def SELscrende():
    windowscr.destroy()
    root.state('zoomed')
#.... Start der Analyse
def SELscrdo():
    progscr['value']=0
    info3scr.delete(1.0, "end")
    geb = str(gebin.get())
    if geb == "":
      tkinter.messagebox.showerror(title="Fehler",
        message="Bitte ein Gebinde eingeben!")
      return
    if geb != "":
      toSelectgeb = lvs.db.gebinde.select({'Nummer':geb})
      initialgeb=len(toSelectgeb)
      if initialgeb == 0:
        tkinter.messagebox.showerror(title="Fehler",
          message="Das Gebinde " + geb + " ist unbekannt!")
        return
    gru = str(grund.get())
    if gru == "":
      tkinter.messagebox.showerror(title="Fehler",
        message="Bitte einen Grund eingeben!")
      return
#.... Verschrottungslogik
    for row in toSelectgeb:
```

```
#.... Prüfen Platz und Bestandsstatus
    if row['Platz'] != 'SCHROTT':
        tkinter.messagebox.showerror(title="Fehler",
          message="Gebinde ist nicht am Schrott-Platz!")
        return
    if row['Status'] != 'L':
        tkinter.messagebox.showerror(title="Fehler",
          message="Gebinde ist nicht im Lager!")
        return
    info3scr.insert("end", "Beginn Verschrottungsbuchung zu
       Gebinde " + geb + "\n")
    info3scr.insert("end", "\n")
#.... Gebinde löschen
    lvs.db.gebinde.delete(row)
    info3scr.insert("end", "Gebinde mit Bestand verschrottet \n")
    info3scr.insert("end", "\n")
    progscr['value']=100
#.... Bewegungssatz schreiben
    lvs.bewegungen_schreiben('HU_SCHR',geb,row['Lieferant'],user,
      row['Fehlerflag'],row['Fehlercode'],'SCHROTT','',row['Material'],
      row['Charge'],row['Split'],row['Menge'],row['Einheit'],gru,'X',geb)
    info3scr.insert("end", "Bewegungssatz ist geschrieben: \n")
    info3scr.insert("end", "Bewegungsart: " + "HU_SCHR" + "\n")
    info3scr.insert("end", "Lieferant: " + row['Lieferant'] + "\n")
    info3scr.insert("end", "Benutzer: " + user + "\n")
    info3scr.insert("end", "Fehlerflag: " + row['Fehlerflag'] + "\n")
    info3scr.insert("end", "Fehlercode: " + row['Fehlercode'] + "\n")
    info3scr.insert("end", "Platz: " + "SCHROTT" + "\n")
    info3scr.insert("end", "Material: " + row['Material'] + "\n")
    info3scr.insert("end", "Charge: " + row['Charge'] + "\n")
    info3scr.insert("end", "Split: " + row['Split'] + "\n")
    info3scr.insert("end", "Menge: " + row['Menge'] + "\n")
    info3scr.insert("end", "Einheit: " + row['Einheit'] + "\n")
    info3scr.insert("end", "Grund: " + grund.get() + "\n")
    info3scr.insert("end", "Datum/Uhrzeit: " +
      time.strftime("%d.%m.%Y %H:%M:%S") + "\n")
    progscr['value']=150
    info3scr.insert("end", "\n")
    info3scr.insert("end", "Ende Verschrottungsbuchung \n")
    global scr
    scr = 1
    progscr['value']=200
    return
#.... Start Speicherung und Anzeige als PDF
def SELscrprot():
    if scr == 0:
        tkinter.messagebox.showerror(title="Fehler",
          message="Keine aktuelle Verschrottungsbuchung durchgeführt!")
        return
    pdf = lvs.FPDF()
    pdf.add_page()
    pdf.set_font("Arial", size=12)
    pdf.cell(200, 10, txt="SMILE LVS-Prototyp", ln=1, align="C")
    for line in info3scr.get('1.0', 'end-1c').splitlines():
#.... Iterate lines
        if line:
            pdf.cell(100, 10, txt=line, ln=1)
    pdf.cell(100, 10, txt="Ausführender: ...", ln=1)
    pdf.cell(100, 10, txt="Anmerkungen: ...", ln=1)
    pdf.cell(100, 10, txt="Datum, Uhrzeit, Unterschrift: ...", ln=1)
    save = str(gebin.get()) + '_Verschrottung' + '.pdf'
    pdf.output(save)
    tkinter.messagebox.showinfo(title="Info",
      message="Verschrottungsprotokoll als PDF gespeichert: " + save)
#... open an HTML file on my own (Windows) computer
    if varscr.get() == 1:
        webbrowser.open(save,new=2)
#... Verschrotten ... Ende.........................................
```

Nach Umsetzung in Python zeigt sich dem Endanwender folgender GUI-Verschrottungsdialog:

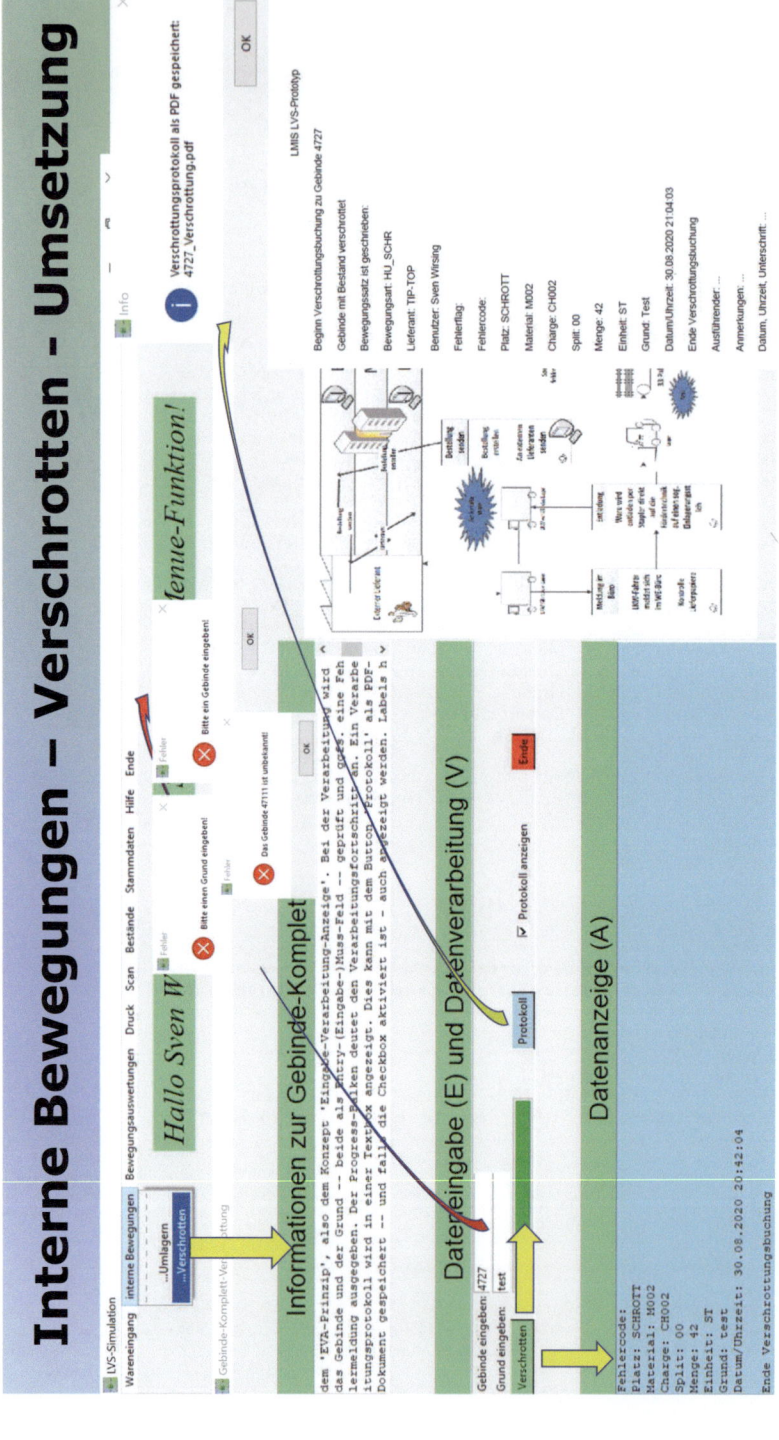

5.3.5 Bewegungsauswertung

5.3.5.1 Sämtliche Bewegungen

Zum Verständnis des **'Bewegungsbegriffs'** soll erneut ein kleiner Exkurs den Begriff näher erläutern. Hingewiesen sei zunächst auf die CSV-Datei **'bewegungsarten.csv'**. Diese CSV-Datei enthält sämtliche Vorgänge innerhalb der logistischen Abläufe, die im SMILE-Prototypen zu erfassen sind. Beispielhaft sollen an dieser Stelle noch einmal mögliche Vorgänge angeführt werden (die Liste ist allerdings unvollständig): physisches Entladen, Einlagern und Umlagern von EPAL-Paletten, logisch-technische Vorgänge wie etwa Avisierung von Waren, Chargenanlage und Bestandsbuchung beim Wareneingang. Es wird deutlich, dass der Begriff **'sämtliche Bewegungen'** nicht nur **'physische Bewegung'** von Material, sondern genauso **'datentechnische Erfassung'** und Weiterleitung beinhaltet. Im IT-System werden diese Vorgänge als programmierte Ausführungen im Hintergrund berechnet und auf der Datenbank abgespeichert. Diese Datensätze nennt man auch **'Bewegungen'**. Klar ist aber, jede Art von Bewegung liegt unzweideutig einer **'Bewegungsart'** zu Grunde. Erst diese Erkenntnis ermöglicht es, alle Vorgänge unzweideutig zu erfassen und eine Bewegungsauswertung in der IT jederzeit zu ermöglichen. Eine **'Bewegungsauswertung'** ist Teil des sog. **'Reportings'** (u. a. kämen noch diverse Bestandsauswertungen hinzu).

Der SMILE-Prototyp aller Bewegungen wird als Power-Point-Konzept in folgender Grafik dargestellt:

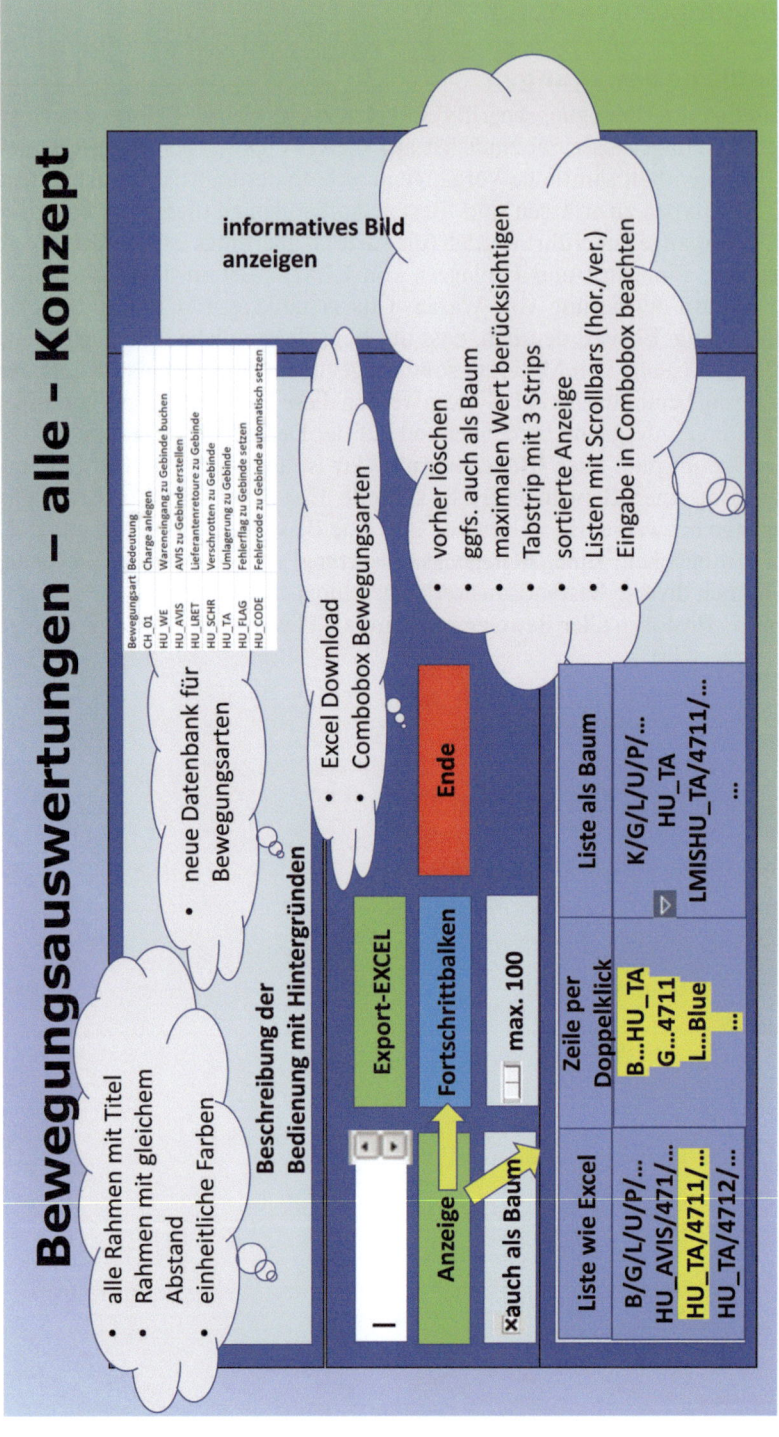

Die Hintergründe zur Codierung in Python werden tabellarisch aufgelistet:

(i) *Prüfung des Logins*
   (1) Abfrage des lokalen Login-Parameters ('login=X' muss erfüllt sein)
   (2) ggfs. Anzeige einer Messagebox vom Typ Fehler mit aussagekräftigem Text (tkinter.messagebox.showerror())

(ii) *Fenstererzeugung*
   (1) Einrichten eines Sub-Fenster bezogen auf das Menü-Fenster (window.Toplevel(root))
   (2) Setzen von Attributen für das Sub-Fenster wie Titel, Status und Icon (fenstername.title(), fenstername.state(), fenstername.iconbitmap())

(iii) *Rahmenunterteilung*
   (1) drei Rahmen mit dem Rahmen-widget (tkinter.Frame(subfenster))
   (2) Abstand zwischen den Fenstern mit der padx-Funktion (rahmen.pack(...padx=25))

(iv) *Inhalt Rahmen – Oben*
   (1) Titel als Label-widget mit Font-Style groß und grün (tkinter.Label())
   (2) Nutzung des Text-widget mit Scrollfunktion (tkinter.scrolledtext())
   (3) Befüllung mit der insert-Methode für Hinweis zur Ausführung des Fensters (widgetname.insert())
   (4) Platzierung mit dem Pack-Manager (widgetname.pack())

(v) *Inhalt Rahmen – Mitte*
   (1) Titel analog wie vorher
   (2) Nutzung Label-widget für Bewegungsarteneingabe als Text (tkinter.Label(text=...))
   (3) Nutzung Combobox-widget für Bewegungsarteneingabe als Wertehilfe (tkinter.Combobox())
   (4) Nutzung Checkbutton für Anzeige der Ergebnis in einer Baumstruktur (widgetname.Checkbutton())
   (5) Nutzung Scale-Methode zur Einblendung eines Schiebereglers für Limitierung der Anzahl der Treffer in der Ergebnisliste (tkinter.Scale())
   (6) Nutzung des Button-widget für die Selektion in grün bzw. das Beenden in rot bzw. der Download in Excel in blau (tkinter.Button(text=..., bg=green, command=selektion))
   (7) Platzierung mit dem Grid-Manager (widgetname.grid())

(vi) *Inhalt Rahmen – Unten*
   (1) Titel analog wie vorher
   (2) Erzeugung eines Tabstrips mit Reitern (tkinter.Notebook())
   (3) Reiter mit add-Methode erzeugen (widgetname.add)
   (4) Scrollbars horizontal und vertikal
   (5) zwei Treeviews mit Felder vorsehen (tkinter.Treeview, widgetname.column, widgetname.headings)

(6) bei dem Treeview für den Baum eine Spalte für den Knotennamen vorsehen
(7) Doppelklick vorsehen (widgetname.bind)
(8) Pack-Manager nutzen

(vii) *Anzeige informatives Bild rechts*
(1) Nutzung des Label-widgets mit der image-Funktion (tkinter.Label(..., image=Datei))
(2) Platzierung mit dem Pack-Manager (widgetname.pack())

(viii) *Ablauf Doppelklick*
(1) Anzeigefeld als Text-Widget global im Fenster definieren
(2) vorherige Anzeige löschen (textname.delete(1.0, ënd"))
(3) den Treeview fokussieren (widgetname.focus)
(4) die fokussierte Zeile in dem Anzeige-Widget befüllen (mit insert und treeview.item)

(ix) *Ablauf Drucktaste zum Auswertungsstart und Anzeige der Ergebnisse*
(1) Jede Zeile der beiden Treeviews löschen (treeview.delete)
(2) Bewegungen mit db-select selektieren und in Hilfstabelle speichern
(3) Hilfstabelle sortieren
(4) beim Befüllen den Counter berücksichtigen, der durch Scale aktiviert worden ist
(5) Treeviews mit insert füllen, beim Baum auf Knotenwechsel achten
(6) Counter für den Scale-check erhöhen

(x) *Ablauf Drucktaste zum Excel-Download*
(1) siehe def SELbewexcel() für genaue Ausführungen
(2) pip install openpyxl durchführen und DataFrame nutzen

(xi) *Ablauf Drucktaste zum Beenden der Bewegungsauswertung*
(1) aktuelles Fenster zerstören (windowname.destroy())
(2) Menü-Fenster wieder vergrößern (root.state())

Der Python-Code in der Implementierung hat folgendes Aussehen:

Python-Quellcode 5.5 Bewegungsauswertung GUI

```
#...Bewegungsauswertung...Anfang..............................................
def BEWEGall():
    if login != "x":
        tkinter.messagebox.showerror(title="Fehler",
          message="Bitte erst Login durchführen!")
        return
#.... Neues Fenster mit Einstellungen
    global windowbew
    windowbew = tkinter.Toplevel(root)
    windowbew.title("Bewegungsauswertung mit Excel-Download")
    windowbew.state('zoomed')
    root.state('iconic')
    windowbew.iconbitmap(r"Logo.ico ")
#.... Noch falsches Bild
    logo = Image.open(r"avisiert.gif ")
```

5.3 · Informatik

```
        logo = logo.resize((500,500), Image.ANTIALIAS)
        photoImg = ImageTk.PhotoImage(logo)
        x=tkinter.Label(windowbew, compound = CENTER,
          image=photoImg).pack(side="right")

#.... Informationen
        fr4 = tkinter.Frame(windowbew, width=200, height=4,
          relief="sunken", bd=1)
        fontStyle = tkFont.Font(family="Lucida Grande", size=20)
        titel4 = tkinter.Label(fr4, font=fontStyle, fg="black",
          bg="lightgreen", text = "Informationen zur Bewegungsauswertung")
        info4 = tkinter.scrolledtext.ScrolledText(fr4, width=100, height=5)
        info4.insert("end", " Mit dieser Funktion kann mit der Taste")
        info4.insert("end", " 'Bewegungen anzeigen' die gesamten Bewegungen
             (aus Tabelle 'bewegungen')")
        info4.insert("end", " in einem nicht hierarchischen Treeview sortiert
             mit Scrollbar in x- und y-Richtung angezeigt werden. Der Treeview ist
             in ein Notebook als Tab eingebettet mit dem Namen ")
        info4.insert("end", " 'Ergebnisliste'. Der Slider 'max. Anzahl' beschränkt
             die Anzahl der Daten in der Ergebnisliste (auch in der Baumanzeige). Ist
             die Checkbox 'auch als Baum' aktiviert, so wird auch der dritte Tab im
             Notebook mit dem Namen 'Ergebnisliste als Baum' gefüllt und die Daten
             als hierarchischer Tree angezeigt. ")
        info4.insert("end", " Der Tab 'Einzelanzeige' zeigt die jeweils mit
             einem Doppel-Klick in der Ergebnisliste markierte Zeile im Detail an.
             Mit der Funktion 'Anwendung verlassen' kehrt der Benutzer zum Ausgangsmenü
             zurück. Die Funktionalität folgt dem 'EVA-Prinzip',")
        info4.insert("end", " also dem Konzept 'Eingabe-Verarbeitung-Anzeige'.
             Bei der Verarbeitung erfolgt keine")
        info4.insert("end", " weitere Prüfung. Die Combobox zu der Bewegungsart
             kann — muss aber nicht — gefüllt werden. Als Hilfe sind alle Bewegungsarten
             aufgelistet. Der User kann eine konkrete auswählen. Bei Eingabe eines anderen
             Text werden die Bewegungsarten selektiert, die diesen Text enthalten.")
        info4.insert("end", " Der Progress-Balken deutet den Verarbeitungsfortschritt
             an. Die Daten werden")
        info4.insert("end", " selektiert (aus der Tabelle 'bewegungen') und die Felder
             nebst Inhalt in dem flachen oder auch hierarchischen Treeview im Notebook mit
             Tabstrips angegeben. ")
        info4.insert("end", " Mit der Taste 'Excel' kann die flache Liste
             (immer komplett, nicht eingeschränkt selektiert) als Excel heruntergeladen
             werden. Dieser Text ist in einer")
        info4.insert("end", " scrollenden Textbox angezeigt. Labels helfen, Texte — und
             somit Informationen für den Benutzer — vor Feldern einzugeben.")
        info4.insert("end", " Der Bildschirm ist in drei sog. Frames — Rahmen —
             unterteilt, die mit Hilfe des sog. Paddings abgegrenzt sind.")
        info4.insert("end", " Rechts wird ein informatives Bild angezeigt.")
        titel4.pack(fill="x")
        info4.pack(fill="x")
        fr4.pack(fill="x", pady=25)

#.... Frame 1 zur Datenselektionseingabe
        fr1 = tkinter.Frame(windowbew, width=200, height=100, relief="sunken", bd=1)
        fontStyle = tkFont.Font(family="Lucida Grande", size=20)
        titel = tkinter.Label(fr1, font=fontStyle, fg="black", bg="lightgreen",
          text = "Dateneingabe (E) und Datenverarbeitung (V)")
        titel.pack(fill="x")
        fr1.pack(fill="x")
        fr1a = tkinter.Frame(windowbew, width=200, height=100, relief="sunken", bd=1)
        bmat1 = tkinter.Button(fr1a, text = "Bewegungen anzeigen", fg="black",
          bg="lightgreen", command = SELbewdo)
        global varbew1
        varbew1 = IntVar()
        global eselbew
        eselbew = Checkbutton(fr1a, text="auch als Baum", variable=varbew1)
        bmat2 = tkinter.Button(fr1a, text = "Anwendung verlassen", fg="black",
          bg="red", command = SELbewexit)
        bmat3 = tkinter.Button(fr1a, text = "Excel", fg="black", bg="lightblue",
          command = SELbewexcel)
        global progbew
        progbew = tkinter.ttk.Progressbar(fr1a, orient=HORIZONTAL, length=100,
          mode='determinate')
```

```python
        global varbew
        global wbew2
        wbew2 = tkinter.Scale(fr1a, from_=0, to=1000, label = "max._Anzahl",
          showvalue=1, orient=HORIZONTAL)
        wbew2.set(100)
        toSelectv = lvs.db.bewegungsarten.select({})
        values = []
        for row in toSelectv:
            values.append(row['Bewegungsart'])
        global selectbewe
        selectbewe = ttk.Combobox(fr1a, values=values)
        selectbewlbl = tkinter.Label(fr1a, text = "Bewegungsart")
        selectbewlbl.grid(row=0, column=0, sticky=W)
        selectbewe.grid(row=0, column=1, sticky=W)
        progbew.grid(row=0, column=2, sticky=W)
        eselbew.grid(row=1, column=0, sticky=W)
        wbew2.grid(row=1, column=1, sticky=W)
        bmat1.grid(row=2, column=0, sticky=W)
        bmat3.grid(row=2, column=1, padx = 50, sticky=W)
        bmat2.grid(row=2, column=2, padx = 50, sticky=E)
        fr1a.pack(fill="x")

#.... Frame 3 zur Anzeige der Ergebnisse
        tab_parent = ttk.Notebook(windowbew)
        fr3 = tkinter.Frame(tab_parent)
        fontStyle = tkFont.Font(family="Lucida_Grande", size=20)
        titel3 = tkinter.Label(fr3, font=fontStyle, fg="black",
          bg="lightgreen", text = "Datenanzeige_(A)_der_Bewegungen")
        titel3.pack(fill="x")
        tab_parent.add(fr3, text="Ergebnisliste")
        tab2 = ttk.Frame(tab_parent)
        tab_parent.add(tab2, text="Einzelanzeige")
        tab3 = ttk.Frame(tab_parent)
        global infogbew
        infogbew = tkinter.Text(tab2, width=100, height=25,
          background="lightblue")
        infogbew.pack(fill="x")
        tab_parent.add(tab3, text="Ergebnisliste_als_Baum")
#.... Treeview flache Liste ...............
        global treevcbew
        treevcbew = ttk.Treeview(fr3, selectmode ='extended')
        global stylebew
        stylebew = ttk.Style(fr3)
# set ttk theme to "clam" which support the fieldbackground option
        stylebew.theme_use("clam")
        stylebew.map("Treeview",
            foreground=fixed_mapbew("foreground"),
            background=fixed_mapbew("background"))
        stylebew.configure("Treeview", background="lightblue",
          fieldbackground="lightblue", fieldforeground="lightblue")
        verscrlbar = ttk.Scrollbar(fr3,
                            orient ="vertical",
                            command = treevcbew.yview)
        verscrlbar.pack(side='right', ipady=50)
        horscrlbar = ttk.Scrollbar(fr3,
                            orient ="horizontal",
                            command = treevcbew.xview)
        horscrlbar.pack(side ='bottom', fill="x")
        treevcbew.configure(yscrollcommand = verscrlbar.set,
          xscrollcommand = horscrlbar.set)
        treevcbew["columns"] = ("1", "2", "3", "4", "5", "6", "7",
          "8", "9", "10", "11", "12", "13", "14", "15", "16")
        treevcbew['show'] = 'headings'
        treevcbew.column("1", width = 150, anchor ='c')
        treevcbew.column("2", width = 150, anchor ='c')
        treevcbew.column("3", width = 150, anchor ='c')
        treevcbew.column("4", width = 150, anchor ='c')
        treevcbew.column("5", width = 150, anchor ='c')
        treevcbew.column("6", width = 150, anchor ='c')
        treevcbew.column("7", width = 150, anchor ='c')
        treevcbew.column("8", width = 150, anchor ='c')
```

```python
        treevcbew.column("9",  width = 150, anchor ='c')
        treevcbew.column("10", width = 150, anchor ='c')
        treevcbew.column("11", width = 150, anchor ='c')
        treevcbew.column("12", width = 150, anchor ='c')
        treevcbew.column("13", width = 150, anchor ='c')
        treevcbew.column("14", width = 150, anchor ='c')
        treevcbew.column("15", width = 150, anchor ='c')
        treevcbew.column("16", width = 150, anchor ='c')
        treevcbew.heading("1",  text ="Bewegung")
        treevcbew.heading("2",  text ="HU")
        treevcbew.heading("3",  text ="Lieferant")
        treevcbew.heading("4",  text ="User")
        treevcbew.heading("5",  text ="Fehlerflag")
        treevcbew.heading("6",  text ="Fehlercode")
        treevcbew.heading("7",  text ="von-Platz")
        treevcbew.heading("8",  text ="an-Platz")
        treevcbew.heading("9",  text ="Zeitstempel")
        treevcbew.heading("10", text ="Material")
        treevcbew.heading("11", text ="Charge")
        treevcbew.heading("12", text ="Split")
        treevcbew.heading("13", text ="Menge")
        treevcbew.heading("14", text ="Einheit")
        treevcbew.heading("15", text ="Grund")
        treevcbew.heading("16", text ="Referenz")
#.... Doppelklick-Event zur Einzelanzeige
        treevcbew.bind("<Double-Button-1>", on_double_click_bew)
#.... Einzelanzeige ... Felder
        treevcbew.pack(fill="x")
#.... Treeview hierarchische Liste................
        global treevhbew
        treevhbew = ttk.Treeview(tab3)
        verscrlbarhbew = ttk.Scrollbar(tab3,
                          orient ="vertical",
                          command = treevhbew.yview)
        verscrlbarhbew.pack(side='right', ipady=50)
        horscrlbarhbew = ttk.Scrollbar(tab3,
                          orient ="horizontal",
                          command = treevhbew.xview)
        horscrlbarhbew.pack(side ='bottom', fill="x")
        treevhbew.configure(yscrollcommand = verscrlbarhbew.set,
          xscrollcommand = horscrlbarhbew.set)
        treevhbew["columns"] = ("1", "2", "3", "4", "5", "6",
          "7", "8", "9", "10", "11", "12", "13", "14", "15", "16")
        treevhbew.column("#0", width = 150, anchor ='c')
        treevhbew.column("1",  width = 150, anchor ='c')
        treevhbew.column("2",  width = 150, anchor ='c')
        treevhbew.column("3",  width = 150, anchor ='c')
        treevhbew.column("4",  width = 150, anchor ='c')
        treevhbew.column("5",  width = 150, anchor ='c')
        treevhbew.column("6",  width = 150, anchor ='c')
        treevhbew.column("7",  width = 150, anchor ='c')
        treevhbew.column("8",  width = 150, anchor ='c')
        treevhbew.column("9",  width = 150, anchor ='c')
        treevhbew.column("10", width = 150, anchor ='c')
        treevhbew.column("11", width = 150, anchor ='c')
        treevhbew.column("12", width = 150, anchor ='c')
        treevhbew.column("13", width = 150, anchor ='c')
        treevhbew.column("14", width = 150, anchor ='c')
        treevhbew.column("15", width = 150, anchor ='c')
        treevhbew.column("16", width = 150, anchor ='c')
        treevhbew.heading("#0", text ="Knoten", anchor = 'c')
        treevhbew.heading("1",  text ="Bewegung")
        treevhbew.heading("2",  text ="HU")
        treevhbew.heading("3",  text ="Lieferant")
        treevhbew.heading("4",  text ="User")
        treevhbew.heading("5",  text ="Fehlerflag")
        treevhbew.heading("6",  text ="Fehlercode")
        treevhbew.heading("7",  text ="von-Platz")
        treevhbew.heading("8",  text ="an-Platz")
        treevhbew.heading("9",  text ="Zeitstempel")
        treevhbew.heading("10", text ="Material")
```

```python
        treevhbew.heading("11", text ="Charge")
        treevhbew.heading("12", text ="Split")
        treevhbew.heading("13", text ="Menge")
        treevhbew.heading("14", text ="Einheit")
        treevhbew.heading("15", text ="Grund")
        treevhbew.heading("16", text ="Referenz")
        treevhbew.pack(fill="x")
#.... nur Notebook packen
        tab_parent.pack(fill="x", pady=50)
#.... Bild auffrischen
        root.mainloop()

#... Doppelklick Daten füllen
def on_double_click_bew(event):
    infogbew.delete(1.0, "end")
    item = treevcbew.focus()
    infogbew.insert("end",
        "Ergebniss des Doppelklicks in der Ergebnisliste: \n")
    infogbew.insert("end", "\n")
    help = "Bewegung:.................." +  \
        str(treevcbew.item(item)["values"][0]) + "\n"
    infogbew.insert("end", help)
    help = "HU:........................" +  \
        str(treevcbew.item(item)["values"][1]) + "\n"
    infogbew.insert("end", help)
    help = "Lieferant:................." +  \
        str(treevcbew.item(item)["values"][2]) + "\n"
    infogbew.insert("end", help)
    help = "User:......................" +  \
        str(treevcbew.item(item)["values"][3]) + "\n"
    infogbew.insert("end", help)
    help = "Fehlerflag:................" +  \
        str(treevcbew.item(item)["values"][4]) + "\n"
    infogbew.insert("end", help)
    help = "Fehlercode:................" +  \
        str(treevcbew.item(item)["values"][5]) + "\n"
    infogbew.insert("end", help)
    help = "von-Platz:................." +  \
        str(treevcbew.item(item)["values"][6]) + "\n"
    infogbew.insert("end", help)
    help = "an-Platz:.................." +  \
        str(treevcbew.item(item)["values"][7]) + "\n"
    infogbew.insert("end", help)
    help = "Zeistempel:................" +  \
        str(treevcbew.item(item)["values"][8]) + "\n"
    infogbew.insert("end", help)
    help = "Material:.................." +  \
        str(treevcbew.item(item)["values"][9]) + "\n"
    infogbew.insert("end", help)
    help = "Charge:...................." +  \
        str(treevcbew.item(item)["values"][10]) + "\n"
    infogbew.insert("end", help)
    help = "Split:....................." +  \
        str(treevcbew.item(item)["values"][11]) + "\n"
    infogbew.insert("end", help)
    help = "Menge:....................." +  \
        str(treevcbew.item(item)["values"][12]) + "\n"
    infogbew.insert("end", help)
    help = "Einheit:..................." +  \
        str(treevcbew.item(item)["values"][13]) + "\n"
    infogbew.insert("end", help)
    help = "Grund:....................." +  \
        str(treevcbew.item(item)["values"][14]) + "\n"
    infogbew.insert("end", help)
    help = "Referenz:.................." +  \
        str(treevcbew.item(item)["values"][15]) + "\n"
    infogbew.insert("end", help)
    root.mainloop()
#... Funktionsausführungen bei der Bewegungsanzeige
#... Ende
def SELbewexit():
```

```python
        windowbew.destroy()
        root.state('zoomed')

#.... Selektion und Anzeige der Bewegungen
    def SELbewdo():
        progbew['value']=0
#       treeview delete
        for row in treevcbew.get_children():
            treevcbew.delete(row)
        for row in treevhbew.get_children():
            treevhbew.delete(row)
        toSelectcbew = lvs.db.bewegungen.select({})
        initial=len(toSelectcbew)
        if initial == 0:
            text = "Es sind keine Bewegungen vorhanden!"
            tkinter.messagebox.showinfo(title="Info", message=text)
            return
        lt_help=[]
        for row in toSelectcbew:
            help = (row['Bewegung'], row['HU'], row['Lieferant'],
                    row['User'], row['Fehlerflag'], row['Fehlercode'],
                    row['von-Platz'], row['an-Platz'], row['Zeitstempel'],
                    row['Material'], row['Charge'], row['Split'], row['Menge'],
                    row['Einheit'], row['Grund'], row['Referenz'])
#.... Treeview ...... flach .......... sortiert ..........
            lt_help.append(help)
        bewegung=""
        lt_help2=sorted(lt_help)
        counter = 1
        for item in lt_help2:
#....... max. Anzahl auswerten
            if counter > wbew2.get():
                break
            if str(item[0]).find(str(selectbewe.get())) != \
                -1 or len(selectbewe.get()) == 0:
                treevcbew.insert("", 'end', text='button', values = item)
#.... Treeview hierarchisch ....... treevhbest mit vorsortierter Liste
            if varbew1.get() == 1:
                if bewegung != str(item[0]):
                    bewegung = str(item[0])
                    if item[0].find(selectbewe.get()) != -1 or \
                        len(selectbewe.get()) == 0:
                        treevhbew.insert("", 0, bewegung, text=bewegung)
                if bewegung == str(item[0]):
                    if item[0].find(selectbewe.get()) != -1 or \
                        len(selectbewe.get()) == 0:
                        treevhbew.insert(bewegung, 'end', text='SMILE_ '
                            + str(bewegung), values=item)
            counter = counter + 1
        progbew['value']=200
        root.mainloop()
        return

#.... Excel-Download
    def SELbewexcel():
#.... https://datatofish.com/export-dataframe-to-excel/
#.... pip install openpyxl
        export = lvs.db.bewegungen.select({})
        df = pd.DataFrame(export, columns = ['Bewegung', 'HU',
            'Lieferant', 'User', 'Fehlerflag', 'Fehlercode', 'von-Platz',
            'an-Platz', 'Zeitstempel', 'Material', 'Charge', 'Split', 'Menge',
            'Einheit', 'Grund', 'Referenz'])
        export_file_path = filedialog.asksaveasfilename(defaultextension='.xlsx')
        if len(export_file_path) == 0:
            return
        df.to_excel (export_file_path, index = False, header=True)
        tkinter.messagebox.showinfo(title="Info", message="Bewegungen nach "
            + str(export_file_path) + " heruntergeladen!")
        return
#... Bewegungsauswertung ... Ende ..........................................
```

Die Umsetzung zeigt sich auf dem Bildschirm folgendermaßen:

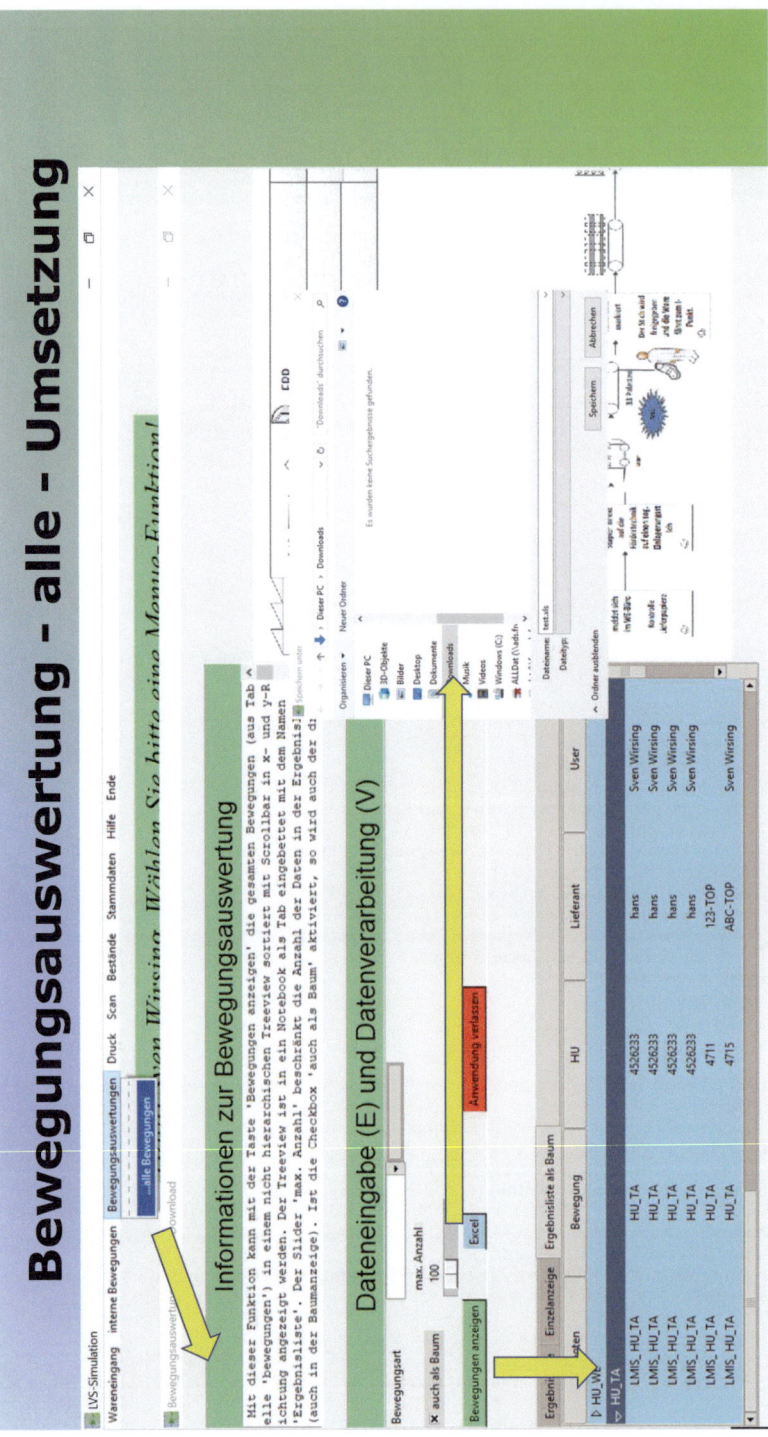

5.3.6 Druck

5.3.6.1 QR-Code

Der **'QR-Code'** dient als schnelle Eingabehilfe von Daten innerhalb eines Vorgangs. Das Konzept zum Drucken eines QR-Codes für eine Gebindenummer ist folgendermaßen:

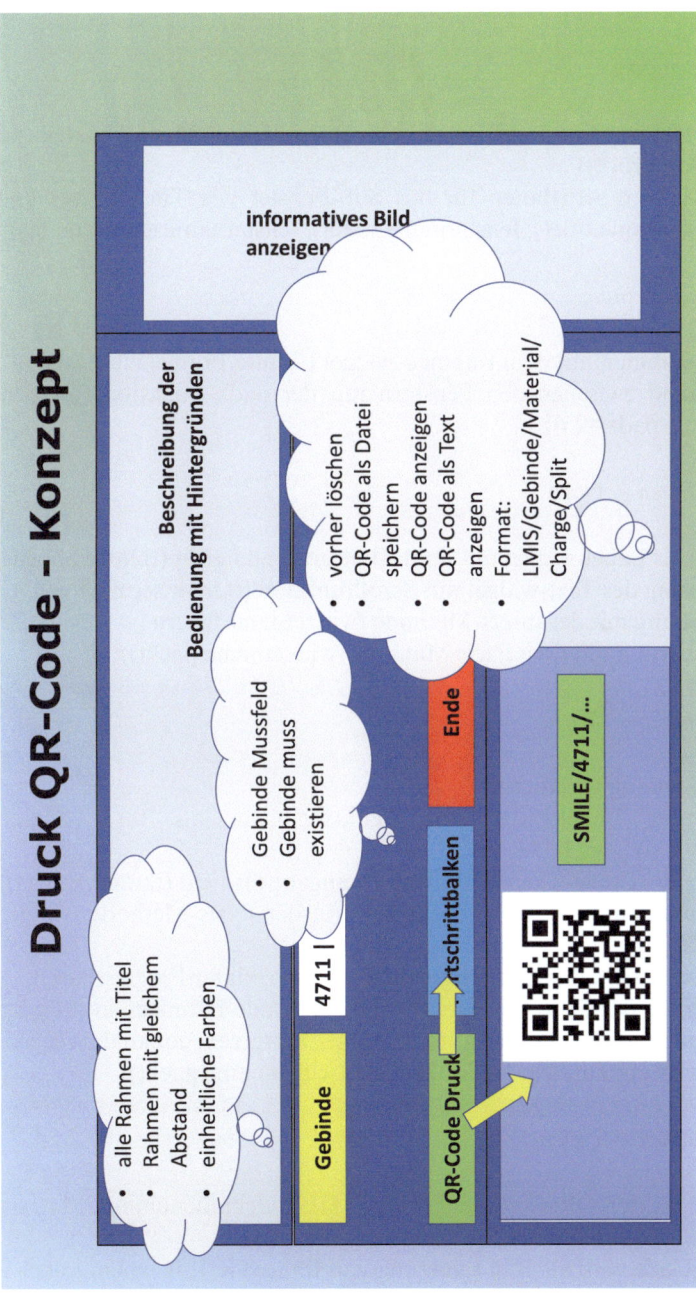

Zur Umsetzung in Python sollten folgende Hintergründe Beachtung finden:

(i) *Prüfung des Logins*

    (1) Abfrage des lokalen Login-Parameters ('login=X' muss erfüllt sein)
    (2) ggfs. Anzeige einer Messagebox vom Typ Fehler mit aussagekräftigem Text (tkinter.messagebox.showerror())

(ii) *Fenstererzeugung*

    (1) Einrichten eines Sub-Fenster bezogen auf das Menü-Fenster (window.Toplevel(root))
    (2) Setzen von Attributen für das Sub-Fenster wie Titel, Status und Icon (fenstername.title(), fenstername.state(), fenstername.iconbitmap())

(iii) *Rahmenunterteilung*

    (1) drei Rahmen mit dem Rahmen-widget (tkinter.Frame(subfenster))
    (2) Abstand zwischen den Fenstern mit der padx-Funktion (rahmenname.pack(...padx=25))

(iv) *Inhalt Rahmen – Oben*

    (1) Titel als Label-widget mit Font-Style groß und grün (tkinter.Label())
    (2) Nutzung des Text-widget mit Scrollfunktion (tkinter.scrolledtext())
    (3) Befüllung mit der insert-Methode (widgetname.insert())
    (4) Platzierung mit dem Pack-Manager (widgetname.pack())

(v) *Inhalt Rahmen – Mitte*

    (1) Titel analog wie vorher
    (2) Nutzung Label-widget für Gebindeeingabe als Text (tkinter.Label(text=...))
    (3) Nutzung Entry-widget für Gebindeeingabe als Feld (tkinter.Entry())
    (4) Fokussierung auf Gebindeeingabe mit der focus-Methode (widgetname.focus())
    (5) Fortschrittsbalken mit progressbar-widget (tkinter.Progressbar())
    (6) Nutzung des Button-widget für das QR-Code-Erzeugen in grün bzw. das Beenden in rot (tkinter.Button(text=..., bg=green, command=selektion))
    (7) Platzierung mit dem Pack-Manager (widgetname.pack())

(vi) *Inhalt Rahmen – Unten*

    (1) Titel ist der QR-Code in Form: SMILE/Gebindenummer/Materialnummer/Chargennummer/Splitnummer
    (2) QR-Code wird als Bild (Nutzung von ImageTK()) in einem Label-Widget angezeigt (tkinter.label(image=...))

5.3 · Informatik

(3) ohne weitere Eingabe ist der QR-Code einfach TEST
(4) Platzierung mit dem Pack-Manager (widgetname.pack())

(vii) *Anzeige informatives Bild rechts*

(1) Nutzung des Label-widgets mit der image-Funktion (tkinter.Label(..., image=Datei))
(2) Platzierung mit dem Pack-Manager (widgetname.pack())

(viii) *Ablauf Drucktaste zum Erzeugen und Speichern des QR-Codes*

(1) Progressbalken auf Null setzen (balkenname['value']=0)
(2) Gebindeeingabe ist Muss, sonst Fehleranzeige mit messagebox (siehe oben)
(3) Selektion des Gebindestammes mit lvs-Methoden und get-Methode (toSelect2 = lvs.db.matstamm.select('Nummer':str(gebindefeld.get())))
(4) Fehleranzeige, wenn kein Gebinde selektiert worden ist, dabei die Länge prüfen (siehe oben)
(5) Titel des Frames mit QR-Code-Text setzen
(6) QR-Code-Text vorher ermitteln: SMILE/Gebindenummer/Materialnummer/Chargennummer/Splitnummer
(7) QR-Code als Bild aus diesem Text ermitteln (qrcode.make(text))
(8) QR-Code-Bild dem Label-Widget als image übergeben (QRCodeImg1 = ImageTk.PhotoImage(imgqr1), qrlabel['image']=QRCodeImg1)
(9) QR-Code-Bild mit Gebindenummer.png speichern und Message ausgeben (text = gebinde + '.png' imgqr1.save(text))
(10) Progressbalken auf 100 setzen (siehe oben)

(ix) *Ablauf Drucktaste zum Beenden der Transaktion*

(1) aktuelles Fenster zerstören (windowname.destroy())
(2) Menü-Fenster wieder vergrößern (root.state())

Im SMILE-Prototyp stellt sich in Python der Code folgendermaßen dar:

Python-Quellcode 5.6   QR-Code drucken GUI

```
#.... Anfang QR-Code für Gebinde erzeugen und speichern....................
def DRUCKgb():
    if login != "x":
        tkinter.messagebox.showerror(title="Fehler",
        message="Bitte erst Login durchführen!")
        return
#.... Neues Fenster mit Einstellungen
    global windowqr
    windowqr = tkinter.Toplevel(root)
    windowqr.title("Gebinde-QR-Code drucken, anzeigen und speichern")
    windowqr.state('zoomed')
    root.state('iconic')
    windowqr.iconbitmap(r"Logo.ico ")
#.... Noch falsches Bild
    logo = Image.open(r"avisiert.gif ")
    logo = logo.resize((500,500), Image.ANTIALIAS)
    photoImg = ImageTk.PhotoImage(logo)
    x=tkinter.Label(windowqr, compound = CENTER,
```

```
          image=photoImg).pack(side="right")
#.... Informationen
     fr4 = tkinter.Frame(windowqr, width=200, height=4,
       relief="sunken", bd=1)
     fontStyle = tkFont.Font(family="Lucida Grande", size=20)
     titel4 = tkinter.Label(fr4, font=fontStyle, fg="black",
       bg="lightgreen", text = "Informationen zur Erstellung
       eines QR-Codes für ein Gebinde")
     info4 = tkinter.scrolledtext.ScrolledText(fr4, width=100, height=5)
     info4.insert("end", "Mit dieser Funktion wird nach Eingabe einer
       Gebindenummer mit der Taste")
     info4.insert("end", " ' Gebinde-QR-Code erstellen ' der zugehörige
       Gebindestamm selektiert und dann")
     info4.insert("end", " der zugehörige QR-Code
       (SMILE/Gebindenummer/Material/Charge/Split) erstellt , angezeigt
       und gespeichert. Dieser kann dann auf einem Drucker manuell ausgedruckt
       werden. Mit der Funktion ' Gebinde-QR-Code verlassen '")
     info4.insert("end", " kehrt der Benutzer zum Ausgangsmenü zurück. Die
       QR-Code-Funktionalität folgt dem 'EVA-Prinzip ',")
     info4.insert("end", " also dem Konzept 'Eingabe-Verarbeitung-Anzeige '.
       Bei der Verarbeitung wird das")
     info4.insert("end", " Gebinde - als Entry-(Eingabe-)Feld definiert - geprüft
       (Mussfeld und Existenz) und ggfs. eine Fehlermeldung ausgegeben.")
     info4.insert("end", " Der Progress-Balken deutet den
       Verarbeitungsfortschritt an.
       Mit Hilfe des eingegeben Gebindes werden die Gebindestammdaten")
     info4.insert("end", " selektiert (aus der Tabelle 'gebinde ') und der QR-Code
       gebildet, angezeigt und automatisch gespeichert. Dieser Text ist in einer ")
     info4.insert("end", " scrollenden Textbox angezeigt. Labels helfen , Texte - und
       somit Informationen für den Benutzer - vor Feldern einzugeben.")
     info4.insert("end", " Der Bildschirm ist in drei sog. Frames
       - Rahmen - unterteilt, die mit Hilfe des sog. Paddings
       abgegrenzt sind..")
     info4.insert("end", " Rechts wird ein informatives Bild angezeigt.")
     titel4.pack(fill="x")
     info4.pack(fill="x")
     fr4.pack(fill="x", pady=10)

#.... Frame 1 zur Datenselektionseingabe
     fr1 = tkinter.Frame(windowqr, width=400, height=10, relief="sunken", bd=1)
     fontStyle = tkFont.Font(family="Lucida Grande", size=20)
     titel = tkinter.Label(fr1, font=fontStyle, fg="black", bg="lightgreen",
       text = "Dateneingabe (E) und Datenverarbeitung (V)")
     geblbqr = tkinter.Label(fr1, text = "Bitte das Gebinde eingeben:")
     global geb
     geb = tkinter.Entry(fr1)
     geb.focus()
     bmat1 = tkinter.Button(fr1, text = "Gebinde-QR-Code erstellen", fg="black",
       bg="lightgreen", command = SELqr)
     bmat2 = tkinter.Button(fr1, text = "Gebinde-QR-Code verlassen", fg="black",
       bg="red", command = SELgbqr)
     global progqr
     progqr = tkinter.ttk.Progressbar(fr1, orient=HORIZONTAL, length=200,
       mode='determinate')
     titel.pack(fill="x")
     geblbqr.pack(side=LEFT)
     geb.pack(side=LEFT)
     bmat1.pack(side=LEFT)
     bmat2.pack(side=RIGHT)
     progqr.pack()
     fr1.pack(fill="x", pady=10)

#.... Frame 3 zur Anzeige der Ergebnisse
     global fr3
     fr3 = tkinter.Frame(windowqr, relief="sunken", bd=1)
     fr3['height']=500
     fontStyle = tkFont.Font(family="Lucida Grande", size=20)
     qrtext = "Datenanzeige (A): QR-Code ist 'TEST'"
     global titel3
     titel3 = tkinter.Label(fr3, font=fontStyle, fg="black",
```

```
          bg="lightgreen", text = qrtext)
      imgqr = qrcode.make('TEST')
      QRCodeImg = ImageTk.PhotoImage(imgqr)
      global qrlabel
      qrlabel = tkinter.Label(fr3, image=QRCodeImg, width=400, height=400)
      titel3.pack(fill="x")
      qrlabel.pack(fill="x")
      fr3.pack(fill="x", pady=10)
#.... Bild auffrischen
      root.mainloop()

#... Funktionsausführungen beim QR-Label
#.... Ende Labeldruck
def SELgbqr():
      windowqr.destroy()
      root.state('zoomed')
#.... QR do
def SELqr():
      progqr['value']=0
      gebinde = str(geb.get())
      if gebinde == '':
         tkinter.messagebox.showerror(title="Fehler",
          message="Bitte ein Gebinde eingeben!")
         return
      toSelect3 = lvs.db.gebinde.select({'Nummer':gebinde})
      initial=len(toSelect3)
      if initial == 0:
         tkinter.messagebox.showerror(title="Fehler",
          message="Das Gebinde " + gebinde + " ist unbekannt!")
         return
      if initial != 0:
         for row in toSelect3:
            qr = 'SMILE' + '/' + gebinde + '/' + row['Material'] + '/' +
             row['Charge'] + '/' + row['Split']
            qrtext = "Datenanzeige (A): QR-Code ist " + qr
            global imqr1
            imgqr1 = qrcode.make(qr)
            global QRCodeImg1
            QRCodeImg1 = ImageTk.PhotoImage(imgqr1)
            titel3['text']=qrtext
            global qrlabel
            qrlabel['image']=QRCodeImg1
            text = gebinde + '.png'
            imgqr1.save(text)
            tkinter.messagebox.showinfo(title="Info", message="QR-Code "+ qr
             + " als Datei "+ text +" gespeichert!")
            progqr['value']=200
      return
#.... Ende QR-Code für Gebinde erzeugen und speichern.........................
```

Der GUI-Dialog zum Drucken eines QR-Codes basierend auf einer einzugebenden Gebindenummer hat folgendes Aussehen:

5.3.7 Scan

5.3.7.1 QR-Code

Ein Design zum **'Scannen'** eines QR-Codes findet sich im Anschluss:

Folgende Hintergründe zur Umsetzung in Python sind dafür aufzuführen:

(i) *Prüfung des Logins*

    (1) Abfrage des lokalen Login-Parameters ('login=X' muss erfüllt sein)
    (2) Anzeige einer Messagebox vom Typ Fehler mit aussagekräftigem Text (tkinter.messagebox.showerror())

(ii) *Scan-Vorgang*

    (1) Nutzung des Modules CV2 inspiriert durch
       ▶ https://www.learnopencv.com/opencv-qr-code-scanner-c-and-python/
    (2) Camera und QR-Code-Dekoder ansprechen (camera = cv2.VideoCapture(0), qrDecoder = cv2.QRCodeDetector())
    (3) Frame holen und Dekodierung probieren (ret, frame = camera.read(), data,bbox,rectifiedImage = qrDecoder.detectAndDecode(frame))
    (4) mit q abbrechen (cv2.putText(frame, Mit q abbrechen), k = cv2.waitKey(10), if k == ord('q'): break)
    (5) solange nichts gescannt wurde, den Text 'Scanning' anzeigen (cv2.imshow('Scanning...',frame))
    (6) wenn Daten vorliegen, das Gescannte einrahmen und kurz anzeigen (cv2.line, cv2.putText)
    (7) opencv schliessen (camera.release(), cv2.destroyAllWindows())

Ein möglicher Code in Python ist wie folgt:

Python-Quellcode 5.7   QR-Code-Scan-Umsetzung GUI

```
#...Scan mit Datenanzeige...Anfang.........................................
def SCANqr():
    if login != "x":
        tkinter.messagebox.showerror(title="Fehler",
            message="Bitte erst Login durchführen!")
        return
    SCANqrcode()
    return

#...Scan Routine liefert im globalen Feld scanfeld das Scan-Ergebnis zurück
def SCANqrcode():
    #inspiriert von
    #https://www.learnopencv.com/opencv-qr-code-scanner-c-and-python/

    if int(cv2.__version__[0]) < 4:
        messagebox.showerror("Error", "Open CV Version 4 benötigt
        #für QR Code Erkennung. Installation/Upgrade mit pip
        #install opencv-python --upgrade")
        return

    camera = cv2.VideoCapture(0)
    qrDecoder = cv2.QRCodeDetector()

    #Hauptschleife über die Kamerabilder
    detected = False
    while not detected:
        #Frame holen und Dekodierung probieren
        ret, frame = camera.read()
        try:
```

```
            data,bbox,rectifiedImage = qrDecoder.detectAndDecode(frame)
        except:
            #Kann ruhig schief gehen
            pass

        cv2.putText(frame,"Mit 'q' abbrechen",(200,30),
        cv2.FONT_HERSHEY_SIMPLEX, 1,(255,255,255),2,cv2.LINE_AA)

        #Falls erfolgreich bounding Box zeichnen und stoppen
        if len(data) > 0:
            n = bbox.shape[1]
            for j in range(n):
                cv2.line(frame, tuple(bbox[0,j,:]),
                   tuple(bbox[0,(j+1)%n,:]), (255,0,0), 3)
            detected = True
            #Das muss dann entsprechend weiterverarbeitet werden
            #Vorerst ins Terminal damit und auf das Bild
            cv2.putText(frame,data,(80,80),
              cv2.FONT_HERSHEY_SIMPLEX,
              1,(255,255,255),2,cv2.LINE_AA)
            cv2.imshow('Scanning...',frame)
            #Den Frame mit dem Code ein bisschen zeigen (4s)
            k = cv2.waitKey(4000)
            global scanfeld
            scanfeld = data
        else:
            cv2.imshow('Scanning...',frame)
            k = cv2.waitKey(10)

        if k == ord('q'):
            break

    #opencv braucht ein bisschen Hilfe beim zumachen
    camera.release()
    cv2.destroyAllWindows()
#.... Ende Scanroutine
#... Scan mit Datenanzeige ... Ende............................................
```

Die Umsetzung vermittelt am Bildschirm die anschließende Darstellung:

314 Kapitel 5 · Python-GUI-Dialoge mit TKINTER

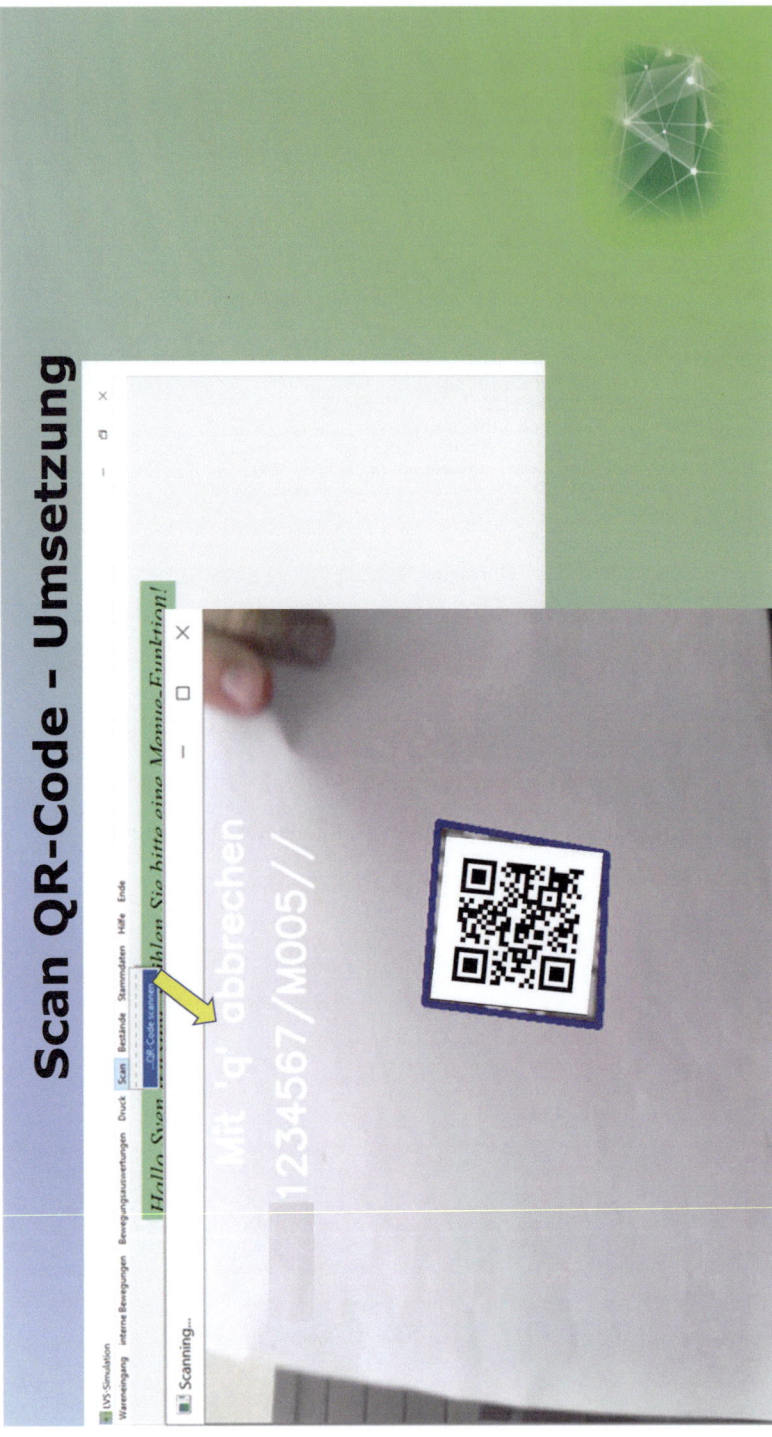

Scan QR-Code – Umsetzung

5.3.8 Bestände

'Bestandsauswertungen', die im SMILE-Prototyp eingebaut wurden, sind Bestand zu Material, Bestand zum Platz, Bestand zum Gebinde und die Gesamtbestandsanzeige sowie die **'Kühlgutauswertung'**. Exemplarisch wird an dieser Stelle nur diese ausgeführt.

5.3.8.1 Kühlgut im Lager

Der Bildschirmablauf zur **'Kühlgutauswertung'** im Lager wird als Konzept nachfolgend veranschaulicht:

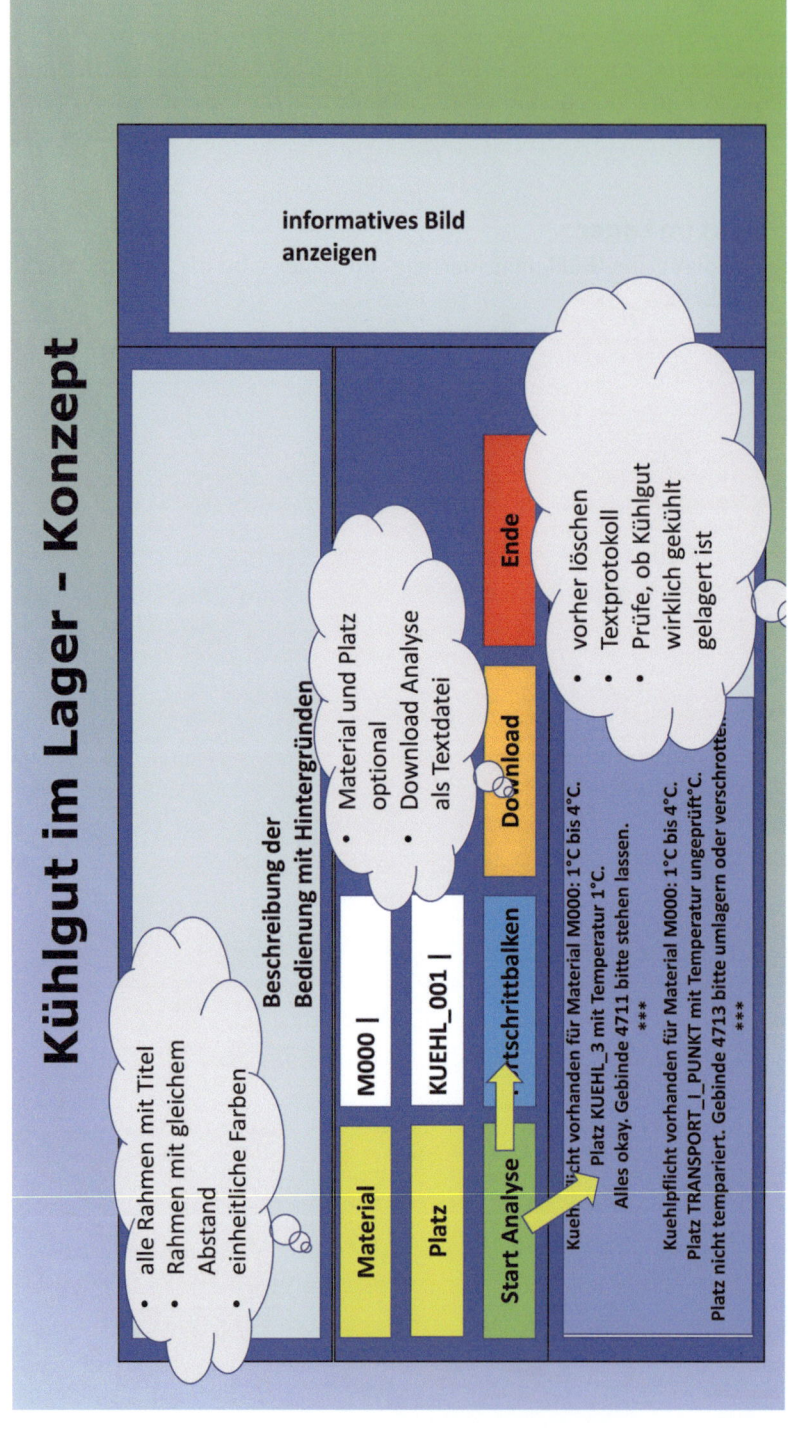

Zur Umsetzung in Python sind folgende Objekte bzw. Grundlagen aus **'TKINTER'** notwendig. Ein Implementierungskonzept fasst dies zusammen.

(i) *Prüfung des Logins*

    (1) Abfrage des lokalen Login-Parameters ('login=X' muss erfüllt sein)
    (2) ggfs. Anzeige einer Messagebox vom Typ Fehler mit aussagekräftigem Text (tkinter.messagebox.showerror())

(ii) *Fenstererzeugung*

    (1) Einrichten eines Sub-Fenster bezogen auf das Menü-Fenster (window.Toplevel(root))
    (2) Setzen von Attributen für das Sub-Fenster wie Titel, Status und Icon (fenstername.title(), fenstername.state(), fenstername.iconbitmap())

(iii) *Rahmenunterteilung*

    (1) drei Rahmen mit dem Rahmen-widget (tkinter.Frame(subfenster))
    (2) Abstand zwischen den Fenstern mit der padx-Funktion (rahmenname.pack(...padx=25))

(iv) *Inhalt Rahmen – Oben*

    (1) Titel als Label-widget mit Font-Style groß und grün (tkinter.Label())
    (2) Nutzung des Text-widget mit Scrollfunktion (tkinter.scrolledtext())
    (3) Befüllung mit der insert-Methode (widgetname.insert())
    (4) Platzierung mit dem Pack-Manager (widgetname.pack())

(v) *Inhalt Rahmen – Mitte*

    (1) Titel analog wie vorher
    (2) Nutzung Label-widget für Material- und Platzeingabe als Text (tkinter.Label(text=...))
    (3) Nutzung Entry-widget für Material- und Platzeingabe als Feld (tkinter.Entry())
    (4) Fokussierung auf Materialeingabe mit der focus-Methode (widgetname.focus())
    (5) Fortschrittsbalken mit progressbar-widget (tkinter.Progressbar())
    (6) Nutzung des Button-widget für die Selektion in grün bzw. das Beenden in rot bzw. Download als Textfile in blau (tkinter.Button(text=..., bg=green, command=selektion))
    (7) Platzierung mit dem Grid-Manager (widgetname.grid())

(vi) *Inhalt Rahmen – Unten*

    (1) Titel analog wie vorher

(2) Anzeige der Selektion als Text-widget (tkinter.text())
(3) Befüllung mit der insert-Methode (widgetname.insert())
(4) Platzierung mit dem Pack-Manager (widgetname.pack())

(vii) *Anzeige informatives Bild rechts*

(1) Nutzung des Label-widgets mit der image-Funktion (tkinter.Label(..., image=Datei))
(2) Platzierung mit dem Pack-Manager (widgetname.pack())

(viii) *Ablauf Drucktaste zur Anzeige der Kühlgutauswertung*

(1) Progressbalken auf Null setzen (balkenname['value']=0)
(2) vorherige Anzeige löschen (textname.delete(1.0, ënd"))
(3) Selektion mit LVS-Methoden zum optionalen Material und Platz bzw. dann alle Kühlgutmaterialien
(4) Prüfung jeglichen Bestandes, ob Temperatur von/bis die Platztemperatur enthält; sonst Ausgabe eines sprechenden Hinweistextes
(5) Anzeige mit insert füllen (for row in to select2: anzeige.insert(ënd", ...row['...']...)
(6) Progressbalken setzen, und zwar auf 100 (siehe oben)

(ix) *Ablauf Drucktaste zum Beenden der Materialstammanzeige*

(1) aktuelles Fenster zerstören (windowname.destroy())
(2) Menü-Fenster wieder vergrößern (root.state())

(x) *Ablauf Drucktaste zum Download*

(1) Nutzung des 'asksaveasfile'-Dialogs
(2) Inhalt mit open-, write- und save-file bearbeiten.

Der **'Python-Code'** zur Kühlgutauswertung:

Python-Quellcode 5.8 Kühlgutauswertung-Python GUI

```
#Kühlgutauswertung... Anfang....................................................
def BESTkg():
    if login != "x":
        tkinter.messagebox.showerror(title="Fehler",
            message="Bitte erst Login durchführen!")
        return
    global windowkg
#.... Neues Fenster mit Einstellungen
    windowkg = tkinter.Toplevel(root)
    windowkg.title("Kühlgutauswertung")
    windowkg.state('zoomed')
    root.state('iconic')
    windowkg.iconbitmap(r"Logo.ico ")
#.... Noch falsches Bild
    logo = Image.open(r"avisiert.gif ")
    logo = logo.resize((500,500), Image.ANTIALIAS)
    photoImg = ImageTk.PhotoImage(logo)
    x=tkinter.Label(windowkg, compound = CENTER,
```

5.3 · Informatik

```
            image=photoImg).pack(side="right")
#.... Informationen
        fr4 = tkinter.Frame(windowkg, width=200, height=4, relief="sunken", bd=1)
        fontStyle = tkFont.Font(family="Lucida Grande", size=20)
        titel4 = tkinter.Label(fr4, font=fontStyle, fg="black", bg="lightgreen",
          text = "Informationen zur Materialstammanzeige")
        info4 = tkinter.scrolledtext.ScrolledText(fr4, width=100, height=5)
        info4.insert("end", "Mit dieser Funktion wird nach Eingabe einer
           Materialnummer mit der Taste")
        info4.insert("end", " 'Start Analyse' die Kühlgutanalyse
           gestartet und das Ergebnis")
        info4.insert("end", " in einer Textbox angezeigt. Mit der
           Funktion 'Ende Analyse'")
        info4.insert("end", " kehrt der Benutzer zum Ausgangsmenü zurück.
           Die Funktionalität folgt dem 'EVA-Prinzip',")
        info4.insert("end", " also dem Konzept 'Eingabe-Verarbeitung-Anzeige'.
           Bei der Verarbeitung wird")
        info4.insert("end", "Material und der Platz — beide als Entry-(Eingabe-)Feld
           definiert für eine einschränkende Selektion — geprüft (nur Existenz,
           keine Mussfelder) und ggfs. eine Fehlermeldung ausgegeben.")
        info4.insert("end", " Der Progress-Balken deutet den Verarbeitungsfortschritt an.
           Die Analyse wertet den Bestand zu Kühlgut-Materialien aus")
        info4.insert("end", " (aus den Tabellen 'matstamm' und 'gebinde') und prüft die
           Temperaturbedinungen gegen Tabelle 'plaetze'. Eine Verletzung wird
           angezeigt und")
        info4.insert("end", " eine Handlungsempfehlung gegeben. Das Analyse- Protokoll
          wird angezeigt und kann mit dem Button 'Download Analyse' als Text-Datei
           gespeichert werden. Dieser Text ist in einer")
        info4.insert("end", " scrollenden Textbox angezeigt. Labels helfen, Texte
           und somit Informationen für den Benutzer — vor Feldern einzugeben.")
        info4.insert("end", " Der Bildschirm ist in drei sog. Frames — Rahmen —
           unterteilt, die mit Hilfe des sog. Paddings abgegrenzt sind.")
        info4.insert("end", " Rechts wird ein informatives Bild angezeigt.")
        titel4.pack(fill="x")
        info4.pack(fill="x")
        fr4.pack(fill="x", pady=50)

#.... Frame 1 zur Datenselektionseingabe
        fr1 = tkinter.Frame(windowkg, width=400, height=10, relief="sunken", bd=1)
        fontStyle = tkFont.Font(family="Lucida Grande", size=20)
        titel = tkinter.Label(fr1, font=fontStyle, fg="black", bg="lightgreen",
          text = "Dateneingabe (E) und Datenverarbeitung (V)")
        titel.pack(fill="x")
        fr1.pack(fill="x", pady=0)
        fr1a = tkinter.Frame(windowkg, width=400, height=10, relief="sunken", bd=1)
        fontStyle = tkFont.Font(family="Lucida Grande", size=20)
        ematkglbl = tkinter.Label(fr1a, text = "Material eingeben (optional):")
        global ematkg
        ematkg = tkinter.Entry(fr1a)
        ematkg.focus()
        platzkglbl = tkinter.Label(fr1a, text = "Platz eingeben (optional):")
        global platzkg
        platzkg = tkinter.Entry(fr1a)
        bmat1 = tkinter.Button(fr1a, text = "Start Analyse", fg="black",
          bg="lightgreen", command = SELkgstart)
        bmat2 = tkinter.Button(fr1a, text = "Ende Analyse", fg="black",
          bg="red", command = SELkgende)
        bmat3 = tkinter.Button(fr1a, text = "Download Analyse", fg="black",
          bg="lightblue", command = SELkgdown)
        global progkg
        progkg = tkinter.ttk.Progressbar(fr1a, orient=HORIZONTAL, length=200,
          mode='determinate')
        ematkglbl.grid(row=0, column=0, sticky=W)
        ematkg.grid(row=0, column=1, sticky=W)
        platzkglbl.grid(row=1, column=0, sticky=W)
        platzkg.grid(row=1, column=1, sticky=W)
        bmat1.grid(row=2, column=0, sticky=W)
        progkg.grid(row=2, column=1, sticky=W)
        bmat3.grid(row=2, column=2, padx=75, sticky=E)
        bmat2.grid(row=2, column=3, padx=75, sticky=E)
```

```
        fr1a.pack(fill="x", pady=0)

#.... Frame 3 zur Anzeige der Ergebnisse
        fr3 = tkinter.Frame(windowkg, width=400, height=200, relief="sunken", bd=1)
        fontStyle = tkFont.Font(family="Lucida_Grande", size=20)
        titel3 = tkinter.Label(fr3, font=fontStyle, fg="black", bg="lightgreen",
         text = "Datenanzeige_(A)")
        global info3kg
        info3kg = tkinter.Text(fr3, width=100, height=25, background="lightblue")
        titel3.pack(fill="x")
        fr3.pack(fill="x", pady=50)
        info3kg.pack(fill="x")
#.... Bild auffrischen
        root.mainloop()

#... Funktionsausführungen bei der Kühlgutanalyse
#.... Ende der Analyse
def SELkgende():
    windowkg.destroy()
    root.state('zoomed')
#.... Start der Analyse
def SELkgstart():
    progkg['value']=0
    info3kg.delete(1.0, "end")
    mat = str(ematkg.get())
    initialmat = 0
    initialpla = 0
    if mat != "":
     toSelectmat = lvs.db.matstamm.select({'Material':mat})
     initialmat=len(toSelectmat)
     if initialmat == 0:
      tkinter.messagebox.showerror(title="Fehler", message="Das_Material_"
       + mat + "_ist_unbekannt!")
      return
    pla = str(platzkg.get())
    if pla != "":
     toSelectpla = lvs.db.plaetze.select({'Platz':pla})
     initialpla=len(toSelectpla)
     if initialpla == 0:
      tkinter.messagebox.showerror(title="Fehler", message="Der_Platz_"
       + pla + "_ist_unbekannt!")
      return
#.... eigentliche Kühlgutanalyse
#.... selektiere alle Gebinde im Lager
    info3kg.insert("end", "Ergebnisse_der_Kühlgutanalyse:_\n")
    info3kg.insert("end", "***_\n_")
    info3kg.insert("end", "\n")
    toSelect2 = lvs.db.gebinde.select({'Status':'L'})
    for row2 in toSelect2:
#.... Platz und Material beachten aus Selektion
        if initialmat != 0:
         if mat != row2['Material']:
          info3kg.insert("end", "Material_" + row2['Material']
           + "_nicht_beachtet._\n")
          info3kg.insert("end", "***_\n_")
          continue
        if initialpla != 0:
         if pla != row2['Platz']:
          info3kg.insert("end", "Platz_" + row2['Platz']
           + "_nicht_beachtet._\n")
          info3kg.insert("end", "***_\n_")
          continue
        toSelect4 = lvs.db.matstamm.select({'Material':row2['Material']})
        for row4 in toSelect4:
#.... nur die mit einem Kuehlgutmaterial relevant
            if row4['Kuehlpflicht'] == 'JA':
#.... ermittle Materialtemperatur-Intervall
                info3kg.insert("end", "Kuehlpflicht_vorhanden_für
_____Material_" + row4['Material'] + ':_' + row4['vonTemp'] + "°C_bis_"
        + row4['bisTemp'] + "°C._\n")
                toSelect6 = lvs.db.plaetze.select({'Platz':row2['Platz']})
```

```
        for row6 in toSelect6:
#.... ermittle Temperatur vom Platz
            info3kg.insert("end", "Platz " + row6['Platz'] + " mit Temperatur "
                + row6['Temperatur'] + "°C. \n")
#.... Prüfe Temperatur
            if row6['Temperatur'] == "ungeprüft":
                info3kg.insert("end", "Platz nicht tempariert. Gebinde " + row2['Nummer']
                    + " bitte umlagern oder verschrotten. \n")
            elif float(row6['Temperatur']) < float(row4['vonTemp']):
                info3kg.insert("end", "Temperatur-Untergrenze verletzt. Gebinde "
                    + row2['Nummer'] + " bitte umlagern oder verschrotten. \n")
            elif float(row6['Temperatur']) > float(row4['bisTemp']):
                info3kg.insert("end", "Temperatur-Obergrenze verletzt. Gebinde "
                    + row2['Nummer'] + " bitte umlagern oder verschrotten. \n")
            else:
                info3kg.insert("end", "Alles okay. Gebinde " + row2['Nummer']
                    + " bitte stehen lassen. \n")
            info3kg.insert("end", "*** \n ")
            info3kg.insert("end", "\n ")
    info3kg.insert("end", "\n")
    info3kg.insert("end", "Ende der Kühlgutanalyse \n")
    info3kg.insert("end", "*** \n ")
    progkg['value']=200
    return
#.... Start Download
def SELkgdown():
    content = info3kg.get("1.0", "end")
    files = [('Text Document', '*.txt')]
    filename = asksaveasfile(initialdir = "/",
        initialfile="Protokoll_Kuehlgut_" +
        time.strftime("%d_%m_%Y_%H_%M_%S"),
        filetypes = files, defaultextension = files)
    if filename == "":
        return
    file = open(filename.name, 'w')
    file.write(content)
    file.close()
    return
#Kühlgutauswertung ... Ende ..................................................
```

Der SMILE-Prototyp zeigt nach der Python-Programmierung folgenden Bildschirm:

Kapitel 5 · Python-GUI-Dialoge mit TKINTER

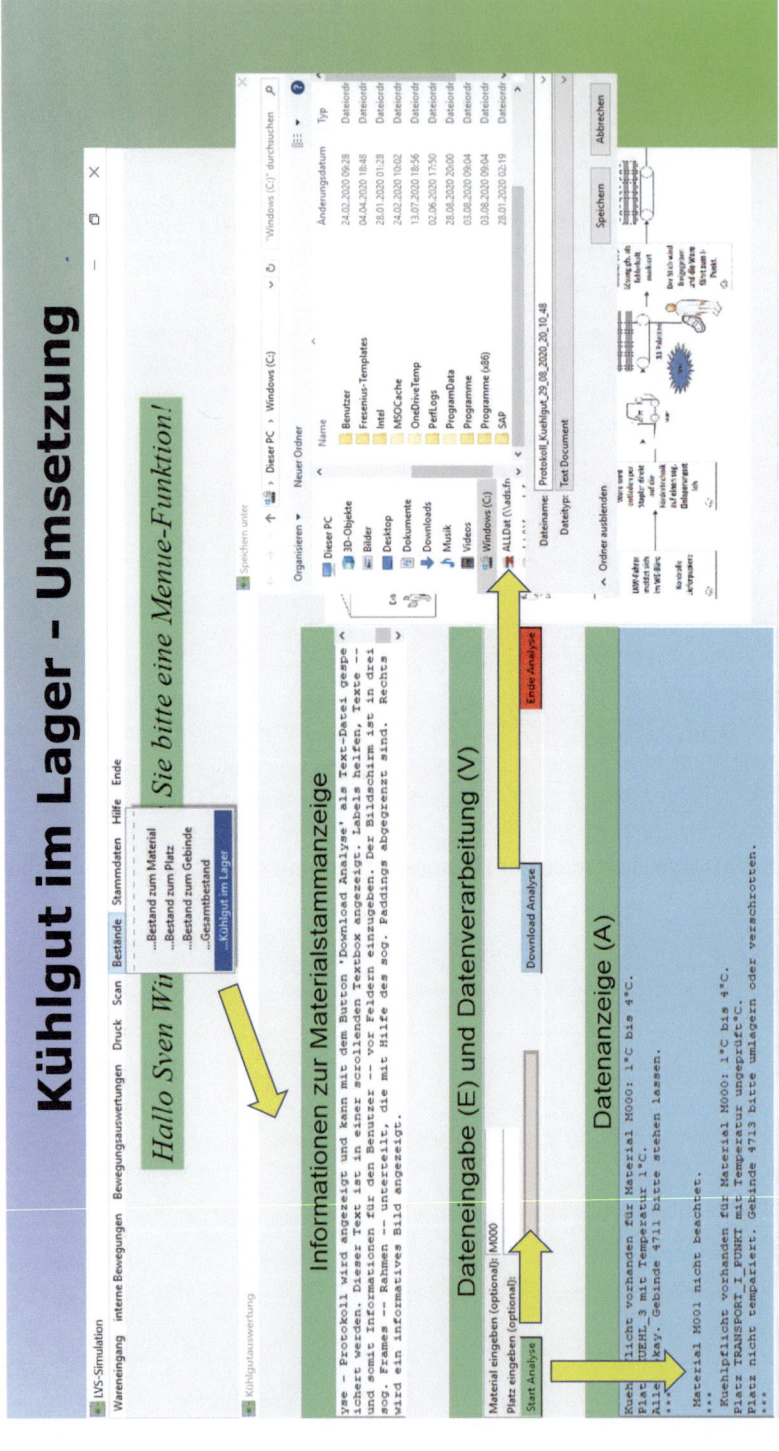

5.3.9 Stammdaten

Dieser Abschnitt beinhaltet eigentlich diverse Abläufe in Python nebst Programmierkonzept für die **'Anzeige von Stammdaten'** zu Materialien, Charge, Lagerplätzen, Nummernkreisen, Fehlercodes am WE-Stich und am I-Punkt. Betrachtet wird allerdings exemplarisch nur der **'Materialstamm'**. Die anderen Themenkreise sind im GUI-Vertiefungsband zur Python-Programmierung in der SMILE-Reihe aufgeführt.

5.3.9.1 Materialien
Das **'GUI-Konzept'** zur Materialstammanzeige zeigt die folgende Grafik:

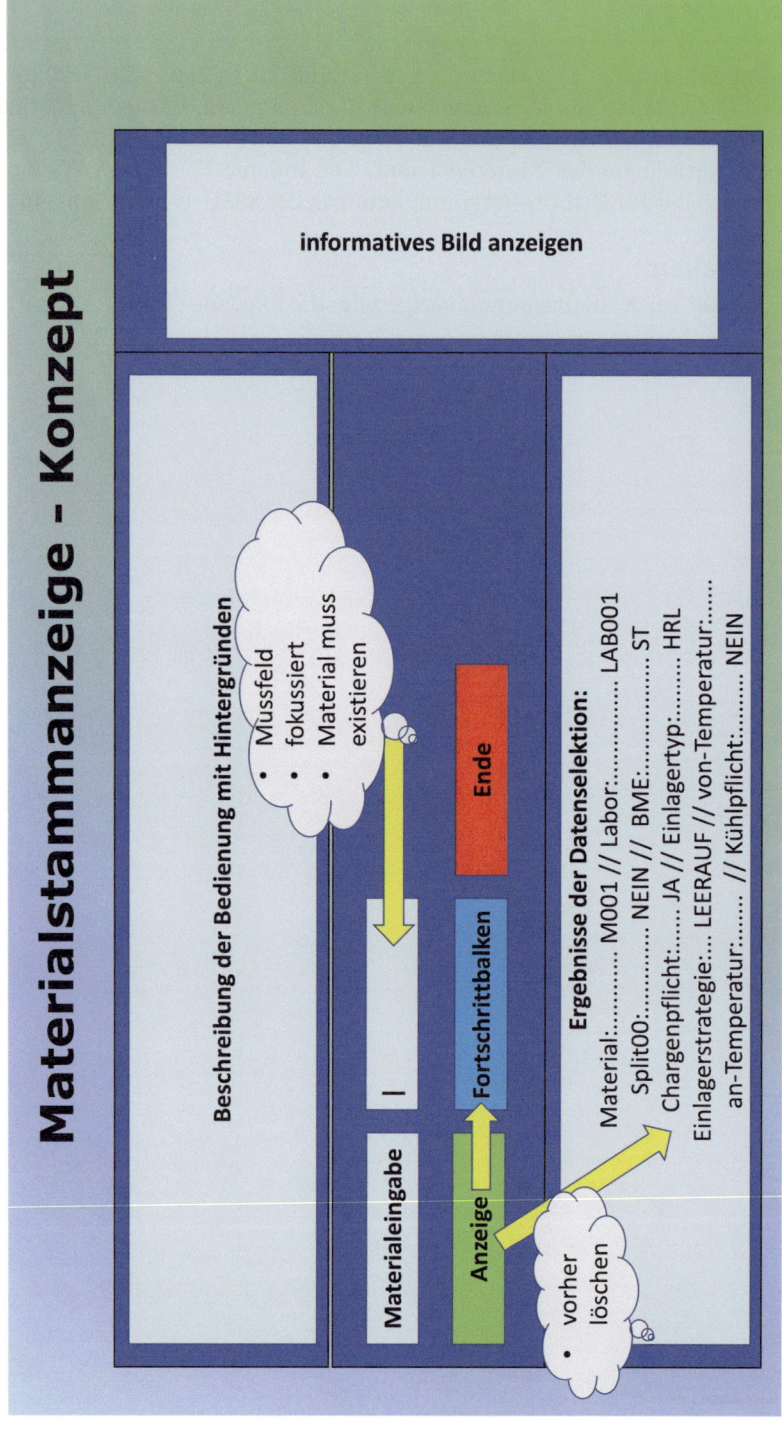

Zur Umsetzung der Programmierung werden folgende Objekte bzw. Grundlagen aus TKINTER als **'Implementierungskonzept'** zusammengestellt:

(i) *Prüfung des Logins*

    (1) Abfrage des lokalen Login-Parameters ('login=X' muss erfüllt sein)
    (2) ggfs. Anzeige einer Messagebox vom Typ Fehler mit aussagekräftigem Text (tkinter.messagebox.showerror())

(ii) *Fenstererzeugung*

    (1) Einrichten eines Sub-Fenster bezogen auf das Menü-Fenster (window.Toplevel(root))
    (2) Setzen von Attributen für das Sub-Fenster wie Titel, Status und Icon (fenstername.title(), fenstername.state(), fenstername.iconbitmap())

(iii) *Rahmenunterteilung*

    (1) drei Rahmen mit dem Rahmen-widget (tkinter.Frame(subfenster))
    (2) Abstand zwischen den Fenstern mit der padx-Funktion (rahmenname.pack(...padx=25))

(iv) *Inhalt Rahmen – Oben*

    (1) Titel als Label-widget mit Font-Style groß und grün (tkinter.Label())
    (2) Nutzung des Text-widget mit Scrollfunktion (tkinter.scrolledtext())
    (3) Befüllung mit der insert-Methode (widgetname.insert())
    (4) Platzierung mit dem Pack-Manager (widgetname.pack())

(v) *Inhalt Rahmen – Mitte*

    (1) Titel analog wie vorher
    (2) Nutzung Label-widget für Materialeingabe als Text (tkinter.Label(text=...))
    (3) Nutzung Entry-widget für Materialeingabe als Feld (tkinter.Entry())
    (4) Fokussierung auf Materialeingabe mit der focus-Methode (widgetname.focus())
    (5) Fortschrittsbalken mit progressbar-widget (tkinter.Progressbar())
    (6) Nutzung des Button-widget für die Selektion in grün bzw. das Beenden in rot (tkinter.Button(text=..., bg=green, command=selektion))
    (7) Platzierung mit dem Pack-Manager (widgetname.pack())

(vi) *Inhalt Rahmen – Unten*

    (1) gleiche Titelanzeige wie zuvor
    (2) Anzeige der Selektion als Text-widget (tkinter.text())
    (3) Befüllung mit der insert-Methode (widgetname.insert())

(4) Platzierung mit dem Pack-Manager (widgetname.pack())

(vii) *Anzeige informatives Bild rechts*

(1) Nutzung des Label-widgets mit der image-Funktion (tkinter.Label(..., image=Datei))
(2) Platzierung mit dem Pack-Manager (widgetname.pack())

(viii) *Ablauf Drucktaste zur Anzeige der Materialstammdaten*

(1) Progressbalken auf Null setzen (balkenname['value']=0)
(2) vorherige Anzeige löschen (textname.delete(1.0, ënd"))
(3) Materialeingabe Muss, sonst Fehleranzeige mit messagebox (siehe oben)
(4) Selektion des Materialstammes mit lvs-get-Methode
(toSelect2 = lvs.db.matstamm.select('Material':str(materialfeld.get())))
(5) Fehleranzeige, wenn kein Material selektiert worden ist, dabei die Länge prüfen (siehe oben)
(6) Anzeige mit insert füllen (for row in to select2: anzeige.insert(ënd", ...row['...']...)
(7) Progressbalken setzen, und zwar auf 100 (siehe oben)

(ix) *Ablauf Drucktaste zum Beenden der Materialstammanzeige*

(1) aktuelles Fenster zerstören (windowname.destroy())
(2) Menü-Fenster wieder vergrößern (root.state())

Die **'Implementierung'** in Python:

Python-Quellcode 5.9   Materialstammanzeige GUI

```
#Stammdaten zum Material ... Anfang ..................................
def STAMMmat():
      if login != "x":
          tkinter.messagebox.showerror(title="Fehler",
            message="Bitte erst Login durchführen!")
          return
#.... Neues Fenster mit Einstellungen
      global window
      window = tkinter.Toplevel(root)
      window.title("Stammdaten zum Material anzeigen")
      window.state('zoomed')
      root.state('iconic')
      window.iconbitmap(r"Logo.ico ")
#.... Noch falsches Bild
      logo = Image.open(r"avisiert.gif ")
      logo = logo.resize((500,500), Image.ANTIALIAS)
      photoImg = ImageTk.PhotoImage(logo)
      x=tkinter.Label(window, compound = CENTER,
        image=photoImg).pack(side="right")

#.... Informationen
      fr4 = tkinter.Frame(window, width=200, height=4,
        relief="sunken", bd=1)
      fontStyle = tkFont.Font(family="Lucida Grande", size=20)
      titel4 = tkinter.Label(fr4, font=fontStyle, fg="black",
        bg="lightgreen", text = "Informationen zur Materialstammanzeige")
      info4 = tkinter.scrolledtext.ScrolledText(fr4, width=100, height=5)
```

```
        info4.insert("end", "Mit dieser Funktion wird nach Eingabe
      einer Materialnummer mit der Taste")
        info4.insert("end", " 'Datenselektion ausführen' der zugehörige
      Materialstamm selektiert und dann")
        info4.insert("end", " in einer Textbox angezeigt. Mit der Funktion
      'Materialstamm verlassen'")
        info4.insert("end", " kehrt der Benutzer zum Ausgangsmenü zurück.
      Die Materialstamm-Funktionalität folgt dem 'EVA-Prinzip',")
        info4.insert("end", " also dem Konzept 'Eingabe-Verarbeitung-Anzeige'.
      Bei der Verarbeitung wird das")
        info4.insert("end", " Material   als Entry-(Eingabe-)Feld definiert —
      geprüft (Mussfeld und Existenz) und ggfs. eine Fehlermeldung ausgegeben.")
        info4.insert("end", " Der Progress-Balken deutet den Verarbeitungsfortschritt an.
      Mit Hilfe des eingegeben Materials werden die Materialstammdaten")
        info4.insert("end", " selektiert (aus der Tabelle 'matstamm') und die Felder
      nebst Inhalt angegeben. Dieser Text ist in einer")
        info4.insert("end", " scrollenden Textbox angezeigt. Labels helfen, Texte —
      und somit Informationen für den Benutzer — vor Feldern einzugeben.")
        info4.insert("end", " Der Bildschirm ist in drei sog. Frames — Rahmen —
      unterteilt, die mit Hilfe des sog. Paddings abgegrenzt sind.")
        info4.insert("end", " Rechts wird ein informatives Bild angezeigt.")
        titel4.pack(fill="x")
        info4.pack(fill="x")
        fr4.pack(fill="x", pady=50)

#.... Frame 1 zur Datenselektionseingabe
        fr1 = tkinter.Frame(window, width=400, height=10, relief="sunken", bd=1)
        fontStyle = tkFont.Font(family="Lucida Grande", size=20)
        titel = tkinter.Label(fr1, font=fontStyle, fg="black", bg="lightgreen",
            text = "Dateneingabe (E) und Datenverarbeitung (V)")
        ematlbl = tkinter.Label(fr1, text = "Bitte das Material eingeben:")
        global emat
        emat = tkinter.Entry(fr1)
        emat.focus()
        bmat1 = tkinter.Button(fr1, text = "Datenselektion ausführen", fg="black",
            bg="lightgreen", command = SELmat)
        bmat2 = tkinter.Button(fr1, text = "Materialstamm verlassen", fg="black",
            bg="red", command = SELende)
        global prog
        prog = tkinter.ttk.Progressbar(fr1, orient=HORIZONTAL, length=200,
            mode='determinate')
        titel.pack(fill="x")
        ematlbl.pack(side=LEFT)
        emat.pack(side=LEFT)
        bmat1.pack(side=LEFT)
        bmat2.pack(side=RIGHT)
        prog.pack()
        fr1.pack(fill="x", pady=50)

#.... Frame 3 zur Anzeige der Ergebnisse
        fr3 = tkinter.Frame(window, width=400, height=200, relief="sunken", bd=1)
        fontStyle = tkFont.Font(family="Lucida Grande", size=20)
        titel3 = tkinter.Label(fr3, font=fontStyle, fg="black", bg="lightgreen",
            text = "Datenanzeige (A)")
        global info3
        info3 = tkinter.Text(fr3, width=100, height=25, background="lightblue")
        titel3.pack(fill="x")
        fr3.pack(fill="x", pady=50)
        info3.pack(fill="x")
#.... Bild auffrischen
        root.mainloop()

#... Funktionsausführungen beim Materialstamm
#.... Ende der Stammdaten
def SELende():
    window.destroy()
    root.state('zoomed')
#.... Selektion und Anzeige der Stammdaten
def SELmat():
        prog['value']=0
        info3.delete(1.0, "end")
```

```
            material = str(emat.get())
            if material == '':
              tkinter.messagebox.showerror(title="Fehler",
                message="Bitte ein Material eingeben!")
              return
            toSelect2 = lvs.db.matstamm.select({'Material':material})
            initial=len(toSelect2)
            if initial == 0:
              tkinter.messagebox.showerror(title="Fehler",
                message="Das Material " + material + " ist unbekannt!")
              return
            if initial != 0:
              info3.insert("end", "Ergebnisse der Datenselektion: \n")
              info3.insert("end", "\n")
              for row in toSelect2:
                help = "Material:............ " + row['Material'] + "\n"
                info3.insert("end", help)
                help = "Labor:............... " + row['Labor'] + "\n"
                info3.insert("end", help)
                help = "Split00:............. " + row['Split00'] + "\n"
                info3.insert("end", help)
                help = "BME:................. " + row['BME'] + "\n"
                info3.insert("end", help)
                help = "Chargenpflicht:...... " + row['Chargenpflicht'] + "\n"
                info3.insert("end", help)
                help = "Einlagertyp:......... " + row['Einltyp'] + "\n"
                info3.insert("end", help)
                help = "Einlagerstrategie:... " + row['Einlstrat'] + "\n"
                info3.insert("end", help)
                help = "von-Temperatur:...... " + row['vonTemp'] + "\n"
                info3.insert("end", help)
                help = "an-Temperatur:....... " + row['bisTemp'] + "\n"
                info3.insert("end", help)
                help = "Kühlpflicht:......... " + row['Kuehlpflicht'] + "\n"
                info3.insert("end", help)
                prog['value']=200
            return
#Stammdaten zu Material...Ende.................................................
```

Nach Umsetzung im SMILE-Prototyp ist die **'Bildschirmanzeige'** (nebst zweier Fehlermeldungen bei falscher Materialeingabe) als folgendes Bild dargestellt:

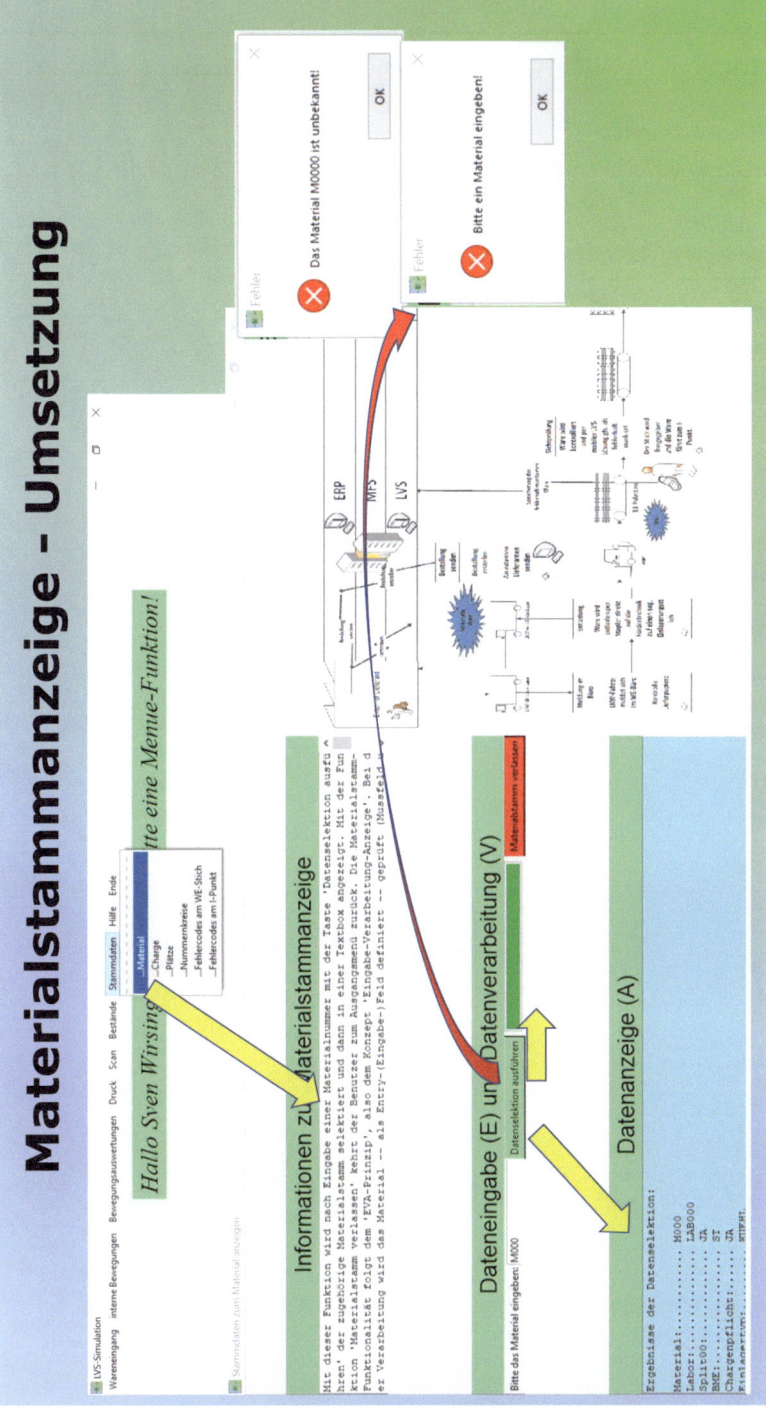

5.3.10 Hilfe

Unter dem Menüpunkt **'Hilfe'** wird eine **'Versions-Info'** angezeigt.

5.3.10.1 Versions-Info

Die Versions-Info wird in einer Messagebox vom Typ **'Info'** dargestellt, die nach Benutzung der Taste **'OK'** wieder geschlossen wird.

Python-Quellcode 5.10   Versions-Info GUI

Menü:

```
helpmenu = Menu(menu)
menu.add_cascade(label="Hilfe", menu=helpmenu)
helpmenu.add_command(label="...Versions-Info", command=About)
```

Unterprogramm 'About':

```
#Anfang..About.............................................
def About():
    message = "Titel: LVS-Prototyp 'SMILE' \n"
    message += "Art: GUI\n"
    message += "Version: 1.00\n"
    message += "Autoren: Alexander Mair, Sven Wirsing"
    messagebox.showinfo("info", message)
    root.mainloop
#Ende..About................................................
```

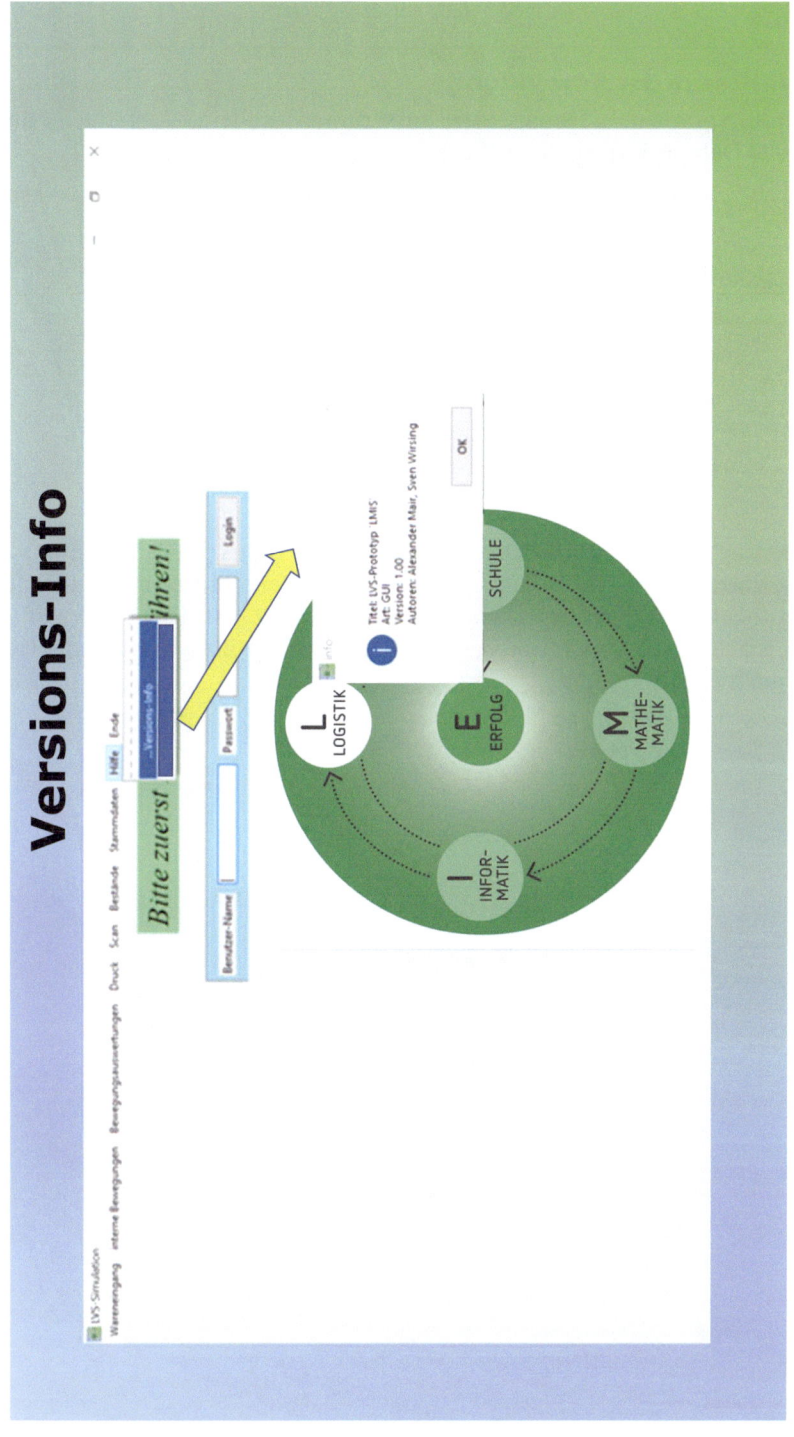

5.3.11 Ende

5.3.11.1 Verlassen der Anwendung

Um den Prototyp aus dem Hauptfenster zu verlassen, sollte im Menü der Punkt **'Schließen und Datensicherung'** unter **'Ende'** benutzt werden:

Python-Quellcode 5.11   Ende des Prototyps GUI

```
Menü:

endemenu = Menu(menu)
menu.add_cascade(label="Ende", menu=endemenu)
endemenu.add_command(label="...Schließen_und_Datensicherung", command=destroy)

Unterprogramm 'destroy':

#Root-Fenster schließen Anfang.....................................
def destroy():
    lvs.db.sichern()
    root.destroy()
#Root-Fenster schließen Ende.......................................
```

Mit dem **'destroy'**-Befehl wird das Fenster verlassen und die aktuellen Daten werden mit **'lvs.db-sichern'** in den Datenbank-Tabellen gespeichert. Mit dem **'print'**-Befehl wird ein Protokoll zur Datensicherung ausgegeben. Schließt man das Fenster auf andere Weise, gehen diese Daten verloren, da keine Sicherung vollzogen wurde. Folgendes Bild visualisiert das Coding:

5.3 · Informatik

Schliessen und Datensicherung

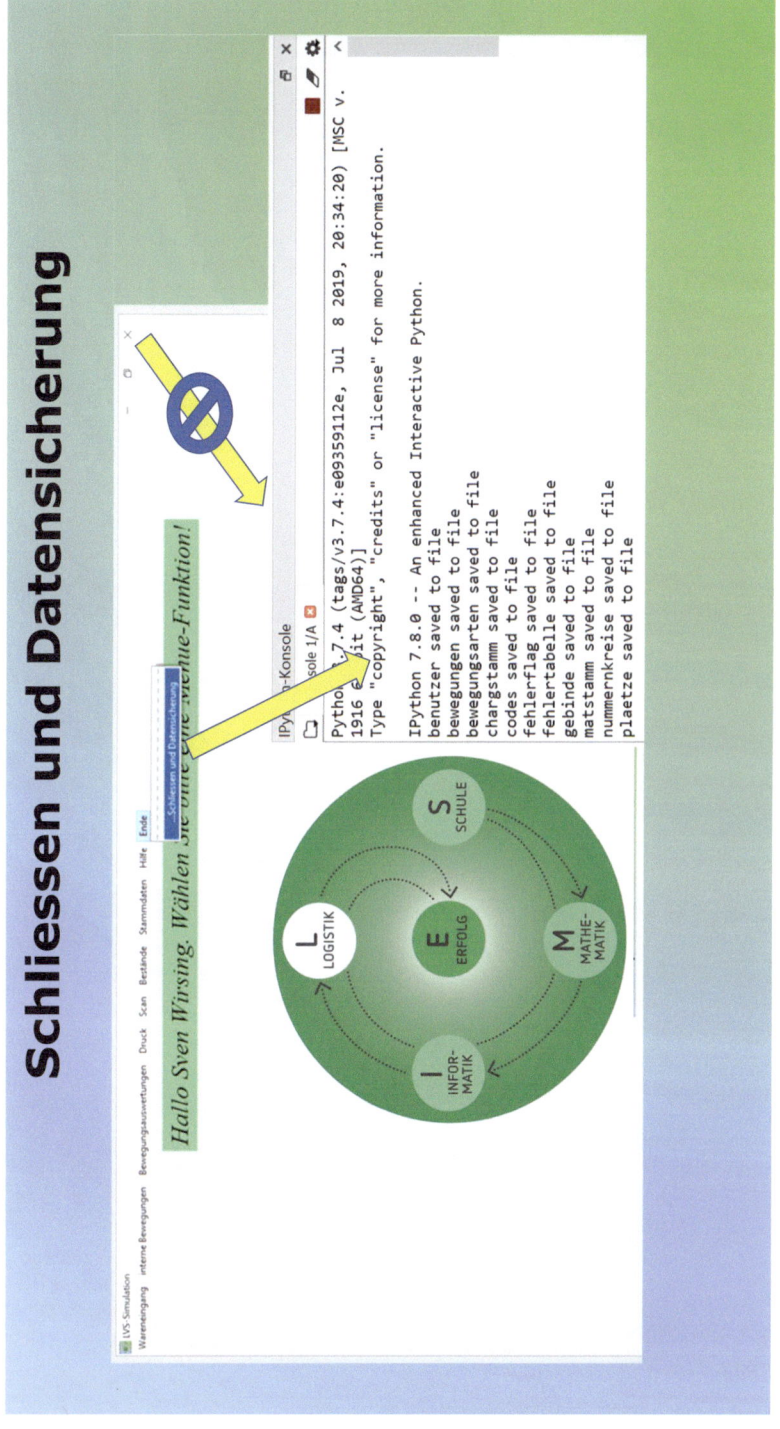

Disposition von LKWs für Auslieferungen

Inhaltsverzeichnis

6.1   Logistik – 336
6.1.1   Hintergründe – 336
6.1.2   Prozess-Diagramm – 353
6.1.3   Prozess-Beschreibung – 354
6.1.4   Problemstellung – 355

6.2   Mathematik – 357
6.2.1   Theoretischer Hintergrund – 357
6.2.2   Praxistransfer – 423

6.3   Informatik – 428
6.3.1   Ausschreibung –Kundenanforderung – 428
6.3.2   Angebot mit grober Schätzung und Präsentation – 429
6.3.3   Angebotsannahme –Design –Pflichtenheft – 431
6.3.4   Python-Implementierung –DS – 447

© Der/die Herausgeber bzw. der/die Autor(en), exklusiv lizenziert an Springer-Verlag GmbH, DE, ein Teil von Springer Nature 2025
S. Wirsing, *Kompaktband Logistik*, Schule für Mathematik, Informatik, Logistik und Erfolg, https://doi.org/10.1007/978-3-662-69945-4_6

6.1 Logistik

6.1.1 Hintergründe

In diesem Abschnitt werden logistische Begriffe und Vorgänge, die für das Verständnis der **'LKW-Disposition'** nötig sind, beschrieben.

6.1.1.1 Kundenanforderung

Die **'Disposition'** von LKWs für Auslieferungen ist in den **'Auslieferprozess'** eingebettet. Der Auslieferprozess beginnt mit Anfrage eines Kunden. Diese kann per Mail, Telefon, E-Mail oder via technischer Schnittstelle ausgelöst werden. Die oben genannten Eingaben münden in einen **'Kundenauftrag'**. Die Kundenanforderung bzw. der Kundenauftrag führt automatisch zu den bekannten 8 grundlegenden Fragen innerhalb der Logistik (8R):

(i) (R1) Das richtige Gut
(ii) (R2) Zur richtigen Zeit
(iii) (R3) In der richtigen Menge
(iv) (R4) In der richtigen Qualität
(v) (R5) Zu den richtigen Kosten
(vi) (R6) Beim richtigen Kunden
(vii) (R7) Am richtigen Ort
(viii) (R8) Richtig entsorgt.

Die Fragen klären eigenständig: **'Was ist Logistik'** (siehe Grundlagenkapitel).

Ein Kundenauftrag heißt IT-seitig auch oft **'Verkaufsbeleg'**. Er ist Objekt des **'Vertriebes'** (Sales and Distribution = SD im Englischen). Mit ihm können **'Geschäftsvorfälle'** im Verkauf abgebildet werden. Ein Verkaufsbeleg besteht aus einem Belegkopf mit Daten, die für den gesamten Beleg gelten, und einer beliebigen Anzahl von Belegpositionen mit den Daten der Waren oder Leistungen, die der Kunde bezieht. Man unterscheidet zwischen folgenden Gruppen von Verkaufsbelegen: Anfrage, Angebot, Auftrag, Rahmenvertrag (Kontrakte und Lieferpläne), Reklamationen (Retouren, Gutschrift- und Lastschriftanforderungen).

Zu einem Kundenauftrag wird im nächsten Schritt eine **'Auslieferung'** angelegt, mit der die Ware im Lager von Lagerplätzen entnommen = **'kommissioniert'**, verpackt, verladen und zum Kunden transportiert wird. Aus der Anforderung des Kunden, dem Kundenauftrag, der in seiner Ansprache an den Lieferanten als **'Informationsfluss'** angenommen wurde und zur Auftragserfüllung ein logistischen Werdegang ausgelöst hat, wird jetzt durch die Auslieferung ein **'Warenfluss'** generiert. Die Auslieferung ist fester Bestandteil der Logistik (LE= Logistics Execution im Englischen) und beinhaltet erneut die wesentlichen Informationen R1–R8 (ausgenommen R5: Kosten sind kein Bestandteil der Logistik).

Zum **'Transport'** der Waren kann sich der Lieferant eines **'externen Transportdienstleisters'** bedienen, der mit seiner **'LKW-Flotte'** die Waren zum Kunden transportiert. Eine **'Spedition'** ist ein Dienstleistungsunternehmen, das die Versendung von Waren durchführt. Dieses umfasst originär die Organisation der Beförderung im Güterverkehr. Der **'Spediteur'** ist dabei Anbieter der Transportleistungen per Eisenbahn, LKW, Flugzeug, Transportrad, See- oder Binnenschiff, die er häufig von

'Frachtführern' (Carriern) einkauft. Speditionen bieten meist weitere auf die Beförderung und den Umschlag bezogene Dienstleistungen an. Nicht nur der Einkauf einzelner Beförderungsleistungen, sondern die Organisation komplexer Dienstleistungspakete aus Transport, Umschlag, Lagerung und logistischer Zusatzleistungen stehen im Mittelpunkt des Geschäfts einer modernen Spedition. Das Speditionsgewerbe ist in zahlreiche Gruppen von Spezialisten gegliedert. Die Bandbreite reicht vom national wie international tätigen Seefracht-, Luftfracht-, Kraftwagen-, Bahn- und Binnenschifffahrts-Spediteur. Die Leistungsbereiche Lebensmittel-, Sammelgut-, Projekt- bis hin zum Zollspediteur werden ebenfalls abgedeckt. Trotz nuancierter Spezialangebote wickeln fast alle deutschen Speditionen ihre Geschäfte auf Grundlage der Allgemeinen Deutschen Spediteurbedingungen als branchenübliche Geschäftsbedingungen ab. Nur dort, wo Verbraucher an der Transportabwicklung beteiligt sind, finden sich auch andere Geschäftsbedingungen, wie in der Möbel- und Umzugsspedition oder bei **'Paketdienstleistern'**. Natürlich kann das Transportieren auch mit einer dem Lieferanten gehörenden eigenen Flotte durchgeführt werden.

Nicht zu verwechseln mit dem abstrakten Objekt der Auslieferung ist der Terminus des **'Lieferscheins'**. Dieser ist ein Formular, das die wichtigsten Daten in gedruckter Form zur Auslieferung beinhaltet und dem LKW-Fahrer für den Kunden mitgegeben wird. Die Lieferung (auch Auslieferung; englisch delivery) ist dann schließlich die Übergabe von Waren durch den Lieferanten oder in dessen Auftrag durch Logistikdienstleister oder Postunternehmen an den Kunden.

6.1.1.2 LKWs

Um den **'Transport'** der Waren zum Kunden durchführen zu können, sind Beförderungsmittel, wie etwa **'LKWs'** (LKW = Lastkraftwagen), Züge, Schiffe, Flugzeuge, etc. notwendig. In diesem Beispiel soll der Transport mittels LKWs genauer untersucht werden, da diese bei logistischen Fragestellungen zu den Haupt-Transportmitteln gehören.

Zur Klärung des Terminus LKW und der dafür notwendigen anderen Begriffe wird auf die Definition in Wikipedia Bezug genommen: Als **'KFZ'** (KFZ = Kraftfahrzeug) wird ein durch einen Motor angetriebenes, nicht an Schienen gebundenes Fahrzeug (wie Kraftwagen, Krafträder und Zugmaschinen) bezeichnet.

Ein **'NFZ'** (NKW = Nutzfahrzeug) ist ein Kraftfahrzeug, das nach seiner Bauart und Einrichtung zum Transport von Personen oder Gütern bestimmt ist, oder zum Ziehen von Anhängern, aber kein Kraftrad ist, sondern beispielsweise ein Omnibus, ein Lastkraftwagen, eine Zugmaschine oder ein Kranwagen.

Ein **'Lastkraftwagen = LKW'**, kurz Lastwagen oder Lastauto, umgangssprachlich Laster, ist ein zu den Nutzfahrzeugen gehörendes Kraftfahrzeug, mit dem Güter befördert werden. Ein Lastkraftwagen kann auch mit einem Anhänger betrieben werden; dieses Gespann nennt man Lastzug, der Lastkraftwagen in dieser Kombination heißt dann Motorwagen. Falls die Zugmaschine kurz ist und der Anhänger darauf aufgelegt wird, heißt das Gespann Sattelzug. Die zum Straßenverkehr zugelassenen Kraftfahrzeuge zur Güterbeförderung unter 2,8 t zulässigem Gesamtgewicht sowie Spezialfahrzeuge wie Schwertransportfahrzeuge oder große Mobilkrane werden nicht als LKW bezeichnet.

LKWs müssen verschiedenste Güter transportieren, wie z. B. gekühlte Lebensmittel und pharmazeutische Produkte, gefährliche Flüssigkeiten wie Säuren und Benzin, normale Handelswaren auf Paletten, Getreide als Schüttgut, Milch in Tanks, elektronische Geräte, usw. Deswegen gibt es auch diverse **'Arten von LKWs'**, um diese unterschiedlichen Güter und deren Anforderungen zu bewegen, wie etwa:

(i) Einzelfahrzeug 7,5-t-LKW mit Kofferaufbau, Klein-LKW
(ii) 18-Tonner, 26-Tonner, 40-Tonner
(iii) Containertransport
(iv) Autotransporter
(v) Doppelstock-LKW
(vi) Gliederzug inkl. Anhänger
(vii) Wechselbrücken-LKW
(viii) Betonmischer
(xi) Thermo-LKW, LKW-Thermozug
(x) LKW Gefahrgut-Ausstattungen
(xi) Tankfahrzeug, Tankzug
(xii) Sattelzüge
(xiii) Kippfahrzeug
(xiv) Schüttgut-LKW.

Für das vorliegende logistische Dispositions-Problem soll im Folgenden von einem **'quader-ähnlichen'** LKW-Aufbau ausgegangen werden. Dabei sind die Charakteristika eines LKWs von besonderer Bedeutung. Insbesondere:

(i) *die Nutzlast, die zum Beladen erlaubt ist:*
'**Nutzlast**' ist die Last, die ein LKW aufnehmen kann, bis die maximal zulässige Gesamtmasse erreicht ist. Sie entspricht der Masse der **'Zuladung'** – auch **'Ladungsgewicht'** genannt –, die maximal transportiert werden kann. Die **'Gesamtmasse'** eines LKWs ist die Summe aus seinem **'Leergewicht'** und dem **'aktuellen Ladungsgewicht'**.
Zusätzlich ist eine weitere Nebenbedingungen zu beachten: die sog. **'Achslast'** nicht überschritten werden. Die Achslast (auch Achsfahrmasse, Radsatzfahrmasse oder Radsatzlast genannt) eines Fahrzeugs ist jener Anteil der Gesamtmasse, der auf eine Achse bzw. einen Radsatz dieses Fahrzeugs entfällt.
Gebräuchliche Einheiten für Massen sind Kilogramm (kg) und Tonnen (t). Demzufolge kann bspw. ein 7,5-t-LKW nicht 7,5 t Ladung aufnehmen, sondern nur etwa 2-3 t, ein 18-Tonner etwa 10 t, ein 26-Tonner etwa 12 t und ein 40-Tonner etwa 25 t.
Es gibt in der Straßenverkehrs-Zulassungs-Ordnung (StVZO) ein **'Regelwerk'** für die Nutzlasten. Bei Nichtbeachtung drohen Unfälle. Nichteinhaltung der Nutzlast (also eine Überladung) wird bei Kontrollen mit Bußgeld und Punkten in Flensburg geahndet. Strafe droht dem Fahrer auch, wenn seine Ladung nicht richtig gesichert ist. Für die Ladungssicherung sind physikalische Eigenschaften von großer Bedeutung, auf die in diesem Beispiel nicht eingegangen werden soll.

(ii)   *die innere Abmessungen zum Beladen:*
Hierbei spielen **'L = Länge, B = Breite und H = Höhe'** aller beteiligten Aufbauten des LKW eine Rolle. Paletten dürfen nicht zu hoch sein, und es können auf Grund der Abmessungen auch nicht beliebig viele Paletten transportiert werden.

(iii) *die Anzahl der LKW-Palettenstellplätze:*
Die Anzahl der **'Palettenstellplätze'** eines LKWs wird üblicherweise mit der Einheit **'Europaletten'** angegeben. Ist die Anzahl der zu disponierenden Europaletten bekannt, können die Anzahl der LKWs geschätzt und bestellt werden. Möchte man keine Europaletten, sondern andere Ladehilfsmittel mittransportieren, ist deren Stellplatzverbrauch in den von Europaletten umrechnen. Beispielsweise können statt 2 Europaletten 3 Rollcontainer, aber nur eine übergroße Palette geladen werden.
Für die Beladung eines LKWs wird synonym auch der **'Lademeter'** genannt. Ein Lademeter ist der Quotient der Grundfläche der zu transportierenden Palette und der Breite des LKWs. Beispielsweise hat eine EPAL die Abmessungen 120cmx80cm und ein LKW die Breite 240 cm. Dann ist der Lademeter 0,4 m. Hat ein Sattelauflieger eine Länge von 13,6 m, so kann er 13,6 m/0,4 m = 34 EPAL mitnehmen.

Zur Disposition in SMILE werden zu einem LKW stets
— das maximale Ladungsgewicht (in kg oder t)
— die Abmessungen (in m, dm oder cm) und
— die Anzahl der Palettenstellplätze (in EPAL)

als bekannt vorausgesetzt. Die nächsten Grafiken sollen diese drei Themen visualisieren.

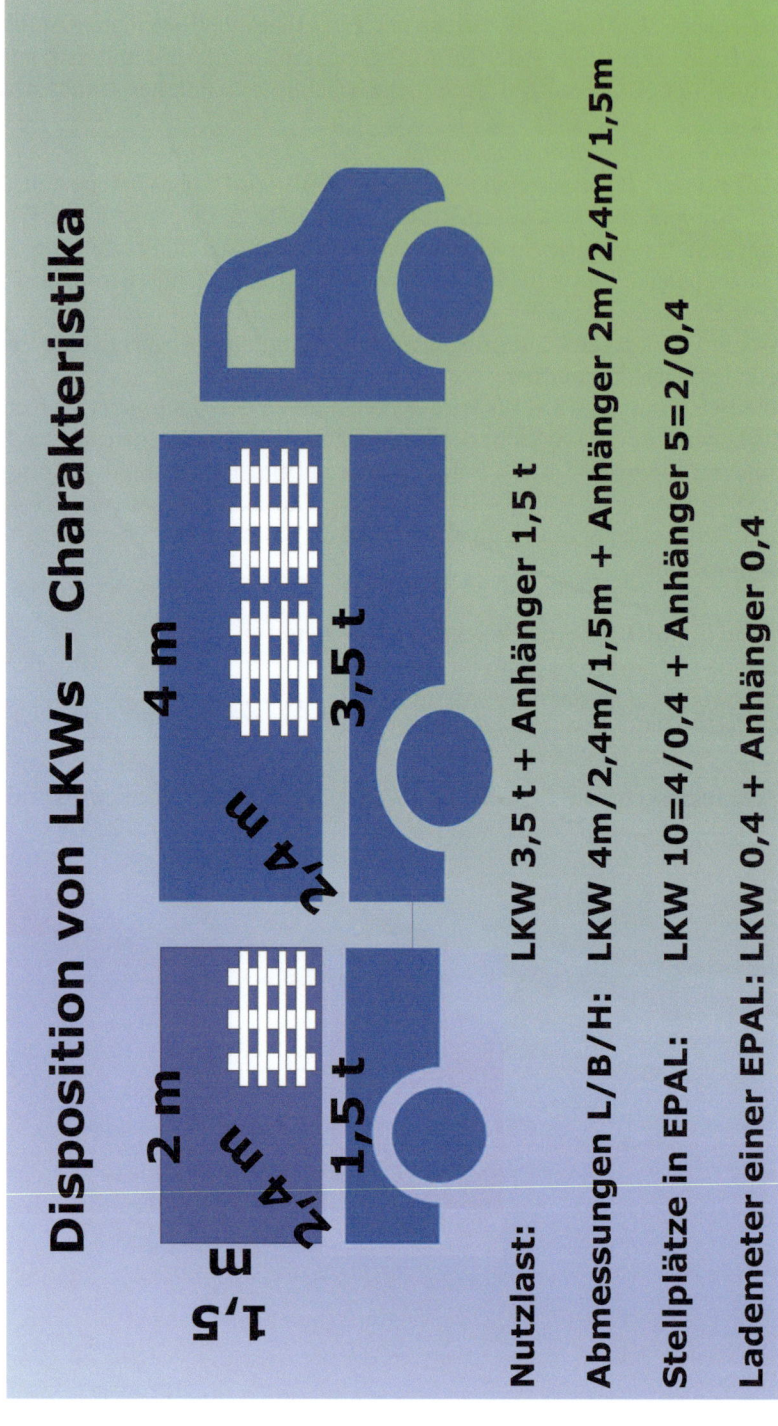

Disposition von LKWs – Beispiele zu den Charakteristika

LKW-Bezeichnung	Nutzlast in t	Länge/Breite/Höhe in mm	Palettenstellplätze in EPAL
Caddy	0,8	2170/1510/1515	2
Sprinter	1,3	4300/1300/1900	5
Sprinter mit Plane	1,3	3200/2050/2250	6
7,5-Tonner	3,2	6050/2450/2350	16
12-Tonner	5,5	7600/2450/3000	18
Sattelzug	24	13600/2450/3000	34
LKW mit/ohne	3,5	4000/2400/1500	10
Anhänger	1,5	2000/2400/1500	5

6.1.1.3 Ladehilfsmittel

Ein **'Ladehilfsmittel = LHM'** – auch Packmittel, Packmaterial, Transportmittel, Lagerhilfsmittel etc. genannt – ist ein Produkt, mit dem andere Güter effizient eingelagert, innerbetrieblich transportiert, kommissioniert, verpackt, verladen und außerbetrieblich transportiert werden können. Dabei werden die Güter auf die Ladehilfsmittel effizient zu sog. **'Gebinden'**, **'LE = Lagereinheiten'**, **'HU = Handling Units'**, **'VSE = Versandeinheiten'** etc. zusammengepackt (siehe Abschnitt Palettenbildung und -aufbau), um anschließend nur noch diese – und nicht mehr die einzelnen Waren – handhaben zu müssen.

Es gibt verschiedene **'Arten von Ladehilfsmitteln'**, wie etwa

(i)   Paletten
(ii) Kisten
(iii) Boxen
(iv) Kartons
(v)   Säcke
(vi) Container
(vii) Rollwagen
(viii) Schachteln
(ix) Verschlage
(x)   Kanister
(xi) Tüten
(xii) Beutel
(xiii) Trays
(xiv) Airbags
(xv) Containersäcke
(xvi) Kleinladungsträger mit/ohne Schutz gegen elektrostatische Entladung.

Einige Ladehilfsmittel sind offen, andere geschlossen gebaut, können einmal oder mehrmals benutzt werden (Einweg bzw. Mehrweg). Manche Hilfsmittel sind aus Holz, Metall, Kunststoff oder anderen Materialien gefertigt. Sie können eine Identifikation in Form eines Barcodes, Senders, etc. besitzen. Zusätzlich können sie eigene aktive Kühlung vollziehen oder durch Hinzugabe von Kühlakkus eine Kühlung für eine gewisse Zeit aufrechterhalten. Manche Hilfsmittel sind für die Verwendung von Gefahrstoffen geeignet.

Neben diesen Merkmalen besitzen die LHMs weitere Eigenschaften, die für eine Lösung von Dispositionsproblemen bedeutsam sein können:

(i)   ihr Eigengewicht
(ii) ihr maximales Ladegewicht
(iii) ihre Abmessungen Länge/Breite/Höhe und
(iv) ihre maximale Ladehöhe.

Im folgenden Schaubild sind beispielhaft einige Daten zu diesen vier Merkmalen bereitgestellt:

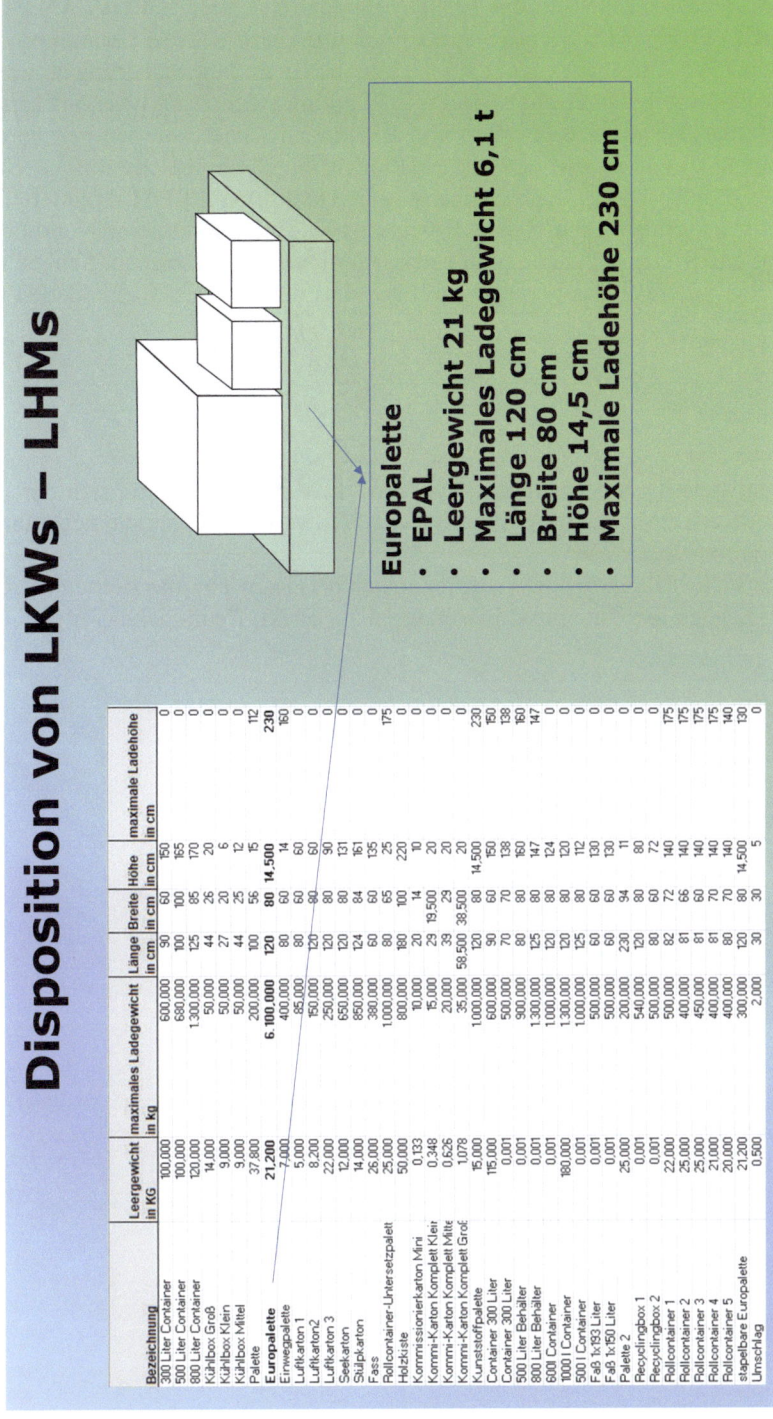

Eines der bekanntesten LHMs ist die **'EPAL = Europalette'**. Die **'EUROPEAN PALLET ASSOCIATION'** wird ebenfalls mit EPAL abgekürzt. Seit der Gründung der EPAL im Jahr 1991 konzentriert sie sich auf den Ausbau und die Sicherung des weltweit erfolgreichsten offenen Poolingsystems für Ladungsträger. EPAL vergibt Lizenzen an sorgfältig geprüfte Produzenten und Reparateure. Diese werden permanent und unabhängig durch externe Prüforganisationen für Qualitätssicherung geprüft. EPAL sichert damit weltweit gleichbleibend hohe Qualität von EPAL-Paletten und -Gitterboxen zu. Darüber hinaus leistet EPAL wertvolle Kommunikations- und Lobbyarbeit, um das System nachhaltig zu stärken und weiter auszubauen. Schließlich optimiert EPAL in enger Kooperation mit den Marktteilnehmern vorhandene Produkte und entwickelt neue Lösungen. Auf [QR-Code] kann sich der Leser einige weitere LHMs, die unter dem Label EPAL vertrieben werden, nebst ihren Merkmalen anschauen.

An dieser Stelle bedanke ich mich recht herzlich bei Herrn Thomas Beenen von der EPAL. Herr Beenen hat Daten und Bildmaterial zur EPAL freundlich bereitgestellt:

Disposition von LKWs – EPAL-LHMs

EPAL 7 HALBPALETTE
800 x 600 mm

DATEN & FAKTEN

Material: 13 Bretter aus Qualitätsholz, 3 Klötze, 42 Nägel, 6 stabile 3mm Stahlwinkel, 21 Rohrnieten. Fertigung gemäß dem Technischen Regelwerk der EPAL.

Länge	800 mm
Breite	600 mm
Höhe	163 mm
Gewicht	ca. 9,5 kg
Tragfähigkeit	500 kg

Bei der Stapelung von beladenen Paletten auf einem soliden und ebenen Untergrund darf die zusätzliche Last auf der untersten Palette max. 1.500 kg betragen.

EPAL GITTERBOX
1.200 x 800 mm

DATEN & FAKTEN

Material: Stabile Stahlgitterrahmen-Konstruktion mit 2 Klappenöffnungen, 4 Bretter aus Qualitätsholz

Länge	1.200 mm
Breite	800 mm
Höhe	970 mm
Gewicht	70 kg ab Herstellung 2011
	davor 85 kg
Tragfähigkeit	1.500 kg ab Herstellung 1990
	davor 900 kg
Laderaum	0,75 m³
Auflast	max. 6.000 kg

Bei der Stapelung von beladenen Gitterboxen auf einem soliden und ebenen Untergrund sollte eine Belastung der untersten Gitterbox nur bis max. 6.000 kg erfolgen.

EPAL EUROPALETTE
800 x 1.200 mm

DATEN & FAKTEN

Material: 11 Bretter aus Qualitätsholz, 9 Formspan- bzw. Vollholzklötze, 78 Nägel. Fertigung gemäß dem Technischen Regelwerk der EPAL.

Länge	800 mm
Breite	1.200 mm
Höhe	144 mm
Gewicht	ca. 25 kg
Tragfähigkeit	1.500 kg

Bei der Stapelung von beladenen Paletten auf einem soliden und ebenen Untergrund sollte eine Belastung der untersten Palette nur bis max. 5.500 kg erfolgen.

Disposition von LKWs – EPAL-LHMs II

EPAL CP9 Palette
1.140 x 1.140 mm

DATEN & FAKTEN

Material: 24 Bretter aus Qualitätsholz, 9 Formspanbzw. Vollholzklötze, 102 Nägel. Fertigung gemäß dem Technischen Regelwerk der EPAL.

Länge	1.140 mm
Breite	1.140 mm
Höhe	156 mm

EPAL 2 INDUSTRIEPALETTE
1.200 x 1.000 mm

DATEN & FAKTEN

Material: 17 Bretter aus Qualitätsholz, 9 Formspanbzw. Vollholzklötze, 133 Nägel. Fertigung gemäß dem Technischen Regelwerk der EPAL.

Länge	1.200 mm
Breite	1.000 mm
Höhe	162 mm
Gewicht	ca. 35 kg
Tragfähigkeit	1.250 kg

Bei der Stapelung von beladenen Paletten auf einem soliden und ebenen Untergrund sollte eine Belastung der untersten Palette nur bis max. 4.250 kg erfolgen.

EPAL 3 INDUSTRIEPALETTE
1.000 x 1.200 mm

DATEN & FAKTEN

Material: 13 Bretter aus Qualitätsholz, 9 Formspanbzw. Vollholzklötze, 84 Nägel. Fertigung gemäß dem Technischen Regelwerk der EPAL.

Länge	1.000 mm
Breite	1.200 mm
Höhe	144 mm
Gewicht	ca. 30 kg
Tragfähigkeit	1.500 kg

Bei der Stapelung von beladenen Paletten auf einem soliden und ebenen Untergrund sollte eine Belastung der untersten Palette nur bis max. 4.500 kg erfolgen.

Im vorangegangenen Abschnitt wurde der **'Lademeter'** bereits erklärt. Dabei ist die Grundfläche eines LHMs von Bedeutung. Beispielsweise hat eine EPAL die Abmessungen 120 cm × 80 cm und ein LKW die Breite 240 cm. Die Formel für den Lademeter stellt sich wie folgt dar: $0{,}4\,\text{m} = \frac{1{,}2\,\text{m} \cdot 0{,}8\,\text{m}}{2{,}4\,\text{m}}$. Er ist der Quotient aus der Grundfläche der EPAL und der Breite des LKWs. Aus der Länge des LKWs und dem errechneten Lademeter kann die Anzahl der verladbaren Europaletten berechnet werden. Ist der LKW 10 m lang, können $10\,\text{m}/0{,}4\,\text{m} = 25$ EPAL verladen werden. Diese Rechnung ist gleichwertig dazu, die Grundfläche des LKWs durch die des LHMs zu dividieren: $25 = \frac{10\,\text{m} \cdot 1{,}2\,\text{m}}{1{,}2\,\text{m} \cdot 0{,}8\,\text{m}}$.

6.1.1.4 Palettenbildung und -aufbau

Um ein Produkt möglichst effizient innerhalb und außerhalb eines Lagers handzuhaben, wird es üblicherweise in verschiedenen Verpackungen und Größen zusammengefasst, oft sogar palettenweise. In den Schaubildern wird diese Zusammenfassung anhand von Tischtennisbällen exemplarisch dargestellt:

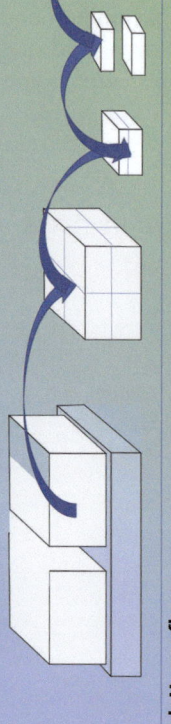

Disposition von LKWs – Palettenaufbau

Palettenaufbau
- unterstes LHM, z.B. EPAL mit Eigengewicht und Abmessungen
- davor 2 große Kartons mit Verpackungsgewicht und Abmessungen
- jeder dieser 2 großen Kartons enthält 8 kleinere Kartons
- diese 8 kleineren Kartons haben wieder Eigengewicht und Abmessungen
- Sie bestehen aus zwei noch kleineren Kartons mit Abmessungen und Eigengewicht
- in jedem dieser Kartons sind drei Schachteln mit Eigengewicht und Abmessungen
- in den 3 Schachteln sind jeweils 3 Stück des eigentlich Produktes, etwa Tischtennisbälle mit ihrem Eigengewicht und Abmessungen

Disposition von LKWs – Palettenaufbau II

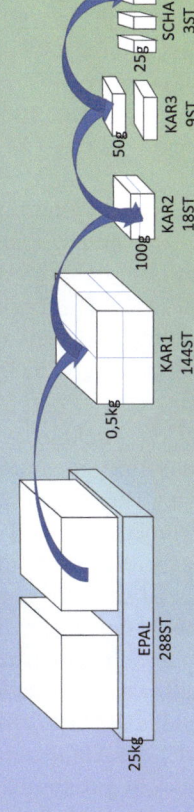

Höhe = Höhe der EPAL plus Höhe des größten Kartons

Breite und Länge = Breite und Länge der EPAL

Menge = 3*3*2*8*2 Bälle = 288 Bälle

Gewicht= (((((3*2,7g)+25g) *3+50g)*2+100g)*8+500g)*2+25kg = 32,3776 kg

Was sind die Abmessungen und Gewichte, wenn auf der Palette nur noch 252 Bälle liegen?

Man erkennt, daß der **'Palettenaufbau'** mit einem LHM – hier eine EPAL – als Grundlage beginnt. Auf dieser liegen dann die verpackten Produkte in weiteren LHMs, wie etwa Kartons in verschiedenen Größen und Schachteln. Jedes dieser weiteren LHM besitzt selbst ein (Verpackungs-)Gewicht und festgelegte Abmessungen. Der Palettenaufbau kann jeweils rekursiv weiter geführt werden bis zur untersten Stufe, in der das eigentliche Produkt enthalten ist. Im Beispiel der Tischtennisbälle also von unten beginnend:

(i) Ein Ball wiegt $2,7$ g.

(ii) Eine Schachtel SCHA hat ein Verpackungsgewicht von 25 g und beinhaltet 3 Bälle und wiegt daher insgesamt $3 \cdot 2,7\,g + 25\,g = 33,1\,g$.

(iii) Ein Karton KAR3 hat ein Verpackungsgewicht von 50 g und beinhaltet 3 Schachteln vom Typ SCHA. Daher sind in einem KAR3 genau $3 \cdot 3 = 9$ Bälle, und KAR3 wiegt insgesamt $50\,g + 3 \cdot 33,1\,g = 149,3\,g$.

(iv) Der Karton KAR2 hat ein Verpackungsgewicht von 100 g, und er enthält 2 Kartons vom Typ KAR3. Daher findet man $2 \cdot 9 = 18$ Bälle vor, und sein Gewicht ist $100\,g + 2 \cdot 149,3\,g = 398,6\,g$.

(v) Im Karton KAR1– mit Eigengewicht von 500 g – sind 8 Kartons vom Typ KAR2, weswegen in ihm $8 \cdot 18 = 144$ Bälle zu finden sind und er ein Gewicht von $500\,g + 8 \cdot 398,6\,g = 3,6888\,kg$ besitzt.

(vi) Auf der untersten Ebene ist die EPAL mit einem Eigengewicht von 25 kg, auf der 2 Kartons vom Typ KAR1 sind. Man findet also $2 \cdot 144 = 288$ Bälle vor, und die gesamte Palette wiegt $25\,kg + 2 \cdot 3,6888\,kg = 32377,6\,kg$.

Die Anweisung zum Palettenbau nennt man **'PGS= Packungsgrössenschlüssel'** oder auch **'Packspezifikation'**. Mit ihr kann die Gesamtmenge eines Produktes und das Gesamtgewicht der Palette wie beschrieben rekursiv berechnet werden.

Für das **'Dispositionsproblem'** sind auch Teilmengen von Paletten relevant, da eventuell nicht ganze Paletten ausgeliefert werden sollen. Wenn auf einer Palette statt der 288 Bälle nur noch 252 Bälle sind, wie schwer ist sie dann und welche Abmessungen besitzt sie? Die Antwort auf diese Frage ist nicht eindeutig: die Bälle könnten alle lose in zwei großen Kartons liegen, sie könnten in Schachteln zu je 3 Stück auf der Palette liegen usw. Solange man nicht genau weiß, wie die angebrochene Palette aufgebaut ist, kann man alleine aus der Anzahl der Bälle das Gewicht und die Höhe nicht ermitteln. Als Länge und Breite würde man wieder die Abmessungen der EPAL wählen. Wie könnte man jetzt die Höhe und das Gewicht gut abschätzen? Eine sinnvolle (untere und obere) Schranke oder auch Näherung angeben? Als Höhe könnte man als obere Begrenzung die Höhe der gesamten Palette angeben. Eine Näherung für die Höhe wäre der prozentuale Anteil der bekannten Bälle zu der Gesamtzahl der Bälle, also $\frac{252}{288} \cdot 100\,\% = 88,54\,\%$ der Höhe der gesamten Palette. Das gleiche Verfahren kann äquivalent auch für das Gewicht angewendet werden. In diesem Fall $88,54\,\%$ von dem Gesamtgewicht $32377,6$ kg, was gerundet $28667,13$ kg ist. Alternative wäre, eine mögliche Zusammensetzung der Palette zu berechnen. 255 Bälle sind 85 Schachteln vom Typ SCHA. 85 Schachteln durch 3 sind 28 Rest 1. Das bedeutet, es könnten 28 Kartons vom Typ KAR3 sein plus eine Schachtel. 28 ist durch 2 teilbar, weswegen hier also 14 Kartons vom Typ KAR2 vorliegen könnten. 14 durch 8 ist 1 Rest 6, damit wären womöglich 1 Karton vom Typ KAR1, 6 Kartons vom Typ KAR2 und 1 Schachtel vom Typ SCHA vorhanden. Es könnte aber auch anders sein. So gerechnet, würde man ein Gewicht von $25\,\text{kg} + 33{,}1\,\text{g} + 3{,}69\,\text{kg} + 6 \cdot 398{,}6\,\text{g} = 31{,}1147\,\text{kg}$ ermitteln. Das Problem des prozentualen Anteils ist, daß das EPAL-Gewicht auf jeden Fall vorhanden ist und nicht prozentuell einberechnet werden sollte. Die Rechnung ist dann $25\,\text{kg} + 0{,}8854 \cdot (32{,}3776 - 25)\,\text{kg} = 25\,\text{kg} + 0{,}8854 \cdot 7{,}3776\,\text{kg} = 31{,}53\,\text{kg}$. Das Verfahren ist dann beschreibbar als **'Paletteneigengewicht plus prozentualer Anteil der Zuladung'**.

Eng mit dem Palettenaufbau ist der Begriff des **'Lagenschemas'** (auch Stapelplan, Lagenplan etc.) verknüpft. Während die Packspezifikation den Aufbau der Paletten durch Kartons und Mengen fokussiert, zeigt der Stapelplan, wie die äußeren Kartons auf der Palette angeordnet werden sollen. Er bildet also ein Muster zur Beladung der Palette ab. Dabei kann ein Stapelplan auch Kartons unterschiedlicher Größe verarbeiten, wie es etwa im Auslieferungsprozess oder bei nicht materialreiner Lagerung notwendig ist. Ziel des Stapelplans ist es, die Palette möglichst optimal zu nutzen. Der Leser kann den Begriff des Stapelplans durch Lektüre von [23], Kap. 12 vertiefen.

6.1.1.5 LKW-Disposition

Die **'LKW-Disposition'** ist eine Teilaufgabe der Disposition im Transportgewerbe. Die Disposition beschäftigt sich mit einem sehr großen Aufgabenbereich. U. a.:
- teilweise Kundenakquise und Angebotserstellung
- Kalkulation des Frachtraumes
- Einkauf von externem Frachtraum auf allen Transportwegen
- Planung und Koordination der eigenen LKW-Flotte
- Koordination der dafür notwendigen Ressourcen
- Überwachung aller Transportwege
- Planung und Koordination von Notfallsituationen
- Sonderabfertigungen
- Erstellung der Lieferpapiere
- Zollabwicklung auf jeglichen Transportwegen (Bahn, Straße, Luft, See)
- Vermeidung von Leerfahrten
- Schulung in den notwendigen Vorschriften
- kostenoptimaler Transport
- Rechnungsstellung
- Rückmeldung der gesendeten Lieferung
- Dokumentation im IT-System.

Mitarbeiter der Disposition nennt man auch **'(LKW-)Disponenten'**. Im Teilbereich der LKW-Disposition wäre im Praxisfall die **'heuristische'** Berechnung der benötigten LKWs für eine Anzahl vorgegebener Auslieferungen eine Aufgabe des Disponenten. Selbst diese geschätzte Ermittlung ist ein komplexes Thema, hängt doch die Zahl der benötigten LKWs von einer Vielzahl von **'Attributen'** ab, wie etwa:
- genaue Berechnung der Versandpaletten
- Abmessungen der LKWs
- Stellplätze innerhalb des LKWs
- Abmessungen der Versandpaletten
- Stapelbarkeit der Paletten
- Achslastberücksichtigung bei der Gewichtsverteilung
- Berücksichtigung von Ladungssicherungsmassnahmen

- Berücksichtigung von Kühlgut und Gefahrgut (Zusammenladungsverbote)
- Berücksichtigung von Lieferungen mit unterschiedlichen Zielen (Reihenfolge der Beladung)
- Zeitfenster der Beladung und Entladung
- Ressourcenverfügbarkeit (LKW zu bestellen, Lagermitarbeiter,...)
- Art der Beförderung vom Lager zum Kunden (verschiedene Arten wie LKW, dann Bahn, dann wieder LKW)
- möglichst optimale Nutzung des Stauraums.

6.1.1.6 Auslieferungsbearbeitung

Die im Abschnitt 'Kundenanforderung' erzeugte 'Auslieferung' muss bearbeitet werden, bevor sie vom beladenen LKW zum Kunden transportiert wird. Zu diesem Zweck wird in vielen Fällen die Zusammenstellung der Waren für die Auslieferung – die sog. 'Kommissionierung' – bereits vor Eintreffen des LKWs gestartet. Es gibt es ein Vielzahl von Methoden, diesen Prozess durchzuführen:

- manuell mittels ausgedruckter Kommissionierscheinen
- automatisiert mittels mobiler Endgeräten, die den Kommissionierer optimal führen
- vollautomatisch mittels Regalbediengeräten in Hochregallägern oder automatisierten Kleinteilelägern.

Sind die Waren fertig kommissioniert, werden sie 'verpackt'. Es entstehen sog. 'Versandgebinde', die tatsächlich geladen werden. An dieser Stelle kann erneut erkannt werden, daß die eigentlich zur Berechnung nötigen Daten zur LKW-Disposition erst 'nach' dem Ordern der LKWs bereitstehen. Aus diesem Grund sollte zwingend eine näherungsweise Kalkulation erfolgen. Bei einer derartigen Kalkulation werden die zusammengestellten Waren in der Verpackung zu Paletten verschiedenster Art (Europalette, Container, Rollcontainer, etc.), Gewicht und Höhe konsolidiert und mit einem Versandetikett versehen. Dies ist nötig, um die Versandpaletten den richtigen Lieferungen zuordnen zu können. Je nach Prozess kann oder muss die Etikettierung auch auf den Kartons erfolgen. Nach dem 'Verpackungsprozess' können anschließend 'Versandpapiere' (Packliste, Lieferscheine, Zollpapiere etc.) erstellt werden. Die verpackten Waren werden (z. B. in der 'Warenausgangszone' oder aber auch im Hochregallager) zwischengelagert, bis sie zur 'Verladung' abgerufen werden. Der bestellte LKW trifft zum vereinbarten Zeitpunkt ein, meldet sich an und wird – nach eventueller Überprüfung auf Eignung (Gefahrgut, Kühlgut, Größe, etc.) – einem 'Tor' zur Verladung zugeordnet. Dort werden die verpackten Paletten in den LKW verladen und gesichert. Der Fahrer erhält alle notwendigen Dokumente (Lieferschein, Packliste, Transportdokument, Zolldokumente etc.). Nach Verladung meldet sich der Fahrer ab. Die verladenen Waren werden aus dem IT-System ausgebucht (WA-gebucht). Der Fahrer stellt die Ware dem Kunden zu. Die Zustellung beim Kunden wird in einigen Fällen sogar rückgemeldet. Die Auslieferung kann anschließend fakturiert werden. Der Kunde erhält eine Rechnung = 'Faktura'.

6.1.2 Prozess-Diagramm

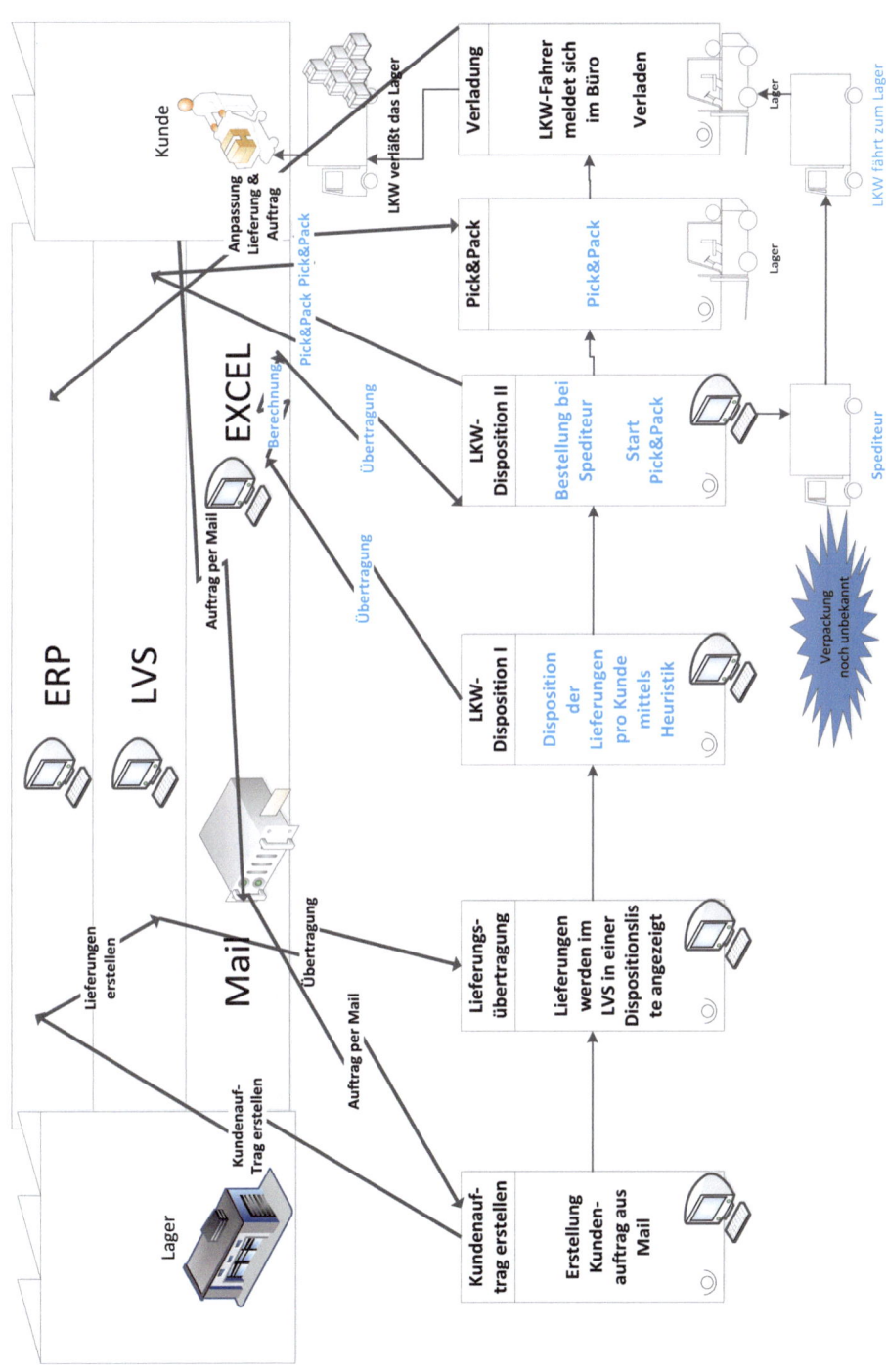

6.1.3 Prozess-Beschreibung

Der LKW-Dispositions-Prozess zur Auslieferung wird in mehreren Schritten beschrieben.

Schritt 1: Kundenauftrag- und Lieferungsübergabe
Zu Beginn eines Auslieferungsprozesses löst eine Kundenanforderungen via E-Mail, eines Fax oder Telefon bei einem Sachbearbeiter des Vetriebs einen Kundenauftrag aus. Dieser wird im IT-System angelegt. Der Auftrag beinhaltet u. a. Materialien und Mengen, die der Kunde anfordert. Anschließend wird der Auftrag durch eine oder mehrere Auslieferungen vollzogen und an das LVS (Lagertätigkeiten zur Auslieferbearbeitung wie Kommissionieren, Verpacken und Verladen) übergeben (oder auch verteilt).

Schritt 2: LKW-Disposition
Die LKW-Disposition wird häufig bereits vollzogen, wenn noch nicht sämtliche Tätigkeiten im Lager beendet worden sind. Dies soll garantieren, daß ein LKW für die Auslieferung rechtzeitig bereit steht. Die zu versendenden Objekte sind in vielen Fällen noch unbekannt. Sie sind tatsächlich erst nach dem Packprozess vorhanden, da dann die Versandeinheiten gebildet sind. Zu Beginn der Disposition sind demnach nur Materialien und Mengen einer Lieferung bekannt. Daher müssen die Versandeinheiten mittels grober Schätzung bestimmt werden, um zur Anzahl der benötigten LKWs zu gelangen. Dabei werden oft mehrere Lieferungen (zu demselben oder zu verschiedenen Kunden) bei einer Schätzung simultan behandelt. Die Disposition endet mit der Bestellung der LKWs und der Rückmeldung, daß die bestellten LKWs vom Transportdienstleister rechtzeitig bereitgestellt werden.

Schritt 3: Start Kommissionierung und Verpackung
Die an das LVS übergebenen Lieferungen werden kommissioniert. Das heißt die Waren werden im Lager von Lagerplätzen entnommen und zusammengestellt. Dabei werden die zusammengestellten Waren in der Verpackung zu Paletten verschiedenster Art (Europalette, Container, Rollcontainer, etc.), Gewicht und Höhe konsolidiert und oftmals auch mit einem Versandetikett versehen. Dies ist nötig, um die Versandpaletten den richtigen Lieferungen zuordnen zu können.

Schritt 4: LKW-Ankunft und Verladung
Der bestellte LKW trifft zum vereinbarten Zeitpunkt ein, wird angemeldet und wird – nach eventueller Überprüfung auf Eignung (Gefahrgut, Kühlgut, Größe, etc.) – einem Tor zur Verladung zugeordnet. Dort angekommen werden die verpackten Paletten in den LKW geladen und gesichert. Der Fahrer erhält alle notwendigen Dokumente (Lieferschein, Packliste, Transportdokument, Zolldokumente etc.).

Schritt 5: Abfahrt und Zustellung der Ware
Nach Verladung meldet sich der Fahrer ab und stellt die Ware dem Kunden zu. Die Zustellung beim Kunden wird in einigen Fällen rückgemeldet.

6.1.4 Problemstellung

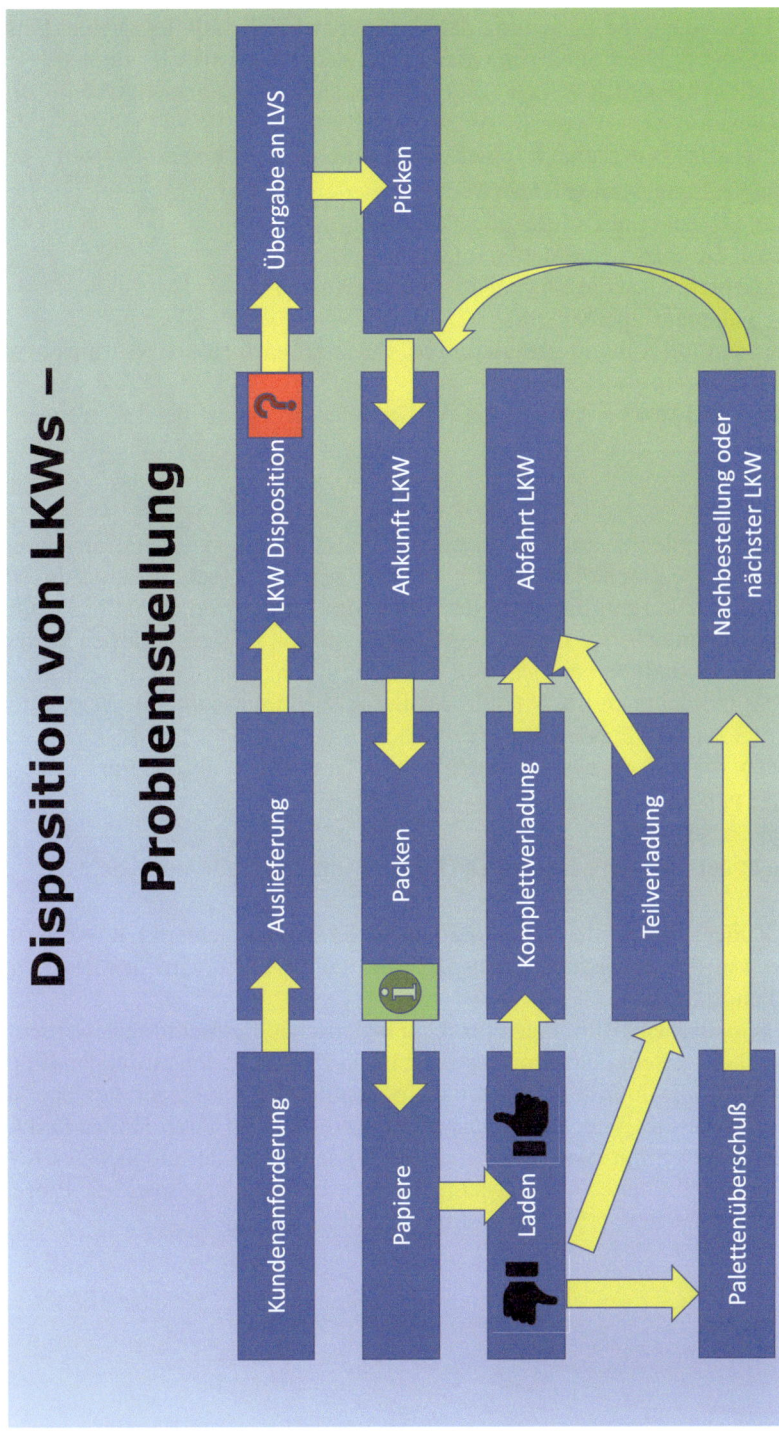

Das **'Problem'** der LKW-Disposition ist erneut am Schaubild sichtbar geworden. Eine Disposition muss umgesetzt werden, **'bevor'** die eigentliche Anzahl an Versandpaletten inkl. ihrer Form, Gewicht, Höhe, Stapelbarkeit usw. bekannt ist. Disponenten sind daher gezwungen, die Bestellung der benötigten LKWs auf Basis einer Schätzung durchzuführen. Diese Schätzung nennt man auch **'Heuristik'**. Es kann also kein exaktes Verfahren bei der LKW-Disposition geben, da die zu planenden Objekte noch nicht genau bekannt ist.

Die Heuristik muss dennoch zu einer oder mehrerer Lieferung abschätzen,

(i) wie die Sendung womöglich zu Versandpaletten gepackt wird,
(ii) wie viel Gewicht die Ladung ungefähr enthält,
(iii) wie hoch die einzelnen Paletten ungefähr sind,
(iv) wie viele Stellplätze die einzelnen Paletten einnehmen,
(v) ob die Paletten stapelbar sind,
(vi) ob die Sendung Kühlgut enthält und bei welchen Temperaturen es transportiert werden muss,
(vii) wie viele und welche Art von LKWs für einen Transport der Lieferungen zu nutzen ist,
(viii) usw ...

Die drei Punkte '...' deuten an, daß bei Auswahl eines LKWs weitere Parameter eine Rolle spielen, die alle durch die Heuristik beachtet werden müssen, wie etwa das Vorhandensein von Gefahrgut, die Form der Versandpaletten (rund, oval, Säcke, Quader,...). In eine sinnmachende Umsetzung der Disposition müssen natürlich auch die Reihenfolge der Entladung bei mehreren Kunden (in umgekehrter Reihenfolge), die Verteilung des Gewichts im LKW (Achslast-Berücksichtigung) und die Verwendung von Hilfsmittel zur Ladungssicherung einfließen.

Im weiteren Verlauf werden zur vereinfachten Darstellung nur die Parameter

(i) Anzahl Paletten
(ii) Stellplatzverbrauch
(iii) Gewicht der Paletten nebst Inhalt (Leergewicht plus Ladungsgewicht)

verwendet. Zudem soll bei der Zuteilung von Lieferungen zu einem LKW ermittelt werden, wie weit der jeweilige LKW ausgelastet würde. Dazu wird der Begriff des Füllgrades benötigt.

Die mathematischen Grundlagen für diese logistischen Betrachtungen werden im Folgeabschnitt dargestellt. Dazu müssen die ganzen Zahlen zu den rationalen Zahlen erweitert werden. Mit ihrer Hilfe können die benannten Berechnungen durchgeführt werden. Es sind dies die Berechnung von Palettenzahlen nebst ihren Höhen und Gewichten, der Vergleich mit den entsprechenden Dimensionen der möglichen LKWs, die Benutzung von Einheiten wie Gewicht, Temperatur und Länge sowie die Prozent- und Durchschnittsrechnung bei der Bestimmung des Füllgrades.

6.2 Mathematik

6.2.1 Theoretischer Hintergrund

6.2.1.1 Primzahlen und Ringtheorie

Für die Menge der ganzen Zahlen $\mathbb{Z}$ wurde bewiesen, daß sie mit der Addition und Multiplikation einen kommutativen und nullteilerfreien Ring mit Einselement bilden, einen sog. Integritätsbereich. Dieser Abschnitt soll sich mit weiteren Eigenschaften des Ringes der ganzen Zahlen beschäftigen. Insbesondere sollen **'Primzahlen'** näher untersucht werden. Zu diesem Zweck werden abstrakte Begriffe in Kontext von kommutativen Ringen definiert und diese allgemein und für die ganzen Zahlen analysiert. Die Darstellung fußt auf dem Werk von Zariski und Samuel über kommutative Algebren (siehe [59]).

Definition und Bemerkung 8 *(Teilbarkeit, Einheit, Nullteiler, Primelement, irreduzibles Element, Ideal, Hauptideal, ggT, kgV, maximales Ideal, Primideal, Hauptidealring)* Es sei R ein kommutativer Ring mit 1 als Einselement. Die **'Teilbarkeitsrelation'** für Ringe wird verallgemeinert durch

$$| := \{(a; b) \mid a, b \in R, \exists c \in R : (ac =)ca = b\}.$$

Sind $a, b \in R$, so gilt also $a \mid b$ genau dann, wenn es ein $c \in R$ gibt, so daß

$$(ac =)ca = b$$

erfüllt ist. **'Einheiten'** sind die Teiler des Einselementes: $a \in R$ ist eine Einheit genau dann, wenn es ein $c \in R$ gibt, so daß

$$(ac =)ca = 1$$

gilt. Die Menge der Einheiten von R wurde bereits als **'Einheitengruppe'** definiert und mit $E(R)$ betitelt. **'Nullteiler'** sind entsprechend die Teiler der 0: $a \in R$ ist ein Nullteiler genau dann, wenn es ein $c \in R$ gibt, so daß

$$(ac =)ca = 0$$

gilt.

Die bekannte Definition der **'Primzahlen'** oder allgemeiner der **'primen'** Elemente oder auch Primelement ist die des **'irreduziblen'** Elementes: $a \in R \setminus \{0\}$ ist irreduzibel (oder auch nicht zerlegbar), wenn a keine Einheit in R ist und für alle $b, c \in R$ aus $a = bc$ folgt, daß b oder c eine Einheit in R ist. Hingegen sind prime Elemente p definiert dadurch, daß sie keine Einheit und ungleich Null sind und für alle $b, c \in R$ aus $p \mid bc$ folgt, daß $p \mid b$ oder $p \mid c$ erfüllt ist.

Seien $a, b, c \in R$. Ist c ein Teiler von a und b, also $c \mid a$ und $c \mid b$, so wird c ein **'gemeinsamer Teiler'** von a und b genannt. Ein **'größter gemeinsamer Teiler'** von a und b ist ein gemeinsamer Teiler von a und b, der jeden weiteren gemeinsamen Teiler von a und b teilt. Er ist also **'groß'** bzgl. der Teiltrelation $|$. Die Menge aller gemeinsamen bzw. größten gemeinsamen Teiler von a und b werden mit $gT(a, b)$ bzw. $ggT(a, b)$ symbolisiert. Achtung: Diese Mengen sind im Allgemeinen nicht einelementig! Die

Elemente a und b nennt man **'teilerfremd'**, wenn 1 ein größter gemeinsamer Teiler von a und b ist.

Konträr dazu ist der Begriff des **'gemeinsamen Vielfachen'** von a und b, welches ein Element c ist, das sowohl von a als auch von b geteilt wird. Ein **'kleinstes gemeinsames Vielfaches'** von a und b ist ein gemeinsames Vielfaches von a und b, das jedes gemeinsame Vielfache von a und b teilt. Insofern ist es **'klein'** bzgl. der Teilrelation. Die Menge aller gemeinsamen bzw. kleinsten gemeinsamen Vielfachen von a und b werden mit $gV(a,b)$ bzw. $kgV(a,b)$ symbolisiert. Achtung: Auch diese Mengen sind im Allgemeinen nicht einelementig!

Größte gemeinsame Teiler und kleinste gemeinsame Vielfache von mehreren Elementen werden analog definiert, sie können aber auch rekursiv auf Basis zweier Elemente definiert werden.

Ein **'Ideal'** I von R ist bzgl. $+$ eine Untergruppe von $(R; +)$, so daß für alle $r \in R$ und $i \in I$ die Aussage $ri \in I$ gilt. Ist I nicht ganz R und liegt zwischen I und R kein weiteres Ideal von R, das von I und R verschieden ist, so nennt man I ein **'maximales'** Ideal von R. Ein **'Primideal'** ist ein Ideal P von R, was von R verschieden ist, so daß für alle $a, b \in R$ gilt: wenn $ab \in P$ erfüllt ist, so folgt $a \in P$ oder $b \in P$. Ein mengentheoretischer **'Schnitt'** von Idealen ist stets ein Ideal von R, ebenso die **'Idealsumme'**

$$I + J := \{i + j \mid i \in I, j \in J\}$$

zweier Ideale I und J von R.

Für jedes $a \in R$ ist die Menge

$$aR := \{ra \mid r \in R\}$$

ein sog. **'Hauptideal'** von R. Ist jedes Ideal von R ein Hauptideal von R, so nennt man R einen **'Hauptidealring'**. Hauptideale sind eng verknüpft mit der Teilrelation. Das wird in der nächsten Proposition verdeutlicht. Anzumerken ist, daß für zwei Elemente $a, b \in R$ das **'Teilt-Sein'** $a \mid b$ äquivalent zum **'Enthalten-Sein'** $Rb \subseteq Ra$ ist. Der Übergang von Zahlen zu Mengen wird schon hier deutlich und ist eines der Merkmale der sog. **'Idealtheorie'** in der Algebra. ◇

In der Folge werden Basiseigenschaften von Ringen aufgelistet:

Proposition 8 *(Basiseigenschaften von Ringen) Seien R ein kommutativer Ring mit Eins und $a, b \in R$ mit $a \neq 0 \neq b$. Es gelten folgende Aussagen:*

(i)   Jedes Hauptideal ist ein Ideal. (Hauptideal impliziert Ideal)
(ii)   Die Teilrelation ist transitiv und reflexiv. (Basiseigenschaften der $\mid$-Relation)
(iii) Ist R nullteilerfrei, so gilt $a \mid b$ und $b \mid a$ genau dann, wenn es eine Einheit $e \in R$ gibt, so daß $a = be$ gilt. Man sagt in diesem Fall auch, daß a und b assoziiert sind. (Assoziiertheit)
(iv)   Ist R nullteilerfrei und ist $g \in ggT(a, b)$, so gilt $ggT(a, b) = g \cdot E(R)$. (Eindeutigkeit des ggT)
(v)   Ist R nullteilerfrei und ist $g \in kgV(a, b)$, so gilt $kgV(a, b) = g \cdot E(R)$. (Eindeutigkeit des kgV)

(vi) Ist R nullteilerfrei, so ist jedes prime Element auch schon irreduzibel. *(prim impliziert irreduzibel)*
(vii) Ist $c \in R$ und gelten $c \mid a$ und $c \mid b$, so gilt für alle $k, l \in R$ auch $p \mid ka + lb$. Insbesondere gelten $c \mid a + b$ und $c \mid a - b$. *(Kongruenzeigenschaften der $\mid$-Relation)*
(viii) Ist R ein Hauptidealring, so existiert ein größter gemeinsamer Teiler g von a und b, und es existieren $c, d \in R$, so daß $g = ac + bd$ gilt. *(Existenz und Darstellung des ggT für Hauptidealringe)*
(ix) Ist R ein Hauptidealring, so existiert ein kleinstes gemeinsames Vielfaches von a und b. *(Existenz des kgV für Hauptidealringe)*
(x) Ist R ein Hauptidealring und sind a, b teilerfremd, so existieren $c, d \in R$ mit $1 = ac + bd$. *(1-Darstellung bei Teilerfremdheit)*
(xi) Ist R ein nullteilerfreier Hauptidealring, so sind die primen Elemente und die irreduziblen Elemente von R identisch. *(prim = irreduzibel für Hauptidealringe)*   ◊

Satz 23 *(Hauptidealeigenschaft von $\mathbb{Z}$)* $\mathbb{Z}$ ist ein Hauptidealring.   ◊

In $\mathbb{Z}$ gibt es also wegen dieses Satzes und wegen ▶ Proposition 8 stets ggT's und kgV's. Diese sind wegen derselben Proposition bis auf Einheitenmultiplkation eindeutig bestimmt. In diesem Fall gibt es also stets höchstens zwei: die Einheitengruppe besteht nur aus den Elementen 1 und −1. In $\mathbb{Z}$ definiert man daher den ggT bzw. das kgV als den positiven dieser beiden Werte, um eine Eindeutigkeit zu erzwingen. In den Übungsaufgaben wird auf die algorithmische Berechnung des ggT's eingegangen sowie auf den Zusammenhang von ggT und kgV.

Definition und Bemerkung 9 *(faktorieller Ring)*
(i) Sei R ein Integritätsbereich (also ein nullteilerfreier kommutativer Ring mit Eins). R wird **'faktoriell'** genannt (oder auch **'ZPE-Ring'**, **'Gaußscher Ring'** oder **'EPZ-Ring'**), wenn jedes Element als endliches Produkt von primen Elementen und einer Einheit dargestellt werden kann. Genauer: Zu jedem Element $r \in R$ gibt es eine Einheit $e \in E(R)$, eine natürliche Zahl n und prime Elemente $p_1, ..., p_n \in R$, so daß
$$a = e \cdot \prod_{ß=1}^{n} p_i$$
erfüllt ist.
(ii) In einem faktoriellen Ring ist jedes irreduzible Element schon prim, denn: Sei i irreduzibel. Dann besitzt i eine Zerlegung in Primelement. Gäbe es mindestens zwei Elemente in dieser Zerlegung, so müsste mindestens ein Primelement davon eine Einheit sein (da i irreduzibel ist). Das widerspricht der Definition des primen Elementes. Damit sind wegen ▶ Proposition 8 die primen und irreduziblen Elemente in einem faktoriellen Ring identisch.
(iii) Es gilt eine Eindeutigkeit in der Zerlegung in irreduzible = prime Elemente in einem faktoriellen Ring, und zwar: Zwei Zerlegungen haben dieselbe Länge

und die Faktoren unterscheiden sich multiplikativ nur um eine Einheit. Sind also $n, m \in \mathbb{N}$, $p_1, ..., p_n, q_1, ..., q_m$ prime Elemente und gilt

$$p_1...p_n = q_1...q_m,$$

so ist

$$n = m,$$

und es gibt eine Permutation $\pi \in S_n$, so daß für alle $i \in \underline{n}$ eine Einheit $e_i \in E(R)$ existiert mit

$$p_{i\pi} = e_i \cdot q_i.$$

Der Beweis erfolgt per vollständiger Induktion. p_1 ist prim und teilt $q_1...q_m$, daher muss es wegen der Primeigenschaft mindestens eines der Elemente $q_1, ..., q_m$ teilen. Durch Umnummerierung = Permutation kann erreicht werden, daß p_1 ein Teiler von q_1 ist. Sei also $e \in R$, so daß $p_1 \cdot e = q_1$ gilt. Da q_1 prim und damit auch irreduzibel ist (siehe (ii)), muss entweder p_1 oder e eine Einheit sein. Prime Elemente sind per Definition keine Einheiten, und daher ist e eine Einheit. Der Ausdruck $p_1...p_n = q_1...q_m$ kann also zu $p_1...p_n = ep_1q_2...q_m$ umgeformt werden. Wegen der Nullteilerfreiheit erhält man $p_2...p_n = eq_2...q_m$, und die Argumentation wird per Induktion nach $max\{n, m\}$ fortgeführt. Diese Zahl ist gerade um Eins kleiner geworden. ◇

Lemma 4 *(Lemma vom kleinsten Teiler) Sei $a \geq 2$ eine natürliche Zahl. Dann gibt es eine Primzahl, die a teilt.* ◇

Satz 24 *(Satz über die Existenz und Eindeutigkeit der Primfaktorzerlegung) $\mathbb{Z}$ ist faktoriell.* ◇

Satz 25 *(Unendlichkeit der Menge der Primzahlen in $\mathbb{Z}$) $\mathbb{Z}$ und $\mathbb{N}$ besitzen unendlich viele Primzahlen.* ◇

Bemerkung 8

(i) Die '**Primfaktorzerlegung**' erlaubt es, die in der Zerlegung vorkommenden Primzahlen zusammenzufassen. Aus der Darstellung $\prod_{i=1}^{n} p_i$ wird dann eine Darstellung

$$\prod_{i=1}^{r} p_i^{n_i} = p_1^{n_1} \cdots p_r^{n_r}.$$

Dabei nennt man die Zahlen $n_1, ..., n_r$ auch die '**Vielfachheiten**' von $p_1, ..., p_r$ in der Primfaktorzerlegung und schreibt dafür auch

$$\nu_a(p_i),$$

wobei $a := p_1 \cdots p_n$ gilt. Zum Beispiel gilt $100 = 2 \cdot 2 \cdot 5 \cdot 5 = 2^2 \cdot 5^2$. Dabei ist $\nu_{100}(2) = 2 = \nu_{100}(5)$.

(ii) Die Primfaktorzerlegung und die Vielfachheiten können genutzt werden, um den ggT und das kgV zweier (oder mehrerer Elemente) a, b zu berechnen. Dabei geht man von den Primfaktorzerlegungen von a und b aus. Für das kgV ermittle man alle verschiedenen Primzahlen, die sowohl in a als auch in b vorkommen und notiere diese. Als Vielfachheit nehme man zu jeder Primzahl das Maximum der Vielfachheiten in a und b. Nun bilde man das entsprechende Produkt. Falls eine Primzahl nicht in einer Zerlegung vorkommt, so ist die Vielfachheit genau 0.

Als Beispiel werden die Zahlen $100 = 2^2 \cdot 5^2$ und $110 = 2 \cdot 5 \cdot 11$ betrachtet. Die Primzahlen 2, 5, 11 sind die verschiedenen Primzahlen, die in mindestens einer der beiden Primfaktorzerlegungen auftauchen. Die maximalen Vielfachheiten sind 2, 2, 1. Daher ist $kgV(100, 110) = 2^2 \cdot 5^2 \cdot 11 = 1100$.

Für die Berechnung des ggT's sind die Primzahlen interessant, die in beiden Primfaktorzerlegungen vorkommen. Dazu nehme man die minimale Vielfachheit und bilde das entsprechende Produkt. $ggT(100, 110)$ ist also genau $2 \cdot 5 = 10$.

(iii) Die Primfaktorzerlegung ist für grosse Zahlen schwierig zu bestimmen. Was ist sie von 10000000000000000000000000000000000001234? Genau das macht man sich aber in der Kryptographie bzw. Datenverschlüsselung zu nutze. Multipliziert man zum Beispiel zwei sehr große Primzahlen miteinander, so ist es schwer, das Produkt in Primfaktoren zu zerlegen, wenn man diese nicht kennt. Genau das ist der Trick. Partner, die Daten austauschen, kennen diese und besitzen damit den Schlüssel zur Entschlüsselung der Daten. Für Externe sind diese somit Daten äußerst schwer zu entschlüsseln.

(iv) Die Primfaktorzerlegung zeigt, daß die Primzahlen Atome der ganzen Zahlen sind, wenn man sie innerhalb der Multiplikation betrachtet. Die Formulierung, daß es eine Primfaktorzerlegung gibt und diese bis auf Vertauschung eindeutig ist, ähnelt der freier Monoide in Kap. 2. In der Tat lassen sich freie kommutative Monoide analog definieren. Es stellt sich heraus, daß das Monoid $(\mathbb{N}; \cdot)$ tatsächlich in diesem kommutativen Sinne frei über der Menge der Primzahlen ist.

Auch im additiven Sinne ist das Monoid $(\mathbb{N}_0; +)$ frei, nur ist die Basis hier nur $\{1\}$: Jedes Element ist Summe von Einsen, und die Anzahl der Einsen in einer solchen Zerlegung = Summe ist eindeutig bestimmt.

(v) Sind a, b, c drei ganze Zahlen mit $ggT(a, b) = 1$, so folgt aus $a \mid bc$ mit der Existenz und Eindeutigkeit der Primfaktorzerlegung schon $a \mid c$. ◇

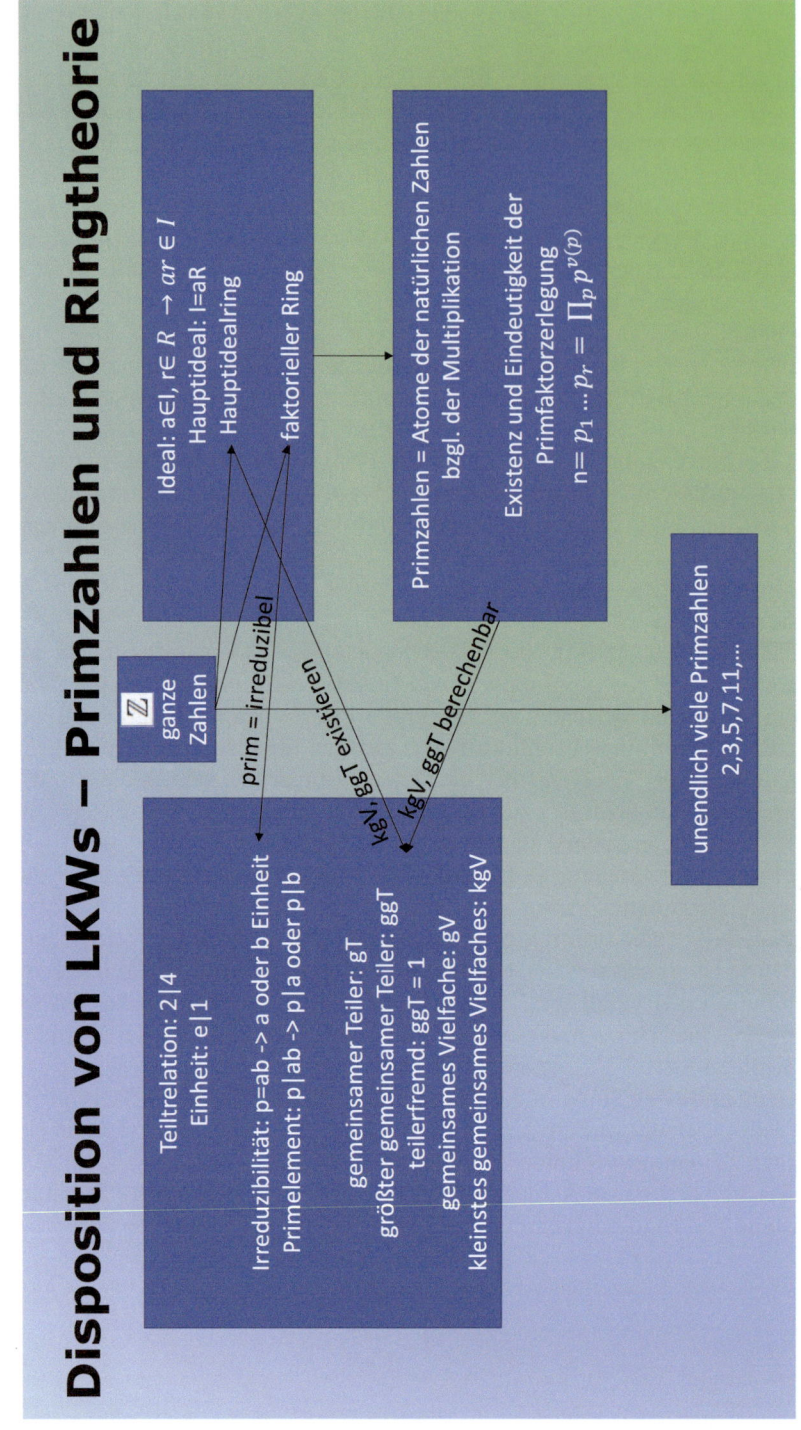

6.2.1.2 Polynomringe und Polynomfunktionen

An dieser Stelle werden **'Polynome'** definiert, ihre grundlegenden Eigenschaften herausgearbeitet und der Unterschied zu den sog. **'Polynomfunktionen'** erläutert. Dabei zeigt sich, daß die Menge der Polynome strukturelle Gemeinsamkeiten zu den ganzen Zahlen aufweist. Begriffe wie 'Rechnen mit Polynomen', 'Polynomdivision', 'Nullstellen', 'Abspalten und Anzahl von Nullstellen', 'Grad' etc. werden in diesem Zusammenhang eingeführt. Insbesondere stellt sich die Frage, welche Bedeutung das **'x'** in einem polynomialen Ausdruck wie '$x^2 + 3x + 1$' hat. Zur Beantwortung dieser Frage sind erneut die Konzepte der freien Strukturen, der Folgen und der Vektorräume hilfreich. Polynome werden zur Konstruktion irrationaler Zahlen benötigt. Die Darstellung lehnt sich an den Text **Polynomials** von Hartmut Laue an (siehe [42]).

'Polynomringe' sind nicht nur Ring-Strukturen mit zwei inneren Verknüpfungen + und ·. Auf ihnen operiert zusätzlich noch ein weiterer **'Skalarbereich'** wie bei K-Räumen. Eine **'Algebra'** vereint diese drei Konzepte: Addition, Multiplikation und Skalarmultiplikation. Insofern wäre der Begriff 'Polynomalgebra' statt 'Polynomring' an dieser Stelle passender.

Definitionen und Bemerkungen 1 *(assoziative K-Algebra, Teilalgebra, Ideal, Homomorphismus, Bild, Kern, Algebren-Erzeugnis)* Seien K ein assoziativer kommutativer unitärer Ring und A ein assoziativer Ring. Ist A zudem ein K-Raum, für den

$$k(ab) = (ka)b = a(kb)$$

für alle $ab \in A, k \in K$ gilt, nennt man A eine **'assoziative K-Algebra'**.

Einen K-Teilraum T von A, der bzgl. der Multiplikation auf A abgeschlossen ist, nennt man eine **'K-Teilalgebra'**. Eine K-Teilalgebra I von A heißt **'K-Ideal'** von A, wenn zusätzlich AI und IA in I enthalten sind. Dies bedeutet $ai, ia \in A$ für alle $a \in A, i \in I$. Schnitte von Teilalgebren und Idealen von A sind erneut Teilalgebren und Ideale von A.

Sind A, B zwei K-Algebren und ist α ein K-Raumhomomorphismus zwischen A und B, so heißt α ein **'K-Algebrenhomomorphismus'**, wenn zusätzlich

$$(xy)\alpha = (x\alpha)(y\alpha)$$

für alle $x, y \in A$ erfüllt ist: α ist **'multiplikativ'**. Man rechnet leicht nach, daß

$$Kern(\alpha) := \{a \in A \mid a\alpha = 0_B\}$$

ein K-Ideal von A und

$$Bild(\alpha) := \{a\alpha \mid a \in A\}$$

eine K-Teilalgebra von B sind. Sie werden **'Kern'** und **'Bild'** von α genannt. α ist genau dann injektiv bzw. surjektiv, wenn $Kern(\alpha) = 0$ bzw. $Bild(\alpha) = B$ gilt. In diesem Fall nennt man α einen **'Monomorphismus'** bzw. einen **'Epimorphismus'**. Liegen beide Eigenschaften vor, nennt man α einen **'Isomorphismus'**. Ist α ein Isomorphismus, ist auch α^{-1} ein K-Algebren-Isomorphismus. Besitzen beide Algebren ein Einselement und gilt die Regel $1_A \alpha = 1_B$, nennt man α unitär. In diesem Fall gilt für alle Einheiten $a \in A$, daß $a\alpha$ eine Einheit von B und

$$(a^{-1})\alpha = (a\alpha)^{-1}$$

erfüllt ist.

Sei $a \in A$. Es wird die kleinste Teilalgebra $\langle a \rangle_A$ von A beschrieben, in der a liegt. Man betrachte folgend den Schnitt aller Teilalgebren von A, die a enthalten. Da Schnitte von Teilalgebren erneut Teilalgebren sind, wird dadurch ebenfalls eine Teilalgebra definiert. Diese Beschreibung ist **'von oben gerichtet'**. **'Von unten kommend'** muss diese Teilalgebra jedenfalls alle Produkte a^i für beliebige $i \in \mathbb{N}$ enthalten und ebenso alle Summen dieser Potenzen von a mit skalaren Vielfachen. Auf diese Weise entstehen Ausdrücke der Form

$$\sum_{i=1}^n k_i a^i$$

für beliebige $n \in \mathbb{N}$ und $k_1, ..., k_n \in K$. Die Menge dieser Summen bildet ebenfalls eine Teilalgebra. Ein skalares Vielfaches einer solchen Summe sowie Summe und Produkt zweier derartiger Summen sind als eine Summe darstellbar, wie sie oben beschrieben wurde. Für den Nachweis des eben genannten Vorgangs werden die folgenden Rechenregeln verwendet:

(i) $\quad l \left(\sum_{i=0}^k k_i a^i \right) = \sum_{i=0}^k (lk_i) a^i$

(ii) $\quad \sum_{i=0}^k k_i a^i + \sum_{j=0}^l l_j a^j = \sum_{i=0}^{\max\{k,l\}} (k_i + l_i) a^i$

(iii) $\quad \sum_{i=0}^k k_i a^i \cdot \sum_{j=0}^l l_j a^j = \sum_{i=0}^k \left(\sum_{j=0}^n (k_i l_j) a^{i+j} \right)$ (Cauchy-Produkt).

Bei der Summen- und Produktbildung in derartiger Weise ist zu beachten, daß Skalare Vielfache bzw. Koeffizienten je nach Fall $n < m$ oder $n > m$ entsprechend als Nullen zu ergänzen sind. Man nennt diese kleinste Teilalgebra auch die Teilalgebra, die von a erzeugt ist oder auch die von **'a erzeugte Teilalgebra'**. Die sprachliche Kurzform wird **'Erzeugnis'** genannt. Ist A zusätzlich unitär, gibt es auch eine kleinste unitäre Teilalgebra, die von a erzeugt wird. Es ist die der Summen $\sum_{i=0}^n k_i a^i$, wobei $a^0 = 1_A$ gilt. Jedes Erzeugnis ist bzgl. der Multiplikation kommutativ. Die schulisch vermutlich vorauszusetzenden Polynome besitzen bereits Ähnlichkeit zu den oben definierten Summen. ◇

Eine assoziative K-Algebra vereint diverse Verknüpfungen in einem strukturellen Konstrukt. Es sind Addition und Multiplikation des Skalarbereiches K, seine Skalaroperation auf dem K-Raum A und die Addition und Multiplikation der Algebra A. Speziell die $\mathbb{Z}$-Algebren sind in der Literatur unter dem Namen **'Ringe'** bekannt. Aus diesem Begriff wird der weit verbreitete (unscharfe) Sprachgebrauch des **'Polynomrings'** abgeleitet. Zur exakten Definition der **'Polynomalgebren'** wird die Begriffswelt der **'algebraischen'** und **'transzendenten'** Algebra-Elemente benötigt.

Definition 28 *(algebraisch, transzendent)* *Seien A eine assoziative unitäre K-Algebra und $a \in A$. A nennt man* **'transzendent'**, *wenn*

$$P(a) := \{a^i \mid i \in \mathbb{N}_0\}$$

eine K-linear unabhängige Menge ist. Für jede endliche Teilmenge T von P(a) und $k_t \in K, t \in T$ folgt bei transzendenten Elementen aus der Eigenschaft $\sum_{t \in T} k_t t = 0$ schon $k_t = 0$ für alle $t \in T$. Ein nicht-transzendentes Element heißt **'algebraisch'**. *In diesem Fall gibt es eine endliche K-Linearkombination von Potenzen von a mit Vorfaktoren, die nicht alle gleich Null. Die Linearkombination hingegen ist Null.* ◇

Es folgen Beispiele algebraischer und transzendenter Elemente.

Beispiele 4

(1.) Man betrachte die irrationale Zahl $\sqrt{2}$ innerhalb der $\mathbb{Q}$-Algebra $\mathbb{R}$. Es gilt $1 \cdot (\sqrt{2})^2 + (-2)(\sqrt{2})^0 = 2 - 2 = 0$. Aus diesem Grund ist $\sqrt{2}$ algebraisch über $\mathbb{Q}$.

(2.) Verallgemeinernd kann zu einer nicht-negativen rationalen Zahl a und einem $n \in \mathbb{N}$ die **'n-te Wurzel aus a'** betrachtet werden. Sie erfüllt die Gleichung $(\sqrt[n]{a})^n = a \in \mathbb{Q}$. In der $\mathbb{Q}$-Algebra $\mathbb{R}$ ist die n-te Wurzel aus A algebraisch. Zum Beweis dient der Ausdruck $1 \cdot (\sqrt[n]{a})^n - a \cdot (\sqrt[n]{a})^0 = 0$.

(3.) In der $\mathbb{R}$-Algebra $\mathbb{R}$ ist jede reelle Zahl r algebraisch, denn es gilt $1 \cdot r^1 - r \cdot r^0 = 0$.

(4.) In  wird eine Liste bekannter transzendenter reeller Zahlen über $\mathbb{Q}$ angegeben, wie z. B. e oder π.

(5.) Folgend werden lineare Abbildungen betrachtet. Zu jedem K-Raum V ist die Menge $End_K(V)$ der K-Endomorphismen von V eine K-Algebra mittels folgender Verknüpfungen: Seien $\alpha, \beta \in End_K(V), v \in V, k \in K$. Die Abbildung $k\alpha$ ist definiert durch $v(k\alpha) := k(v\alpha)$, also dem **'bildweise Vielfachen-Bilden'**. Die Addition $\alpha + \beta$ ist gegeben durch $v(\alpha + \beta) := v\alpha + v\beta$, also dem **'bildweise Addieren'** der einzelnen Bildwerte. Damit wird $End_K(V)$ bereits zu einem K-Vektorraum. Um aus $End_K(V)$ eine Algebra zu konstruieren, benötigt man eine Multiplikation. Der Vorgang der Multiplikation wird als **'Hintereinanderausführen'** von Abbildungen umgesetzt: $v(\alpha\beta) := (v\alpha)\beta$.
In der K-Algebra $End_K(V)$ betrachtet man zu einem Element $k \in K$ die Abbildung $s_k : v \mapsto kv$. Sie wird **'Streckung'** des Vektors v um k genannt. Es gilt $s_k = k \cdot id_V$, also ist $1 \cdot (s_k)^1 - k \cdot (s_K)^0 = 0$ in $End_K(V)$ erfüllt. Aus diesem Grund ist die Abbildung s_k algebraisch über K.

(6.) Betrachtet seien ein kommutativer unitärer Ring K und $V := K^2$ – die **'zweidimensionale Bildebene'**. In der K-Algebra $End_K(V)$ wird die lineare Abbildung $\varphi : (a, b) \mapsto (b, a)$ definiert. Dann gilt $(a, b)\varphi\varphi = (b, a)\varphi = (a, b)$. Daraus folgen $\varphi^2 = id_V$ und $1 \cdot (\varphi)^2 - 1 \cdot (\varphi)^0 = 0$. Also liegt erneut ein algebraisches Element in Form einer Funktion vor.

(7.) Daß beide lineare Abbildungen in (5.) und (6.) algebraisch sind, liegt an einem allgemeineren Phänomen. Sind K ein Körper und A eine endlich-dimensionale K-Algebra, so ist jedes Element a aus A algebraisch über K. Da die Dimension endlich ist, können nicht alle Potenzen von a linear unabhängig sein. Dieses Resultat kann auf $End_K(V)$ angewendet werden. Für einen endlich-dimensionalen K-Raum V ist die Algebra $End_K(V)$ von der endlichen Dimension $dim_K(V)^2$.

(8.) Möchte man also über K transzendente Elemente innerhalb der K-Algebra $End_K(V)$ finden, so muss V unendlich-dimensional gewählt werden. Sei folgend K ein kommutativer unitärer Ring und $V := K^{\mathbb{N}_0}$. V ist die **'Menge aller Folgen über K'**, also gedanklich K^n für $n \to \infty$. Das ist auch der Grund, warum V von unendlicher Dimension ist. V enthält eine isomorphe Kopie aller K^n für beliebige $n \in \mathbb{N}$ in Form jener Folgen, die ab n-tem Folgeglied konstant Null sind. V ist bzgl. der komponentenweisen Addition und Skalarmultiplikation ein unendlich-dimensionaler K-Vektorraum. In $End_K(V)$ definiert man die sog. **'Verschiebeabbildung'**

$$\sigma : V \longrightarrow V, (a_0, a_1, a_2, \ldots) \mapsto (0, a_0, a_1, a_2, \ldots).$$

σ ist ein K-Raumendomorphismus, der jede Folge um eine Stelle nach rechts **'schiebt'** und die erste Stelle mit 0 auffüllt. Diese Konstruktion ist für einen fixen K^n nicht möglich, da die Komponentenzahl begrenzt ist. Es soll eingesehen werden, daß σ transzendent über K ist. Zum Beweis seien $m \in \mathbb{N}_0, c_0, \ldots, c_m \in K, c_m \neq 0$ und $i \leq m$ minimal mit $c_i \neq 0$. Es gilt

$$(1_K, 1_K, 1_K, \ldots) \sum_{j=0}^{m} c_m \sigma^j = (a_0 = 0, a_0 + a_1 = 0, \ldots, a_0 + a_1 + \ldots + a_i =$$

$$a_i \neq 0, \ldots, a_0 + a_1 + \ldots + a_m, \ldots).$$

Daher ist die Abbildung $\sum_{j=0}^{m} c_m \sigma^j$ nicht die Nullabbildung. Per Kontraposition folgt die Behauptung zur Transzendenz von σ. ◇

Folgend weitere Definitionen und Resultate zu Polynomalgebren:

Definitionen und Bemerkungen 2 *(Polynomalgebra, Polynom, Unbestimmte, Variable, Grad, normiert, Leitkoeffizient, Nullstelle, Koeffizienten)* Sei K ein kommutativer unitärer Ring. Ein transzendentes Element einer unitären K-Algebra A nennt man eine **'Variable'** oder **'Unbestimmte'**. Statt t verwendet man auch das Symbol x, aber auch $u, v, w, \ldots$ wären denkbar. Wenn die Menge der Potenzen von t – also $\{t^k \mid k \in \mathbb{N}_0\}$ – eine K-Basis von A bildet, so heißt A eine **'Polynomalgebra'** – oder auch unscharf benannt **'Polynomring'** – in der Variablen t. Eine Polynomalgebra in einer Variablen t ist eine assoziative unitäre K-Algebra, die von einem transzendenten Element t als Algebra erzeugt wird. Aus diesem Grund sind Polynomalgebren kommutativ.

Die Elemente einer Polynomalgebra in einer Variablen t nennt man Polynome. Die speziellen **'Polynome'** t^n heißen **'Monome'**. Für jedes Polynom $p \neq 0$ gibt es per

Definition genau ein $n \in \mathbb{N}_0$ – der sog. **'Grad'** des Polynoms – und genau ein $n + 1$-Tupel $(k_0, ..., k_n)$– die **'Koeffizienten'** des Polynoms – über K, so daß $p = \sum_{j=0}^{n} k_j t^j$
gilt und $k_n \neq 0$ ist. Zwei Polynome ungleich Null genau dann identisch, wenn sie gleichen Grad und gleiche Koeffizienten besitzen. Der Koeffizient k_n zum Grad n des Polynomes wird **'Leitkoeffizient'** von p genannt. Ist $k_n = 1$, heißt p **'normiert'**. Der Grad eines Polynoms f wird mit $grad(f) = n$ ausgedrückt.

In ▶ Definition und Bemerkung 1 wurde bereits Formeln zur Skalarmultiplikation, Addition und Multiplikation von Polynomen vorgestellt. ◇

In angefügter Proposition wird der Grad bzgl. der Algebraverknüpfungen untersucht. Daraus ergibt sich die Nullteilerfreiheit von Polynomalgebren über Körpern.

Proposition 9 *(Gradformeln, Nullteilerfreiheit)* *Seien K ein kommutativer unitärer Ring, A eine K-Polynomalgebra in der Variablen t sowie $f, g, h, k \in A$, $e \in E(K)$ und h, k normiert. Es gelten folgende Aussagen:*

(i) $grad(ef) = grad(f)$
(ii)   *Das Polynom hk ist normiert.*
(iii)   *Es gilt $f + g = 0$ oder $grad(f + g) \leq max\{grad(f), grad(g)\}$. Sind die Polynome vom unterschiedlichem Grad oder ist die Summe der Leitkoeffizienten bei Gradgleichheit nicht Null, so gilt in diesem Fall sogar Gleichheit.*
(iv)   *Es gilt $fg = 0$ oder $grad(fg) \leq grad(f) + grad(g)$.*
(v)   *Es gilt $hk = 0$ oder $grad(hk) = grad(h) + grad(k)$.*
(vi)   *Sind die Leitkoeffizienten von f oder von g Einheiten in $K \setminus \{0\}$, so ist $grad(fg) = grad(f) + grad(g)$.*
(vii)   *Für einen Körper K ist A nullteilerfrei und damit als Ring ein Integritätsbereich.* ◇

Eine Folgerung aus Punkt (vii) ist das sog. **'cancellation rule'** für Polynome $h, g, f \neq 0$ in einer Variablen t über einen Körper K. Aus $fg = fh$ folgt $f(g - h) = 0$ und damit $f = 0$ oder $g - h = 0$. Wegen $f \neq 0$ muss bereits $h = g$ gelten. Das Polynom f kann also aus der Gleichung **'gekürzt'** werden.

Folgend werden Elemente in ein Polynom eingesetzt. Zu diesem Zweck wird die **'Ersetzungsabbildung'** (auch Einsetzungsabbildung, Einsetzungshomomorphismus, Ersetzungshomomorphismus, replacement homomorphism) definiert. Seien dazu A eine Polynomalgebra in der Variablen t über einen kommutativen unitären Ring und B eine weitere kommutative unitäre K-Algebra sowie $b \in B$ und $f \in A$ ein Polynom. Zu f gibt es ein eindeutig bestimmtes Koeffiziententupel $(c_0, ..., c_n)$ mit $f = \sum_{i=0}^{n} c_i t^i$, wobei n der Grad von f ist. Man kann in B den eindeutig bestimmten Ausdruck

$$f(b) := \sum_{i=0}^{n} c_i b^i$$

berechnen. Daher kann die Abbildung

$$F_b : A \longrightarrow B, f \mapsto f(b)$$

definiert werden. Innerhalb der linearen Algebra ist der Fall $B = End_K(V)$ bedeutend. In diesem Kontext werden lineare Abbildungen in Polynome eingesetzt, um Endomorphismen zu untersuchen. Das führt zu Begriffen wie '**Minimalpolynom**' und '**charakteristischen Polynom**'. Die Endomorphismen-Sätze von '**Cayley-Hamilton**' und der '**Jordan-Zerlegung**' gehen auch darauf zurück.

Gilt in obiger Situation $f(b) = 0$, so ist b eine sog. '**Nullstelle**' von f in B. K ist innerhalb der Algebra in vielen Fällen ein Körper und B ein weiterer Körper oberhalb von K. B wird so klein wie möglich mit der Eigenschaft bestimmt, daß f sämtliche Nullstellen in B besitzt. Man spricht in diesem Fall von einem sog. '**Zerfällungskörper**' für f. Besitzen in B sogar alle Polynome ihre sämtlichen Nullstellen und gibt es keinen kleineren derartigen Körper, nennt man B den '**algebraischen Abschluss**' von K. Der '**Hauptsatz der Algebra**' ist, daß im Zahlensystem $\mathbb{Q}$–$\mathbb{R}$–$\mathbb{C}$ diese Eigenschaft exakt die komplexen Zahlen besitzen.

Folgend werden Eigenschaften von Polynomalgebren aufgelistet:

Satz 26 *(Existenz und Eindeutigkeit von Polynomalgebren) Seien K ein kommutativer unitärer Ring, A eine K-Polynomalgebra in der Variable t, B eine assoziative unitäre K-Algebra und $b \in B$. Es gelten folgende Aussagen:*

(i)   *Es gibt eine K-Polynomalgebra.* – '**Existenz**'
(ii)   *Der Ersetzungshomomorphismus $F_b : A \longrightarrow B, f \mapsto f(b)$ ist ein Algebrenhomomorphismus, dessen Bild die von b erzeugte K-Teilalgebra von B ist.* – '**Ersetzungshomomorphismus**'
(iii)   *Ist $\varphi : t \mapsto b$ irgendeine Abbildung, so ist F_b die eindeutig bestimmte Fortsetzung von φ zu einem K-Algebrenhomomorphismus von A in B.* – '**universelle Eigenschaft**'
(iv)   *Je zwei K-Polynomalgebren in den Variablen t und u sind mittels des Ersetzungshomomorphismus F_u isomorph. Man bezeichnet daher die bis auf Isomorphie eindeutig bestimmte K-Polynomalgebra mit $K[t]$, wobei hier die Variable t stellvertretend benutzt wird.* – '**Eindeutigkeit**'   ◇

Die ggfs. aus der Schule bekannte Polynomdivision bildet die Grundlage zur Nullstellenanalyse von Polynomen:

Satz 27 *(Teilen mit Rest, Polynomdivision) Seien K ein Körper und $p, q \in K[t]$ mit $q \neq 0$. Dann gibt es ein Paar $(s; r)$ von Polynomen aus $K[t]$, so daß folgende Eigenschaften erfüllt sind:*

(i) $p = sq + r$ – '**Existenzteil I**'
(ii) $r = 0$ *oder* $grad(r) < grad(q)$ – '**Existenzteil II**'
(iii)   *s und r sind mit (i) und (ii) eindeutig bestimmt.* – '**Eindeutigkeitsteil**'   ◇

Folgerung 2 *(Abspaltung und Anzahl von Nullstellen) Seien K ein Körper und $0 \neq f \in K[t]$ mit $grad(f) \geq 1$. Ist $n \in K$ eine Nullstelle von f, so gibt es ein $0 \neq g \in K[t]$ mit $f = (t - n)g$. Insbesondere besitzt f höchstens $grad(f)$-viele Nullstellen in K.*   ◇

Nicht jedes Polynom über einem Körper K muss zwangsläufig eine Nullstelle in K besitzen. Das Polynom t^2+t+1 besitzt werden über $\mathbb{Q}$ noch über $\mathbb{R}$ eine Nullstelle. Wie oben erwähnt sind dazu die komplexen Zahlen zu verwenden. Das Polynom t^2-2t+1 besitzt die Nullstelle -1 mit sog. **'Vielfachheit'** 2, weil $t^2 - 2t + 1 = (t-1)^2$ gilt. Die Nullstelle -1 liegt mehrfach vor, der Linearfaktor $t - (-1)$ taucht beim Abspalten entsprechend seiner Vielfachheit auf. Im Fall $t^2 - 1 = (t+1)(t-1)$ zerfällt dieses reelle Polynom vollständig in zwei Linearfaktoren zu den verschiedenen Nullstellen 1 und -1.

Polynomalgebren, denen Körper als Skalarbereich zu Grunde liegen, und der Ring der ganzen Zahlen sind strukturell verwandt. Das Teilen mit Rest wurde für beide Ringe bereits nachgewiesen. Der Rest bei den ganzen Zahlen ist bzgl. $|\cdot|$ und $<$ zu verstehen. Bei Polynomen ist der Rest mit Hilfe des Grades und $<$ charakterisiert. Das Teilen mit Rest wird nachfolgend allgemeiner gefasst.

Definition 29 *(euklidische Ringe) Ein Integritätsring R heißt* **'euklidischer Ring'**, *falls eine* **'Bewertungsfunktion'** $g : R \longrightarrow \mathbb{N}_0$ *mit folgenden Eigenschaften vorliegt:*
(i) *Es gilt $g(0) = 0$.*
(ii) *Für alle $x, y \in R$ mit $y \neq 0$ existieren Elemente $q, r \in R$ mit $x = qy + r$, wobei $g(r) < g(y)$ ist.*
(iii) *Für alle $x, y \in R \setminus \{0\}$ gilt $g(xy) \geq g(x)$.* ◇

Der Ring der ganzen Zahlen und Polynomringe über Körpern sind folglich Beispiele euklidischer Ringe. Man kann sogar zeigen, daß Polynomringe über Körpern **'Hauptidealringe'** (HIR) sind, indem der Beweis für die ganzen Zahlen kopiert wird. Dies gilt allgemeiner für sog. **'euklidische'** Ringe:

Satz 28 *(Zusammenhänge euklidisch, faktoriell, HIR) Es gelten folgende Aussagen:*
(i)   Euklidische Ringe sind Hauptidealringe.
(ii) Jede aufsteigende Kette von Idealen in einem Hauptidealring wird stationär: Hauptidealringe sind **'noethersch'**.
(iii) Ist ein Integritätsring ein Hauptidealring, so ist er faktoriell. ◇

Abschließend werden die Unterschiede und Gemeinsamkeiten von Polynomen und sog. **'Polynomfunktionen'** herausgearbeitet. Seien K ein kommutativer unitärer Ring mit Eins, $n \in \mathbb{N}_0$, $c_0, ..., c_n \in K$ und

$$f_{c_0,...,c_n} : K \longrightarrow K, t \mapsto \sum_{i=0}^{n} c_i t^i.$$

Derartige Funktionen heißen **'Polynomfunktionen'**. Offenbar besteht zwischen Polynomen und Polynomfunktionen eine Beziehung. Aus dem Polynom $p := \sum_{i=0}^{n} c_i t^i \in K[t]$ lässt sich die Polynomfunktion $f_{c_0,...,c_n}$ ableiten. Sie wird mit f_p symbolisiert. Die Menge aller Polynomfunktionen von K in K wird mit Pol(K) bezeichnet.

Zur weiteren Analyse wird wegen obigem Zusammenhang die Funktion

$$\Phi : K[t] \longrightarrow Pol(K), p \mapsto f_p$$

definiert und analysiert. Offenbar ist die Abbildung Φ surjektiv, da jede Polynomfunktion aus einem Polynom entsteht. Bzgl. der Algebraverknüpfungen der Polynome zeigen sich ebenso Parallelen: Die Polynomfunktionen bilden zusammen mit der bildweisen Skalarmultiplikation, Addition und Multiplikation eine K-Algebra. Φ wurde genau so definiert, daß sie mit den drei Verknüpfungen verträglich ist, also einen Algebrenepimorphismus darstellt.

Zur weiteren Analyse wird angenommen, daß K ein Körper ist. Es soll eingesehen werden, daß Φ genau dann injektiv ist, wenn K unendlich viele Elemente besitzt. Folglich bilden die Polynomfunktionen $Pol(K)$ genau in diesem Fall einen Polynomring. Polynome müssen i.A. also strikt von Polynomfunktionen unterschieden werden. Ist K endlich, so betrachte man das Polynom

$$p := \prod_{k \in K}(t - k).$$

Egal welchen Wert aus K man in dieses Polynom einsetzt, das Ergebnis ist Null. Offensichtlich ist p aber nicht das Nullpolynom, da sein Grad die Mächtigkeit des Körpers ist.

Sei folgend K unendlich und f ein Polynom, so daß die Polynomfunktion $\Phi(f)$ die Nullfunktion ist. Wäre f nicht das Nullpolynom, so würde f unendlich viele Nullstellen besitzen. Das widerspräche aber dem bewiesenden Satz, daß höchstens Grad f-verschiedene Nullstellen existieren. Aus diesem Widerspruch folgt, daß f das Nullpolynom sein muss und Φ eine Injektion ist. Für unendliche Körper sind Polynome und Polynomfunktionen in diesem Sinne **'identisch'**.

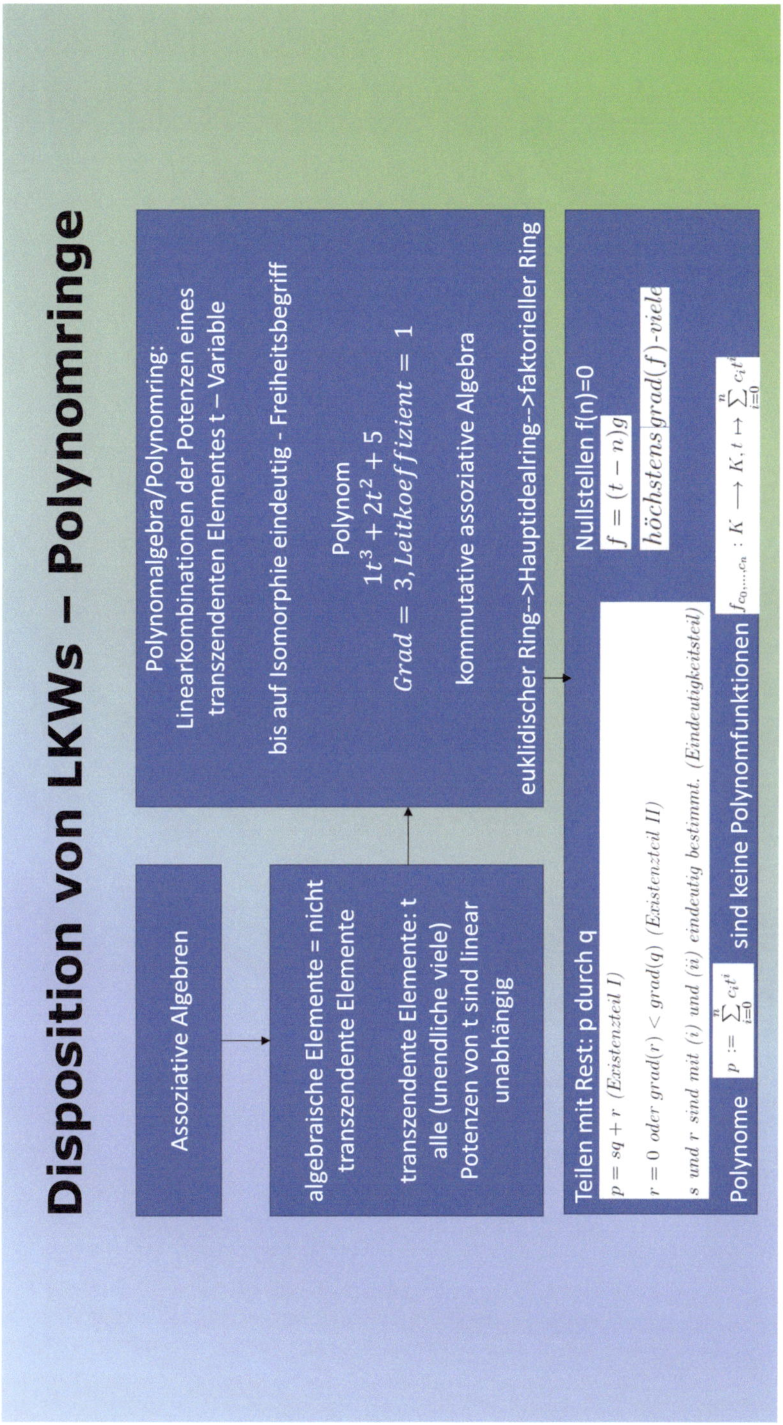

Disposition von LKWs – Polynomringe

Assoziative Algebren

algebraische Elemente = nicht transzendente Elemente

transzendente Elemente: t alle (unendliche viele) Potenzen von t sind linear unabhängig

Polynomalgebra/Polynomring: Linearkombinationen der Potenzen eines transzendenten Elementes t – Variable

bis auf Isomorphie eindeutig - Freiheitsbegriff

Polynom
$1t^3 + 2t^2 + 5$
$Grad = 3, Leitkoeffizient = 1$

kommutative assoziative Algebra

euklidischer Ring --> Hauptidealring --> faktorieller Ring

Nullstellen f(n)=0
$f = (t-n)g$
$höchstens\ grad(f)\text{-}viele$

Teilen mit Rest: p durch q
$p = sq + r$ (Existenzteil I)
$r = 0$ oder $grad(r) < grad(q)$ (Existenzteil II)
s und r sind mit (i) und (ii) eindeutig bestimmt. (Eindeutigkeitsteil)

Polynome $\quad p := \sum_{i=0}^{n} c_i t^i \quad$ sind keine Polynomfunktionen $\quad f_{c_0,\dots,c_n} : K \to K, t \mapsto \sum_{i=0}^{n} c_i t^i$

Disposition von LKWs – Polynome und ganze Zahlen

Ganze Zahlen	Polynome
Betrag	Grad
Primzahlen	Irreduzible Polynome
Euklidisch	Euklidisch
Hauptidealring	Hauptidealring
Faktoriell	Faktoriell
Teilen mit Rest	Polynomdivision
ggT, kgV, teilerfremd	ggT, kgV, teilerfremd
Integritätsbereich	Integritätsbereich
Quotientenkörper rationale Zahlen	Quotientenkörper gebrochene Polynome
kein Pendent	Nullstellen
kein Pendent	Polynomfunktionen

6.2.1.3 Rationale Zahlen

Die **'rationalen Zahlen'** – auch **'Brüche'** genant – sind wichtiger Bestandteil des täglichen Lebens. Grundlegendes Thema ist, ähnliche Objekte gleichmässig aufzuteilen. Beispielsweise einen Gewinn von 1000 EUR beim Lotto an 3 Mitspieler auszuzahlen oder einen Holzstab von 1 m Länge im Gartenbau in drei gleich große Teile zu zersägen. Auch das Prinzip des **'Dreisatzes'** fußt auf den rationalen Zahlen. Es lassen sich viele Situationen finden, für die das Konzept des Bruches fundamental notwendig ist. In der Logistik ist dies ebenfalls so. Beim Umgang mit Gewichten, Volumen, Temperaturen, bei Ermittlung von Durchschnitts-Kennzahlen eines Lagers, bei Preisermittlungen und heuristischen Berechnungen von Stellplätzen im LKW werden rationale Zahlen benötigt.

Bemerkung 9 (*Motivation zur Konstruktion und Verknüpfung der rationalen Zahlen*) Es wird damit begonnen, die Konstruktion der rationalen Zahlen nebst ihrer Multiplikation und Addition zu motivieren. Zu diesem Zweck wird das schon vielfach aufgetauchte Konzept der **'Lösungen von Gleichungen'** angewandt. Die Gleichung $5x = 550$ kann in den natürlichen Zahlen mittels $x = 110$ gelöst werden. Zugehörige Fragestellung könnte sein, die durchschnittliche Zahl der Wareneingänge eines Lagers an den 5 Arbeitstagen zu berechnen. Lautet die Gleichung aber $5x = 551$, so kann die Rechnung nicht in den natürlichen Zahlen gelöst werden. Wendet man das Teilen mit Rest an, gilt $551 = 110 \cdot 5 + 1$. Trotzdem möchte man diese Gleichung möglichst eindeutig lösen. Für diesen Zweck benötigt man eine Erweiterung der ganzen Zahlen zu den rationalen Zahlen. In dieser erweiterten Zahlenwelt ist die Gleichung dann lösbar. Im Folgeabschnitt zum sog. **'Quotientenkörper'** wird erkennbar, wie eine derartige Erweiterung der ganzen Zahlen vorgenommen werden kann. Idee dabei ist, die ganzen Zahlen in einen Körper einzubetten, so daß jedes Element bzgl. der Multiplikation ein Inverses besitzt. Das ist in den ganzen Zahlen ja nur den Elementen (den einzigen multiplikativen Einheiten) 1 und -1 vorbehalten.

In dieser Motivation soll noch darauf eingegangen werden, wie mittels eindeutiger Lösbarkeit von Gleichungen der Form $bx = a$ diese neuen Zahlen **'multipliziert'** und **'addiert'** werden sollten. Man schreibe für die eindeutige Lösung der Gleichung $bx = a$ im Folgenden $\frac{a}{b}$. Es sei zusätzlich noch $dy = c$ eine weitere solche Gleichung mit eindeutiger Lösung $y = \frac{c}{d}$.

Es wird analysiert, was sinnvolle Definitionen für $xy = \frac{a}{b}\frac{c}{d}$ und $x + y = \frac{a}{b} + \frac{c}{d}$ sind. Beginnt man mit der **'Multiplikation'** xy, ist naheliegend, die beiden Gleichungen miteinander zu multiplizieren: $bxdy = ac$. Fordert man die Kommutativität und Assoziativität, so ist dies äquivalent zu $(bd)(xy)ac$. Damit löst xy diese Gleichung, und man hat $xy = \frac{ac}{bd}$.

Würde man bei der **'Addition'** analog die Gleichungen einfach addieren, so erhielte man $bx + dy = a + c$. Problem dabei ist, daß man nach einer Gleichung der Form $r(x + y) = t$ sucht, aber $x + y$ im linken Term nicht ausgeklammert werden kann. Das gelingt nur, wenn man zuvor die beiden Gleichungen so bearbeitet, daß links ein ähnlicher Term vor den beiden Unbekannten x und y steht. Dazu multipliziert man die erste Gleichung mit d und erhält $dbx = da$. Analog – durch Multiplikation mit b – ergibt die zweite Gleichung $bdy = bc$. Nun stehen vor x und y die gleichen Vorfaktoren (wenn man die Kommutativität der Multiplikation voraussetzt). Durch

Addition folgt $dbx+bdy = da+bc$, was äquivalent zu $db(x+y) = ad+bc$ ist, woraus $x+y = \frac{ad+bc}{bd}$ erhalten wird. Dieses Vorgehen nennt man **'Gleichnamigmachen'**.

Auch das **'Teilen'** durch einen Bruch kann man durch das eindeutige Lösen von Gleichungen analysieren. Betrachtet man zu diesem Zweck die Gleichungen $bx = a$ und $ay = b$, so gilt durch Multiplikation $bxay = ab$, also $(ab)(xy) = ab$. Andererseits löst 1 diese Gleichung. Also erhält man $\frac{a}{b}\frac{b}{a} = 1$. Diese Lösung nennt man **'Kehrbruch'**. Das multiplikativ Inverse zu $\frac{a}{b}$ ist also $\frac{b}{a}$ oder – anders ausgedrückt – $(\frac{a}{b})^{-1} = \frac{b}{a}$. Letzteres schreibt man auch in der Form $\frac{1}{\frac{a}{b}}$.

Das **'Subtrahieren'** von Brüchen ist jetzt analysierbar. Man betrachtet die Gleichung $bx = a$. Diese kann – Minus mal Minus ist Plus – auch als $(-b)(-x) = a$ geschrieben werden. Demnach gilt $-\frac{a}{b} = -x = \frac{a}{-b}$. Die Gleichung $bx = a$ kann auch mit -1 multipliziert werden. Daraus folgt $-bx = -a$, also $b(-x) = -a$ und damit $-\frac{a}{b} = \frac{-a}{b}$.

Was ist die Konsequenz, wenn in der Gleichung $bx = a$ schon $a = 0$ vorausgesetzt ist? Dann ist $bx = 0$ eindeutig zu lösen. Ist $b \neq 0$, so muss $x = 0$ sein, wenn die Nullteilerfreiheit vorausgesetzt wird.

Abschließend wird erörtert, aus welchem Grund bei den Gleichungen $bx = a$ die Eigenschaft $b \neq 0$ gefordert wird: Der Nenner darf nicht Null sein. Ansonsten wäre die Gleichung $0x = a$ eindeutig lösbar. Das ergibt wegen $0x = 0$ bereits $a = 0$. Aber für $a = 0$ ist mit jedem x die Gleichung lösbar, was der Eindeutigkeit widerspricht. Deswegen wird bei Brüchen der Nenner als ungleich Null vorausgesetzt. ⋄

Definition 30 (*Definition des Quotientenkörpers eines Ringes*) *Sei R ein assoziativer Ring. Ein Paar $(Q(R); \iota)$ heißt ein* **'Quotientenkörper'** *von R, wenn folgende Eigenschaften gelten:*

(i) $Q(R)$ ist ein Körper.
(ii) Die Abbildung $\iota : R \longrightarrow Q(R)$ ist ein Ringmonomorphismus.
(iii) Zu jedem Ringmonomorphismus $\alpha : R \longrightarrow K$, wobei K ein Körper ist, existiert ein eindeutig bestimmter Ringmonomorphismus $\hat{\alpha} : Q(R) \longrightarrow K$, so daß $\iota\hat{\alpha} = \alpha$ gilt. (universelle Eigenschaft des Quotientenkörpers) ⋄

Diese universelle Eigenschaft des Quotientenkörpers kann durch ein **'kommutatives Diagramm'** visualisiert werden:

$$\begin{array}{ccc} R & \xrightarrow{\iota} & Q(R) \\ {\scriptstyle id}\downarrow & & \downarrow{\scriptstyle \hat{\alpha}} \\ R & \xrightarrow{\alpha} & K \end{array}$$

Proposition 10 (*Eindeutigkeit des Quotientenkörpers*) *Seien R ein assoziativer Ring und $(Q(R); \iota)$ ein Quotientenkörper von R. Es gelten folgende Eigenschaften:*

(i) Der Quotientenkörper ist bis auf Isomorphie eindeutig bestimmt.
(ii) Gibt es einen Quotientenkörper, so gibt es auch einen R-enthaltenen Quotientenkörper.
(iii) Die Elemente aus R ungleich Null, die in $Q(R)$ eingebettet sind, besitzen bzgl. der Multiplikation ein inverses Element (eindeutige Lösbarkeit von Gleichungen). ⋄

Satz 29 *(Existenz eines Quotientenkörpers zu einem Integritätsbereich)* Man kann einen Quotientenkörper $(Q(R); \iota)$ eines Integritätsbereichs R wie folgt konstruieren:

(i) Auf $M := R \times (R \setminus \{0\})$ ist die Relation $(a; b) \sim (c; d) :\iff ad = cb$ eine Äquivalenzrelation. Man definiere $Q(R) := M/\sim = \left\{\frac{a}{b} \mid (a; b) \in M\right\}$ – die Menge der Äquivalenzklassen bzgl. $\sim$, wobei $\frac{a}{b}$ die Äquivalenzklasse von $(a; b)$ bzgl. $\sim$ sei.

(ii) Auf $Q(R)$ wird die Addition und Multiplikation wie folgt vertreterweise definiert: $\frac{a}{b} + \frac{c}{d} := \frac{ad+cb}{bd}$ und $\frac{a}{b} \cdot \frac{c}{d} := \frac{ac}{bd}$. Insbesondere sind die so definierten Operationen wohldefiniert, also die beiden Seiten von der Wahl der Vertreter unabhängig.

(iii) Der Ring ist nicht der Nullring, enthält also ein Element $a \neq 0$. Das neutrale Element bezüglich der Addition (das Nullelement) ist $\frac{0}{a}$, das neutrale Element bezüglich der Multiplikation (das Einselement) ist $\frac{a}{a}$. Diese Äquivalenzklassen sind für alle $a \in R \setminus \{0\}$ gleich.

(iv) Für $\frac{a}{b}$ ist das Inverse bezüglich der Addition durch $\frac{-a}{b}$ gegeben, und falls $a \neq 0$ ist, ist $\frac{a}{b}$ invertierbar bezüglich der Multiplikation, wobei das Inverse durch $\frac{b}{a}$ gegeben ist.

(v) $Q(R)$ ist zusammen mit diesen Verknüpfungen ein Körper, und $\iota \colon R \to Q, a \mapsto \frac{a}{1}$ ist ein injektiver Ringhomomorphismus, welcher die gewünschte Einbettung vermittelt. ◇

Definitionen und Bemerkungen 3 *(Rationale Zahlen)* ▶ Proposition 10 und ▶ Satz 29 bezeichnet, daß es zu $\mathbb{Z}$ einen Quotientenkörper gibt, der $\mathbb{Z}$ enthält und bis auf Körperisomorphie eindeutig bestimmt ist. Dieser wird mit $\mathbb{Q}$ bezeichnet und man nennt ihn den Körper der **'rationalen Zahlen'** oder auch den **'rationalen Zahlkörper'**. Seine Elemente werden **'Brüche'** oder auch **'rationale Zahlen'** genannt. Man schreibt sie in der Bruch-Form

$$\frac{a}{b},$$

wobei a, b ganze Zahlen sind und $b \neq 0$ ist. Die Zahl a heißt **'Zähler'** und die Zahl b nennt man **'Nenner'** des Bruchs $\frac{a}{b}$.

Genau genommen ist $\frac{a}{b}$ das Urbild unter dem Körperisomorphismus zwischen $\mathbb{Q}$ und $Q(\mathbb{Z})$ der Äquivalenzklasse $(a; b)$ bzgl. der Relation $\sim_{Q(\mathbb{Z})}$ aus ▶ Satz 29. Der Isomorphismus erlaubt es, Bruchrechnungen in dieser speziellen Konstruktion eines Quotientenkörpers durchzuführen.

Es sollen eine Reihe von Bemerkungen zu den rationalen Zahlen formuliert und bewiesen werden. Bei dem Beweis rechnet man vorwiegend in $Q(\mathbb{Z})$ mittels der Relation $\sim_{Q(\mathbb{Z})}$. Seien dazu $a, b, c, d, t \in \mathbb{Z}$ und $b, d, t \neq 0$.

(1.) 'Bruchformeln':
Per Definition sind zwei Brüche $\frac{a}{b}$ und $\frac{c}{d}$ genau dann gleich, wenn $ad = bc$ gilt. Daher sind auch $\frac{0}{b} = 0$ und $\frac{a}{1} = a$ erfüllt. Weiterhin ist ein Bruch der Form $\frac{a}{0}$ nicht definiert: Teilen durch Null ist nicht erlaubt. Das additiv Inverse zu $\frac{a}{b}$ ist

$$-\frac{a}{b} = \frac{-a}{b} = \frac{a}{-b}.$$

Das multiplikativ Inverse zu $\frac{a}{b}$ – auch Kehrwert genannt – ist

$$\left(\frac{a}{b}\right)^{-1} = \frac{b}{a}.$$

Die Addition + von $\frac{a}{b}$ und $\frac{c}{d}$ ist definiert als

$$\frac{a}{b} + \frac{c}{d} = \frac{ad + bc}{bd}.$$

Die Multiplikation · dieser beiden Brüche ist

$$\frac{a}{b} \cdot \frac{c}{d} = \frac{ac}{bd}.$$

Die Gleichheit von Brüchen ergibt auch

$$\frac{a}{b} = \frac{ta}{tb},$$

was auch unter dem Stichpunkt **'Kürzen'** bekannt ist. Wegen $\frac{c}{1} = c$ wird $\frac{a}{b} \cdot c = \frac{ac}{b}$ erhalten. Ähnlich ergeben sich auch

$$\frac{a}{b}/d = \frac{a}{b} \cdot d^{-1} = \frac{a}{bd}$$

sowie etwas allgemeiner

$$\frac{a}{b}/\frac{c}{d} = \frac{a}{b} \cdot \left(\frac{c}{d}\right)^{-1} = \frac{a}{b} \cdot \frac{d}{c} = \frac{ad}{bc}.$$

(2.) 'gekürzte Darstellung eines Bruches':
Zur gekürzten Darstellung eines Bruches soll der Bruch $\frac{a}{b}$ betrachtet werden. Für jede ganze Zahl t gilt wegen der Bruchformeln in (1.) die Gleichung $\frac{ta}{tb} = \frac{a}{b}$. Das bedeutet, daß man jeden gemeinsamen Teiler des Zählers und Nenners eines Bruches weglassen bzw. kürzen kann. Dadurch entsteht ein identischer Bruch, wobei Zähler und Nenner teilerfremd sind. Es gibt also stets ganze Zahlen c, d, so daß

$$\frac{a}{b} = \frac{c}{d} \text{ und } ggT(c, d) = 1$$

gelten. Den Bruch $\frac{c}{d}$ nennt man (unscharf) auch die gekürzte Darstellung von $\frac{a}{b}$.

Die gekürzte Darstellung verfolgt den Ansatz, Zähler und Nenner eines Bruches möglichst klein zu halten. In der Tat ist die gekürzte Darstellung die Lösung des Problems, zu einem gegebenen Bruch einen identischen Bruch zu finden, bei dem Zähler und der Nenner so **'minimal wie möglich'** sind. Ist nämlich $\frac{a}{b} = \frac{c}{d}$ und $ggT(a, b) = 1$, so gilt $ad = bc$. Aus Teil (v) von ▶ Bemerkung 8 erhält man wegen der Teilerfremdheit von a und b schon $a \mid c$ und $b \mid d$. Es gibt also $t, r \in \mathbb{Z}$ mit $\frac{c}{d} = \frac{ta}{rb} = \frac{a}{b}$. Daraus folgt $r = t$. Jeder zu $\frac{a}{b}$ identische Bruch hat also schon die Form $\frac{ta}{tb}$ mit einem $t \in \mathbb{Z}$. Letzteres nennt man auch eine **'Erweiterung'** von $\frac{a}{b}$ um t oder man sagt, man erweitert den Bruch $\frac{a}{b}$ um die Zahl t.

(3.) 'Hauptnennerbildung':

Zur Hauptnennerbildung betrachtet man die Summe $\frac{a}{b} + \frac{c}{d}$. Per Definition ist diese Summe genau $\frac{ad+bc}{bd}$, was äquivalent zu $\frac{ad}{bd} + \frac{cb}{bd}$ ist. Der Bruch $\frac{a}{b}$ wurde also mit d und der Bruch $\frac{c}{d}$ mit b erweitert, um den gleichen Nenner bd zu erhalten. Man spricht dann auch von **'gleichnamigen'** Brüchen. Erst dann können beim Addieren zweier Brüche einfach die Zähler addiert und die (dann identischen) Nenner beibehalten werden. Der gemeinsame Nenner wird dann Hauptnenner genannt.

Muss man bei der Hauptnennerbildung zweier Brüche stets das Produkt der beiden Nenner betrachten oder reicht nicht eine kleinere Zahl aus? Man sucht also Zahlen t, s, mit denen man $\frac{a}{b}$ um t bzw. $\frac{c}{d}$ um s erweitern kann, so daß ein gemeinsamer Nenner $bt = ds$ entsteht, der möglichst klein ist. Dann ist aber $bt = ds$ ein gemeinsames Vielfaches von b und d. Um dieses möglichst klein zu halten, ist genau das kleinste gemeinsame Vielfache $kgV(b, d)$ von b und d zu wählen.

(4.) 'gemischte Zahlen':

In den rationalen Zahlen kann man die Summe

$$c + \frac{a}{b}$$

bilden. Derartige Zahlen nennt man auch gemischte Zahlen. Etwas ungenau – weil man diese Darstellung mit der Multiplikation verwechseln kann – werden sie auch als

$$c\frac{a}{b}$$

notiert, also beispielsweise $3\frac{1}{2}$. Idee ist, möglichst viel ganzzahlige Anteile aus einem Bruch zu eliminieren oder herauszuziehen. Anstatt $\frac{7}{2}$ wird die gemischte Zahl $3\frac{1}{2}$ geschrieben. In diesem Fall besteht ein enger Zusammenhang zum Teilen mit Rest. Bei den ganzen Zahlen gilt für das Umrechnen von einem Bruch zu einer gemischten Zahl $7 = 3 \cdot 2 + 1$. Für den umgekehrten Rechenweg muss die ganze Zahl mit dem Nenner erweitern und dann zum Bruch hinzuaddiert werden: $3\frac{1}{2} = \frac{3 \cdot 2}{2} + \frac{1}{2} = \frac{7}{2}$.

(5.) 'Lösungen von Gleichungen':

In den rationalen Zahlen können Gleichungen der Form

$$bx = a \quad \text{mit} \quad b \neq 0$$

eindeutig gelöst werden. Die eindeutige Lösung ist $\frac{a}{b}$. Man mag sich fragen, was genau eine **'Gleichung'** $bx = a$ mathematisch ist. Eine ausweichende Antwort wäre, daß man sich stets für die **'Lösungsmenge'** einer Gleichung interessiert. In diesem Fall $\{x \mid x \in \mathbb{Q}, bx = a\}$. Insofern umgeht man das Problem der Definition der Gleichung. Man könnte auch sagen, daß die Menge aller **'Nullstellen des Polynoms'** $bx - a$ über $\mathbb{Q}$ gesucht wird. Es muss nicht definiert werden muss, was die Gleichung $bx = a$ mathematisch ist. Es reicht aus, das Polynom $bx - a$ und dessen Nullstellen zu analysieren.

(6.) $\mathbb{Q}$ ist 'archimedisch':

Es wurde gezeigt, daß $\mathbb{Z}$ archimedisch bzgl. $\leq$ und $\mathbb{N}$ ist. Definiert ist diese Eigenschaft dadurch, daß es zu jeder ganzen Zahl z eine natürliche Zahl n gibt, so daß $z < n$ gilt. In den Lehrbüchern wird archimedisch für die rationalen Zahlen durch die Eigenschaft festgelegt, daß es für je zwei rationale Zahlen a, b mit $b > 0$ eine natürliche Zahl n gibt, so daß $nb > a$ gilt. Letzteres ist äquivalent zu $n > \frac{a}{b}$. Also ist es gleichwertig zu der Aussage, daß es zu jeder rationalen Zahl q eine natürliche Zahl echt oberhalb von q gibt oder auch, daß $\mathbb{N}$ nicht in $\mathbb{Q}$ beschränkt ist. Dies ist der Fall, denn anderenfalls wären die natürlichen Zahlen beschränkt. Ist $\frac{a}{b}$ eine obere rationale Schranke mit natürlichen Zahlen a, b (man beachte $1 > 0$), so ist ab eine natürliche obere Schranke, da $ab \geq \frac{a}{b}$ gilt (denn $ab^2 \geq a$ wegen $b^2 \geq 1$)   ↯.   ◊

Es soll angemerkt werden, warum die Forderung an R ist, ein Integritätsbereich zu sein, sinnvoll ist. Da man R zu einem Körper erweitern soll, muss die Multiplikation kommutativ sein sowie die Nullteilerfreiheit gelten. Beides ist ja bereits im Körper $Q(R)$ der Fall.

In den rationalen Zahlen können die vier Grundrechenarten **'Plus = Addition, Minus = Subtraktion, Mal = Multiplikation und Geteilt = Division'** durchgeführt werden. Nun sollen die **'Ordnungseigenschaften'** von $\mathbb{Z}$ auf $\mathbb{Q}$ übertragen werden. Zu diesem Zweck werden zunächst die Eigenschaften der Ordnung $\leq$ auf den ganzen Zahlen $\mathbb{Z}$ rekapituliert:

(i) $\leq$ ist reflexiv: Für alle $a, b \in \mathbb{Z}$ gilt $a \leq a$.
(ii) $\leq$ ist antisymmetrisch: Für alle $a, b \in \mathbb{Z}$ folgt aus $a \leq b$ und $b \leq a$ schon $a = b$.
(iii) $\leq$ ist transitiv: Für alle $a, b, c \in \mathbb{Z}$ folgt aus $a \leq b$ und $b \leq c$ schon $a \leq c$.
(iv) $\leq$ ist komparatorisch: Für alle $a, b \in \mathbb{Z}$ gilt $a \leq b$ oder $b \leq a$.
(v) $\leq$ ist total: reflexiv, antisymmetrisch, transitiv und total.
(vi) $\leq$ setzt die Ordnung von $\mathbb{N}$ fort.
(vii) $\leq$ ist trichotomisch um Null: Für alle $a \in \mathbb{Z}$ gilt $a < 0$ oder $a = 0$ oder $a > 0$ (ausschließendes oder).
(viii) Die Trichotomie um Null erlaubt die Definition der Signum-Funktion mit den angegebenen Rechenregeln.
(xi) $\leq$ ist mit der Addition verträglich. Es gilt das additive Monotoniegesetz: Für alle $a, b, c \in \mathbb{Z}$ folgt aus $a \leq b$ schon $a + c \leq b + c$.
(x) $\leq$ ist mit der Multiplikation verträglich. Es gilt das multiplikative Monotoniegesetz: Für alle $a, b, c \in \mathbb{Z}$ und $c > 0$ folgt aus $a \leq b$ schon $ac \leq bc$.
(xi) Es gilt das umgekehrte multiplikative Monotoniegesetz: Für alle $a, b, c \in \mathbb{Z}$ und $c < 0$ folgt aus $a \leq b$ schon $ac \geq bc$.
(xii) Nach oben bzw. nach unten beschränkte Teilmengen von $\mathbb{Z}$ besitzen ein Maximum bzw. ein Minimum.
(xiii) In $\mathbb{Z}$ sind die Begriffe Endlichkeit und Beschränktheit äquivalent.
(xiv) Ausgehend von $\leq$ sind der Betrag $|\,.\,|$ und die Metrik $d(\cdot; \cdot)$ mit den angegebenen Rechenregeln definiert worden.
(xv) Zu jedem $z \in \mathbb{Z}$ gibt es ein $n \in \mathbb{N}$ – nämlich $max\{z, -z\}$ – mit $z \leq n$. Diese Eigenschaft nennt man archimedische Anordnung.

Diese Rechengesetze und Eigenschaften sollen jetzt ebenso für die rationalen Zahlen analysiert und möglichst bewiesen werden. Die rationalen Zahlen verhalten sich bzgl. der Beschränktheit und Endlichkeit anders: die Menge $\{\frac{1}{n} \mid n \in \mathbb{N}\}$ ist beschränkt. Sie besitzt aber kein Minimum und ist auch nicht endlich. Die anderen Eigenschaften erweisen sich als verträglich mit den rationalen Zahlen. Dazu werden weitere Begriffe eingefügt.

Definition 31 *(angeordneter Ring und Körper) Einen Ring R zusammen mit einer Relation $\leq$ nennt man* **'geordneten Ring'**, *wenn $\leq$ eine totale Ordnung auf R ist und diese Ordnung verträglich mit der Addition und Multiplikation ist. R heißt* **'archimedisch angeordnet'**, *wenn $\leq$ sogar archimedisch ist. Ist R ein Körper, so nennt man R einen (archimedisch)* **'angeordneten Körper'**.

Induktiv definiert man für einen unitären Ring mit Einselement 1_R die **'Summe der Einsen'** *durch*

$$1 \cdot 1_R := 1_R \text{ und } (n+1)1_R := n1_R + 1_R$$

für alle $n \in \mathbb{N}$. ◇

Eine Reihe von Aussagen ergeben sich bereits aus diesen Definitionen.

Proposition 11 *(Eigenschaften angeordneter Ringe) Sei R ein bzgl. $\leq$ angeordneter Ring. Es gelten folgende Aussagen:*
- (i)   *Für alle $a, b, c \in R$ folgt $a \leq b$ aus $a + c \leq b + c$.*
- (ii) *Für alle $a, b, c \in R$ mit $c \geq 0$ folgt $a \leq b$ aus $ac \leq bc$.*
- (iii) *Für alle $a, b, c \in R$ mit $c \leq 0$ folgt $a \leq b$ aus $ac \geq bc$.*
- (iv) *Die multiplikative Verträglichkeit ist äquivalent zu: Für alle $a, b \in R$ mit $a, b \geq 0$ folgt $ab \geq 0$.*
- (v)   *Quadrate sind nicht-negativ: Für alle $r \in R$ gilt $r^2 \geq 0$.*
- (vi) *$\leq$ ist trichotomisch.*
- (vii) *Ist R unitär, so gilt für alle $n \in \mathbb{N}$ die Aussage $n1_R > 0$. Insbesondere ist R unendlich.*
- (viii) *Ist R ein Körper, so enthält R einen zu $\mathbb{Q}$ isomorphen Teilkörper.*
- (xi) *Ist R ein Körper, so ist der kleinste Teilkörper von R isomorph zu $\mathbb{Q}$.* ◇

Für angeordnete Ringe sollen die **'Signumsfunktion'**, die **'Betragsfunktion'** und die **'Abstandsfunktion'** eingeführt werden. Bereits bekannten Eigenschaften für $\mathbb{Z}$ sollen ebenfalls allgemeiner formuliert werden.

Definition 32 *(Betrags- und Signumsfunktion) Sei R ein bzgl. $\leq$ angeordneter Ring. Mit der Trichotomie um den Nullpunkt lassen sich zum einen die* **'Betragsfunktion'**

$$|\cdot| : R \longrightarrow \mathbb{N}_0$$

und zum anderen die **'Vorzeichen-'** *oder auch* **'Signumsfunktion'**

$$\operatorname{sgn}(\cdot) : R \longrightarrow \{-1, 0, 1\}$$

definieren. Ist $x \in R$, so gilt wegen der Trichotomie um Null genau eine der Aussagen $x > 0$, $x = 0$ oder $x < 0$. Definiert wird die **'Signumsfunktion'** *durch*

$$sgn(x) := \begin{cases} 1 & für\ x > 0 \\ 0 & für\ x = 0 \\ -1 & für\ x < 0 \end{cases}$$

und die **'Betragsfunktion'** *durch*

$$|x| := \begin{cases} x & für\ x > 0 \\ 0 & für\ x = 0 \\ -x & für\ x < 0. \end{cases}$$

Es sei angemerkt, daß die Betragsfunktion ein Beispiel einer sog. **'Normfunktion'** *ist, die im Kontext sog.* **'Vektorräume'** *über den reellen oder komplexen Zahlen definiert wird. Mit Hilfe der Betragsfunktion kann eine Abstandsfunktion definiert werden:*

$$d(\cdot,\cdot) : R \times R \longrightarrow \mathbb{N}_0,\ (x;y) \mapsto d(x;y) := |x-y|.$$

◇

Dieses Verfahren ist allgemeiner gültig, denn jede Norm definiert eine Abstandsfunktion oder auch **'Metrik'**.

Proposition 12 *(Eigenschaften von Betrag, Signum, Abstand) Sei R ein bzgl. $\leq$ angeordneter Ring. Es gelten folgende Aussagen:*
- *(i)*   Für alle $x \in R$ gilt $x = |x| \cdot sgn(x)$.
- *(ii)*   Für alle $x, y \in R$ gilt $sgn(xy) = sgn(x) \cdot sgn(y)$. *(Signum ist ein* **'Homomorphismus'** *bzgl. $\cdot$.)*
- *(iii)*   Im Allgemeinen gilt nicht für alle $x, y \in R$ die Regel $sgn(x+y) = sgn(x) + sgn(y)$.
- *(iv)*   Für alle $x \in R$ gilt $sgn(-x) = -sgn(x)$. *(Signum ist eine* **'ungerade Funktion'***.)*
- *(v)*   Für alle $x \in R$ gilt $sgn(sgn(x)) = sgn(x)$. *(Signum ist* **'idempotent'***.)*
- *(vi)*   Für alle $x, y \in R$ gilt $|x+y| \leq |x| + |y|$. *(***'Dreiecksungleichung'***)*
- *(vii)*   Für alle $x \in R$ gilt $|x| = 0$ genau dann, wenn $x = 0$ gilt. *(Betrag Null)*
- *(viii)*   Für alle $x \in R$ gilt $|x| \geq 0$. *(***'positive Definitheit'***)*
- *(xi)*   Für alle $x, y \in R$ gilt $|xy| = |x| \cdot |y|$. *(***'Homogenität'***)*
- *(x)*   Für alle $x \in R$ gilt $|-x| = |x|$.
- *(xi)*   Für alle $x, y, z \in R$ gilt $d(x;y) \leq d(x;z) + d(z;y)$. *(***'Dreiecksungleichung'***)*
- *(xii)*   Für alle $x, y \in R$ gilt $d(x;y) \geq 0$. *(***'positive Definitheit, I'***)*
- *(xiii)*   Für alle $x, y \in R$ gilt $d(x;y) = 0$ genau dann, wenn $x = y$ gilt. *(***'positive Definitheit, II'***)*
- *(xvi)*   Für alle $x, y \in R$ gilt $d(x;y) = d(y;x)$. *(***'Symmetrie'***)*   ◇

Die eigentliche **'Ordnungsübertragung'** von $\mathbb{Z}$ auf $\mathbb{Q}$ wird im allgemeinen Rahmen geordneter Ringe und Quotientenkörper durchgeführt. Dazu sind folgende Vorüberlegungen im Kontext geordneter Ringe R mit totaler Ordnung $\leq$ vorauszusetzen: Seien $a, b \in R$ mit $r \neq 0$. Ist $b < 0$, so ist $-b > 0$, und in $Q(R)$ gilt $\frac{a}{b} = \frac{-a}{-b}$. Aus diesem Grund kann für einen Bruch stets angenommen werden, daß sein Nenner größer Null ist.

Satz 30 *(Ordnungsübertragung auf den Quotientenkörper) Sei R ein bzgl. $\leq_R$ geordneter Ring. Dann ist $Q(R)$ ein geordneter Körper bzgl. der Ordnung $\leq_{Q(R)}$ definiert durch*

$$\frac{a}{b} \leq_{Q(R)} \frac{c}{d} := ad \leq_R cb$$

für $a, b, c, d \in R$ und $b, d >_R 0$. ◇

Die rationalen Zahlen sind – anders als die natürlichen und ganzen Zahlen, bei denen es stets einen eindeutig bestimmten Vorgänger und Nachfolger gibt – sehr dicht gepackt. Es gilt folgende Eigenschaft:

Proposition 13 *(arithmetisches Mittel) Seien $a, b \in \mathbb{Q}$ mit $a < b$. Dann existiert mindestens eine Zahl $c \in \mathbb{Q}$ mit $a < c < b$. Das sog. 'arithmetische Mittel'*

$$\frac{a+b}{2}$$

erfüllt diese Bedingung. Es ist die eindeutig bestimmte Zahl $m \in \mathbb{Q}$ mit $a < m < b$ und $m - a = b - m$. ◇

Auch wenn die rationalen Zahlen dicht gepackt sind, finden sich dennoch Lücken auf dem Zahlenstrahl der reellen Zahlen. Neben den rationalen Zahlen befinden sich auf dem Zahlenstrahl auch sog. irrationale Zahlen. Die wohl bekannteste ist $\sqrt{2}$. Die Erkenntnis, daß $\sqrt{2}$ irrational ist, geht auf einen Beweis von **'Euklid'** zurück. Er stellt damit einen der ältesten Widerspruchsbeweise der Mathematik. Der Erkenntnis folgend, daß $\sqrt{2}$ irrational ist, sollen mittels grundlegender Resultate aus der **'Zahlentheorie'** allgemeinere Aussagen zu weiteren irrationalen Zahlen erbracht werden. Gegenstand sind dabei die sog. **'ganz-algebraischen Zahlen'**, abgekürzt mit $\mathbb{G}$, welche genau die Nullstellen von **'normierten'** Polynomen über $\mathbb{Z}$ sind. Diese Zahlen werden auch **'ganz'** genannt. Streng genommen müßten jetzt schon die reellen Zahlen definiert werden, um mathematisch überhaupt von Wurzeln und irrationalen Zahlen sprechen zu können. Zur Erinnerung sei angemerkt, daß die **'Wurzel'** einer nicht-negativen Zahl w die eindeutig bestimmte nicht-negative Nullstelle des ganzzahligen Polynoms $t^2 - w$ ist. Man schreibt dafür auch $\sqrt{w}$. Die reellen Zahlen werden im nächsten Abschnitt eingeführt.

Lemma 5 *(Kommasatz)[1] Jede ganze, rationale Zahl ist ganz-rational:*

$$\mathbb{G} \cap \mathbb{Q} = \mathbb{Z}.$$

◇

Als Anwendung erhält man folgende Erweiterung des Sates von Euklid:

Folgerung 3 *(Irrationalitäten von Wurzeln natürlicher Zahlen) Die Wurzel einer natürlichen Zahl ist genau dann rational, wenn sie eine Quadratzahl ist. Insbesondere ist die Wurzel einer Primzahl irrational.* ◇

---

[1] Dieses Resultat wird auch der Kommasatz genannt. Warum?

In den folgenden Grafiken werden die wichtigsten Aussagen zu rationalen Zahlen zusammengefasst.

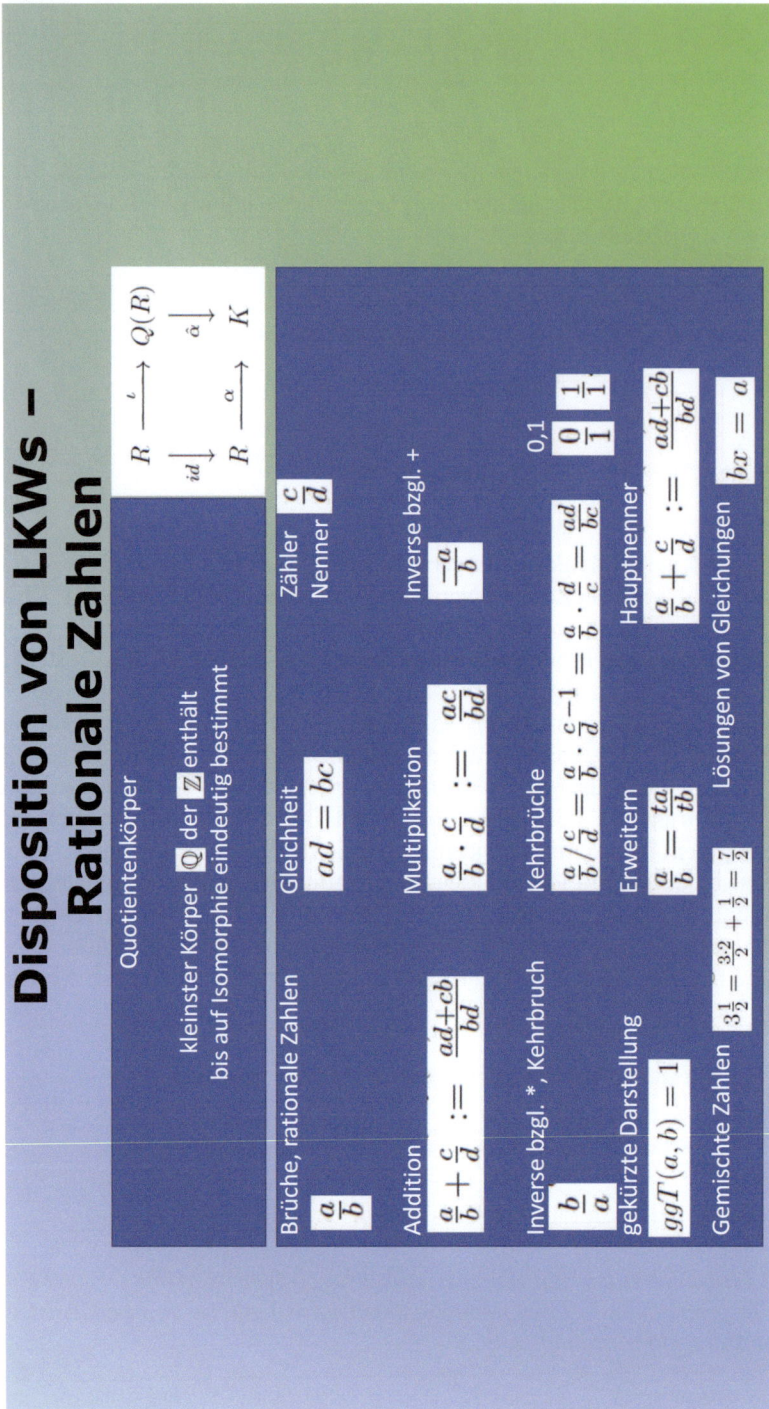

Disposition von LKWs – Rationale Zahlen II

- Ordnungsübertragung auf Quotientenkörper

  $\frac{a}{b} \leq_{Q(R)} \frac{c}{d} := ad \leq_R cb \quad \boxed{b, d >_R 0}$

- Rationalen Zahlen sind ein archimedisch angeordneter Körper.

- Übertragung von Signum, Betrag und Abstand

- weniger Lücken: arithmetisches Mittel $\boxed{\frac{a+b}{2}}$

- Kommasatz: Jede ganze, rationale Zahl ist ganz-rational.

- Wurzeln aus nicht-Quadratzahlen sind nicht rational – irrational.

6.2.1.4 Reelle Zahlen

Der Körper der rationalen Zahlen vereint die vier bekannten Grundrechenarten. Man konnte bereits sehen, daß der rationale Zahlkörper gewisse Schwächen hat. Das es z. B. keine rationale Zahl gibt, deren Quadrat 2 ist. Das Konzept der Lösungen von (Polynom-)Gleichungen – hier $t^2 - 2 = 0$ – verlangt also nach Zahlen jenseits der rationalen Zahlen, die bereits mit **'irrationale Zahlen'** betitelt wurden. Die rationalen und irrationalen Zahlen bilden den sog. Zahlkörper der **'reellen Zahlen'**. Auch dieser deckt nicht alle Lösungen von Polynomgleichungen ab, weil das Polynom $t^2 + 1$ keine reellen Nullstellen besitzt: Quadrate sind stets positiv. Aus diesem Grund wird der Zahlkörper der **'komplexen Zahlen'** benötigt.

Im kommenden Kapitel zu Folgen und Reihen wird eine weitere Schwäche der rationalen Zahlen sichtbar: das **'Heron-Verfahren'** bzw. die **'Dezimalbruchdarstellung'** sind Beispiele von Folgen, deren Folgenglieder sämtlich rational sind, die aber gegen einen nicht-rationalen Grenzwert konvergieren. Man sagt auch, daß die rationalen Zahlen **'nicht vollständig'** sind. Eng damit verknüpft ist das Verhalten bzgl. oberer Schranken. Die Menge $\{x \mid x \in \mathbb{Q}, x^2 < 2\}$ bestehend aus rationalen Zahlen ist nach oben durch 1, 5 beschränkt. Die kleinste obere Schranke steht in den reellen Zahlen mit der irrationalen Zahl $\sqrt{2}$ fest. Eine kleinste obere Schranke nennt man **'Supremum'**. Daß stets ein Supremum für nach oben beschränkte Mengen existiert, fordert man für die reellen Zahlen: Es ist das sog. **'Supremumsaxiom'**.

Die reellen Zahlen finden ihre Anwendung in zahlreichen Bereichen, wie etwa bei Längen-, Flächen- und Volumenberechnungen in der Geometrie – Wurzel 2 und π –, bei Lösungen von Gleichungen in der Algebra – n-te Wurzeln – , bei genauen Zinsberechnungen in der Finanzmathematik – e – , bei Fragestellungen in der theoretischen Physik π, e – , bei Verhältnisberechnungen in der Natur – der goldene Schnitt – usw.

Es werden folgend die axiomatische Einführung der reellen Zahlen und grundlegende Resultate dargestellt.

Definition 33 *(reeller Zahlkörper) Sei R ein angeordneter Körper bzgl. einer Ordnung $\leq$. R wird* **'reeller Zahlkörper'** *und seine Elemente* **'reelle Zahlen'** *genannt, wenn das* **'Supremumsaxiom'** *erfüllt ist: Jede nicht-leere nach oben beschränkte Teilmenge M reeller Zahlen besitzt eine kleinste obere Schranke, genannt das* **'Supremum'**, *in Zeichen $\sup(M)$. Man nennt diese Eigenschaft auch* **'Ordnungs-Vollständigkeit'**.

Es sei angemerkt, daß es wegen der Antisymmetrie höchstens eine kleinste obere Schranke gibt, was das Symbolisieren des Supremums rechtfertigt: Sind nämlich s und t zwei kleinste obere Schranken, so sind beide inbesondere obere Schranken. Aus diesem Grund folgen $s \leq t$ und $t \leq s$. Es ergibt sich mittels Antisymmetrie $s = t$. Daher schreibt man sup für das eindeutig bestimmte Supremum. ◊

Es gilt das folgende wichtige Resultat:

Hauptsatz 1 *(Existenz und Eindeutigkeit reeller Zahlen) Es gelten folgende Aussagen:*
(i)   *Es gibt einen reellen Zahlkörper.*
(ii)   *Es gibt einen reellen Zahlkörper, der $\mathbb{Q}$ enthält und die Ordnung von $\mathbb{Q}$ fortsetzt.*
(iii)   *Je zwei reelle Zahlkörper sind isomorph. Der Isomorphismus ist eindeutig bestimmt.*

(iv)   Die Identität ist der einzige Körperautomorphismus eines reellen Zahlkörpers. (Derartige Körper nennt man auch starr.)

Der bis auf Isomorphie eindeutig bestimmte und $\mathbb{Q}$ enthaltene Zahlkörper soll mit $\mathbb{R}$ bezeichnet werden. ◇

Angemerkt sei, daß sich die Signums- und Betragsfunktion von $\mathbb{Q}$ auf $\mathbb{R}$ erweitern lassen und den gleichen Gesetzmäßigkeiten der rationalen Zahlen folgen.

Einige Eigenschaften reeller Zahlen sollen im nächsten Satz dargestellt werden.

Satz 31 *(Infimum, ϵ-Kennzeichnung, Zahlengleichheit) In den reellen Zahlen $\mathbb{R}$ gelten folgende Aussagen:*
(i)   Jede nicht-leere nach unten beschränkte Teilmenge M reeller Zahlen besitzt eine eindeutig bestimmte größte untere Schranke, genannt das Infimum von M, in Zeichen $\inf(M)$. (**'Infimumsaxiom'**)
(ii)   Seien $M \subseteq \mathbb{R}$ und $s \in \mathbb{R}$. Genau dann ist $s = \sup(M)$, wenn m eine obere Schranke von M ist und es zu jedem $\epsilon > 0$ ein $m \in M$ gibt, so daß $s - \epsilon < m$ gilt.
(iii) Seien $M \subseteq \mathbb{R}$ und $s \in \mathbb{R}$. Genau dann ist $s = \inf(M)$, wenn m eine untere Schranke von M ist und es zu jedem $\epsilon > 0$ ein $m \in M$ gibt, so daß $s + \epsilon > m$ gilt.
(iv)   Sei $a \in \mathbb{R}$. Es gilt $\inf(\mathbb{R}_{>a}) = a = \sup(\mathbb{R}_{<a})$.
(v)   Seien $r, s \in \mathbb{R}$. Genau dann ist $r = s$, wenn $|r - s| < \epsilon$ für alle $\epsilon > 0$ gilt.
(vi)   Sei $r \in \mathbb{R}$. Genau dann ist $r = 0$, wenn $|r| < \epsilon$ für alle $\epsilon > 0$ gilt. ◇

Aus Teil (i) dieses Satzes geht hervor, daß das Infimumsaxiom kein Axiom, sondern eine Folge aus dem Supremumsaxiom ist. Aus ihm wird die Existenz eines Infimums inf abgeleitet. Das Supremums- und Infimumsaxiom sind sogar äquivalent. Mit Hilfe des Supremumsaxioms können **'n-te Wurzeln'** definiert und damit eine Schwäche rationaler Zahlen ausgemerzt werden. Dazu werden zunächst drei Hilfsaussagen benannt, die auch in sich bekannte Resultate darstellen: der **'Binomialsatz'**, die **'Ungleichung von Bernoulli'** und die **'Teleskopsummenformel'** für Potenzen. Im Binomialsatz tauchen die **'Binomialkoeffizienten'** $\frac{n!}{k! \cdot (n-k)!}$ auf, die aus den **'Multinomialkoeffizienten'** $\frac{n!}{\prod_{i=1}^{s} k_i!}$ abgeleitet werden.

Satz 32 *Es gelten folgende Aussagen in einem Ring R mit Einselement:*
(i)   Ist R angeordnet und $x \geq -1$, so gilt für alle $n \in \mathbb{N}$ die Ungleichung $(1+x)^n \geq 1 + nx$. (Ungleichung von Bernoulli)
(ii)   Seien $k, n \in \mathbb{N}$ mit $k \leq n$. Es ist $\binom{n+1}{k}$ die Summe aus $\binom{n}{k-1}$ und $\binom{n}{k}$. (Pascalsches Dreieck)
(iii) Sind $a, b \in R$ und gilt $ab = ba$, so gilt $(a+b)^n = \sum_{k=0}^{n} \binom{n}{k} a^k b^{n-k}$. (Binomialsatz)
(iv)   Ist $q \in R$, so gilt $(\sum_{i=0}^{n} q^i) \cdot (q - 1) = q^{n+1} - 1$. (Teleskopsummenformel für Potenzen) ◇

Auf Basis dieser Aussagen lässt sich der Satz von der **'n-ten Wurzel'** herleiten:

Satz 33 *(n-te Wurzel) Zu jedem $x \in \mathbb{R}_{>0}$ und zu jedem $n \in \mathbb{N}$ gibt es genau ein $w \in \mathbb{R}_{\geq 0}$, so daß die Identität $w^n = x$ gilt. Das eindeutig bestimmte w wird die n-te Wurzel von x genannt, in Zeichen $\sqrt[n]{x}$.* ◇

Im Abschnitt über Folgen und Reihen wird sichtbar, wie man Wurzeln mit Hilfe des Heron-Verfahrens angenähert berechnen kann.

Speziell die zweiten Wurzeln helfen, **'quadratische Gleichungen'** zu lösen. Die bekannte **'pq-Formel'** zur Lösung quadratischer Gleichungen beruht auf dem Trick der **'quadratischen Ergänzung'** und ist Inhalt des nächsten Satzes. Zurückgreifend zu Wurzeln und Polynomen betrachte man zu $a \in \mathbb{R}$ das Polynom $t^2 + a$ und seine Nullstellengleichung $t^2 + a = 0$. Diese Gleichung ist lösbar genau dann, wenn $-a \geq 0$ gilt. Die Lösungen sind in diesem Fall gegeben durch $\sqrt{-a}$ und $-\sqrt{-a}$. Offenbar lösen beide Wurzeln die Gleichung. Kann es noch weitere Lösungen geben? Nach bislang bekannten Erkenntnissen zu Polynomen kann es nur so viele Nullstellen geben, wie der Grad des Polynoms groß ist: hier also höchstens 2. Die beiden Zahlen entsprechen demnach **'allen'** Lösungen der Gleichung.

Satz 34 *(pq-Formel, quadratische Ergänzung) Seien p, q reelle Zahlen und $t_{p,q}$ ein Polynom zweiten Grades definiert durch $t^2 + pt + q$. Nur in dem Fall $\frac{p^2}{4} - q \geq 0$ besitzt $t_{p,q}$ reelle Nullstellen, und zwar sind diese gegeben durch*

$$\frac{p}{2} + \sqrt{\frac{p^2}{4} - q} \text{ und } \frac{p}{2} - \sqrt{\frac{p^2}{4} - q}.$$
◇

Es soll noch darauf hingewiesen werden, daß auch Formeln für Lösungen von Nullstellen der Polynome dritten und vierten Grades gegeben sind. Die Frage nach **'Lösungsformeln'** zu den Nullstellen der Polynome sind Fragen, die der **'modernen Algebra'** zugrunde liegen und zur Galoistheorie geführt haben. Innerhalb der **'Galoistheorie'** kann sogar bewiesen werden, daß es Polynome 5ten Grades gibt, für die keine Formel existiert, die allein mit den Grundrechenarten und Wurzeln auskommt. Dieses Resultat ist unter dem **'Satz von Abel'** bekannt geworden. Weiterhin ist bemerkenswert, daß $t_{p,q}$ und jedes andere Polynom mit reellwertigen Koeffizienten stets Nullstellen in den komplexen Zahlen besitzt. Das ist der **'Hauptsatz der Algebra'**.

Zum Abschluss sollen noch die archimedische Anordnung der reellen Zahlen und die **'Dichtheit'** der rationalen Zahlen innerhalb der reellen Zahlen zur Sprache kommen. Die Dichtheit definiert sich dadurch, daß zwischen zwei reellen Zahlen stets rationale Zahlen auf dem Zahlenstrahl liegen. In den Übungen wird sichtbar, daß es weitaus mehr irrationale Zahlen als rationale Zahlen gibt. Trotzdem sind rationale Zahlen durch ihre dichte Lage innerhalb der reellen Zahlen mit diesen eng verwoben. Der Begriff der Dichtheit führt zur allgemeinen **'Approximation'** reeller Zahlen durch rationale Zahlen. Eine konkrete Approximation ist die **'Dezimalbruchentwicklung'**.

Satz 35 *(archimedisch, dicht) Die reellen Zahlen sind archimedisch angeordnet und die rationalen Zahlen sind dicht in den reellen Zahlen. Insbesondere lässt sich jede reelle Zahl durch eine rationale Zahlenfolge approximieren.*

Der Begriff der Approximation wird im nächsten Kapitel ausführlicher behandelt. Dazu dient der **'Grenzwertbegriff'**. Anschließend wird die Dezimalbruchentwicklung als konkrete Approximationsmethode näher erläutert. Die Erkenntnisse zu den reellen Zahlen werden im Folgenden zusammengefasst.

Disposition von LKWs – Reelle Zahlen

Supremumsaxiom: Jede nicht-leere nach oben beschränkte Menge hat eine kleinste obere Schranke

Supremum = kleinste obere Schranke

Reelle Zahlen = angeordneter Körper mit Supremumsaxiom

Bis auf Isomorphie eindeutig bestimmt und existent

Enthält die rationalen Zahlen

Dual dazu: Infimum = größte untere Schranke für nach unten beschränkte Mengen

Epsilon – Kennzeichnung

Disposition von LKWs – Reelle Zahlen II

Ist R geordnet und $x \geq -1$, so gilt für alle $n \in \mathbb{N}$ die Ungleichung $(1+x)^n \geq 1 + nx$. (Ungleichung von Bernoulli)

Seien $k, n \in \mathbb{N}$ mit $k \leq n$. Es ist $\binom{n+1}{k}$ die Summe aus $\binom{n}{k-1}$ und $\binom{n}{k}$. (Pascalsches Dreieck)

Sind $a, b \in R$ und gilt $ab = ba$, so gilt $(a+b)^n = \sum\limits_{k=0}^{n} \binom{n}{k} a^k b^{n-k}$. (Binomialsatz)

Satz 42 *n-te Wurzel Zu jedem $x \in \mathbb{R}_{\geq 0}$ und zu jedem $n \in \mathbb{N}$ gibt es genau ein $w \in \mathbb{R}_{\geq 0}$, so dass die Identität $w^n = x$ gilt. Das eindeutig bestimmte w nennen wir die n-te Wurzel von x, in Zeichen $\sqrt[n]{x}$.*

Satz 43 *p – q-Formel, quadratische Ergänzung Seien p, q reelle Zahlen und $t_{p,q}$ ein Polynom zweiten Grades definiert durch $t^2 + pt + q$. Nur in dem Fall $\frac{p^2}{4} - q \geq 0$ besitzt $t_{p,q}$ reelle Nullstellen, und zwar sind diese gegeben durch*
$$\frac{p}{2} + \sqrt{\frac{p^2}{4} - q} \text{ und } \frac{p}{2} - \sqrt{\frac{p^2}{4} - q}.$$

Satz 44 *archimedisch, dicht Die reellen Zahlen sind archimedisch angeordnet und die rationalen Zahlen sind dicht in den reellen Zahlen. Insbesondere lässt sich jede reelle Zahl durch eine rationale Zahlenfolge approximieren*

6.2.1.5 Folgen und Reihen

Grundlage der Dezimalbruchdarstellung bildet die Theorie der **'Folgen und Reihen'**. Die Ausführungen beruhen auf dem Werk von Barner und Flohr zur **'Analysis'** (siehe [2], Kap. 3 zu Folgen und Kap. 5 zu Reihen).

Definition 34 *(Folge) Sei M eine Menge. Eine Funktion* $a : \mathbb{N} \longrightarrow M$ *nennt man eine Folge über M und schreibt statt a auch* $(a_n)_{n \in \mathbb{N}}$ *oder auch kurz* (a_n). *Zu jedem* $n \in \mathbb{N}$ *ist* a_n *das n-te Folgenglied, welches der Funktionswert a(n) ist. Ist M ein Zahlbereich, wie etwa* $\mathbb{N}, \mathbb{Z}, \mathbb{Q}$ *oder* $\mathbb{R}$*, so spricht man auch von Zahlenfolgen.* ◇

Innerhalb rationaler Zahlenfolgen soll auf Phänomene aufmerksam gemacht werden, die nachfolgende Definitionen im Beispiel verdeutlichen.

Beispiele 5

(1) Die Folge (1) ist konstant mit dem Wert 1.
(2) Die Folge (n) strebt ins Unendliche und wächst stetig an.
(3) Die Folge $(\frac{1}{n})$ tendiert gegen immer kleinere Werte nahe bei Null. Sie wird harmonische Folge genannt.
(4) Die Folge $((-1)^n)$ wechselt zwischen 1 (für gerade n) und -1 (für ungerade n) hin und her. Dieses Verhalten wird alternierend genannt.
(5) Die Folge $(n + \frac{1}{n})$ stimmt für große n nahezu mit n überein.
(6) Rekursiv wird die Folge a_n durch $a_1 := 2$ und $a_{n+1} := \frac{1}{2}(a_n + \frac{2}{a_n})$ für alle $n \in \mathbb{N}$ definiert. Das Verhalten dieser Folge ist nicht sofort ersichtlich und muss weiter analysiert werden. Es ist z. B. $a_2 = 1{,}5$, a_3 $1{,}4166666...$ und $a_4 = 1{,}4144215$. Offenbar scheinen die Folgenglieder kleiner zu werden und gegen einen Wert um 1,4 zu tendieren.
(7) Das Verhalten der Folge $((1 + \frac{1}{n})^n)$ ist auch nicht offensichtlich. Einsetzen ergibt die ersten Werte $2, 2{,}25, 2{,}37, 2{,}44, 2{,}49, ...$ Bei $n = 1000$ erhält man $2{,}716923932$, für $n = 10000$ den Wert $2{,}718145927$. Hier scheinen die Folgenwerte anzusteigen und gegen einen Wert um 2,7 zu streben.
(8) Die Folge (2^n) strebt gegen Unendlich.
(9) Die Folge $((\frac{1}{2})^n)$ strebt gegen Null. ◇

Die folgenden Begriffe sind durch die gewählten Beispiele motiviert. Lediglich der **'Grenzwertbegriff'**, also das Streben gegen eine Zahl im Unendlichen, bedarf noch einer eigenen Erklärung. Dazu nimmt man die Sicht des Grenzwertes a einer Folge (a_n) ein. Dieser Grenzwert betrachtet die Folgenglieder, die auf ihn zukommen in einem Gebiet um sich herum. Dabei stellt er fest, daß zunächst nur einige in dieses Gebiet eindringen, die meisten jedoch nicht. Allerdings ändert sich das Verhalten nach einer endlichen Anzahl von Fehlversuchen, da ab dann alle Folgenglieder von ihm beobachtet werden können. Es gibt keine Ausreißer mehr. Das gleiche Bild erhält er, wenn er das Gebiet immer kleiner wählt. Bis auf endlich viele Ausnahmen, kann er alle Folgenglieder in dem Gebiet beobachten. Dieses Gedankenexperiment formalisiert man in dem Grenzwertbegriff. Diesen Grenzwertbegriff formuliert man allgemein im Kontext metrischer Räume darin, die in ▶ Definition 4 festgelegt wurden. Ein wichtiges

Anwendungsbeispiel ist der metrische Raum der reellen Zahlen mit der bekannten Abstandsfunktion.

Definition 35 *(Grenzwert, Teilfolge, Beschränktheit, Konvergenz, Monotonie) Seien M eine Menge versehen mit einer Metrik d und (a_n) eine Folge über M. Ist $f : \mathbb{N} \longrightarrow \mathbb{N}$ eine streng monoton wachsende Funktion, so nennt man $(a_{f(n)})$ eine* **'Teilfolge'** *von (a_n). (a_n) heißt* **'konvergent'** *mit einem* **'Grenzwert'** *$a \in M$, wenn für jede reelle Zahl $\epsilon > 0$ ein $m \in \mathbb{N}$ existiert, so daß für alle natürlichen Zahlen $n \geq m$ die Aussage $d(a, a_n) < \epsilon$ erfüllt ist. Nicht konvergente Folgen heißen* **'divergent'**.

Konvergiert eine Folge (a_n) gegen einen Grenzwert a, so erhält man durch große Werte von n also eine Annäherung an den Grenzwert. Zur Güte dieser **'Approximation'** *wird hier keine weitere Beschreibung gegeben.*

Ist (a_n) eine Zahlenfolge, so heißt sie nach **'oben bzw. unten beschränkt'**, *wenn es eine Zahl $s \in \mathbb{R}$ gibt, so daß für alle $n \in \mathbb{N}$ die Aussage $a_n \leq s$ bzw. $s \leq a_n$ gilt. Die Zahlenfolge nennt man* **'beschränkt'**, *wenn sie sowohl nach oben als auch nach unten beschränkt ist. Gilt für die Zahlenfolge (a_n) die Aussage $a_n \leq a_{n+1}$ bzw. $a_n < a_{n+1}$, so ist die Folge* **'monoton bzw. streng monoton wachsend'**. *Entsprechend heißt sie* **'monoton bzw. streng monoton fallend'**, *wenn für alle $n \in \mathbb{N}$ die Aussage $a_{n+1} \leq a_n$ bzw. $a_{n+1} < a_n$ gilt. Konvergiert eine Zahlenfolge gegen Null, so nennt man diese eine* **'Nullfolge'**. ◇

Satz 36 *(Eindeutigkeit des Grenzwertes, Teilfolgen, Rechenregeln, Monotonie, Beschränktheit, Schachtelung) Seien M eine Menge und (a_n), (b_n) Folgen über M und $c \in M$. Es gelten folgende Aussagen:*

(i) *Ist (a_n) konvergent, so ist der Grenzwert eindeutig bestimmt. In diesem Fall wird er mit $\lim_{n \to \infty} (a_n)$ bezeichnet. –* **'Eindeutigkeit des Grenzwertes'**

(ii) *Jede Teilfolge einer konvergenten Folge ist konvergent, und zwar mit demselben Grenzwert. –* **'Teilfolgenkonvergenz'**

(iii) *Genau dann ist (a_n) eine gegen a konvergente Zahlenfolge, wenn $(a_n - a)$ eine Nullfolge ist. –* **'Konvergenz und Nullfolgen'**

(iv) *Jede konvergente Zahlenfolge ist beschränkt. –* **'Konvergenz und Beschränktheit'**

(v) *Ist (a_n) eine Nullfolge und (b_n) eine beschränkte Zahlenfolge, so ist $(a_n b_n)$ eine Nullfolge.*

(vi) *Sind (a_n), (b_n) zwei konvergente Zahlenfolgen, so ist auch die Zahlenfolge $(a_n + b_n)$ konvergent, und zwar gegen die Summe der Grenzwerte von (a_n) und (b_n). –* **'Summensatz'**

(vii) *Sind (a_n), (b_n) zwei konvergente Zahlenfolgen, so ist auch die Zahlenfolge $(a_n \cdot b_n)$ konvergent, und zwar gegen das Produkt der Grenzwerte von (a_n) und (b_n). –* **'Produktsatz'**

(viii) *Ist (a_n) eine konvergente Zahlenfolgen, so ist auch die Zahlenfolge (ca_n) konvergent, und zwar gegen das c-Vielfache des Grenzwertes von (a_n). –* **'Vielfachensatz'**

(xi) *Ist (a_n) eine konvergente Zahlenfolgen mit einem Grenzwert $a \neq 0$ und gilt $a_n \neq 0$ für alle $n \in \mathbb{N}$, so ist auch die Zahlenfolge $(\frac{1}{a_n})$ konvergent, und zwar gegen den Kehrwert $\frac{1}{a}$ des Grenzwertes von (a_n). –* **'Kehrwertsatz'**

(x) *Jede monoton steigende bzw. monoton fallende und nach oben bzw. unten beschränkte Zahlenfolge ist konvergent. –* **'Satz von der monotonen Konvergenz'** *(xi)* Seien (a_n), (b_n), (c_n) drei Zahlenfolgen, wobei $a_n \leq b_n \leq c_n$ *für fast alle* $n \in \mathbb{N}$ *gelte und* (a_n), (c_n) *gegen denselben Grenzwert a konvergieren. Dann konvergiert auch* (b_n) *gegen a.* – **'Schachtelungssatz, Einkesselungssatz'** ◇

Beispiele 6 Die Beispiele aus 5 werden untersucht.

(1) Die Folge (1) konvergiert gegen den Wert 1, denn: Sei $\epsilon > 0$. Es wird $m = 1$ gewählt. Dann gilt für alle $n \geq m$ die Beziehung $|a_n - 1| = |1 - 1| = 0 < \epsilon$. Die Folge ist natürlich auch beschränkt, da sie konstant ist. Sie ist monoton steigend und fallend, aber nicht streng monoton steigend bzw. streng monoton fallend. Alle möglichen Teilfolgen sind mit der Ausgangsfolge identisch.

(2) Die Folge (n) ist divergent, da sie nach oben unbeschränkt ist. Denn sonst wären die natürlichen Zahlen nach oben beschränkt. Nach ▶ Satz 10 hätten sie dann ein Maximum m. Es ist aber $m + 1$ eine natürliche Zahl, die größer als m ist ↯. Die Folge ist streng monoton steigend. Teilfolgen kann man hier viele bilden, etwa die Teilfolge der geraden oder ungeraden Zahlen. Die Folge ist nach unten durch 1 beschränkt.

(3) Die Folge $(\frac{1}{n})$ konvergiert gegen Null, denn: Sei $\epsilon > 0$. Da in (2) gezeigt wurde, daß die natürlichen Zahlen unbeschränkt sind, kann $\frac{1}{\epsilon}$ keine obere Schranke sein. Daher wird eine natürliche Zahl $m > \frac{1}{\epsilon}$ gewählt. Sei nun n eine natürliche Zahl mit $n \geq m$. Dann gilt: $|\frac{1}{n} - 0| = \frac{1}{n} \leq \frac{1}{m} < \epsilon$. Die Folge ist streng monoton fallend und beschränkt, nach oben durch 1 und nach unten durch 0.

(4) Die Folge $((-1)^n)$ konvergiert gegen 1 – für gerade n – und gegen -1 – für ungerade n. Sie besitzt also zwei Teilfolgen, die gegen unterschiedliche Grenzwerte streben. Daher ist sie nicht konvergent, jedoch durch 1 nach oben und -1 nach unten beschränkt. Sie ist weder monoton wachsend noch fallend. Da ihre Werte zwischen $+$ und $-$ nach jedem weiteren Folgenglied hin- und herspringen, nennt man sie auch alternierend.

(5) Die Folge $(n + \frac{1}{n})$ stimmt für große n nahezu mit n überein, was daran liegt, daß der zweite Summand gegen Null konvergiert (nach Teil (4)). Die Folge ist streng monoton wachsend und nach oben unbeschränkt, also auch divergent. Sie ist nach unten durch 2 beschränkt.

(6) Die rekursiv definierte Folge a_n durch

$$a_1 := 2 \text{ und } a_{n+1} := \frac{1}{2}\left(a_n + \frac{2}{a_n}\right)$$

bedarf einiger Analyse. Es ist vermutet worden, daß sie monoton fallend und nach unten beschränkt ist. Dies soll nun gezeigt werden, womit sie nach ▶ Satz 36 dann auch konvergent ist. Es handelt sich dabei um eine Folge mit positiven Folgengliedern, was man leicht per vollständige Induktion beweisen kann. Man kann nun zeigen, daß für alle $n \geq 1$ das n-te Folgenglied a_n mindestens $\sqrt{2}$ ist. Dazu zeigt man die äquivalente Ungleichung $a_n^2 - 2 \geq 0$, denn:

$$a_n^2 - 2 = \frac{1}{4} \cdot \left(a_{n-1} + \frac{2}{a_{n-1}}\right)^2 - 2 = \frac{1}{4} \cdot \left(a_{n-1} - \frac{2}{a_{n-1}}\right)^2 \geq 0.$$

Weiter zeigt man, daß (a_n) eine monoton fallende Folge ist, denn:

$$a_{n+1} - a_n = \frac{1}{2} \cdot \left(a_n + \frac{2}{a_n}\right) - a_n = \frac{2}{2a_n} - \frac{a_n}{2} = \frac{2 - a_n^2}{2a_n} \leq 0.$$

Durch die gezeigte Beschränktheit und Monotonie muss die Folge gegen einen Wert x konvergieren, und zwar von oben gegen die gesuchte Wurzel $\sqrt{2}$, denn es gilt: $x = \frac{1}{2} \cdot \left(x + \frac{2}{x}\right) \Leftrightarrow x^2 = 2 \Leftrightarrow x = \sqrt{2}$. Dies folgt aus den Rechengesetzen konvergenter Folgen sowie aus der Tatsache, daß die Teilfolge (a_{n+1}) denselben Grenzwert wie die Folge (a_n) besitzt. Hier tritt ein Phänomen ans Tageslicht: ein Grenzwert einer rationalen Zahlenfolge kann irrational sein!

(7) Es soll verstanden werden, daß die Folge $(f_n) := ((1+\frac{1}{n})^n)$ monoton steigend und nach oben beschränkt ist. Aus diesem Grund muss sie konvergent sein. Den eindeutig bestimmten Grenzwert nennt man auch die Eulersche Zahl e. Diese Zahl ist irrational, wie der Leser sich in den Übungsaufgaben überlegen kann. Dort ist auch eine gute Approximation der Zahl e angegeben. Wiederum ist eine irrationale Zahl Grenzwert einer rationalen Zahlenfolge. Zum Beweis der Konvergenz sollen zwei Folgen betrachtet werden, die beide gegen e konvergieren. Eine ist monoton wachsend und die andere monoton fallend. Dazu wird bewiesen, daß für alle $n \in \mathbb{N}$ die Aussage $2 \leq (1+\frac{1}{n})^n \leq (1+\frac{1}{n})^{n+1} \leq 4$ gilt sowie die Folge $((1+\frac{1}{n})^n)$ monoton steigend und die Folge $(g_n) := ((1+\frac{1}{n})^{n+1})$ monoton fallend sind. Es gelten $(1 + \frac{1}{1})^1 = 2 \geq 2$ und $(1 + \frac{1}{1})^2 = 4 \leq 4$. Daher genügt es, die beschriebenen Monotonien zu beweisen. Sei $n \in \mathbb{N}$. Es gilt durch eine Betrachtung von Brüchen und Potenzen sowie mit Hilfe der dritten binomischen Formel

$$\frac{f_n}{f_{n-1}} = \left(\frac{n+1}{n}\right)^n \cdot \left(\frac{n-1}{n}\right)^{n-1} = \left(\frac{n^2-1}{n^2}\right)^n \cdot \frac{n}{n-1} = \left(1 - \frac{1}{n^2}\right)^n \cdot \frac{n}{n-1}.$$

Nun wendet man die 'Ungleichung von Bernoulli' an und erhält

$$\frac{f_n}{f_{n-1}} \geq n\left(1 - \frac{1}{n^2}\right) \cdot \frac{n}{n-1} = 1.$$

Dies zeigt die Monotonie von (f_n). Die Monotonie von (g_n) erschließt man durch eine Äquivalenzumformung. Es gilt $g_{n+1} \leq g_n$ genau dann wenn $(1 + \frac{1}{n+1})^{n+2} \leq (1 + \frac{1}{n})^{n+1}$ erfüllt ist. Dies ist äquivalent zu $(\frac{n+2}{n+1})^{n+2} \leq (\frac{n+1}{n})^{n+1}$. Eine weitere Bruch- und Potenzumformung führt zur Äquivalenz zu $(\frac{n}{n+2})^{n+1} \cdot (1 + \frac{1}{n+1}) \leq 1$, was wiederum zu $(\frac{n}{n+2})^n \cdot \frac{n}{n+1} \leq 1$ gleichwertig ist. Dies ist offensichtlich wahr.

(8) Die Folge (2^n) ist streng monoton wachsend und wegen $2^n \geq n$ (folgt aus einer vollständigen Induktion) auch nach oben unbeschränkt. Daher ist sie divergent. Sie ist nach unten durch 2 beschränkt.

(9) Die Folge $((\frac{1}{2})^n)$ konvergiert gegen Null (analog zum Beweis für (3)) und ist streng monoton fallend. Sie ist nach oben durch die Zahl 1 und nach unten durch 0 beschränkt. ◊

Die Beispiele (8) und (9) sollen verallgemeinert werden, da sie im weiteren Verlauf wichtig sind.

Proposition 14 *(Potenzfolgen, geometrische Folge)* Seien $q \geq 0$ *eine reelle Zahl und* $(a_n) := (q^n)$ *die sog. '***Potenzfolge zur Basis** q*'. Es gelten folgende Aussagen:*
(i)   Ist $1 > q \geq 0$, so ist (q^n) eine Nullfolge.
(ii) Ist $q = 1$, so konvergiert (q^n) gegen 1.
(iii) Ist $q > 1$, so ist (q^n) nach oben unbeschränkt und divergent.   ◇

Es wird nun der Begriff der Reihe auf Basis von Zahlenfolgen eingeführt.

Definition 36 *(Partialsumme, Reihe, Reihenkonvergenz)* Sei (a_n) eine Zahlenfolge. Zu jedem $n \in \mathbb{N}$ betrachte man die '***n*-te Partialsumme**' von (a_n) definiert durch

$$s(a_n) := \sum_{i=1}^{n} a_i.$$

Es werden also die ersten *n*-Folgenglieder von (a_n) aufsummiert. Als '**Reihe**' über (a_n) – in Zeichen $\sum(a_n)$ – bezeichnet man die Folge der Partialsummen von (a_n) also $(s(a_n))$. Jede Reihe ist also per Definition eine Folge. Daher ist die Reihenkonvergenz bereits durch die Folgenkonvergenz definiert. Daß auch jede Zahlenfolge eine Reihe ist, wird in der nächsten Proposition erwähnt.   ◇

Proposition 15 *(Nullfolgen, monotone Konvergenz, Reihe gleich Folge)* Sei (a_n) eine Zahlenfolge. Es gelten folgende Aussagen:
(i)   Ist $\sum(a_n)$ konvergent, so ist (a_n) eine Nullfolge.
(ii) Ist $a_n \geq 0$ für alle $n \in \mathbb{N}$, so ist $\sum(a_n)$ genau dann konvergent, wenn $\sum(a_n)$ beschränkt ist.
(iii) Die Folge (a_n) ist als Reihe darstellbar.   ◇

Beispiele 7 *(harmonische Reihe, geometrische Reihe, Abschätzungen)*
(1) Die sog. '**harmonische Reihe**' $\sum(\frac{1}{n})$ ist divergent, obwohl die Folge $(\frac{1}{n})$ eine Nullfolge ist. Dies sieht man dadurch ein, daß für alle $m \in \mathbb{N}$ die Ungleichung $s(\frac{1}{2^m}) \geq 1 + \frac{m}{2}$ gilt. Dazu fasst man geeignete Brüche zusammen. Nun benutze man die Unbeschränktheit der natürlichen Zahlen. Die sog. '**alternierende harmonische Reihe**' ist dagegen konvergent, was der Leser in den Übungsaufgaben beweisen mag. Sie ist durch $\sum(\frac{(-1)^n}{n})$ definiert.

(2) Nun betrachte man die **'geometrische Reihe'**

$$\sum (q^n)$$

für eine reelle Zahl $0 < q < 1$. Die n-te Partialsumme wurde bereits mit Hilfe eines **'Teleskopsummenargumentes'** berechnet. Es gilt:

$$\sum_{i=0}^{n} q^i = \frac{q^{n+1} - 1}{q - 1}, \text{ also ist } s(q^n) \text{ genau } \frac{q^{n+1} - 1}{q - 1} - 1.$$

Potenzfolgen wurden auch analysiert und für dieses q konvergiert (q^n) gegen Null. Also konvergiert die Reihe gegen

$$\frac{1}{1-q} - 1 = \frac{q}{1-q}.$$

Für $q = \frac{1}{10}$ erhält man beispielsweise als Grenzwert $\frac{1}{9}$ oder auch $0,111111...$. Letzteres wird bei der **'Dezimalbruchentwicklung'** genauer betrachtet. Dazu dient dieses Beispiel als Grundlage.

(3) Allgemeiner als in (2) wird nun eine Reihe der Form

$$\sum \left(d_i \cdot \frac{1}{10}^i \right)$$

betrachtet, wobei (d_i) eine Folge über $\{0, 1, 2, 3, 4, 5, 6, 7, 8, 9\}$ ist. Sei $n \in \mathbb{N}$. Dann gilt

$$0 \leq \sum_{i=1}^{n} d_i \cdot \frac{1}{10}^i \leq 9 \cdot \sum_{i=1}^{n} \frac{1}{10}^i.$$

Der letzte Term ist wegen (2) höchstens so groß wie $9 \cdot \frac{1}{9} = 1$. Aus dem Satz der monotonen Konvergenz geht hervor, daß auch diese Reihe konvergent ist. Ihr Grenzwert ist eine reelle Zahl zwischen 0 und 1. Eine Schreibmöglichkeit der Reihe könnte $0, d_1 d_2 d_3 ... d_n ...$ lauten, wobei der Zusammenhang zur Dezimalbruchentwicklung gegeben ist. ◇

Abschließend soll angemerkt werden, daß eine Folge reeller Zahlen – wenn sie konvergent ist – immer einen reellwertigen Grenzwert besitzt. Rationalen Zahlenfolgen haben diese Eigenschaft nicht. Es gibt irrationale Grenzwerte rationaler Zahlenfolgen.

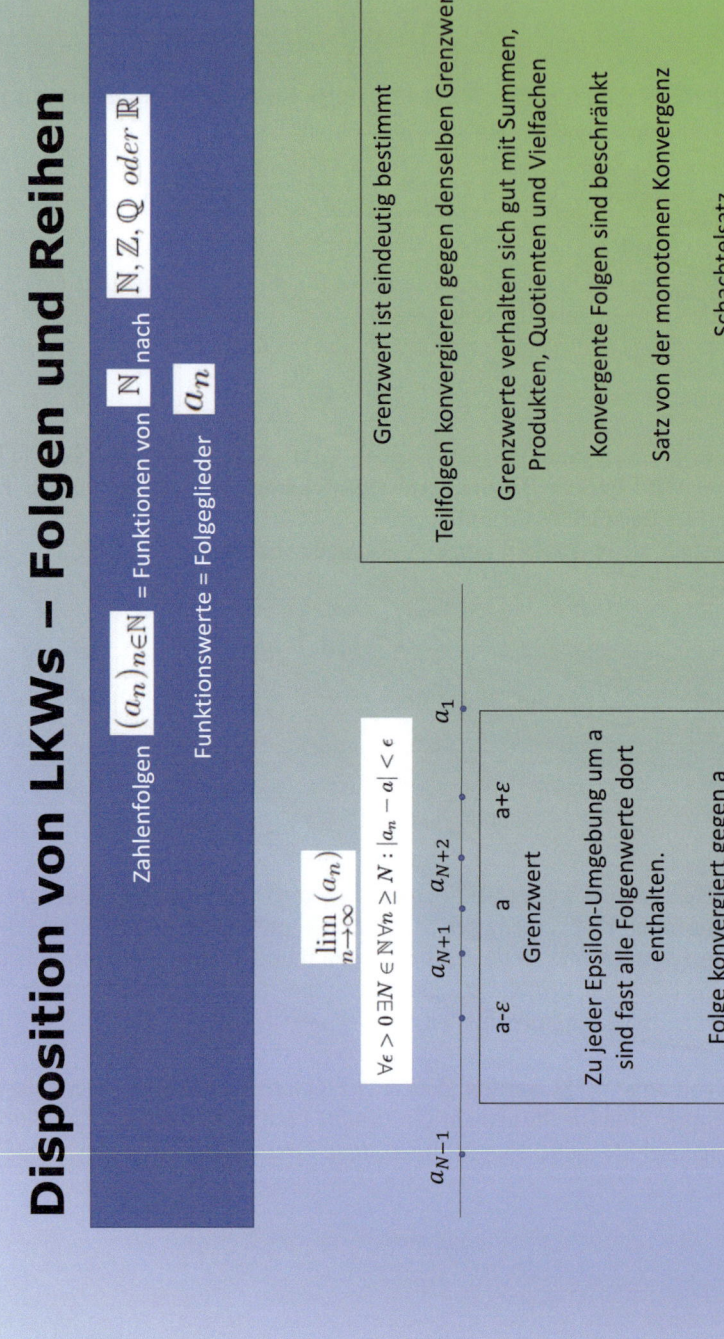

Disposition von LKWs – Folgen und Reihen II

(1) Konvergiert gegen 1

$\left(\frac{1}{n}\right)$ konvergiert gegen 0

(n) ist unbeschränkt und daher divergent

(-1^n) hat zwei konvergente Teilfolgen mit unterschiedlichen Grenzwerten 1 und -1 also divergent

$\left(\frac{1}{n}+n\right)$ ist divergent da unbeschränkt

$a_1 := 2, a_{n+1} := \frac{1}{2}\left(a_n + \frac{2}{a_n}\right)$ ist rekursiv definiert und konvergiert gegen $\sqrt{2}$

$\left(1+\frac{1}{n}\right)^n$ konvergiert gegen e

Ist $1 > q \leq 0$, so ist (q^n) eine Nullfolge.

Ist $q = 1$, so konvergiert (q^n) gegen 1.

Ist $q > 1$, so ist (q^n) nach oben unbeschränkt und divergent.

Disposition von LKWs – Folgen und Reihen III

Folge

(a_n)

(a_n)

$b_n := a_n - a_{n-1}$

Ist $q \in \mathbb{R}$, so gilt $(\sum_{i=0}^{n} q^i) \cdot (q-1) = q^{n+1} - 1$. (Teleskopsummenformel für Potenzen)

$\sum (q^n) \longrightarrow \frac{1}{1-q} - 1 = \frac{q}{1-q}$

Partialsumme

$s(a_n) := \sum_{i=1}^{n} a_i$

Teleskopargument

Reihe

$\sum (a_n) = (s(a_n))$

$\sum (b_n) = (a_n)$

(3) Wir betrachten allgemeiner als in (2) eine Reihe der Form $\sum (d_i \cdot \frac{1}{10}^i)$, wobei (d_i) eine Folge über $\{0,1,2,3,4,5,6,7,8,9\}$ ist. Sei $n \in \mathbb{N}$. Dann gilt $0 \leq \sum_{i=1}^{n} d_i \cdot \frac{1}{10}^i \leq 9 \cdot \sum_{i=1}^{n} \frac{1}{10}^i$. Der letzte Term ist wegen (2) höchstens so groß wie $9 \cdot \frac{1}{9} = 1$. Daher ist nach dem Satz über der monotone Konvergenz auch diese Reihe konvergent, und der Grenzwert ist eine reelle Zahle zwischen 0 und 1. Man könnte diese Reihe auch so schreiben: $0, d_1 d_2 d_3 ... d_n ...$, wobei der Zusammenhang zur Dezimalbruchsentwicklung visualisiert wird.◇

6.2.1.6 Rundungsrechnung

Dieses Kapitel vermittelt eine kurze Betrachtungen zum Runden mittels
(i)   **'oberer Gaußklammer'**,
(ii)   **'unterer Gaußklammer'**,
(iii)   **'kaufmännischen $0,5$-Runden'** und
(iv)   **'kaufmännischen Runden auf 2 Dezimalstellen'**.

Schon hier soll die sog. **'Dezimalbruchdarstellung'** reeller Zahlen benutzt werden, also etwa $0,567.....$

Die **'obere Gaußklammer'** oder auch **'Aufrundungsfunktion'** $\lceil . \rceil$ ordnet jeder reellen Zahl die minimale ganze Zahl zu, die größer oder gleich als diese reelle Zahl ist. Formal wird für eine reelle Zahl x definiert:

$$\lceil x \rceil := min\{k \in \mathbb{Z} \mid x \leq k\}.$$

Die **'untere Gaußklammer'** oder auch **'Abrundungsfunktion'** $\lfloor . \rfloor$ ordnet jeder reellen Zahl die maximale ganze Zahl zu, die kleiner oder gleich als diese reelle Zahl ist. Für eine reelle Zahl x ist dies exakter:

$$\lfloor x \rfloor := max\{k \in \mathbb{Z} \mid x \geq k\}.$$

Es gelten zum Beispiel $\lceil 0.345 \rceil = 1$, $\lceil 1 \rceil = 1$, $\lceil -1,78 \rceil = -1$, $\lfloor 0,345 \rfloor = 0$, $\lfloor 1 \rfloor = 1$ und $\lfloor -1,78 \rfloor = -2$. Beim Aufrunden negativer Zahlen wird einfach der Nachkommaanteil weggelassen, und beim Aufrunden positiver Zahlen wird der Nachkommaanteil weggelassen und dann die Zahl um Eins erhöht. Dies gilt nur dann, wenn es wirklich Nachkommastellen gibt, also eine reelle und nicht ganze Zahl vorliegt. Diese wiederum bleiben völlig unberührt vom Aufrunden und auch vom Abrunden. Beim Abrunden einer positiven nicht ganzen Zahl wird einfach der Nachkommateil weggelassen, und beim Abrunden einer negativen nicht ganzen Zahl nach dem Weglassen des Nachkommaanteils die Zahl noch um Eins erniedrigt.

Was ist eigentlich der **'Nachkommateil'** oder auch **'Dezimalanteil'**? Sei dazu x eine reelle Zahl. Es gilt die Formel

$$x = \lfloor x \rfloor + (x - \lfloor x \rfloor).$$

Dabei ist $\lfloor x \rfloor \in \mathbb{Z}$ und $x - \lfloor x \rfloor \in [0.1[$. Diese Art der Darstellung ist eindeutig bestimmt, denn: Ist $z \in \mathbb{Z}$ und $r \in [0.1[$, so gilt offenbar $z \leq x$. z muss maximal mit dieser Eigenschaft sein, denn sonst wäre einerseits $z + 1 \leq x$, aber es wäre dann – wegen $0 \leq r < 1$ – auch $x \leq z + 1 > z + r = x$ erfüllt, was ein Widerspruch ist. Die eindeutig bestimmte Zahl $r \in [0.1[$ wird der Nachkommateil von x genannt und oft mit frac(x) bezeichnet.

Beispielhaft werden folgende Darstellungen betrachtet:

$$1,7 = 1 + 0,7$$
$$1,3 = 1 + 0,3$$
$$-1,7 = -2 + 0,3$$
$$-1,3 = -2 + 0,7.$$

Man erkennt, daß man bei negativen Zahlen eine kleine Rechnung durchzuführen hat, da der Nachkommaanteil als nicht-negativ definiert ist. Mit dem Nachkommateil und dem Ab- und Aufrunden kann das 0,5-Runden nachvollziehbar erklärt werden. 0,5-Runden heißt, eine positiven Zahl auf die nächst größere ganze Zahl aufzurunden. Bedingung ist, daß der Nachkommateil mindestens 0,5 ist. Anderenfalls wird auf die nächst kleinere ganze Zahl abgerundet. Für negative Zahlen gilt dieselbe Regel, da der Nachkommaanteil als nicht-negativ definiert worden ist. Sei x eine reelle Zahl. Das '0,5-**Gerundete**' von x wird definiert durch das Symbol:

$$R_{0,5}(x) := \begin{cases} \lceil x \rceil, & frac(x) \geq 0,5 \\ \lfloor x \rfloor, & frac(x) < 0,5 \end{cases}$$

Zum Beispiel gelten $R_{0,5}(0,345) = 0$, $R_{0,5}(1,845) = 2$, $R_{0,5}(1) = 1$, $R_{0,5}(-1,78) = -2$ und $R_{0,5}(-0,345) = 0$. Man spricht hierbei auch von dem kaufmännischen Runden auf die nächstliegende ganze Zahl.

Das '**kaufmännische Runden auf 2 Dezimalstellen**' kann mit Hilfe der Dezimalbruchentwicklung reeller Zahlen sowie mit Hilfe des Nachkommaanteils beschrieben werden. Dazu sei x eine reelle Zahl. Es wird von der additiven Zerlegung $x = \lfloor x \rfloor + frac(x)$ ausgegangen. Der Nachkommaanteil $frac(x)$ kann als Grenzwert einer Dezimalbruchentwicklung $frac(x) = \sum_{i=1}^{\infty} \frac{a_i}{10^i}$ dargestellt werden, wobei (a_n) eine Folge über $\{0, 1, ..., 9\}$ ist. Die Rundungsregel ist durch folgende Vorschriften definiert: Ist die Ziffer an der dritten Dezimalstelle eine 0, 1, 2, 3 oder 4, wird abgerundet. Ist die Ziffer an der dritten Dezimalstelle eine 5, 6, 7, 8 oder 9, wird aufgerundet. Formal wird für dieses Runden das Symbol $R_{Dez(2)}(x)$ eingeführt:

$$R_{Dez(2)}(x)2 := \begin{cases} \lfloor x \rfloor + 0, a_1 a_2, & a_3 \leq 4 \\ \lfloor x \rfloor + 0, a_1(a_2 + 1), & a_3 \geq 5 \end{cases}$$

Zum Beispiel gelten $R_{Dez(2)}(0,345912) = 0,35$, $R_{Dez(2)}(1,841987) = 1,84$, $R_{Dez(2)}(1) = 1$, $R_{Dez(2)}(-1,78456) = -1,78$ und $R_{Dez(2)}(-0,128912) = -0,13$. Natürlich könnte man entsprechend auch $R_{Dez(n)}$ für andere Dezimalstellen-Rundungen definieren. Einfacher – aber ungenauer – benutzt man häufig das Symbol $\approx$.

Weitere Hintergründe zu dieser Thematik sind in , in  und in  aufgeführt.

Disposition von LKWs – Rundungsrechnung

obere Gaußklammer

$\lceil x \rceil := min\{k \in \mathbb{Z} \mid x \leq k\}$ $\lceil 0,345 \rceil = 1, \lceil 1 \rceil = 1, \lceil -1,78 \rceil = -1$

untere Gaußklammer

$\lfloor x \rfloor := max\{k \in \mathbb{Z} \mid x \geq k\}$ $\lfloor 1 \rfloor = 1$ und $\lfloor -1,78 \rfloor = -2$

0,5-Runden

$x = \lfloor x \rfloor + frac(x)$

$R_{0,5}(x) :=:= \begin{cases} \lceil x \rceil, & frac(x) \geq 0,5 \\ \lfloor x \rfloor, & frac(x) < 0,5 \end{cases}$ $R_{0,5}(0,345) = 0, R_{0,5}(1,845) = 2.$

kaufmännisches Runden

$x = \lfloor x \rfloor + frac(x)$

$frac(x) = \sum_{i=1}^{\infty} \frac{a_i}{10^i}$

$R_{Dez(2)}(x) :=:= \begin{cases} \lfloor x \rfloor + 0, a_1 a_2, & a_3 \leq 4 \\ \lfloor x \rfloor + 0, a_1(a_2+1), & a_3 \geq 5 \end{cases}$ $R_{Dez(2)}(0,345912) = 0,35. R_{Dez(2)}(1,841987) = 1$

6.2.1.7 Rationale Zahlen und Dezimalbruchdarstellung

Eine beliebige reelle Zahl x kann mit Hilfe der Gaußklammer durch

$$x = \lfloor x \rfloor + (x - \lfloor x \rfloor),$$

additiv zerlegt werden. Es gelten $\lfloor x \rfloor \in \mathbb{Z}$ und $x - \lfloor x \rfloor \in [0, 1[$. Weiterhin wurde gezeigt, daß diese Darstellung eindeutig bestimmt ist. Auf den ganzzahligen Anteil kann die Dezimalzahldarstellung angewendet werden. Diese wurde im Abschnitt zur b-adischen Zahldarstellung hergeleitet und ist ebenfalls eindeutig bestimmt. Für den Nachkommaanteil, der im Intervall $[0, 1[$ liegt, sollen jetzt ähnliche Darstellungen formuliert werden. Diese werden Dezimalbruchdarstellungen genannt. Daher fokussiert man sich auf Zahlen im Intervall $[0, 1[$.

In den ▶ Beispielen 7 wurde bereits die Dezimalbruchentwicklung reeller Zahlen zwischen Null und Eins eingeführt. Dies geschah durch konvergente Reihen der Form

$$\sum \left(d_i \cdot \frac{1}{10}^i \right),$$

wobei (d_i) eine Folge über $\{0, 1, 2, 3, 4, 5, 6, 7, 8, 9\}$ ist. Der Grenzwert aller dieser Reihen liegt im Intervall zwischen 0 und 1. Dieser Grenzwert wird folgendermaßen beschrieben:

$$0, d_1 d_2 d_3 \ldots d_n \ldots$$

Er ist eine sog. **'Dezimalzahl'**.

Es ist bereits angemerkt worden, daß durch die **'Dezimalbruchentwicklung'** reelle Zahlen im Intervall $[0, 1[$ dargestellt werden. Tatsächlich gilt dies sogar für alle Zahlen im Intervall $[0, 1[$. Die Reihenglieder sind sämtlich Brüche und damit rationale Zahlen. Die Dichtheit der rationalen Zahlen in den reellen Zahlen wird so nachgewiesen.

Satz 37 (*Existenz der Dezimalbruchentwicklung reeller Zahlen*) *Sei a eine reelle Zahl im Intervall $[0, 1[$. Dann gibt es eine Dezimalbruchentwicklung zu a. Insbesondere lässt sich x durch eine rationale Zahlenfolge approximieren (Dichtheit der rationalen Zahlen in den reellen Zahlen).*

Genauer gilt: Seien $a_0 := a$ und für alle $n \in \mathbb{N}$: $z_n := \lfloor 10^n a_{n-1} \rfloor$ sowie $a_n := a - \sum_{k=1}^{n} \frac{z_k}{10^k}$. Dann ist die Folge (a_n) eine Nullfolge, und es gilt $a = 0, z_1 z_2 z_3 z_4 \ldots$: die Folge (z_n) ist eine Dezimalbruchentwicklung von a. ◇

Obiger Satz liefert gleichzeitig ein Verfahren, die Dezimalbruchentwicklung ausrechnen zu können. Dieser Vorgang wird auch als **'Dezimalbruch-Algorithmus'** bezeichnet. In der Schule spricht man auch vom **'schriftlichen Dividieren'**. Dabei wird das Verfahren häufig dazu verwendet, Brüche in Dezimalbrüche umzuwandeln. Dies soll an den Beispielen $\frac{1}{2}, \frac{1}{3}$ und $\frac{1}{6}$ durchgeführt werden.

$$\begin{array}{r|l} 1 & 2 \\ 1\,0 & 0.5 \\ 0 & \end{array}$$

Es ist $z_1 = \lfloor 10^1 a_0 \rfloor = \lfloor \frac{10}{2} \rfloor = 5$, $a_1 = \frac{1}{2} - \frac{5}{10} = 0$, und damit sind alle anderen $z_n = 0$ für $n \geq 2$. Für $\frac{1}{3}$ ergibt sich

$$\begin{array}{r|l} 1 & 3 \\ 1\,0 & 0.3\,3\,3\,3\,3\,3\,3\,3\,3 \\ \quad 1\,0 & \\ \quad\quad 1\,0 & \\ \quad\quad\quad 1\,0 & \\ \quad\quad\quad\quad 1\,0 & \\ \quad\quad\quad\quad\quad 1\,0 & \\ \quad\quad\quad\quad\quad\quad 1\,0 & \\ \quad\quad\quad\quad\quad\quad\quad 1\,0 & \\ \quad\quad\quad\quad\quad\quad\quad\quad 1 & \end{array}$$

Hierbei ist $z_1 = \lfloor \frac{10}{3} \rfloor = 3$, $a_1 = \frac{1}{3} - \frac{3}{10} = \frac{1}{30}$ und damit $z_2 = \lfloor \frac{100}{30} \rfloor = 3 = z_1$. Jetzt wiederholen sich die z_k. Für $\frac{1}{6}$ gilt

$$\begin{array}{r|l} 1 & 6 \\ 1\,0 & 0.1\,6\,6\,6\,6\,6\,6\,6\,6 \\ \quad 4\,0 & \\ \quad\quad 4\,0 & \\ \quad\quad\quad 4\,0 & \\ \quad\quad\quad\quad 4\,0 & \\ \quad\quad\quad\quad\quad 4\,0 & \\ \quad\quad\quad\quad\quad\quad 4\,0 & \\ \quad\quad\quad\quad\quad\quad\quad 4\,0 & \\ \quad\quad\quad\quad\quad\quad\quad\quad 4 & \end{array}$$

Es ist $z_1 = \lfloor \frac{10}{6} \rfloor = 1$, woraus man $a_1 = \frac{1}{6} - \frac{1}{10} = \frac{2}{30}$ erhält. Dies führt zu $z_2 = \lfloor \frac{200}{30} \rfloor = 6$ und damit zu $a_2 = \frac{2}{30} - \frac{6}{100} = \frac{2}{300}$. Daraus folgt erneut $z_3 = \lfloor \frac{2000}{300} \rfloor = 6$. Auch alle folgenden Werte sind genau 6.

Ist eine solche Dezimaldarstellung eigentlich eindeutig? Zunächst soll angemerkt werden, daß die konstante Folge (9) zur Dezimalzahl $x = 0{,}9999999\ldots$ führt. Diese Zahl ist 1, denn es gilt $10x = 9{,}999999\ldots$, und daher sind $10x - 9 = x$ und $x = 1$ erfüllt. Es folgt also

$$1 = 0{,}9999999\ldots.$$

Betrachtet man nun die Zahl $y = 0{,}19999999\ldots$, dann gelten $10y = 1{,}9999999\ldots$ und $10y - 1 = 0{,}999999\cdots = 1$, und man erhält $y = \frac{2}{10} = 0{,}2$. Es ist also zum Beispiel

$$0{,}2 = 0{,}19999999\ldots.$$

Damit ist die Darstellung nicht eindeutig, da zwei verschiedene Dezimalbruchdarstellungen von $\frac{1}{5}$ gefunden wurden. Tatsächlich muss man nur das Vorhandensein unendlich vieler Neunen in der Darstellung ausschließen, um die Eindeutigkeit zu erhalten, da folgender Satz gilt:

Satz 38 *(Eindeutigkeit der Dezimalbruchdarstellung) Sei a eine reelle Zahl im Intervall* $[0, 1[$. *Dann gibt es genau eine Dezimalbruchentwicklung* (z_n) *zu a, wobei* $z_n \neq 9$ *für alle* $n \in \mathbb{N}$ *bis auf endlich viele gilt.* ◇

An dieser Stelle steht die Dezimalbruchdarstellung rationaler Zahlen an. In den Beispielen zur Bestimmung der Dezimalbruchdarstellung von $\frac{1}{2}$, $\frac{1}{3}$ und an $\frac{1}{6}$ sind alle Fälle aufgetreten, die bei rationalen Zahlen zum Tragen kommen. Dies soll nun begrifflich gefasst werden.

Definition und Bemerkung 10 *(endlich, rein-periodisch, gemischt-periodisch)* Seien a eine reelle Zahl im Intervall $[0, 1]$ und (z_n) eine Dezimalbruchentwicklung zu a. Die Dezimalbruchentwicklung wird **'endlich'** genannt, wenn es ein $v \in \mathbb{N}$ gibt, so daß für alle $r \geq v$ die Bedingung $z_r = 0$ gilt. In diesem Fall wird die Darstellung als

$$0, z_1 \ldots z_v$$

notiert. Die Nullen lässt man hier weg. Innerhalb der Dezimalbruchentwicklung entspricht v genau der Anzahl der Ziffern ungleich Null. v wird **'Länge der (Vor-)Periode'** genannt. Zum Beispiel ist $0{,}123456789$ eine endliche Dezimalbruchentwicklung. Innerhalb der Beispiele wurde $\frac{1}{2} = 0{,}5$ nachgewiesen. Diese Darstellung ist demnach endlich.

Eine **'rein-periodische'** Dezimalbruchentwicklung ist von anderer Form. Hierbei beginnt nach dem Komma gleich eine sog. **'Periode'**, die sich immer wieder bis ins Unendliche wiederholt. Formal gibt es ein $l \in \mathbb{N}$ – die sog. **'Periodenlänge'** – und Ziffern $p_1, \ldots, p_l \in \{0, \ldots, 9\}$, so daß folgende Eigenschaften erfüllt sind:

(i) $p_i = z_i$ für alle $1 \leq i \leq l$ (Periodenbeginn hinter dem Komma) und
(ii) $z_{sl+i} = z_i$ für alle $1 \leq i \leq l$ und $s \in \mathbb{N}$ (Periodenwiederholung).

Notiert wird die rein-periodische Dezimalbruchentwicklung als

$$0, \overline{p_1 \ldots p_l}.$$

Im obigen Beispiel ist $\frac{1}{3}$ rein-periodisch und gleich $0{,}\overline{3}$. Auch $0{,}\overline{123456789}$ ist rein-periodisch.

Setzt man beide Themen zusammen, erhält man die sog. **'gemischt-periodische'** Dezimalbruchentwicklung. Sie wird in Form von

$$0, z_1 \ldots z_v \overline{p_1 \ldots p_l}$$

notiert. Dieses Phänomen konnte auch am Beispiel $\frac{1}{6} = 0, 1\overline{6}$ gesehen werden. Dabei ist v die **'Länge der Vorperiode'**, l die **'Länge der Periode'**, die nicht hinter dem Komma, sondern erst bei z_{v+1} beginnt. Auch $0,123456789\overline{123456789}$ ist von dieser Art. ◇

Mit diesen Bezeichnungen gilt der folgende Satz:

Satz 39 *(Charakterisierung rationaler Zahlen innerhalb der Dezimalbruch-Zahlen) Sei a eine reelle Zahl im Intervall $[0, 1[$ mit Dezimalbruchentwicklung (z_n). Genau dann ist a eine rationale Zahl, wenn die Dezimalbruchentwicklung endlich, rein-periodisch oder gemischt-periodisch ist.* ◇

Diese Charakterisierung macht es sehr leicht, irrationale Zahlen zu benennen, wie etwa $0,1234567.....$ Bei dieser Dezimalbruchzahl werden alle natürlichen Zahlen hinter dem Komma der Größe nach aufgelistet. Sie heißt **'Champernowne-Zahl'** und ist irrational.

Durch den Dezimalbruch-Algorithmus können reelle Zahlen in Dezimalbrüche umgewandelt werden. Wie lassen sich umgekehrt Dezimalbrüche wieder als reelle Zahlen berechnen? Zur Anwendung rationaler Zahlen gibt es folgende **'Umrechnungsformeln'**:

Satz 40 *(Umrechnungsformeln für rationale Dezimalbrüche) Seien a eine reelle Zahl im Intervall $[0, 1[$ und (z_n) eine Dezimalbruchentwicklung zu a. Es gelten folgende Aussagen:*

(i)   Ist die Dezimalbruchentwicklung (z_n) endlich, so gilt

$$0, z_1 \ldots z_v = \frac{\sum_{i=1}^{v} z_i 10^i}{10^v}.$$

(ii)   Ist die Dezimalbruchentwicklung (z_n) rein-periodisch, so gilt

$$0, \overline{p_1 \ldots p_l} = \frac{\sum_{i=1}^{l} p_i 10^i}{10^l - 1}.$$

(iii) Ist die Dezimalbruchentwicklung (z_n) gemischt-periodisch, so gilt

$$0, z_1 \ldots z_v \overline{p_1 \ldots p_l} = \frac{\left(\sum_{i=1}^{v} z_i 10^i\right)(10^l - 1) + \left(\sum_{i=1}^{l} p_i 10^i\right)}{10^v \cdot (10^l - 1)}.$$

◇

Zum Beispiel gelten

$$0{,}12345 = \frac{12345}{10^5}, \quad 0{,}\overline{12345} = \frac{12345}{10^5 - 1}$$

und

$$0{,}1234\overline{512345} = \frac{12345(10^5 - 1) + 12345}{10^5(10^5 - 1)}.$$

Bei einem konkreten Bruch $\frac{a}{b} > 0$ stellt sich Frage, welcher der möglichen vorher genannten drei Fälle eigentlich vorliegt. Ist der genannte Bruch endlich, rein- oder gemischt-periodisch? Natürlich kann einfach der Dezimalbruch-Algorithmus angewendet und das Ergebnis betrachtet werden.

Es ist aber auch möglich, dies bereits vor der eigentlichen Umwandlung auf einem anderen Wege zu bestimmen. Diesen Weg klärt der nächste Satz mit Hilfe der **'Primfaktorzerlegung'**.

Satz 41 *(Erkennung endlich, rein- oder gemischt-periodisch, Berechnung der (Vor-) Periodenlängen) Sei $\frac{a}{b} > 0$ gekürzt, $a \leq b$ und $\prod_{k=1}^{n} p_k^{v_b(p_k)}$ die Primfaktorzerlegung von b. Es gelten folgende Aussagen:*

(i)   *Genau dann ist die Dezimalbruchdarstellung endlich, wenn die Primfaktorzerlegung von b die Form $2^z \cdot 5^f$ hat. Die Länge der Vorperiode bzw. die Anzahl der Ziffern in der Dezimalbruchentwicklung ist $m = \max\{z, f\}$. Es gilt $\frac{a}{b} = \frac{a 2^{m-z} 5^{m-f}}{10^m}$.*

(ii)   *Genau dann ist die Dezimalbruchdarstellung rein-periodisch, wenn in der Primfaktorzerlegung von b weder eine 2 noch eine 5 als Primfaktor auftauchen. Die Periodenlänge l ist die kleinste natürliche Zahl, für die b ein Teiler von $10^l - 1$ ist. Dann hat $\frac{a}{b}$ die Form $\frac{x}{10^l - 1}$, woraus die Periodenziffern ermittelt werden können.*

(iii)   *Genau dann ist die Dezimalbruchdarstellung gemischt-periodisch, wenn die Primfaktorzerlegung von b neben der 2 oder 5 mindestens noch eine weitere Primzahl ungleich 2 und 5 enthält. Hat b die Form $2^z \cdot 5^f \cdot r$, wobei r zu 2 und 5 teilerfremd ist, so gilt: Die Länge der Vorperiode beträgt $s = \max\{z, f\}$, und die Länge l der Periode ist die kleinste Zahl k, für die gilt: r ist ein Teiler von $10^k - 1$.*   ◇

Zur Anwendung des Satzes 41 sollen an dieser Stelle drei Beispiele ausgeführt werden. Der Bruch $\frac{7}{20}$ hat eine endliche Dezimalbruchdarstellung, denn der Nenner 20 besitzt die Primfaktorzerlegung $20 = 2^2 \cdot 5$. Es kommen nur die Primzahlen 2 und 5 vor. Das Maximum der Vielfachheiten in der Primfaktorzerlegung ist 2. Aus diesem Grund hat die Dezimalbruchdarstellung eine Länge von 2. Es gilt $\frac{7}{20} = \frac{x}{10^2}$, woraus $x = 35$ ist und damit $\frac{7}{20} = 0{,}35$ ermittelt wird. Vorteil ist, es muss nicht mehr schriftlich dividiert werden.

Im zweiten Beispiel kommt der Bruch $\frac{4}{21}$ zur Anwendung. Es ist $21 = 3 \cdot 7$ die Zerlegung von 21 in Primzahlen. Da 2 und 5 in diesem Fall nicht vorkommen, ist der Bruch rein-periodisch. Zur Periodenlängenbestimmung muss die kleinste Zahl k gefunden werden, so daß 21 die Zahl $10^k - 1$ teilt. Nachrechnen führt zu $k = 6$, da 21 nicht die Zahlen 9, 99, 999, 9999 und 99999 teilt. Daher ist die Periodenlänge genau 6. Der Ansatz $\frac{4}{21} = \frac{x}{999999}$ führt zu $x = 190476$ und damit zu $\frac{4}{21} = 0,\overline{190476}$. Auch hier muss nicht schriftlich dividiert werden, um die Dezimalbruchdarstellung zu berechnen.

Beim folgenden Bruch $\frac{3}{210}$ führt die Primfaktorzerlegung von $210 = 2^1 \cdot 5^1 \cdot 3^1 \cdot 7^1$ zu einem gemischt-periodischen Beispiel. Die Vorperiode ist von der Länge $1 = max\{1, 1\}$. Die Länge der Periode ist die kleinste Zahl k, so daß 21 ein Teiler von $10^k - 1$ ist. Diese Zahl ist gerade berechnet worden: es ist genau 6. Damit besitzt $\frac{3}{210}$ die Darstellung $0, z_1\overline{p_1 \ldots p_6}$. Hierbei gibt es zwei Unbekannte, von denen anzunehmen ist, daß diese nicht berechnet werden können. Daß diese Annahme falsch ist und eine weitere Berechnung geführt werden kann, wird dem Leser in den Übungsaufgaben gezeigt.

Im folgenden Schaubild wurden Aussagen zur Dezimalbruchdarstellung zusammengefasst.

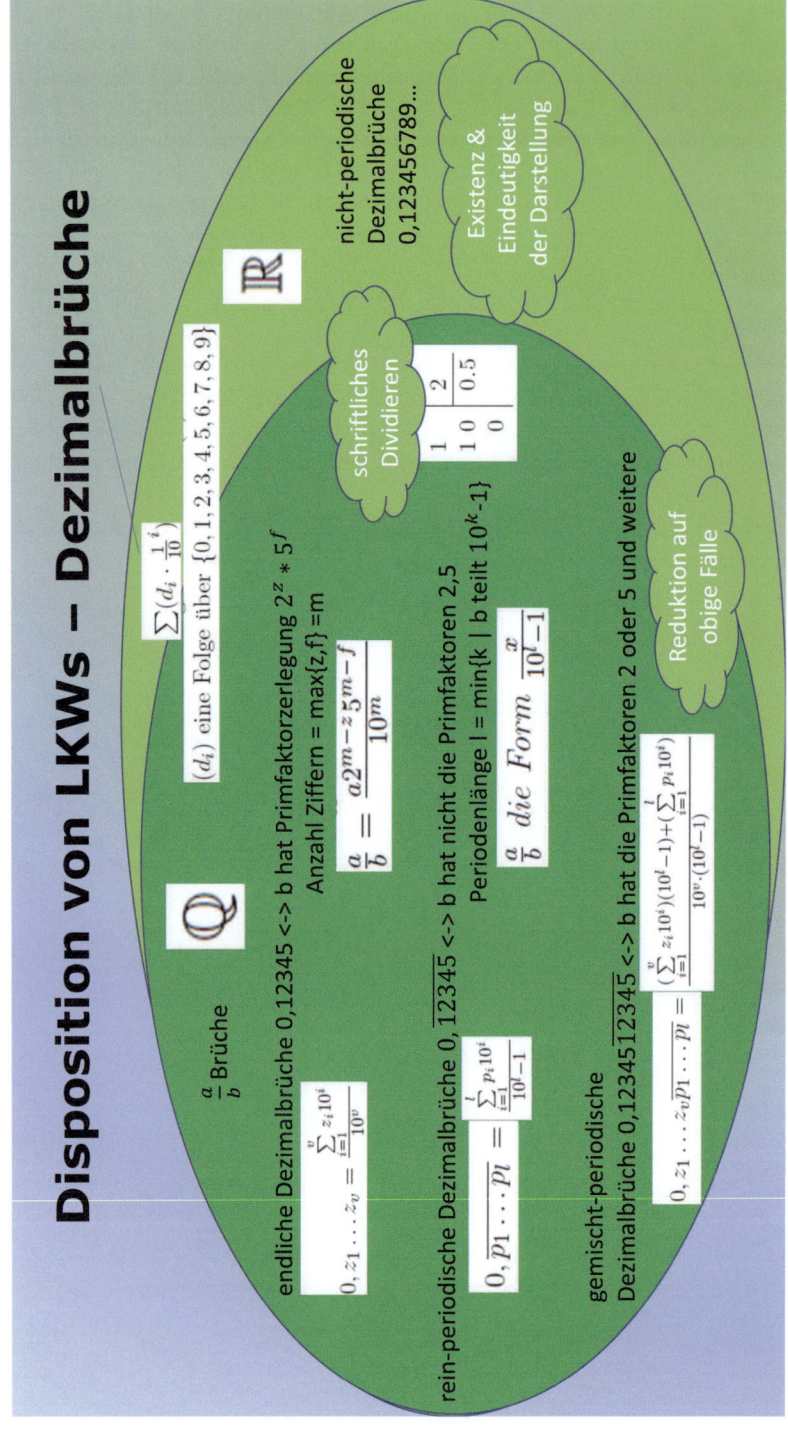

6.2.1.8 Mathematik am Bruch-Kehrbruch-Problem

An dieser Stelle sollen die Themen des Grundlagenkapitels zur Mathematik und insbesondere die Fragen, die im Zusammenhang mit dem Thema **'Brüche der Form $\frac{a}{b}+\frac{b}{a}$'** für natürliche Zahlen a, b gestellt worden sind, erneut aufgegriffen werden.

'Ausgangsphänomen': $\frac{a}{b}+\frac{b}{a} \geq 2$ für alle $a, b \in \mathbb{N}$.

Es wird ein Beweis in den rationalen Zahlen geführt. Zunächst werden die Brüche auf einen Hauptnenner gebracht. Es gilt

$$\frac{a}{b}+\frac{b}{a} = \frac{a^2}{ab}+\frac{b^2}{ba} = \frac{a^2+b^2}{ab}.$$

Damit ist obige Ungleichung wegen $ab > 0$ äquivalent zu $a^2 + b^2 \geq 2ab$. Durch Addition mit $-2ab$ erfolgt eine Umformung zu $a^2 + b^2 - 2ab \geq 0$. Der linke Term ist ein binomischer Ausdruck. Es gelten die **'binomischen Formeln'**

$$(a+b)^2 = a^2 + 2ab + b^2, \,'(a-b)^2 = a^2 - 2ab + b^2\text{'} \text{ und } (a+b)(a-b) = a^2 - b^2.$$

Also ist die Ungleichung äquivalent zu $(a - b)^2 \geq 0$. Diese Aussage ist wahr, denn es wurde im Rahmen geordneter Ringe und Körper bewiesen, daß Quadrate stets ≥ 0 sind. Damit ist das Ausgangsphänomen in den rationalen Zahlen als wahr bestätigt. Gilt diese Wahrheit aber auch für alle reellen Zahlen? Eine allgemeinere Aussage erreicht man durch den Trick $x := \frac{a}{b} > 0$ mit folgender Ungleichung:

'allgemeineres Phänomen': $x + \frac{1}{x} \geq 2$ für alle $x \in \mathbb{R}$ mit $x > 0$.

Für die allgemeinere Aussage wird ein Beweis in den reellen Zahlen geführt. Damit ist erneut das Ausgangsphänomen bestätigt, seine Aussage jedoch in einem größeren Zahlkörper formuliert und bewiesen. Sei $x \in \mathbb{R}$ mit $x > 0$. Es ist $x + \frac{1}{x} \geq 2$ gleichwertig zu $x^2 + 1 \geq 2x$ und damit – nach Anwendung der binomischen Formel $(x - 1)^2 = x^2 - 2x + 1$ – zu $(x - 1)^2 \geq 0$. Letzteres ist wegen der Gültigkeit nicht-negativer Quadrate wahr.

Es soll nun folgendes überlegt werden:

'Untersuchung': Ist $F : \mathbb{R}_{>0} \longrightarrow \mathbb{R}_{\geq 2}, x \mapsto x + \frac{1}{x}$ injektiv, surjektiv oder bijektiv?

Die Funktion ist nicht injektiv ebenso nicht bijektiv, da die Formel

$$f(x) = f\left(\frac{1}{x}\right)$$

für alle $x \neq 0$ gilt. Grund ist, daß der Kehrwert von $\frac{1}{x}$ genau x ist. Der vorangegangenen Formel ist zu entnehmen, daß $f(2) = 2,5 = f(0,5)$ gilt. f kann demnach nicht injektiv sein.

Dem geneigten Betrachter und dem mathematischen Forscher insbesondere stellt sich in diesem Moment eine weitere möglicherweise ungeklärte Frage: Welche Funktionen erfüllen die Identität $f(x) = f(\frac{1}{x})$? Für sich genommen ist diese Fragestellung sicherlich berechtigt, würde aber von der eigentlichen Fragestellung an dieser Stelle wegführen. Gleichrangige Phänomene beggnen Mathematikern beim Forschen und

Betrachten durchaus nicht selten. Zurückkommenden auf die Aspekte der Injektivität, Surjektivität und Bijektivität der Funktion f wird jetzt mit der Untersuchung der Surjektivität fortgefahren.

Sei $y \geq 2$ eine reelle Zahl. Gesucht wird eine reelle Zahl $x > 0$, so daß

$$x + \frac{1}{x} = y$$

gilt. Durch Multiplikation mit x und einigen Umformungen erhält man die Aussage $x^2 - yx + 1 = 0$. Wegen $y \geq 2$ ist $\frac{y^2}{4} \geq 1$. Damit hat die quadratische Gleichung $x^2 - yx + 1 = 0$ wenigstens eine Lösung. Alle Lösungen erhält man aus der pq-Formel für quadratischen Gleichungen:

$$\frac{y}{2} + \sqrt{\frac{y^2}{4} - 1} \text{ und } \frac{y}{2} - \sqrt{\frac{y^2}{4} - 1}.$$

Damit ist f eine Surjektion.

Nun werden **'Konvergenz- und Divergenzfragen'** analysiert:

Im Zusammenhang mit dem Ausdruck $\frac{a}{b} + \frac{b}{a}$ werden zunächst zwei konkrete Zahlenfolgen betrachtet. Diese sind

$$\left(\frac{n+1}{n} + \frac{n}{n+1}\right) \text{ und } \left(\frac{n}{1} + \frac{1}{n}\right).$$

Jedes Folgenglied der ersten Folge ist für beliebiges $n \in \mathbb{N}$ gegeben durch

$$\frac{n^2 + (n+1)^2}{n(n+1)} = 2 + \frac{1}{n^2 + n}.$$

Also konvergiert diese Folge gegen 2. 2 ist damit Grenzwert einer Folge der Form $(\frac{a_n}{b_n} + \frac{b_n}{a_n})$, wobei (a_n) und (b_n) Folgen natürlicher Zahlen sind. Die zweite Folge ist unbeschränkt, da schon die Folge (n) unbeschränkt ist. Daraus resultiert, sie kann nicht konvergent sein. Für große Werte von n ist die Folge nahezu identisch mit (n). Man sagt auch, daß sie asymptotisch wie (n) ist oder auch, das (n) eine Asymptote für $(n + \frac{1}{n})$ ist. Grund dafür ist, daß $(\frac{1}{n})$ gegen Null konvergiert. Man sagt allgemein für zwei Zahlenfolgen (a_n), (b_n), daß (a_n) eine Asymptote für (b_n) ist oder auch, daß (b_n) asymptotisch wie (a_n) ist, wenn $(b_n - a_n)$ eine Nullfolge ist.

Demnach konnte gezeigt werden, daß man 2 als Grenzwert einer Folge rationaler Zahlen der Form $(\frac{a_n}{b_n} + \frac{b_n}{a_n})$ erhält. Welche reellen Zahlen lassen sich durch derartige **'Bruch-Kehrbruchfolgen'** weiterhin als Grenzwert bestimmen? Berücksichtigt man das Ausgangsphänomen, beschränkt sich die Suche auf reelle Zahlen ≥ 2. Es soll eingesehen werden, daß tatsächlich alle reelle Zahlen ≥ 2 in diesem Sinne als Grenzwert vorliegen. Daraus folgt, daß jede reelle Zahl ≥ 2 durch eine Bruch-Kehrbruch-Folge approximiert werden kann. Diese Darstellung wird in SMILE als **'Bruch-Kehrbruch-Darstellung'** benannt. Anzumerken wäre, daß er Autor diesen Begriff nach der ebend formulierten mathematischen Erkenntnis selber gewählt hat.

Aus den Grenzwertsätzen ist bekannt, daß mit der Konvergenz der Folge $\frac{a_n}{b_n}$ gegen eine Zahl x auch ihr Kehrwert gegen den Kehrwert $\frac{1}{x}$ konvergiert. Summe dieser Grenzwerte ist genau $x + \frac{1}{x}$. Es wurde bereits überlegt, daß sich jede Zahl ≥ 2 in der

Form $x + \frac{1}{x}$ mit geeignetem $x > 0$ abbilden lässt (Surjektivität der Funktion f!). Zum endgültigem Beweis der Bruch-Kehrbruch-Darstellung reicht es aus zu zeigen, jede reelle Zahl > 0 ist Grenzwert einer positiven rationalen Zahlenfolge. Die Dezimalbruchdarstellung leistet genau dieses.

'Untersuchung': Ist $F : \mathbb{Q}_{>0} \longrightarrow \mathbb{Q}_{\geq 2}, x \mapsto x + \frac{1}{x}$ injektiv, surjektiv oder bijektiv? Erneut sei die Funktion $x \mapsto x + \frac{1}{x}$ betrachtet, allerdings jetzt von $\mathbb{Q}_{>0}$ nach $\mathbb{Q}_{\geq 2}$ auf Brüche eingeschränkt. Aus der Erkenntnis der Formel $f(2) = 2,5 = f(0,5)$ können Injektivität und Bijektivität schon ausgeschlossen werden. Es bleibt die Frage nach Surjektivität. In der Annahme der Surjektivität ließe sich jeder Bruch ≥ 2 als $\frac{a}{b} + \frac{b}{a}$ darstellen. Diese Feststellung führt zum Ansatz

$$\frac{a}{b} + \frac{b}{a} = \frac{p}{q},$$

wobei alle Zahlen natürliche Zahlen > 0 sind. Dabei sind p, q gegeben, und es müssen a, b in Abhängigkeit von p, q berechnet werden. Statt a, b zu suchen, vereinfacht man den Ansatz, ein $x \in \mathbb{Q}$ zu bestimmen, für das

$$\frac{x}{1} + \frac{1}{x} = \frac{p}{q}$$

gilt. Durch Multiplikation mit x und Umformungen ergibt sich daraus die äquivalente Gleichung

$$x^2 - \frac{p}{q}x + 1 = 0.$$

Zur Überprüfung der Surjektivität ist diese quadratische Gleichung auf rationale Lösungen zu untersuchen. Lösungen dieser quadratischen Gleichung in $\mathbb{R}$ sind genau dann vorhanden, wenn $\frac{p^2}{4q} - 1 \geq 0$ gilt. Das ist äquivalent zu $p^2 \geq 4q$. Die reellwertigen Lösungen lauten mittels **'pq-Formel'**

$$\frac{p}{2q} + \sqrt{\frac{p^2}{4q^2} - 1} \text{ und } \frac{p}{2q} - \sqrt{\frac{p^2}{4q^2} - 1}.$$

Es muss analysiert werden, unter welchen Bedingungen diese Lösungen rationale Zahlen sind. Die Wurzel ist identisch zu

$$\sqrt{\frac{p^2}{4q^2} - 1} = \sqrt{\frac{p^2 - 4q^2}{4q^2}} = \frac{\sqrt{p^2 - 4q^2}}{2q}.$$

Die Zahl $p^2 - 4q^2$ ist natürlich, da $\frac{p}{q} \geq 2$ und damit $p^2 \geq 4q^2$ vorausgesetzt ist. Nach der Einsicht über die Irrationalität von Wurzeln zu natürlichen Zahlen (die Zahl unter Wurzel muss eine Quadratzahl sein) ist folglich genau dann eine Lösung in $\mathbb{Q}$ gegeben, wenn $p^2 - 4q^2$ eine Quadratzahl etwa z^2 ist. Demzufolge entspricht es der Existenz einer natürliche Zahl z, so daß

$$p^2 = (2q)^2 + z^2$$

gilt. Ein derartiges Tripel von Zahlen nennt man in Anlehnung an den Satz von Pythagoras ein **'pythagoräisches Zahlentripel'**.

Es folgen einige Beispiele. Kann man $\frac{5}{2}$ als $x + \frac{1}{x}$ für eine rationale Zahl x darstellen? Diese Frage gilt es zu bejahen, weil $5^2 = (2 \cdot 2)^2 + 3^2$ ist. $\frac{5}{1}$ lässt sich in dieser Weise nicht darstellen, denn $5^2 - 2^2 = 21$ ist keine Quadratzahl. Für $\frac{1}{3}$ wiederum gilt $10^2 = (2 \cdot 3)^2 + 8^2$, bei $\frac{7}{3}$ ist hingegen $7^2 - 6^2 = 13$ keine Quadratzahl.

Bemerkenswert an dieser Stelle ist, daß ein Bruch $\frac{p}{q}$ also genau dann als Summe eines Bruches und seines Kehrbruchs dargestellt werden kann, wenn $p, 2q$ zu einem pythagoräischen Tripel ergänzbar ist. Addiert man also einen beliebigen positiven Bruch und Kehrbruch, so muss zwangsläufig die entstehende rationale Zahl auch diese Eigenschaft besitzen. Das kann man wie folgt zur Findung pythagoräischer Tripel ausnutzen: Sei n eine natürliche Zahl. Es gilt

$$\frac{n}{1} + \frac{1}{n} = \frac{n^2 + 1}{n}.$$

Für diesen Bruch ist automatisch die pythagoräische Eigenschaft erfüllt. Es muss also $(n^2 + 1)^2 - 4n^2$ eine Quadratzahl sein. Mit den binomischen Formeln wird der Term $\frac{n^2+1}{n}$ weiter berechnet:

$$(n^2 + 1)^2 - 4n^2 = n^4 + 2n^2 + 1 - 4n^2 = n^4 - 2n^2 + 1 = (n^2 - 1)^2.$$

Die oben benannte Formel stellt eine bekannte Rechenvorschrift dar, die ein pythagoräisches Zahlentripel erzeugen kann: $(n^2 + 1; 2n; n^2 - 1)$ für beliebiges $n \in \mathbb{N}$.

Ein berühmtes mathematisches Problem, das im Zusammenhang mit pythagoräischen Zahlentripeln steht, ist **'Der große Satz von Fermat'**. Er wurde erst 1995 von Andrew Wiles bewiesen. Der große Satz von Fermat hat zum Inhalt, ob die Gleichung

$$a^n + b^n = c^n$$

für natürliche Zahlen a, b, c, n mit $n \geq 3$ Lösungen besitzt. Das ist aber nicht der Fall. Es zeigt sich, daß sich hinter dem großen Satz von Fermat die noch viel tieferliegende und unbewiesene **'abc-Vermutung'** der Zahlentheorie verbirgt.

Die Analyse des Bruch-Kehrbruch-Problems führt auch zum Begriff der **Symmetrie:**

Hinter dem Ausdruck $\frac{a}{b} + \frac{b}{a}$ verbirgt sich eine Symmetrie-Eigenschaft, da die Rollen von a und b vertauscht werden können, ohne daß sich der Wert $\frac{a}{b} + \frac{b}{a} = \frac{b}{a} + \frac{a}{b}$ ändert. Anstelle der Bruch-Kehrbruch-Darstellung $\frac{a}{b} + \frac{b}{a}$ ist die Funktion

$$f : \mathbb{N} \times \mathbb{N} \longrightarrow \mathbb{Q}_{\geq 2}, (a; b) \mapsto \frac{a}{b} + \frac{b}{a}$$

ebenfalls definierbar. Für sie gilt die Symmetrie-Eigenschaft

$$f((a; b)) = f((b; a))$$

für alle $a, b \in \mathbb{N}$. Wie bei Bruch und Kehrbruch ist es möglich, die Positionen von a und b ohne Änderung der Funktionswerte zu vertauschen.

Für eine Verallgemeinerung auf mehr als 2 Komponenten ist zunächst zu überlegen, was **'Symmetrie'** für mehr als zwei Elemente bedeuten soll. Für den Fall $n = 2$ ist die Funktion unverändert gegenüber Vertauschungen der Komponenten. Eine mögliche Interpretation ist die, daß die symmetrische Gruppe von 2 Elementen auf den Komponenten agiert und keine Änderung bewirkt. Es gibt zwei Permutationen der Zahlen 1 und 2, nämlich die identische sowie die Vertauschende. Daher nennt man für ein $n \in \mathbb{N}$ und Mengen $X_1, ..., X_n, Y$ eine Funktion

$$g : X_1 \times X_2 \times ... \times X_n \longrightarrow Y$$

'symmetrisch', wenn für alle Permutationen $\alpha \in S_n$ und für alle $(x_1, ..., x_n)$ die Identität

$$g(x_1, ..., x_n) = g(x_{1\alpha}, ..., x_{n\alpha})$$

gilt. Dies wird für den Fall $n = 3$ auf obigen Kontext übertragen. Eine Erweiterung der genannten Funktion ist gegeben durch

$$f : \mathbb{N} \times \mathbb{N} \times \mathbb{N} \longrightarrow \mathbb{Q}_{\geq 6}$$

und

$$(a; b; c) \mapsto \frac{a}{b} + \frac{b}{a} + \frac{a}{c} + \frac{c}{a} + \frac{b}{c} + \frac{c}{b}.$$

Diese Funktion ist symmetrisch. Für allgemeines $n \in \mathbb{N}$ ist die Funktion

$$f : \mathbb{N}^n \longrightarrow \mathbb{Q}_{\geq 2n} \text{ durch } (x_1, ..., x_n) \mapsto \sum_{1 \leq i < j \leq n} \frac{x_i}{x_j} + \frac{x_j}{x_i}$$

definiert. Auch diese Funktion ist symmetrisch. Man kann sich die Frage stellen, welche Funktion die ebend entwickelte Betrachtung der Symmetrie mathematisch besitzt und ob man sie und unter welchen Gesichtspunkten man sie noch weiter mathematisch analysieren soll. An dieser Stelle öffnet sich die **'mathematische Forschung'**. ◇

Disposition von LKWs – Was ist Mathematik?

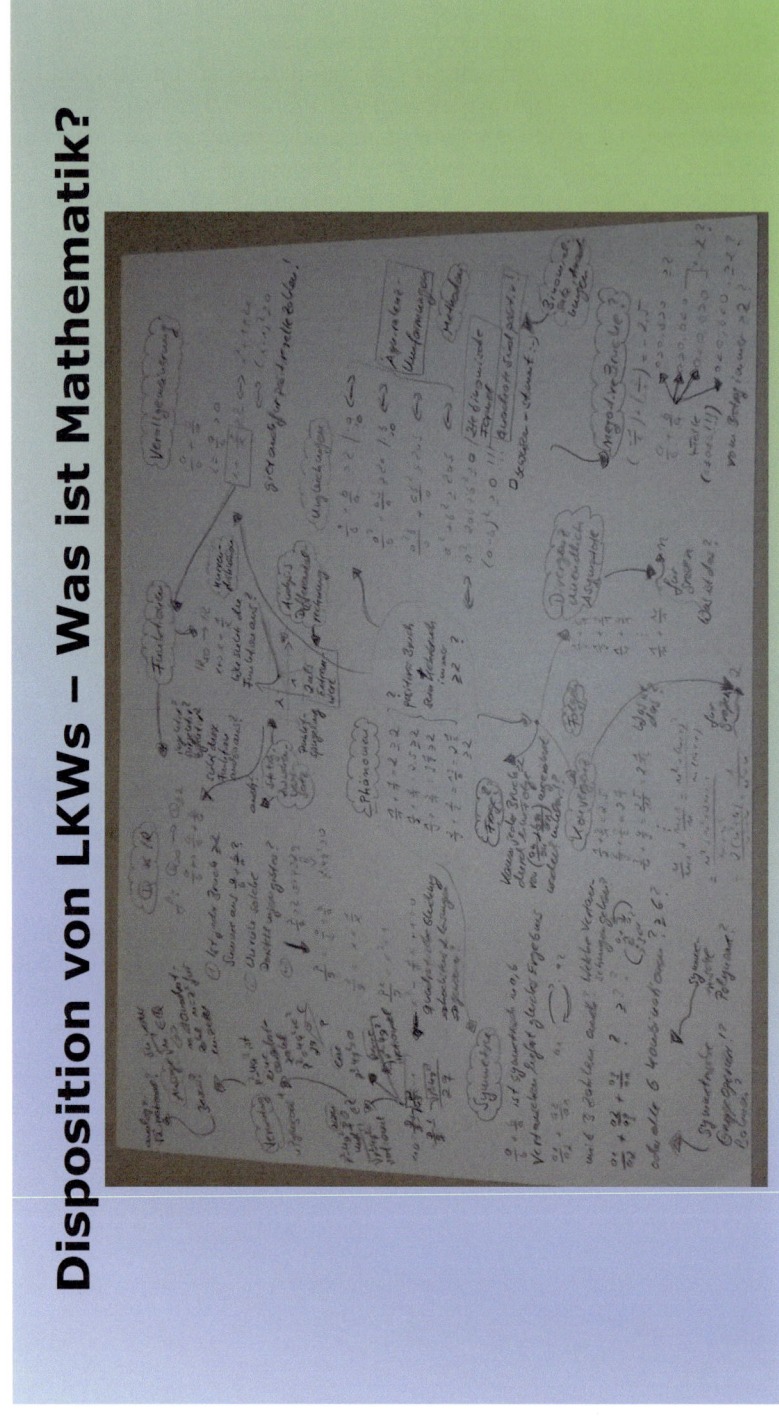

6.2.1.9 Prozente

Man betrachte eine nicht-negative reelle Zahl G, etwa $G := 30$ und eine andere nicht-negative reelle Zahl V, etwa $V := 10$. Es soll beziffert werden, was der Anteil von V an G ist. Dies wird nicht durch die Differenz $G - V = 20$ im Beispiel gelöst, denn das ist die Abweichung beider Größen voneinander. Für Anteile benötigt man die Bruchrechnung. Der Anteil von V an G ist gegeben durch den Bruch $\frac{V}{G}$. Im Beispiel ist der Anteil $\frac{V}{G} = \frac{10}{30} = 0,3$. Der Anteil könnte auch ≥ 1 sein, wenn man $V \geq G$ gewählt hätte. In der Prozentrechnung nennt man

- G den **'Grundwert'**,
- V den **'Prozentwert'** und
- das Verhältnis $p := \frac{V}{G}$ den **'Prozentsatz'**.

Es ist gebräuchlich, den Prozentsatz $\frac{V}{G}$ mit 100 zu multiplizieren und die Einheit % an das Ergebnis anzuhängen. In diesem Fall also $0,3 \cdot 100\% = 30\%$. Zur Unterscheidung soll hier $p(\%)$ eingeführt werden. Wird der Prozentsatz in % angegeben und möchte man das einheitenlose Verhältnis ermitteln, muss man nur durch 100 teilen. Im gegebenen Beispiel gelangt man so von 30 % durch das Dividieren mittels 100 zu $\frac{30}{100} = 0,3$ zurück.

Es gelten allgemein die Formeln

$$p = \frac{V}{G} \text{ und } p(\%) = \frac{V}{G} \cdot 100\%.$$

Die Formeln lassen sich je nach Vorliegen von $G, V, p, p(\%)$ durch Multiplikation oder Division umwandeln. Ergebnis dieser Umwandlungen sind $V = pG$, $V = p(\%) \cdot 100 \cdot G$ und $G = \frac{V}{p}$, $G = \frac{V}{p(\%)} \cdot 100\%$.

Generell ist wichtig, stets den Grundwert zu kennen, auf den sich der Prozentsatz bezieht! Der interessierte Leser kann sich mit Hilfe der dargestellten Barcodes

  und  zusätzliche Informationen zur Prozentrechnung heranziehen.

6.2.1.10 Durchschnittsrechnung

Mittels ▶ Proposition 13 wurde der Begriff des **'arithmetischen Mittels'** $\frac{a+b}{2}$ zweier reellen Zahlen a, b definiert und analysiert. Ist $a < b$, so liegt $\frac{a+b}{2}$ zwischen a und b und dort genau in der Mitte. Deswegen spricht man auch von der Hälfte dieser beiden Zahlen. Den Begriff kann man analog auf endlich viele Zahlen $a_1, ..., a_n$ erweitern, indem man die Zahl

$$\overline{a} := \frac{\sum_{i=1}^{n} a_i}{n} = \frac{1}{n} \sum_{i=1}^{n} a_i$$

bildet. Diese Zahl nennt man **'arithmetischer Mittelwert'** des Zahlentupels $a = (a_1,$ ..., $a_n)$.. Sie ist die eindeutig bestimmte Zahl, die n-mal aufaddiert genau die Summe der Werte a_1, ..., a_n ist. Anders ausgedrückt: Möchte man die n Zahlen a_1, ..., a_n ausschließlich durch eine Zahl ersetzen, deren n-fache Summe der Summe der Zahlen a_1, ..., a_n entspricht, so ist diese Zahl exakt das arithmetische Mittel dieser Zahlen. Dabei spricht man auch vom **'Durchschnitt'** der Zahlen a_1, ..., a_n.

Ein Beispiel: Ein Lieferant hat diese Woche vom Material 4711 am Montag 10, am Dienstag 20, am Mittwoch 30, am Donnerstag 40 und am Freitag $50 EPAL$ geliefert. Der Durchschnitt an gelieferten EPAL pro Wochentag ist $\frac{10+20+30+40+50}{5} = 30 EPAL$.

Mittels Barcode lässt sich das Thema fortführen.

6.2.1.11 Einheiten

Einheiten begegnet man oft in einem **'physikalischen Kontext'**. Beim Umgang mit ihnen mit benötigt man aber die Mathematik. Eine **'physikalische Größe'** beschreibt eine messbare physikalische Eigenschaft und wird in einer bestimmten **'Maßeinheit'** angegeben. Es gibt eine Vielzahl physikalischer Größen und Einheiten. Allerdings sind derzeit nur 7 Basisgrößen bzw. **'Basiseinheiten'** bekannt, aus denen alle anderen Größen zusammengesetzt sind. Dies zeigt ◻ Tab. 6.1.

'Zusammengesetzte' physikalische Größen sind zum Beispiel Geschwindigkeit in der Einheit $\frac{m}{s}$, Kraft in der Einheit $\frac{kg \cdot m}{s^2}$, Fläche in m^2 und Volumen in m^3.

Wie ordnen sich die in der Logistik verwendeten Größen **'Palettenzahl'**, **'Anzahl Container'**, **'Anzahl Boxen'** etc. dem bislang bekannten Einheitenkonzept unter? Dies führt auf den Begriff der **'Anzahl'**. Sie ist eine physikalische Größe als Maß dafür, wie viele Objekte eine Menge enthält. Ihre Größe wird durch Zählen bestimmt, ist also eine Angabe der Quantität. Eine **'zählbare Größe'** ist eine physikalische Größe, für die sich eine Anzahl als Maß feststellen lässt. Nur bei solchen Größen kann der wahre Wert exakt gemessen werden. Die Voraussetzung der Zählbarkeit hat zur Folge, daß eine zählbare Größe nur ganzzahlige Werte größer oder gleich 0 annehmen kann. Es wäre also unzulässig, von 12,5 Paletten zu sprechen, falls es sich um eine Anzahl-Größe handelt. Der physikalischen Größe **'Anzahl'** ist im SI-Einheitensystem keine Maßeinheit zugeordnet. Die Beifügung eines Hilfsworts, beispielsweise 'st', 'Einheiten', 'Paar', 'Satz' oder die Bezeichnung der gezählten Objekte – wie 12 Paletten, 3 Container, 5 Boxen etc. – wird aber toleriert.

Aus dem o. g. Zusammenhang ergibt sich, daß für Größen auch noch Einheiten erforderlich sind, deren Wert nicht ausschließlich einer natürlichen, sondern sogar einer rationale oder reellen Zahl entsprechen muss. Maßeinheiten können für alle Größenarten definiert werden, auch für nicht physikalische Größen, etwa Währungen oder die wahrnehmungsbezogenen Größen Tonlage oder Lautheit. Der Wert einer Größe ist i.A. Produkt aus Zahl und Einheit.

Zum Vergleich ist es notwendig, zwei Grössen in derselben Einheit darzustellen. Weichen die Einheiten der Größen voneinander ab, können sie nicht verglichen wer-

◨ Tab. 6.1 Einheiten

Basisgröße	Symbol	Basiseinheit	Symbol	Definition
Länge	l	Meter	m	Das Meter ist die Länge der Strecke, die Licht im Vakuum während der Dauer von $\frac{1}{299792458}$ s durchläuft
Masse	m	Kilogramm	kg	Das Kilogramm ist die Masse des Urkilogramms des internationalen Kilogrammprototyps
Zeit	t	Sekunde	s	Die Sekunde ist das 9.192.631.770-fache der Periodendauer der Strahlung, die dem Übergang zwischen den beiden Hyperfeinstrukturniveaus des Grundzustandes von Atomen des Caesiumnuklids 133Cs entspricht
Elektrische Stromstärke	I	Ampere	A	Das Ampere ist die Stärke eines konstanten elektrischen Stromes durch zwei geradlinige, parallele, unendlich lange Leiter von vernachlässigbarem Querschnitt, die den Abstand 1 m haben und zwischen denen die durch den Strom elektrodynamisch hervorgerufenen Kraft im Vakuum je 1 m Länge der Doppelleitung 210 − 7N beträgt
Temperatur	T	Kelvin	K	Das Kelvin ist der 273, 16te Teil der thermodynamischen Temperatur des Tripelpunktes des Wassers
Stoffmenge	n	Mol	mol	Das Mol ist die Stoffmenge eines Systems, das aus ebensoviel Einzelteilchen besteht, wie Atome in 0,012 kg des Kohlenstoffnuklids 12C enthalten sind
Lichtstärke	I (Iv)	Candela	cd	Die Candela ist die Lichtstärke in einer bestimmten Richtung einer Strahlungsquelle, die monochromatische Strahlung der Frequenz 5401012 Hz aussendet und deren Strahlstärke in dieser Richtung 1/683 Watt pro Steradiant beträgt

den. Was ist grösser: 12 kg von Material 4711 oder 13 t von Material 4712? Aus diesem Grund gibt es Umrechnungsformeln zwischen Einheiten. Im Beispiel können 13 t zu 13000 kg umgerechnet werden. Da 13000 gösser als 12 ist, ist damit 12 kg von Material 4711 kleiner als 13 t von Material 4712. 13 kg sind in Gramm umgerechnet übrigens 13.000 g.

Eine Größe G besitzt neben ihrer Beschreibung zusätzlich einen Wert $v_G \in \mathbb{R}$ in der Einheit e_G. Im 'Warenausgangsbereich 1' eines Lagers mögen $12 EPAL$ liegen. Dann würden $v_G = 12$ und $e_G = EPAL$ gelten. Würden sich nach einer Stunde die

Palettenzahlen verdoppeln, wäre die Größe **'G = Palettenzahl im Warenausgangsbereich 1'** nun $2 \cdot (12EPAL)$. Die reellen Zahl fungieren als Operator auf der Größe. Ihr Wert mit Einheit beträgt nach einer Stunde $(2 \cdot 12)EPAL = 24EPAL$. Die Einheit ist weiterhin $e_G = EPAL$, jedoch ihr Wert v_G hat sich verdoppelt. Man definiert

$$r \cdot (v_G e_G) := (r \cdot v_G) e_G.$$

Die Größe G wird in ihrem Wert angepasst. Die Addition zweier Größen mit gleicher Einheit wird definiert durch

$$v_G e_G + u_H e_G := (v_G + u_H) e_G.$$

Es entsteht eine neue Größe. Gäbe es im 'Warenausgangsbereich 2' $13EPAL$, so wären im gesamten Warenausgangsbereich $12EPAL + 13EPAL = 25EPAL$. Ebenso können Größen gleicher Einheit voneinander abgezogen oder verglichen werden.

Zum Zweck der Umrechnung von Größen unterschiedlicher Einheiten in eine Einheit gibt es fest definierte Umrechnungsformeln. Sind zwei Größen G, H mit Werten v_G, v_H in den Einheiten e_G, e_H gegeben, so ist eine Umrechnungsformel eine Gleichung der Form $u_G e_G = u_H e_H$, wobei u_G, u_H reelle Zahlen und in den meisten Anwendungsfällen sogar natürliche Zahlen sind. Möchte man nun $v_G e_G$ in die Einheit e_H umrechnen, so gilt:

$$v_g e_G = \left(v_g \cdot \frac{u_H}{u_G} \right) e_H.$$

Ein Beispiel: Betrachtet seinen die Größen **'G = Palettenzahl im Wareneingangsbereich 1'** mit Größe $v_G = 2$ und Einheit $e_G = RPAL$ (großer Rollcontainer) und **'H = Palettenzahl im Wareneingangsbereich 2'** mit Größe $v_H = 1$ mit Einheit $e_H = EPAL$ (Europalette). Zur Umrechnung von Rollcontainer in Europaletten gilt die Formel $1 RPAL = 2 EPAL$. Im Beispiel sind demnach $u_G = 1$ und $u_H = 2$. Daraus ergibt sich $25 EPAL = 25 \cdot \frac{1}{2} RPAL = 12{,}5 RPAL$.

In Logistik-IT-Systemen ist eine der wichtigsten Größe der **'Bestandsquant'**. Er zeigt den Bestand des Lagers und ist durch sog. **'bestandstrennende Merkmale'** gekennzeichnet. Das bedeutet, wenn Bestand sich in mindestens einem dieser Merkmale unterscheidet, gibt es mehrere Bestandsquanten. Die Merkmale sind neben dem Material, der Charge, dem Besitzer, dem Wareneingangsdatum etc. auch die Menge mit Einheit. Es kann sogar sinnvoll sein, von negativen Beständen zu reden. Dies passiert oft im Wareneingangsprozess, wobei der negative Bestand darauf hindeutet, daß der WE noch eingelagert werden muss und anschließend verbucht wird. Bei der Buchung gleicht sich der negative Quant im Wareneingangsbereich mit dem auf dem eingelagerten Platz aus.

Die im Abschnitt **'Rundungsrechnung'** definierten Rundungsoperatoren werden bei Größen auf den Wert der Größe angewendet (und nicht auf die Einheit). Wird etwa $12{,}5 EPAL$ aufgerundet, ergibt sich $13 EPAL$.

Disposition von LKWs – Prozente, Durchschnitte, Einheiten

Bezeichnung	Symbol/Formel
Grundwert	G
Prozentwert	V
Prozentsatz	$p = \dfrac{V}{G}$
Prozentsatz in %	$p(100\%) = \dfrac{V}{G} \cdot 100\%$
arithmetisches Mittel	$\dfrac{1}{n}\sum_{i=1}^{n} a_i$
Größe, Wert, Einheit	G, v_G, e_G
Einheiten vervielfachen	$r(v_G e_G) = (rv_G)e_G$
Einheiten addieren	$w_G e_G + v_G e_G = (w_G + v_G)e_G$
Umrechnungsformel	$u_G e_G = u_H e_H$
Einheiten umrechnen	$r_G e_G = r_G \dfrac{u_H}{u_G} e_H$

6.2.1.12 Heuristiken

Der Begriff der **'Heuristik'** wurde schon mehrfach in diesem Werk verwendet. Dann, wenn es sich bei einem Verfahren um eine Näherungslösung für ein Problem handelte. Heuristik bezeichnet ganz allgemein die Kunst, mit begrenztem Wissen bei unvollständiger Information in kurzer Zeit wahrscheinliche Aussagen über praktikable Lösungen für Problemstellungen zu erhalten. Das Optimum ist dabei noch keine Voraussetzung.

Nicht zu verwechseln ist der Begriff der Heuristik mit dem des **'Algorithmus'**, der ebenfalls bereits angesprochen wurde. Ein Algorithmus ist eine eindeutige Handlungsvorschrift zur (angenäherten) Lösung eines Problems oder einer Klasse von Problemen bestehend aus endlich vielen, wohldefinierten Einzelschritten. Insofern könnte eine Heuristisch praktisch mit Hilfe eines Algorithmus umgesetzt werden. Es wäre auch möglich, daß es einen passenden, optimalen Algorithmus gibt. Eine Heuristik muss nicht immer mit einem Algorithmus verknüpft sein. Auch eine intuitive Entscheidung aus dem Bauch heraus wäre möglich.

Der Unterschied der Begriffe Heuristik und **'Approximation'** (Annäherung, Näherungsverfahren) liegt darin, daß eine Approximation eine quantifizierbare Güte (d. h. eine Aussage über den zu erwartenden Fehler) enthält und meist auf einem Algorithmus oder einer anderen mathematischen oder logischen Methode basiert. Die Approximation-Methode sollte in einem logisch-mathematischen Zusammenhang mit der Lösung des Problems stehen. Im Idealfall konvergiert das Approximations-Verfahren gegen den exakten Lösungswert. Abbruch des zugehörigen Approximationsalgorithmus liefert demnach gute Annäherung an die Lösung. Approximation ist demnach eine algorithmische güteorientierte Verfeinerung einer Heuristik.

Beispiele für Heuristiken findet man in vielen Bereichen:

(i) Raten (zum Beispiel einer Nullstelle eines Polynoms, wie in der Schule häufig praktiziert)
(ii) Schätzen (Welche Stadt hat mehr Einwohner: Berlin oder Frankfurt?)
(iii) Anwendung einer Faustregel (π ist ungefähr 3,14.)
(iv) Newton-Verfahren zur Bestimmung von Nullstellen von Funktionen (ein Approximationsverfahren basierend auf differenzierbaren Funktionen)
(v) mentale Strategien (bei Stress atme ich immer fünfmal tief durch)
(vi) Rekognitionsheuristiken, die auf Wiedererkennung basieren (Hat Heidelberg oder Busan mehr Einwohner?)
(vii) Take-the-Best-Heuristik, der Entscheidung auf Basis von Merkmalen (Hat Heidelberg oder Berlin mehr Einwohner? Berlin, weil es eine Hauptstadt ist.)
(viii) Verfügbarkeitsheuristik, bei der auf Basis verfügbarer Beispiele entschieden wird (Wird es heute regnen? Nein, da es letzte Woche am Samstag auch nicht geregnet hat.)
(xi) Vogel'sche Approximationsmethode für das klassische Transportproblem (Beim klassischen Transportproblem hat man einen kostenminimalen Transportplan zu erstellen, der von Angebotsquellen die Nachfragenden komplett befriedigt.)
(x) Nordwesteckenregel für das klassische Transportproblem (siehe oben)
(xi) Trial and error (Versuch und Irrtum)
(xii) Entscheidung auf Basis von Erfahrung (Morgen regnet es, da es keine Abenddämmerung gab.).

Warum werden Heuristiken überhaupt angewendet? Anbei die häufigst genannten **'Gründe'**:

(i) Es gibt (noch) kein exaktes Lösungsverfahren für ein Problem (Beim sog. Collatz-Problem ist unklar, ob jede natürliche Zahl unter der Collatz-Konstruktion in den 4-2-1-Zyklus kommt. Ist die Zahl n gerade, so teile man sie durch 2. Ist sie ungerade, so bilde man $3n + 1$. Mit dem Ergebnis der Berechnung wird das Verfahren dann wiederholt - und zwar so oft, wie es geht. Insbesondere weiß man nicht, wie lange dies dauert. Eine Heuristik könnte z. B. sein, daß dies höchstens n^n-Schritte dauert. Ob diese Heuristik gut oder schlecht ist, kann bisher nur an Beispielen überprüft werden.).

(ii) Es gibt ein exaktes Verfahren, das aber zu lange Rechenzeit benötigt (z. B. das TSP = Problem des Handlungsreisenden, für das es exakte, sehr zeitintensive Lösungsverfahren gibt, weswegen auf Heuristiken zurückgegriffen wird; die Aufgabe besteht darin, eine Reihenfolge für den Besuch mehrerer Orte so zu wählen, daß keine Station außer der ersten mehr als einmal besucht wird, die gesamte Reisestrecke des Handlungsreisenden möglichst kurz und die erste Station gleich der letzten Station ist).

(iii) Heuristiken werden als Startwert für eigentliche Lösungsstrategien herangezogen (Ein guter Startwert für das Heron-Verfahren zur Bestimmung von $\sqrt{2}$ liefert schnell eine gute Abschätzung. Das Heron-Verfahren wird in den Übungsaufgaben vorgestellt.).

(iv) Eine Heuristik kann leicht und verständlich (z. B. in der Schule) vermittelt werden.

(v) Eine Heuristik kann ohne IT-Unterstützung auskommen (z. B. die Nutzung einer einfacher Faustregel).

(vi) Es kann gar kein optimales Verfahren für ein Problem geben (Wetterbestimmung in der Zukunft, Lottozahlen vom Samstag; hier helfen dann Simulationen oder Statistiken weiter).

(vii) Eine Heuristik ist besser als ein exaktes Verfahren (weil es gar kein optimales Verfahren gibt oder bei der Produktionsplanung bei revidierender oder auch rollierender Planung zur Bestimmung von Losgrößen ein Problem mit einem sich stetig erweiternden Planungshorizont gibt).

Was macht eine Heuristik aus? Dazu werden meist die folgenden **'Merkmale'** herangezogen:

(i) Nutzung in kurzer Zeit
(ii) Nutzung unter wenig Speicherplatz
(iii) Nähe zur exakten Lösung
(iv) Unwahrscheinlichkeit des Vorliegens einer schlechten Lösung
(v) leichte Verständlichkeit
(vi) Vorliegen einer möglichst universellen Methode.

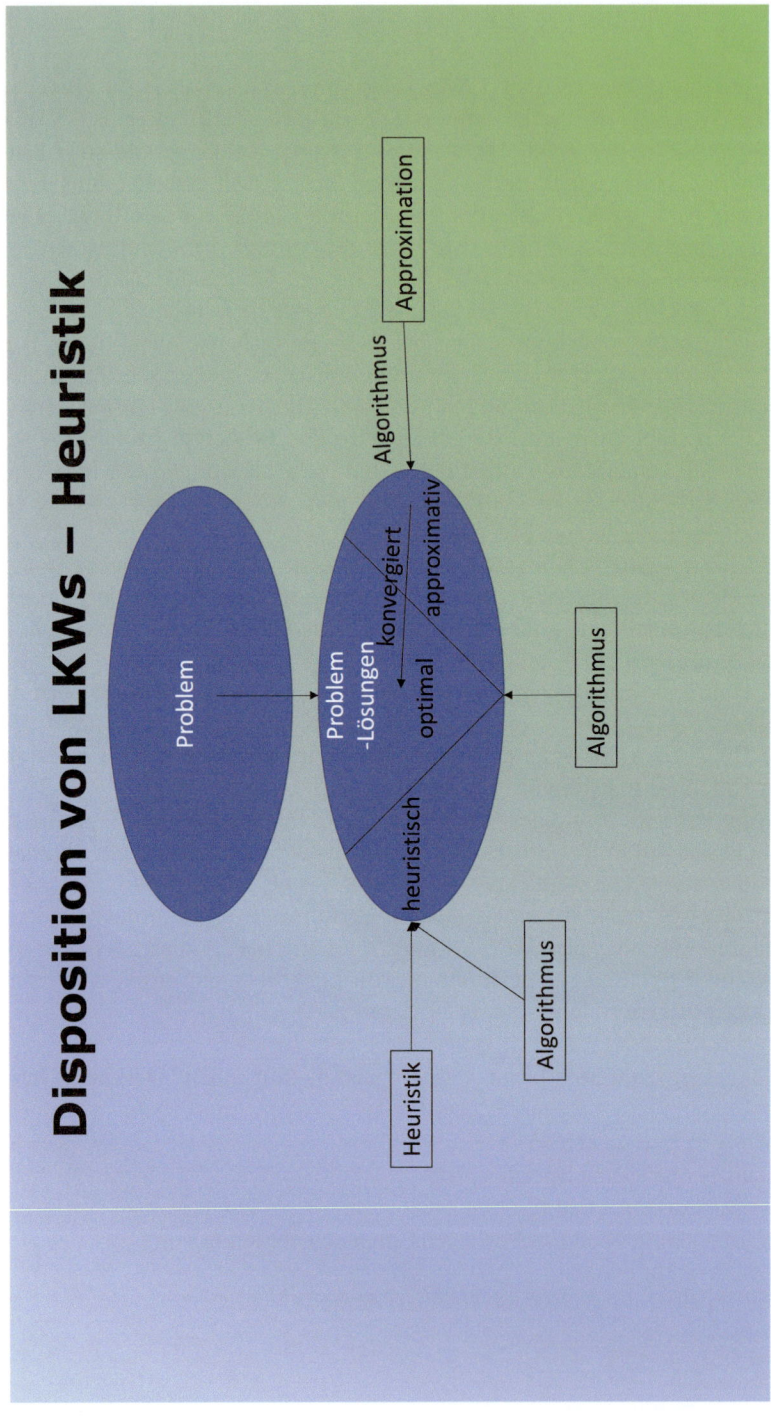

6.2.2 Praxistransfer

Zur Ermittlung von Gewicht und Stellplatzverbrauch einer Tour soll an dieser Stelle heuristisch vorgegangen werden. Die Heuristik soll im SMILE-Prototyp ausgearbeitet werden. In den folgenden Schaubildern wird die Berechnung für Auslieferungen zusammengefasst.

Im oberen Bereich sind die Stammdaten zum Material und zum Ladehilfsmittel = LHM aufgeführt. Die für die Heuristik benötigten Spalten sind grün markiert. Bzgl. des Materials sind dies seine Basismengeneinheit = BME, das zum Palettenbilden benutzte LHM, das Materialgewicht pro BME und die Palettenmenge in BME (pro LHM, das dem Material zugeordnet ist). Beim LHM sind sein Eigengewicht und der Stellplatzverbrauch in EPAL zu berücksichtigen.

Im unteren Bereich sind die Lieferpositionen nach LHM sortiert, das der Materialposition zugeordnet ist. Material und Menge sind je Lieferungsposition vorgegeben. Daraus kann durch Multiplikation der Menge mit dem Materialgewicht das Brutto-Materialgewicht der Lieferungsposition ermittelt werden. Die LHM-Menge, also die notwendige Anzahl an Paletten für die Materialposition, ist der Quotient aus der vorliegenden Menge und der Palettenmenge aus dem Materialstamm. Das ist die Menge, die typischerweise eine Palette aufweist. Die LHM-Menge zu gleichen LHMs einer Lieferung werden addiert und das Ergebnis aufgerundet. Mit der aufgerundeten LHM-Menge kann nun einerseits der Stellplatzverbrauch als Produkt dieser Menge mit dem Stellplatzverbrauches des LHMs sowie andererseits das LHM-Gewicht berechnet werden. Alle Gewichte sind folgend zu addieren und die Stellplatzverbräuche aufzusummieren. Diese beiden Zahlen sind in der Grafik als Fettdruck ausgelegt.

Disposition von LKWs – Transfer zur Praxis I

	A	B	C	D	E	F	G	H	I	J	K	L	M
1	**Material**	**Labor**	**Split00**	**BME**	**Chargenpflicht**	**Kuehlpflicht**	**vonTemp**	**bisTemp**	**Einlstrat**	**Einltyp**	**LHM**	**Gewicht in KG**	**Palettenmenge**
2	M000	LAB000	JA	ST	JA	JA		1	4 LEERAB	KUEHL	EPAL	0,1	1000
3	M001	LAB001	NEIN	ST	JA	NEIN			LEERAUF	HRL	EPAL7	10	100
4	M002	LAB002	JA	ST	JA	NEIN			LEERAB	HRL	EPALG	100	2
5	M004	LAB004	JA	L	JA	JA	-2		1 LEERAUF	KUEHL	EPAL2	0,5	10
6	M005	LAB005	NEIN	ST	NEIN	NEIN			LEERAUF	BLOCK	EPAL	13	5
7													
8	**LHM**	**Name**	**Stellplatz in EPAL in KG**	**Eigengewicht**	**Bilddatei**								
9	EPAL	Europalette	1	25	EPAL.JPEG								
10	EPAL7	Gitterbox	1	70	EPAL7.JPEG								
11	EPALG	Hallpalette	0,5	10	EPALG.JPEG								
12	EPAL3	Industriepalette	1,5	30	EPAL3.JPEG								
13	EPAL2	Industriepalette	1,5	35	EPAL2.JPEG								
14													
15	**Lieferung**	**Position**	**Material**	**Menge in BME**	**BME**	**Gewicht des Materials in KG = Menge in BME x Gewicht pro BME**	**Menge in LHM = Menge / Palettenmenge summiert und aufgerundet pro LHM**	**LHM**	**LHM-Gewicht = aufgerundete LHM-Menge x Eigengewicht**	**Gesamtgewicht**	**EPAL = aufgerundete summierte LHM-Menge x Stellplatz in EPAL**		
16	1	1	M001			102	1020	1,02 EPAL7					
17	pro LHM-Art->						1020	2 EPAL7	140	1160	2		
18		2	M002			11	1100	5,5 EPALG					
19	pro LHM-Art->						1100	6 EPALG	60	1160	3		
20		3	M000			2	0,2	0,002 EPAL					
21		4	M005			12	156	2,4 EPAL					
22	pro LHM-Art->						156,2	3 EPAL	75	231,2	3		
23	pro Lieferung-->									2551,2	8		
24		1	M005			3	39	0,6 EPAL					
25		2	M000			1	0,1	0,001 EPAL					
26	pro LHM-Art->						39,1	1 EPAL	25	64,1	1		
27	pro Lieferung-->									64,1	1		

Disposition von LKWs – Transfer zur Praxis II

	A	B	C	D	E	F	G	H	I	J
1	Kennzeichen	Art	Zuladung	ZulEinheit	Stellplaetze	StellEinheit	Status	Bilddatei	aktTour	ITour
2	LI-MS-0001	Caddy	800	KG	2	EPAL	offen	TRSP_DSC3026.tif		1
3	LI-MS-0002	Sprinter	1300	KG	5	EPAL	offen	TRSP_DSC3060.tif		2
4	LI-MS-0003	Sprinter mit Plane	1300	KG	6	EPAL	offen	TRSP_DSC3067.tif		3
5	LI-MS-0004	7,5-Tonner	3200	KG	16	EPAL	unterwegs	FLZ_DSC3569.tif		4
6	LI-MS-0005	12-Tonner	5500	KG	18	EPAL	unterwegs	FLZ_DSC3626.tif		5
7	LI-MS-0006	Sattelzug	24000	KG	34	EPAL	unterwegs	Logo_mobilog.jpg		6
8	LI-MS-0007	LKW mit Anhänger	3500	KG	10	EPAL	erledigt	Logo_mobilog.jpg		7
9	LI-MS-0008	LKW ohne Anhänger	1500	KG	5	EPAL	erledigt	Logo_mobilog.jpg		8
10	LI-MS-0009	Auto	250	KG	1	EPAL	offen	Logo_mobilog.jpg		9
11	LI-MS-0010	Auto mit Anhänger	500	KG	2	EPAL	offen	Logo_mobilog.jpg		10
12										
13					Caddy					
14	Lieferung	Gewicht in KG	Stellplätze in KG		verbleibende Zuladung in KG	Füllgrad Zuladung in %	verbleibende Stellplätze in EPAL	Füllgrad Stellplätze in %		
15	1	2551,2	8		-1751,3	318,9	-6	400		
16	2	64,1	1		-1815,3	326,9125	-7	450		
17										
18										
19	Lieferung	Gewicht in KG	Stellplätze in KG		7,5-Tonner					
					verbleibende Zuladung in KG	Füllgrad Zuladung in %	verbleibende Stellplätze in EPAL	Füllgrad Stellplätze in %		
20	1	2551,2	8		648,8	79,725	8	50		
21	2	64,1	1		584,7	81,728125	7	56,25		
22										
23					LKW mit Anhänger					
24	Lieferung	Gewicht in KG	Stellplätze in KG		verbleibende Zuladung in KG	Füllgrad Zuladung in %	verbleibende Stellplätze in EPAL	Füllgrad Stellplätze in %		
25	1	2551,2	8		948,8	72,89142857	2	80		
26	2	64,1	1		884,7	74,72285714	1	90		

Für die Disposition ist das zweite Schaubild relevant. Im oberen Bereich sind die Daten zur Flotte aufgeführt, wobei die grün markierten Spalten 'Zuladung' mit Einheit, 'Stellplätze' mit Einheit und der Status in die Heuristik einfließen. Ausschließlich bei den grün markierten Status können Lieferungen dem LKW zugeordnet werden. Wäre der LKW bereits abgefahren (= Status 'unterwegs'), wäre das Zuordnen nicht mehr möglich.

Im unteren Bereich der Grafik sind linksseitig die zur Dispositions anstehenden Lieferungen mit ihrem bereits heuristisch berechneten Gesamtgewicht und Stellplatzverbrauch dargestellt. Je LKW werden diese Lieferungen entsprechend der maximal möglichen Zuladung und dem maximal möglichen Stellplatzkontingent gegenübergestellt. Die verbleibende Zuladung ist die Differenz zwischen Kapazität des LKWs und den Lieferungsgewichten. Ist die Differenz negativ, wäre der LKW theoretisch überladen. In der Grafik wird das auch durch den Wert des Füllgrades 'Zuladung' sichtbar. Es läge in diesem Fall oberhalb von 100 %. Der Füllgrad 'Zuladung' wird berechnet durch

$$\textit{Zuladung des LKWs} / \textit{Lieferungsgesamtgewicht} * 100.$$

Entsprechend wird beim Füllgrad 'Stellplätze' vorgegangen. Im Beispiel sind der obere LKW nicht, die beiden unteren LKWs durchaus zur Disposition geeignet.

Sollen Touren ausgewertet werden, können bspw. Durchschnittsrechnungen benutzt werden.

(i)   durchschnittliche Anzahl Lieferungen pro Tour
(ii)   durchschnittliche Auslastung der LKWs hinsichtlich Stellplätze und Gewicht
(iii)   durchschnittliche Anzahl Versandpaletten je Tour
(iv)   durchschnittliche Anzahl Materialien je Tour
(v)   durchschnittliche Anzahl Chargen je Tour.

Für eine Durchschnittsberechnung von n Touren mit jeweils l_i zugeordneten Lieferungen (für $1 \leq i \leq n$) ist $\frac{l_1+...+l_n}{n}$ die entsprechende Anzahl von Lieferungen pro Tour. Entsprechende Rechnungen muss für die anderen Fragestellungen umgesetzt werden.

Jetzt soll dargestellt werden, welche theoretischen Grundlagen der konkret vorliegenden Heuristik verwendet werden sollten.

Disposition von LKWs – Transfer zur Praxis III

Schema Heuristik	Mathematik	Hintergrund Mathematik
Berechnung der Gewichte und Stellplätze	Heuristik	Rechnen mit reellen Zahlen (meist reichen die rationalen Zahlen aus) inkl. Dezimalzahldarstellung
Materialgewicht	Mengen und Einheiten	Brüche, Paare
Palettenmengen	Mengen und Einheiten	natürliche Zahlen
LHM-Gewichte	Mengen und Einheiten	Brüche, Paare
LHM-Stellplatzverbräuche	Mengen und Einheiten	Brüche, Paare
Materialgewicht pro Position	Multiplikation Mengen und Einheiten	Rechnungen in reellen Zahlen
LHM-Mengen	Division Mengen und Einheiten	Rechnungen in reellen Zahlen
Gerundete LHM-Mengen	Rundungsrechnungen	Gaußklammer
LHM-Gewichte pro Lieferung	Summierung Mengen und Einheiten	Rechnungen in reellen Zahlen
Gewichte pro Lieferung	Summierung Mengen und Einheiten	Rechnungen in reellen Zahlen
Stellplätze der LHM	Multiplikation Mengen und Einheiten	Rechnungen in reellen Zahlen
Stellplätze der Lieferung	Summierung Mengen und Einheiten	Rechnungen in reellen Zahlen
LKW-Stammdaten	Mengen und Einheiten	Brüche, Paare
Füllgrade	Differenzen- und Prozentrechnung	Rechnungen in reellen Zahlen

6.3 Informatik

6.3.1 Ausschreibung – Kundenanforderung

In diesem Abschnitt wird neben der konkreten Umsetzung der Disposition zusätzlich dargestellt, in welchen **'Phasen'** ein **'Software-IT-Projekt'** grundlegend abläuft. Ein IT-Projekt wird durch den konkreten Auftrag des Kunden gestartet. In der Regel erwartet der **'Auftraggeber'** ein Angebot, das im Rahmen einer **'Ausschreibung'** zur Auftragsvergabe führt. Der **'Aufragnehmer'** muss im Angebot alle Wünsche des Kunden so analysieren, daß sie in sämtlichen Schritten auch IT-seitig erfasst und innerhalb der IT abbildbar sind.

Die ableitbaren Informationen können in Darstellung und Umfang derart variieren, daß bei Entwicklung eines treffenden **'IT-Designs'** vielfach mit Annahmen und Risikozuschlägen gearbeitet werden muss.

Anstelle von Kundenanforderung werden auch die Begriffe **'URS = User Requirement Specification'** oder **'Lastenheft'** verwendet. Eine mögliche URS zum vorliegenden Thema könnte folgenden Inhalt haben. IT-fremde Anforderungen (Unternehmungsvorstellung, Zeitrahmen des Projektes, Referenzwünsche zu ähnlichen Projekten, Zeitrahmen für die Rückmeldung, Auswahlprozess, bisherige Zusammenarbeit mit dem Auftraggeber etc.) finden keine Berücksichtigung. Anforderungen des Kunden, die in das IT-System einfließen können, werden mit SMILE 1 bis SMILE 6 aufgelistet. Sie sollen nur im SMILE-GUI-Prototyp umgesetzt werden.

(i) SMILE 1 – Es soll möglich sein, Kundendaten im SMILE-GUI-Prototyp anzulegen, zu ändern und anzuzeigen. Bestandteil der Daten sollen Adresse und die Ablage einer Mailadresse sein.

(ii) SMILE 2 – In den SMILE-Stammdaten sollen Flotteneigenschaften abzulegen und anzuzeigen sein. Zu Flottendaten zählen Flottenkennzeichen, LKW-Art, zulässiges und aktuelles Ladungsgewicht in KG, zulässige und aktuelle Anzahl an Stellplätzen in EPAL, Status (offen, Tour zugeordnet, etc.), Bilddateien, aktuelle und vorherige Tour des LKWs. Im Anzeige-Dialog der Stammdaten soll es möglich sein, die Bilddateien per Mausklick zu öffnen.

(iii) SMILE 3 – Bei Anlage einer Auslieferung müssen Kopf- und Positionsdaten zuordnenbar sein. Auf Kopfebene sind Kunde sowie ein Kennzeichen, ob der Kunde eine Infomail erhalten möchte, einzugeben. Des Weiteren sind die Felder Gewicht und Stellplätze vorhanden, die auf Basis der Positionsdaten ausgefüllt und nicht änderbar sind. Dazu sollte möglich sein, im Materialstamm das Gewicht des Materials, die Palette, auf der das Material gelagert wird und die Palettenmenge einzupflegen. Bei der Gewichtsberechnung pro Lieferung ist mit diesen Daten pro Position das Gewicht des Materials sowie das Palettengewicht der benötigten LHMs zu berechnen. Beim Summieren ist darauf zu achten, das Materialien mit gleichen LHMs vereinigt werden können. Nach der Summation sind die Anzahlen der LHMs aufzurunden. Durch den errechneten Wert kann der Stellplatzverbrauch in EPAL genau beziffert werden, weil im LHM-Stamm die Umrechnung in EPAL gepflegt ist. In den Positionsdaten soll es möglich sein, mehrere Materialien und Mengen einzugeben. Im Simulationsmodus wird nur die Gewichts- und Stellplatzberechnung durchgeführt und als Protokoll ausgegeben. Im Real-Modus wird zusätzlich die Auslieferung angelegt.

(iv) SMILE 4 – Es soll möglich sein, sich die angelegte Lieferung oder aber alle Lieferungen zu einem Status anzeigen zu lassen. Alle vorhandenen Daten zum Lieferungskopf und zu den Lieferungspositionen sind dabei anzuzeigen.

(v) SMILE 5 – Bei der Touranlage gibt es Kopf- und Positionsdaten. In den Positionsdaten sind Lieferungen einzugeben, die der Tour zuzuordnen sind. Dabei ist zu prüfen, daß die Lieferung nicht bereits einer aktiven Tour zugeordnet ist. Gewichte und Stellplätze der zugeordneten Lieferungen müssen ermittelt werden. Bei Eingabe des Kennzeichens auf Kopfebene kann so geprüft werden, ob die Gewichte und Stellplätze bzgl. der LKW-Kapazität ausreichen. Es darf nur ein Kennzeichen eingegeben werden, das keiner aktuell offenen Tour zugeordnet ist. Simulations- und Real-Modus sollen wie bei Lieferungsanlage ablaufen.

(vi) SMILE 6 – Es soll möglich sein, sich angelegte Touren oder alle Touren eines Status anzeigen zu lassen. Sämtliche Daten zum Tourkopf und zu den Tourpositionen sind anzuzeigen.

6.3.2 Angebot mit grober Schätzung und Präsentation

Nach Erhalt sämtlicher Kundenanforderungen soll ein **'Angebot'** erstellt werden. Mit Hilfe der Kundenanforderungen werden die **'IT-Aufgaben'** abgeleitet, ihr **'Umsetzungsaufwand'** in Manntagen grob geschätzt (in Manntagen = MT) sowie ermittelt, in welchem Zeitraum die Umsetzung möglich ist.[2]

Im Angebot sind auch zugehörige Kosten, vertragliche Themen usw. enthalten. Viele weitere Variablen wären denk- und kalkulierbar. Für die möglichst genaue Abschätzung einzelner Tätigkeiten bedarf es umfassender Erfahrung sowie diverser Kenntnisse darüber, wie die Umsetzung möglicherweise erfolgen könnte. Prinzipiell lässt sich nie im Vorweg ein exakter Wert des Umsetzungsaufwands ermitteln. Mit Hilfe der heuristischen Herangehensweise ist es deshalb nötig, die eigentlich Parameter möglichst genau zu bestimmen. Am Beispiel der oben genannten Anforderungen wird an dieser Stelle nur der Umsetzungsaufwand in Manntagen kalkuliert.

(i) Feinabstimmung URS – Klärung offener Fragen zu den Anforderungen – 1 MT
(ii) Statusmeetings – 1 MT
(iii) Entwicklung SMILE 1 – 0,5 MT (Stammdaten erweitern)

---

[2] Die Personentage PT oder auch Manntage MT drücken aus, wie viel Arbeitsstunden eine einzelne Arbeitskraft für die Ausführung einer bestimmten Leistung, einer Leistungsposition bzw. einen Arbeitsschritt benötigt. Dabei gilt für den Arbeitstag ein Umfang von acht Arbeitsstunden.

(iv) Entwicklung SMILE 2 – 0,5 MT (Stammdaten erweitern)
(v) Entwicklung SMILE 3 – 3 MT (neue Transaktion)
(vi) Entwicklung SMILE 4 – 1 MT (neue Transaktion)
(vii) Entwicklung SMILE 5 – 2 MT (neue Transaktion)
(viii) Entwicklung SMILE 6 – 1 MT (neue Transaktion)
(ix) Entwicklertests, Bugfixing – Fehleranalyse und Fehlerbereinigung – 2 MT
(x) Customizing und Stammdaten – Einstellungen im System – 1 MT
(xi) Migration – Masseneinspielung von Daten – 0 MT (nicht notwendig)
(xii) Aufbau der Testfälle und notwendige Testdaten – 0 MT (nicht notwendig, da Prototyp)
(xiii) Testdurchführung inkl. Fehleranalyen und Fehlerbereinigung und Nachtests – 0 MT (Entwicklertests und Kundentest reichen aus, da Prototyp)
(xvi) Schulung des Kunden inkl. Vorbereitung zu den neuen SMILE-Funktionen – 2 MT
(xv) Unterstützung Kundentests – 1 MT
(xvi) Dokumentationen zur Umsetzung – URS, FS, DS, Tests usw. – 3 MT
(xvii) Systemaufbau für Kundentests – 0 MT (da nur Prototyping)
(xviii) Cut-Over-Plan – Ablaufplan für den Projektstart – 0 MT – (da nur Prototyp)
(xix) Systemaufbau im produktiven System (Cut-Over-Durchführung, Coding und Customizing einspielen) – 0 MT (da nur Prototyping)
(xx) Betreuung Go-Live– Projektstart – 0 MT (da nur Prototyping)
(xxi) Betreuung nach dem Go-Live – Hypercare – 0 MT (da nur Prototyping)
(xxii) Projektmanagement – 10 % von 19 MT – 2 MT
(xxiii) Risikozuschlag – 10 % von 21 MT – 2 MT
(xxiv) Reisezeiten – werden separat abgerechnet
(xxv) Reisekosten (Hotelübernachtung, Kilometergeld, Spesen etc.) – werden separat abgerechnet.

Erkennen lässt sich, daß eine Umsetzung ca. 23 MTerfordern wird, wenn der Kunde alle aufgelisteten Erfordernisse beauftragt. An dieser Stelle sei darauf hingewiesen, daß der Aufwand bis zur Beauftragung in der Regel nicht bezahlt wird. Dieser sog. **'Akquiseaufwand'** ist Teil des Ablaufs und muss vom Auftragnehmer selbst entrichtet werden. Anhand einer Präsentation wird dem vermeintlichen Auftraggeber der Schätzwerts des Umfanges seines Angebots erklärt. Dabei können auch weitere Details den einzelnen Punkte folgen. Bei kleineren Projekten kann es möglich sein, das Angebot auch per Mail zu übermitteln. Abschließend ist es die Entscheidung des Auftraggebers, ob das Projekt wirtschaftlich Sinn macht oder das Projekt umzusetzen ist.

6.3.3 Angebotsannahme – Design – Pflichtenheft

Nach der Auftragserteilung muss die ausführende Firma ein sog. **'Design'** erstellen. Das Design hat den Zweck, die Anforderungen und Abläufe des Kunden IT-seitig zu erfassen. **'Kunst'** des Designs ist es, die betrieblichen Abläufe und Erfordernisse als jederzeit erkennbare Struktur so festzuhalten, daß alle Abläufe und Prozesse, die betrieblich anfallen, jederzeit für Auftraggeber und Auftragnehmer kontrolliert abrufbar sind. Es ist erforderlich, die eben genannten Inhalte möglichst als Schaubild zu skizzieren und mit den ausführenden Entscheidern zu diskutieren. An dieser Stelle ist es wichtig, die logistischen Inhalte und ihre Termini in ebensolche Software-relevanten Begrifflichkeiten zu transferieren. Für diesen Zweck wird die Skizze des Designs, ein Schaubild – auch **'Mock-Up'** genannt –, angefertigt. Das Mock-Up verdeutlicht grafisch den Transfer von Logistik zu IT. Es dient einerseits der Wiedererkennung des Kunden bzgl. seiner betrieblichen Abläufe und Erfordernisse. Andererseits dient das Schaubild der wieder abrufbaren Instruktion für den programmierenden Entwickler. Zur vertraglichen Umsetzung und Einigung ist es notwendig, den Transfer logistischer Aufgabenstellung zur IT auch als Dokument festzuhalten. Das Dokument wird **'Pflichtenheft'** oder auch **'FS = Functional Specification'** genannt. Die 'FS' stellt die funktionale Umsetzung der logistischen Kundenanforderungen in die IT-mässig vorhandene Umgebung und Softwaregestaltung dar.

Folgend das Design zu den Kundenanforderungen **'SMILE 1'** bis **'SMILE 6'**:

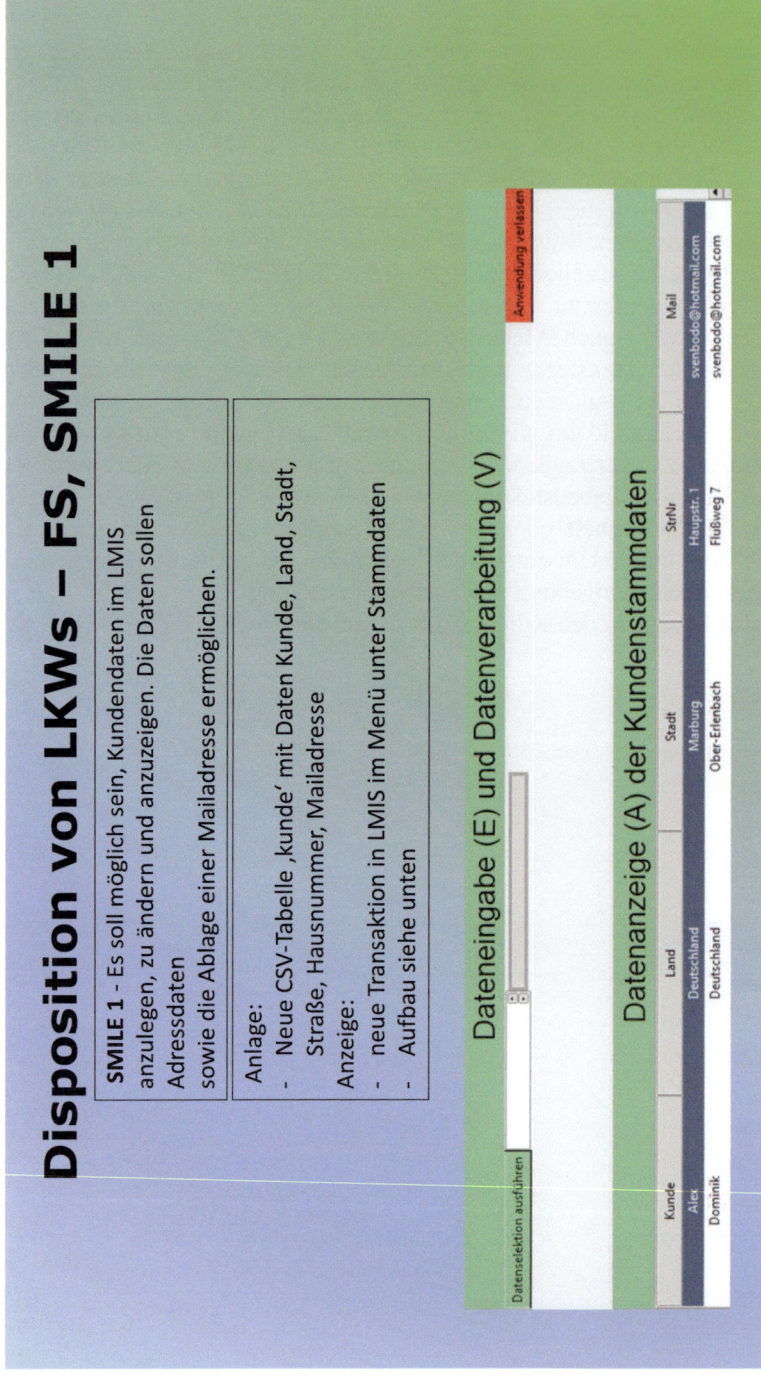

Disposition von LKWs – FS, SMILE 2

SMILE 2 - In den LMIS-Stammdaten sollen Daten zu der Flotte ablegbar und anzeigbar sein. Zu den Flottendaten zählen das Flottenkennzeichen, die LKW-Art, das zulässige und aktuelle Ladungsgewicht in KG, die zulässige und aktuelle Anzahl der Stellplätze in EPAL, ein Status (offen, Tour zugeordnet, …), eine Bilddatei, die beim Klick auf die Stammdaten angezeigt werden kann, die aktuelle Tour, die der LKW zugeordnet und die vorherige Tour, die der LKW zugeordnet war.

Anlage:
- Neue CSV-Tabelle ‚flotte' mit Daten Kennzeichen, Art, Zuladung, ZulEinheit, Stellplaetze, StelEinheit, Status, Bilddatei, aktTour lTour

Anzeige:
- neue Transaktion in LMIS im Menü unter Stammdaten, Aufbau siehe unten

Dateneingabe (E) und Datenverarbeitung (V)

Datenanzeige (A) der Flotte

Kennzeichen	Art	Zuladung	Einheit	Stellplätze	Einheit
LI-MS-0001	Caddy	800	KG	2	EPAL
LI-MS-0002	Sprinter	1300	KG	5	EPAL
LI-MS-0003	Sprinter mit Plane	1300	KG	6	EPAL

Disposition von LKWs – FS, SMILE 3

SMILE 3 - Eine Lieferung mit Kopfdaten und Positionsdaten muss anlegbar sein. Auf Kopfebene sind der Kunde sowie das Kennzeichen, ob der Kunde eine Infomail über die Anlage erhalten möchte, einzugeben. Des Weiteren sind die Felder Gewicht und Stellplätze vorhanden, die auf Basis der Positionsdaten gefüllt werden. Dazu muss es möglich sein, im Materialstamm das Gewicht des Materials, die Palette, auf der das Material gelagert wird und die Palettenmenge abzulegen. Bei der Gewichtsberechnung pro Lieferung ist mit diesen Daten pro Position das Gewicht des Materials sowie das Palettengewicht der benötigten LHMs zu berechnen. Beim Summieren ist darauf zu achten, das Materialien mit gleichen LHMs vereinigt werden können. Am Ende sind die Anzahlen der LHMs aufzurunden. Darüber kann der Stellplatzverbrauch in EPAL berechnet werden, weil im LHM-Stamm die Umrechnung in EPAL gepflegt ist. In den Positionsdaten sind mehrere Materialien mit Mengen einzugeben. Im Simulationsmodus wird nur die Gewichts- und Stelllatzberechnung durchgeführt und als Protokoll ausgegeben. Im anderen Modus wird dann auch die Lieferung angelegt.

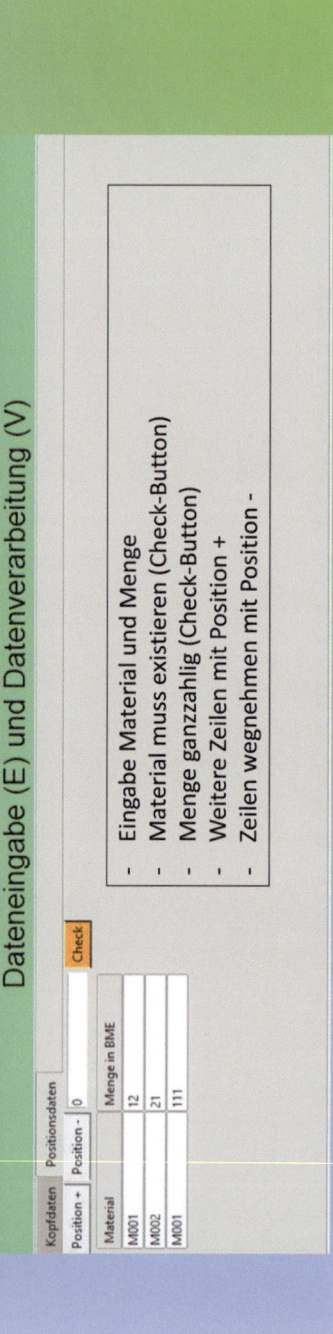

Dateneingabe (E) und Datenverarbeitung (V)

- Eingabe Material und Menge
- Material muss existieren (Check-Button)
- Menge ganzzahlig (Check-Button)
- Weitere Zeilen mit Position +
- Zeilen wegnehmen mit Position -

Disposition von LKWs – FS, SMILE 3

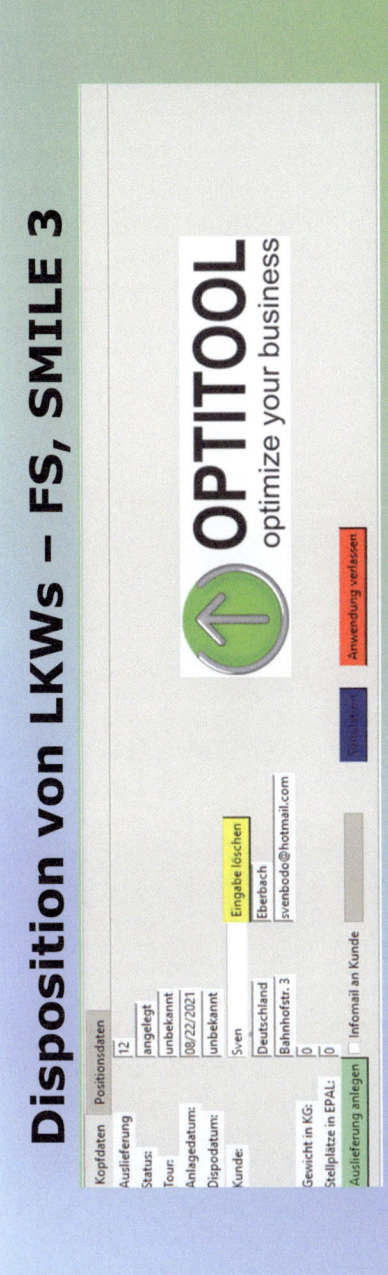

- Auslieferung aus Nummernkreis neue Nummer ziehen
- Status ist angelegt
- Tour ist unbekannt
- Anlagedatum = heute
- Kunde eingeben und Daten dazu lesen; Kunde muss existieren
- Kunde kann mit Eingabe löschen wieder entfernt werden
- Simulation berechnet Gewicht in KG und Stellplätze in EPAL und führt alle bisherigen Prüfungen durch und gibt Protokoll aus
- Anwendung verlassen verlässt die Transaktion
- Auslieferung anlegen legt zusätzlich die Auslieferung an
- Infomail an Kunde sendet E-Mail zu Mail aus Kundendaten

Disposition von LKWs – FS, SMILE 3

| Ergebnis Auslieferungsanlage | Gewichtsberechnung | Stellplatzberechnung |

Simulationsmodus
..Positionsdaten erfolgreich geprüft
..Kundendaten erfolgreich geprüft
..Gewichtsberechnung erfolgreich durchgeführt
..Palettenzahlen erfolgreich bestimmt

| Ergebnis Auslieferungsanlage | Gewichtsberechnung | Stellplatzberechnung |

Lieferungspositionen mit Material, Menge, Bruttogewicht und Positionsbruttogewicht
M001 12 10.0 120.0
M002 21 100.0 2100.0
M001 111 10.0 1110.0

Gesamtgewicht aus Positionsgewicht und LHM-Gewichten: 4121.0

| Ergebnis Auslieferungsanlage | Gewichtsberechnung | Stellplatzberechnung |

Lieferungspositionen mit Material, Menge und Palettenmengen
M001 12 100
M002 21 2
M001 111 100

LHM-Menge je Lieferungsposition
0 EPAL7 0.12
1 EPALG 10.5
2 EPAL7 1.11

LHM-Menge je LHM summiert
EPAL7 1.23

- Ablage LHM wie das Produkt verpackt ist, Gewicht pro ST, GewEinheit, Palettenzahl des Materials fürs LHM im Materialstamm
- Beispiel – Berechnung nächste Folie

Disposition von LKWs – FS, SMILE 3

Material	Labor	Split00	BME	Chargenpflicht	kuehlpflicht	vonTemp	bisTemp
M000	LAB000	JA	ST	JA	JA		
M001	LAB001	NEIN	ST	JA	NEIN		
M002	LAB002	JA	ST	JA	NEIN		1
M003	LAB003	NEIN	M	JA	NEIN		
M004	LAB004	JA	L	JA	JA		-2
M005	LAB005	NEIN	ST	NEIN	NEIN		

LHM	Name	Stellplatz	Gewicht
EPAL	Europalette	1	25
EPAL7	Gitterbox	1	70
EPALG	Halbpalette	0,5	10
EPAL3	Industriepale	1,5	30
EPAL2	Industriepale	1,5	35
EPALC	Europalette (	1,5	27

Lieferung	Position	Material	Menge	Gewicht	LHMS	Was		wirkliche LHM	Eigengewicht	Stellplatz 2	Gesamtgewicht
1	1	M001	102	1020	1,02	EPAL7		2	140	3	
1	2	M002	11	1100	5,5	EPALG		6	60	3	
1	3	M000	2	0,2	0,002	EPAL		1	25	1	
				2120,2					225	6	2345,2
2	1	M004	23	11,5	2,3	epal2		3	105	4,5	116,5
2	2	M005	12	156	2,4	epalc		3	81	4,5	237
										9	353,5
3	1	M005	3	39	0,6	epal7		1	27	1,5	66
4	1	M000	1	0,1	0,001	epal		1	25	1	25,1
5	1	M000	1	0,1	0,001	epal		1	25	1	25,1
6	1	M000	1	0,1	0,001	epal7		1	70	1	200
7	1	M001	13	130	0,13	epal7		1	70	1	280
8	1	M001	21	210	0,21	epal7		1	70	1	400
9	1	M001	33	330	0,33	epalg		6	60	3	1260
10	1	M002	12	1200	6	epalg		6	60	3	1260
11	1	M002	12	1200	0,6	epalc		1	27	1,5	66
11	2	M005	3	39						4,5	1322

	LHM	Gewicht	Palette
	EPAL	0,1	1000
	EPAL7	10	100
	EPALG	100	2
	EPAL3	2,3	30
	EPAL2	0,5	10
	EPALC	13	5

	EinlStrat	Einltyp
4	LEERAB	KUEHL
	LEERAUF	HRL
	LEERAB	BLOCK
1	LEERAUF	KUEHL
	LEERAUF	BLOCK

sortieren der Positionen nach LHM; aufsummieren bis zum LHM-Wechsel; dann aufrunden durchführen; sinnvollerweise eine Teilsummenzeile einfügen?!

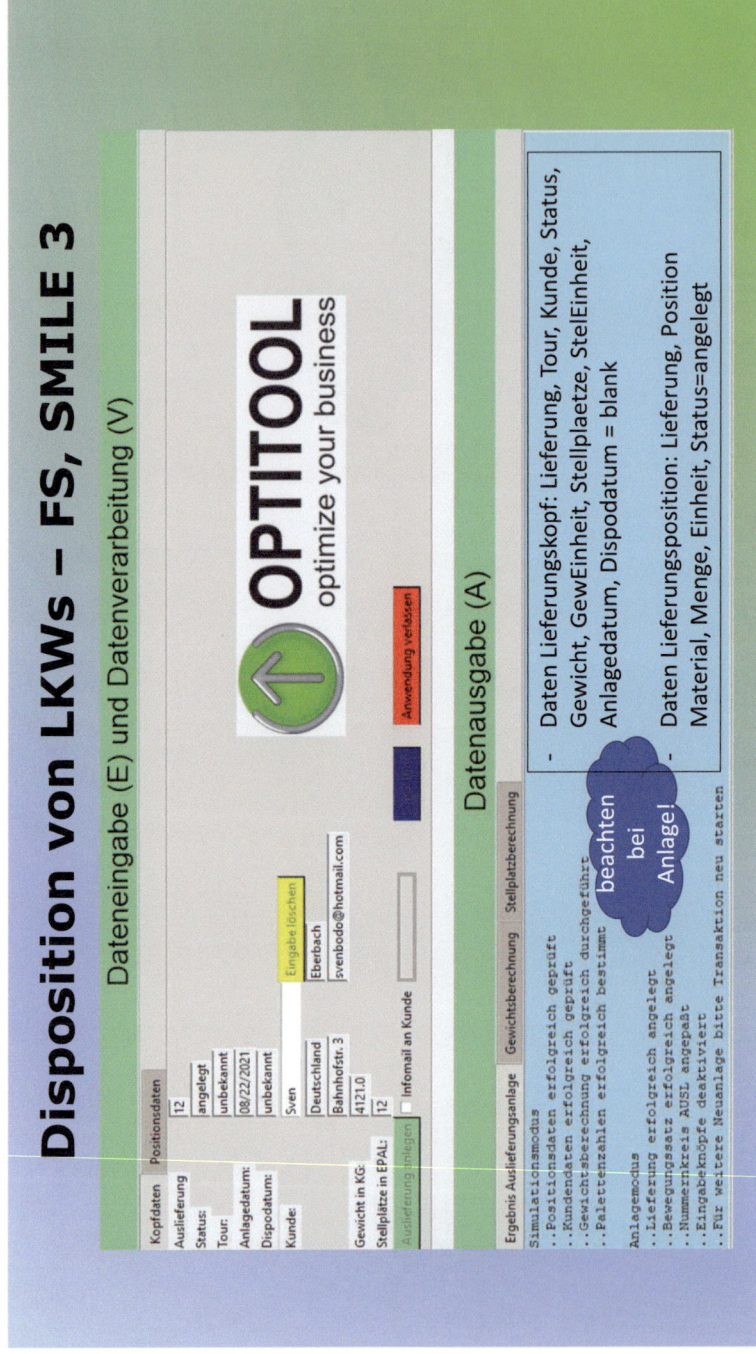

Disposition von LKWs – FS, SMILE 4

SMILE 4 - Es soll möglich sein, sich die angelegte Lieferung oder aber alle Lieferungen zu einem Status sich anzeigen zu lassen. Alle vorhandenen Daten zum Lieferungskopf und zu den Lieferungspositionen sind anzuzeigen.

Dateneingabe (E) und Datenverarbeitung (V)

Datenselektion ausführen	
Auslieferung:	12
Status:	
Kunde:	
Anlagedatum:	8/22/21

Anwendung verlassen

Datenanzeige (A) der Auslieferungen

Ergebnisliste Auslieferungen | Einzelanzeige-Auslieferungs-Kopf | Einzelanzeige-Auslieferungs-Positionen

Lieferung	Tour	Kunde	Status	Gewicht	Gewichtseinheit
12	unbekannt	Sven	angelegt	4121.0	KG

Selektionsparameter: Auslieferung, Status, Kunde, Anlagedatum, Datenselektion durchführen selbstsprechend ebenso Anwendung verlassen

Lieferungsdaten: Köpfe aller selektierten Lieferungen

Doppelklick auf einen Satz füllt Einzelanzeigen mit Kopf- und Positionsdaten

Disposition von LKWs – FS, SMILE 4

Ergebnisliste Auslieferungen | **Einzelanzeige-Auslieferungs-Kopf** | **Einzelanzeige-Auslieferungs-Positionen**

Ergebniss des Doppelklicks in der Ergebnisliste:

```
Lieferung:.......... 12
Tour:............... unbekannt
Kunde:.............. Sven
Status:............. angelegt
Gewicht:............ 4121.0
Gewichtseinheit:.... KG
Stellplätze:........ 12
Stellplatzeinheit:.. EPAL
Anlagedatum:........ 08/22/2021
Dispodatum:......... unbekannt
```

Ergebnisliste Auslieferungen | **Einzelanzeige-Auslieferungs-Kopf** | **Einzelanzeige-Auslieferungs-Positionen**

Lieferung	Position	Material	Menge	Einheit	Status
12	1	M001	12	ST	angelegt
12	2	M002	21	ST	angelegt
12	3	M001	111	ST	angelegt

Disposition von LKWs – FS, SMILE 5

SMILE 5 - Bei der Tourenanlage gibt es auch Kopf- und Positionsdaten. In den Positionsdaten sind die Lieferungen einzugeben, die der Tour zuzuordnen sind. Dabei ist zu prüfen, dass die Lieferung nicht einer aktiven Tour bereits zugeordnet ist. Über die Lieferungen können die Gewichte und Stellplätze der gesamten Lieferungen ermittelt werden. Bei Eingabe des Kennzeichens auf Kopfebene kann so geprüft werden, ob die Gewichte und Stellplätze bzgl. der LKW-Kapazität zulässig sind. Es darf nur ein Kennzeichen eingegeben werden, das keiner aktuell offenen Tour zugeordnet ist. Simulationsmodus und richtiger Modus sollen wie bei der Lieferungsanlage arbeiten.

Kopfdaten Positionsdaten
Position + Position - 0
         Check
Lieferung
12

Positionsebene – Anlage:
- analog wie bei Lieferungsanlage mit Tasten Position + -
- Lieferungseingabe
- Lieferung muss existieren
- Status der Lieferung ist angelegt

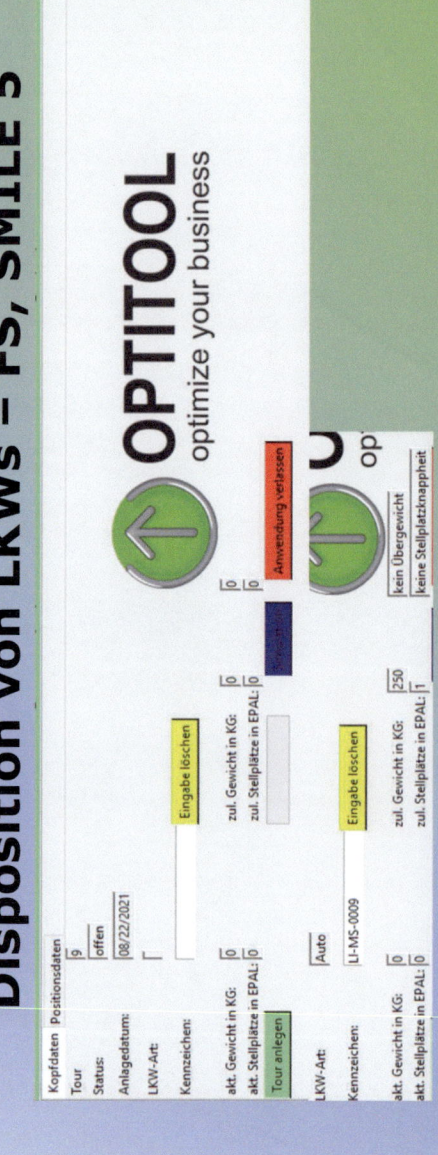

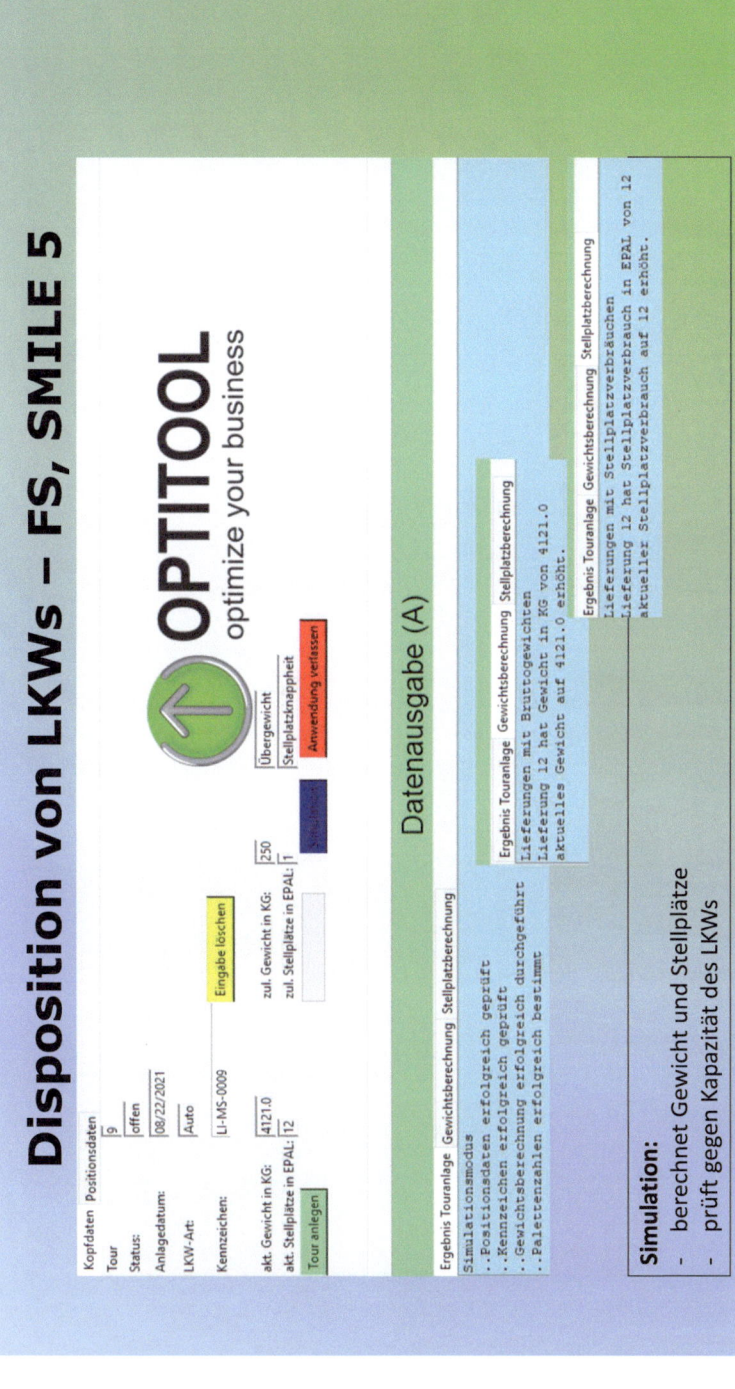

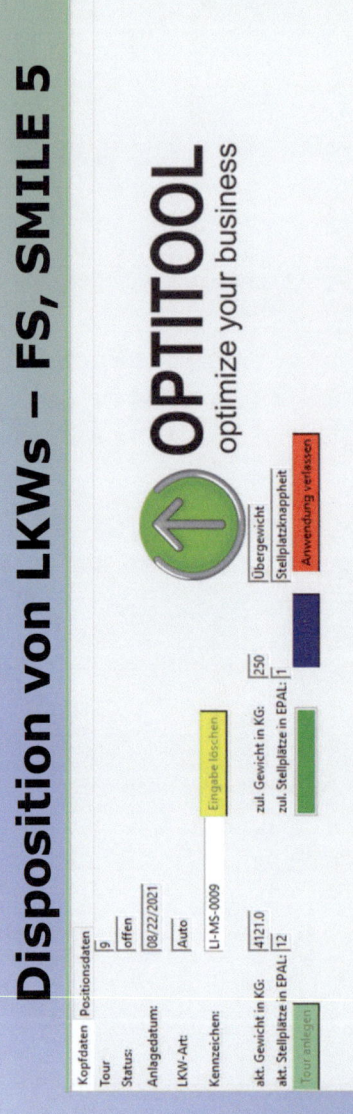

Disposition von LKWs – FS, SMILE 6

LMIS 6 - Es soll möglich sein, sich die angelegte Tour oder aber alle Touren zu einem Status sich anzeigen zu lassen. Alle vorhandenen Daten zum Tourkopf und zu den Tourenpositionen sind anzuzeigen.

Datenselektion ausführen

Tour: 9
Status:
Kennzeichen:
Anlagedatum: 8/22/21

Anwendung verlassen

Ergebnisliste Touren | Einzelanzeige-Tour-Kopf | Einzelanzeige-Tour-Positionen

Datenanzeige (A) der Touren

Tour	Kennzeichen	Status	Gewicht	Stellplätze	maximales Gewicht	ma
9	LI-MS-0009	offen	4121.0	12	250	

Selektionsparameter: Tour, Status, Kennzeichen, Anlagedatum, Datenselektion durchführen selbstsprechend ebenso Anwendung verlassen

Tourenanzeige: Köpfe aller selektierten Touren

Doppelklick auf einen Satz füllt Einzelanzeigen mit Kopf- und Positionsdaten

Disposition von LKWs – FS, SMILE 6

| Ergebnisliste Touren | Einzelanzeige-Tour-Kopf | Einzelanzeige-Tour-Positionen |

Ergebnis des Doppelklicks in der Ergebnisliste:

```
Tour:................ 9
Kennzeichen:......... LI-MS-0009
Status:.............. offen
Gewicht:............. 4121.0
Stellplätze:......... 12
maximales Gewicht:... 250
maximale Stellplätze: 1
Gewichtseinheit:..... KG
Stellplatzeinheit:... EPAL
Anlagepodatum:....... 08/22/2021
```

| Ergebnisliste Touren | Einzelanzeige-Tour-Kopf | Einzelanzeige-Tour-Positionen |

Tour	Lieferung
9	12

6.3.4 Python-Implementierung – DS

Zur technischen Umsetzung wird eine sog. **'DS = Design Specification'** verfasst. Inhalt ist ein grobes Konzept zur Programmierung des in der FS dargestellten Software-Designs. Folgende Themen werden angesprochen:

(i) **'Integration in bestehende Funktionen'**: Zu Beginn wird analysiert, welche Anforderungen im Betriebsablauf durch bestehende Funktionen abzubilden sind. Diese können ohne zusätzliche Programmierung allein durch entsprechende Datenpflege aktiviert werden. In diesem Zusammenhang wird vom sog. **'Customizing'** gesprochen. IT-System und Software müssen im Sinne der Kundenbelange angepasst und eingestellt werden. Im SMILE-Prototyp entspricht die eben besagte Anforderung der Integration eines weiteren LKWs zur Disposition. Zur Umsetzung muss in diesem Beispiel ein entsprechender Eintrag in die Flottentabelle ergänzt werden.

(ii) **'Erweiterung bestehender Funktionen'**: Lassen sich die Anforderungen nicht durch Customizing umsetzen, kann es erforderlich sein, bestehende Funktionen programmatisch zu erweitern. Die programmatische Erweiterung erfolgt durch einen Eingriff in die Software. Es ist Aufgabe des Entwicklers, die notwendigen Entwicklungsobjekte so anzupassen, daß die Anforderungen implementiert werden können. Im SMILE-Prototyp können das Hauptprogramm, ein Unterprogramm oder eine Methode einer Klasse angepasst programmiert werden. Bei der Umprogrammierung muss der Entwickler darauf achten, bereits richtig programmierte Betriebsabläufe nicht zu verändern. Wäre es etwa erforderlich, die Prüfung der Chargenanlage zu erweitern, müsste das Entwicklungsobjekt im SMILE-Prototyp das Unterprogramm ‚pruefchargeneu' angepasst werden. Das hätte z. B. zur Folge, daß am Beispiel einer Kühlgutcharge nicht mit dem Buchstaben 'T' begonnen werden darf. Diese Chargenprüfung dürfte nur für Kühlgut wirksam sein. Am oben genannten Beispiel zeigt sich, daß eine Erweiterung immer das Risiko bergen kann, in klare Betriebsabläufe und richtige Funktionalitäten beeinträchtigend einzugreifen. Der Programmierer sollte im Grobkonzept alle notwendigen Anpassungen der Entwicklungsobjekte darstellen. Dazu gehört auch, daß innerhalb der Software alle Aufrufstellen der Objekte überprüft und angepasst werden.

(iii) **'Entwicklung neuer Funktionen'**: Neben der Erweiterung vorhandener ist in vielen Fällen eine Entwicklung neuer Funktionen notwendig. Sollte bspw. eine neue Funktion ins Menü aufgenommen werden, die die Chargenbenennung bei Kühlgut prüft (Anfangsbuchstabe der Kühlgutcharge = 'T'), hieße dies, daß ein neuer Dialog entwickelt werden muss. Die Entwicklung eines neuen Dialogs bietet den Vorteil, daß keine bestehenden Funktionen beeinträchtigt werden. Der Entwickler hat die Aufgabe, die notwendigen Datengrundlagen, Oberflächen, Unterprogramme sowie Methoden zu beschreiben.

Aus **'SMILE 1'** bis **'SMILE 6'** ergeben sich folgende Grobkonzepte:

SMILE 1 – Es soll möglich sein, Kundendaten anzulegen, zu ändern und anzuzeigen. Die Daten sollen Adressdaten sowie die Ablage einer Mailadresse ermöglichen.

Der Entwickler muss folgende Schritte der Programmierung umsetzen:

- Es ist eine neue CSV-Datei = Tabelle mit Namen 'kunde.csv' und Spalten 'Kunde', 'Land', 'Stadt', 'StrNr' und 'Mail' anzulegen.
- Die Anlage und Änderung der Kundenstammdaten soll direkt in der CSV-Datei erfolgen. Entsprechende Pflegedialoge müssen nicht programmiert werden.
- Für die Anzeige der Kundenstammdaten soll eine neue Transaktion bereitgestellt werden:
  - Der Aufbau der Transaktion soll analog zur Lagerplatzanzeige mittels GUI-Dialog vollzogen werden. Die notwendigen Programmieraufgaben sind im Grobkonzept zur Lagerplatzanzeige bereits enthalten.
  - Die Integration ins Menü soll wie die Lagerplatzanzeige implementiert werden.

Die Umsetzung im SMILE-Prototyp ist im Unterprogramm 'STAMkunde()' sowie durch den Befehl

'stammmenu.add_command(label="...Kunden", command=STAMkunde)'

bereits erfolgt. Die CSV-Datei 'kunde' ist im Ordner 'lvs' im Unterordner 'Datenbank' abgelegt und mit Beispieldaten befüllt.

SMILE 2 – In den Stammdaten sollen Daten zur Flotte angezeigt und abgelegt werden können. Zu den Flottendaten zählen 'Flottenkennzeichen', 'LKW-Art', 'zulässiges und aktuelles Ladungsgewicht' (in KG), 'zulässige und aktuelle Anzahl der Stellplätze' (in EPAL), 'Status' (offen, Tour zugeordnet, ...). Auch 'Bilddatei', 'aktuelle' und 'vorherige' Tour gehören zu den Flottendaten. Die Bilddatei soll beim Klicken auf die Stammdaten angezeigt werden.
- Es soll eine CSV-Datei = Tabelle mit Namen 'flotte.csv' und Spalten 'Kennzeichen', 'Art', 'Zuladung', 'ZulEinheit', 'Stellplaetze', 'StelEinheit', 'Status', 'Bilddatei', 'aktTour' und 'lTour' erstellt.
- Die Anlage und Änderung der Flottendaten soll direkt in der neuen CSV-Datei erfolgen.
- Für die Anzeige der Flottendaten soll eine neuer GUI-Dialog entwickelt werden:
  - Der Aufbau des Dialogs soll entsprechend der Lagerplatzanzeige umgesetzt werden.
  - In gleicher Weise soll auch der Aufruf des Dialogs aus dem Menü erfolgen.
  - Zusätzlich soll ein Werbe-Bild wie bei der Umlagerungstransaktion 'Platz an Platz' angezeigt werden.
  - Ein Doppelklick (Event 'on double click') auf eine Zeile der Flottendaten soll das Bild des entsprechenden LKWs anzeigen. Daraufhin wird das im Dialog bislang sichtbare Werbebild durch das LKW-Bild ersetzt.
  - Es soll bei erneuter Anwahl des Dialogs wieder das Werbebild angezeigt werden.

Die oben genannten Anforderungen sind im Prototyp in Funktion 'STAMflotte()' sowie durch den Python-Befehl

'stammmenu.add_command(label="...Flotte", command=STAMflotte)'

vollzogen worden. Die CSV-Datei 'flotte' ist im Ordner 'lvs' im Unterordner 'Datenbank' abgelegt und mit Beispieldaten gefüllt.

SMILE 3 – Bei Lieferungen müssen Kopf- und Positionsdaten anzulegen sein. In Bezug auf die Kopfdaten sind Kundenname und Information darüber einzugeben, ob der Kunde eine Infomail zur Lieferungsanlage erhalten möchte. Zusätzlich sind die Felder 'Gewicht' und 'Stellplätze' sichtbar. Ihre Werte bestimmen sich durch die Positionsdaten. Hierfür ist erforderlich, im Materialstamm das Gewicht des Materials, die Art der Palette, auf der das Material gelagert wird und deren Menge anzulegen. Zur Ermittlung des Gewichts pro Lieferung ist mit Hilfe dieser Daten pro Position das Gewicht des Materials sowie das Palettengewicht der benötigten LHMs zu berechnen. Beim Summieren über alle Positionen hinweg ist darauf zu achten, das Materialien mit gleichen LHMs aufaddiert werden können. In Summe ist die Anzahl der LHMs aufzurunden. Mit Hilfe der LHM-Berechnung kann der Stellplatzbedarf in EPAL kalkuliert werden, weil in den LHM-Stammdaten die Umrechnungsfaktoren für die Berechnung in EPAL vorliegen. Die Positionsdaten erfordern die Eingabe diverser Mengen und Materialien. Im Simulationsmodus wird keine Lieferung angelegt. Lediglich Gewichts- und Stellplatzberechnung werden ausgeführt und als Protokoll angezeigt. Im Real-Modus wird die Lieferung tatsächlich angelegt.

- Zum Dialog der Ladehilfsmittel-Anzeige:
  - Eine neue Transaktion zur Anzeige der Ladehilfsmittel soll in Anlehnung zur Flottenanzeige implementiert werden.
  - Eine zusätzliche Checkbox zur Anzeige der technischen Dokumentation (Doppelklick auf ein LHM in der Ergebnisliste) soll auf dem Bildschirm sichtbar werden.
  - Beim Event 'on double-click' soll die technische Doku (welche mit dem Fokus-Befehl auf das item in Spalte 7 programmintern zu finden ist) mit dem 'webbrowser.open'-Befehl angezeigt werden.
- Zum Dialog der Anzeige des Materialstamms:
  - Bei Selektion des Materialstamms sollen die neuen Attribute 'Gewicht' und 'LHM' angezeigt werden. Die neuen Attribute sollen im Materialstamm in der CSV-Datei 'matstamm' eingebunden werden.
- Zum Dialog der Anlage von Auslieferungen:
  - Der bisherige dreiteilige Dialog-Aufbau soll beibehalten werden.
  - Im oberen Bereich des dreiteiligen Dialogs sind keine Besonderheiten zu beachten.
  - Im mittleren Bereich des Dialogs soll ein 'Tabstrip' benutzt werden (Notebook aus dem 'TKINTER'-Umfeld).
  - Betreffs der Positionsdaten soll 'tk_tools' verwendet werden. Im 'EntryGrid' sind Material und Menge je Zeile einzugeben. Der Check-Button soll prüfen, daß Werte (Material und Menge) eingegeben werden und, daß sie sinnvoll sind und das Material als Stammdatum vorliegt. Mit den Tasten 'Position +' und 'Position −' sollen Positionszeilen hinzugefügt und entfernt werden können. Dazu stehen in Python die Funktionen 'add_row' und 'remove_row' in 'tk_tools' zur Verfügung.
  - Im mittleren Fensterbereich des Dialogs sollen einige Felder bereits gefüllt und nicht änderbar sein. Es sind Auslieferungsnummer (mittels Nummernkreis 'AUSL' und Tabelle 'nummernkreise': die nächste Nummer ist die aktuelle Nummer plus 1), Lieferungsstatus = 'angelegt', Tournummer = 'unbekannt', Anlagedatum = Tagesdatum und Dispodatum = 'unbekannt'. Das Eingabefeld der Kundennummer soll Return-sensitiv (entspricht dem Ausführen-

befehl) sein. Als Folgeaktion werden die weiteren Kundendaten automatisch angezeigt. Mit der gelben Drucktaste 'Eingabe löschen' sollen die Kundendaten wieder entfernbar sein. Der Kunde muss als Stammdatum vorliegen. Gewicht und Stellplätze entsprechen zunächst der Anzahl Null. Beide Größen sollen im weiteren Verlauf heuristisch berechnet werden.
- Ein Werbebild soll im mittleren Bereich des Dialogs eingeblendet werden.
- Die Drucktaste 'Anwendung verlassen' schließt den GUI-Dialog.
- Die Checkbox 'Infomail an Kunde' soll dazu verwendet werden, im Anlagemodus eine E-Mail an den Kunden zu versenden. Dazu soll in den Kundenstammdaten eine Mailadresse hinterlegt werden können. Das technische Versenden wird weiter unten erläutert.
- Zur Drucktaste 'Simulation': Es sollen Prüfungen zum Kunden und zu den Positionen durchgeführt werden. Die Gewichte und Stellplätze werden berechnet, im mittleren Bereich des Dialogs angezeigt und im unteren Bereich im Tabstrip inkl. der heuristischen Rechenoperationen dargestellt.
- Zur Drucktaste 'Auslieferung anlegen': Es soll zunächst der Simulationsmodus durchlaufen werden. Die neuen Datentabellen zur Auslieferung und deren Positionen sollen mit Hilfe bekannter LVS-Methoden befüllt werden. Mit '.read' soll dabei auf den 'Entry-Grid' zugegriffen werden. Das Nummernkreisintervall soll mit LVS-Methoden upgedatet werden. Das Versenden einer Mail an den Kunden soll in Anlehnung an ▢ durchgeführt werden. Der linke untere Bereich des Dialogs soll entsprechend angezeigt werden. Nach Anlage der Lieferung ist der Dialog funktionsunfähig (disabled). Ein Bewegungssatz zur Lieferungsanlage soll erzeugt und gespeichert werden.
- Zu den Gewichten und Stellplätzen mittels 'Dataframe':
  - 'datastp = "LHM":lhm,"Menge":mng,"Brgew":brg:' Pro Materialposition sollen das LHM, die Menge des LHMs (ermittelt aus dem Produkt der Menge der Position und dem Feld für Palettenmenge im Materialstamm) sowie das Bruttogewicht (ermittelt aus dem Produkt der Menge aus der Position und dem Wert aus dem Materialstamm) gespeichert werden. Der Datenframe wird nach LHM gruppiert und summiert.
  - 'dfstp = dfstp[["LHM","Menge","Brgew"]].groupby("LHM").sum():'
    Die LHM-Mengen sollen mittels ceil-Funktion aufgerundet werden. Das Gesamtgewicht entspricht der Summe aus dem gesamten Materialgewicht und dem jeweiligen LHM-Gewicht (in der neuen Datentabelle zum LHM enthalten). Je LHM ist in der LHM-Tabelle ebenfalls der Umrechnungsfaktor für den Stellplatzbedarf abgelegt. Mit diesem soll je LHM die LHM-Menge in die EPAL-Menge umgerechnet werden. Das Ergebnis wird auf ganze EPAL-Stellplätze mit der ceil-Funktion aufgerundet.

Die Umsetzung der Auslieferungsanlage im SMILE-Prototyp ist in Funktion 'WAAuslAnl()' durchgeführt. Das Menü ist um ein 'Warenausgangsmenü' ergänzt:

Python-Quellcode 6.1 Warenausgangs-Menü GUI
```
wamenu = Menu(menu)
menu.add_cascade(label="Warenausgang", menu=wamenu)
wamenu.add_command(label="...Auslieferungen_anzeigen", command=WAAuslAnz)
wamenu.add_command(label="...Touren_anzeigen", command=WATourAnz)
wamenu.add_command(label="...Auslieferung_anlegen", command=WAAuslAnl)
wamenu.add_command(label="...Tour_anlegen", command=WATourAnl)
```

Zusätzlich gibt es eine Anzeigetransaktion für die Ladehilfsmittel, die in Funktion 'STAMLhm()' umgesetzt ist. Im Stammdatenmenü ist die Funktion 'stammmenu.add_command(label="...Ladehilfsmittel", command=STAMLhm)' aufgenommen worden. Die Stammdatenanzeige zum Material in 'STAMMmat()' ist um die neuen Attribute zum Material erweitert worden. Im Ordner 'lvs' im Unterordner 'Datenbank' sind folgende Änderungen an den Datentabellen vorgenommen worden:

- neuer Eintrag 'SL_01, Auslieferung anlegen' in der CSV-Datei 'Bewegungsarten'
- neue Tabelle = CSV-Datei 'lhmstamm' zu den Ladehilfsmitteln mit den Spalten 'LHM', 'Name', 'Stellplatz', 'StelEinheit', 'Gewicht', 'GewEinheit' und 'Bilddatei' inkl. Beispieldaten
- Ergänzung der Tabelle = CSV-Datei 'matstamm' um die Spalten 'LHM', 'Gewicht', 'GewEinheit' und 'Palette' inkl. Beispieldaten
- neuer Eintrag 'AUSL, 12, Auslieferung, JA' in Tabelle 'nummernkreise'
- neue Tabelle = CSV-Datei 'slkopf' mit den Spalten 'Lieferung', 'Tour', 'Kunde', 'Status', 'Gewicht', 'GewEinheit', 'Stellplaetze', 'StelEinheit', 'Anlagedatum' und 'Dispodatum' inkl. Beispieldaten
- neue Tabelle = CSV-Datei 'slpos' mit den Spalten 'Lieferung', 'Position', 'Material', 'Menge', 'Einheit' und 'Status' inkl. Beispieldaten
- neue Tabelle = CSV-Datei 'slstati' mit der Spalte 'Status' und den Werten 'angelegt', 'disponiert', 'zusammenstellen', 'kommissioniert', 'unterwegs' und 'erledigt'.

SMILE 4 – Es soll möglich sein, eine spezielle oder alle Lieferungen zu einem Status anzuzeigen. Dabei sind alle vorhandenen Daten zum Lieferungskopf und zu den Lieferungspositionen darzustellen.
- Der neue GUI-Dialog ist in Anlehnung an die Gesamtbestandsanzeige umzusetzen.

SMILE 5 – Eine Tour soll aus Kopf- und Positionsdaten bestehen. In die Positionsdaten sollen die Lieferungen eingegeben werden, die der Tour zuzuordnen sind. Im Rahmen der Zuordnung soll abprüfbar sein, ob nicht etwa Lieferungen bereits aktiven Touren zugeordnet worden sind. Auf Grundlage der Lieferungen sollen die Gewichte und Stellplätze der gesamten Tour ermittelt werden. Bei Eingabe des LKW-Kennzeichens auf Kopfebene soll analysiert werden, ob die Gewichte und Stellplätze bzgl. der LKW-Kapazität ausreichen. Es sollen nur solche LKW-Kennzeichen verwendet werden, die keiner aktuell offenen Tour zugeordnet sind. Simulations- und Real-Modus sollen wie bei Lieferungsanlage ablaufen.
- Der Aufbau des neuen Dialogs soll entsprechend zur Auslieferungsanlage implementiert werden. In diesem Zusammenhang sollen Positionen den Lieferungen entsprechen.
- Bei allen Positionen soll geprüft werden, ob zugeordnete Lieferungen als Bewegungsdaten angelegt und nicht schon aktiven Touren zugeordnet worden sind.

- Auf Kopfebene der Auslieferung soll es möglich sein, das Kennzeichen des LKWs einzugeben. Es muss als Stammdatum vorliegen und darf nicht bereits disponiert sein. Zu diesem Zweck sollen aus der Flottentabelle die LKW-Art sowie deren Kapazitäten zu Gewicht und Stellplätzen bestimmt und angezeigt werden. Zum Objekt 'TOUR' soll ein Nummernkreis vorhanden sein. Der Tour-Status soll mit 'offen' und das Anlagedatum mit dem aktuellen Datum (man nutze 'time.strftime') vorbelegt werden.
- Gewichte und Stellplätze wurden bereits bei Lieferungsanlage kalkuliert und sollen an dieser Stelle selektiert (LVS-Methoden) und über alle Lieferungen der Tour aufsummiert werden.
- Zur Touranlage sollen Tourkopf und Tourpositionen gespeichert und die Flottentabelle zum LKW-Kennzeichen im Status angepasst werden. Das Nummernkreisintervall zur Tour soll um Eins erhöht und der Bewegungssatz zur Tour geschrieben werden. Nach Anlage der Tour soll der Dialog funktionsunfähig (disabled) werden. Er kann nur noch geschlossen werden.

SMILE 6 – Es soll möglich sein, die angelegte Tour oder alle Touren zu einem Status anzuzeigen. Alle Attribute des Tourkopfes und der Tourpositionen sind darzustellen.
- Die neue Transaktion ist in Anlehnung an die Auslieferungsanzeige umzusetzen.

Serviceteil

Ausblick auf Band II – 454

Literatur – 455

Stichwortverzeichnis – 459

© Der/die Herausgeber bzw. der/die Autor(en), exklusiv lizenziert an Springer-Verlag GmbH, DE, ein Teil von Springer Nature 2025
S. Wirsing, *Kompaktband Logistik*, Schule für Mathematik, Informatik, Logistik und Erfolg, https://doi.org/10.1007/978-3-662-69945-4

Ausblick auf Band II

Die Prozesse
- Kommissionierscheine bei Pick-by-Voice (PbV)
- Prüfziffern bei der Kommissionierung
- SSCC-Nummern bei der Verpackung
- Gefahrgutprüfung bei der Verladung.

werden erst in **'Band II'** zu SMILE dargestellt.

In diesem Zusammenhang sind logistische Themen:
- Kommissionierung, Kommissioniermethoden, Findung des Bestandes, Bildung von Kommissionieraufträgen, Quittierung der Aufträge, physische Bewegungen des Bestandes und Verlinkung des Bestandes mit der Auslieferung
- Prüfziffern und ihre Bildung, Zuweisung zu Lagerplätzen und Einbettung der Prüfziffern in den Kommissionierprozess
- SSCC-Nummern und ihre Bildung, Verpackungsprozess und Bildung von Versandeinheiten
- Gefahrgut und Gefahrstoffe, Berechnung von LQ-Mengen und Gefahrgutpunkten, LKW-Prüfungen, Verladeprozess, Ladungssicherung, Lademeterberechnung und Gefahrgutanhang.

Die nötigen mathematischen Grundlagen auch für Band II sind bereits in diesem Band sämtlich enthalten. In Band II wird natürlich erläutert, wie die mathematischen Grundlagen auf die in Band II beschriebenen logistischen Prozesse angewendet werden.

Bezogen auf Implementierungen in den Python-Prototyp müssen Logistik-Prozesse im Warenausgangsbereich designed und umgesetzt werden. Band II sollen weitere Themen eines IT-Projektes integrieren, die dieser Band nicht erörtert hat. Dazu zählen das Testen (Testfallerstellung, Testfalldurchführung inkl. der Ermittlung von Testdaten, ein Testfallmanagement, Bugfixing, Erstellung der DQ, OQ, PQ und RTM-Matrix), Datenmigrationen, Anwenderschulungen, Planung und Durchführung eines Cut-Overs, Aufgaben im sog. Go-Live und im Hypercare, IT-Support, Betreuungen von Kunden und Akquirierung neuer Projekte.

Literatur

1. Martin Aigner, Günter M. Ziegler, Karl H. Hofmann, Das Buch der Beweise, Springer-Verlag, Berlin, 2018
2. Martin Barner, Friedrich Flohr, Analysis I, 4. Auflage, de Gruyter, Berlin, New York, 1991
3. Barth, Barth, Fachrechnen, Berufe der Lagerlogistik, Bildungsverlag EINS, Westermann, 16. Auflage, Köln, 2018
4. Baumann et al., Wirtschafts und Sozialprozesse, Berufe der Lagerlgistik, Bildungsverlag EINS Gruppe, 12. Auflage, Köln, 2018
5. Baumann et al., Logistische Prozesse, Berufe der Lagerlogistik, Arbeitsheft mit praktischen Übungen, Bildungsverlag EINS Gruppe, 9. Auflage, Köln, 2018
6. Baumann et al., Logistische Prozesse, Berufe der Lagerlogistik, Westermann, 21. Auflage, Köln, 2020
7. Albrecht Beutelspacher, Heike B. Neumann, Thomas Schwarzpaul, Kryptografie in Theorie und Praxis, Vieweg+Teubner, 2. Auflage, Wiesbaden, 2010
8. Dieter Blessenohl, Einführung in die mathematische Logik, Universität Kiel, Wintersemester 2002/03
9. Dieter Blessenohl, Manfred Schocker, Noncommutative Character Theory Of The Symmetric Group, Imperial College Press, London, März 2005
10. Dieter Blessenohl, Einführung in die moderne Mathematik, Das Werkzeug der Algebra, CAU zu Kiel, Sommersemester 2000
11. Robert S. Boyer, J. Strother Moore, A fast string searching algorithm, Communication of the ACM, Volume 20, Number 10, New York City, 1977, S. 762–772
12. Georg Cantor, Beiträge zur Begründung der transfiniten Mengenlehre, Mathematische Annalen 46, S. 481, Springer, Berlin, 1895
13. Bhaskar Chaudhary, Tkinter GUI Applicatio Development Blueprints, Second Edition, Packt Publishing, Birmingham, 2018
14. Juliane Cron, Graphische Benutzeroberflächen interaktiver Atlanten, Konzept zur Strukturierung und praktische Umsetzung der Funktionalität, Diplomarbeit, Fachbereich Vermessungswesen/Kartographie, Hochschule für Technik und Wirtschaft Dresden(FH), Zürich, Oktober 2006
15. Matthieu Deru, Alassane Ndiaye, Deep Learning, Bonn, 2019
16. Stephan Dreiseitl, Mathematik für Software Engineering, Springer Verlag, Berlin, Heidelberg, 2018
17. Hartmut Ehrig, Bernd Mahr, Felix Cornelius, Martin Große-Rhode, Philipp Zeitz, Mathematisch-strukturelle Grundlagen der Informatik, 2. Auflage, Springer-Verlag, Berlin, 2001
18. Stephan Elter, Schrödinger programmiert Python: Das etwas andere Fachbuch. Durchstarten mit Python!, Rheinwerk, Bonn, 2021
19. Hartmut Ernst, Jochen Schmidt, Gerd Beneken, Grundkurs Informatik, 6. Auflage, Springer Vieweg-Verlag, Wiesbaden, 2016
20. Andreas Filler, Euklidische und nicht euklidische Geometrie, ▶ http://didaktik.math.hu-berlin.de/filesfiller_eukl_nichteukl_geometrie.pdf
21. Jörg Frochte, Maschinelles Lernen, Hanser-Verlag, 2. Auflage, München, 2019
22. Tim Gudehus, Logistik: Grundlagen Strategien Anwendungen, Springer-Verlag, Berlin, 2010
23. Hans-Otto Günther, Horst Tempelmeier, Produktion und Logistik, 6. Auflage, Springer-Verlag, Berlin, 2004
24. Willibald A. Günthner, Janina Durchholz, Eva Klenk, Julia Boppert, Tobias Knössl, Markus Klevers, Schlanke Logistikprozesse: Handbuch für den Planer, Springer Verlag, Berlin, 2013
25. Peter Hartmann, Mathematik für Informatiker, Ein praxisbezogenes Lehrbuch, 6. Auflage, Springer Verlag, Berlin, 2015
26. Godfrey H. Hardy, Edward M. Wright, et al., An introduction to the theory of numbers, Sixth Edition, Oxford University Press, Oxford, 2008
27. Tobias Häberlein, Praktische Algorithmik mit Python, Oldenbourg Verlag, München, 2012
28. Horst Hischer, Harald Scheid, Grundbegriffe der Analysis, Genese und Beispiele aus didaktischer Sicht, Spektrum-Verlag, Heidelberg-Berlin-Oxford, 1995
29. R. Nigel Horspool, Practical fast searching in strings, SOFTWARE-PRACTICE AND EXPERIENCE, Bd. 10, S. 501–506, Wiley, Hoboken, 1980
30. Nathan Jacobson, Basic Algebra 1, 2. Auflage, Dover publications, Inc., New York, 2009
31. Jens Kappauf, Matthias Koch, Bernd Lauterbach, Logistik mit SAP, Galileo-Press, Bonn, 2012
32. Bernd Klein, Numerisches Python, Hanser-Verlag, München, 2019

33. Köbberling et al., Alles auf Lager, Fachkräfte für Lagerlogistik, Fachqualifikation, Traingsbuch, Westermann, 3. Auflage, Köln, 2019
34. Köbberling et al., Alles auf Lager, Fachkräfte für Lagerlogistik, Grundqualifikation, Traingsbuch, Westermann, 1. Auflage, Köln, 2017
35. Köbberling et al., Alles auf Lager, Fachkräfte für Lagerlogistik, Fachqualifikation, Informationsband, Westermann, 4. Auflage, Köln, 2019
36. Köbberling et al., Alles auf Lager, Fachkräfte für Lagerlogistik, Grundqualifikation, Traingsbuch, Teil 2, Westermann, 1. Auflage, Köln, 2017
37. Köbberling et al., Alles auf Lager, Fachkräfte für Lagerlogistik, Grundqualifikation, Informationsband, Westermann, 4. Auflage, Köln, 2018
38. Horst Krampe, Hans-Joachim Lucke, Michael Schenk, Grundlagen der Logistik, Huss-Verlag, Müchen, 2012
39. Lange, Bauer, Persich, Dalm, Sanchez, Warehouse Management mit SAP EWM, Galileo Press, Bonn, 2013
40. Hartmut Laue, Entgiftungssatz und Erweiterungsprinzip, ▶ http://www.math.uni-kiel.de/algebra/laue/homepagetexte/entgifterw.pdf
41. Hartmut Laue, Freie algebraische Strukturen, Universität Kiel, Wintersemester 2003/04, ▶ http://www.math.uni-kiel.de/algebra/laue/vorlesungen/frei/freiealgstr.pdf
42. Hartmut Laue, Polynomial, Universität Kiel, 2015, ▶ http://www.math.uni-kiel.de/algebra/laue/vorlesungen
43. Frank Loose, Einführung in die Fachdidaktik Mathematik, Universität Tübingen, Sommersemester 2013, ▶ https://www.math.uni-tuebingen.de/user/loose/studium/Skripten.html
44. Alejandro Rodas de Paz, Tkinter GUI Application Developement Cookbook, Packt Publishing, Birmingham, 2018
45. Python Experte, Python für Einsteiger, Black Dog Media Ltd, Nr 1/2020 (Zeitschrift), Newton Abbon
46. Wolfgang Rautenberg, Messen und Zählen – Eine einfache Konstruktion der reellen Zahlen, Berliner Studienreihe zur Mathematik, Band 18, Heldermann-Verlag, Lemgo, September 2007
47. Mark Roseman, Modern Tkinter for busy Python developers, Late Afternoon Press, Second Edition, Victoria (British Columbia), 2019
48. Jochen Schmidt, Grundkurs Informatik – Das Übungsbuch, Springer Vieweg-Verlag, Wiesbaden, 2019
49. Roland Schwaiger, Joachim Steinwendner, Neuronale Netze programmieren, Rheinwerk Computing, Bonn, 2019
50. Soemers et al., Rechnen und EXCEL, Berufe der Logistik, Merkur Verlag Rinteln, 3. Auflage, Rintel, 2017
51. Christian Spannagel, Die Folge der natürlichen Zahlen, ▶ http://www.youtube.com/watch?v=73ZxJ_NIXUY
52. Detlef Spee, Jennifer Beuth, Lagerprozesse effizient gestalten, Huss-Verlag, München, 2012
53. Detlef Spee, Jennifer Beuth, Lean Warehousing erfolgreich umsetzen, Huss-Verlag, München, 2015
54. Tebroke et al., Logistische Prozesse, Berufe der Lagerlogistik, Lernsituationen, Bildungsverlag EINS, Westermann, 4. Auflage, Köln, 2019
55. Michael ten Hompel, Torsten Schmidt, Warehouse Management, Organsation und Steuerung von Lager- und Kommissioniersystemen, Springer-Verlag, 4. Auflage, Berlin, 2010
56. Hans-Bernhard Woyand, Python für Ingenieure und Naturwissenschaftler, Hanser-Verlag, 3. Auflage, München, 2019
57. Software in der Logistik 2007, Huss-Verlag, München, 2007
58. Thomas Theis, Einstieg in Python, Rheinwerk Computing, 5. Auflage, Bonn, 2019
59. Oscar Zariski, Pierre Samuel, Commutative Algebra, Volume I, Springer-Verlag, New York-Heidelberg-Berlin, 1958
60. ▶ https://de.wikipedia.org/wiki/Mengenlehre, letzter Seitenaufruf: 08.03.2023
61. ▶ https://de.wikipedia.org/wiki/Trugschluss, letzter Seitenaufruf: 08.03.2023
62. ▶ https://www.matheplanet.com, letzter Seitenaufruf: 08.03.2023
63. ▶ https://www.bfmathematik.de/denkfehler-fehlschluesse-falsche-beweise, letzter Seitenaufruf: 08.03.2023
64. ▶ https://wiki.zum.de/wiki/Falsche-Beweise-in-der-Mathematik, letzter Seitenaufruf: 08.03.2023
65. ▶ https://www.mathelust.de/falsche-beweise, letzter Seitenaufruf: 08.03.2023
66. ▶ http://www.math.uni-leipzig.de/~wuschke, letzter Seitenaufruf: 08.03.2023
67. ▶ https://wiki.zum.de/wiki/PH_Heidelberg/Arithmetik/Logik, letzter Seitenaufruf: 08.03.2023

Literatur

68. ▶ https://de.wikipedia.org/wiki/Auswahlaxiom, letzter Seitenaufruf: 08.03.2023
69. ▶ https://www.zukunftsinstitut.de/artikel/zukunftsreport/post-corona-trendmap/, letzter Seitenaufruf: 08.03.2023
70. ▶ https://mindsquare.de/karriere-news/programmiersprachen-ranking-2023/, letzter Seitenaufruf: 08.03.2023
71. ▶ https://www.python.org/, letzter Seitenaufruf: 08.03.2023
72. ▶ https://de.wikipedia.org/wiki/Informatik, letzter Seitenaufruf: 08.03.2023
73. ▶ https://www.youtube.com/watch?v=lj_lUFuWsB4, letzter Seitenaufruf: 08.03.2023
74. ▶ https://www.youtube.com/watch?v=rwjv1g3yESU, letzter Seitenaufruf: 08.03.2023
75. ▶ https://www.youtube.com/watch?v=8CBe5snxkMc, letzter Seitenaufruf: 08.03.2023
76. ▶ https://www.youtube.com/watch?v=RPjHuxCES9Q, letzter Seitenaufruf: 08.03.2023
77. ▶ https://de.wikipedia.org/wiki/Mengendiagramm, letzter Seitenaufruf: 08.03.2023
78. ▶ https://de.wikipedia.org/wiki/Kazimierz_Kuratowski, letzter Seitenaufruf: 08.03.2023
79. ▶ https://de.wikipedia.org/wiki/Timsort, letzter Seitenaufruf: 08.03.2023
80. ▶ https://github.com/gzc/CLRS/blob/master/C02-Getting-Started/exercise_code/merge-sort.py, letzter Seitenaufruf: 08.03.2023
81. https://cppsecrets.com/users/17211410511511610510710997106117109100971144964103109971051084699111109/Python-program-for-bucket-sort-algorithm.php, letzter Seitenaufruf: 08.03.2023
82. ▶ https://wiki.zum.de/wiki/PH_Heidelberg/Didaktik_der_ITG/Sortierverfahren, letzter Seitenaufruf: 08.03.2023
83. ▶ https://www.youtube.com/watch?v=kPRA0W1kECg, letzter Seitenaufruf: 08.03.2023
84. ▶ http://kuepperscolor.farbaks.de/de/farbentheorie/mathematische_ordnung_der_farben.html, letzter Seitenaufruf: 08.03.2023
85. ▶ https://www.faz.net/aktuell/gesellschaft/text-to-speech-wie-funktioniert-text-to-speech-129797.html, letzter Seitenaufruf: 08.03.2023
86. ▶ http://www.ams.org/publicoutreach/feature-column/fc-2013-02, letzter Seitenaufruf: 08.03.2023
87. ▶ https://www.mathematik.de/Trivia/142-qr-codes-einfach-erklaert, letzter Seitenaufruf: 08.03.2023
88. ▶ https://de.wikipedia.org/wiki/Strichcode, letzter Seitenaufruf: 08.03.2023
89. ▶ https://stackoverflow.com/questions/681649/how-is-string-find-implemented-in-cpython, letzter Seitenaufruf: 08.03.2023
90. ▶ https://stackoverflow.com/questions/7175020/python-efficient-way-to-check-if-very-large-string-contains-a-substring, letzter Seitenaufruf: 08.03.2023
91. ▶ https://de.wikipedia.org/wiki/Boyer-Moore-Algorithmus, letzter Seitenaufruf: 08.03.2023
92. ▶ http://www-igm.univ-mlv.fr/~lecroq/string/node14.html#SECTION00140, letzter Seitenaufruf: 08.03.2023
93. ▶ https://www.biteno.com/was-ist-sha256/, letzter Seitenaufruf: 08.03.2023
94. ▶ https://datatracker.ietf.org/doc/html/rfc3174, letzter Seitenaufruf: 08.03.2023
95. ▶ https://de.wikipedia.org/wiki/Zufallszahlengenerator, letzter Seitenaufruf: 08.03.2023
96. ▶ https://de.wikipedia.org/wiki/Mersenne-Twister, letzter Seitenaufruf: 08.03.2023
97. ▶ https://www.dev-insider.de/was-ist-eine-gui-a-651868/, letzter Seitenaufruf: 08.03.2023
98. ▶ https://www.ionos.de/digitalguide/websites/web-entwicklung/was-ist-ein-gui/, letzter Seitenaufruf: 08.03.2023
99. ▶ https://de.wikipedia.org/wiki/Software-Ergonomie, letzter Seitenaufruf: 08.03.2023
100. ▶ https://towardsdatascience.com/top-10-python-gui-frameworks-for-developers-adca32fbe6fc, letzter Seitenaufruf: 08.03.2023
101. ▶ https://de.wikipedia.org/wiki/Tkinter, letzter Seitenaufruf: 08.03.2023
102. ▶ https://www.python-kurs.eu/python_tkinter.php, letzter Seitenaufruf: 08.03.2023
103. ▶ https://riptutorial.com/de/tkinter, letzter Seitenaufruf: 08.03.2023
104. ▶ http://www.wspiegel.de/tkinter/tkinter01.html, letzter Seitenaufruf: 08.03.2023
105. ▶ https://www.learnopencv.com/opencv-qr-code-scanner-c-and-python/, letzter Seitenaufruf: 08.03.2023
106. ▶ https://www.epal-pallets.org/eu-de/ladungstraeger/uebersicht, letzter Seitenaufruf: 08.03.2023
107. ▶ https://de.wikipedia.org/wiki/Transzendente_Zahl, letzter Seitenaufruf: 08.03.2023
108. ▶ https://de.wikipedia.org/wiki/Rundung, letzter Seitenaufruf: 08.03.2023
109. ▶ https://de.wikipedia.org/wiki/Abrundungsfunktion_und_Aufrundungsfunktion, letzter Seitenaufruf: 08.03.2023
110. ▶ https://de.wikipedia.org/wiki/Schreibweise_von_Zahlen, letzter Seitenaufruf: 08.03.2023

111. ▶ https://de.wikipedia.org/wiki/Prozent, letzter Seitenaufruf: 08.03.2023
112. ▶ https://de.wikipedia.org/wiki/Quotient, letzter Seitenaufruf: 08.03.2023
113. ▶ https://de.wikipedia.org/wiki/Goldener_Schnitt, letzter Seitenaufruf: 08.03.2023
114. ▶ https://de.wikipedia.org/wiki/Arithmetisches_Mittel, letzter Seitenaufruf: 08.03.2023
115. ▶ https://www.tiobe.com/tiobe-index/, letzter Seitenaufruf: 08.03.2023
116. ▶ https://www.brandt-partner.de/, letzter Seitenaufruf: 08.03.2023
117. ▶ https://www.python.org, letzter Seitenaufruf: 08.03.2023
118. ▶ https://github.com/python, letzter Seitenaufruf: 08.03.2023
119. ▶ https://t3n.de/news/python-lernen-1194593, letzter Seitenaufruf: 08.03.2023
120. ▶ https://realpython.com/python-send-email, letzter Seitenaufruf: 08.03.2023
121. ▶ https://www.stackoverflowbusiness.com/de/blog/die-beliebtesten-und-bestbezahlten-programmiersprachen-2019, letzter Seitenaufruf: 08.03.2023
122. Katja Tränker, SMILE-Logo, @eStudioCalamar

Stichwortverzeichnis

A

Äquivalenzrelation
  Aquivalenzklasse, 165
  Auswahlaxiom, 165
  Definition, 163
  Eigenschaften von Äquivalenzklassen, 166
  Faktormenge, 165
  Lemma von Zorn, 165
  Partition, 166
  Quotientenmenge, 165
  reflexive, 163
  Repräsentantensystem, 165
  symmetrische, 163
  transaitive, 163
  Vertretersystem, 165
  Zählen, 166
Automorphismus, 117

D

Dezimalbruchentwicklung
  additive Zerlegung, 402
  Charakterisierung rationaler Zahlen, 405
  Definition, 402
  Dezimalbruch-Algorithmus, 402
  Dezimaldarstellung, 403
  Dezimalzahl, 402
  Eindeutigkeit, 404
  endliche, 404
  Erkennen rationaler Dezimalbrüche, 406
  Existenz, 402
  gemischt-periodische, 404
  Periodenlänge, 406
  rein-periodische, 404
  Umrechnungsformeln, 405
  Vorperiodenlänge, 406
Durchschnittsrechnung
  Mittelwert, 416

E

Einheit
  Anzahl, 416
  Basiseinheit, 416
  Basisgröße, 416
  Größenwert, 416
  Operator, 418
  Summe, 418
  Umrechnen, 418
  zusammengesetzte Größe, 416
Endomorphismus, 117
Epimorphismus, 117

F

Folge
  Beschränktheit, 391
  Definition, 390
  Eindeutigkeit des Grenzwertes, 391
  Einkesselungssatz, 391
  Folgenglied, 390
  Grenzwert, 391
  Kehrwertsatz, 391
  Konvergenz, 391
  monotone Konvergenz, 391
  Potenzfolgen, 394
  Produktsatz, 391
  Rechenregeln, 391
  Schachtelungssatz, 391
  Summensatz, 391
  Teilfolge, 391
  Teilfolgenkonvergenz, 391
  Vielfachensatz, 391
  Zahlenfolge, 390
Funktion
  Abbildung, 105
  bijektive, 107
  Bildmenge, 105
  Definition, 105
  Definitionsmenge, 105
  Einschränkung, 112
  Entgiftungssatz, 113
  Erweiterung, 110
  Erweiterungsprinzip, 113
  Funktionswert, 105
  Hintereinanderausführung, 108
  injektive, 107
  Linkstotalität, 105
  Rechtseindeutigkeit, 105
  Restriktion, 112
  Struktur-Transport, 117
  surjektive, 107
  Umkehrfunktion, 108
  Urbild, 105
  Wertemenge, 105
  Zuordnung, 105

G

Grundlage
  Logik
    Aussage, 20, 24
    Aussageform, 24
    Aussagen-Äquivalenz, 23
    Aussagen-Disjunktion, 22
    Aussagen-Implikation, 22
    Aussagen-Konjugation, 21

Aussagen-Negation, 21
Operationen auf Aussage, 21
Prädikat, 24
Python, 25
Python-XOR, 27, 28
Quantoren, 24
Mathematik
Was ist Mathematik?, 16
Mengenlehre
    Begriff, 28
    Differenz, 30
    disjunkte, 30
    Distributivgesetze, 33
    Elementlisten, 28
    Elementsein, 29
    Gesetz von De Morgan, 33
    GesetzvonDeMorgan, 33
    Homomorphie, 33
    Inklusion, 29
    kartesische Produkt, 31
    Komplement, 30
    Mächtigkeit Potenzmenge, 38
    Mengendiagramme, 31
    Mengengesetze, 32
    Mengengesetze Differenz, 32
    Mengengesetze Schnitt, 33
    Mengengesetze Vereinigung, 32
    Mengengleichheit, 29
    Operationen, 30
    Paareigenschaft, 31
    Potenzmenge, 30
    Pythonbefehle, 37
    Rekursion Potenzmenge, 38
    Ring, 33
    Schnitt, 30
    Teilmenge, 29
    Vereinigung, 30
Grundlagn
    Mengenlehre
        leere Menge, 29

H

Halbgruppe, 116
Hashing
    Definition, 251
    Einweg-Eigenschaft, 251
    Hash-Algorithmus, 251
    Hash-Funktion, 251
    Hash-Kollision, 251
    Hash-Wert, 251
    Kollissionsresistenz, 251
    LVS-Prototyp, 253
    Sha-256, 252
Heuristik
    Algorithmus, 420
    Annäherung, 420

Approximation, 420
Beispiele, 420
Definition, 420
Gewicht, 423
Merkmale, 421
Näherungsverfahren, 420
Nutzungsgründe, 421
Stellplatzverbrauch, 423
Homomorphismus, 117

I

Informatik
    Übergabeparameter, 229
    äquivalente ERP-Charge, 145
    absteigend sortiert, 227
    Akquiseaufwand, 430
    Algorithmus, 16
    Angebotsannahme, 431
    Aufragnehmer, 428
    aufsteigend sortiert, 227
    Auftraggeber, 428
    Ausgabe, 80
    Ausgabebereich, 258
    Ausschreibung, 428
    automatische Wareneingangsbuchung, 145
    AVIS-Erzeugung, 146
    Basismengeneinheit, 138
    Bedienelemente, 258
    Belegtkennzeichen, 227
    Benutzercode, 84
    Berechnung b-adische Darstellung, 81
    Bestand zum Material, 149
    Bestand zum Platz, 149
    Bestandsdaten, 84
    Bewegung, 84
    Bewegungsdaten, 138
    Bewegungsgrund, 227
    Bewegungssatz schreiben, 147
    bidirektional, 102
    Binärzahl, 81
    Callbacks, 258
    Charegnstammdaten, 139
    Chargenalphabet, 144
    Chargenprüfung, 143
    CLI, 258
    Dateneingabe, 77
    Definition, 13
    Deklaration, 80
    Design, 431
    Design Specification, 133
    Einlagertyp, 227
    Elemente eines GUI, 260
    Endanwender, 262
    Ergonomie, 262
    EVA-Prinzip, 260
    Fenster, 258

Stichwortverzeichnis

Flussdiagramm, 75
FS, 431
Funktionscodes, 147
Gebindeeinlagerung, 225
Gebindelabel, 235
Gebindestammdaten, 139
Gebindestatus, 139
Geometrie, 258
GUI, 258
GUI-Abstandsfunktion, 289
GUI-Accelerator Key, 269
GUI-Benutzerdaten, 269
GUI-Benutzertabelle, 269
GUI-Bewegungsauswertung, 295
GUI-Button, 269
GUI-Canvas, 277
GUI-Checkbox, 277
GUI-Combobox, 297
GUI-CV2-Modul, 312
GUI-Design, 262
GUI-Doppelklick, 298
GUI-Ende, 332
GUI-Entry-Widget, 276
GUI-Fehlermeldung, 269
GUI-Fokus, 269
GUI-Fortschrittbalken, 276
GUI-Icon, 269
GUI-Kühlgutauswertung, 315
GUI-Label, 276
GUI-Labeldruck mit QR-Code, 305
GUI-LED, 277
GUI-Login, 269
GUI-Materialstammanzeige, 323
GUI-Menü, 267
GUI-Message-Text, 270
GUI-Packmanager, 269
GUI-PF-Beleg, 290
GUI-QR-Code, 306
GUI-QR-Code-Scan, 311
GUI-Rahmen, 276
GUI-Reiter, 297
GUI-Return-sensitiv, 276
GUI-Schiebregler, 297
GUI-Scrollfunktion, 276
GUI-Textanzeige, 269
GUI-Tool-Tip, 276
GUI-Treeview, 298
GUI-Verschrottung, 287
GUI-Versions-Info, 330
GUI-Wareneingang, 274
Hauptfenster, 258
if-Anweisung, 78
Initialisierung, 77
input-Anweisung, 78
Interface, 258
Kühlgutanalyse, 231
Kommunikation, 89

Konkatenieren, 145
Konzept, 16
Kundenanforderung, 428
Länge, 78
Labeldruck, 235
Lagerplatzstammdaten, 138
Lastenheft, 428
Laufindex, 76
Materialstammdaten, 138
Menü, 84, 147
Menübereich, 258
Mock-Up, 262
Nummernkreise, 231
Nummernkreisintervall, 92
Nummernkreisstand, 234
Operation, 76
Pflichtenheft, 431
Platzfindung, 225
Platztemperatur, 231
Potenzfunktion, 79
print-Anweisung, 78
Programmfehler, 231
Prototyp, 15, 262
Python, 14
Python-GUI, 267
QR-Codes, 235, 258
Quant, 139
Quellplatz, 230
Rückgabewert, 145
Reversed-Anweisung, 80
Risikozuschlägen, 428
Schleife, 76
Schnittstelle, 89
Sortier-Algorithmus, 227
Splitalphabet, 145
Splitlänge, 145
Stammdaten, 84, 138
String, 81
Teilen mit Rest, 80
Timsort, 227
TKINTER, 258
Tour, 451
Transaktion, 448
Transportbeleg, 232
TUI, 258
Umlagerung, 228
Unterprogramm, 75
URS, 428
Usability, 262
Variable, 76
Verschrottung, 227
while-Schleife, 78
Zahl aus b-adischer Darstellung, 79
Zielplatz, 229
Isomorphismus, 117

L

Logistik
  8R, 336
  aktive Kühlung, 152
  Anzahl Chargen, 96
  Auslieferung, 336
  Auslieferungsbearbeitung, 352
  automatische Kleinteilelager, 352
  Barcode, 46
  Bestandsart, 95
  Bestandsstatus, 95
  Bestellung, 46
  Charge, 88
  Chargenüberwachung, 96
  Chargenattribute, 92
  Chargenbezeichnung, 89
  Chargennummer, 89
  chargenpflichtige, 100
  Chargenrückruf, 97
  Chargenrückverfolgung, 88
  Chargenschnittstelle, 88
  Chargensplit, 89
  Chargenstamm, 92
  Chargenvorgabe, 96
  Definition, 2
  Disponent, 351
  Disposition von LKWs, 336
  Dispositionsproblem, 350
  Einlagerstrategien, 42
  Einlagerung, 152
  Einlagerungsstrategien, 155
  Entladung, 42
  Etikett, 95
  Etikettierung, 352
  Extralogistik, 9
  Fördertechnik, 42
  Füllgrad, 356
  Faktura, 352
  FEFO, 95
  Fehlercode, 49
  Fehlertabelle, 47
  Fehlertexte, 47
  Fertigware, 95
  FIFO, 95
  Flotte, 336
  Folgeaktivitäten, 96
  Frachtführer, 337
  Gebinde, 84
  Gefriergut, 152
  Gegenmaßnahmen, 95
  HACCP-Konzept, 155
  Halbfertigwaren, 95
  Haltbarkeit, 95
  Haltbarkeitsvorgabe, 97
  Heuristik, 356
  Hochregallager, 42

I-punkt, 42
Interlogistik, 9
Intralogistik, 9
K-Punkt, 42
Kühlboxen, 152
Kühldatenlogger, 152
Kühlgut, 152
Kühlgut-LKW, 152
Kühlkammer, 152
Kühlkette, 152
Kommissionierschein, 352
Kommissionierung, 352
Kundenanforderung, 336
Kundenauftrag, 336
Labor, 88
Ladehilfsmittel, 342
Ladehilfsmittel-Abmessungen, 342
Ladehilfsmittel-Arten, 342
Ladehilfsmittel-Eigengewicht, 342
Ladehilfsmittel-EPAL, 344
Ladehilfsmittel-geschlossen, 342
Ladehilfsmittel-maximale Ladehöhe, 342
Ladehilfsmittel-maximales Ladegewicht, 342
Ladehilfsmittel-offen, 342
Lagenschema, 351
Lagerplätze, 42
Lagerplatzkapazität, 163
Lagerverwaltungssystem, 43
LEFO, 97
Lieferant, 100
Lieferantencharge, 92
Lieferavis, 46
Lieferkette, 97
Lieferschein, 92, 337
Lieferungsübergabe, 354
LIFO, 97
LKW, 337
LKW-Abmessungen, 339
LKW-Arten, 338
LKW-Charakteristika, 338
LKW-Disposition, 351
LKW-Dispositionsattribute, 351
LKW-Lademeter, 347
LKW-Nutzlast, 338
LKW-Palettenstellplätze, 339
manuelle Wareneingangsbuchung, 141
Materialfluss-System, 49
MHD, 95
Mindestrestlaufzeit, 95
mobile Endgeräte, 352
NIO-Platz, 85
Packspezifikation, 350
Packungsgrössenschlüssel, 350
Paketdienstleister, 337
Palettenaufbau, 347
Palettenaufbau-Stufe, 350
Palettenbildung, 347

Stichwortverzeichnis

passive Kühlung, 152
Platzsuchfaktoren, 156
Produkt, 88
Produktionsdatum, 95
Produktionslinie, 92
Produktionsstandort, 92
Qualitätskontrolle, 96
Rückverfolgbarkeit, 97
Regalbediengeräte, 352
Retoure, 85
Richtplatz, 47
Risiken, 95
Risikomanagement, 95
Rohstoffen, 95
Sichtprüfung, 46
Spedition, 336
Split, 88
Splitchargen, 89
Störfaktoren, 153
Supply Chain, 97
temperaturgeführten Waren, 152
Tor, 40, 352
Transportdienstleister, 336
Verfallsdatum, 92
Verladung, 265, 352
Verpackung, 347
Verpackungsprozess, 352
Versandgebinde, 352
Versandpapiere, 352
Wärmegut, 152
Warenausgangszone, 352
Wareneingangsbereich, 40
Wareneingangsbuchung, 46
Wareneingangsdatum, 95
Wareneingangskontrolle, 40
Wareneingangsstich, 42

M

Magma, 115
Monoid, 116
Monoid, freier
    Alphabet, 125
    Buchstaben, 125
    Charge, 129
    Definition, 122
    eindeutige Darstellung, 125
    Eindeutigkeit, 123
    Existenz, 125
    Länge, 125
    Schnittstellenfunktion, 130
    Split, 130
    Tupel-Monoid, 123
    Worte, 125
Monomorphismus, 117

P

Polynom, 366
    Abspalten von Nullstellen, 368
    algebraisches, 365
    Eindeutigkeit Polynomalgebra, 368
    Einsetzungsabbildung, 367
    Einsetzungshomomorphismus, 367
    Ersetzungsabbildung, 367
    Ersetzungshomomorphismus, 367
    euklidische Ringe, 369
    Existenz Polynomalgebra, 368
    Grad, 366
    Gradformeln, 367
    Grundlagen, 363
    Kürzungsregel, 367
    Koeffizienten, 366
    Leitkoeffizient, 366
    Monome, 366
    noethersches, 369
    normiertes, 366
    Nullstelle, 366
    Nullteilerfreiheit, 367
    Polynomalgebra, 366
    Polynomdivision, 368
    Polynomfunktion, 369
    Polynomring, 366
    Teilen mit Rest, 368
    transzendentes, 365
    Unbestimmte, 366
    Variable, 366
    Verschiebabbildung, 366
Primzahl und Ringtheorie
    Basiseigenschaften, 358
    eindeutige Zerlegung, 359
    Einheit, 357
    EPZ-Ring, 359
    faktorieller Ring, 359
    ganze Zahlen, 359, 360
    Gaußscher Ring, 359
    ggT, 357
    Grundlagen, 357
    Hauptideal, 357
    Hauptidealring, 357
    Ideal, 357
    irreduzibel, 357
    kgV, 357
    kleinster Teiler, 360
    maximales Ideal, 357
    Nullteiler, 357
    Primelement, 357
    Primideal, 357
    Primzahlen, 360
    Teilbarkeit, 357
    Vielfachheiten, 360
    ZPE-Ring, 359
Prozentrechnung

Formeln, 415
Grundwert, 415
Prozentsatz, 415
Prozentsatz in Prozent, 415
Prozentwert, 415

R

Reihe
Abschätzungen, 394
Definition, 394
Dezimalbruchentwicklung, 394
Folge, 394
geometrische Reihe, 394
harmonische Reihe, 394
Konvergenz, 394
monotone Konvergenz, 394
Nullfolge, 394
Partialsumme, 394
Relation
Definition, 103
Umkehrrelation, 103
Ring, assoziativer
Basisgesetze, 177
Definition, 177
Distributivgesetze, 177
Integritätsbereich, 177
kommutativ, 177
mit Eins, 177
nullteilerfrei, 177
Rundungsrechnung
Dezimalteil, 399
kaufmännische 0,5-Runden, 399
kaufmännische Runden auf 2 Dezimalstellen, 399
Nachkommateil, 399
obere Gaußklammer, 399
untere Gaußklammer, 399

S

Sortieren
G-Bahn, 193
G-Menge, 192
G-Orbit, 193
absteigend sortiert, 188
assoziatives, 189
aufsteigend sortiert, 188
Bahn, 193
Bahnlänge, 194
Binomialkoeffizient, 196
Bubblesort-Algorithmus, 201
Bucketsort-Algorithmus, 207
Divide and Conquer, 204
Einheit, 188
Einheitengruppe, 188
Fakultät, 191
großer Vertauscher, 197
Gruppe, 188
Gruppenaktion, 192
Gruppenhomomorphismus, 190
Gruppenoperation, 192
Hemd-Jacke-Regel, 189
Hintereinanderausführung, 191
identische Abbildung, 191
Index, 185
Insertionsort-Algorithmus, 203
invariante Selbstabbildungen, 195
Inverses, 188
Involution, 191
Klassifikationsmerkmale, 202
Komponente, 185
Konjugation, 194
Lösung Sortierproblem, 192
Lösung Sortierungsproblem mit Wiederholungen, 193, 195
Laufzeit, 205
Linksnebenklasse, 190
Maximum-Suche, 201
Mergesort-Algorithmus, 204
Monomorphismus, 190
Multinomialkoeffizient, 196
n-Tupel, 185
Nebenklasse, 188
Orbit, 193
Permutation, 191
Permutationen mit Wiederholung, 195
Permutationen ohne Wiederholung, 192
Polya-Weyl-Aktion, 188
Rechtsnebenklasse, 190
Satz von Lagrange, 190
Sortierproblem, 188
sortierte Liste, 187
Stabilisator, 193
symmetrische Gruppe, 191
Teile und Herrsche, 204
Timsort-Algorithmus, 203
Transposition, 190
Umsortieren, 187
umsortierte Liste, 187
Untergruppe, 188
Vergleichs-Schritte, 202
Verknüpfung, 189
Verknüpfungstreue, 190
Vielfachheit, 193
Young-Untergruppe, 193, 195
Strings
Bad-Character-Heuristik, 245
Boyer-Moore-Algorithmus, 245
Good-Suffix-Heuristik, 246
lineare Suche, 245
String-Projektion, 242
String-Splitten, 242
String-Suche, 245

Stichwortverzeichnis

Such-Funktion, 245
Verketten, 242

V

Verknüpfung, 116

W

Was ist Mathematik
   allgemeineres Phänomen, 409
   Asymptote, 410
   asymptotisch, 410
   Ausgangsphänomen, 409
   Bruch-Kehrbruch-Darstellung, 411
   funktionale Untersuchung, 409
   injektiv, 410
   Konvergenz, 410
   pythagoräisches Zahlentripel, 412
   surjektiv, 410
   Symmetrie, 412

Z

Zahl, ganze
   Äquivalenzrelation, 172
   Addition, 172
   Betrag, 183
   Betragsgesetze, 184
   Definition, 171
   Dreiecksungleichung, 184
   Einheitengruppe, 178
   Existenz, 173
   Gesetze der Multiplikation, 176
   Homogenität, 184
   Integritätsbereich, 177
   Metrik, 184
   Metrikeigenschaften, 184
   Monotoniegesetze, 183
   Multiplikation, 176
   Ordnung, 180
   Ordnungseigenschaften, 183
   positiv definit, 184
   Signum, 183
   Signumsgesetze, 184
   Symmetrie, 184
   Wohldefiniertheit, 172
Zahl, natürliche
   Abbildung, 53
   Abgeschlossenheit der Addition, 57
   Abgeschlossenheit der Multiplikation, 59
   Absorption der Null, 59
   Addition, 56
   Anordnung
      Allrelation, 62
      antisymmetrisch, 61
      beschränkt, 61
      Enthaltensein, 62
      Größer-Gleich-Relation, 63
      Größer-Relation, 63
      Halbordnung, 61
      Intervalle, 63
      Kette, 61
      Kleiner-Gleich-Relation, 63
      Kleiner-Relation, 63
      lexikografisch, 62
      Maximum, 61
      Minimum, 61
      Monotonie der Addition, 63
      obere Schranke, 61
      Ordnung, 61, 63
      reflexiv, 61
      Teilen, 62
      total, 61
      transitiv, 61
      Tricotomie, 63
      untere Schranke, 61
      wohlgeordnet, 61
      Wohlordnung, 63
   Assoziativgesetz der Addition, 57
   Assoziativgesetz der Multiplikation, 59
   b-adische Darstellung, 69
   Berechnung b-adische Darstellung, 71
   Bildmenge, 53
   Definitionsmenge, 53
   Distributivgesetz, 59
   Divisor, 67
   Drei, 55
   Eins, 55
   Funktion, 53
   Funktionswert, 53
   Induktionsaxiom, 52
   Isomorphiesatz von Dedekind, 53
   Kürzungsregel der Addition, 57
   Kürzungsregel der Multiplikation, 59
   Ko-Teiler, 66
   Kommutativgesetz der Addition, 57
   Kommutativgesetz der Multiplikation, 59
   Linkstotalität, 53
   Modulus, 67
   Monoid, 57, 59
   Multiplikation, 59
   Nachfolger, 52
   Nachfolgerfunktion, 52
   Neutralität der Eins, 59
   Neutralität der Null, 57
   Null, 52
   Nullsummenfreiheit, 57
   Nullteilerfreiheit, 59
   Peano-Axiome, 49
   Potenz, 69
   Potenzen von Funktionen, 70
   Rechengesetze Addition, 57
   Rechengesetze der Multiplikation, 59
   Rechtseindeutigkeit, 53

Rekursionssatz von Dedekind, 53
Relation, 53
Rest, 67
Selbstabbildung, 55
Subtraktion, 63
Summand, 56
Summe, 56, 69
Teilbarkeit, 66
Teilen mit Rest, 67
Teiler, 66
Umkehrrelation, 53
Urbild, 53
vollständige Induktion, 52
Wertemenge, 53
Zählreihe, 52
Zahlsysteme, 72
Zuordnung, 53
Zwei, 55
Zahl, rationale
  Abstandseigenschaften, 380
  Addition, 375
  archimedisch, 375
  arithmetisches Mittel, 381
  Betragseigenschaften, 380
  Divison, 375
  Dreiecksungleichung, 380
  Eindeutigkeit des Quotientenkörpers, 374
  Existenz eines Quotientenkörpers, 375
  Geichungen, 373
  gekürzte Darstellung, 375
  gemischte Zahl, 375
  Grundlagen, 373
  Hauptnenner, 375
  Homogenität, 380
  idempotente Funktion, 380
  irrationale Zahlen, 381
  Kürzen, 375
  Kehrwert, 375
  Kommasatz, 381
  Lösungen von Gleichungen, 375
  Metrik, 380
  Monotonie der Addition, 379
  Monotonie der Multiplikation, 379
  Multiplikation, 375
  Nenner, 375
  Norm, 380
  Ordnungsübertragung, 381
  Ordnungseigenschaften, 379
  positiv definit, 380
  Quadrate, 379
  Quotientenkörper, 374
  rationale Zahlen, 375
  rationaler Zahlkörper, 375
  Signumseigenschaften, 380
  Subtraktion, 375
  Trichotomie, 379
  ungerade Funktion, 380
  Wurzeln, 381
  Zähler, 375
Zahl, reelle
  Binomialsatz, 385
  Dichtheit, 387
  Eindeutigkeit, 384
  Epsilon-Kennzeichnung, 385
  Existenz, 384
  Infimumsaxiom, 385
  n-te Wurzeln, 386
  Ordnungs-Vollständigkeit, 384
  Pascalsches Dreieck, 385
  pq-Formel, 386
  quadratische Ergänzung, 386
  reelle Zahlen, 384
  reeller Zahlkörper, 384
  Starrheit, 384
  Supremumsaxiom, 384
  Teleskopsummen, 385
  Ungleichung von Bernoulli, 385
  Zahlengleichheit, 385
Zufallszahl
  deterministisch, 255
  Kongruenzgeneratoren, 256
  Mersenne-Twister, 256
  nicht-deterministische, 256
  Pseudozufallszahlen, 255
  Quadratmittelverfahren, 255
  Quadrieren, 255
  Wiederholung, 255
  Zufallsgenerator, 255

SMILE – Übungs- und Lösungsbuch zum Kompaktband Logistik

Sven Wirsing

Jetzt bestellen:
link.springer.com/978-3-662-68373-6

MIX
Papier aus verantwortungsvollen Quellen
Paper from responsible sources
FSC® C105338

If you have any concerns about our products,
you can contact us on
ProductSafety@springernature.com

In case Publisher is established outside the EU,
the EU authorized representative is:
**Springer Nature Customer Service Center GmbH
Europaplatz 3, 69115 Heidelberg, Germany**

Printed by Libri Plureos GmbH
in Hamburg, Germany